Fachmathematik Bekleidung

6. Auflage

VERLAG EUROPA-LEHRMITTEL · Nourney, Vollmer GmbH & Co. KG
Düsselberger Straße 23 · 42781 Haan-Gruiten

Europa-Nr.: 61912

Autorinnen:

Eberle, Hannelore	Studiendirektorin	Weingarten
Gonser, Elke	Oberstudienrätin	Metzingen
Schuck, Monika	Oberstudienrätin	München

Lektorat:

Hannelore Eberle, Weingarten

Technische Zeichnungen:

Zeichenbüro des Verlages Europa-Lehrmittel, Ostfildern

Modezeichnungen:

Studio Döllel, Aufkirchen bei Erding

Für die Überlassung von Bildmaterial bedanken wir uns bei Caroline Buddenberg und Catharina Metzler (Seite 319), Jeanette Göhl und Maria Simon (Lösungsbuch Seite 62) sowie Artur Troizki (Lösungsbuch Seite 62 und Vorlage zur Umschlaggestaltung).

6. Auflage 2015
Druck 5 4 3 2 1
Alle Drucke derselben Auflage sind parallel einsetzbar, da sie bis auf die Behebung von Druckfehlern untereinander unverändert sind.

ISBN 978-3-8085-6190-4

Alle Rechte vorbehalten. Das Werk ist urheberrechtlich geschützt. Jede Verwendung außerhalb der gesetzlich geregelten Fälle muss vom Verlag genehmigt werden.

© 2015 by Verlag Europa Lehrmittel, Nourney, Vollmer GmbH & Co. KG, 42781 Haan-Gruiten
http://www.europa-lehrmittel.de
Umschlaggestaltung: braunwerbeagentur, 42477 Radevormwald, unter Verwendung einer Illustration von Artur Troizki
Satz: Satz+Layout Werkstatt Kluth GmbH, 50374 Erftstadt
Druck: M.P. Media-Print Informationstechnologie GmbH, 33100 Paderborn

VORWORT

Fachmathematik Bekleidung beinhaltet die wesentlichen mathematischen und technologischen Sachverhalte, die sowohl für die Grund- und Fachausbildung als auch für die Weiterbildung in Bekleidungsberufen von Bedeutung sind.

Das Buch kann an **Berufsfachschulen, Berufsschulen, Fachschulen und Berufskollegs eingesetzt werden.** Es ist erstellt auf der Grundlage der neuesten Ausbildungsordnung für das Bekleidungshandwerk bzw. für die Bekleidungsindustrie sowie der entsprechenden Rahmenlehrpläne für **Maßschneider/in, Änderungsschneider/in, Modenäher/in, Modeschneider/in.**

Im Unterrichtsfach **Technische Mathematik** sollen technologische Zusammenhänge mithilfe mathematischer Darstellungs- und Lösungsverfahren erfasst und zahlenmäßig ausgedrückt werden. Deshalb wurde besonderer Wert auf eine sorgfältige, gut gegliederte und mathematisch korrekte, aber dennoch praxisnahe Darstellung der Lösungsgänge gelegt.

Die bei der Bekleidungsherstellung verwendeten **Fachbegriffe** sind sehr vielfältig und größtenteils ungenormt. Es wurde versucht, die Begriffe der einzelnen Themenbereiche systematisch zu erfassen und zu definieren. Mithilfe der vorgeschlagenen Abkürzungen sind insbesondere bei Übungsaufgaben zeit- und platzsparende Lösungen möglich.

Die aufgezeigten **Lösungsvarianten** sollen den unterschiedlichen Begabungsstrukturen und Schularten gerecht werden und gleichzeitig Freiräume schaffen für individuelle Lösungsgänge.

Durch die Zuordnung von **Schemazeichnungen** bei den einzelnen Fallbeispielen wird aufgezeigt, dass Lösungen durch Skizzen visuell verdeutlicht werden können und dadurch das Verständnis schwieriger Sachverhalte erleichtert wird. Gleichzeitig werden hierbei Informationen über die zeichnerische Darstellung von Gestaltungs-, Zuschneide-, Näh- und Verarbeitungstechniken vermittelt.

Das Erkennen technologischer Zusammenhänge wird durch handlungsorientierten und fächerübergreifenden Unterricht unterstützt. Um diesen Lernmethoden sowie der Lernfeldkonzeption entgegenzukommen, sind in den Aufgabenteil **projektorientierte Aufgaben** integriert, die Sachverhalte aus den unterschiedlichsten Lerngebieten enthalten, z. B. des Technischen Zeichnens, des Modezeichnens, der Verarbeitungstechnik und der Betriebsorganisation.

Veränderungen der **6. Auflage:**
- Von Kapitel 1 wurden die Abschnitte **Flächenberechnungen** und **Grafische Darstellungen** überarbeitet.
- Kapitel 5 **Löhne und Zeitdaten** wurde aktualisiert.
- Kapitel **6 Kalkulation** wurde aktualisiert, neu gegliedert und durch
- Kapitel **7 Kostenrechnung** erweitert.

Wir danken in diesem Zusammenhang Brigitte Pappe, Sabine Düx, Renate Kupke, Guido Hofenbitzer und Werner Ring für die Anregungen und konstruktive Mitarbeit.

Für Anregungen, die zu einer Vervollständigung und Verbesserung des Buches beitragen, sind die Autorinnen und der Verlag jederzeit aufgeschlossen und dankbar.

Ravensburg, im Herbst 2015   die Autorinnen

Inhaltsverzeichnis

1	**Mathematische Grundlagen**	**7**
1.1	**Grundlegende Rechengesetze**	**8**
1.1.1	Strichrechnung und Punktrechnung	8
1.1.2	Klammern	8
1.2	**Grundrechenarten**	**9**
1.2.1	Schriftliche Addition und Subtraktion	9
1.2.2	Schriftliche Multiplikation	10
1.2.3	Schriftliche Division	10
1.2.4	Übungsaufgaben	11
1.3	**Darstellung von Lösungsgängen**	**12**
1.3.1	Mathematische Begriffe	12
1.3.2	Bearbeitung von Textaufgaben	12
1.4	**Maßeinheiten**	**13**
1.5	**Maßumwandlung**	**14**
1.5.1	Längeneinheiten	14
1.5.2	Flächeneinheiten	14
1.5.3	Masseeinheiten	15
1.5.4	Volumeneinheiten	15
1.5.5	Zeiteinheiten	16
1.5.6	Übungsaufgaben	17
1.6	**Einsatz des Taschenrechners**	**18**
1.6.1	Einfacher Taschenrechner	18
1.6.2	Taschenrechner mit erweiterter Ausstattung	18
1.6.3	Grundrechenarten mit dem Taschenrechner	19
1.6.4	Speicherbenutzung	20
1.7	**Umstellen von Formeln**	**21**
1.8	**Bruchrechnung**	**22**
1.8.1	Arten von Brüchen	22
1.8.2	Erweitern und Kürzen von Brüchen	22
1.8.3	Addieren und Subtrahieren von Brüchen	23
1.8.4	Multiplizieren von Brüchen	23
1.8.5	Dividieren von Brüchen	24
1.8.6	Umwandeln von Brüchen	24
1.8.7	Übungsaufgaben	25
1.9	**Dreisatzrechnung**	**26**
1.9.1	Einfacher Dreisatz	26, 27
1.9.2	Zusammmengesetzter Dreisatz	28
1.9.3	Übungsaufgaben	29
1.10	**Prozentrechnung**	**30**
1.10.1	Einfache Prozentrechnung	30
1.10.2	Prozentrechnung mit vermindertem Grundwert	31
1.10.3	Prozentrechnung mit vermehrtem Grundwert	31
1.10.4	Übungsaufgaben	32
1.11	**Zinsrechnung**	**33**
1.11.1	Grundlagen	33, 34
1.11.2	Zinsen	35
1.11.3	Kapital	36
1.11.4	Zinssatz	37
1.11.5	Zeit	38
1.11.6	Übungsaufgaben	39
1.12	**Verhältnisrechnung**	**40**
1.12.1	Teilmenge	40
1.12.2	Anteilschlüssel	41
1.13	**Flächenberechnungen**	**42**
1.13.1	Grundlagen	42
1.13.2	Umfang	43
1.13.3	Übungsaufgaben	44
2	**Fachbezogene Grundlagen**	**45**
2.1	**Materialberechnungen**	**46**
2.1.1	Materialmenge	46
2.1.2	Restmenge/Verschnitt	47
2.1.3	Materialkosten	48
2.1.4	Übungsaufgaben	49
2.2	**Produktionsberechnungen**	**50**
2.2.1	Fertigungskosten	50, 51
2.2.2	Fertigungszeit	52
2.2.3	Personalbedarf	53
2.2.4	Stückzahl	54
2.2.5	Übungsaufgaben	55
2.3	**Preisberechnungen**	**56**
2.3.1	Preisschwankungen	56, 57
2.3.2	Preisnachlässe	58 ff.
2.3.3	Gewinn und Verlust	61 ff.
2.3.4	Übungsaufgaben	64, 65
2.4	**Grafische Darstellungen**	**66**
2.4.1	Grundlagen	66
2.4.2	Tabelle	67
2.4.3	Kurvendiagramm	68
2.4.4	Säulen-, Balkendiagramm	69, 70
2.4.5	Kreisdiagramm	71, 72
3	**Technologische Berechnungen**	**73**
3.1	**Fasereigenschaften**	**74**
3.1.1	Grundlagen	74
3.1.2	Feinheitsfestigkeit	75, 76
3.1.3	Dehnungsverhalten	77, 78
3.1.4	Feuchtigkeitsaufnahme	79, 80
3.1.5	Übungsaufgaben	81
3.2	**Fasermischungen**	**82**
3.2.1	Grundlagen	82
3.2.2	Mischungsanteil, Mischungsmenge	83
3.2.3	Mischungsverhältnis	84, 85

3.2.4	Rohstoffgehaltsangabe	86, 87		4.3.4	Bogenkante	160
3.2.5	Mischungspreis	88, 89		4.3.5	Übungsaufgaben	161
3.2.6	Übungsaufgaben	90		**4.4**	**Borten**	**162**
3.3	**Textile Flächen**	**91**		4.4.1	Grundlagen	162, 163
3.3.1	Flächendichte: Grundlagen	91		4.4.2	Bortenbedarf	164 ff.
3.3.2	Dichte von Webwaren ("Einstellung)	91, 92		4.4.3	Übungsaufgaben	169
3.3.3	Dichte von Maschenwaren	93		**4.5**	**Blenden**	**170**
3.3.4	Übungsaufgaben	94		4.5.1	Grundlagen	170, 171
3.3.5	Gewebeherstellung	95		4.5.2	Stoffbedarf	172, 173
3.3.6	Veredlungsmaßnahmen	96		4.5.3	Blendenbreite	174 ff.
				4.5.4	Blendenlänge	177, 178
3.4	**Flächenbezogene Masse**	**97**		4.5.5	Übungsaufgaben	179
3.4.1	Grundlagen	97				
3.4.2	Masse/m	98, 99		**4.6**	**Schrägstreifen**	**180**
3.4.3	Masse/m^2	100, 101		4.6.1	Grundlagen	180 ff.
3.4.4	Übungsaufgaben	102		4.6.2	Einzelstreifen	183, 184
				4.6.3	Zusammengesetzte Streifen	185, 186
3.5	**Garne**	**103**		4.6.4	Übungsaufgaben	187
3.5.1	Nummerierungssysteme	103				
3.5.2	Tex-System	104 ff.		**4.7**	**Rüschen**	**188**
3.5.3	Nm-System	108 ff.		4.7.1	Grundlagen	188, 189
3.5.4	Nummerierung von Zwirnen	111 ff.		4.7.2	Stoffbedarf	190 ff.
3.5.5	Umrechnungen	114		4.7.3	Kräuselfaktor	193, 194
3.5.6	Garnvergleiche	115		4.7.4	Rüschenbreite	195
3.5.7	Übungsaufgaben	116		4.7.5	Rüschenansatzlänge	196
				4.7.6	Stufenrock	197
3.6	**Nähtechnik**	**117**		4.7.7	Übungsaufgaben	198
3.6.1	Grundlagen	117				
3.6.2	Stichlänge, Stichdichte	118, 119		**4.8**	**Falten**	**199**
3.6.3	Zahl der Stiche	120		4.8.1	Grundlagen	199 ff.
3.6.4	Nahtlänge	121		4.8.2	Maße von Faltenteilen	202 ff.
3.6.5	Nähleistung	122		4.8.3	Stoffbedarf für Faltenteile	206, 207
3.6.6	Nähzeit	123		4.8.4	Übungsaufgaben Faltenteile	208
3.6.7	Nähgarnbedarf	124 ff.		4.8.5	Maße von Faltenröcken	209 ff.
3.6.8	Übungsaufgaben	127, 128		4.8.6	Stoffbedarf für Faltenröcke	215 ff.
				4.8.7	Rocklänge	218, 219
4	**Bekleidungstechnische Berechnungen**	**129**		4.8.8	Übungsaufgaben Faltenröcke	220, 221
				4.9	**Biesen**	**222**
4.1	**Kleinteile**	**130**		4.9.1	Grundlagen	222, 223
4.1.1	Grundlagen	130		4.9.2	Maße von Biesenteilen	224, 225
4.1.2	Stückzahl	131		4.9.3	Maße von Biesenreihen	226
4.1.3	Stoffbedarf	132		4.9.4	Übungsaufgaben	227
4.1.4	Verschnitt	133, 134				
4.1.5	Übungsaufgaben	135		**4.10**	**Glockenröcke und Volants**	**228**
				4.10.1	Grundlagen	228
4.2	**Verschlüsse**	**136**		4.10.2	Röcke aus Vollkreisringen	229 ff.
4.2.1	Grundlagen	136 ff.		4.10.3	Volants aus Vollkreisringen	234 ff.
4.2.2	Verschlüsse mit waagerechten Knopflöchern	140 ff.		4.10.4	Röcke und Volants aus Kreisringsegmenten	238, 239
4.2.3	Verschlüsse mit senkrechten Knopflöchern	144, 145		4.10.5	Röcke und Volants aus Mehrfachkreisringen	240, 241
4.2.4	Schlingenverschlüsse	146 ff.		4.10.6	Verschnitt	242, 243
4.2.5	Schlitzverschluss	150		4.10.7	Zusammenfassung	244, 245
4.2.6	Übungsaufgaben	151 ff.		4.10.8	Übungsaufgaben	246 ff.
4.3	**Muster**	**154**		**5**	**Zeitdaten und Löhne**	**249**
4.3.1	Grundlagen	154, 155				
4.3.2	Fortlaufende Muster	156		**5.1**	**Zeitdaten**	**250**
4.3.3	Muster mit Zwischenabstand	157 ff.		5.1.1	Grundlagen	250, 251

5.1.2	Auftragszeit	252, 253
5.1.3	Ausführungszeit	254
5.1.4	Rüstzeit	255
5.1.5	Leistungsgrad	256
5.1.6	Sollzeit, Istzeit	257
5.1.7	Zeit je Einheit	258, 259
5.1.8	Mengenleistung	260
5.1.9	Übungsaufgaben	261
5.2	**Akkordlohn**	**262**
5.2.1	Grundlagen	262, 263
5.2.2	Geldakkordlohn	263
5.2.3	Zeitakkordlohn	264, 265
5.2.4	Erarbeitete Zeit	266
5.2.5	Zeitgrad	267
5.2.6	Fertigungslohn	268
5.2.7	Übungsaufgaben	269
5.3	**Zeitlohn**	**270**
5.4	**Lohngruppen**	**271**
5.5	**Prämienlohn**	**272**
5.5.1	Ersparnisprämie	272
5.5.2	Qualitätsprämie	273
5.6	**Lohnabrechnung**	**274**
5.6.1	Grundlagen	274, 275
5.6.2	Auszuzahlender Lohn	276, 277
5.6.3	Übungsaufgaben	278
6	**Kalkulation**	**279**
6.1	Einführung	280
6.2	**Serienkalkulation**	**281**
6.2.1	Grundlagen	281
6.2.2	Schematische Darstellung	282
6.2.3	Rechnerische Darstellung	283
6.2.4	Materialkosten	284 ff.
6.2.5	Fertigungskosten	287
6.2.6	Herstellungskosten	288
6.2.7	Fertigungsgemeinkosten	289
6.2.8	Selbstkosten	290
6.2.9	Verwaltungs- und Vertriebsgemeinkosten	291
6.2.10	Verkaufspreis	292
6.2.11	Gewinn	293
6.2.12	Übungsaufgaben	294, 295
6.3	**Serienkalkulation, Stückkalkulation (Gegenüberstellung)**	**296**
6.4	**Stückkalkulation**	**297**
6.4.1	Grundlagen	297
6.4.2	Kalkulationsmodelle (Übersicht)	298
	Kalkulationsmodelle A und B	298
	Kalkulationsmodelle C und D	299
6.4.3	Bruttolieferpreis (Modell A)	300
6.4.4	Bruttofertigungspreis (Modell B)	301
6.4.5	Gemeinkosten (Modell B)	302
6.4.6	Materialkosten (Modell A)	303
6.4.7	Gewinn und Mehrwertsteuer (Modell A)	304, 305
6.4.8	Übungsaufgaben (Modelle A und B)	306, 307
6.4.9	Bruttolieferpreis (Modell C)	308
6.4.10	Bruttolieferpreis (Modell D)	309
6.4.11	Gewinn und Nettomaterialpreis (Modell C)	310
6.4.12	Übungsaufgaben Modelle C und D	311, 312
6.4.13	Kalkulation mit Stundenverrechnungssatz	313
6.4.14	Einfacher Stundenverrechnungssatz	314
6.4.15	Durchschnittlicher Stundenverrechnungssatz	315
6.4.16	Stundenverrechnungssatz durch Nettofertigungspreis-Rückrechnung	316
6.4.17	Stundenverrechnungssatz auf Basis der Jahresarbeitskosten	317
6.4.18	Übungsaufgaben Stundenverrechnungssatz	318
7	**Kostenrechnung**	**319**
7.1	Betriebswirtschaftliche Grundlagen	320
7.2	**Kostenartenrechnung**	**322**
7.2.1	Grundlagen	322
7.2.2	Materialeinzelkosten	323
7.2.3	Fertigungseinzelkosten	324
7.2.4	Kalkulatorische Kosten	325
7.2.5	Deckungsbeitragsrechnung	326 ff.
7.2.6	Übungsaufgaben Deckungsbeitragsrechnung	329
7.3	**Kostenstellenrechnung**	**330**
7.3.1	Grundlagen	330
7.3.2	Betriebsabrechnungsbogen	331
7.3.3	Gemeinkosten	332, 333
7.3.4	Übungsaufgaben	334
7.4	**Kostenträgerrechnung**	**335**
7.4.1	Grundlagen	335
7.4.2	Kalkulationsarten	336, 337
7.4.3	Angebotskalkulation	338, 339
7.4.4	Preisgestaltung	340
7.4.5	Kundenauftrag Kleid	341 ff.
7.4.6	Kundenauftrag Weste	344, 345
7.4.7	Kundenauftrag Blazer	346
7.4.8	Übungsaufgaben Kundenauftrag	347, 348

Systematik der Fachbegriffe und Abkürzungen   **349**

Sachwortverzeichnis   **350**

1 Mathematische Grundlagen

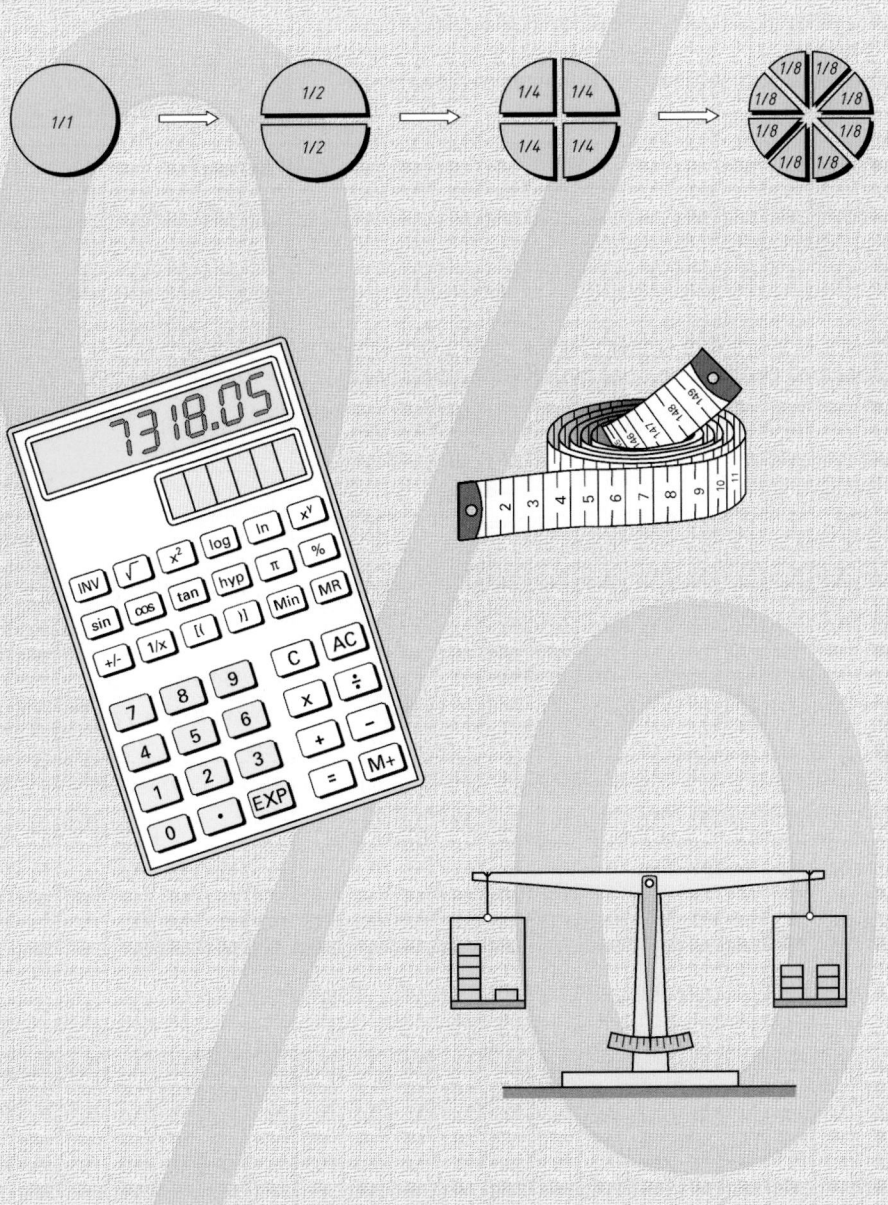

1.1 Grundlegende Rechengesetze

1.1.1 Strichrechnung und Punktrechnung

- Strichrechnungen sind **Additionen** (Summierungen) und **Subtraktionen**.
- Punktrechnungen sind **Multiplikationen** und **Divisionen**.

Regeln Strichrechnung	Beispiel
Nur Zahlen mit den gleichen Einheiten können addiert bzw. subtrahiert werden.	$3\,m + 5\,m = 8\,m$
Einzelne Glieder können zu Teilergebnissen zusammengefasst werden.	$20 + 4 - 9 = (20 + 4) - 9 = 24 - 9$
Einzelne Glieder, d. h. Zahlen und Buchstaben, können vertauscht werden.	$3 - 9 + 7 = 7 + 3 - 9$ $= -9 + 3 + 7 = -9 + 7 + 3$

Regeln Punktrechnung	Beispiel
Faktor · Faktor = Produkt	$2 \cdot 10 = 20$
Faktoren können vertauscht werden.	$3 \cdot 4 \cdot 5 = 4 \cdot 3 \cdot 5 = 60$
Einzelne Faktoren dürfen zu Teilprodukten zusammengefasst werden.	$3 \cdot 4 \cdot 5 = (3 \cdot 4) \cdot 5$ $= 3 \cdot (4 \cdot 5) = 60$
Ein Klammerinhalt wird mit einem Faktor multipliziert, indem man jedes Glied der Klammer mit dem Faktor multipliziert. oder Man kann auch zuerst den Inhalt der Klammer berechnen und danach das Ergebnis mit dem Faktor multiplizieren.	$7 \cdot (4 + 5)$ $= 7 \cdot 4 + 7 \cdot 5 = 63$ $7 \cdot (4 + 5)$ $= 7 \cdot 9 = 63$
Ein Klammerinhalt wird mit einem Klammerinhalt multipliziert, indem man jedes Glied der Klammer mit jedem Glied der anderen Klammer multipliziert.	$(3 + 5) \cdot (10 + 7)$ $= 3 \cdot 10 + 3 \cdot 7 + 5 \cdot 10 + 5 \cdot 7 = 136$ oder
Bei Zahlen können auch zuerst die Klammerinhalte berechnet und danach kann hieraus das Produkt gebildet werden.	$(3 + 5) \cdot (10 + 7)$ $= 8 \cdot 17 = 136$

Regeln gemischte Punkt- und Strichrechnung	Beispiel
Punktrechnungen müssen vor Strichrechnungen gelöst werden.	$18 \cdot 4 - 8 \cdot 3 = 72 - 24 = 48$
Sind bei einer gemischten Punkt- und Strichrechnung auch Klammern vorhanden, so wird zuerst der Klammerinhalt berechnet. Anschließend wird die Punktrechnung und dann die Strichrechnung ausgeführt.	$8 \cdot (3 - 2) + 4 \cdot (16 - 5)$ $= 8 \cdot 1 + 4 \cdot 11$ $= 8 + 44 = 52$

1.1.2 Klammern

Mathematische Ausdrücke können mit Klammern zusammengefasst werden.

Regeln	Beispiel
Klammern, vor denen ein Pluszeichen steht, können weggelassen werden. Die Vorzeichen der Glieder bleiben dann unverändert.	$16 + (9 - 5)$ $= 16 + 9 - 5$ $= 20$
Klammern, vor denen ein Minuszeichen steht, können nur weggelassen werden, wenn alle Glieder in der Klammer entgegengesetzte Vorzeichen erhalten.	$16 - (9 - 5)$ $= 16 - 9 + 5$ $= 12$

1.2 Grundrechenarten

Rechenzeichen	Rechenart	Rechenvorgang	Beispiel	Zuordnung
+	Addition	Addieren / Zusammenzählen	24 + 6 = 30	Strichrechnung
−	Subtraktion	Subtrahieren / Abziehen	35 − 15 = 20	Strichrechnung
·	Multiplikation	Multiplizieren / Vervielfachen	3 · 7 = 21	Punktrechnung
:	Division	Dividieren / Teilen	18 : 6 = 3	Punktrechnung

Hinweis: Aufgaben können schriftlich, im Kopf oder mit dem Taschenrechner gelöst werden. Die nachfolgenden Aufgaben zu den Grundrechenarten werden schriftlich gelöst.

1.2.1 Schriftliche Addition und Subtraktion

Fallbeispiel 1

Auf einer Rolle Borte sind 33 m. Im Laufe eines Monats werden folgende Stücke abgeschnitten: 3 m, 1,25 m, 0,5 m, 2,5 m.
1.1 Berechnen Sie den Gesamtverbrauch.
1.2 Wie viel Meter Borte bleiben am Ende des Monats übrig?

Gegebene Daten:
Gesamtmenge	33,00 m
Verbrauch 1	3,00 m
Verbrauch 2	1,25 m
Verbrauch 3	0,50 m
Verbrauch 4	2,50 m

Gesuchte Daten:
1.1 Gesamtverbrauch
1.2 Restmenge

Schriftliche Lösung

1.1 Gesamtverbrauch:
```
   3,00 m
   1,25 m
   0,50 m
 + 2,50 m
   ───────
   7,25 m
```
Die Verbräuche werden addiert.

1.2 Restmenge:
```
  33,00 m
 − 7,25 m
  ───────
  25,75 m
```
Der Gesamtverbrauch wird von der Gesamtmenge subtrahiert.

Bei der schriftlichen Addition bzw. Subtraktion werden die Zahlen stellengleich untereinander geschrieben:

- Komma unter Komma
- Einer unter Einer
- Zehner unter Zehner usw.

dann wird von rechts unten nach oben addiert bzw. subtrahiert.

1.2.2 Schriftliche Multiplikation

Grundrechenarten

Fallbeispiel 2
An einer Bluse werden als Verschluss 8 Knöpfe angenäht.
Berechnen Sie, wie viele Knöpfe man für 22 Blusen benötigt.

Gegebene Daten:		Gesuchte Daten:
Zahl der Knöpfe pro Bluse	8	Gesamtzahl Knöpfe
Gesamtzahl Blusen	22	

Lösung
Gesamtzahl Knöpfe:
8 Knöpfe/Bluse · 22 Blusen = **176 Knöpfe**
8 · 2 =   16
8 · 2 =   + 16
176

Fallbeispiel 3
Für einen Anorak werden 1,50 m Stoff benötigt.
Berechnen Sie, wie viel Stoff für einen Auftrag von 46 Anoraks benötigt wird.

Gegebene Daten:		Gesuchte Daten:
Stoffverbrauch	1,50 m	Gesamter Stoffverbrauch
Gesamtzahl Anoraks	46	

Lösung
Gesamter Stoffverbrauch:
1,50 m Anorak · 46 Anoraks = **69 m**
1,5 · 4 =   6
1,5 · 6 = + 9
69

 Beim schriftlichen Multiplizieren wird der 1. Faktor mit dem zerlegten 2. Faktor multipliziert. An die Teilprodukte werden keine Nullen angehängt, sondern es wird eingerückt. Die Teilprodukte werden addiert.

1.2.3 Schriftliche Division

Fallbeispiel 4
In einem Bekleidungsbetrieb werden in 8 Arbeitsstunden 504 Hosen gefertigt.
Berechnen Sie, wie viele Hosen in einer Stunde gefertigt werden.

Gegebene Daten:		Gesuchte Daten:
Arbeitszeit	8 h	Produktion/h
Produktion	504 Hosen	

Lösung
Produktion/h:
504 Hosen : 8 h = **63 Hosen/h**
− 48   (= **6 · 8**)
24
− 24   (= **3 · 8**)
00

Fallbeispiel 5
Für ein Abendkleid werden 5,80 m Seidentaft bestellt. Der Stoff kostet insgesamt 696,00 €.
Wie teuer ist 1 m Seidentaft?

Gegebene Daten:		Gesuchte Daten:
Stoffmenge	5,80 m	Meterpreis
Gesamtkosten	696,00 €	

Lösung
Meterpreis:
696,00 € : 5,80 m	· 10
6960 € : 58 m = **120 €/m**
− 58   (= **1 · 58**)
1160
− 1160   (= **20 · 58**)
00

 Beim schriftlichen Dividieren werden schrittweise die Vielfachen des Divisors (Teiler) gebildet. Diese werden vom Dividenden (dem zu Teilenden) subtrahiert.

1.2.4 Übungsaufgaben

Grundrechenarten

Gehen Sie beim Lösen der folgenden Aufgaben in drei Schritten vor:
- Überschlagen Sie die Ergebnisse durch Kopfrechnen.
- Machen Sie zu jeder Aufgabe eine ausführliche schriftliche Lösung.
- Kontrollieren Sie die Ergebnisse mit dem Taschenrechner.

01 Addition

1 260 + 826;
5 698 + 4 567;
12 634 + 74 652 + 3 560;
435,9 + 735,8;
179,8 + 435,8 + 825,66 + 745,15

4 259,76 + 546,22;
4 466,45 + 234,9;
2 349,25 + 9 876,75;
546,99 + 345,7;

02 Subtraktion

125 − 89;
346 − 255;
245,5 − 128,7;
14 350 − 3 560 − 2 470;
97 864,9 − 56 947,3 − 3 452,8 − 7 545,3

6 785,56 − 1 300,87;
1 250 − 998;
466,8 − 347,2;
239,5 − 112,3 − 34,7;

03 Multiplikation

22 · 5;
34 · 94 · 6;
594 · 8;
3 247,7 · 23;

43 · 6;
234 · 5;
6 378 · 3;
521 · 243;

66 · 7;
567 · 4;
3 456,2 · 9;
24,78 · 128

04 Division

56 : 4;
712 : 4;
740 : 5;
704 : 32;

88 : 11;
85 : 5;
918 : 6;
1 344 : 112;

114 : 3;
816 : 6;
632 : 8;
2 546 : 36

05 Punkt- und Strichrechnung

74 : 2 + 64;
45 − 10 : 5;
456 − 6 : 55 − 5;
546 − 6 − 10 : 2;

23 · 6 − 56;
78 · 5 − 340;
5 467 − 67 : 72 − 36;
3 280 · 2 − 28 + 16

06 Klammerrechnung

4 · (7 + 8);
23 · 3 · (98 − 56);
(456 − 45) · (34 : 2) : (560 : 140)

(20 + 4) · (35 − 3);
28 : 7 · (45 − 32);

07 Eine Modeschneiderin benötigt für verschiedene Näharbeiten folgende Zeiten: 0,7 h, 1,8 h und 2,5 h.
Berechnen Sie, wie viel Zeit sie für andere Arbeiten übrig hat, wenn ihre tägliche Arbeitszeit 8 Stunden beträgt.

08 Der Monatslohn einer Näherin setzt sich aus den folgenden Beträgen zusammen: 1 296,00 € Grundlohn, 100,00 € Überstundenlohn. Die Abzüge betragen 423,87 €.
Berechnen Sie den Lohn, den sie ausbezahlt bekommt.

09 Für ein Sweatshirt werden folgende Nahtlängen bearbeitet: 2 · 0,13 m Schulternaht, 2 · 0,52 m Ärmeleinsetznaht, 2 · 1,25 m für die seitliche Schließnaht mit Ärmelschließnaht.
09.1 Berechnen Sie die gesamte Nahtlänge des Sweatshirts.
09.2 Wie viel Meter Naht werden bei einem Auftrag von 136 Sweatshirts bearbeitet?

10 Von einem Ballen Vliesstoff werden im Laufe eines Monats folgende Längen verbraucht: 0,2 m, 0,5 m, 0,45 m, 3 · 0,2 m und 6 · 0,65 m
10.1 Berechnen Sie den Gesamtverbrauch.
10.2 Berechnen Sie die Restmenge, wenn ursprünglich 8,00 m Vliesstoff auf dem Ballen waren.
10.3 Das Reststück soll für Bundeinlagen mit einer Breite von 0,08 m aufgeschnitten werden. Berechnen Sie die Anzahl der Bundeinlagen.

11 Eine Rolle Nähgarn kostet einzeln 2,40 €.
Eine Zehnerschachtel kostet 21,00 € und eine Schachtel mit 30 Garnrollen 56,00 €.
11.1 Berechnen die Ersparnis beim Kauf einer Zehnerschachtel und einer Schachtel mit 30 Garnrollen im Vergleich zum Kauf von Einzelrollen.
11.2 Berechnen Sie die Ersparnis beim Kauf einer Dreißigerschachtel zu drei Zehnerschachteln.

12 Ein Fertigungsbetrieb hat eine tägliche Kapazität von 160 Blusen. Es liegen folgende Aufträge vor: 560 Blusen, 380 Blusen, 840 Blusen, 1 320 Blusen und 550 Blusen.
12.1 Für wie viele volle Tage ist der Betrieb ausgelastet?
12.2 Berechnen Sie die Größe des Auftrags, die der Betrieb in der restlichen Woche noch bearbeiten kann, wenn eine Woche 5 Arbeitstage hat.

13 Für eine Bluse von Modell A werden 12 Knöpfe benötigt, für Modell B 15 Knöpfe.
Je Modell werden 900 Stück gefertigt.
13.1 Berechnen Sie die Knopfkosten pro Modell, wenn 1 Knopf 0,35 € kostet.
13.2 Berechnen Sie die Kosteneinsparung, wenn durch Vergrößerung des Knopfabstandes bei Modell B 2 Knöpfe eingespart werden können.

Mathematische Grundlagen

1.3 Darstellung von Lösungsgängen

1.3.1 Mathematische Begriffe

Begriff	Erklärung	Beispiel	
Größen	Größen sind messbare Eigenschaften. Der Wert einer Größe besteht in der Regel aus einem Zahlenwert, der mit einer Einheit multipliziert wurde.	Länge l	$= 5$ m $= 5 \cdot 1$ m
Einheiten	Einheiten geben den festgelegten Wert für Größen an.	m; kg; min; €; Stück	
Einheitengleichungen	Einheitengleichungen stellen Beziehungen zwischen Einheiten dar.	1 m = 1 000 mm 1 kg = 1 000 g	
Formelzeichen	Aus Buchstaben gebildete Zeichen für Größen nennt man Formelzeichen. Sie ersetzen Wörter und dienen zum Rechnen mit Formeln. Man schreibt sie *kursiv*.	l A m	für Längen für Flächen für Masse
Runden	Für das Auf- und Abrunden von Ergebnissen gelten die Regeln nach DIN 1333: Ist die über die angegebene Stellenzahl hinausgehende Ziffer 5 oder größer als 5, wird aufgerundet, ist die betreffende Ziffer kleiner als 5, wird abgerundet.	12,12 m 121,75 m² 1,746 kg	$\approx$ 12 m $\approx$ 122 m² $\approx$ 1,75 kg

1.3.2 Bearbeitung von Textaufgaben

Aufgabentext
Von einer Stoffrolle, auf der sich 28 m Stoff befinden, werden 2-mal 0,95 m, 1-mal 2,10 m und 1-mal 2,35 m abgeschnitten.
Berechnen Sie, wie viel m Stoff verbraucht werden und wie viel m Stoff übrig bleiben.

Schritt 1: Die Größen der Textaufgabe werden in gegebene und gesuchte Daten sortiert. Den Zahlenwerten werden die entsprechenden Einheiten zugeordnet.

Gegebene Daten:		Gesuchte Daten:
Gesamte Stoffmenge	28,00 m	• Stoffverbrauch
Stoffverbrauch	2 · 0,95 m	• Restmenge
	2,10 m	
	2,35 m	

Schritt 2: Es wird der Rechenweg festgelegt und überlegt, welche Einheit das Ergebnis haben muss.
• Durch Addition der Teilmengen erhält man den Stoffverbrauch in Meter (m).
• Durch die Subtraktion des Stoffverbrauchs von der Gesamtmenge erhält man die Restmenge in Meter (m).

Schritt 3: Es werden die gegebenen Größen eingesetzt, das Ergebnis wird ausgerechnet.
Stoffverbrauch = (2 · 0,95 m) + 2,10 m + 2,35 m
= **6,35 m**
Restmenge = 28 m − 6,35 m
= **21,65 m**

TIPP 1: Möglichst kleine Lösungsschritte bilden.
TIPP 2: Alle Nebenrechnungen aufschreiben.
TIPP 3: Vorher überlegen, welche Einheit das Ergebnis haben muss.

1.4 Maßeinheiten

Größe	Formelzeichen	Einheit	Kurzzeichen	Verhältnis zur Einheit	
Länge	*l*	**Meter**	m		
		Kilometer	km	1 km =	1 000 m
				1 m =	1/1 000 km
		Dezimeter	dm	1 dm =	1/10 m
				1 m =	10 dm
		Zentimeter	cm	1 cm =	1/100 m
				1 m =	100 cm
		Millimeter	mm	1 mm =	1/1 000 m
				1 m =	1000 mm
Fläche	*A*	**Quadratmeter**	m²		
		Quadratkilometer	km²	1 km² =	1 000 000 m²
			1 m²	=	1/1 000 000 km²
		Quadratdezimeter	dm²	1 dm² =	1/100 m²
			1 m²	=	100 dm²
		Quadratzentimeter	cm²	1 cm² =	1/10 000 m²
			1 m²	=	10 000 cm²
		Quadratmillimeter	mm²	1 mm² =	1/1 000 000 m²
			1 m²	=	1 000 000 mm²
Masse	*m*	**Kilogramm**	kg		
		Tonne	t	1 t =	1000 kg
				1 kg =	1/1 000 t
		Gramm	g	1 g =	1/1 000 kg
				1 kg =	1000 g
		Milligramm	mg	1 mg =	1/1 000 000 kg
				1 kg =	1 000 000 mg
Volumen	*V*	**Kubikmeter**	m³		
		Kubikdezimeter*	dm³	1 dm³ =	1/1 000 m³
				1 m³ =	1000 dm³
		Kubikzentimeter	cm³	1 cm³ =	1/1 000 000 m³
				1 m³ =	1 000 000 cm³
Zeit	*t*	**Sekunde**	s		
		Minute	min	1 min =	60 s
				1 s =	1/60 min
		Stunde	h	1 h	= 60 min · 60 s/min
		Tag	d	1 d	= 24 h · 60 min/h · 60 s/min

* **Hinweis:** Ein Kubikdezimeter entspricht einem Liter: 1 dm³ ≙ 1 *l*

1.5 Maßumwandlung

1.5.1 Längeneinheiten

Bei Längeneinheiten ist die Umrechnungszahl 10

m	dm	cm	mm
1 m	10 dm	100 cm	1 000 mm
0,1 m	1 dm	10 cm	100 mm
0,01 m	0,1 dm	1 cm	10 mm
0,001 m	0,01 dm	0,1 cm	1 mm

> ⚠ Bei der Umrechnung der Längeneinheiten rückt das Komma von Einheit zu Einheit um eine Stelle. Der Wert vergrößert sich um das Zehnfache bzw. verkleinert sich auf ein Zehntel.

Beispiele für die Umrechnung von Längeneinheiten

Umrechnung in größere Einheiten		Umrechnung in kleinere Einheiten	
185,4 mm = 18,54 cm	← 1 Stelle nach links	1 Stelle nach rechts →	67,5 cm = 675 mm
86,7 cm = 8,67 dm	← 1 Stelle nach links	1 Stelle nach rechts →	20,2 dm = 202 cm
12,68 dm = 1,268 m	← 1 Stelle nach links	1 Stelle nach rechts →	5,75 m = 57,5 dm

1.5.2 Flächeneinheiten

Bei Flächeneinheiten ist die Umrechnungszahl 100

m^2	dm^2	cm^2	mm^2
1 m^2	100 dm^2	10 000 cm^2	1 000 000 mm^2
0,01 m^2	1 dm^2	100 cm^2	10 000 mm^2
0,0001 m^2	0,01 dm^2	1 cm^2	100 mm^2
0,000001 m^2	0,0001 dm^2	0,01 cm^2	1 mm^2

> ⚠ Bei der Umrechnung der Flächeneinheiten rückt das Komma von Einheit zu Einheit um zwei Stellen. Der Wert vergrößert sich um das Hundertfache bzw. verkleinert sich auf ein Hundertstel.

Beispiele für die Umrechnung von Flächeneinheiten

Umrechnung in größere Einheiten		Umrechnung in kleinere Einheiten	
185,4 mm^2 = 1,854 cm^2	← 2 Stellen nach links	2 Stellen nach rechts →	67,5 m^2 = 6750 dm^2
180,5 cm^2 = 1,805 dm^2	← 2 Stellen nach links	2 Stellen nach rechts →	18,6 dm^2 = 1860 cm^2
18,98 dm^2 = 0,1898 m^2	← 2 Stellen nach links	2 Stellen nach rechts →	4,5 cm^2 = 450 mm^2

1.5.3 Masseeinheiten

Maßumwandlung

Bei Masseeinheiten ist die Umrechnungszahl 1 000			
t	kg	g	mg
1 t	1 000 kg	1 000 000 g	10^9 mg
0,001 t	1 kg	1 000 g	10^6 mg
10^{-6} t	0,001 kg	1 g	1 000 mg
10^{-9} t	10^{-6} kg	0,001 g	1 mg

3 Stellen ← → 3 Stellen ← → 3 Stellen

! *Bei der Umrechnung von Masseeinheiten rückt das Komma von Einheit zu Einheit um drei Stellen. Der Wert vergrößert sich um das Tausendfache bzw. verkleinert sich auf ein Tausendstel.*

Beispiele für die Umrechnung von Masseeinheiten

Umrechnung in größere Einheiten	Umrechnung in kleinere Einheiten
185,4 mg = 0,185 4 g ← 3 Stellen nach links	3 Stellen nach rechts → 67,5 kg = 67 500 g
1 235,8 g = 1,235 8 kg ← 3 Stellen nach links	3 Stellen nach rechts → 570,0 g = 570 000 mg

1.5.4 Volumeneinheiten

Bei Volumeneinheiten ist die Umrechnungszahl 1 000			
m^3	dm^3	cm^3	mm^3
1 m^3	1000 dm^3	1 000 000 cm^3	10^9 mm^3
0,001 m^3	1 dm^3	1 000 cm^3	10^6 mm^3
0,000 001 m^3	0,001 dm^3	1 cm^3	1 000 mm^3
10^{-9} m^3	10^{-6} dm^3	0,001 cm^3	1 mm^3

3 Stellen ← → 3 Stellen ← → 3 Stellen

! *Bei der Umrechnung von Volumeneinheiten rückt das Komma von Einheit zu Einheit um drei Stellen. Der Wert vergrößert sich um das Tausendfache bzw. verkleinert sich auf ein Tausendstel.*

Beispiele für die Umrechnung von Volumeneinheiten

Umrechnung in größere Einheiten	Umrechnung in kleinere Einheiten
185,4 mm^3 = 0,185 4 cm^3 ← 3 Stellen nach links	3 Stellen nach rechts → 67,5 m^3 = 67 500 dm^3
1200 cm^3 = 1,200 dm^3 ← 3 Stellen nach links	3 Stellen nach rechts → 2,1 dm^3 = 2 100 cm^3
15,45 dm^3 = 0,015 45 m^3 ← 3 Stellen nach links	3 Stellen nach rechts → 5 cm^3 = 5 000 mm^3

1.5.5 Zeiteinheiten

Maßumwandlung

Bei Zeiteinheiten ist die Umrechnungszahl 60		
h	min	s
1 h	60 min	3600 s
$0{,}01\overline{6}$ h $= \frac{1}{60}$ h	1 min	60 s
$0{,}000 2\overline{7}$ h $= \frac{1}{60 \cdot 60}$ h	$0{,}01\overline{6}$ min $= \frac{1}{60}$ min	1 s

> **!** Bei der Umrechnung von Zeiteinheiten vergrößert sich der Wert um den Faktor 60 bzw. verkleinert sich der Wert um den Divisor 60.

Beispiele für die Umrechnung von Zeiteinheiten

Umrechnung in größere Einheiten		Umrechnung in kleinere Einheiten	
185,4 s ≙ 3,09 min	← dividiert durch 60	multipliziert mit 60 →	67,5 h ≙ 4050 min
15,6 min ≙ 0,26 h	← dividiert durch 60	multipliziert mit 60 →	36 min ≙ 2160 s

Zeitumrechnung

Beispiel 1

13,455 h
= **13 h** Rest 0,455 h
      0,455 h · 60 min/h = 27,3 min
      = **27 min** Rest 0,3 min
            0,3 min · 60 s/min
            = **18 s**

⇒ 13 h   27 min   18 s

Beispiel 2

1620,6 min : 60 min/h = 27,01 h
= **27 h** Rest 0,01 h
      0,01 h · 60 min/h = 0,6 min
      = **0 min** Rest 0,6 min
            0,6 min · 60 min/s
            = **36 s**

⇒ 27 h   0 min   36 s

Fallbeispiel 1

Für die Fertigung einer Bluse benötigt eine Modeschneiderin 135 Minuten.
Wie viele Stunden und Minuten benötigt sie für einen Auftrag von 17 Blusen?

Gegebene Daten:

Stückzahl	Zeit
1 Bluse	135 min
17 Blusen	x

Gesuchte Daten:
Fertigungszeit in h und min

Lösung

Fertigungszeit in min $= \dfrac{135 \text{ min} \cdot 17 \text{ Blusen}}{1 \text{ Bluse}}$

            = 2295 min

Zahl der Stunden = 2295 min : 60 min/h
            = 38,25 h
            = **38 h** Rest 0,25 h

Zahl der Minuten = 0,25 h · 60 min/h
            = **15 min**

Die Fertigungszeit beträgt 38 h und 15 min.

1.5.6 Übungsaufgaben — Maßumwandlung

01 Umrechnung von Längenmaßen

01.1 in m: 100 cm; 75 mm; 31 dm; 17,5 cm; 9 mm; 6,5 km; 152 mm; 19,6 dm; 1 mm; 4,5 dm; 260 cm; 740 cm

01.2 in dm: 9,8 m; 235 cm; 13 mm; 4,031 m; 0,7 cm; 1316 mm; 5 mm; 23,5 m; 26,7 cm; 130 m; 240 mm; 20 cm

01.3 in cm: 3,7 m; 39,6 dm; 16,5 mm; 2,04 dm; 13,007 m; 0,3 m; 14 dm; 0,75 dm; 12,8 m; 125 dm; 268 mm; 122,2 mm; 31,5 dm

01.4 in mm: 1,75 m; 3,6 cm; 19 dm; 0,0006 m; 1,005 m; 639 cm; 13,75 dm; 7,58 dm; 0,075 dm; 12,6 cm; 0,88 cm; 0,35 m; 2,13 dm

02 Umrechnung von Flächenmaßen

02.1 in dm^2 und cm^2: 1,45 m^2; 0,265 m^2; 14,70 m^2; 2,052 05 m^2; 0,056 m^2; 0,09 m^2; 3 103 mm^2; 2,8 m^2; 568 mm^2; 228 m^2; 312 500 mm^2

02.2 in cm^2 und mm^2: 2,40 dm^2; 0,308 dm^2; 21,31 dm^2; 30,073 17 dm^2; 0,042 dm^2; 0,07 dm^2; 0,8 m^2; 25 dm^2; 0,007 8 m^2

02.3 in m^2: 175 dm^2; 2670 dm^2; 90 dm^2; 61,50 dm^2; 24 405 dm^2; 70 cm^2; 6,009 cm^2; 0,81 dm^2; 136 520 cm^2

02.4 in dm^2: 61 720 cm^2; 5 468 cm^2; 307 cm^2; 23 cm^2; 430 mm^2; 26 mm^2; 0,8 mm^2; 1 860 cm^2; 920 mm^2

03 Umrechnung von Gewichtsmaßen

03.1 in t: 3 650 kg; 589,76 kg; 120 460 g; 350 kg; 46 786 g; 25 300 kg; 7 500 kg; 2 000 000 g; 20 g; 0,46 kg

03.2 in kg: 2,1 t; 0,46 t; 0,075 t; 221 t; 12 000 g; 6 000 000 mg; 550 g; 8 000 g; 125 000 g; 23 680 mg; 6 583 mg

03.3 in g: 1,5 t; 450 kg; 15 000 mg; 0,43 t; 0,056 kg; 64 kg; 980 mg; 0,000 48 t; 55 kg; 2 560 mg; 40 800 mg

03.4 in mg: 21 g; 0,0005 kg; 0,56 g; 0,888 kg; 4,5 g; 720 g; 0,004 kg; 0,80 g; 0,05 t; 0,38 kg; 34 kg; 0,0075 kg

04 Umrechnung von Volumenmaßen

04.1 in m^3: 115 cm^3; 63 mm^3; 1957 mm^3; 13,5 dm^3; 12 856,3 cm^3; 0,785 367 dm^3; 125 450 mm^3

04.2 in dm^3: 3 mm^3; 16 715 m^3; 10,753 927 m^3; 129 865 mm^3; 17,5 m^3; 0,343 m^3; 1,4 m^3

04.3 in cm^3: 10 m^3; 29,5 dm^3; 41,000 250 m^3; 167 925 mm^3; 125 mm^3; 28,5 m^3 37,4 dm^3; 5 mm^3; 0,02 m^3

04.4 in mm^3: 2 cm^3; 15 dm^3; 127 m^3; 28,350 cm^3; 397,249 m^3; 13,6 cm^3; 0,5 dm^3; 0,725 m^3 0,0089 m^3

05 Umrechnung von Zeitmaßen

05.1 in h: 8560 min; 123 000 s; 45 min; 1,8 min; 480,6 min; 32 000 s; 36 000 min; 375,8 min

05.2 in min: 3,2 h; 0,3 h; 0,0045 h; 234 s; 600 s; 450 h; 360 s; 120 000 s; 0,056 h; 85,6 h; 7,58 h

05.3 in s: 0,0072 h; 0,6 min; 460 min; 1,8 h; 0,5 min; 0,88 h; 124 000 min; 24,5 h; 33,8 min

05.4 in h, min und s: 1,72 h; 125 000 min; 28,36 h; 42,74 h; 2 800 min; 24 600 min; 3 680 000 s

06 Von einem Ballen Seidentaft wurden folgende Stücke als Futter verarbeitet: 3-mal 1,65 m, 4-mal 75 cm, 10-mal 64 cm und 5-mal 1,30 m. Wie viel Meter Futterstoff befanden sich auf dem Ballen?

07 Eine Modeschneiderin bearbeitet in einer Stunde folgende Nahtlängen: 20-mal 5 cm, 15-mal 1,10 m und 6-mal 46 cm. Berechnen Sie die gesamte Nahtlänge, die bearbeitet wurde.

08 Die Seitenlängen eines rechteckigen Tisches sind 1,2 m und 0,8 m. Die Tischdecke soll an allen Seiten 20 cm Überhang haben. Berechnen Sie den Umfang der Tischdecke.

09 Ein Seidenkokon hat einen Ertrag von ca. 2,4 g Rohseide. Wie viele Seidenkokons werden benötigt, wenn 350 kg Rohseide erzielt werden sollen?

10 Für die Fertigung einer Hose benötigt die Näherin A 4 Stunden und 26 Minuten. Näherin B benötigt 286 Minuten. Welche Näherin war mit der Hose schneller fertig?

11 Zum Aufnähen einer Hemdtasche sind 2,2 min erforderlich. Berechnen Sie die Fertigungszeit in Stunden und Minuten, die benötigt wird, um 620 Hemdtaschen aufzunähen.

12 Zum Einarbeiten eines Paspelknopflochs werden 8,6 min benötigt. Es werden 236 Knopflöcher bearbeitet. Berechnen Sie die Arbeitszeit in Stunden, Minuten und Sekunden.

1.6 Einsatz des Taschenrechners

Einfache Taschenrechner haben ein Bedien- und Anzeigenfeld. Das Bedienfeld besteht aus Ziffern-, Rechen- und Funktionstasten.

Anzeigenfeld Die eingegebenen Zahlen und die Rechenergebnisse können an der Anzeige abgelesen werden.

Zifferntastenfeld Die Anordnung der Zifferntasten ist international genormt und deshalb auf allen Taschenrechnern gleich.

1.6.1 Einfacher Taschenrechner

Rechentasten		Funktionstasten	
+	Additionstaste	M+	Addition zum Speicherinhalt
×	Multiplikationstaste	M–	Subtraktion vom Speicherinhalt
–	Subtraktionstaste	MRC	Rückruf vom Speicherinhalt
:	Divisionstaste	%	Prozent
=	Ergebnistaste	√	Quadratwurzel
.	Kommataste	C	Löschtaste für die letzte Eingabe
+/–	Vorzeichenwechsel	AC	Gesamtlöschtaste

Einfache Taschrechner können in der Regel keine Punkt- vor Strichrechnung durchführen, dies muss bei der Eingabe berücksichtigt werden.

1.6.2 Taschenrechner mit erweiterter Ausstattung

Taschenrechner mit erweiterter Austattung haben im Bedienfeld zusätzliche Funktionstasten.

Beispiele

INV	Umkehrfunktion	π	Konstante (Pi)
x^2	Quadrat	1/x	Kehrwert
log	10er-Logarithmus	[( )]	Klammern
ln	natürlicher Logarithmus	MIN	Eingabe in den Speicher[1]
x^y	Potenzen		
sin	Sinus	MR	Rückruf vom Speicherinhalt
cos	Cosinus		
tan	Tangens	EXP	Zehnerpotenz

Einige dieser Funktionstasten sind bei den verschiedenen Fabrikaten unterschiedlich gekennzeichnet, so kann z. B. RCL[2] oder RM für Rückruf, STO[3] die Speicherfunktion übernehmen.

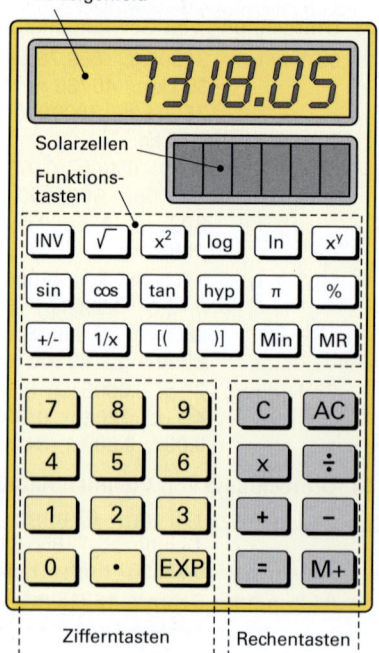

---
[1] engl. memory = Speicher
[2] engl. recall = Rückruf; 3) engl. store = Speicher

1.6.3 Grundrechenarten mit dem Taschenrechner

Einsatz des Taschenrechners

Die elektronischen Taschenrechner arbeiten nach dem mathematischem Rechensystem, wobei die Tastenfolge bei der Eingabe der mathematischen Schreibweise entspricht.

Addition und Subtraktion

Taste	Beschreibung
+ Additionstaste	Weist den Rechner an, die eingegebene und angezeigte Zahl zur nächsten eingegebenen Zahl zu addieren.
− Subtraktionstaste	Weist den Rechner an, die eingegebene und angezeigte Zahl zur nächsten eingegebenen Zahl zu subtrahieren.
= Ergebnistaste	Durch Drücken der Ergebnistaste wird der Rechenvorgang abgeschlossen und das Ergebnis angezeigt.

Fallbeispiel 1   62,23 + 27,11 + 25,032 = ?

Eingabe	AC	62,23	+	27,11	+	25,032	=
Anzeige	0	62,23	62,23	27,11	89,34	25,032	**114,372**

Fallbeispiel 2   923,8 − 23,42 − 11,02 = ?

Eingabe	AC	923,8	−	23,42	−	11,02	=
Anzeige	0	923,8	923,8	23,42	900,38	11,02	**889,36**

Division und Multiplikation

Taste	Beschreibung
× Multiplikationstaste	Weist den Rechner an, die eingegebene und angezeigte Zahl mit der nächsten eingegebenen Zahl zu multiplizieren.
: Divisionstaste	Weist den Rechner an, die eingegebene und angezeigte Zahl mit der nächsten eingegebenen Zahl zu dividieren.
= Ergebnistaste	Durch Drücken der Ergebnistaste wird der Rechenvorgang abgeschlossen und das Ergebnis angezeigt.

Fallbeispiel 3   23,7 · 0,07 · 74,2 = ?

Eingabe	AC	23,7	×	0,07	×	74,2	=
Anzeige	0	23,7	23,7	0,07	1,659	74,2	**123,0978**

Fallbeispiel 4   794 : 2 : 11,5 = ?

Eingabe	AC	794	:	2	:	11,5	=
Anzeige	0	794	794	2	397	11,5	**≈ 34,52**

Fallbeispiel 5   548 : 2 + 756 · 15 − 68 · 89 = ?   *(Lösung mittels Taschenrechner mit erweiterter Ausstattung)*

Eingabe	AC	548	:	2	+	756	×
Anzeige	0	548	548	2	274	756	756

Eingabe	15	−	68	×	89	=
Anzeige	15	11614	68	68	89	**5562**

1.6.4 Speicherbenutzung   Einsatz des Taschenrechners

 Das Notieren und die nochmalige Eingabe der Zwischenergebnisse wird überflüssig. Wenn eine Zahl im Speicher gespeichert ist, erscheint ein Symbol, häufig „M" in der Anzeige.

Speicherbenutzung mit dem einfachen Taschenrechner

Taste		Beschreibung
M+	Addition zum Speicherinhalt	Weist den Rechner an, zum letzten gespeichertem Ergebnis das neue Ergebnis zu addieren.
M–	Subtraktion zum Speicherinhalt	Weist den Rechner an, vom letzten gespeichertem Ergebnis das neue Ergebnis zu subtrahieren.
MR	Speicherrückruf	Weist den Rechner an, das gespeicherte Ergebnis abzurufen.

Fallbeispiel 6 $6,5 \cdot 28,40 + 4,25 \cdot 1,80 - 12,5 \cdot 6,10 = ?$

Eingabe	AC	6,5	×	28,4	M+	4,25	×
Anzeige	0	6,5	6,5	28,4	184,6	4,25	4,25
Eingabe	1,8	M+	12,5	×	6,1	M–	MR
Anzeige	1,8	7,65	12,5	12,5	6,1	76,25	**116**

Speicherbenutzung mittels Taschenrechner mit erweiterer Ausstattung

Taste		Beschreibung
MIN	Speichereingabe	Weist den Rechner an, das letzte angezeigte Ergebnis zu speichern.
M+	Addition zum Speicherinhalt	Weist den Rechner an, zum letzten gespeicherten Ergebnis das neue Ergebnis zu addieren.
M–	Subtraktion vom Speicherinhalt	Weist den Rechner an, vom letzten gespeicherten Ergebnis das neue Ergebnis zu subtrahieren.
MR	Speicherrückruf	Weist den Rechner an, das gespeicherte Ergebnis abzurufen.

Fallbeispiel 7 $(1,73 \cdot 1,24 + \frac{1,73 \cdot 0,85}{2}) \cdot x = ?$ für $x = 2,24$ und $3,56$

Eingabe	AC MIN	1,73	×	1,24	+	1,73	×
Anzeige	0	1,73	1,73	1,24	2,1452	1,73	1,73
0,85	:	2	=	MIN	×	2,24	=
0,85	1,4705	2	2,88045	2,88045M	2,88045M	2,24M	**6,452208M**

Im Speicher befindet	C	3,56	×	MR	=
sich der Klammerwert.	0 M	3,56M	3,56 M	2,88045M	**10,254402M**

1.7 Umstellen von Formeln

Mathematische Gesetze und Zusammenhänge lassen sich durch **Formeln** darstellen. **Formeln (Größengleichungen)** stellen die Beziehungen zwischen Größen dar.

Man kann eine Gleichung (Formel) mit einer Waage im Gleichgewicht vergleichen. Jede Gleichung besteht aus drei Teilen:

- **Linke Seite**
- **Gleichheitszeichen**
- **Rechte Seite**

Die Waage bleibt im Gleichgewicht, wenn die Inhalte der rechten und der linken Waagschale vertauscht werden. Ebenso kann man die Seiten einer Gleichung (Formel) vertauschen, ohne dass sich am Wert der Gleichung etwas ändert.

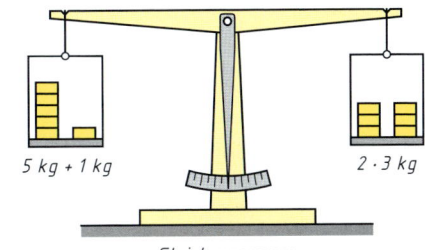

Gleichungswaage

Wird der Inhalt einer Waagschale verändert, so bleibt die Waage nur dann im Gleichgewicht, wenn der Inhalt der anderen Waagschale ebenso verändert wird.

Hierfür gelten folgende **Regeln**:

- Verändert man eine Seite der Gleichung, so muss man auch die andere Seite um den **gleichen** Wert verändern.
- Soll eine Gleichung nach der gesuchten, unbekannten Größe umgestellt werden, formt man die Gleichung so um, dass die gesuchte Größe **allein** auf der **linken** Seite steht und **positiv** ist.
- Stellt man eine Größe einer Gleichung von der einen Seite der Gleichung auf die andere Seite, so erhält sie das **entgegengesetzte Rechenzeichen** (das Vorzeichen kehrt sich um).

Rechenart	Zahlenbeispiel	Anwendungsbeispiel
Addieren **Subtrahieren**	$x + 7 = 18$ $x + 7 = 18 \quad \vert -7$ $x + 7 - 7 = 18 - 7$ $x = 18 - 7$ $ = 11$	Die Formel für den Umfang eines Vielecks soll zur gesuchten Seite a umgestellt werden: $U = a + b + c + d \quad \vert -b \vert -c \vert -d$ $U - b - c - d = a + b - b + c - c + d - d$ $U - b - c - d = a$ $a = U - b - c - d$
Multiplizieren	$6 \cdot x = 23 \quad \vert : 6$ $\dfrac{6 \cdot x}{6} = \dfrac{23}{6}$ $x = \dfrac{23}{6}$ $ = 3\dfrac{5}{6}$	Die Formel zur Ermittlung des Durchmessers eines Kreises soll nach dem Umfang des Kreises umgestellt werden: $d = \dfrac{U}{\pi} \quad \vert \cdot \pi$ $d \cdot \pi = \dfrac{U \cdot \pi}{\pi}$ $d \cdot \pi = U \quad \Rightarrow \quad \mathbf{U = d \cdot \pi}$
Dividieren	$\dfrac{y}{3} = 7 \quad \vert \cdot 3$ $\dfrac{y \cdot 3}{3} = 7 \cdot 3$ $y = 7 \cdot 3$ $ = 21$	Die Formel für den Umfang eines Quadrates soll zur gesuchten Seite a umgestellt werden: $U = 4 \cdot a \quad \vert : 4$ $\dfrac{U}{4} = \dfrac{4 \cdot a}{4}$ $\dfrac{U}{4} = a \quad \Rightarrow \quad \mathbf{a = \dfrac{U}{4}}$

1.8 Bruchrechnung

Ein Bruch ist ein **Teil eines Ganzen**.

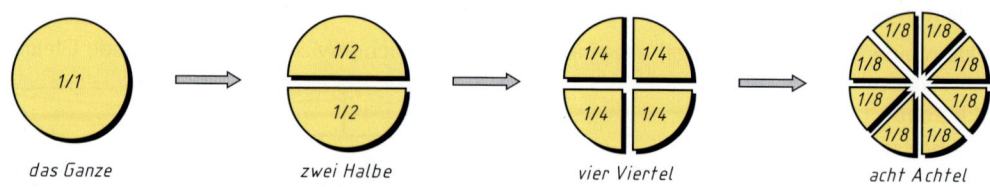

das Ganze — zwei Halbe — vier Viertel — acht Achtel

Darstellung eines Bruches: $\dfrac{\text{Zahl über dem Bruchstrich}}{\text{Zahl unter dem Bruchstrich}} = \dfrac{\text{Zähler}}{\text{Nenner}}$ **Beispiel:** $\dfrac{2}{3}$

1.8.1 Arten von Brüchen

Echter Bruch < 1	Unechter Bruch > 1	Gemischte Zahl	Gleichnamige Brüche	Ungleichnamige Brüche	Scheinbruch
$\dfrac{1}{3}$	$\dfrac{5}{4}$	$1\dfrac{1}{4}$	$\dfrac{1}{8}\quad\dfrac{3}{8}\quad\dfrac{5}{8}$	$\dfrac{1}{3}\quad\dfrac{1}{5}\quad\dfrac{1}{7}$	$\dfrac{3}{1}$
Zähler kleiner als Nenner	Zähler größer als Nenner	Ganze Zahl mit Bruch	Nenner gleich	Nenner ungleich	Nenner gleich 1

Gemeiner Bruch: Bruch, der mit Zähler, Nenner und Bruchstrich dargestellt ist.
Beispiel: $\dfrac{1}{4}$

Dezimalbruch: Bruch, der als **Dezimalzahl** dargestellt ist.
Beispiel: 0,25 statt $\dfrac{1}{4}$

1.8.2 Erweitern und Kürzen von Brüchen

Regeln	Zahlenbeispiel
Beim **Erweitern** werden Zähler und Nenner mit der gleichen Zahl multipliziert.	$\dfrac{1}{4} = \dfrac{1 \cdot 6}{4 \cdot 6} = \dfrac{6}{24}$
Beim **Kürzen** werden Zähler und Nenner durch die gleiche Zahl dividiert.	$\dfrac{6}{24} = \dfrac{6:6}{24:6} = \dfrac{1}{4}$
Summen oder Differenzen von Zähler oder Nenner sind vor dem Kürzen oder Erweitern zu berechnen.	$\dfrac{6-3}{10+5} = \dfrac{3}{15} = \dfrac{3:3}{15:3} = \dfrac{1}{5}$

1.8.3 Addieren und Subtrahieren von Brüchen — Bruchrechnung

Regeln	Rechenbeispiel
Addition oder Subtraktion **gleichnamiger Brüche** • die Zähler werden addiert oder subtrahiert • die Nenner bleiben unverändert	$\dfrac{5}{8} + \dfrac{2}{8} - \dfrac{1}{8} = \dfrac{5+2-1}{8} = \dfrac{6}{8} = \dfrac{3}{4}$
Addition oder Subtraktion **ungleichnamiger Brüche** • die Brüche werden durch Erweitern auf den **Hauptnenner** gebracht • danach werden die Zähler addiert oder subtrahiert	$\dfrac{1}{2} + \dfrac{2}{3} - \dfrac{3}{4} \Rightarrow$ Hauptnenner 12 $= \dfrac{1 \cdot 6}{2 \cdot 6} + \dfrac{2 \cdot 4}{3 \cdot 4} - \dfrac{3 \cdot 3}{4 \cdot 3}$ ⚠ $= \dfrac{6}{12} + \dfrac{8}{12} - \dfrac{9}{12} = \dfrac{6+6-9}{12} = \dfrac{5}{12}$

Hauptnennerermittlung:

Für jeden einzelnen Nenner wird die Zahl ermittelt, die durch Multiplizieren mit dem Zähler und Nenner zum kleinsten gemeinsamen Vielfachen (KGV) führt.

1.8.4 Multiplizieren von Brüchen

Regeln	Rechenbeispiel
Multiplikation einer **ganzen Zahl** mit einem **Bruch** • der Zähler des Bruches wird mit der ganzen Zahl multipliziert • der Nenner bleibt unverändert	$4 \cdot \dfrac{2}{3} = \dfrac{4 \cdot 2}{1 \cdot 3} = \dfrac{8}{3}$
Multiplikation **eines Bruches** mit einem anderen **Bruch** • der Zähler wird mit dem Zähler multipliziert • der Nenner wird mit dem Nenner multipliziert	$\dfrac{3}{5} \cdot \dfrac{2}{7} = \dfrac{3 \cdot 2}{5 \cdot 7} = \dfrac{6}{35}$
Multiplikation einer **gemischten Zahl** mit einem **Bruch** • die gemischte Zahl wird in einen unechten Bruch umgewandelt • dann wird der Zähler mit dem Zähler multipliziert • der Nenner wird mit dem Nenner multipliziert	$4\dfrac{1}{2} \cdot \dfrac{1}{3} = \dfrac{9}{2} \cdot \dfrac{1}{3} = \dfrac{9 \cdot 1}{2 \cdot 3} = \dfrac{9}{6} = \dfrac{3}{2}$

1.8.5 Dividieren von Brüchen

Regeln	Rechenbeispiel
Division eines Bruches durch eine ganze Zahl • der Nenner des Bruches wird mit der ganzen Zahl multipliziert • der Zähler bleibt unverändert	$\frac{1}{4} : 3 = \frac{1}{4 \cdot 3} = \frac{1}{12}$
Division einer ganzen Zahl mit einem Bruch • die ganze Zahl wird mit dem Kehrwert des Bruches multipliziert ⚠ *Den Kehrwert erhält man, indem man Zähler und Nenner vertauscht.*	$5 : \frac{3}{4} = 5 \cdot \frac{4}{3} = \frac{5 \cdot 4}{1 \cdot 3} = \frac{20}{3} = 6\frac{2}{3}$
Division eines Bruches mit einem anderen Bruch • der erste Bruch wird mit dem Kehrwert des zweiten Bruches multipliziert	$\frac{3}{4} : \frac{3}{5} = \frac{3}{4} \cdot \frac{5}{3} = \frac{3 \cdot 5}{4 \cdot 3} = \frac{15}{12} = \frac{5}{4}$

1.8.6 Umwandeln von Brüchen

Regeln	Rechenbeispiel
Umwandlung eines gemeinen Bruches in eine Dezimalzahl • der Zähler wird durch den Nenner dividiert	$\frac{3}{4} = 3 : 4 = 0{,}75$
Umwandlung einer Dezimalzahl in einen gemeinen Bruch • die Dezimalzahl wird in einen Scheinbruch verwandelt • Zähler und Nenner werden so oft mit 10 erweitert, bis kein Komma mehr im Zähler enthalten ist • Zähler und Nenner werden durch die größtmögliche Zahl gekürzt	$0{,}75 = \frac{0{,}75}{1} \cdot \frac{7{,}5}{10} \cdot \frac{10}{10} = \frac{75 : 25}{100 : 25} = \frac{3}{4}$
Umwandlung einer gemischten Zahl in einen unechten Bruch • die ganze Zahl wird mit dem Nenner des Bruches multipliziert • dann werden beide Brüche addiert	$2\frac{1}{3} = 2 \cdot \frac{3}{3} + \frac{1}{3} = \frac{6}{3} + \frac{1}{3} = \frac{7}{3}$
Umwandlung eines unechten Bruches in eine gemischte Zahl • der Zähler des unechten Bruches wird durch den Nenner dividiert • das ganze Ergebnis ergibt die ganze Zahl der gemischten Zahl • der Rest wird in den Zähler des Bruches geschrieben • der Nenner bleibt unverändert	$\frac{13}{5} = (13 : 5 = 2 \text{ Rest } 3) = 2\frac{3}{5}$

1.8.7 Übungsaufgaben — Bruchrechnung

01 Addition von Brüchen

$\frac{1}{3} + \frac{4}{3} + \frac{6}{3}; \quad \frac{3}{4} + \frac{1}{2}; \quad \frac{6}{7} + \frac{5}{2} + \frac{3}{4};$

$\frac{1}{5} + \frac{5}{6} + \frac{4}{9} + \frac{3}{12} + \frac{5}{7}; \quad \frac{3}{4} + \frac{4}{5} + \frac{3}{8} + \frac{1}{2} + \frac{2}{20}$

02 Subtraktion von Brüchen

$\frac{6}{10} - \frac{2}{10} - \frac{1}{10}; \quad \frac{3}{4} - \frac{1}{3} - \frac{2}{6}; \quad \frac{5}{6} - \frac{1}{12} - \frac{1}{24};$

$\frac{3}{2} - \frac{5}{6} - \frac{1}{4} - \frac{2}{12}; \quad \frac{5}{4} - \frac{1}{2} - \frac{2}{5} - \frac{2}{10}$

03 Multiplikation von Brüchen

$\frac{2}{4} \cdot \frac{3}{4}; \quad \frac{5}{6} \cdot \frac{1}{6} \cdot \frac{3}{6}; \quad \frac{1}{2} \cdot \frac{2}{4} \cdot \frac{1}{6}; \quad \frac{9}{12} \cdot \frac{7}{8} \cdot \frac{10}{14}$

$\frac{2}{12} \cdot \frac{1}{24} \cdot \frac{4}{5}; \quad \frac{5}{6} \cdot \frac{1}{4} \cdot \frac{2}{7} \cdot \frac{5}{8}$

04 Division von Brüchen

$\frac{2}{4} : \frac{1}{4}; \quad \frac{5}{6} : \frac{3}{4}; \quad \frac{11}{12} : \frac{1}{2}; \quad \frac{28}{66} : \frac{5}{8}$

Teilen Sie jeweils durch 7

$\frac{6}{7}; \quad \frac{12}{15}; \quad \frac{27}{35}; \quad \frac{12}{98}; \quad \frac{60}{77}; \quad \frac{116}{20}$

Teilen Sie jeweils durch $\frac{3}{5}$

$7\frac{2}{5}; \quad 8\frac{7}{9}; \quad 14\frac{1}{6}; \quad 9\frac{20}{30}; \quad 15\frac{35}{46}$

05 Umwandlung in Dezimalzahlen

$\frac{1}{4}; \quad \frac{4}{15}; \quad \frac{1}{3}; \quad \frac{3}{7}; \quad \frac{1}{6}; \quad \frac{5}{8}; \quad \frac{16}{16}; \quad \frac{26}{32}$

$\frac{1}{21}; \quad \frac{7}{29}; \quad \frac{11}{125}; \quad \frac{38}{45}; \quad \frac{97}{12}; \quad \frac{128}{144}$

06 Kombinierte Aufgaben

$3\frac{3}{4} - 5\frac{7}{8} - \frac{2}{3} + 9\frac{4}{5}; \quad \frac{1}{6} \cdot \frac{1}{3} + \frac{2}{4};$

$\frac{13{,}5 \cdot 6{,}5}{42{,}8 - 12{,}8} - \frac{48 + 12}{50}; \quad 2\frac{1}{2} : \frac{2}{3} + \frac{3}{5}$

$4\frac{1}{4} + 10 + \frac{3}{4} + 5\frac{3}{4}; \quad 2\frac{1}{4} \cdot \frac{1}{2} \cdot \frac{2}{5}$

07 Für ein Kostüm werden $3\frac{1}{4}$ m Oberstoff benötigt.

- 07.1 Wie viele Kostüme lassen sich von einem Ballen Stoff mit der Länge 18,80 m zuschneiden?
- 07.2 Wie viel Meter Oberstoff bleiben als Rest übrig?

08 Eine Damenschneiderin benötig für den Rock eines Kostüms $5\frac{1}{4}$ h und für die Fertigung der Jacke $12\frac{1}{2}$ h.

- 08.1 Berechnen Sie die gesamte Arbeitszeit für das Kostüm.
- 08.2 Die Tagesarbeitszeit beträgt 8,5 h. Berechnen Sie, wie viele Stunden sie am 3. Arbeitstag für andere Arbeiten zur Verfügung hat.

09 Für die industrielle Fertigung eines Kleidungsstücks werden folgende Zeiten benötigt: Zuschnitt $8\frac{1}{2}$ min; Näherei $15\frac{1}{4}$ min; Bügelei $9\frac{3}{4}$ min.

- 09.1 Berechnen Sie die gesamte Fertigungszeit des Kleidungsstücks.
- 09.2 Wie viele Kleidungsstücke können an einem Arbeitstag gefertigt werden, wenn die Arbeitszeit $8\frac{3}{4}$ h beträgt?

10 Durch effektive Rationalisierungsmaßnahmen kann die Tagesproduktion von 90 Hemden um $\frac{1}{5}$ gesteigert werden.

- 10.1 Berechnen Sie, wie viele Hemden nun gefertigt werden können.
- 10.2 Berechnen Sie die Fertigungszeit pro Hemd, wenn die tägliche Arbeitszeit $7\frac{3}{4}$ h beträgt.

11 Für einen Anzug mit Weste werden folgende Mengen Oberstoff benötigt:
Hose $1\frac{1}{5}$ m, Sakko $2\frac{1}{3}$ m, Weste $\frac{3}{4}$ m

- 11.1 Berechnen Sie den Stoffbedarf für einen Anzug.
- 11.2 Wie viele Anzüge lassen sich von einem Ballen mit der Länge $28\frac{8}{9}$ m zuschneiden?
- 11.3 Berechnen Sie die Restmenge als Bruch.

1.9 Dreisatzrechnung

1.9.1 Einfacher Dreisatz

Bei der Dreisatzrechnung wird in **3 Sätzen** aus drei bekannten Größen die vierte, gesuchte Größe berechnet.

Beispiel 1 Wie teuer sind 21 m Stoff, wenn 7 m Stoff 49,00 € kosten?			
Methodischer Lösungsweg			
Schritt 1 Die bekannten Größen werden in einem Ansatz geordnet • Das bekannte Größenpaar kommt in die 1. Zeile • Die gesuchte Größe wird auf die rechte Seite gesetzt • Die Größen mit gleicher Benennung stehen untereinander.	**Daten:** | Stofflänge | Stoffpreis | |---|---| | 7 m Stoff | 49,00 € | | 21 m Stoff | x |		
Schritt 2 Lösung des Dreisatzes durch Anordnung der Größen am Bruchstrich. 1. Satz: Bedingungssatz 2. Satz: Mittelsatz; Rückschluss auf **eine** Einheit 3. Satz: Schlusssatz; Rückschluss auf das Vielfache.	 7 m Stoff kosten 49,00 € Um wie viel kostet 1 m Stoff weniger als 7 m Stoff? Antwort: 7-mal **weniger** ⇒ Division (Nenner) Um wie viel kosten 21 m Stoff mehr als 1 m Stoff? Antwort: 21-mal **mehr** ⇒ Multiplikation (Zähler)	**Stoffpreis x** $= \dfrac{49{,}00\ €}{}$ $= \dfrac{49{,}00\ €}{7\ m}$ $= \dfrac{49{,}00\ € \cdot 21\ m}{7\ m}$	
Schritt 3 Das Ergebnis wird festgestellt	**21 m Stoff kosten 147,00 €**	= 147,00 €	

- Wird die Bedingungsfrage mit **weniger** beantwortet, muss die dazugehörende Größe in den Nenner des Bruches ⇒ **Division**.
- Wird die Bedingungsfrage mit **mehr** beantwortet, muss die dazugehörende Größe in den Zähler des Bruches ⇒ **Multiplikation**.

1.9.1 Einfacher Dreisatz

Dreisatzrechnung

Mathematische Grundlagen

Beispiel 2 An einem Auftrag arbeiten 6 Näherinnen 7 Tage. Wie lange brauchen 4 Näherinnen?

Methodischer Lösungsweg

Schritt 1
Die bekannten Größen werden in einem Ansatz geordnet

Daten:

Arbeitskräfte	Auftragszeit
6 Näh.	7 Tage
4 Näh.	x

Schritt 2
Lösung des Dreisatzes durch Anordnung der Größen am Bruchstrich.

Auftragszeit x

1. Satz: Bedingungssatz

6 Näherinnen benötigen für den Auftrag 7 Tage Zeit.

$= \dfrac{7 \text{ Tage}}{}$

2. Satz: Mittelsatz;
Rückschluss auf **eine** Einheit

Wie lange braucht 1 Näherin für den gleichen Auftrag im Vergleich zu 6 Näherinnen?
Antwort: 6-mal **mehr**
⇒ Multiplikation (Zähler)

$= \dfrac{7 \text{ Tage} \cdot 6 \text{ Näh.}}{}$

3. Satz: Schlusssatz;
Rückschluss auf das Vielfache

Wie lange brauchen 4 Näherinnen im Vergleich zu 1 Näherin für den gleichen Auftrag?
Antwort: 4-mal **weniger**
⇒ Division (Nenner)

$= \dfrac{7 \text{ Tage} \cdot 6 \text{ Näh.}}{4 \text{ Näh.}}$

Schritt 3
Das Ergebnis wird festgestellt

4 Näherinnen brauchen 10,5 Tage

$= 10{,}5 \text{ Tage}$

Fallbeispiel

Eine Modeschneiderin erhält bei einer täglichen Arbeitszeit von 8 Stunden einen monatlichen Bruttolohn von 1 430,00 €. In einem Monat mit 20 Arbeitstagen arbeitet sie täglich nur 7 Stunden.
Berechnen Sie ihren Bruttoverdienst.

Gegebene Daten:

Tägliche Arbeitszeit alt	8 Stunden
Tägliche Arbeitszeit neu	7 Stunden
Bruttolohn alt	1 430,00 €

Gesuchte Daten: Bruttolohn neu

Lösung

Die Modeschneiderin verdient in 1 Stunde 8-mal weniger
⇒ **Division (Nenner)**

Die Modeschneiderin verdient in 7 Stunden 7-mal mehr als in 1 Stunde
⇒ **Multiplikation (Zähler)**

Arbeitszeit	Bruttolohn
8 h	1 430,00 €
7 h	x

$$\text{Bruttolohn neu} = \dfrac{1\,430{,}00 \text{ €} \cdot 7 \text{ h}}{8 \text{ h}}$$

$$= 1\,251{,}25 \text{ €}$$

1.9.2 Zusammengesetzter Dreisatz

Dreisatzrechnung

Beim zusammengesetzten Dreisatz berechnen wir eine unbekannte Größe aus mindestens fünf bekannten Größen. Er wird in mindestens 2 einfache Dreisätze zerlegt, die weitere Vorgehensweise entspricht der des einfachen Dreisatzes.

Beispiel Ein Auftrag wird von 8 Näherinnen in 12 Tagen erledigt. Täglich werden 9 Stunden gearbeitet. Wie viele Tage müssen 14 Näherinnen bei 8-stündiger Arbeitszeit an diesem Auftrag arbeiten?

Methodischer Lösungsweg		
Schritt 1 Die bekannten Größen werden in einem Ansatz geordnet	Daten: Arbeitskräfte | Arbeitszeit | Auftragszeit 8 Näh. | 9 h/Tag | 12 Tage 14 Näh. | 8 h/Tag | x	
Schritt 2 Der zusammengesetzte Dreisatz wird zu einem einfachen Dreisatz, indem man den Mittelteil vernachlässigt.	8 Näh. $\begin{bmatrix} 9\,h \\ 8\,h \end{bmatrix}$ 12 Tage 14 Näh. x	**Auftragszeit x**
Aufstellung des 1. Dreisatzes		
1. Satz: Bedingungssatz	8 Näherinnen benötigen für diesen Auftrag 12 Tage Zeit.	= 12 Tage
2. Satz: **Mittelsatz;** Rückschluss auf eine Einheit	Wie lange braucht 1 Näherin für den gleichen Auftrag im Vergleich zu 8 Näherinnen? Antwort: 8-mal **mehr** ⇒ Multiplikation (Zähler)	= 12 Tage · 8 Näh.
3. Satz: **Schlusssatz;** Rückschluss auf das Vielfache	Wie lange brauchen 14 Näherinnen im Vergleich zu 1 Näherin für den gleichen Auftrag? Antwort: 14-mal **weniger** ⇒ Division (Nenner)	= $\frac{12\,\text{Tage} \cdot 8\,\text{Näh.}}{14\,\text{Näh.}}$
Schritt 3 Nun wird der linke Teil der Dreisatzgleichung vernachlässigt und mit dem Mittelteil weitergerechnet.	$\begin{bmatrix} 8\,\text{Näh.} \\ 14\,\text{Näh.} \end{bmatrix}$ 9 h 12 Tage 8 h x	Die Aufstellung des 1. Dreisatzes wird als Grundlage für den 2. Dreisatz genommen.
Aufstellung des 2. Dreisatzes		
1. Satz: Bedingungssatz	Bei 9-stündiger Arbeitszeit benötigen 8 Näherinnen für den Auftrag 12 Tage.	= $\frac{12\,\text{Tage} \cdot 8\,\text{Näh.}}{14\,\text{Näh.}}$
2. Satz: **Mittelsatz;** Rückschluss auf eine Einheit	Wie viel Zeit wird für den Auftrag bei 1 h Arbeitszeit benötigt im Gegensatz zu 9 h? Antwort: 9-mal **mehr** ⇒ Multiplikation (Zähler)	= $\frac{12\,\text{Tage} \cdot 8\,\text{Näh.} \cdot 9\,h}{14\,\text{Näh.}}$
3. Satz: **Schlusssatz;** Rückschluss auf das Vielfache	Wie viel Zeit wird für den Auftrag bei 8 h Arbeitszeit benötigt im Gegensatz zu 1 h? Antwort: 8-mal **weniger** ⇒ Division (Nenner)	= $\frac{12\,\text{Tage} \cdot 8\,\text{Näh.} \cdot 9\,h}{14\,\text{Näh.} \cdot 8\,h}$
Schritt 4 Das Ergebnis wird festgestellt	**14 Näherinnen brauchen bei 8 Stunden täglicher Arbeitszeit 7,7 Tage**	≈ 7,7 Tage

1.9.3 Übungsaufgaben

Dreisatzrechnung

01 Wie teuer sind 15 m Stoff, wenn 37 m Stoff 101,75 € kosten?

02 An einem Auftrag arbeiten 8 Näherinnen 9 Tage. Wie lange brauchen 6 Näherinnen?

03 Für ein Kostüm werden 3,20 m Stoff benötigt. Wie viel Stoff wird für einen Auftrag von 15 Kostümen benötigt?

04 Bei einer täglichen Arbeitszeit von 7,5 h kann ein Auftrag in 18 Tagen bearbeitet werden.
Berechnen Sie die neue Auftragszeit, wenn die tägliche Arbeitszeit um eine Stunde erhöht wird.

05 Für ein Kleidungsstück werden 1,45 m Stoff benötigt.
05.1 Berechnen Sie die Materialersparnis in m für einen Auftrag von 240 Stück, wenn durch bessere Schnittbilder je Stück 10 cm Stoff eingespart werden können.
05.2 Wie viele Kleidungsstücke könnten aus der ersparten Materialmenge gefertigt werden?

06 In einer Schneiderwerkstatt werden in 21 Arbeitstagen 2800 Kilowattstunden Strom verbraucht.
Wie viel kWh werden in 225 Tagen verbraucht?

07 Eine Meisterin kauft 6,25 m Stoff zu 120,00 €. Wie viel € bezahlt sie für eine Nachbestellung von 1,30 m?

08 Eine Gesellin erhält bei einer wöchentlichen Arbeitszeit von 38,5 Stunden einen Bruttolohn von 354,20 €. In einer Woche arbeitet sie 5 Stunden weniger.
Wie hoch ist dann ihr Bruttoverdienst?

09 Mit 2 Nähmaschinen werden in 24 h 4800 Teile genäht. Wie viele Teile werden mit 10 Nähmaschinen in 12 h genäht?

10 Ein Auftrag wird von 12 Näherinnen in 9 Tagen erledigt. Täglich werden 10 Stunden gearbeitet. Wie viele Tage müssen 13 Näherinnen bei 8-stündiger Arbeitszeit an diesem Auftrag arbeiten?

11 Für 120 Kleider benötigen 18 Näherinnen 300 min. In wie viel Stunden und Minuten ist ein Auftrag von 420 Kleidern fertig, wenn von den 18 Näherinnen 2 krank sind?

12 12 Schneiderinnen arbeiten 10 Tage bei täglich 8 h an einem Auftrag von 640 Hosen. Durch Krankheit fallen 4 Schneiderinnen aus. Die übrigen Schneiderinnen können an dem Auftrag 2 Tage länger arbeiten und machen zusätzlich täglich eine Überstunde.
Berechnen Sie, wie viele Hosen die verbleibenden Schneiderinnen fertigen können.

13 Für einen Auftrag von 360 Stück benötigen 16 Näherinnen 12 Tage. Die tägliche Arbeitszeit beträgt 8 Stunden.
13.1 Berechnen Sie, in welcher Zeit (Tage und Stunden) ein Auftrag von 540 Teilen bearbeitet werden kann, wenn 6 Näherinnen zusätzlich eingestellt werden.
13.2 Berechnen Sie, wie viele Näherinnen zusätzlich eingestellt werden müssten, wenn der Auftrag von 540 Stück auch in 12 Tagen gefertigt werden sollte.

14 Durch die hohe Nähstaubentwicklung bei der Verarbeitung von Scherplüsch muss eine Safetymaschine jeden Tag 10 min gereinigt werden. Durch Einbau von Absaugvorrichtungen lässt sich die Reinigungszeit/Maschine auf 7,5 min reduzieren.
Berechnen Sie die Zeitersparnis bei der Reinigung von 24 Maschinen.

15 An 4 Tagen werden bei 7 h 20 min Arbeitszeit von 3 Näherinnen 132 Teile gefertigt.
Wie viele Teile werden an 5 Tagen produziert, wenn eine zusätzliche Näherin eingestellt wird und jede Näherin täglich 40 min länger arbeitet?

16 Für einen Auftrag über 320 Stück haben 12 Arbeitskräfte 12 Arbeitstage mit jeweils 8 Stunden benötigt. Ein weiterer Auftrag über 450 Stück soll bereits in 10 Arbeitstagen fertig werden, die Arbeitszeit wird täglich um eine Stunde erhöht.
Berechnen Sie, wie viele Arbeitskräfte für die Erledigung dieses Auftrages zusätzlich benötigt werden.

17 Ein Auftrag von 180 Stück wird von 4 Mitarbeitern in 2 Arbeitstagen mit je 8 h erledigt. Ein anderer Auftrag von 360 Stück soll in 3 Arbeitstagen gefertigt werden. Die Zahl der Mitarbeiter wird auf 5 erhöht.
Berechnen Sie die tägliche Arbeitszeit, die hierzu erforderlich ist.

Weitere Übungsaufgaben: Seite 55 (Produktionsberechnungen)

1.10 Prozentrechnung

Bei der Prozentrechnung werden anteilige Größen vom Ganzen berechnet.

Größe	Abkürzung	Erklärung
Grundwert	GW	Der Grundwert entspricht dem Ganzen, also 100 % der Grundmenge. Es können alle bekannten Größen (Strecken, Gewichte, Zeiten usw.) und alle Mengen (Geldbeträge, Knöpfe, Personen usw.) als Grundwert eingesetzt werden.
Verminderter Grundwert	GW^-	Der um den Prozentsatz verminderte Grundwert (100 % – PS)
Vermehrter Grundwert	GW^+	Der um den Prozentsatz vermehrte Grundwert (100 % + PS)
Prozentwert	PW	Ist ein Teil des Grundwertes, also ein Teil des Ganzen (Teilmenge).
Prozentsatz	PS	Ist ein Teil des Grundwertes, also ein Teil des Ganzen, in Prozent angegeben.

1.10.1 Einfache Prozentrechnung

	Grundwert	Prozentwert	Prozentsatz
Fallbeispiel	Bei einer Warenkontrolle werden bei einem Ballen Leinen 12 % Ausschuss festgestellt. Das entspricht 6 m. Wie viel m Stoff sind auf dem ganzen Ballen?	4 Prozent eines 300 kg schweren Baumwollballens bestehen aus Verpackungsmaterial. Wie viel kg Verpackung entspricht das?	Ein Kleid wurde im Winterschlussverkauf um 70 € reduziert. Vorher kostete es 350 €. Um wie viel Prozent wurde das Kleid reduziert?
Daten	Menge in %: PS 12%, GW 100% | Menge in m: PW 6 m, GW x	Menge in %: GW 100%, PS 4% | Menge in kg: GW 300 kg, PW x	Preis in €: GW 350,00 €, PW 70,00 € | Preis in %: GW 100%, PS x
Lösung durch Dreisatzgleichung	Gesamtmenge (GW) $$x = \frac{6\,m \cdot 100\,\%}{12\,\%}$$ $= 50\,m$	Verpackung (PW) $$x = \frac{300\,kg \cdot 4\,\%}{100\,\%}$$ $= 12\,kg$	Preisnachlass (PS) $$x = \frac{100\,\% \cdot 70{,}00\,€}{350{,}00\,€}$$ $= 20\,\%$
Formelgleichung	$GW = \dfrac{PW \cdot 100}{PS}$	$PW = \dfrac{GW \cdot PS}{100}$	$PS = \dfrac{100 \cdot PW}{GW}$

Übungsaufgaben: Seite 32, Nr. 01, 02, 03 sowie Kapitel Fachbezogene Grundlagen, Seite 66, 67

1.10.2 Prozentrechnung mit vermindertem Grundwert — Prozentrechnung

Bei Rabatten, Verlusten oder Abschlägen wird vom Grundwert (100 %) ein Prozentwert abgezogen. Als Rechenbasis wird vom vermindertem Grundwert ausgegangen.

	Verminderter Grundwert	**Grundwert**
Fallbeispiel	Ein Kostüm kostet 450,00 €. Wegen Geschäftsaufgabe wird es um 15 % reduziert. Wie viel € kostet das Kostüm nach dem Preisnachlass?	Ein Mantel wurde im Winterschlussverkauf um 28 % reduziert und kostet nun noch 430,00 €. Wie viel € kostete der Mantel vor der Reduzierung?
Daten	regulär: Preis in % 100 %, Preis in € 450,00 € reduziert: Preis in % 100 % – 15 %, Preis in € x	reduziert: Preis in % 100 % – 28 %, Preis in € 430,00 € regulär: Preis in % 100 %, Preis in € x
Lösung durch Dreisatzgleichung	**Reduzierter Preis (GW^-)** $x = \dfrac{450{,}00\,€ \cdot (100\,\% - 15\,\%)}{100\,\%}$ $= 382{,}50\,€$	**Regulärer Preis (GW)** $x = \dfrac{430{,}00\,€ \cdot 100\,\%}{(100\,\% - 28\,\%)}$ $\approx 597{,}22\,€$
Formelgleichung	$GW^- = \dfrac{GW \cdot (100 - PS)}{100}$	$GW = \dfrac{GW^- \cdot 100}{(100 - PS)}$

1.10.3 Prozentrechnung mit vermehrtem Grundwert — Prozentrechnung

Bei Gewinnen, Zuschlägen oder Aufschlägen wird zum Grundwert (100 %) ein Prozentwert dazugerechnet. Als Rechenbasis wird vom vermehrten Grundwert ausgegangen.

	Vermehrter Grundwert	**Grundwert**
Fallbeispiel	Ein Kostüm kostet beim Großhändler ohne Mehrwertsteuer 275,00 €. Wie viel € kostet das Kostüm für den Kunden beim Einzelhändler?	Der Stundenlohn einer Schneiderin wurde um 5 % auf 7,98 € angehoben. Wie hoch war der Stundenlohn vor der Erhöhung?
Daten	netto: Preis in % 100 %, Preis in € 275,00 € brutto: Preis in % 100 % + 19 %, Preis in € x	nachher: Lohn in % 100 % + 5 %, Lohn in € 7,98 € vorher: Lohn in % 100 %, Lohn in € x
Lösung durch Dreisatzgleichung	**Bruttopreis (€)** $x = \dfrac{275{,}00\,€ \cdot (100\,\% + 19\,\%)}{100\,\%}$ $= 327{,}25\,€$	**Stundenlohn vorher (€)** $x = \dfrac{7{,}98\,€ \cdot 100\,\%}{(100\,\% + 5\,\%)}$ $\approx 7{,}60\,€$
Formelgleichung	$GW^+ = \dfrac{GW \cdot (100 + PS)}{100}$	$GW = \dfrac{GW^+ \cdot 100}{(100 + PS)}$

Übungsaufgaben: Seite 32, Nr. 01, 02, 03 sowie Kapitel Fachbezogene Grundlagen, Seite 66, 67

1.10.4 Übungsaufgaben — Prozentrechnung

01 Auf einem Ballen Baumwoll-Batist werden bei einer Kontrolle 8 % fehlerhafte Ware festgestellt, dies entspricht 7 m.
Berechnen Sie, wie viel Meter Batist auf dem ganzen Ballen sind.

02 Auf eine Warenlieferung im Wert von 3 280,00 € erhält ein Kunde bei sofortiger Zahlung 3 % Skonto.
Berechnen Sie den Zahlungsbetrag.

03 Berechnen Sie das Garngewicht einer 170 g schweren Garnrolle, wenn das Hülsengewicht 17 % ausmacht.

04 Wegen Wasserschadens wird ein Wintermantel um 35 % reduziert und kostet jetzt noch 520,00 €.
Wie viel kostete der Wintermantel vor der Reduzierung?

05 Eine Näherin erhält für eine Überstunde einen Zuschlag von 25 %. Ihr Stundenlohn beträgt 9,04 €.
Berechnen Sie den Überstundenlohn/h.

06 Durch fehlerhaftes Nähmaterial wird ein Auftrag mit einem Zeitverlust von 4 % bearbeitet, dies entspricht 9 Stunden.
Berechnen Sie die Auftragszeit.

07 Ohne Mehrwertsteuer kosten 20 m Borkenkrepp 238,00 €.
Berechnen Sie den Meterpreis für den Kunden.

08 Die Feuchtigkeitsaufnahme von Baumwollfasern bei Normalklima beträgt 9 %.
Berechnen Sie, wie viel kg Feuchtigkeit ein 300 kg schwerer Baumwollballen enthält.

09 Ein 1,50 m langer Elastanfaden lässt sich auf eine Länge von 12 m dehnen.
Wie viel Prozent beträgt die Dehnung?

10 Zu einer 220 kg schweren Wollpartie werden noch 5 % Mohairfasern zugemischt.
Berechnen Sie das Gewicht der Spinnpartie.

11 Nach einer Erhöhung um 38,00 € beträgt der Lohn einer Modeschneiderin 1 560,00 €.
Um wie viel Prozent wurde ihr Lohn erhöht?

12 Bei der Herstellung eines Gewebes ist mit einer Einarbeitung in der Kette von 3 % und im Schuss von 4 % zu rechnen. Die Schärlänge beträgt 130 m, die Blattbreite 1,56 m.
Ermitteln Sie die Warenlänge und die Warenbreite.

13 Bei der Herstellung eines Gewebes sind als Warenmaße 120 m Länge und 1,40 m Breite vorgegeben. Die Schärlänge beträgt 123 m, die Blattbreite 1,46 m.
Berechnen Sie die Einarbeitung von Kette und Schuss in %.

14 Bei der Herstellung eines Gewebes ist mit einer Einarbeitung in der Kette von 2,5 % und im Schuss von 3,5 % zu rechnen. Als Warenmaße sind 100 m Länge und 1,55 m Breite vorgegeben.
Berechnen Sie die Schärlänge der Kette und die Blattbreite des Schusses.

15 Ein Gewebe ist in einer fünfbindigen Kettköperbindung hergestellt worden, entsprechend wird das Oberflächenbild durch die unterschiedlichen Anteile von Kette und Schuss bestimmt.
Berechnen Sie das Verhältnis der Kett- und Schussfäden in %.

16 Ein Wollgewebe wird dekatiert. Der Einsprung beträgt in der Kette 3 % und im Schuss 5 %. Die dekatierte Ware soll in der Länge 150 m und in der Breite 1,60 m aufweisen.
Berechnen Sie die erforderliche Rohwarenlänge und Rohwarenbreite.

17 Ein Wollfilz schrumpft durch starkes Walken von Rohwarenlänge 120 m auf 90 m Fertigwarenlänge und von Rohwarenbreite 2,20 m auf 1,43 m Fertigwarenbreite.
Berechnen Sie die Maßveränderung in Kett- und Schussrichtung in m und %.

18 Durch Mercerisieren erhöht sich die Höchstzugkraft von Baumwolle. Ein unbehandeltes Garn weist eine Festigkeit von 32 cN/tex auf. Nach dem Mercerisieren wird eine Festigkeit von 44,16 cN/tex gemessen.
Berechnen Sie die Erhöhung in %.

Weitere Übungsaufgaben: Seite 64, 65 (Preisberechnungen)
Seite 81 (Fasereigenschaften)

1.11 Zinsrechnung

1.11.1 Grundlagen

Zinsen fallen an für die leihweise Überlassung eines Geldbetrages.
- Ein Bankkunde bekommt Zinsen für sein Kapital, das er der Bank für einen bestimmten Zeitraum überlässt.
- Die Bank erhebt Zinsen, wenn ein Kunde für einen bestimmten Zeitraum einen Kredit bei ihr aufnimmt.
- Bei verspäteter Zahlung fallen Verzugszinsen an.

Die Zinsrechnung ist eine erweiterte Prozentrechnung.

Prozentrechnung		Zinsrechnung
Grundwert	⇒	Kapital
Prozentsatz	⇒	Zinssatz
Prozentwert	⇒	Zinsen
	zusätzliche Größe:	Zeit

Größe	Formelzeichen	Erklärung
Kapital	K	Der Geldbetrag (Kredithöhe, Sparbetrag), der entweder ver- oder geliehen wird.
Zinssatz	p	Der Prozentsatz, zu dem das Kapital verzinst wird. Üblich ist auch die Bezeichnung Zinsfuß. In der Regel bezieht sich die Angabe auf ein Jahr (entspricht dem effektiven Jahreszins).
Zinsen	Z	Die Vergütung, die für das Kapital für eine bestimmte Zeit bei dem entsprechenden Zinssatz zu zahlen ist oder die man erhält (ohne Berücksichtigung der Zinseszinsen).
Zeit	t	Die Zeitspanne (Laufzeit), für die das Kapital ver- oder geliehen wird, entweder Jahre und/oder Tage.

Da eine **einheitliche Regelung** bei der Berechnung des effektiven Jahreszinses für Verbraucherkredite für alle europäischen Länder, die den Euro einführten, sinnvoll und notwendig ist, wird es im Zuge dieser Währungsumstellung auch im Bereich der Zinsrechnung einige Änderungen geben (Quelle: Amtsblatt der Europäischen Gemeinschaften vom 1.4.98):

Die bisherige Regelung *(amerikanisches Modell)*, für ein Zinsjahr 360 Tage anzusetzen, unabhängig von der tatsächlichen Zahl, wird ersetzt werden durch die Regelung, die tatsächlichen Tage zu berechnen, also für ein normales Jahr 365 Tage, für ein Schaltjahr 366 Tage *(französisches Modell)*.

Banken rechnen hauptsächlich im Wertpapierbereich nach dem neuen Modell. Da ein Wahlrecht auf eine tagegenaue Abrechnung in allen Zinsgeschäften besteht, wird sich diese Version bei der Berechnung aller Zinsarten durchsetzen. Aus diesem Grunde ist auch das vorliegende Kapitel auf dem neuen Berechnungsmodell aufgebaut.

1.11.1 Grundlagen

Zinsrechnung

Zur Berechnung der Zinsen wird üblicherweise die Zinsformel verwendet. Sie kann über den Dreisatz bzw. die Prozentrechnung hergeleitet werden. Durch Umstellung der Grundformel lassen sich die Formeln für die anderen Größen herleiten.

Herleitung der Grundformel

Fallbeispiel

Berechnen Sie die Zinsen, die ein Kapital von 475,00 € bei einem Zinssatz von 5% in 3 Jahren bringt.

Gegebene und gesuchte Daten:

Prozentsatz	Zeit	Betrag
100 %	1 Jahr	475,00 €
5 %	3 Jahre	x

Lösung mit Dreisatz

$$x = \frac{475{,}00 \text{ €} \cdot 5\% \cdot 3 \text{ Jahre}}{100\% \cdot 1 \text{ Jahr}}$$

$$x = 71{,}25 \text{ €}$$

⇓

Grundformel:

$$Z = \frac{K \cdot p \cdot t}{100}$$

Größe / Zeitangabe	Zinsen	Kapital	Zinssatz	Zeit
Jahre	$Z = \dfrac{K \cdot p \cdot t}{100}$	$K = \dfrac{Z \cdot 100}{p \cdot t}$	$p = \dfrac{Z \cdot 100}{K \cdot t}$	$t = \dfrac{Z \cdot 100}{K \cdot p}$
Tage	$Z = \dfrac{K \cdot p \cdot t}{100 \cdot 365}$	$K = \dfrac{Z \cdot 100 \cdot 365}{p \cdot t}$	$p = \dfrac{Z \cdot 100 \cdot 365}{K \cdot t}$	$t = \dfrac{Z \cdot 100 \cdot 365}{K \cdot p}$

Berechnung der Tage in der Zinsrechnung

Ist bei der Zeitangabe nur ein Datum gegeben, muss die Anzahl der Tage noch berechnet werden. Dabei sind auch bei der neuen Regelung folgende Gesichtspunkte zu beachten:

- *Entweder wird der erste oder der letzte Tag des Verleih- oder Ausleihzeitraumes berechnet, keinesfalls beide.*
- *Im Schaltjahr wird der Februar mit 29 Tagen berechnet, das Schaltjahr mit 366 Tagen.*

Bei Fallbeispielen bzw. Übungsaufgaben in diesem Buch wird in der Regel von einem „normalen" Jahr ausgegangen. Ist in der Aufgabenstellung vermerkt, dass es sich um ein Schaltjahr handelt, muss dies auch entsprechend bei der jeweiligen Formel abgeändert werden. Die Zinseszinsen werden nicht berechnet.

1.11.2 Zinsen

Zinsrechnung

Fallbeispiel 1:

Eine Schneiderin will sich eine Nähmaschine für 2 250,00 € kaufen. Sie hat zwei Möglichkeiten:
- Ein Ratenkauf: 18 Monatsraten zu je 160,00 €
- Ein Bankkredit für 1½ Jahre zu 12 %, dafür bei Barzahlung 3 % Skonto

1.1 Ermitteln Sie die Zinsen.
1.2 Berechnen Sie die Ersparnis.

Gegebene Daten:	Kaufpreis		2 250,00 €	Gesuchte Daten:
	Zinssatz	p	12 %/Jahr	1.1 Zinsen
	Zeit	t	1½ Jahre = 1,5 Jahre	1.2 Ersparnis
	Skonto		3 %	
	Ratenhöhe/Monat		160,00 €	
	Laufzeit		18 Monate	

Lösung in Teilschritten:

Schritt 1:

Ratenpreis
= 18 Monate · 160,00 €/Monat
= 2 880,00 €

Schritt 3:

1.1 Zinsen

$$Z = \frac{K \cdot p \cdot t}{100}$$

$$= \frac{2\,182{,}50\ € \cdot 12\%/\text{Jahr} \cdot 1{,}5\ \text{Jahre}}{100\%}$$

= 392,85 €

Schritt 2:

Kaufpreis	100 %	2 250,00 €
– Skonto	3 %	
= Kredithöhe	97 %	x

$$x = \frac{2\,250{,}00\ € \cdot 97\%}{100\%} = 2\,182{,}50\ €$$

Schritt 4:

1.2 Ersparnis
= Ratenpreis – (Kredithöhe + Zinsen)
= 2 880,00 € – (2 182,50 € + 392,85 €)
= 304,65 €

Fallbeispiel 2:

Eine Kundin schuldet 1 250 €. Die Meisterin erwirkt einen Mahnbescheid. Die Kundin muss nun 8 % Verzugszinsen vom Tag der gerichtlichen Mahnung (5. Mai) bis zum Tag der Zahlung (20. Oktober desselben Jahres) und 166,42 € Anwaltsgebühren und Gerichtskosten zahlen.
Berechnen Sie den Gesamtbetrag, den die Kundin aufbringen muss.

Gegebene Daten:	Kapital	K	1 250,00 €	Gesuchte Daten:
	Zinssatz	p	8 %/Jahr	Gesamtbetrag
	Zeit	t	5. Mai–20. Okt.	
	Anwalts-, Gerichtskosten		166,42 €	

Lösung in Teilschritten:

Tage:	Zinsen:	Gesamtbetrag
Mai: 31 Tage – 5 Tage = 26 Tage	$Z = \dfrac{K \cdot p \cdot t}{100 \cdot 365}$	Zinsen 46,03 €
Juni: 30 Tage		+ Kosten 166,42 €
Juli: 31 Tage	$= \dfrac{1\,250{,}00\ € \cdot 8\%/\text{J.} \cdot 168\ \text{Tage}}{100\% \cdot 365\ \text{Tage/J.}}$	+ Schuldsumme 1 250,00 €
August: 31 Tage		= **1 462,45 €**
September: 30 Tage		
Oktober: 20 Tage	≈ 46,03 €	
168 Tage		

Übungsaufgaben: Seite 39, Nr. 04, 05

1.11.3 Kapital

Zinsrechnung

Fallbeispiel 1:
Ein Schneidermeister benötigte für die Zeit vom 29. März bis zum 3. Juni desselben Jahres ein kurzfristiges Darlehen. Bei einem Zinssatz von 9 % zahlte er 178,20 € Zinsen.

1.1 Ermitteln Sie die Darlehenshöhe.
1.2 Berechnen Sie den Rückzahlungsbetrag.

Monat	Tage	Monat	Tage
Jan.	31	Juli	31
Feb.	28	Aug.	31
März	31	Sep.	30
April	30	Okt.	31
Mai	31	Nov.	30
Juni	30	Dez.	31

Gegebene Daten: Zinsen Z 178,20 €
Zinssatz p 9 %/Jahr
Zeit t 29. März–3. Juni

Gesuchte Daten: 1.1 Kapital K
1.2 Rückzahlungsbetrag

Lösung	1.1 Lösung mit Formel	1.2
Zeit:	Kapital:	Rückzahlungsbetrag:
März: 31 Tage – 29 Tage = 2 Tage April: 30 Tage Mai: 31 Tage Juni: 3 Tage 66 Tage	$K = \dfrac{Z \cdot 100 \cdot 365}{p \cdot t}$ $= \dfrac{178{,}20 \text{ €} \cdot 100\% \cdot 365 \text{ Tage/J.}}{9\%/\text{J.} \cdot 66 \text{ Tage}}$ $= 10\,950{,}00$ €	Rückzahlungsbetrag = Kapital + Zinsen = 10950,00 € + 178,20 € = 11 128,20 €

Fallbeispiel 2:
Zur Anschaffung neuer Maschinen muss ein Handwerksbetrieb zwei Kredite aufnehmen. Der erste Kredit wird nach 18 Monaten bei 8 % Zinssatz mit 720 € Zinsen zurückgezahlt. Der zweite Kredit in Höhe von 7500 € muss nach 2 ¼ Jahren bei einem Zinssatz von 7,2 % zurückgezahlt werden.
2.1 Ermitteln Sie, welcher Kredit höher ist.
2.2 Berechnen Sie die Zinsdifferenz zwischen den beiden Krediten.

Gegebene Daten: *Kredit 1*
Zinsen Z_1 720,00 €
Zinssatz p_1 8 %/Jahr
Zeit t_1 18 Monate = 1,5 Jahre
Kapital

Kredit 2
p_2 7,2 %/Jahr
t_2 2 ¼ Jahre = 2,25 Jahre
K_2 7500,00 €

Gesuchte Daten: 2.1 K_1; Kapitalhöhe   2.2 Z_2; Zinsdifferenz

2.1 Lösung mit Formel:	2.2 Lösung mit Formel:
$K_1 = \dfrac{Z \cdot 100}{p \cdot t}$ $= \dfrac{720{,}00 \text{ €} \cdot 100\%}{8\%/\text{Jahr} \cdot 1{,}5 \text{ Jahre}}$ = 6000,00 € ⇒ **Kredit 2 ist höher**	$Z_2 = \dfrac{K \cdot p \cdot t}{100}$ $= \dfrac{7500{,}00 \text{ €} \cdot 7{,}2\%/\text{Jahr} \cdot 2{,}25 \text{ Jahre}}{100\%}$ = 1215,00 € Differenz = $Z_2 - Z_1$ = 1215,00 € – 720,00 € = **495,00 €**

Übungsaufgaben: Seite 39, Nr. 08, 09

1.11.4 Zinssatz

Zinsrechnung

Fallbeispiel 1:
Für ein Darlehen von 16 800 € müssen vierteljährlich 378 € Zinsen gezahlt werden.
Wie hoch ist der Zinssatz?

Gegebene Daten: Kapital K 16 800,00 €
 Zinsen Z 378,00 €
 Zeit t ¼ Jahr
   = 0,25 Jahre

Gesuchte Daten: Zinssatz p

Lösung mit Formel

$$p = \frac{Z \cdot 100}{K \cdot t}$$

$$= \frac{378,00 \ € \cdot 100\,\%}{16\,800,00 \ € \cdot 0,25 \text{ Jahre}}$$

$$= 9\,\%/\text{Jahr}$$

Fallbeispiel 2:
Ein Kapital von 4800 € wurde für 146 Tage ausgeliehen.
Wie hoch war der Zinssatz, wenn 168,00 € Zinsen gezahlt werden mussten?

Gegebene Daten: Kapital K 4800,00 €
 Zinsen Z 168,00 €
 Zeit t 146 Tage

Gesuchte Daten: Zinssatz p

Lösung mit Formel

$$p = \frac{Z \cdot 100 \cdot 365}{K \cdot t}$$

$$= \frac{168,00 \ € \cdot 100\,\% \cdot 365 \text{ Tage/Jahr}}{4800,00 \ € \cdot 146 \text{ Tage}}$$

$$= 8,75\,\%/\text{Jahr}$$

Fallbeispiel 3:
Beim Kauf einer Nähmaschine zu einem Preis von 1620 € werden 120 € Anzahlung geleistet. Die Restsumme wird mit 15 Monatsraten zu je 118,75 € getilgt.
Welchem jährlichen Zinssatz entspricht dieser Aufpreis?

Gegebene Daten: Gesamtpreis 1620,00 €   **Gesuchte Daten:**
 Anzahlung 120,00 €   Zinssatz p
 Monatsrate 118,75 €/Monat
 Zeit t 15 Monate = 1,25 Jahre

Lösung in Teilschritten:

Schritt 1:
Kreditsumme
= Gesamtbetrag – Anzahlung
= 1620,00 € – 120,00 €
= 1500,00 €

Schritt 2:
Restsumme
= Monatsraten · Zeit
= 118,75 €/Monat · 15 Monate
= 1781,25 €

Schritt 3:
Zinsen
= Restsumme – Kreditsumme
= 1781,25 € – 1500,00 €
= 281,25 €

Schritt 4:
Zinssatz

$$p = \frac{Z \cdot 100}{K \cdot t}$$

$$= \frac{281,25 \ € \cdot 100\,\%}{1500,00 \ € \cdot 1,25 \text{ Jahre}}$$

$$= 15\,\%/\text{Jahr}$$

Übungsaufgaben: Seite 39, Nr. 11, 12, 13

1.11.5 Zeit

Zinsrechnung

Fallbeispiel 1:
Berechnen Sie die Zeit (Angabe in Jahren), in der ein Kapital von 1 600,00 € bei einem Zinssatz von 4% einen Zinsertrag von 80,00 € erbringt.

Gegebene Daten:	Zinsen	Z	80,00 €
	Zinssatz	p	4 %/Jahr
	Kapital	K	1 600,00 €

Gesuchte Daten: Zeit t

Lösung mit Formel:

$$t = \frac{Z \cdot 100}{K \cdot p}$$

$$= \frac{80{,}00\ € \cdot 100\ \%}{1\,600{,}00\ € \cdot 4\ \%/\text{Jahre}}$$

$$= 1{,}25\ \text{Jahre} = 1\ \text{Jahr und 3 Monate}$$

Fallbeispiel 2:
Ein Kapital von 3 200 € ist in einem Schaltjahr ausgeliehen. Es bringt bei einem Zinssatz von 6 % 128 € Zinsen.
Wie viel Tage war das Geld ausgeliehen?

Gegebene Daten:	Kapital	K	3 200,00 €
	Zinssatz	p	6 %/Jahr
	Zinsen	Z	128,00 €

Gesuchte Daten: Zeit t

Lösung mit Formel:

$$t = \frac{Z \cdot 100 \cdot 366}{K \cdot P}$$

$$= \frac{128{,}00\ € \cdot 100\ \% \cdot 366\ \text{Tage}}{3\,200{,}00\ € \cdot 6\ \%}$$

$$= 244\ \text{Tage}$$

Fallbeispiel 3:
Eine Zinsgutschrift erfolgt Ende November über 60,00 €.
Wann wurde das Kapital von 18 250,00 € auf das Sparbuch eingezahlt, wenn ein Zinssatz von 3% zugrunde gelegt wird?

Gegebene Daten:	Zinsen	Z	60,00 €
	Zinssatz	p	3 %/Jahr
	Kapital	K	18 250,00 €

Gesuchte Daten: Einzahldatum

Lösung in Teilschritten:

Zeit

$$t = \frac{Z \cdot 100 \cdot 365}{K \cdot P}$$

$$= \frac{60{,}00\ € \cdot 100\ \% \cdot 365\ \text{Tage/Jahr}}{18\,250{,}00\ € \cdot 3\ \%/\text{Jahr}}$$

$$= 40\ \text{Tage}$$

Kreditlaufzeit im November = 30 Tage

Kreditlaufzeit im Oktober
  40 Tage – 30 Tage = 10 Tage
  31. Oktober – 10 Tage = 21. Oktober

⇒ **Einzahlungsdatum: 21. Oktober**

Kontrolle:

$$Z = \frac{K \cdot p \cdot t}{100 \cdot 365} \qquad Z = \frac{18\,250{,}00\ € \cdot 3\ \%/\text{Jahr} \cdot 40\ \text{Tage}}{100\ \% \cdot 365\ \text{Tage/Jahr}} \qquad Z = 60{,}00\ €$$

Übungsaufgaben: Seite 39, Nr. 14, 15, 16

1.11.6 Übungsaufgaben

Zinsrechnung

01 Wie viel Euro Zinsen muss man der Bank zahlen, wenn man einen Kredit von 12 500,00 € für 6 Jahre zu einem Zinssatz von 8,5 % aufgenommen hat?

02 Eine Meisterin erhält von ihrer Bank einen Kredit von 2 000,00 € zu 7 % für 250 Tage. Wie viel Euro Zinsen muss sie am Schluss zahlen?

03 Ein Kapital von 22 000,00 € war vom 6. August bis zum 21. Oktober desselben Jahres zu einem Zinssatz von 6,5 % ausgeliehen. Welcher Betrag musste zurückgezahlt werden?

04 Eine Schneiderin will sich eine Spezialmaschine für 4 200,00 € kaufen. Sie hat zwei Möglichkeiten:
Ratenkauf: 24 Monatsraten zu je 210,00 €
Bankkredit: 2 Jahre zu 9,5 %, dafür bei Barzahlung 3 % Skonto
Berechnen Sie die Ersparnis.

05 Eine Kundin schuldet 900 €. Der Meister erwirkt einen Mahnbescheid. Die Kundin muss nun 8,5 % Verzugszinsen vom Tag der gerichtlichen Mahnung (6. Juni) bis zum Tag der Zahlung (2. September desselben Jahres) und 214,65 € Anwaltsgebühren und Gerichtskosten zahlen. Welchen Betrag muss die Kundin aufbringen?

06 Berechnen Sie die Höhe des Kapitals, das bei einer Ausleihung von 5 Jahren, einem Zinssatz von 6 % einen Zinsertrag von 1 200,00 € erbringt.

07 Für welchen Darlehensbetrag zahlt ein Bankkunde für 200 Tage bei 7,5 % Verzinsung 150,00 € Zinsen?

08 Ein Schneidermeister benötigte für die Zeit vom 7. Mai bis zum 19. Juli desselben Jahres ein kurzfristiges Darlehen. Bei einem Zinssatz von 8 % zahlte er 198,00 € Zinsen. Welchen Betrag musste er zurückzahlen?

09 Ein Handwerksbetrieb muss zwei Kredite aufnehmen. Der erste Kredit wird nach 24 Monaten bei 8 % Zinssatz mit 900 € Zinsen zurückgezahlt. Der zweite Kredit in Höhe von 8 500 € muss nach 3 ¼ Jahren bei einem Zinssatz von 7,5 % zurückgezahlt werden.
9.1 Welches Kapital ist größer?
9.2 Berechnen Sie die Zinsdifferenz.

10 Eine Autofirma wirbt für die Anschaffung eines Neuwagens mit 36,80 € monatlicher Zinsbelastung (= 2,0 %) bei einer einmaligen Zahlung von 3 500,00 € und einer Laufzeit von 48 Monaten. Wie hoch ist der Kaufpreis des Neuwagens?

11 Für ein Darlehen von 24 100 € müssen vierteljährlich 723 € Zinsen gezahlt werden. Wie hoch ist der Zinssatz?

12 Ein Kapital von 8 200 € wurde für 180 Tage ausgeliehen. Wie hoch war der Zinssatz, wenn 245,00 € Zinsen gezahlt werden mussten?

13 Beim Kauf einer Nähmaschine zu einem Preis von 2 250 € werden 250 € Anzahlung geleistet. Die Restsumme wird mit 12 Monatsraten zu je 180,00 € getilgt. Welchem jährlichen Zinssatz entspricht dieser Aufpreis?

14 Berechnen Sie die Zeit (Angabe in Jahren und Monaten), in der ein Kapital von 6 000,00 € bei einem Zinssatz von 5 % einen Zinsertrag von 400,00 € erbringt.

15 Ein Kapital von 43 920,00 € ist in einem Schaltjahr ausgeliehen. Es bringt bei einem Zinssatz von 5 % 240,00 € Zinsen. Wie viel Tage war das Geld ausgeliehen?

16 Eine Zinsgutschrift erfolgt Ende Dezember über 48,00 €. Wann wurde das Kapital von 36 500,00 € auf das Sparbuch eingezahlt, wenn ein Zinssatz von 4 % zugrunde gelegt wird?

17 Ein am 29. Februar gewährter Kredit von 20 000 € wird am 15. Mai desselben Jahres mit 20 363,78 € (einschließlich Zinsen) zurückgezahlt. Berechnen Sie den Zinssatz.

18 Ein Kapital ist vom 28. August bis zum 23. September ausgeliehen und bringt in dieser Zeit bei einem Zinssatz von 7,8 % einen Zinsertrag von 306,15 €. Berechnen Sie die Kapitalsumme.

19 Eine Schneidermeisterin hat einen Kredit in Höhe von 40 000 € aufgenommen. Ihre gesamte Zinsbelastung liegt in 4 ¼ Jahren bei 11 560 €.
Ihre Kollegin hat bei einem anderen Kreditinstitut ebenfalls einen Kredit in Höhe von 40 000 € aufgenommen, die Zinsbelastung beträgt hier in 5 Jahren 14 200 €.
Welcher Kredit ist günstiger? (Vergleichen Sie die Effektivverzinsungen in %).

1.12 Verhältnisrechnung

Bei der Verhältnisrechnung bzw. Verteilungsrechnung wird eine Gesamtmenge in mehrere Anteile zerlegt. Diese Anteile stehen in einem bestimmten Verhältnis zueinander (Anteilschlüssel).

Gesamtmenge	Anteil	Teilmenge	Anteilschlüssel
Sie entspricht dem Ganzen der gegebenen bzw. gesuchten Menge.	Ein Teil der Gesamtmenge, z. B. ein Sechstel	Die Summe mehrerer Anteile der Gesamtmenge oder 1 Anteil in einer bestimmten Größe.	Verhältnis zwischen den Anteilen. Die **Verhältniszahlen** sind kleinstmögliche ganze Zahlen.
			3 : 2 : 1

1.12.1 Teilmenge

Fallbeispiel 1:
Eine GmbH erwirtschaftet einen Gewinn von 580 000 €. Dieser soll zwischen den zwei Gesellschaftern im Verhältnis 3 : 2 aufgeteilt werden.
Wie viel Euro Gewinn erhält jeder der Gesellschafter?

Gegebene Daten:
Gesamtmenge 580 000 €
Anteilschlüssel 3 : 2

Gesuchte Daten:
- Gewinn 1. Gesellschafter
- Gewinn 2. Gesellschafter

Lösungsmöglichkeit 1	
Schritt 1: Ermittlung der Gesamtzahl der Anteile durch Addition der Verhältniszahlen	3 Anteile + 2 Anteile = 5 Anteile
Schritt 2: Ermittlung der Größe eines Anteils durch Division der Gesamtmenge durch die Gesamtzahl der Anteile	580 000,00 € : 5 Anteile = 116 000,00 €/Anteil
Schritt 3: Ermittlung der Teilmenge pro Gesellschafter durch Multiplikation der Anteile pro Gesellschafter mit der Größe eines Anteils.	3 Anteile · 116 000,00 €/Anteil = 348 000,00 € 2 Anteile · 116 000,00 €/Anteil = 232 000,00 €
Ergebnis: Der 1. Gesellschafter erhält einen Gewinn von 348 000,00 €, der 2. Gesellschafter erhält einen Gewinn von 232 000,00 €	

Lösungsmöglichkeit 2 (Tabellenform)		
	Anteile	Teilmenge in €
1. Gesellschafter	3	3 · 116 000,00 €* = **348 000,00 €**
2. Gesellschafter	2	2 · 116 000,00 € = **232 000,00 €**
Gesamt	5	580 000,00 €
		*580 000 € : 5 = 116 000,00 €

Hinweis: Weitere Fallbeispiele und Übungsaufgaben ab Seite 82, Fasermischungen.

1.12.2 Anteilschlüssel

Verhältnisrechnung

Fallbeispiel 2

Eine 560 kg schwere Spinnpartie besteht aus 340 kg Baumwolle (CO) und 180 kg Viskose (CV), der Rest aus Modalfasern (CMD). Der Mischungspreis je kg beträgt 1,96 €.

2.1 In welchem Verhältnis stehen die Faseranteile zueinander?

2.2 Berechnen Sie den Preisanteil pro Faserkomponente bei gleichen Faserstoffpreisen.

Lösungsmöglichkeit 1

Schritt 1:	Die Masse der Modalfasern (CMD) wird berechnet.	560 kg – 340 kg CO – 180 kg CV = 40 kg CMD
Schritt 2:	Die Anteile werden ohne Einheiten ins Verhältnis gesetzt, die größtmögliche Kürzungszahl wird ermittelt.	340 : 180 : 40 ⇒ Mögliche Kürzungszahl 20
Schritt 3:	Die Anteile werden berechnet durch Kürzen der Verhältniszahlen durch die Kürzungszahl.	Anteil CO 340 : 20 = 17 Anteil CV 180 : 20 = 9 Anteil CMD 40 : 20 = 2
2.1 Ergebnis:	Der Anteilschlüssel zwischen CO, CV und CMD beträgt 17 : 9 : 2	
Schritt 4:	Die Summe der Anteile wird ermittelt.	17 Anteile + 9 Anteile + 2 Anteile = 28 Anteile
Schritt 5:	Der Preis je Anteil wird ermittelt durch Dividieren des Kilopreises der Fasermischung durch die Summe der Anteile.	1,96 € : 28 Anteile = 0,07 €/Anteil
Schritt 6:	Der Preis der einzelnen Sorten wird ermittelt durch Multiplizieren der einzelnen Faseranteile mit dem Preis pro Anteil.	CO 17 Anteile · 0,07 €/Anteil = 1,19 € CV 9 Anteile · 0,07 €/Anteil = 0,63 € CMD 2 Anteile · 0,07 €/Anteil = 0,14 €
2.2 Ergebnis:	Der Faseranteil der Baumwolle kostet 1,19 €, der Anteil von Viskose 0,63 € und der Modalanteil 0,14 € je kg Fasermischung.	

Lösungsmöglichkeit 2 (Tabellenform)

Sorten	Masse	Anteile	Kürzungszahl	Verhältniszahlen
CO	340 kg	340	20	340 : 20 = 17
CV	180 kg	180	20	180 : 20 = 9
CMD	40 kg*	40	20	40 : 20 = 2

*560 kg – 340 kg – 180 kg = 40 kg CMD

2.1 Ergebnis: Der Anteilschlüssel zwischen CO, CV und CMD beträgt 17 : 9 : 2

Sorten	Masse	Anteile	Preis/Sorte		
CO	340 kg	340 : 20 = 17	17 · 0,07 €*	=	1,19 €
CV	180 kg	180 : 20 = 9	9 · 0,07 €	=	0,63 €
CMD	40 kg	40 : 20 = 2	2 · 0,07 €	=	0,14 €
Mischung		28			1,96 €
			* Preis/Anteil =	1,96 € : 28	= 0,07 €

2.2 Ergebnis: Der Faseranteil CO kostet 1,19 €, der von CV 0,63 € und der von CMD 0,14 €

Hinweis: Weitere Fallbeispiele und Übungsaufgaben ab Seite 82, Fasermischungen.

1.13 Flächenberechnungen

1.13.1 Grundlagen

Bezeichnungen:	l	Länge (Seite)	r	Radius	A	Fläche
(Din …)	b	Breite	d	Durchmesser	U	Umfang

	Umfang	Flächeninhalt
Quadrat	Ein Quadrat hat die Seitenlänge l = 12 cm. Berechnen Sie	
	• den **Umfang U**	• den **Flächeninhalt A**
	$U = 4 \cdot l$	$A = l \cdot l = l^2$
	$U = 4 \cdot 12$ cm = **48 cm**	$A = 12$ cm $\cdot$ 12 cm = **144 cm²**
Rechteck	Ein Rechteck weist eine Länge l von 5 cm und eine Breite b von 2 cm auf. Berechnen Sie	
	• den **Umfang U**	• den **Flächeninhalt A**
	$U = 2 \cdot l + 2 \cdot b$	$A = l \cdot b$
	$U = 2 \cdot 5$ cm $+ 2 \cdot 2$ cm = **14 cm**	$A = 5$ cm $\cdot$ 2 cm = **10 cm²**
Kreis	Ein Kreis weist einen Radius r von 9 cm auf. Berechnen Sie	
	• den **Umfang U**	• den **Flächeninhalt A**
	$U = 2 \cdot r \cdot \pi \qquad U = d \cdot \pi$	$A = r^2 \cdot \pi$
	$U = 2 \cdot 9$ cm $\cdot \pi$ $\approx$ **56,55 cm²**	$A = 9$ cm $\cdot$ 9 cm $\cdot \pi$ $\approx$ **254,47 cm²**
Dreieck	Ein Dreieck weist die Seitenlängen l_1 = 25 cm ($\triangleq$ Grundseite), l_2 = 15 cm, l_3 = 10 cm sowie die Breite b = 5 cm auf. Berechnen Sie	
	• den **Umfang U**	• den **Flächeninhalt A**
	$U = l_1 + l_2 + l_3$	$A = \dfrac{l \cdot b}{2}$
	$U = 25$ cm $+ 15$ cm $+ 10$ cm = **50 cm**	$A = (25$ cm $\cdot$ 5 cm$) : 2$ = **62,5 cm²**
Trapez	Ein Trapez weist die Seitenlängen l_1 = 8 cm, l_2 = 7 cm, l_3 = 5 cm, l_4 = 5 cm sowie die Breite b = 3 cm auf. Berechnen Sie	
	• den **Umfang U**	• den **Flächeninhalt A**
	$U = l_1 + l_2 + l_3 + l_4$	$A = \dfrac{l_1 + l_2}{2} \cdot b \qquad A = l_m \cdot b$
	$U = 8$ cm $+ 7$ cm $+ 5$ cm $+ 5$ cm = **25 cm**	$A = (8$ cm $+ 7$ cm$) : 2 \cdot 3$ cm = **22,5 cm²**

1.13.2 Umfang

Flächenberechnungen

Fallbeispiel 1

Für einen rechteckigen Tisch mit einer Fläche von 0,90 m² und einer Länge von 1,50 m soll eine Tischdecke gearbeitet werden. Berechnen Sie den Umfang des benötigten Stoffstückes, wenn die Decke an allen Seiten des Tisches 15 cm überhängen soll.

Gegebene Daten:
Tischfläche A 0,90 m²
Tischlänge a 1,50 m
Überhang   0,15 m

Gesuchte Daten:
Umfang U

Lösung

$A = a \cdot b$ $b = \dfrac{A}{a}$

Tischbreite $b = \dfrac{\text{Tischfläche } A}{\text{Seitenlänge } a}$

$= \dfrac{0{,}90 \text{ m}^2}{1{,}50 \text{ m}}$

$= 0{,}60 \text{ m}$

Stofflänge
= Tischlänge + (2 · Überhang)
= 1,50 m + (2 · 0,15 m)
= 1,80 m

Stoffbreite
= Tischbreite + (2 · Überhang)
= 0,60 m + (2 · 0,15 m)
= 0,90 m

Umfang
= 2 · Stofflänge + 2 · Stoffbreite
= 2 · 1,80 m + 2 · 0,90 m
= 5,40 m

Fallbeispiel 2

Ein kreisrunder Tisch hat einen Durchmesser von 100 cm.

2.1 Berechnen Sie den Durchmesser einer Tischdecke, die 70 cm überhängen soll.

2.2 Als Kantenabschluss wird an die Decke eine Litze genäht. Berechnen Sie den Litzenbedarf in m, wenn zum Zusammennähen 3 cm Nahtzugabe benötigt werden.

Gegebene Daten:
Durchmesser d_1 100 cm
Überhang   70 cm
Nahtzugabe   NZg   3 cm

Gesuchte Daten:
2.1 Durchmesser der Tischdecke d_2
2.2 Litzenbedarf

Lösung 2.1

Durchmesser $d_2 = d_1 + (2 \cdot \text{Überhang})$

$= 100 \text{ cm} + (2 \cdot 70 \text{ cm})$

$= 240 \text{ cm}$

= 2,40 m

Lösung 2.2

Litzenbedarf $= U + \text{NZg}$

$= (d_2 \cdot \pi) + \text{NZg}$

$= (240 \text{ cm} \cdot \pi) + 3 \text{ cm}$

$= 756{,}6 \text{ cm}$

≈ 7,57 m

Übungsaufgaben: Seite 44, Nr. 12, 13

1.13.3 Übungsaufgaben — Flächenberechnungen

01 Berechnen Sie die Fläche A und den Umfang U der Quadrate mit folgenden Seitenlängen l:
1,2 m; 75 cm; 3,5 m; 120 mm

02 Berechnen Sie die Seitenlänge l der Quadrate mit den folgenden Umfängen U:
52 m; 116 mm; 76 cm; 0,78 m

03 Berechnen Sie die Fläche A und den Umfang U der Rechtecke mit folgenden Maßen:
$l = 25$ cm, $b = 14$ cm;
$l = 2,2$ m, $b = 1,4$ m

04 Berechnen Sie die Breite b der Rechtecke mit folgenden Maßen:
$U = 162$ cm, $l = 40$ cm;
$U = 8$ cm, $l = 1,5$ cm

05 Berechnen Sie die Breite b der Rechtecke mit folgenden Maßen:
$A = 62$ cm^2, $l = 4$ cm;
$A = 720$ mm^2, $l = 60$ mm

06 Berechnen Sie den Umfang U und die Fläche A der Kreise mit folgenden Radien r bzw. Durchmesser d:
$r = 15$ cm; $r = 230$ mm;
$d = 88$ cm; $d = 1240$ mm

07 Berechnen Sie den Durchmesser d und den Radius r der Kreise mit folgenden Umfängen U:
186,65 cm; 1285 mm; 4,8 m

08 Berechnen Sie den Umfang U der Dreiecke mit folgenden Maßen:
$l_1 = 5$ cm, $l_2 = 8$ cm, $l_3 = 20$ cm;
$l_1 = 33$ mm, $l_2 = 45$ mm, $l_3 = 56$ mm

09 Berechnen Sie die Fläche A der Dreiecke mit folgenden Längen l und Breiten b:
$l = 140$ cm, $b = 123$ cm;
$l = 3450$ mm, $b = 1280$ mm

10 Berechnen Sie den Umfang U der gleichschenkligen Trapeze mit folgenden Maßen:
$l_1 = 156$ mm, $l_2 = 84$ mm, $l_3 = 98$ mm;
$l_1 = 245$ cm, $l_2 = 136$ cm, $l_3 = 189$ cm

11 Berechnen Sie die Fläche A der Trapeze mit folgenden Längen l und Breiten b:
$l_1 = 580$ mm, $l_2 = 460$ mm, $b = 370$ mm;
$l_1 = 2,5$ cm, $l_2 = 0,8$ cm, $b = 1,4$ cm

12 Für einen rechteckigen Tisch mit einer Fläche von 5 m^2 und einer Länge von 2,50 m soll eine Tischdecke gearbeitet werden. Berechnen Sie den Umfang des benötigten Stoffstückes, wenn die Decke an allen Seiten des Tisches 20 cm überhängen soll.

13 Ein kreisrunder Tisch hat einen Durchmesser von 100 cm.

13.1 Berechnen Sie den Durchmesser einer Tischdecke, die 45 cm überhängen soll.

13.2 Als Kantenabschluss wird an die Decke eine schmale Spitze angenäht. Berechnen Sie den Litzenbedarf in m, wenn zum Zusammennähen 3 cm Nahtzugabe benötigt werden.

14 Aus 1 m^2 Einlagestoff sollen Quadrate mit einer Seitenlänge von 22 cm zugeschnitten werden.

14.1 Berechnen Sie die Anzahl der Quadrate, die zugeschnitten werden können.

14.2 Berechnen Sie die Breite des seitlichen und unteren Abfallstreifens.

15 Ein rechteckiges Tischset mit den Maßen 50 cm × 35 cm soll am Rand und jeweils in einem Abstand von 2 cm und 4 cm vom Rand mit einer 2 mm breiten Litze verziert werden. Pro Set sind insgesamt 2 cm Nahtzugabe zu berücksichtigen.

15.1 Berechnen Sie den Litzenbedarf/Set.

15.2 Wie viele Sets können verziert werden, wenn sich auf einer Rolle 94,6 m Litze befinden?

16 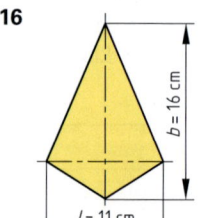 Für eine Verzierung mit Applikationen werden 30 Teile in Form des links abgebildeten Drachenvierecks benötigt. Sie werden aus einem 120 cm breiten Stoff zugeschnitten.

16.1 Beschreiben Sie die dargestellte Fläche, leiten Sie die Formel zur Berechnung des Flächeninhalts ab und berechnen Sie diesen.

16.2 Berechnen Sie die Zahl der Teile, die man aus einer Stoffbreite erhält.

16.3 Ermitteln Sie die Stofflänge, die für die 30 Teile benötigt wird.

16.4 Berechnen Sie den Verschnitt in %.

2 Fachbezogene Grundlagen

2.1 Materialberechnungen

Die Bereitstellung von Material ist eine wichtige Planungsaufgabe bei der Bekleidungsproduktion.
- Der Bedarf an Stoffen, Zutaten usw. wird ermittelt
- Fehlendes Material muss beschafft werden (Materialdisposition)
- Die Verbrauchsdaten werden zur Kostenrechnung (Kalkulation) benötigt

Größe	Symbol	Erklärung
Materialmenge		Vorhandene bzw. benötigte Menge an Oberstoffen, Futter und Zutaten (Knopfmenge, Stoffbedarf) Verwendete Einheiten: Längeneinheiten, Stück
Restmenge		Alle Mengen, die bei der Materialberechnung als Rest übrigbleiben
Verschnitt		Verschnitt ist die nicht ausgenutzte Fläche eines Stoffes
Materialkosten		Die Kosten, die beim Verbrauch von Material entstehen, werden pro Stück, Auftrag oder Zeitspanne ermittelt

2.1.1 Materialmenge

Fallbeispiel 1
Für ein Herrenhemd werden 12 Knöpfe benötigt.
Berechnen Sie den Materialbedarf an Knöpfen für einen Auftrag von 1500 Herrenhemden.

Gegebene Daten:
Knopfbedarf/Hemd 12 Stück
Auftragsmenge 1500 Hemden

Gesuchte Daten: Knopfmenge

Lösung
Knopfmenge = 12 Stück/Hemd · 1500 Hemden
  = 18 000 Stück

Fallbeispiel 2
Für eine Bluse benötigt man 1,75 m Stoff. Die Tagesproduktion beträgt durchschnittlich 240 Blusen.
Welche Stoffmenge muss für eine Woche (5 Arbeitstage) zur Verfügung stehen?

Gegebene Daten:
Einzelverbrauch 1,75 m/Bluse
Tagesproduktion 240 Blusen/Tag
Zahl der Arbeitstage 5

Gesuchte Daten: Stoffbedarf

Lösung
Wochenproduktion = 5 Tage · 240 Blusen/Tag = 1200 Blusen
Stoffbedarf   = 1200 Blusen · 1,75 m/Bluse
  = 2100 m

Übungsaufgaben: Seite 49, Nr. 01, 02, 03, 04

2.1.2 Restmenge/Verschnitt   **Materialberechnungen**

Fallbeispiel 1
Von einem Ballen Futterstoff werden verbraucht: 66,5 cm, 58 cm, 3 m, 1 m.
Berechnen Sie den Gesamtverbrauch und die restliche Menge Futterstoff in m bei einer Ballenlänge von 8 m.

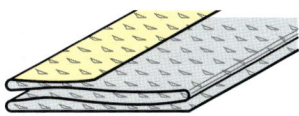

Gegebene Daten:
Verbrauch	66,5 cm	= 0,665 m
	58 cm	= 0,58 m
	3	m
	1	m
Gesamtmenge	8	m

Lösung	
Gesamtverbrauch	= 0,665 m + 0,58 m + 3 m + 1 m
	= 5,245 m
Restmenge	= 8,00 m − 5,245 m
	= 2,755 m

Gesuchte Daten:
- Gesamtverbrauch
- Restmenge

Fallbeispiel 2
Aus einem Stoffstück von 1,40 m Breite und 3,10 m Länge wird ein Kostüm zugeschnitten. Die Schnittteile ergeben beim Schnittbild legen am CAD-Gerät eine Ausnutzung von 67 %.
Berechnen Sie den Verschnitt in m².

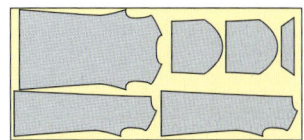

Gegebene Daten:
Stoffbreite	1,40 m
Stofflänge	3,10 m
Ausnutzung	67 %

Gesuchte Daten:
Verschnitt in m²

Lösung		
Stofffläche		Stofffläche 100 % ≙ 4,34 m²
= 1,40 m · 3,10 m		**Verschnitt** 33 % ≙ x
= 4,34 m²		$x = \dfrac{4{,}34 \text{ m}^2 \cdot 33\,\%}{100\,\%}$
Verschnitt in %		
= 100 % − 67 %		= 1,4322 m²
= 33 %		

Fallbeispiel 3
Auf einem Ballen Futterstoff sind 16,40 m. Es sollen davon für Futterröcke Streifen von 0,5 m Breite abgeschnitten werden.
Berechnen Sie die mögliche Zahl der Streifen und die Restmenge des Futterstoffs.

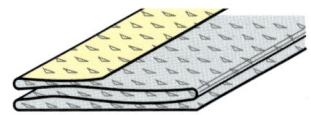

Gegebene Daten:
Gesamtmenge	16,40 m
Streifenbreite	0,50 m

Gesuchte Daten:
- Zahl der Streifen
- Restmenge

Lösung	
Zahl der Streifen	= 16,40 m : 0,50 m
	= 32,80 ⇒ **32**
Gesamtverbauch	= 32 Streifen · 0,50 m/Streifen
	= 16,00 m
Restmenge	= 16,40 m − 16,00 m
	= **0,40 m**

Übungsaufgaben: Seite 49, Nr. 05, 06, 07, 13

2.1.3 Materialkosten

Materialberechnungen

Fallbeispiel 1
Der Stoffbedarf einer Bluse beträgt 1,35 m. Ein Meter Seidenchiffon kostet 21,80 €.
Berechnen Sie die Materialkosten für einen Auftrag von 120 Blusen.

Gegebene Daten:
Stoffbedarf/Bluse	1,35 m
Preis	21,80 €/m
Auftragsmenge	120 Blusen

Gesuchte Daten:
Materialkosten/Auftrag

Lösung	
Stoffkosten/Bluse	= 1,35 m · 21,80 €/m
	= 29,43 €
Materialkosten/ Auftrag	= 29,43 €/Bluse · 120 Blusen
	= **3531,60 €**

Fallbeispiel 2
1 Meter Anzugstoff kostet 65,40 €. Für die Hose werden 1,25 m, für den Sakko 1,80 m und für die Weste 0,75 m benötigt.
Berechnen Sie den Stoffbedarf und die Materialkosten für diesen dreiteiligen Anzug.

Gegebene Daten:
Preis	65,40 €/m
Verbrauch	1,25 m; 1,80 m; 0,75 m

Gesuchte Daten:
- Stoffbedarf
- Stoffkosten

Lösung	
Stoffbedarf	= 1,25 m + 1,80 m + 0,75 m
	= **3,80 m**
Stoffkosten	= 3,80 m · 65,40 €/m
	= **248,52 €**

Fallbeispiel 3
Für ein Herrenhemd werden 11 Knöpfe benötigt. An einem Tag werden 280 Hemden gefertigt.
3.1 Berechnen Sie, wie viele Knöpfe pro Tag benötigt werden.
3.2 Berechnen Sie die Kosten für die Knöpfe, wenn der Preis für 100 Knöpfe 3,80 € beträgt.

Gegebene Daten:
Knopfbedarf/Hemd	11 Stück
Tagesproduktion	280 Hemden
Kosten/100 Knöpfe	3,80 €

Gesuchte Daten:
3.1 Knopfmenge pro Tag
3.2 Knopfkosten pro Tag

Lösung		
3.1 Knopfmenge/Tag	= 280 Hemden · 11 Stück/Hemd	
	= **3080 Stück**	
3.2 Knopfkosten/Tag		
Knopfmenge	Knopfkosten	
100 Knöpfe	3,80 €	$x = \dfrac{3{,}80\ € · 3080\ \text{Knöpfe}}{100\ \text{Knöpfe}}$
3080 Knöpfe	x	
	= **117,04 €**	

Übungsaufgaben: Seite 49, Nr. 08, 09, 10, 11, 12

2.1.4 Übungsaufgaben

Materialberechnungen

01 Für ein Herrenhemd werden 14 Knöpfe benötigt.
Berechnen Sie den Materialbedarf an Knöpfen für einen Auftrag von 2300 Herrenhemden.

02 Für eine Bluse benötigt man 1,45 m Stoff. Die Tagesproduktion beträgt durchschnittlich 260 Blusen.
Welche Stoffmenge muss für eine Woche (5 Arbeitstage) zur Verfügung stehen?

03 Für einen Herrensakko werden durchschnittlich 45 cm Einlage benötigt. Von einem Ballen mit 15 Meter Länge blieben 1,05 m übrig.
Wie viele Sakkos sind produziert worden?

04 Aus Reststücken Futterstoff mit den Längen 4,00 m, 6,30 m, 8,10 m sollen Stücke mit einer Länge von 60 cm geschnitten werden.
Berechnen Sie die Anzahl der Stücke.

05 Von einem Ballen Taschenfutter werden verbraucht: 80,5 cm, 54 cm, 4 m, 2 m.
Berechnen Sie den Gesamtverbrauch und die restliche Menge Futterstoff in m bei einer Ballenlänge von 9,5 m.

06 Aus einem Stoffstück von 1,60 m Breite und 5,10 m Länge wird ein Kostüm zugeschnitten. Die Schnittteile ergeben beim Schnittbildlegen am CAD-Gerät eine Ausnutzung von 77 %.
Berechnen Sie den Verschnitt in m^2.

07 Auf einem Ballen Futterstoff sind 26,40 m. Es sollen davon für Futterröcke Streifen von 0,6 m Breite abgeschnitten werden.
Berechnen Sie die Zahl der Streifen und die Restmenge des Futterstoffs.

08 Der Stoffbedarf einer Bluse beträgt 1,45 m. Ein Meter Seidenchiffon kostet 18,80 €.
Berechnen Sie die Materialkosten für einen Auftrag von 170 Blusen.

09 1 m Anzugstoff kostet 45,60 €. Für die Hose werden 1,15 m, für den Sakko 1,75 m und für die Weste 0,80 m benötigt.
Berechnen Sie den Stoffbedarf und die Materialkosten für diesen dreiteiligen Anzug.

10 Für einen Damenmantel werden 2,50 m Stoff benötigt. Das Oberstoffmaterial kostet 142,80 €.
10.1 Berechnen Sie den Meterpreis des Oberstoffes.
10.2 Berechnen Sie die Höhe der Materialkosten bei einem Auftrag von 90 Damenmänteln.

11 Für ein Herrenhemd werden 13 Knöpfe benötigt. An einem Tag werden 320 Hemden gefertigt.
11.1 Berechnen Sie, wie viele Knöpfe pro Tag benötigt werden.
11.2 Berechnen Sie die Kosten für die Knöpfe, wenn der Preis für 100 Knöpfe 5,60 € beträgt.

12 Aus einem Stoffballen von 80 m, Meterpreis 8,90 €/m, werden 64 Blusen geschnitten. Man verbraucht außerdem 12 m Einlage je 6,40 €/m und 20 Rollen Nähgarn zu je 3,57 €. Außerdem wird jede Bluse mit 5 Knöpfen je 0,45 € geschlossen.
12.1 Berechnen Sie die Materialkosten für eine Bluse.
12.2 Um wie viel Euro erhöhen sich die Materialkosten für eine Bluse, wenn teurere Knöpfe, das Stück für je 67 Cent, zum Einsatz kommen?

13 Beim Zuschnitt eines Damenkostüms entsteht ein Verschnitt von 37 %. Die Stoffbreite beträgt 1,40 m, die Stofflänge 2,45 m.
13.1 Berechnen Sie den Verschnitt in m^2.
13.2 Berechnen Sie Verschnitt in %, wenn durch ein besser gelegtes Lagebild nur 2,30 m Stoff benötigt werden.
13.3 Berechnen Sie die Materialeinsparung für einen Auftrag von 140 Kostümen.

14 Ein Betrieb erhält einen Auftrag für 1500 Blusen und 850 Damenkleider. Der Materialbedarf pro Bluse beträgt 1,20 m und der Bedarf pro Kleid 1,85 m.
14.1 Berechnen Sie den gesamten Materialbedarf.
14.2 Berechnen Sie die Materialkosten, wenn ein Meter Blusen- und Kleiderstoff 14,75 € kostet.
14.3 Wie viel Meter Stoff können eingespart werden, wenn durch eine bessere Ausnutzung 8 % weniger Material benötigt wird?

2.2 Produktionsberechnungen

Zur Termin- und Kapazitätsplanung bei der Bekleidungsproduktion müssen Fertigungszeiten ermittelt werden. Entsprechend ist der Personaleinsatz zu planen. Fertigungszeiten in Verbindung mit dem entsprechenden Geldfaktor ergeben die Fertigungskosten, die zur Kostenrechnung (Kalkulation) erforderlich sind und gleichzeitig zur Lohnberechnung dienen.

Größe	Symbol	Erklärung
Fertigungskosten		Lohnkosten, die bei der Fertigung eines Auftrages entstehen und an das Personal ausbezahlt werden
Fertigungszeit		Zeitaufwand, der zur Fertigung von Bekleidungsteilen benötigt wird
Personalbedarf		Zahl der Arbeitskräfte, die zur Fertigstellung eines Auftrags benötigt wird
Stückzahl		Erforderliche bzw. mögliche Produktionsleistung innerhalb eines bestimmten Zeitraumes

2.2.1 Fertigungskosten

Fallbeispiel 1

Ein Arbeitnehmer erhält im Zeitlohn 9,72 €/h. Seine Arbeitsleistung beträgt an diesem Tag (8 h) 162 Teile.
Berechnen Sie die Fertigungskosten pro Teil bei dieser Arbeitsleistung.

Gegebene Daten:
Fertigungslohn   9,72 €/h
Tägliche Arbeitszeit   8 h
Stückzahl/Tag   162 Stück

Gesuchte Daten:
Fertigungskosten/Stück

Lösung

Fertigungslohn/Tag = 8 h · 9,72 €/h
                  = 77,76 €

Fertigungskosten = 77,76 € : 162 Stück
                  = 0,48 €/Stück

Fallbeispiel 2

Nach einer Lohnerhöhung um 3,4 % beträgt der Stundenlohn einer Modeschneiderin 10,20 €.
Berechnen Sie den Stundenlohn vor der Erhöhung.

Gegebene Daten:
Lohnerhöhung   3,4 %
Fertigungslohn neu   10,20 €/h

Gesuchte Daten: Fertigungslohn alt

Lösung

Prozentsatz	Fertigungslohn
100 % + 3,4 % = 103,4 %	10,20 €/h
100 %	x

Fertigungslohn alt $x = \dfrac{10,20\ € \cdot 100\ \%}{103,4\ \%}$

$\approx 9,86\ €$

Übungsaufgaben: Seite 55, Nr. 01, 02

2.2.1 Fertigungskosten

Produktionsberechnungen

Fallbeispiel 3
Eine Näherin fertigt in 1 Woche bei 40-stündiger Arbeitszeit 25 Röcke.
3.1 Berechnen Sie, wie viele Stunden sie an einem Rock arbeitet.
3.2 Wie hoch sind die Fertigungskosten für einen Rock, wenn der Stundenlohn 9,45 € beträgt?

Gegebene Daten:		Gesuchte Daten:
Wochenarbeitszeit	40 h	3.1 Fertigungszeit
Stückzahl	25 Röcke	3.2 Fertigungskosten
Stundenlohn	9,45 €/h	

Lösung 3.1	Lösung 3.1
Stückzahl | Fertigungszeit 25 Röcke | 40 h 1 Rock | x **Fertigungszeit x = 1,6 h**	Fertigungskosten = 1,6 h · 9,45 €/h = **15,12 €**

Fallbeispiel 4
Eine Büglerin erhält einen Wochenlohn von 362,67 €. Für jedes gebügelte Teil erhält sie 50 Cent. Ihre tägliche Arbeitszeit beträgt 7,7 Stunden, dies ergibt eine Wochenarbeitszeit von 38,5 Stunden.
4.1 Berechnen Sie den Tagesverdienst der Büglerin.
4.2 Wie viele Teile hat die Büglerin pro Tag bearbeitet?

Gegebene Daten:		Gesuchte Daten:
Wochenlohn	362,67 €	4.1 Tagesverdienst
Lohn	0,50 €/Stück	4.2 Stückzahl/Tag
Tägliche Arbeitszeit	7,7 h	
Wochenarbeitszeit	38,5 h	

Lösung 4.1	Lösung 4.1
Arbeitstage/Woche = 38,5 h : 7,7 h/Tag = 5 Tage **Tagesverdienst** = 362,67 € : 5 Tage ≈ **72,53 €/Tag**	**Stückzahl** = 72,53 € : 0,50 €/Stück ≈ **145 Stück**

Fallbeispiel 5
Ein Auftrag von 275 Teilen wird von 6 Näherinnen bearbeitet. Zur Fertigstellung eines Teiles werden insgesamt 3,2 Stunden benötigt. Berechnen Sie die Fertigungskosten, wenn der Stundenlohn einer Näherin 9,75 € beträgt.

Gegebene Daten:		Lösung	
Stückzahl	275 Stück	Fertigungszeit	= 275 Stück · 3,2 h/Stück
Fertigungslohn	9,75 €		= 880 h
Fertigungszeit	3,2 h/Stück	Fertigungskosten	= 880 h · 9,75 €/h
Gesuchte Daten:	Fertigungskosten		= **8580,00 €**

Übungsaufgaben: Seite 55 Nr. 03, 04, 05

2.2.2 Fertigungszeit

Produktionsberechnungen

Fallbeispiel 1
Für 120 Kleider benötigen 18 Näherinnen 300 Minuten.
In wie viel Stunden und Minuten ist ein Auftrag von 420 Kleidern fertig, wenn von den 18 Näherinnen 2 krank sind?

Gegebene Daten:

Stückzahl	Personalbedarf	Fertigungszeit
120 Kleider	18 Näh.	300 min.
420 Kleider	18 Näh. – 2 Näh. = 16 Näh.	x

Gesuchte Daten:
Fertigungszeit

Lösung

Fertigungszeit in min

$$x = \frac{300 \text{ min} \cdot 420 \text{ Kleider} \cdot 18 \text{ Näh.}}{120 \text{ Kleider} \cdot 16 \text{ Näh.}}$$

$= 1181{,}25 \text{ min}$

Zeitumrechnung
Zahl der h = 1 181,25 min : 60 min/h
            = 19,6875 h ⇒ **19 h** Rest 0,6875 h
Zahl der min = 0,6875 h · 60 min/h
            = 41,25 min
Die Fertigungszeit beträgt 19 h und 41,25 min.

Fallbeispiel 2
Ein Betrieb kann mit seinem Auftragsbestand seine 30 Mitarbeiter 75 Arbeitstage je 8 Arbeitsstunden beschäftigen

2.1 Wie lange würde der Betrieb für die Aufträge benötigen, wenn er 4 Mitarbeiter zusätzlich einstellen würde?
2.2 Wie viele Überstunden müsste jeder Mitarbeiter täglich machen, wenn die Fertigungszeit auf 60 Tage verkürzt werden soll?

Gegebene Daten 2.1:

Personalbedarf	Fertigungszeit
30 Mitarbeiter	75 Tage
30 Mit. + 4 Mit. = 34 Mitarbeiter	x_1

Gegebene Daten 2.2:

Auftragszeit	tägliche Arbeitszeit
75 Tage	8 h
60 Tage	x_2

Gesuchte Daten 2.1:
Fertigungszeit

Gesuchte Daten 2.2:
Zahl der Überstunden

Lösung 2.1

Fertigungszeit $x_1 = \dfrac{75 \text{ Tage} \cdot 30 \text{ Mitarbeiter}}{34 \text{ Mitarbeiter}}$

$\approx 66{,}18$ Tage

Lösung 2.2

Tägliche Arbeitszeit $x_2 = \dfrac{8 \text{ h} \cdot 75 \text{ Tage}}{60 \text{ Tage}} = 10 \text{ h}$

Zahl der Überstunden = 10 h – 8 h **= 2 h**

Fallbeispiel 3
Eine Modenäherin fertigt an einem Arbeitstag (8 Stunden) 150 Teile.
Berechnen Sie, wie viele Minuten sie für ein Teil benötigt.

Gegebene Daten:

Stückzahl	Fertigungszeit
150 Stück	8 h · 60 min/h = 480 min
1 Stück	x

Gesuchte Daten: Fertigungszeit/Stück

Lösung

Fertigungszeit/Stück $x = \dfrac{480 \text{ min} \cdot 1 \text{ Stück}}{150 \text{ Stück}}$

$= 3{,}2 \text{ min}$

Übungsaufgaben: Seite 55 Nr. 06, 07, 08

2.2.3 Personalbedarf

Produktionsberechnungen

Fallbeispiel 1

In einer Bekleidungsfirma arbeiten 20 Näherinnen täglich 8 h an einem Auftrag, der in 12,5 Tagen fertig ist.

Berechnen Sie, wie viele Näherinnen zusätzlich eingestellt werden müssten, wenn der Auftrag bei 10-stündiger Arbeitszeit schon in 5 Tagen fertig sein soll.

Gegebene Daten:

Arbeitszeit	Fertigungszeit	Personalbedarf
8 h	12,5 Tage	20 Näh.
10 h	5 Tage	x

Gesuchte Daten: Zusätzlicher Personalbedarf

Lösung

$$\text{Personalbedarf } x = \frac{20 \text{ Näh.} \cdot 8 \text{ h} \cdot 12{,}5 \text{ Tage}}{10 \text{ h} \cdot 5 \text{ Tage}}$$

$$= 40 \text{ Näherinnen}$$

Zusätzlicher Personalbedarf = 40 Näh. − 20 Näh.

= **20 Näherinnen**

Fallbeispiel 2

Ein Bekleidungsbetrieb beschäftigt in der Fertigung 118 Mitarbeiterinnen. Pro Woche (5 Tage, 8 Stunden pro Arbeitstag) werden 590 Mäntel hergestellt.

2.1 Wie viele Überstunden muss jede Mitarbeiterin täglich leisten, damit ein Großauftrag von 3 245 Mänteln in 22 Arbeitstagen gefertigt werden kann? (Bedingung: Keine Mitarbeiterin wird krank)

2.2 Wie viele neue Arbeitsplätze könnten anstatt der Überstunden geschaffen werden?

Gegebene Daten:

Stückzahl	Fertigungszeit	Arbeitszeit
590 Mäntel	5 Tage	8 Stunden
3 245 Mäntel	22 Tage	x

Gesuchte Daten:
2.1 Zahl der Überstunden
2.2 Personalbedarf

Lösung 2.1

$$\text{Arbeitszeit } x = \frac{8 \text{ h} \cdot 3\,245 \text{ Mäntel} \cdot 5 \text{ Tage}}{590 \text{ Mäntel} \cdot 22 \text{ Tage}}$$

$$= 10 \text{ h}$$

Zahl der Überstunden = 10 h − 8 h = **2 h**

Lösung 2.2

Überstunden gesamt = 118 Näh. · 2 Überst./Näh.
= 236 Überstunden

Personalbedarf = 236 Überstunden : 8 h/Näh.
= 29,5 Näh. ⇒ **30 Näherinnen**

Fallbeispiel 3

In einem Industriebetrieb stellen 39 Näherinnen bei täglich 8 Stunden Arbeitszeit in einer Woche (5 Arbeitstage) 240 Kleider her.

Berechnen Sie, wie viele Näherinnen zusätzlich benötigt werden, wenn in der gleichen Zeit 450 Kleider als Eilauftrag geliefert werden müssen und die Näherinnen täglich eine Überstunde leisten.

Gegebene Daten:

Tägl. Arbeitszeit	Stückzahl	Personalbedarf
8 h	240 Stück	39 Näh.
8 h + 1 h = 9 h	450 Stück	x

Gesuchte Daten: Zusätzlicher Personalbedarf

Lösung

$$\text{Personalbedarf } x = \frac{39 \text{ Näh.} \cdot 8 \text{ h} \cdot 450 \text{ Stück}}{9 \text{ h} \cdot 240 \text{ Stück}}$$

$$= 65 \text{ Näherinnen}$$

Zusätzlicher Personalbedarf = 65 Näh. − 39 Näh.

= **26 Näherinnen**

Übungsaufgaben: Seite 55 Nr. 09, 10, 11

2.2.4 Stückzahl

Produktionsberechnungen

Fallbeispiel 1
Für das Anfertigen einer Hose in Heimarbeit werden 18,00 € gezahlt. Wie viel Hosen müssen täglich bei 8 Stunden Arbeitszeit hergestellt werden, wenn sich ein Stundenlohn von 9,00 € ergeben soll?

Gegebene Daten:
Fertigungslohn   18,00 €/Stück
Tägliche Arbeitszeit 8 h
Stundenlohn   9,00 €/h

Gesuchte Daten:
Stückzahl/Tag

Lösung	
Lohn/Tag	= 8 h · 9,00 €/h
	= 72,00 €
Stückzahl/Tag	= 72,00 € : 18,00 €/Stück
	= 4 Stück

Fallbeispiel 2
Eine Näherin erhält im Stückakkordlohn je bearbeitetes Teil 0,22 €. Sie möchte einen Stundenlohn von 8,80 € erreichen.
Berechnen Sie, wie viele Teile sie pro Tag (7,7 h) fertigen muss.

Gegebene Daten:
Fertigungslohn   0,22 €/Stück
Stundenlohn   8,80 €/h
Tägliche Arbeitszeit 7,7 h

Gesuchte Daten:
Stückzahl/Tag

Lösung	
Lohn/Tag	= 7,7 h · 8,80 €/h
	= 67,76 €
Stückzahl/Tag	= 67,67 € : 0,22 €/Stück
	= 308 Stück

Fallbeispiel 3
Eine Näherin benötigt zum Fertigen einer Bluse 1,25 h. Die Wochenarbeitszeit beträgt 40 h. Durch den Einsatz von Spezialmaschinen kann die Nähzeit um 0,2 h verkürzt werden.
Berechnen Sie, wie viele Blusen durch den Einsatz von Spezialmaschinen mehr gefertigt werden können.

Gegebene Daten:
Fertigungszeit normal   1,25 h/Bluse
Zeitersparnis   0,2 h/Bluse
Wochenarbeitszeit   40 h

Gesuchte Daten: Mehrproduktion

Lösung	
Fertigungszeit neu	= 1,25 h/Bluse – 0,2 h
	= 1,05 h/Bluse
Stückzahl neu	= 40 h : 1,05 h/Bluse
	≈ 38,1 Blusen ⇒ 38 Blusen
Stückzahl normal	= 40 h : 1,25 h/Bluse
	= 32 Blusen
Mehrproduktion	= 38 Blusen - 32 Blusen
	= 6 Blusen

Fallbeispiel 4
26 Näherinnen fertigen in 38 Wochenstunden 310 Kostüme.
Um wie viel Stück kann die Produktion erhöht werden, wenn pro Woche 4 Überstunden gemacht werden und zusätzlich 5 Aushilfskräfte eingestellt werden?

Gegebene Daten:

Personalbedarf	Fertigungszeit	Stückzahl
26 Näh.	38 h	310 Kostüme
26 + 5 Näh. = 31 Näh.	38 + 4 h = 42 h	x

Gesuchte Daten: Mehrproduktion

Lösung	
Stückzahl =	$\dfrac{310 \text{ Kostüme} \cdot 31 \text{ Näh.} \cdot 42 \text{ h}}{26 \text{ Näh.} \cdot 38 \text{ h}}$
	≈ 408,52 K ⇒ 408 Kostüme
Mehrproduktion	= 408 Kostüme – 310 Kostüme
	= 98 Kostüme

Übungsaufgaben: Seite 55 Nr. 12, 13, 14, 15

2.2.5 Übungsaufgaben

Produktionsberechnungen

01 Ein Arbeitnehmer erhält im Zeitlohn 9,85 €/h. Seine Arbeitsleistung beträgt an diesem Tag (8 h) 240 Teile.
Berechnen Sie die Fertigungskosten pro Teil bei dieser Arbeitsleistung.

02 Nach einer Lohnerhöhung um 2,1 % beträgt der Stundenlohn einer Modeschneiderin 9,40 €.
Berechnen Sie den Stundenlohn vor der Erhöhung.

03 Eine Schneiderin fertigt in 1 Woche bei 38-stündiger Arbeitszeit 28 Hemden.
  03.1 Berechnen Sie, wie viele Stunden sie an einem Hemd arbeitet.
  03.2 Wie hoch sind die Fertigungskosten für ein Hemd, wenn der Stundenlohn 10,25 € beträgt?

04 Eine Qualitätskontrolleurin erhält einen Wochenlohn von 395,00 €. Für jedes kontrollierte Teil erhält sie 29 Cent. Ihre tägliche Arbeitszeit beträgt 7,7 Stunden bei 5 Arbeitstagen pro Woche.
  04.1 Berechnen Sie den Tagesverdienst der Kontrolleurin.
  04.2 Wie viele Teile hat die Kontrolleurin pro Tag bearbeitet?

05 Ein Auftrag von 152 Teilen wird von 8 Näherinnen bearbeitet. Zur Fertigstellung eines Teiles werden insgesamt 2,4 h benötigt.
Berechnen Sie die Fertigungskosten, wenn der Stundenlohn einer Näherin 8,80 € beträgt.

06 Für 150 Kleider benötigen 20 Näherinnen 380 Minuten.
In wie vielen Stunden und Minuten ist ein Auftrag von 475 Kleidern fertig, wenn von den 20 Näherinnen 4 krank sind?

07 Ein Betrieb kann mit seinem Auftragsbestand seine 24 Mitarbeiter 65 Arbeitstage je 7,6 Arbeitsstunden beschäftigen.
  07.1 Wie lange würde der Betrieb für die Aufträge benötigen, wenn er 2 Mitarbeiter zusätzlich einstellen würde?
  07.2 Wie viele Überstunden müsste jeder der 24 Mitarbeiter täglich machen, wenn die Fertigungszeit auf 58 Tage verkürzt werden soll?

08 Eine Modenäherin fertigt an einem Arbeitstag (7,6 Stunden) 120 Teile.
Berechnen Sie, wie viele Minuten sie für ein Teil benötigt.

09 In einer Bekleidungsfirma arbeiten 24 Näherinnen täglich 7,5 h an einem Auftrag, der in 16,5 Tagen fertig ist.
Berechnen Sie, wie viele Näherinnen zusätzlich eingestellt werden müssten, wenn der Auftrag bei 10-stündiger Arbeitszeit schon in 8 Tagen fertig sein soll.

10 Ein Bekleidungsbetrieb beschäftigt in der Fertigung 78 Mitarbeiterinnen. Pro Woche (5 Tage mit 7 Stunden pro Arbeitstag) werden 1350 Blusen hergestellt.
  10.1 Wie viele Überstunden muss jede Mitarbeiterin täglich leisten, damit ein Großauftrag von 5370 Blusen in 17 Arbeitstagen gefertigt werden kann? (Bedingung: Keine Mitarbeiterin wird krank)
  10.2 Wie viele neue Arbeitsplätze könnten anstatt der Überstunden geschaffen werden?

11 In einem Industriebetrieb stellen 39 Näherinnen bei täglich 7,4 Stunden Arbeitszeit in einer Woche (5 Arbeitstage) 168 Kostüme her.
Berechnen Sie, wie viele Näherinnen zusätzlich benötigt werden, wenn in der gleichen Zeit 280 Kostüme als Eilauftrag geliefert werden müssen und die Näherinnen täglich 1,5 Überstunden leisten.

12 Für das Anfertigen einer Weste werden für einen Lohnbetrieb 13,50 € gezahlt.
Wie viele Westen müssen täglich bei 8 h Arbeitszeit hergestellt werden, wenn sich ein Stundenlohn von 8,80 € ergeben soll?

13 Eine Näherin erhält im Stückakkordlohn je bearbeitetes Teil 0,34 €. Sie möchte einen Stundenlohn von 9,30 € erreichen.
Berechnen Sie, wie viele Teile sie pro Tag (7,5 h) fertigen muss.

14 Eine Näherin benötigt zum Fertigen einer Hose 1,45 h. Die Wochenarbeitszeit beträgt 38 h. Durch den Einsatz von Spezialmaschinen kann die Nähzeit um 0,25 h verkürzt werden.
Berechnen Sie, wie viele Hosen durch den Einsatz von Spezialmaschinen mehr gefertigt werden können.

15 36 Näherinnen fertigen in 40 Wochenstunden 180 Blusen.
Um wie viel Stück kann die Produktion erhöht werden, wenn pro Woche 2 Überstunden gemacht werden und zusätzlich 3 Aushilfskräfte eingestellt werden?

2.3 Preisberechnungen

- Bei der Herstellung (Produktion) von Artikeln sind Preise in der Regel beim Materialaufwand zu berücksichtigen (Materialbedarf).
- Beim Verkauf bzw. der Lieferung von Artikeln werden Preise für die hergestellte Ware festgesetzt (Verkaufspreis, Lieferpreis).

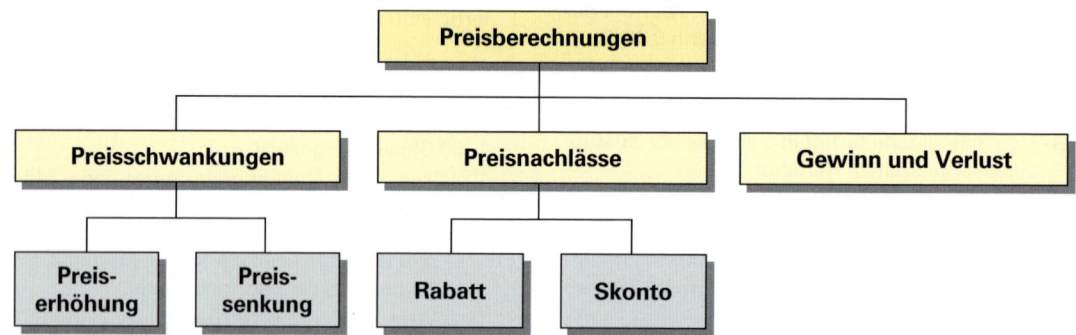

2.3.1 Preisschwankungen

- **Preiserhöhungen** bzw. **Preissenkungen** erfolgen in der Regeln dann, wenn sich einzelne Faktoren bei der Preisfestsetzung ändern. Dies kann erfolgen, wenn sich z. B. die Rohstoffpreise, die Fertigungskosten oder die Steuersätze verändern.
- Bei **Preissenkungen** handelt es sich meistens um **Sonderangebote,** die z. B. bei Sonderveranstaltungen (Schluss-, Jubiläums-, Räumungsverkäufen), bei Saisonwechsel oder Konkurrenzdruck Kunden zum Kauf anregen sollen.

Größe	Einheit	Erklärung
Ursprünglicher Preis	€	Preis vor der Erhöhung bzw. Senkung
Preiserhöhung	% und €	Preiserhöhung z. B. aufgrund erhöhter Rohstoffpreise oder Fertigungskosten *(wird in Prozent des ursprünglichen Preises berechnet)*
Preissenkung	% und €	Preisreduzierung, z. B. anlässlich eines Schlussverkaufs *(wird in Prozent des ursprünglichen Preises berechnet)*
Neuer Preis	€	Reduzierter oder erhöhter Preis

2.3.1 Preisschwankungen — Preisberechnungen

Fallbeispiel 1

Der Preis für eine Nähmaschine ist um 6 % gestiegen und beträgt jetzt 572,40 €.

1.1 Wie viel Euro kostete die Nähmaschine vor der Preissteigerung?
1.2 Wie viel Euro beträgt die Preissteigerung?

 Durch das Einsetzen der gegebenen Werte in das Lösungsschema können die gesuchten Größen hergeleitet werden.

Gegebene Daten:

Neuer Preis	572,40 €
Preissteigerung	6 %

Gesuchte Daten:
1.1 Ursprünglicher Preis
1.2 Preiserhöhung in €

Lösungsschema

	Prozentsatz	Betrag
Ursprünglicher Preis	100 %	x_1
+ Preiserhöhung	6 %	x_2
Neuer Preis	106 %	572,40 €

Lösung 1.1

Prozentsatz	Betrag
100 % + 6 % = 106 %	572,40 €
100 %	x_1

Ursprünglicher Preis $x_1 = \dfrac{572{,}40\,€ \cdot 100\,\%}{106\,\%}$

$= 540{,}00\,€$

Lösung 1.2

Preiserhöhung x_2
= Neuer Preis – Ursprünglicher Preis
= 572,40 € – 540,00 €
= **32,40 €**

Fallbeispiel 2

Im Schlussverkauf wird ein Stoffballen, auf dem sich noch 6,5 m Stoff befinden, zum Preis von 117,00 € angeboten. Ursprünglich kostete 1 m dieser Ware 26,00 €.

2.1 Berechnen Sie den Meterpreis der verbilligten Ware.
2.2 Um wie viel Euro und Prozent wurde der Preis gesenkt?

Gegebene Daten:

Stoffmenge	6,5 m
Rechnungsbetrag	117,00 €
Ursprünglicher Preis pro m	26,00 €/m

Gesuchte Daten:
2.1 Verbilligter Preis pro m
2.2 Preissenkung in € und %

Lösungsschema

	Prozentsatz	Betrag
Ursprünglicher Preis	100 %	26,00 €
– Preissenkung	x_2	x_1
Neuer Preis	100 % – x_2	

Lösung 2.1

Verbilligter Preis
= 117,00 € : 6,5 m
= **18,00 €/m**

Lösung 2.2

Preissenkung in € x_1
= Ursprünglicher Preis – Neuer Preis
= 26,00 € – 18,00 €
= **8,00 €**

Betrag	Prozentsatz
26,00 €	100 %
8,00 €	x_2

Preissenkung $x_2 = \dfrac{100\,\% \cdot 8{,}00\,€}{26{,}00\,€}$

$\approx$ **30,8 %**

Übungsaufgaben: Seite 64, Nr. 01, 02, 03, 04, 05

2.3.2 Preisnachlässe

Bei der Preisgestaltung können Preisnachlässe eingeräumt werden. Handelsüblich sind z.B. **Mengenrabatt** und **Skonto**.

Bei der Berechnung ist zu unterscheiden, ob an den Endverbraucher geliefert wird oder innerhalb des Geschäftsbereichs Zahlungsvorgänge erfolgen. Bemessungsgrundlage kann somit der Bruttobetrag (mit Mehrwertsteuer) oder der Nettobetrag (ohne Mehrwertsteuer) sein. Oftmals werden nicht auf alle Bestandteile eines Rechnungsbetrages Preisnachlässe eingeräumt, Fertigungskosten und Serviceleistungen werden in der Regel ausgenommen.

Größen	Einheit	Erklärung
Warenwert netto	€	Preis eines Artikels (Material, Gerät usw.) vor Abzug eines Nachlasses und ohne Mehrwertsteuer
Warenwert brutto	€	Preis eines Artikels (Material, Gerät usw.) vor Abzug eines Nachlasses einschließlich Mehrwertsteuer
Rabatt	% und €	Preisnachlass, z. B. Mengenrabatt, Treuerabatt, Wiederverkäuferrabatt
Rechnungsbetrag netto	€	Preis nach Abzug von Rabatt und ohne Mehrwertsteuer
Rechnungsbetrag brutto	€	Preis nach Abzug von Rabatt einschließlich Mehrwertsteuer
Skonto	% und €	Preisnachlass bei Zahlung innerhalb einer bestimmten Frist
Zahlungsbetrag	€	Preis nach Abzug von Rabatt und Skonto

- *Rabatt* wird **in % des Warenwertes** (netto oder brutto) berechnet.
- *Skonto* wird **in % des Rechnungsbetrages** (netto oder brutto) berechnet.
- *Die Prozentsätze von Rabatt und Skonto können nicht addiert werden, da die Bemessungsgrundlage verschieden ist.*

Fallbeispiel 1

Beim Kauf von 25,00 m Stoff zu 12,00 €/m einschließlich Mehrwertsteuer gewährt ein Fachgeschäft einer Schneiderin 12 % Mengenrabatt und bei sofortiger Zahlung 3 % Skonto.
Ermitteln Sie den Zahlungsbetrag.

Gegebene Daten:
Materialmenge 25,00 m
Materialkosten 12,00 €/m
Rabatt 12 %
Skonto 3 %

Gesuchte Daten:
Zahlungsbetrag

Lösungsschema

	Rabatt	Skonto	Betrag
Warenwert brutto	100 %		x_1
– Rabatt	12 %		x_2
Rechnungsbetrag brutto	88 %	100 %	x_3
– Skonto		3 %	x_4
Zahlungsbetrag		97 %	x_5

Lösungsvorschlag

x_2 Rabatt = $\dfrac{300{,}00\ € \cdot 12\,\%}{100\,\%}$ = 36,00 €

x_4 Skonto = $\dfrac{264{,}00\ € \cdot 3\,\%}{100\,\%}$ = 7,92 €

x_1 Warenwert = 25,00 m · 12,00 €/m	= 300,00 €
– Rabatt 12 %	36,00 €
x_3 Rechnungsbetrag (brutto)	264,00 €
– Skonto 3 %	7,92 €
x_5 **Zahlungsbetrag**	**= 256,08 €**

Übungsaufgaben: Seite 64, Nr. 05

2.3.2 Preisnachlässe

Preisberechnungen

Fallbeispiel 2

Beim Kauf einer großen Menge Oberstoff wurde dem Betrieb auf den Warenwert netto in Höhe von 5.460,00 € ein Rabatt von 10 % und bei Zahlung innerhalb von 10 Tagen 2 % Skonto gewährt. Der Mehrwertsteuersatz beträgt 19 %.

Ermitteln Sie den Zahlungsbetrag.

Gegebene Daten:
Warenwert netto 5460,00 €
Rabatt 10 %
Mehrwertsteuer 19 %
Skonto 2 %

Gesuchte Daten:
Zahlungsbetrag

Lösungsschema

	Rabatt	MwSt	Skonto	Betrag
Warenwert netto	100 %			5460,00 €
– Rabatt	10 %			x_1
Rechnungsbetrag netto	90 %	100 %		x_2
+ Mehrwertsteuer		19 %		x_3
Rechnungsbetrag brutto			100 %	x_4
– Skonto			2 %	x_5
Zahlungsbetrag			98 %	$\mathbf{x_6}$

Lösungsvorschlag

x_1 Rabatt $= \dfrac{5460,00\ € \cdot 10\%}{100\%} = 546,00\ €$

x_3 MwSt $= \dfrac{4914,00\ € \cdot 19\%}{100\%} = 933,66\ €$

x_5 Skonto $= \dfrac{5847,66\ € \cdot 2\%}{100\%} = 116,95\ €$

Warenwert netto	= 5460,00 €
– Rabatt 10 %	546,00 €
x_2 Rechnungsbetrag netto	= 4914,00 €
+ Mehrwertsteuer 19 %	933,66 €
x_4 Rechnungsbetrag brutto	= 5847,66 €
– Skonto 2 %	116,95 €
x_6 Zahlungsbetrag	**= 5730,71 €**

Fallbeispiel 3

Eine Schneiderin kauft in einem Fachgeschäft Knöpfe und verschiedene andere Zutaten ein. Der Warenwert einschließlich 19 % Mehrwertsteuer beträgt 825,00 €. Da ihr Rabatt und 2 % Skonto gewährt werden, überweist sie noch 743,82 €.

Ermitteln Sie den Prozentsatz des Rabattes.

Gegebene Daten:
Warenwert brutto 825,00 €
Skonto 3 %

Gesuchte Daten:
Rabatt in %

Lösungsschema

	Rabatt	Skonto	Betrag
Warenwert brutto	100 %		825,00 €
– Rabatt	x_4		x_3
Rechnungsbetrag brutto	100 % – x_2	100 %	x_2
– Skonto		2 %	x_1
Zahlungsbetrag		98 %	743,82 €

Lösungsvorschlag

x_1 Skonto $= \dfrac{743,82\ € \cdot 2\%}{98\%} = 7,92\ €$

x_2 Rechnungsbetrag brutto
= Zahlungsbetrag + Skonto
= 743,82 € + 7,92 €
= 759,00 €

x_3 Rabatt
= Warenwert brutto – Rechnungsbetrag brutto
= 825,00 € – 759,00 €
= 66,00 €

x_4 Rabatt $= \dfrac{100\% \cdot 66,00\ €}{825,00\ €} = \mathbf{8\%}$

Übungsaufgaben: Seite 64, Nr. 06, 07

2.3.2 Preisnachlässe

Preisberechnungen

Fallbeispiel 4
Nach Abzug von 9 % Rabatt auf den Warenwert netto und 3 % Skonto zahlt ein Betrieb für die Lieferung von 35,00 m Oberstoff einschließlich 19 % Mehrwertsteuer 1 323,52 €.
Ermitteln Sie den Meterpreis netto.

Gegebene Daten:
Materialmenge   35,00 m
Rabatt   9 %
Mehrwertsteuer   19 %
Skonto   3 %
Zahlungsbetrag   1 323,52 €

Gesuchte Daten:
Meterpreis netto

Lösungsschema

	Rabatt	MwSt.	Skonto	Betrag
Warenwert netto – Rabatt	100 % 9 %			x_3
Rechnungsbetrag netto + Mehrwertsteuer	91 %	100 % 19 %		x_2
Rechnungsbetrag brutto – Skonto		119 %	100 % 3 %	x_1
Zahlungsbetrag			97 %	1 323,52 €

Lösungsvorschlag

x_1 Rechnungsbetrag brutto
$$= \frac{1\,323{,}52\,€ \cdot 100\,\%}{97\,\%} = 1\,364{,}45\,€$$

x_3 Warenwert netto
$$= \frac{1\,146{,}60\,€ \cdot 100\,\%}{91\,\%} = 1\,260{,}00\,€$$

x_2 Rechnungsbetrag netto
$$= \frac{1\,364{,}45\,€ \cdot 100\,\%}{119\,\%} = 1\,146{,}60\,€$$

Meterpreis netto
= Warenwert netto : Materialmenge
= 1 250,00 € : 35,00 € = **36,00 €/m**

Fallbeispiel 5
Ein Betrieb erhält über die Lieferung und Installation eines PC-Programmes nachstehende Rechnung (Auszug). Auf den Preis der Software wird Skonto eingeräumt.
- Ermitteln Sie das Zustandekommen des skontofähigen Betrags.
- Berechnen Sie den Zahlungsbetrag bei Ausnutzung von Skonto.

Pos.	Menge	Artikel-Nr.	Beschreibung	Einzelpreis	Gesamtpreis
01	1,00	100	Software Auftragsabwicklung	1 800,00 €	1 800,00 €
02	1,00	500	Tagessatz Systemeinrichtung	800,00 €	800,00 €
			Warenwert		2 600,00 €
			Nettobetrag		2 600,00 €
			MwSt (19 %)		494,00 €
			Endbetrag		**3 094,00 €**

Zahlungsbedingung: Zahlbar innerhalb 8 Tagen mit 2 % Skonto, innerhalb 30 Tagen ohne Abzug
Skontofähiger Betrag 2 142,00 €

Lösungsvorschlag

Skontofähiger Betrag	= Warenwert + MwSt. = 1 800,00 € + 342,00 € = **2 142,00 €**	*(NR1)* MwSt. = $\dfrac{1\,800{,}00\,€ \cdot 19\,\%}{100\,\%}$ = 342,00 €
Zahlungsbetrag	= Endbetrag – Skonto = 3 094,00 € – 42,84 € = **3 051,16 €**	*(NR2)* Skonto = $\dfrac{2\,142{,}00\,€ \cdot 2\,\%}{100\,\%}$ = 42,84 €

Übungsaufgaben: Seite 64, Nr. 08, 09

2.3.3 Gewinn und Verlust

Preisberechnungen

Grundsätzlich kann der Hersteller bzw. Händler den Preis für ein Produkt bzw. eine Ware frei bestimmen (kalkulieren). Der Preis sollte jedoch einerseits die Kosten decken, andererseits einen angemessenen Gewinn beinhalten. Grundlage der Preisermittlung ist eine genaue Kalkulation bzw. Kostenrechnung.

Fachbezogene Grundlagen

Preiskalkulation

Erzeugnisse und Dienstleistungen

Selbstkostenpreis
+ Gewinn

Nettopreis
+ Mehrwertsteuer

Bruttopreis

Handelsware

Einkaufspreis
+ Kalkulationszuschlag
(Handlungskosten, Gewinn, Mehrwertsteuer)

Verkaufspreis

- *Gewinn und Verlust werden in Prozent des **Selbstkostenpreises** bzw. des **Einkaufspreises** berechnet.*
- *In der Regel wird jeder Preis mit einem Gewinn kalkuliert.*
- *Eine Preissenkung bedeutet nicht, dass ein Verlust entsteht.*
- *Ein **Verlust** entsteht, wenn der Nettopreis niedriger als der Selbstkostenpreis ist bzw. wenn der Verkaufspreis unter dem Einkaufspreis liegt.*

Größen	Einheit	Erklärung
Selbstkosten(preis) Einkaufspreis	€	Preis einer Ware ohne Gewinn und sonstige Zuschläge (Einstandspreis)
Verkaufspreis	€	Preis, den der Verbraucher beim Kauf einer Ware zu bezahlen hat
Gewinn	% und €	Differenz zwischen dem höher liegenden Verkaufspreis und dem geringeren Einkaufspreis des Einzelhändlers bzw. zwischen dem Nettopreis und dem Selbstkostenpreis des Herstellers
Verlust	% und €	Einbuße beim Verkauf einer Ware unter dem Einkaufs- bzw. Selbstkostenpreis
Nettopreis	€	Der Preis einer Ware ohne die Mehrwertsteuer
Mehrwertsteuer*	€	Steuer, die für jede Ware oder Dienstleistung anfällt und an den Staat abgeführt werden muss. Sie ist im Preis einer Ware enthalten, der Endverbraucher hat sie zu tragen.
Bruttopreis	€	Der Preis einer Ware einschließlich der Mehrwertsteuer

*** Anmerkung:** Bei den nachfolgenden Fallbeispielen ist die Mehrwertsteuer im Verkaufspreis enthalten.

2.3.3 Gewinn und Verlust

Preisberechnungen

Fallbeispiel 1
Für die Herstellung einer Modellkollektion werden 22 000,00 € errechnet. Die Herstellerfirma will diese Kollektion um 27 500,00 € verkaufen.
Mit wie viel Gewinn in Euro und % rechnet die Herstellerfirma?

Gegebene Daten:
Einkaufspreis 22 000,00 €
Verkaufspreis 27 500,00 €

Gesuchte Daten:
Gewinn in € und %

Lösungsschema

	Gewinn	Betrag
Einkaufspreis	100 %	22 000,00 €
+ Gewinn	x_2	x_1
Verkaufspreis	100 % + x_2	27 500,00 €

Lösung

Gewinn in € x_1
= Verkaufspreis – Einkaufspreis
= 27 500,00 € – 22 000,00 €
= 5 500,00 €

Betrag	Prozentsatz
22 000,00 €	100 %
5 500,00 €	x_2

Gewinn $x_2 = \dfrac{100\% \cdot 5\,500{,}00\ €}{22\,000{,}00\ €}$

= 25 %

Fallbeispiel 2
Ein Designerkostüm wird für den Preis von 1 860,00 € angeboten. Es wurde ein Gewinn von 28 % kalkuliert.
2.1 Berechnen Sie den Gewinn in Euro.
2.2 Berechnen Sie den Einkaufspreis des Kostüms.

Gegebene Daten:
Verkaufspreis 1 860,00 €
Gewinn 28 %

Gesuchte Daten:
2.1 Gewinn in Euro
2.2 Einkaufspreis

Lösungsschema

	Gewinn	Betrag
Verkaufspreis	128 %	1 860,00 €
– Gewinn	28 %	x_1
Einkaufspreis	100 %	x_2

Lösung 2.1

Prozentsatz	Betrag
128 %	1 860,00 €
28 %	x_1

Gewinn $x_1 = \dfrac{1\,860{,}00\ € \cdot 28\%}{128\%}$

≈ 406,88 €

Lösung 2.2

Einkaufspreis x_2 = Verkaufspreis – Gewinn
= 1 860,00 € – 406,88 €
= 1 453,12 €

Übungsaufgaben: Seite 65, Nr. 17, 20

2.3.3 Gewinn und Verlust
Preisberechnungen

Fallbeispiel 3
Ein Markenkostüm kostet im Einkauf 640,00 €. Am Ende der Saison kann der Händler das Kostüm nur mit einem Verlust von 35 % verkaufen.
3.1 Berechnen Sie den Verlust.
3.2 Berechnen Sie den Verkaufspreis.

Gegebene Daten:
Einkaufspreis 640,00 €
Verlust 35 %

Gesuchte Daten:
3.1 Verlust in Euro
3.2 Verkaufspreis

Lösungsschema

	Verlust	Betrag
Einkaufspreis	100 %	640,00 €
– Verlust	35 %	x_1
Verkaufspreis	65 %	x_2

Fachbezogene Grundlagen

Lösung 3.1

Prozentsatz	Betrag
100 %	640,00 €
35 %	x_1

Verlust $x_1 = \dfrac{640,00 € \cdot 35\%}{100\%}$

= 224,00 €

Lösungen 3.2

Verkaufspreis x_2 = Einkaufspreis – Verlust
= 640,00 € – 224,00 €
= **416,00 €**   oder

Verkaufspreis $x_2 = \dfrac{640,00 € \cdot 65\%}{100\%}$

= **416,00 €**

Fallbeispiel 4
Ein Mantel, der im Einkauf 728,00 € kostete, wird im Laufe des Schlussverkaufs 2-mal um 25 % reduziert.
4.1 Berechnen Sie den Endverkaufspreis.
4.2 Berechnen Sie den Gesamtverlust in Euro

Gegebene Daten:
Einkaufspreis 728,00 €
Verlust $_1$ 25 %
Verlust $_2$ 25 %

Gesuchte Daten:
4.1 Verkaufspreis $_2$
4.2 Gesamtverlust

Lösungsschema

	Verlust		Betrag
Einkaufspreis	100 %		728,00 €
– Verlust $_1$	25 %		x_1
Verkaufspreis $_1$	75 %	100 %	x_2
– Verlust $_2$		25 %	x_3
Verkaufspreis $_2$			x_4

Lösung 4.1

Prozentsatz	Betrag
100 %	728,00 €
25 %	x_1 €

Verlust $_1$ $x_1 = \dfrac{728,00 € \cdot 25\%}{100\%}$

= 182,00 €

Prozentsatz	Betrag
100 %	546,00 €
25 %	x_3 €

Verlust $_2$ $x_3 = \dfrac{546,00 € \cdot 25\%}{100\%}$

= 136,50 €

Verkaufspreis $_1$ x_2
= Einkaufspreis – Verlust $_1$
= 728,00 € – 182,00 €
= 546,00 €

Verkaufspreis $_2$ x_4
= Verkaufspreis $_1$ – Verlust $_2$
= 546,00 € – 136,50 €
= **409,50 €**

Lösung 4.2

Gesamtverlust
= Verlust $_1$ + Verlust $_2$
= 182,00 € + 136,50 €
= **318,50 €**

Übungsaufgaben: Seite 65, Nr. 23, 25

2.3.4 Übungsaufgaben — Preisberechnungen

01 Der Preis für eine Überwendlichmaschine ist um 7,5 % gestiegen und beträgt 952,40 €.
  01.1 Wie viel Euro kostete die Nähmaschine vor der Preissteigerung?
  01.2 Wie viel Euro beträgt die Preissteigerung?

02 Im Schlussverkauf wird ein Stoffballen, auf dem sich noch 5,5 m Georgette befinden, zum Preis von 90,20 € angeboten. Ursprünglich kostete 1 m dieser Ware 24,60 €.
  02.1 Berechnen Sie den Preis pro m der verbilligten Ware.
  02.2 Um wie viel Prozent wurde der Preis gesenkt?

03 Der Meterpreis eines Seidenbrokats wird am Ende der Saison von 186,60 € auf 126,45 € herabgesetzt.
  03.1 Berechnen Sie, um wie viel Prozent der Preis gesenkt wurde.
  03.2 Berechnen Sie, wie viel Euro beim Kauf von 3,4 m Stoff gespart werden.

04 Eine Damenschneidermeisterin betreibt neben ihrer Werkstatt noch eine kleine Boutique mit Designerkleidung. Wegen Umbauarbeiten führt sie dort einen Räumungsverkauf durch und ermäßigt die Preise um 15 %. Zwei Wochen später entschließt sie sich zu einer weiteren Preissenkung um 10 %. Zu welchem Preis bietet sie ein Kostüm an, das vor dem Räumungsverkauf 1450,00 € kostete?

05 Beim Kauf von 30,00 m Stoff zu 9,80 €/m einschließlich Mehrwertsteuer gewährt ein Fachgeschäft einer Schneiderin 10 % Mengenrabatt und bei sofortiger Zahlung 2,5 % Skonto.
Ermitteln Sie den Zahlungsbetrag.

06 Beim Kauf einer großen Menge Oberstoff wurde dem Betrieb auf den Warenwert netto in Höhe von 3640,00 € ein Rabatt von 20 % und bei Zahlung innerhalb von 10 Tagen 3 % Skonto gewährt. Der Mehrwertsteuersatz beträgt 19 %.
Ermitteln Sie den Zahlungsbetrag.

07 Eine Schneiderin kauft in einem Fachgeschäft Knöpfe und diverse Zutaten ein. Der Warenwert einschließlich 19 % Mehrwertsteuer beträgt 480,00 €. Da ihr Rabatt und 3 % Skonto gewährt werden, überweist sie noch 442,32 €.
Ermitteln Sie den Prozentsatz des Rabattes.

08 Nach Abzug von 10 % Rabatt auf den Warenwert netto und 2 % Skonto zahlt ein Betrieb für die Lieferung von 25,00 m Oberstoff einschließlich 19 % Mehrwertsteuer 314,87 €.
Ermitteln Sie den Meterpreis netto.

09 Die Rechnung über die Lieferung und Installation eines PC-Programmes enthält nachfolgende Positionen:

Warenwert netto	2200,00 €
Installation netto	600,00 €
Mehrwertsteuer	19 %
Gesamtbetrag	3332,00 €
Skonto auf den Warenwert netto	2,5 %
Skontofähiger Betrag	2618,00 €

  09.1 Ermitteln Sie das Zustandekommen des skontofähigen Betrags.
  09.2 Berechnen Sie den Zahlungsbetrag bei Ausnutzung von Skonto.

10 Beim Kauf von 20,00 m Stoff erhält eine Damenschneidermeisterin 18 % Mengenrabatt. Ursprünglich kostete der Meter Stoff einschließlich Mehrwertsteuer 14,00 €.
Wie hoch ist der Warenwert und der Rechnungsbetrag?

11 Der Preis für eine bestellte Lieferung betrug einschließlich Mehrwertsteuer 760,00 €, der Rechnungsbetrag 653,60 €.
  11.1 Wie viel Prozent Rabatt wurden gewährt?
  11.2 Bei Barzahlung werden außerdem 2 % Skonto gewährt. Berechnen Sie die Höhe des Zahlungsbetrages.

12 Beim Kauf einer großen Menge Oberstoff wurde auf den Warenwert von 2170,00 € einschließlich Mehrwertsteuer ein Rabatt von 12 % und bei sofortiger Barzahlung Skonto in Höhe von 3 % gewährt.
Berechnen Sie den Rechnungsbetrag und den Zahlungsbetrag.

13 Eine Meisterin kauft im Großhandel Knöpfe und verschiedene andere Zutaten ein. Der Warenwert beträgt einschließlich Mehrwertsteuer 1025,00 €. Da ihr Rabatt und 2 % Skonto gewährt werden, überweist sie noch 883,96 €.
  13.1 Berechnen Sie den Rechnungsbetrag.
  13.2 Wie viel Prozent Rabatt wurden ihr gewährt?

14 Nach Abzug von 11 % Rabatt und 3 % Skonto zahlt ein Betrieb für die Lieferung von 3 Kisten Knöpfen noch 1236,00 € einschließlich Mehrwertsteuer.
  14.1 Wie hoch war der Rechnungsbetrag?
  14.2 Wie hoch ist der Warenwert?

15 Eine Verpackungseinheit Knöpfe kostet nach der Verrechnung von 20 % Rabatt, 19 % Mehrwertsteuer und 3 % Skonto noch 18,00 €.
Berechnen Sie den Warenwert.

2.3.4 Übungsaufgaben

Preisberechnungen

16 Für die Herstellung einer Modellkollektion werden 38 000,00 € errechnet. Die Herstellerfirma will diese Kollektion für 48 640,00 € verkaufen.
Mit wie viel Gewinn in Euro und Prozent rechnet die Herstellerfirma?

17 Ein Ski-Overall mit einem Einkaufspreis von 640,00 € wird mit einem Gewinn von 35 % kalkuliert.
17.1 Berechnen Sie die Höhe des Verkaufspreises.
17.2 Bei Abnahme von 30 Ski-Overalls erhält der Händler einen Rabatt von 10 %.
Berechnen Sie seinen Gewinn/Stück in Euro, wenn der Verkaufspreis gleich bleibt.

18 Eine Palette Futtertaft kostet beim Großhändler 600,00 €. Die Hälfte davon kann mit einem Gewinn von 30 % verkauft werden. Beim Verkauf der anderen Hälfte entsteht eine Einbuße von 16 %.
18.1 Berechnen Sie die Höhe des gesamten Gewinns in Euro.
18.2 Berechnen Sie die Verkaufspreise.

19 Ein Anzug wird für einen Preis von 1 480,00 € angeboten. Es wurde ein Gewinn von 25 % kalkuliert.
19.1 Berechnen Sie den Gewinn in Euro.
19.2 Berechnen Sie den Einkaufspreis des Anzugs.

20 Ein Ballen Stoff kostet einen Zwischenhändler im Einkauf 940,20 €. Ein Drittel davon verkauft er mit 25 % Gewinn, ein Viertel mit 20 % und den Rest mit 15 % Gewinn.
20.1 Berechnen Sie die Höhe des gesamten Gewinnes.
20.2 Berechnen Sie, wie viel der Zwischenhändler verdient hätte, wenn er den ganzen Ballen mit 25 % Gewinn verkauft hätte. Berechnen Sie die Höhe der Einbuße.

21 Beim Verkauf eines Restpostens soll ein Preis von 12 340,00 € erzielt werden. Der Händler hat dann noch einen Gewinn von 2 221,20 €.
21.1 Berechnen Sie den Einkaufspreis.
21.2 Berechnen Sie die Höhe des ursprünglichen Verkaufspreises, wenn der Posten mit 10 % mehr Gewinn kalkuliert wurde.

22 Ein Abendkleid kostet im Einkauf 520,00 €. Am Ende der Saison kann der Händler das Kleid nur mit einem Verlust von 35 % verkaufen.
22.1 Berechnen Sie den Verlust.
22.2 Berechnen Sie den Verkaufspreis.

Projektorientierte Aufgabe

Vgl. Kundenauftrag Kleid
Seite 341 ff.

23 Für die Fertigung eines Modellkleides vereinbart die Meisterin mit der Kundin einen *verbindlichen* Angebotspreis in Höhe von 683,96 €. Dieser kalkulierte Gesamtpreis brutto einschließlich 19 % Mehrwertsteuer ergibt sich aus der Vorkalkulation und setzt sich folgendermaßen zusammen:
- Materialpreis netto 109,36 € einschließlich 75 % Materialgewinn und
- Fertigungspreis netto 465,40 € einschließlich 25 % Zuschlag für Gewinn und Wagnis.

Die Nachkalkulation mit den gleichen Gewinnzuschlägen ergibt folgende Werte:
- Materialpreis netto 115,98 €
- Fertigungspreis netto 565,16 €

23.1 Geben Sie den Unterschied eines **verbindlichen** Angebots zu einem **unverbindlichen** Angebot an.

23.2 Unterscheiden Sie die Begriffe **Vorkalkulation** und **Nachkalkulation**.

23.3 Ermitteln Sie den **tatsächlichen Prozentsatz des Materialgewinns** auf den Einkaufs-preis netto, der bei Einhaltung des verbindlichen Angebotspreises noch möglich ist.

23.4 Ermitteln Sie den **tatsächlichen Prozentsatz des Zuschlags für Gewinn und Wagnis** auf die Selbstkosten.

23.5 Berechnen Sie den **tatsächlichen Lieferpreis brutto (Rechnungspreis)**.

23.6 Ermitteln Sie den **Preisvorteil für die Kundin** durch den *verbindlichen* Angebotspreis in Euro und Prozent.

23.7 Ermitteln Sie den **tatsächlichen Minusbetrag** in Euro und Prozent, der dem Betrieb entstanden ist.

23.8 Führen Sie jeweils zwei Gründe auf, weshalb ein **Zuschlag für Wagnis bzw. Gewinn** erhoben wird.

23.9 Geben Sie vier Gesichtspunkte an, die bei der **Höhe des Zuschlags** für Gewinn und Wagnis eine Rolle spielen.

23.10 Beschreiben Sie zwei Möglichkeiten, wie man bei der Fertigung eines Modellkleides eine zu große **Differenz von Angebotspreis zu Rechnungspreis** vermeiden kann.

2.4 Grafische Darstellungen

2.4.1 Grundlagen

- Grafische Darstellung wie Tabellen, Kreisdiagramme, Kurvendiagramme und Säulendiagramme dienen der optischen Veranschaulichung von Zahlenwerten.
- Grafische Darstellungen können flächig oder räumlich (dreidimensional) dargestellt werden.

Fachbezogene Grundlagen

Art	Schematische Darstellung	Anwendung
Tabellen	Kostenzuordnung: Kostenstelle A: Personal 100,00 €, Sachkosten 50,00 €, AfA 20,00 €, Gesamtkosten 170,00 €; Kostenstelle B: 80,00 €, 70,00 €, 40,00 €, 190,00 €; Kostenstelle C: 60,00 €, 30,00 €, 35,00 €, 125,00 €; Kostenstelle D: 40,00 €, 20,00 €, 10,00 €, 70,00 €	• Rationelle Darstellungsweise • Aufzeigen von Entwicklungen • Übersichtliche Detailinformationen • Leichtes Herausfiltern von vergleichenden Daten • Auswertung von statistischem Zahlenmaterial
Kurvendiagramme	Umsatz (€) über Zeit t (Jahr 2006–2014), Erzeugnis A und Erzeugnis B	• Zur Darstellung von Entwicklungsabläufen innerhalb eines Zeitraumes • Mengenveränderungen in einem bestimmten Zeitraum aufzeigen, z. B. Umsatzentwicklung, Kosten, Fertigungszeiten
Säulen-, Balkendiagramme	Kostenstellen A, B, C, D aufgeteilt nach Personal, Sachkosten, AfA, Gesamtkosten	• Drei- oder zweidimensionale Darstellung von Entwicklungsabläufen in Abhängigkeit von verschiedenen Bezugsquellen z. B. Abteilungen, Firmen, Branchen, Zeiteinheiten • Zur Gegenüberstellung fest abgeschlossener Zahlenwerte • Nicht geeignet zum genauen Ablesen von Zahlenwerten
Kreisdiagramme	Stundenverrechnungssatz 50,00 €: Stundenlohn 16,80 €, Lohnnebenkosten 7,36 €, Gewinnzuschlag 4,10 €, Gemeinkosten 21,74 €	• Zur Darstellung der Aufteilung eines Ganzen in seine Anteile • Aufzeigen der Größe eines Anteils in Bezug zur Gesamtmenge • In der Regel stellt der ganze Kreis 100 % dar und die Kreissegmente die Prozentanteile

2.4.2 Tabelle — Grafische Darstellungen

Fallbeispiel 1:
Ein Bekleidungsbetrieb will die Produktion des 1. Quartals seiner drei Fertigungsbetriebe in einer Tabelle vergleichend darstellen. Folgende Daten liegen zugrunde:

Werk I – Januar 150 Teile, Februar 160 Teile, März 155 Teile
Werk II – Januar 140 Teile, Februar 135 Teile, März 145 Teile
Werk III – Januar 135 Teile, Februar 147 Teile, März 160 Teile

1.1 Erfassen Sie die Daten in einer Tabelle.
1.2 Welcher der drei Betriebe hatte die größte Produktion? Stellen Sie auch diese Summen in der Tabelle dar.
1.3 In welchem Monat wurden am meisten Teile produziert?
1.4 Wie hoch war die Gesamtproduktion aller drei Fertigungsbetriebe im 1. Quartal?

Lösung					
1.1		Werk I	Werk II	Werk III	Summe
	Januar	150	140	135	425
	Februar	160	135	147	442
	März	155	145	160	460
	Summe	**465**	**420**	**442**	**1327**
1.2	Die größte Produktion im 1. Quartal hatte Werk I.				
1.3	Im Monat März wurden am meisten, nämlich 460 Teile produziert.				
1.4	Im 1. Quartal wurden insgesamt 1327 Teile gefertigt.				

Übungsaufgabe

Werten Sie die unten dargestellte Tabelle hinsichtlich folgender Kriterien aus:
1. Zählen Sie in absteigender Reihenfolge die Faserarten nach Produktionsanteilen auf.
2. Zeichnen Sie ein Kurvendiagramm der Produktionszahlen der drei wichtigsten Fasern im Jahresvergleich von 1980 bis 2013.
3. Begründen Sie, warum die Chemiefaserproduktion die Baumwollproduktion überholt hat.
4. Erklären Sie, weshalb bei der Produktion von Wolle seit 1995 eine starke Abnahme zu verzeichnen ist.
5. Geben Sie Beispiele für typische Produkte aus Baumwolle, Wolle sowie synthetischen Chemiefasern.

Weltproduktion von Textilfasern seit 1980

	1980	1985	1990	1995	2000	2005	2010	2013
Synthetische Chemiefasern	10630	13120	15370	19190	28400	34900	45200	54400
Zellulosische Chemiefasern	3560	3220	3150	3010	2640	3300	4400	5900
Chemiefasern gesamt	**14190**	**16340**	**18520**	**22200**	**31040**	**38200**	**49600**	**60300**
Wolle	1600	1740	1930	1490	1400	1100	1300	1100
Baumwolle	13840	17380	19000	19960	19000	24400	25100	25200
Textilfasern gesamt	**29630**	**35460**	**39450**	**43650**	**51440**	**63700**	**76000**	**86600**

Angaben in 1000 Tonnen
Quelle: Industrievereinigung Chemiefaser e.V.

2.4.3 Kurvendiagramm

Grafische Darstellungen

Fallbeispiel
Durch steigende Verkaufszahlen erwirtschaftete ein Bekleidungsbetrieb einen steigenden Umsatz. Stellen Sie diesen in einem Kurvendiagramm dar.

Monat	Umsatz (€)
Januar	450 000
Februar	490 000
März	550 000
April	610 000
Mai	650 000
Juni	825 000
Juli	730 000
August	740 000
September	780 000
Oktober	810 000
November	830 000
Dezember	850 000

Maßstabermittlung

Schritt 1: *Die Differenz zwischen größtem und kleinstem Wert wird ermittelt:*
850 000,00 € – 450 000,00 € = 400 000,00 €
⇒ 1. Wert des vertikalen Maßstabes

Schritt 2: *Festlegung des vertikalen Maßstabs:*
1 cm ≙ 100 000,00 €

Schritt 3: *Festlegung des horizontalen Maßstabs:*
pro Monat 0,5 cm

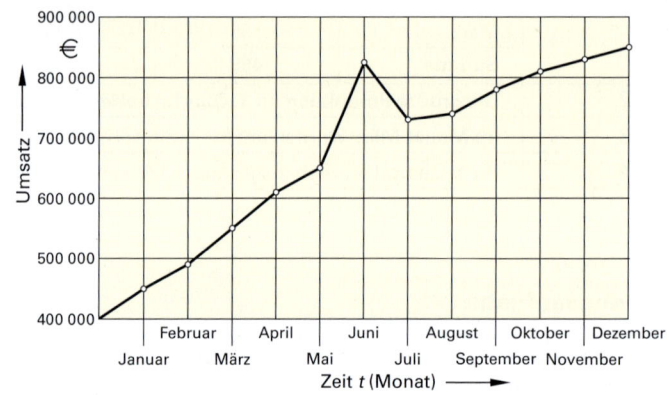

Beantworten Sie folgende Fragen:

1. In welchem Monat machte der Betrieb den größten Umsatz?
2. In welchen Monaten gab es Umsatzspitzen?
3. Begründen Sie, weshalb der Betrieb zweimal im Jahr Umsatzspitzen verzeichnet.

Übungsaufgabe

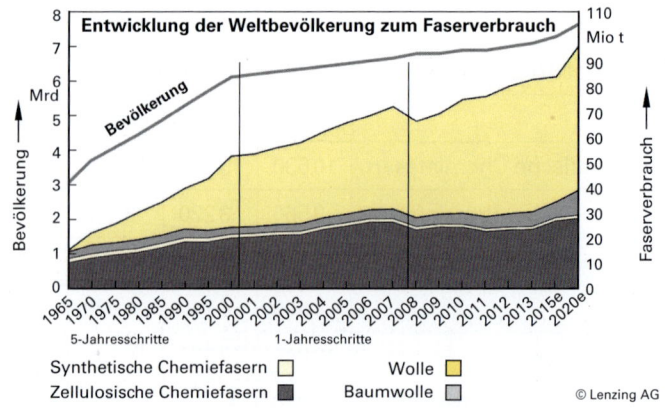

1. Erklären Sie den Zusammenhang zwischen der Menge der Weltbevölkerung und dem Verbrauch von Textilfasern.
2. Aus welchen Gründen nähern sich die beiden Kurven?
3. Wie viele Tonnen Fasern verbrauchte die Weltbevölkerung im Jahr 1970 und wie viele Tonnen 2020 (geschätzt)?
4. Geben Sie Entwicklungen an, die dazu beitrugen, dass sich die Faserproduktion so stark erhöhen konnte.
5. Aus welchen Gründen erhöhte sich die Produktion der synthetischen Chemiefasern so stark?

2.4.4 Säulen-, Balkendiagramm Fallbeispiel — Grafische Darstellungen

Fallbeispiel

Stellen Sie die Zahl der Betriebe, die Beschäftigtenzahl und die Umsatzentwicklung in der Bekleidungsindustrie Deutschlands von 1990 bis 2014 in einem Säulendiagramm dar.

Jahr	Betriebe	Beschäftigte	Umsatz in Mio EUR
1990	1720	164 092	13 691
1995	1252	105 872	12 017
2000	695	66 199	10 740
2005	444	42 183	9 234
2010	323	33 458	7 338
2014	272	30 868	7 588

Quelle: Statistisches Bundesamt

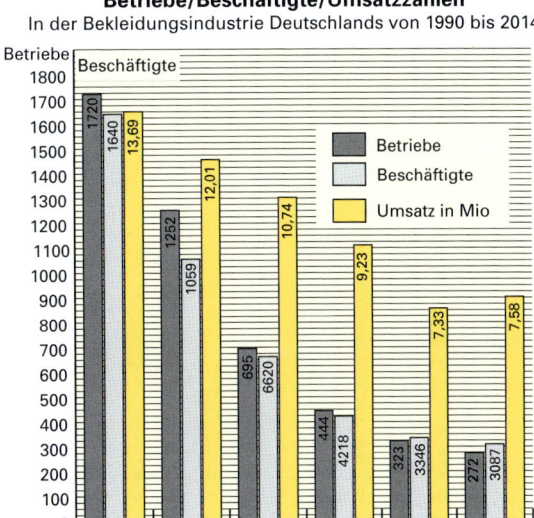

1. Beschreiben Sie die Entwicklung der Zahl der Betriebe, der Beschäftigtenzahl sowie die Umsatzentwicklung von 1990 bis 2014.
2. Erklären Sie die möglichen Gründe für diese Entwicklung.

Übungsaufgabe 1

1.1 Erklären Sie den Begriff Feuchtigkeitsaufnahme.
1.2 Welche Fasergruppe weist die größte Feuchtigkeitsaufnahme auf?
1.3 Begründen Sie, weshalb zwischen Naturfasern und Chemiefasern ein Unterschied im Feuchtigkeitsaufnahmevermögen besteht.
1.5 Welche Faserarten haben Extremwerte? Begründen Sie dies.

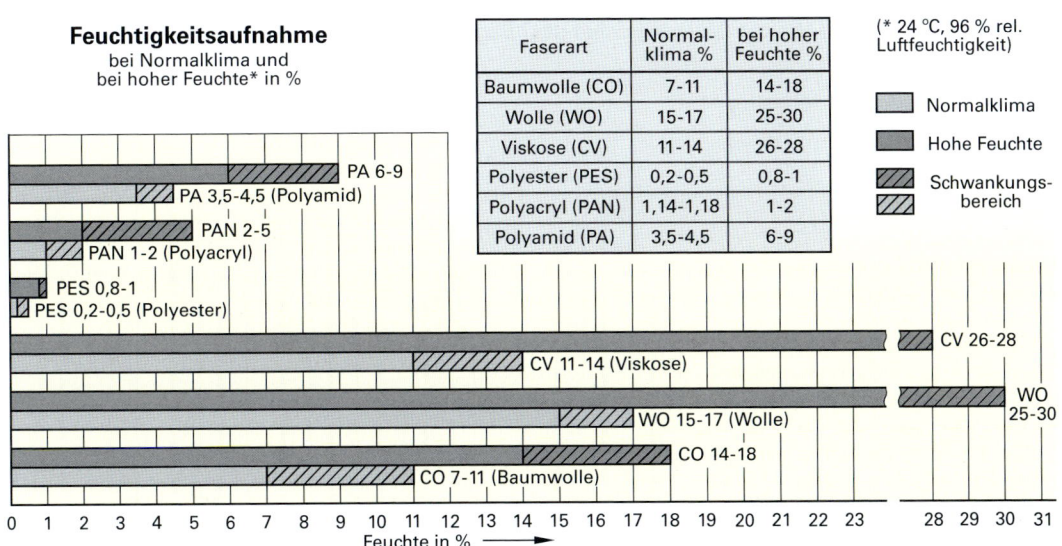

2.4.4 Säulen-, Balkendiagramm

Grafische Darstellungen

Übungsaufgabe 2

Vergleich der Feinheitsfestigkeit bei Naturfasern

2.1 Erklären Sie den Begriff Feinheitsfestigkeit.
2.2 Welche Naturfaser hat die größte Feinheitsfestigkeit bei Normalklima?
2.3 Welche Naturfaser hat die größte Feinheitsfestigkeit im nassem Zustand?
2.4 Bei welcher Naturfaser ist der Unterschied zwischen Trockenfestigkeit und Nassfestigkeit am größten?
2.5 Bei welchen Naturfasern nimmt die Feinheitsfestigkeit im nassen Zustand ab?

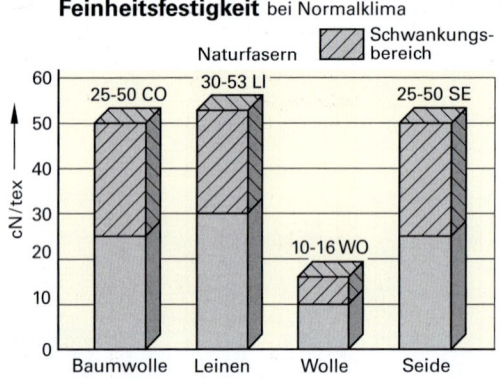
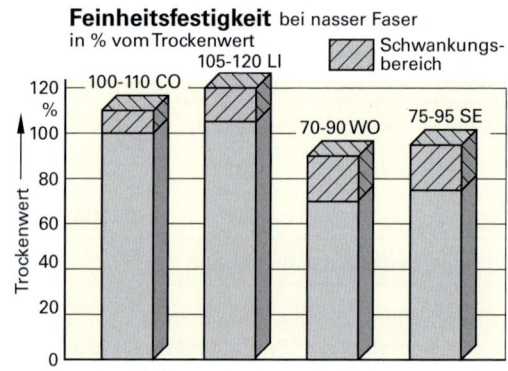

Übungsaufgabe 3

Vergleich der Höchstzugkraftdehnung aller Faserarten

3.1 Erklären Sie den Begriff Höchstzugkraftdehnung.
3.2 Welche Faserarten besitzen eine besonders geringe Dehnung?
3.3 Welche negativen Fasereigenschaften lassen sich von einer geringen Dehnung ableiten?
3.4 Welche Faserarten besitzen eine besonders hohe Dehnung?
3.5 Welche Faserart bildet bei den Naturfasern eine Ausnahme?
3.6 Begründen Sie, weshalb die Dehnungsschwankungsbreite bei synthetischen Chemiefasern besonders hoch ist.
3.7 Bei der Dehnung im nassem Zustand verhalten sich manche Fasern anders als bei der Dehnung im trockenem Zustand. Welche Faserarten sind das? Begründen Sie dies!

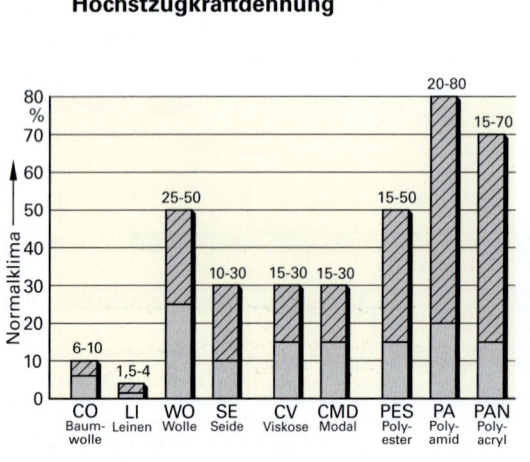
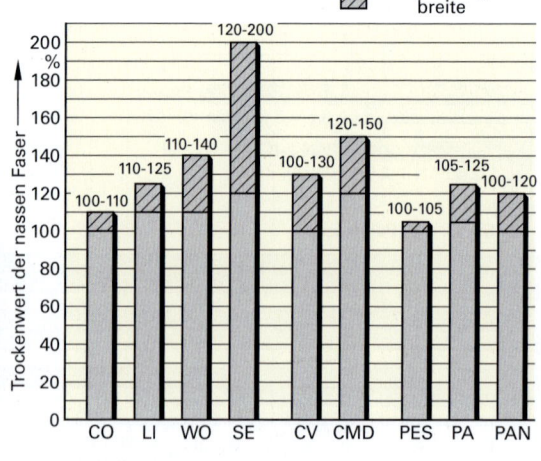

2.4.5 Kreisdiagramm

Grafische Darstellungen

Fallbeispiel

Stellen Sie die Welterzeugung an Textilfasern im Jahr 2013 in einem Kreisdiagramm dar.
Folgende Daten liegen zugrunde:

Faserart	Produktion (1 000 Tonnen)
Synthetische Chemiefasern	54 400
Zellulosische Chemiefasern	5 900
Wolle	1 100
Baumwolle	25 200
Gesamt	**86 600**

Schritt 1: Berechnung der Anteile an der Gesamtproduktion und Kreissegmentaufteilung durch Dreisatzrechnung			
Faserart	Produktion (1 000 Tonnen)	Anteil %	Anteil °
Gesamtproduktion	86 600	100 %	360 °
Synth. Chemief.	54 400	62,8 %	226,1 °
Zellul. Chemief.	5 900	6,8 %	24,5 °
Wolle	1 100	1,3 %	4,6 °
Baumwolle	25 200	29,1 %	104,8 °
Schritt 2: Zeichnen des Kreises und Einteilung in die errechneten Kreissegmente (Anteil °).			
Schritt 3: Beschriften und unterschiedliches Kennzeichnen der Kreissegmente.			
Schritt 4: Auswertung			

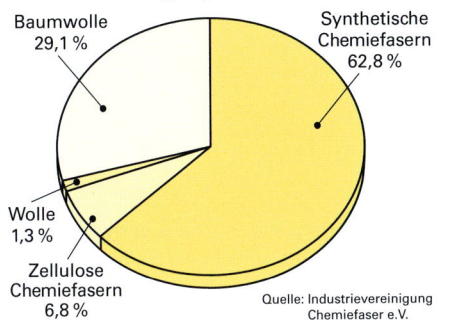

Welterzeugung Textilfasern 2013
Quelle: Industrievereinigung Chemiefaser e.V.

Beantworten Sie folgende Fragen:

1. Welche Faserart hat den größten Anteil an den Textilfasern?
2. Aus welchen Gründen hat die Erzeugung der Naturfasern natürliche Grenzen?
3. Erklären Sie, weshalb Wolle einen sehr geringen Anteil an der Gesamtproduktion hat?

Übungsaufgabe 1

In einer Studie wurde die Arbeitsweise im Bereich der Schnittkonstruktion untersucht. Die Ergebnisse sind in den Kreisdiagrammen dargestellt. Beantworten Sie hierzu folgende Fragen:

1.1 Welches System kommt bei der Erstellung von Erstschnitten am häufigsten zum Einsatz?
1.2 Welches ist die gebräuchlichste Methode, Erstschnitte zu erstellen?
1.3 Wie viel Prozent der Schnitterstellung sind Konstruktionen von Grund auf?
1.4 Begründen Sie, weshalb neue Modelle eher selten von Grund auf neu konstruiert werden.

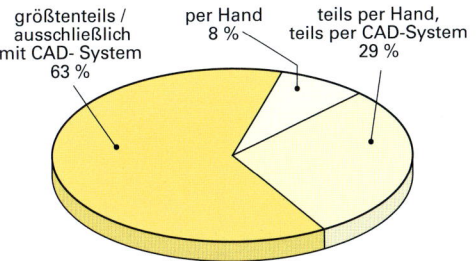

Wie werden Erstschnitte erarbeitet?

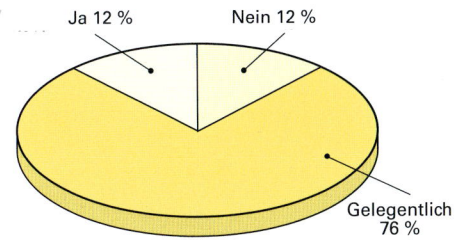

Konstruieren Sie ein Modell von Grund auf?

Die Zahlenwerte zur Schnittkonstruktion haben keinen Anspruch auf Aktualität.

2.4.5 Kreisdiagramm

Grafische Darstellungen

Übungsaufgabe 2

In einer Frauenumfrage zum Thema Modeinteresse wurden die im Kreisdiagramm dargestellten Ergebnisse ermittelt.

Beantworten Sie hierzu folgende Fragen:

2.1 Wie viel Prozent der Frauen kann man als modeinteressiert bezeichnen?
2.2 Wie viel Prozent der Frauen hält sich in Sachen Mode wenigstens auf dem Laufenden?
2.3 Wie viel Prozent der Frauen hat ein geringes Interesse an der Mode?
2.4 Welche Auswirkungen hat diese Umfrage auf modeerzeugende Betriebe?
2.5 Nennen Sie Gründe, weshalb es relativ viele Frauen gibt, die sich wenig oder kaum für Mode und Bekleidung interessieren.
2.6 Durch welche Maßnahmen könnte erreicht werden, dass sich noch mehr Frauen für Mode interessieren?

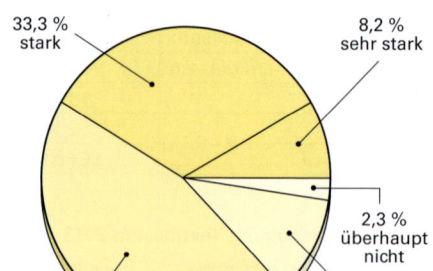

Interesse von Frauen an der Mode

Übungsaufgabe 3 (Projektorientierte Aufgabe)

Mode wird für bestimmte Zielgruppen kreiert. In einer Studie wurden die Zielgruppen getrennt nach Herrenmode und Damenmode untersucht. Die Ergebnisse sind in den nachfolgenden Kreisdiagrammen dargestellt. Beantworten Sie hierzu folgende Fragen:

3.1 Erklären Sie den Begriff Zielgruppe.
3.2 Aus welchen Gründen ist es für ein Bekleidungsunternehmen besser, Modelle für verschiedene Zielgruppen zu produzieren?
3.3 Entwerfen Sie jeweils ein Modell für die nachfolgenden Zielgruppen.
  • Modebewusster Mann   • Avantgardistin   • Moderne Klassische
3.4 Begründen Sie die unter 3.3 entwickelten Modellentwürfe.
3.5 Charakterisieren Sie die beiden dominierenden Zielgruppen der HAKA.
3.6 Zeigen Sie Epochen der Kostümgeschichte auf, in denen das Modebewusstsein der Männer besonders ausgeprägt war.

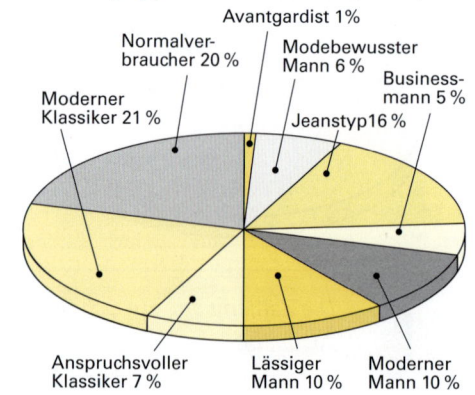

Zielgruppen nach dem Dr. Leichum Handelsmarketing (HML) – Zielsystem

3 Technologische Berechnungen

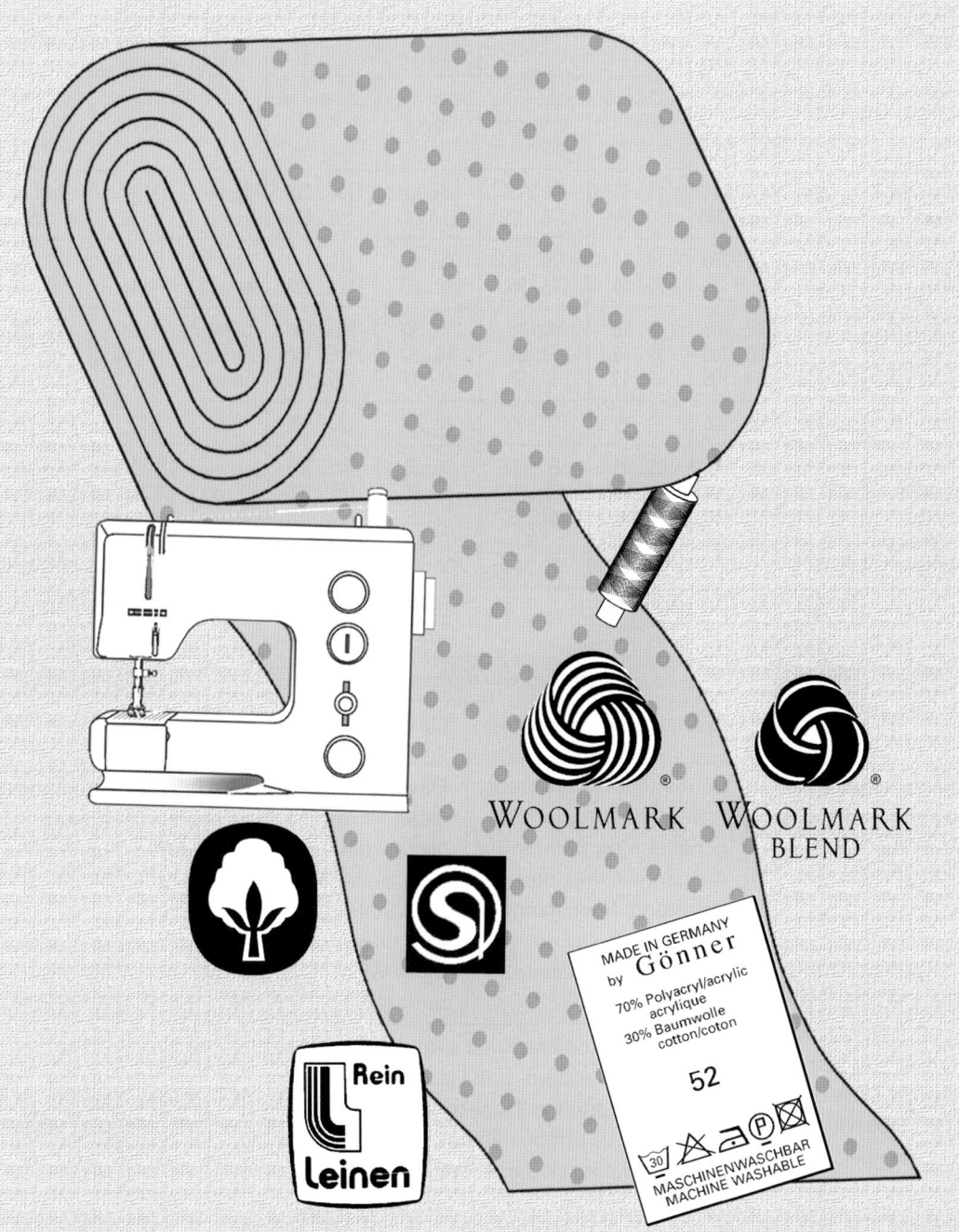

3.1 Fasereigenschaften

3.1.1 Grundlagen

Bestimmte Eigenschaften der verschiedenen textilen Faserstoffe beeinflussen neben der Art des textilen Garn- und Flächenaufbaus sowie der Veredlung mehr oder weniger die Trage-, Gebrauchs- und Pflegeeigenschaften von Textilien. Sie können rechnerisch erfasst und vergleichend beurteilt werden. Die nachfolgende Tabelle enthält Faserdaten, die für Bekleidung von Bedeutung sind.

Faserstoff	Faser-feinheit	Faser-länge	Feinheitsfestigkeit		Höchstzugkraftdehnung		Elasti-zität	Feuchtigkeitsaufnahme	
	in dtex	in mm	bei Normal-klima[1] in cN/tex	nasse Faser in % vom Trockenwert	bei Normal-klima in %	nasse Faser in % vom Trockenwert		bei Normal-klima[1] in %	bei hoher Feuchte[2] in %
Baumwolle Leinen	1...4 10...40	10.60 450...900	25...50 30...55	100...110 105...120	6...10 1,5...4	100...110 110...125	gering gering	7...11 8...10	14...18 ...20
Wolle Seide	2...50 1...4	50...350	10...16 25...50	70...90 75...95	25...50 10...30	110...140 120...200	gut sehr gut	15...17 9...11	25...30 20...40
Viskose Modal Lyocell	1...22 1...22 1...3,3	38...200 38...200 34...105	18...35 35...45 40...45	40...70 70...80 80...85	15...30 15...30 15...17	100...130 120...150 115...120	gering gering gering	11...14 11...14 11...13	26...28 26...28
Acetat	2...10	40...120	10...15	50...80	20...40	120...150	gut	6...7	13...15
Polyester Polyamid Polyacryl Polypropylen Elastan	0,6...44 0,8...22 0,6...25 1,5...40 20...4000	38...200 38...200 38...200 38...200 	25...65 40...60 20...35 15...60 4...12	95...100 80...90 80...95 100 75...100	15...50 20...80 15...70 15...200 400...800	100...105 105...125 100...120 100 100	sehr gut sehr gut sehr gut gut höchste	0,2...0...5 3,5...4...5 1...2 0 0,5...1,5	0,8...1 6...9 2...5 0 0,5...1,5

1) 20 °Celsius und 65 % relative Luftfeuchtigkeit
2) 24 °Celsius und 95 % relative Luftfeuchtigkeit

Die Werte sind der Denkendorfer Fasertabelle entnommen.

Feinheitsbezogene Höchstzugkraft (Feinheitsfestigkeit)	Dehnungsverhalten		Feuchtigkeitsaufnahme
	Höchstzugkraftdehnung	Elastizität	
Höchstzugkraft ist die maximale Zugkraft, die zum Zerreißen einer Faser erforderlich ist. Die **feinheitsbezogene Höchstzugkraft (Feinheitsfestigkeit)** ergibt sich aus der Division von Höchstzugkraft und Feinheit.	**Dehnung** ist das prozentuale Verhältnis der Längenänderung zu ihrer Ausgangslänge unter Belastung. **Höchstzugkraftdehnung** ist die Dehnung bei Höchstzugkraft.	**Elastizität** ist gegeben, wenn die Längenänderung einer Faser nach Entlastung ganz oder teilweise wieder zurückgeht.	**Feuchtigkeitsaufnahme** ist die Fähigkeit eines Faserstoffes, Feuchtigkeit im Faserinneren zu speichern. Je höher ihr Wert, desto niedriger ist die elektrostatische Auflading, aber umso höher ist die Aufnahme abgegebener Körperfeuchtigkeit, aber auch die Trocknungszeit.
	Dehnbarkeit und Elastizität sind neben der Art des textilen Garn- und Flächenaufbaus maßgebend für den Tragekomfort, für die Formbarkeit, Formbeständigkeit, Knittererholungsfähigkeit der Bekleidung.		

Grafische Darstellungen mit **Übungsaufgaben** zu Fasereigenschaften siehe Seite 69 und Seite 70

3.1.2 Feinheitsfestigkeit — Fasereigenschaften

Größe	Formelzeichen	Einheit	Erklärung
Höchstzugkraft	F_H	cN	Maximale Zugkraft, die zum Zerreißen einer Faser erforderlich ist.
Feinheitsbezogene Höchstzugkraft	f_H	cN/tex	**Feinheitsfestigkeit,** bezogen auf die Faserfeinheit 1 tex
Faserfeinheit (Titer)	T_t	tex	Auf die Länge (1 km) bezogene Masse einer Faser
Festigkeit trocken	f_{tr}	cN/tex	Feinheitsfestigkeit **bei Normalklima**
Festigkeit nass	f_{na}	cN/tex; %	Feinheitsfestigkeit einer nassen Faser, in % der Festigkeit trocken ermittelt

Fallbeispiel 1

Eine Baumwollfaser der Feinheit 3,2 dtex (= 0,32 tex) reißt im Normalklima bei einer Belastung von 9,5 cN, in nassem Zustand bei einer Belastung von 10,26 cN.
1.1 Berechnen Sie die Feinheitsfestigkeit trocken.
1.2 Ermitteln Sie die Festigkeit nass in Prozent.

Gegebene Daten:
Faserfeinheit T_t 0,32 tex
Höchstzugkraft F_H 9,5 cN
Festigkeit nass f_{na} 10,26 cN

Gesuchte Daten:
1.1 Feinheitsfestigkeit trocken f_{tr}
1.2 Festigkeit nass f_{na} [%]

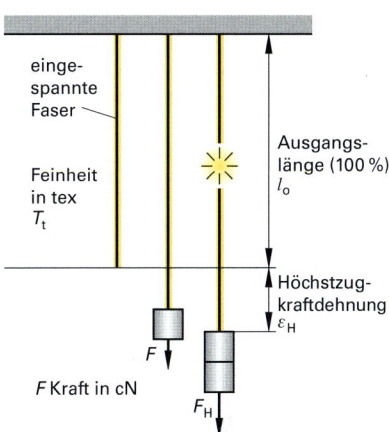

Bestimmung der Feinheitsfestigkeit und Höchstzugkraftdehnung

	Lösung 1 (Dreisatz)	Formelgleichung	Lösung 2 (Formel)
1.1	Faserfeinheit | Höchstzugkraft 0,32 tex | 9,5 cN 1 tex | x $x = \dfrac{9,5\ cN \cdot 1\ tex}{0,32\ tex} \approx 29,69\ cN/tex$ ⇒ Die Feinheitsfestigkeit trocken f_{tr} beträgt ≈ **29,69 cN/tex**	$f_{tr} = \dfrac{F_H}{T_t}$	$f_{tr} = \dfrac{F_H}{T_t}$ $= \dfrac{9,5\ cN}{0,32\ tex}$ ≈ **29,69 cN/tex**
1.2	Höchstzugkraft trocken f_{tr} 9,50 cN ≙ 100 % Höchstzugkraft nass f_{na} 10,26 cN ≙ x $x = \dfrac{100\% \cdot 10,26\ cN}{9,5\ cN} = 108\%$ ⇒ Die Festigkeit nass f_{na} beträgt **108 %**	$f_{na}\ [\%] = \dfrac{f_{na}}{f_{tr}} \cdot 100$	$f_{na}\ [\%] = \dfrac{f_{na}}{f_{tr}} \cdot 100$ $= \dfrac{10,26\ cN}{9,5\ cN} \cdot 100\%$ = **108 %**

Übungsaufgaben: Seite 81, Nr. 01

3.1.2 Feinheitsfestigkeit

Fasereigenschaften

Fallbeispiel 2
Eine Wollfaser der Feinheit 6 dtex (= 0,6 tex) reißt bei einer Belastung von 6,24 cN. Die Festigkeit der nassen Faser nimmt um 15 % ab.
2.1 Berechnen Sie die Feinheitsfestigkeit (feinheitsbezogene Höchstzugkraft).
2.2 Ermitteln Sie die Festigkeit nass in cN/tex.

Gegebene Daten:
Faserfeinheit	T_t	0,6 tex
Höchstzugkraft	F_H	6,24 cN
Festigkeit nass	f_{na}	100 % – 15 % = 85 %

Gesuchte Daten:
| Feinheitsfestigkeit | f_H | |
| Festigkeit nass | f_{na} | [cN/tex] |

	Lösung 1 (Dreisatz)	Formelgleichung	Lösung 2 (Formel)
2.1	Faserfeinheit | Höchstzugkraft 0,60 tex | 6,24 cN 1 tex | x $x = \dfrac{6{,}24 \text{ cN} \cdot 1 \text{ tex}}{0{,}60 \text{ tex}} = 10{,}4 \ \dfrac{\text{cN}}{\text{tex}}$ ⇒ **Die Feinheitsfestigkeit f_H beträgt ≈ 10,4 cN/tex**	$f_H = \dfrac{F_H}{T_t}$	$f_H = \dfrac{F_H}{T_t}$ $= \dfrac{6{,}24 \text{ cN}}{0{,}60 \text{ tex}}$ ≈ **10,4 cN/tex**
2.2	Feinheitsfestigkeit f_H 100 % ≙ 10,4 cN/tex Festigkeit nass f_{na} 85 % ≙ x $x = \dfrac{10{,}4 \text{ cN/tex} \cdot 85\%}{100\%} = 8{,}84 \text{ cN/tex}$ ⇒ **Die Festigkeit nass f_{na} beträgt 8,84 cN/tex**	$f_{na} = \dfrac{f_H \cdot f_{na}\,[\%]}{100\,[\%]}$	$f_{na} = \dfrac{f_H \cdot f_{na}\,[\%]}{100\,[\%]}$ $= \dfrac{10{,}4 \text{ cN/tex} \cdot 85\%}{100\%}$ = **8,84 cN/tex**

Fallbeispiel 3
Eine Seidenfaser reißt bei einer Belastung von 5,7 cN. Die Feinheitsfestigkeit wird mit 38 cN/tex ermittelt.
Ermitteln Sie die Faserfeinheit in dtex, die bei der Bestimmung vorliegt.

Gegebene Daten:
| Höchstzugkraft | F_H | 5,7 cN |
| Feinheitsfestigkeit | f_H | 38 cN/tex |

Gesuchte Daten:
| Faserfeinheit | T_t [dtex] |

	Lösung 1 (Dreisatz)	Formelgleichung	Lösung 2 (Formel)
3.1	Höchstzugkraft | Faserfeinheit 38,0 cN | 1 tex 5,7 cN | x $x = \dfrac{1 \text{ tex} \cdot 5{,}7 \text{ cN}}{38{,}0 \text{ cN}} = 0{,}15 \text{ tex}$ ⇒ **Die Faserfeinheit beträgt 1,5 dtex**	$T_t = \dfrac{F_H}{f_H}$	$T_t = \dfrac{F_H}{f_H}$ $= \dfrac{5{,}7 \text{ cN}}{38{,}0 \text{ cN/tex}}$ = 0,15 tex = **1,5 dtex**

Übungsaufgaben: Seite 81, Nr. 02, 03, 09

3.1.3 Dehnungsverhalten — Fasereigenschaften

Größe	Formelzeichen	Einheit	Erklärung
Ausgangslänge	l_0	mm; cm	Länge der ungedehnten Faser
Länge bei Höchstzugkraft	l_H	mm; cm	Faserlänge nach maximaler Belastung (bei Normalklima)
Absolute Dehnung (Gesamte Dehnung)	Δl [1]	mm; cm	Differenz zwischen der Ausgangslänge und der Länge bei Höchstzugkraft
Höchstzugkraftdehnung	ε_H [2]	%	Die Längenänderung bei Höchstzugkraft wird prozentual zur Ausgangslänge ausgedrückt.
Höchstzugkraftdehnung nass	ε_{na}	%	Wird in % der Dehnung im trockenen Zustand ermittelt
Länge nach Dehnung	l_1	mm; cm	Faserlänge in gedehntem Zustand
Länge nach Entlastung	l_2	mm; cm	Faserlänge nach Entlastung
Bleibende Dehnung (Restliche Dehnung)	Δl_{bl}	mm; cm	Differenz zwischen der Länge nach Entlastung und der Ausgangslänge
Elastische Dehnung	Δl_{el}	m; cm	Differenz zwischen der gesamten (absoluten) Dehnung und der bleibenden Dehnung
Elastizitätsgrad	EG	%	Wird in % der absoluten Dehnung ermittelt

Zeichen aus dem griechischen Alphabet:
1) Δ Delta (Symbol) für Differenz
2) ε Epsilon (Kleinbuchstabe) für kleine Größe

Fallbeispiel 1

Eine 30 mm lange Baumwollfaser lässt sich unter maximaler Belastung bei Normalklima auf 32,4 mm dehnen.
Berechnen Sie die Höchstzugkraftdehnung in Prozent.

Gegebene Daten:
Ausgangslänge $\quad l_0 \quad$ 30,0 mm
Länge bei Höchstzugkraft $\quad l_H \quad$ 32,4 mm

Gesuchte Daten:
Höchstzugkraftdehnung $\quad \varepsilon_H \quad$ [%]

Lösung 1 (Dreisatz)	Formelgleichung	Lösung 2 (Formel)
Länge bei Höchstzugkraft l_H 32,4 mm − Ausgangslänge l_0 30,0 mm ≙ 100% = Absolute Dehnung Δl 2,4 mm ≙ x $x = \dfrac{100\% \cdot 2{,}4 \text{ mm}}{30{,}0 \text{ mm}} = 8\%$ ⇒ **Die Höchstzugkraftdehnung ε_H beträgt 8%**	$\varepsilon_H = \dfrac{\Delta l}{l_0} \cdot 100$	$\varepsilon_H = \dfrac{\Delta l}{l_0} \cdot 100$ $= \dfrac{2{,}4 \text{ mm} \cdot 100\%}{30{,}0 \text{ mm}}$ $= 8\%$

Übungsaufgaben: Seite 81, Nr. 04

3.1.3 Dehnungsverhalten

Fasereigenschaften

Fallbeispiel 2
Eine Wollfaser mit einer Länge von 62 mm wird auf 81 mm gedehnt. Nach Entlastung hat sie eine Länge von 68 mm.
2.1 Ermitteln Sie die gesamte Dehnung in mm.
2.2 Berechnen Sie die Höchstzugkraftdehnung.
2.3 Ermitteln Sie die elastische Dehnung in mm.
2.4 Berechnen Sie den Elastizitätsgrad.

Gegebene Daten:
Ausgangslänge l_0 62 mm
Länge bei Dehnung l_1 81 mm
Länge nach Entlastung l_2 68 mm

Gesuchte Daten:
2.1 Gesamte Dehnung Δl
2.2 Höchstzugkraftdehnung ε_H [%]
2.3 Elastische Dehnung Δl
2.4 Elastizitätsgrad EG

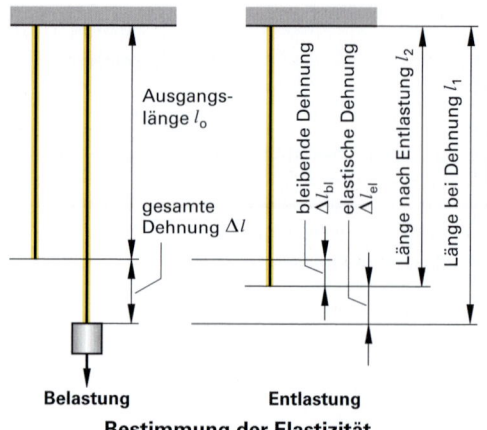

Bestimmung der Elastizität

	Lösung 1 (Dreisatz)	Formelgleichung	Lösung 2 (Formel)
2.1	**Gesamte Dehnung** = Länge nach Dehnung − Ausgangslänge = 81 mm − 62 mm = **19 mm**	$\Delta l = l_1 - l_0$	$\Delta l = l_1 - l_0$ = 81 mm − 62 mm = **19 mm**
2.2	Länge nach Dehnung l_1 81 mm − Ausgangslänge l_0 62 mm ≙ 100% = Absolute Dehnung Δl 19 mm ≙ x $x = \dfrac{100\% \cdot 19\,\text{mm}}{62\,\text{mm}} = 30{,}65\,\%$ ⇒ **Die Höchstzugkraftdehnung ε_H beträgt 30,65 %**	$\varepsilon_H = \dfrac{\Delta l}{l_0} \cdot 100$	$\varepsilon_H = \dfrac{\Delta l}{l_0} \cdot 100$ $= \dfrac{19\,\text{mm}}{62\,\text{mm}} \cdot 100\,\%$ ≈ **30,65 %**
2.3	**Elastische Dehnung** = Länge nach Dehnung (l_1) − Länge nach Entlastung (l_2) = 81 mm − 68 mm = **13 mm**	$\Delta l_{el} = l_1 - l_2$	$\Delta l_{el} = l_1 - l_2$ = 81 mm − 68 mm = **13 mm**
2.4	Absolute Dehnung Δl 19 mm ≙ 100% Elastische Dehnung Δl_{el} 13 mm ≙ x $x = \dfrac{100\% \cdot 13\,\text{mm}}{19\,\text{mm}} \approx 68{,}42\,\%$ ⇒ **Der Elastizitätsgrad EG beträgt 68,42 %**	$EG = \dfrac{\Delta l_{el}}{\Delta l} \cdot 100$	$EG = \dfrac{\Delta l_{el}}{\Delta l} \cdot 100$ $= \dfrac{13\,\text{mm}}{19\,\text{mm}} \cdot 100\,\%$ ≈ **68,42 %**

Übungsaufgaben: Seite 81, Nr. 05

3.1.4 Feuchtigkeitsaufnahme

Fasereigenschaften

Feuchtigkeitsaufnahme			
Größe	Formelzeichen	Einheit	Erklärung
Fasermasse feucht	m_f	g	Die Masse einer Faserprobe, deren Feuchtigkeitsgehalt bestimmt werden soll
Fasermasse trocken	m_{tr}	g	Die Masse der zu bestimmenden und im Konditionierungsapparat getrockneten Faserprobe
Feuchteprozentsatz	FS	%	Wird in % der Fasermasse trocken ermittelt
Relativer Feuchteprozentsatz	FS_{rel}	%	Wird bei **Normalklima** ermittelt
Absoluter Feuchteprozentsatz	FS_{ab}	%	Wird bei **hoher Luftfeuchte** ermittelt

Fallbeispiel 1

Die Fasermasse einer Probe aus Wolle beträgt bei Normalklima 324,8 g, nach der Trocknung 280 g. Bei hoher Luftfeuchte wird eine Fasermasse von 358,4 g gemessen.
1.1 Berechnen Sie den relativen Feuchteprozentsatz.
1.2 Ermitteln Sie den absoluten Feuchteprozentsatz.

Gegebene Daten:
Fasermasse trocken m_{tr} 280,0 g
Fasermasse feucht bei Normalklima m_{f1} 324,8 g
Fasermasse feucht bei hoher Feuchte m_{f2} 358,4 g

Gesuchte Daten:
1.1 Relativer Feuchteprozentsatz FS_{rel}
1.2 Absoluter Feuchteprozentsatz FS_{ab}

	Lösung 1 (Dreisatz)	Formelgleichung	Lösung 2 (Formel)
1.1	Fasermasse trocken m_{tr} 280,0 g $\hat{=}$ 100% Fasermasse nass m_{f1} 324,8 g $\hat{=}$ x $x = \dfrac{100\% \cdot 324{,}8\text{ g}}{280{,}0\text{ g}} = 116\%$ ⇒ Der relative Feuchteprozentsatz FS_{rel} beträgt 116 % − 100 % = **16 %**	FS_{rel} $= \dfrac{m_{f1}}{m_{tr}} \cdot 100 - 100\%$	FS_{rel} $= \dfrac{m_{f1}}{m_{tr}} \cdot 100 - 100\%$ $= \dfrac{324{,}8\text{ g}}{280{,}0\text{ g}} \cdot 100 - 100\%$ $= 16\%$
1.2	Fasermasse trocken m_{tr} 280,0 g $\hat{=}$ 100% Fasermasse nass m_{f2} 358,4 g $\hat{=}$ x $x = \dfrac{100\% \cdot 358{,}4\text{ g}}{280{,}0\text{ g}} = 128\%$ ⇒ Der relative Feuchteprozentsatz FS_{ab} beträgt 128 % − 100 % = **28 %**	FS_{ab} $= \dfrac{m_{f2}}{m_{tr}} \cdot 100 - 100\%$	FS_{ab} $= \dfrac{m_{f2}}{m_{tr}} \cdot 100 - 100\%$ $= \dfrac{358{,}4\text{ g}}{280{,}0\text{ g}} \cdot 100 - 100\%$ $= 28\%$

Übungsaufgaben: Seite 81, Nr. 06

3.1.4 Feuchtigkeitsaufnahme

Fasereigenschaften

Fallbeispiel 2

Baumwolle (CO) hat bei Normalklima eine Feuchtigkeitsaufnahme von 7% bis 11%, bei hoher Luftfeuchte Werte von 14% bis 18%. Die Feuchtigkeitsaufnahme von Viskose (CV) beträgt bei Normalklima 11% bis 14%, bei hoher Feuchte 26% bis 28%.

2.1 Ermitteln Sie jeweils die durchschnittliche relative und absolute Feuchtigkeitsaufnahme von Baumwolle und Viskose.
2.2 Berechnen Sie das höhere Feuchtigkeitsaufnahmevermögen von Viskose gegenüber Baumwolle in Prozent bei Normalklima und bei hoher Luftfeuchte.
2.3 Vergleichen Sie den Einfluss der Feuchtigkeitsaufnahme auf die Feinheitsfestigkeit und das Dehnungsverhalten bei Baumwolle und Viskose (vgl. Tabelle Seite 74).

Gegebene Daten:

Baumwolle (CO):
Relativer Feuchteprozentsatz FS_{rel1} 7% bis FS_{rel2} 11%
Absoluter Feuchteprozentsatz FS_{ab1} 14% bis FS_{ab2} 18%

Viskose (CV):
Relativer Feuchteprozentsatz FS_{rel1} 11% bis FS_{rel2} 14%
Absoluter Feuchteprozentsatz FS_{ab1} 26% bis FS_{ab2} 28%

Gesuchte Daten:
2.1 Ø Relativer (FS_{rel}) und Ø Absoluter (FS_{ab}) Feuchteprozentsatz von Baumwolle (CO)
    Ø Relativer (FS_{rel}) und Ø Absoluter (FS_{ab}) Feuchteprozentsatz von Viskose (CV)
2.2 Differenz Ø Relativer und Absoluter Feuchteprozentsatz von CV gegenüber CO in %.
2.3 Vergleich Feinheitsfestigkeit und Höchstzugkraftdehnung von CO und CV bei hoher Feuchte.

	Lösung 1 (Dreisatz)	Formelgleichungen	Lösung 2 (Kurzform)
2.1	**Baumwolle (CO):** **Ø Relativer Feuchteprozentsatz** = (7% + 11%) : 2 = **9%** **Ø Absoluter Feuchteprozentsatz** = (14% + 18%) = **16%**	$$\varnothing FS = \frac{FS_1 + FS_2}{2}$$	**Viskose (CV):** **Ø FS_{rel}** = (11% + 14%) : 2 = **12,5%** **Ø FS_{ab}** = (26% + 28%) : 2 = **27%**
2.2	Ø Relativer Feuchteprozentsatz CO 9% ≙ 100% Ø Relativer Feuchteprozentsatz CV 12,5% ≙ x $x = \frac{100\% \cdot 12,5\%}{9\%} \approx 138,88\%$ ⇒ 140% ⇒ **Der Ø Relative Feuchteprozentsatz von CV gegenüber CO ist um 140% – 100% = 40% höher.**	$\varnothing FS_{CV}$ [+] [%] $= \frac{\varnothing FS_{CV}}{\varnothing FS_{CO}} \cdot 100 - 100\%$	**Differenz Ø Absoluter Feuchteprozentsatz von CV gegenüber CO:** Ø FS_{CV} [+] $= \frac{27\%}{16\%} \cdot 100 - 100\%$ = 68,75% ⇒ **70%** ⇒ **Ø FS_{CV} [+] = 70%**
2.3	**Feinheitsfestigkeit:** Bei **CO erhöht** sie sich bei hoher Feuchte bis auf 110 % des Trockenwertes. Bei **CV verringert** sie sich auf 40 % bis 70 %.		**Höchstzugkraftdehnung:** Bei **CO** ist sie **relativ niedrig:** Ø 8 %, Nasswert bis 110 %. Bei **CV** ist sie **relativ hoch:** Ø 23 %, Nasswert bis 130 %.

Übungsaufgaben: Seite 81, Nr. 07, 08

3.1.5 Übungsaufgaben

Fasereigenschaften

01 Eine Wollfaser der Feinheit 20 dtex (= 2 tex) reißt bei einer Belastung von 25 cN, in nassem Zustand bei einer Belastung von 20 cN.
   01.1 Berechnen Sie die Feinheitsfestigkeit trocken.
   01.2 Ermitteln Sie die Festigkeit nass in Prozent.

02 Eine Viskosespinnfaser der Feinheit 12 dtex (= 1,2 tex) reißt bei einer Belastung von 21 cN. Die Festigkeit der nassen Faser nimmt um 40 % ab.
   02.1 Berechnen Sie die Feinheitsfestigkeit (feinheitsbezogene Höchstzugkraft).
   02.2 Ermitteln Sie die Festigkeit nass in cN/tex.

03 Eine Leinenfaser reißt bei einer Belastung von 112,5 cN. Die Feinheitsfestigkeit bei Normalklima wird mit 45 cN/tex ermittelt, bei hoher Feuchte mit 50,4 cN/tex.
   03.1 Ermitteln Sie die Faserfeinheit in dtex, die bei der Bestimmung vorliegt.
   03.2 Berechnen Sie die Festigkeit nass in Prozent.

04 Eine 80 mm lange Wollfaser lässt sich unter maximaler Belastung bei Normalklima auf 112 mm dehnen.
Berechnen Sie die Höchstzugkraftdehnung in Prozent.

05 Eine Polyesterspinnfaser mit einer Länge von 102 mm lässt sich bei maximaler Belastung auf 127,5 mm dehnen. Nach Entlastung hat sie eine Länge von 114,75 mm.
   05.1 Ermitteln Sie die gesamte Dehnung in mm.
   05.2 Berechnen Sie die Höchstzugkraftdehnung (in Prozent).
   05.3 Ermitteln Sie die elastische Dehnung in mm.
   05.4 Berechnen Sie den Elastizitätsgrad.

06 Die Masse einer Probe aus Viskosespinnfasern beträgt bei Normalklima 270 g, nach der Trocknung 240 g. Bei hoher Luftfeuchte wird eine Masse von 304,8 g gemessen.
   06.1 Berechnen Sie den relativen Feuchteprozentsatz.
   06.2 Ermitteln Sie den absoluten Feuchteprozentsatz.

07 Polyacryl (PAC) hat bei Normalklima eine Feuchtigkeitsaufnahme von 1 % bis 2 %, bei hoher Feuchte Werte von 2 % bis 5 %.
Die Feuchtigkeitsaufnahme von Polyamid (PA) beträgt bei Normalklima 3,5 % bis 4,5 %, bei hoher Feuchte 6 % bis 9 %.
   07.1 Ermitteln Sie jeweils die durchschnittliche relative und absolute Feuchtigkeitsaufnahme von Polyacryl und Polyamid.
   07.2 Berechnen Sie das höhere Feuchtigkeitsaufnahmevermögen von Polyamid gegenüber Polyacryl in Prozent bei Normalklima und bei hoher Luftfeuchte.

08 Zur Ermittlung des Feuchtigkeitsaufnahmevermögens synthetischer Chemiefasern wurde eine Probe getrocknet. Von den getrockneten Fasern wurden jeweils 80 g eine bestimmte Zeit dem Normalklima ausgesetzt. Die danach ermittelten Werte für die Fasermasse betrugen bei Polyamid (PA) 83,2 g, bei Polyacryl (PAN) 81,2 g und bei Polyester (PES) 80,32 g.
Berechnen Sie den relativen Feuchteprozentsatz von PA, PAN und PES.

09 Eine Seidenfaser mit der Feinheit 1,8 dtex reißt unter Normalklima bei einer Belastung von 42,0 cN, unter hoher Nässe bei 7,56 cN.
   09.1 Berechnen Sie die Feinheitsfestigkeit.
   09.2 Ermitteln Sie die Festigkeit nass in Prozent.

Projektorientierte Aufgabe

10 Für die Produktion von Oberhemden wird bei der Materialauswahl überlegt, neben einem Gewebe aus reiner Baumwolle ein Mischgewebe aus Baumwolle (CO) und Polyester (PES) einzusetzen.

Fasereigenschaften	CO	PES
	(Durchschnittswerte)	
Feinheitsfestigkeit (trocken)	35 cN/tex	45 cN/tex
Höchstzugkraftdehnung (trocken)	8 %	30 %
Elastizitätsgrad	35 %	90 %
Feuchtigkeitsaufnahme (Normalklima)	9 %	0,4 %

   10.1 Definieren Sie nachstehende Begriffe.
     • **Feinheitsfestigkeit (feinheitsbezogene Höchstzugkraft)**
     • **Höchstzugkraftdehnung**
     • **Elastizitätsgrad**
     • **Feuchtigkeitsaufnahme**

   10.2 **Bewerten Sie** die angegebenen Durchschnittswerte von **CO und PES**. Geben Sie hierzu jeweils den höheren Wert in Prozent des niedrigeren Wertes an.
   10.3 Beurteilen Sie den Einsatz eines **Mischgewebes** gegenüber eines reinen Baumwollgewebes in Bezug auf die Gebrauchs-, Trage- und Pflegeeigenschaften.
   10.4 Beschreiben Sie die Herstellung eines Mischgewebes aus CO und PES für den Einsatz bei der Hemden- und Blusenfertigung und geben Sie drei übliche **Mischungsverhältnisse** an.
   10.5 Wählen Sie zwei mögliche Gewebearten **(Handelsbezeichnungen)** für diesen Einsatz aus und beschreiben Sie diese Stoffe.

Technologische Berechnungen

3.2 Fasermischungen

3.2.1 Grundlagen

Eine Mischung kann aus verschiedenartigen Faserstoffen (Sorten) oder aus gleichartigen Faserstoffen mit unterschiedlicher Qualität und/oder unterschiedlichem Preis bestehen. Das Mischen ist in zwei Stufen der textilen Fertigung möglich:
- Bei der Garnherstellung werden unterschiedliche Stapelfasern gemischt und zu einem Spinnfasergarn versponnen.
- Bei der Herstellung textiler Flächen werden Garne aus unterschiedlichen Faserstoffen verwendet.

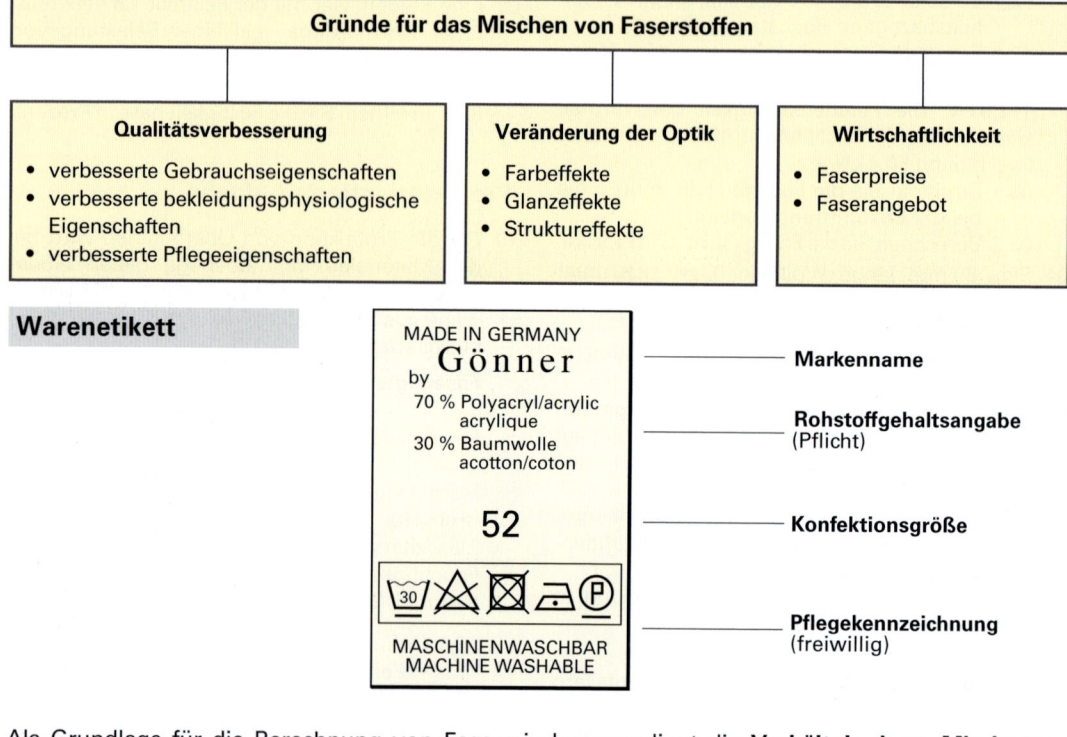

Als Grundlage für die Berechnung von Fasermischungen dient die **Verhältnis- bzw. Mischungsrechnung** (siehe Seite 40)

Größe	Einheit	Erklärung
Mischungsmenge	kg, g	Gesamtmenge bzw. gesamte Masse („Gewicht") einer Fasermischung
Mischungsanteil	kg, g, %	Teilmenge einer Fasersorte bei einer Mischung
Mischungsverhältnis		Verhältnis der Anteile zueinander bzw. Anteilschlüssel (das kleinstmögliche Verhältnis ganzer Zahlen)
Rohstoffgehaltsangabe	%	Kennzeichnung einer Fasermischung durch Angabe von Art und Gewichtsanteil der verwendeten Faserstoffe. Sie muss nach den Bestimmungen des Textilkennzeichnungsgesetzes (TKG) erfolgen.
Mischungspreis	€	Wert einer Mischungsmenge

3.2.2 Mischungsanteil, Mischungsmenge — Fasermischungen

Fallbeispiel 1

Eine Fasermischung besteht aus 65 % Schurwolle und 35 % Polyacryl. Der Schurwollanteil beträgt 52 kg.
1.1 Berechnen Sie den Polyacrylanteil in kg.
1.2 Berechnen Sie die Mischungsmenge in kg.

Gegebene Daten:
Schurwolle   WV   65 %   52 kg
Polyacryl   PAN   35 %

Gesuchte Daten:
1.1 Polyacrylanteil in kg
1.2 Mischungsmenge

Lösung

1.1 Polyacrylanteil

Sorte	Anteile in %	Masse
Schurwolle	65 %	52 kg
Polyacryl	35 %	x

$$x = \frac{52 \text{ kg} \cdot 35\%}{65\%} = 28 \text{ kg}$$

1.2 Mischungsmenge = 52 kg WV + 28 kg PAN
= 80 kg

Warenzeichen:
WOOLMARK BLEND®

65 % Schurwolle
35 % Polyacryl

Schurwolle mit Beimischung

Stoffmuster:
SEERSUCKER-BUNTGEWEBE

60 % Baumwolle
35 % Leinen
5 % Polyester

Fallbeispiel 2

Baumwolle, Leinen und Polyester werden im Verhältnis 12 : 7 : 1 gemischt. Der Leinenanteil beträgt 70 kg.
2.1 Berechnen Sie den Baumwollanteil in kg.
2.2 Berechnen Sie den Polyesteranteil in kg.
2.3 Berechnen Sie die Mischungsmenge in kg.

Gegebene Daten:
Baumwolle   CO   12 Anteile
Leinen   LI   7 Anteile   70 kg
Polyester   PES   1 Anteil

Gesuchte Daten:
2.1 Baumwollanteil in kg
2.2 Polyesteranteil in kg
2.3 Mischungsmenge

Lösung 2.1

Baumwollanteil

Sorte	Anteile	Masse
Leinen	7 Anteile	70 kg
Baumwolle	12 Anteile	x

$$x = \frac{70 \text{ kg} \cdot 12 \text{ Anteile}}{7 \text{ Anteile}} = 120 \text{ kg}$$

Lösung 2.2

Polyesteranteil

Sorte	Anteile	Masse
Leinen	7 Anteile	70 kg
Polyester	1 Anteil	x

$$x = \frac{70 \text{ kg} \cdot 1 \text{ Anteil}}{7 \text{ Anteile}} = 10 \text{ kg}$$

Lösung 2.3

Mischungsmenge = Baumwollanteil + Leinenanteil + Polyesteranteil
= 120 kg + 70 kg + 10 kg
= **200 kg**

Übungsaufgaben: Seite 90, Nr. 01, 02

3.2.3 Mischungsverhältnis   Fasermischungen

Fallbeispiel 1
Eine Fasermischung besteht aus 50 % Polyacryl, 35 % Wolle und 15 % Polyamid.
Ermitteln Sie das Mischungsverhältnis.

Gegebene Daten:			Gesuchte Daten:
Polyacryl	PAN	50 %	Mischungsverhältnis
Wolle	WO	35 %	
Polyamid	PA	15 %	

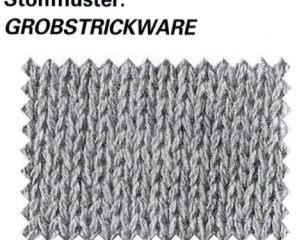

WARENETIKETT

Gönner
50 % POLYACRYL
35 % MERINO-WOLLE
15 % POLYAMID
42

Lösung (Tabelle)			
Sorte	Anteile in %	Kürzungszahl	Anteile
PAN	50 %	5	50 : 5 = **10**
WO	35 %	5	35 : 5 = **7**
PA	15 %	5	15 : 5 = **3**

⇒ Mischungsverhältnis   PAN : WO : PA = **10 : 7 : 3**   oder
   10 (PAN) : 7 (WO) : 3 (PA)

- Das Mischungsverhältnis ist das kleinstmögliche Verhältnis ganzer Zahlen.
- Die Anteile werden in absteigender Reihenfolge aufgelistet.

Fallbeispiel 2
Eine Maschenware besteht zu 60 % aus Polyacryl, zu 28 % aus Baumwolle sowie aus Leinen. Der Polyacrylanteil an 1 m Stoff beträgt 240 g.
2.1 Berechnen Sie die Masse von 1 m Ware.
2.2 Ermitteln Sie das Mischungsverhältnis.

Gegebene Daten:				Gesuchte Daten:
Polyacryl	PAN	60 %	240 g	2.1 Masse/m
Baumwolle	CO	28 %		2.2 Mischungsverhältnis
Leinen	LI			

Stoffmuster:
GROBSTRICKWARE

60 % Polyacryl
28 % Baumwolle
12 % Leinen

Lösung (Tabelle)					
Sorte	Anteile in %		Kürzungszahl	Anteile	Masse/m in g
PAN		60 %	4	60 : 4 = **15**	240 g
CO		28 %	4	28 : 4 = **7**	240 g : 60 % · 28 % = 112 g
LI	100 % – 60% – 28 % = 12 %		4	12 : 4 = **3**	240 g : 60 % · 12 % = 48 g
Mischung		100 %			**400 g**

⇒ 2.1 Mischungsverhältnis PAN : CO : LI = 15 : 7 : 3
   2.2 Masse/m = 400 g

Übungsaufgaben: Seite 90, Nr. 03, 04

3.2.3 Mischungsverhältnis   **Fasermischungen**

Fallbeispiel 3

Aus Baumwolle mit einem Kilopreis von 1,20 € und Polyester mit einem Kilopreis von 1,80 € soll eine Fasermischung hergestellt werden mit einem Kilopreis von 1,65 €.
Ermitteln Sie das Mischungsverhältnis der beiden Fasersorten.

Gegebene Daten:
Baumwolle   CO   1,20 €/kg
Polyester   PES   1,80 €/kg
Mischung   1,65 €/kg

Gesuchte Daten:
Mischungsverhältnis

Methodischer Lösungsweg	Lösung Fallbeispiel			
• Die Preise werden dem Wert nach geordnet aufgelistet. • Die Differenzbeträge zwischen Faserpreis und Mischungspreis werden berechnet.	Baumwolle Mischung Polyester	1,20 €/kg 1,65 €/kg 1,80 €/kg		**Differenz** 0,45 0,15
• Die Differenzbeträge werden umgekehrt.	Baumwolle Polyester	0,45 0,15		**Umkehrung** 0,15 0,45
• Die Differenzbeträge werden ins Verhältnis gesetzt und durch Multiplikation zu ganzen Zahlen erweitert. Man beginnt mit dem höheren Wert. • Die größtmögliche Kürzungszahl wird ermittelt. • Durch Kürzung erhält man die Anteile.	Differenzbetrag Anteile Anteile	Polyester 0,45 45 3	: : :	Baumwolle 0,15 |· 100 15 |: 15 1
Ergebnis: Das Mischungsverhältnis zwischen Polyester und Baumwolle beträgt 3 : 1				

Lösung in Tabellenform

Sorte	Preis/kg	Differenz	Umkehrung	Erweiterung	Anteile	Kürzung	Anteile
Baumwolle	1,20 €	0,45	0,15	· 100	15	: 15	1
Mischung	1,65 €						
Polyester	1,80 €	0,15	0,45	· 100	45	: 15	3

⇒ **Mischungsverhältnis Polyester : Baumwolle = 3 : 1**

 *Die Werte von Preis und Anteil sind umgekehrt proportional. Deshalb erfolgt die Berechnung über das sogenannte **Mischungskreuz**.*

Übungsaufgaben: Seite 90, Nr. 05, 06

3.2.4 Rohstoffgehaltsangabe — Fasermischungen

Fallbeispiel 1

Ein laufender Meter eines Gewebes hat eine Masse von 210 g. Davon sind 10,5 g Polyester und 157,5 g Viskose, der Rest besteht aus Schurwolle.
1.1 Berechnen Sie das Mischungsverhältnis.
1.2 Geben Sie die nach dem Textilkennzeichnungsgesetz zulässigen Rohstoffgehaltsangaben an.

Gegebene Daten:				Gesuchte Daten:	
Masse/m		210,0 g		1.1	Mischungsverhältnis
Viskoseanteil	CV	157,5 g		1.2	Rohstoffgehaltsangaben
Polyesteranteil	PES	10,5 g			
Schurwolle	WV				

Methodischer Lösungsweg	Lösung Fallbeispiel
Schritt 1: Ermittlung des Schurwollanteils	WV = Masse/m − Viskoseanteil − Polyesteranteil = 210 g − 157,5 g − 10,5 g = 42 g
Schritt 2: Ermittlung des Mischungsverhältnisses • Die Anteile werden ohne Einheit auf eine ganze Zahl erweitert • und ins Verhältnis gesetzt • Die größtmögliche Kürzungszahl wird ermittelt • Durch Kürzen der Anteile erhält man die Verhältniszahlen • Die Verhältniszahlen werden in die richtige Reihenfolge gebracht	Polyester Viskose Schurwolle 10,5 g 157,5 g 42 g │ · 10 105 : 1575 : 420 │ : 105 1 : 15 : 4 Viskose Schurwolle Polyester 15 : 4 : 1 **1.1:** Das Mischungsverhältnis zwischen Viskose, Schurwolle und Polyester beträgt 15 : 4 : 1
Schritt 3: Ermittlung der für die Rohstoffgehaltsangabe erforderlichen Prozentanteile durch Dreisatzgleichungen |	Anteile/m in g	Anteile in % | |---|---|---| | Mischung	210,0 g	100 % | | Viskoseanteil	157,5 g	x_1 | | Schurwollanteil	42,0 g	x_2 | | Polyesteranteil	10,5 g	x_3 |	Viskoseanteil $x_1 = \dfrac{100\,\% \cdot 157{,}5\,g}{210{,}0\,g}$ = 75 % Schurwollanteil $x_2 = \dfrac{100\,\% \cdot 42{,}0\,g}{210{,}0\,g}$ = 20 % Polyesteranteil $x_3 = \dfrac{100\,\% \cdot 10{,}5\,g}{210{,}0\,g}$ = 5 %
1.2 Nach dem Textilkennzeichnungsgesetz sind zwei Rohstoffgehaltsangaben möglich:	75 % Viskose 75 % Viskose 20 % Wolle 20 % Wolle 5 % Polyester Polyester

- Die Faserarten sind in absteigender Reihenfolge anzugeben.
- Die Bezeichnung **Schurwolle** ist nur zulässig, wenn der Anteil mindestens 25 Prozent beträgt.
- Bei Textilerzeugnissen aus mehreren Faserarten sind mindestens von zwei der verwendeten Fasern mit den höchsten Gewichtsanteilen die Prozentsätze anzugeben. Die weiteren Faserarten sind in absteigender Reihenfolge mit oder ohne Prozentangabe aufzuzählen.

Übungsaufgabe: Seite 90, Nr. 07

3.2.4 Rohstoffgehaltsangabe — Fasermischungen

Fallbeispiel 2

Für ein Tweed-Gewebe werden Schurwolle, Viskose und Polyamid im Verhältnis 13 : 4 : 3 gemischt. Ein laufender Meter der Ware hat eine Masse von 430 g.

2.1 Berechnen Sie die Anteile der Faserarten in g je Meter.
2.2 Ermitteln Sie die Anteile der Faserarten in Prozent.
2.3 Geben Sie die zulässigen Rohstoffgehaltsangaben an und erläutern Sie, ob das Warenzeichen **Woolmark Blend**® auf dem Warenetikett zulässig ist.

Gegebene Daten: Schurwolle WV 13 Anteile
Viskose CV 4 Anteile
Polyamid PA 3 Anteile
Mischung 430 g/m

Gesuchte Daten: 2.1 Faseranteile/m in g
2.2 Faseranteile in %
2.3 Rohstoffgehaltsangaben

Lösung (Tabelle)

Sorte	Anteile	2.1 Anteile/m in g	2.2 Anteile in %
Schurwolle	13	430 g : 20 Anteile · 13 Anteile = **279,5 g**	100 % : 20 Anteile · 13 Anteile = **65 %**
Viskose	4	430 g : 20 Anteile · 4 Anteile = **86,0 g**	100 % : 20 Anteile · 4 Anteile = **20 %**
Polyamid	3	430 g : 20 Anteile · 3 Anteile = **64,5 g**	100 % : 20 Anteile · 3 Anteile = **15 %**
Mischung	20	430 g	100 %

2.3 Rohstoffgehaltsangaben:	65 % Schurwolle*) 20 % Viskose 15 % Polyamid	65 % Schurwolle 20 % Viskose Polyamid	*) vorausgesetzt, die Schurwolle ist nicht mechanisch trennbar

⚠ Das Warenzeichen **Woolmark Blend**® darf **nicht** verwendet werden, da dies nur zulässig ist, wenn der Schurwollanteil mindestens 50 % beträgt und nur **eine** weitere Faserart zugemischt ist.

Fallbeispiel 3

Für ein Tweed-Gewebe mit einer Masse/m von 270 g werden Wolle, Baumwolle und Polyamid gemischt. Der Polyamidanteil beträgt 5 % und hat eine Masse/m von 13,5 g. Der Baumwollanteil hat eine Masse/m von 21,6 g.

3.1 Berechnen Sie den Baumwollanteil in Prozent.
3.2 Ermitteln Sie den Wollanteil/m in g und in Prozent.
3.3 Geben Sie die zulässigen Rohstoffgehaltsangaben an.

Gegebene Daten: Wolle WO
Baumwolle CO 21,6 g
Polyamid PA 13,5 g 5 %
Mischung 270 g

Gesuchte Daten: 3.1 Baumwollanteil in %
3.2 Wollanteil in g/m und %
3.3 Rohstoffgehaltsangaben

Lösung (Tabelle)

Sorte	Anteile/m in g	Anteile in %
PA	13,5 g	5 %
3.1 CO	21,6 g	Schritt 1: 100 % : 270 g · 21,6 g = **8 %**
3.2 WO	Schritt 2: 270 g − 13,5 g − 21,6 g = **234,9 g**	Schritt 3: 100 % − 5 % − 8 % = **87 %**
Mischung	270,0 g	100 %

3.3 Rohstoffgehaltsangaben:	87 % Wolle 8 % Baumwolle 5 % Polyamid	87 % Wolle Baumwolle Polyamid	87 % Wolle 13 % Sonstige Fasern	87 % Wolle Mindestgehalt

Übungsaufgaben: Seite 90, Nr. 08, 09, 10

3.2.5 Mischungspreis

Fasermischungen

Fallbeispiel 1
Eine Fasermischung besteht aus 60 % Polyester je 2,10 €/kg und 40 % Viskose je 1,80 €/kg.
1.1 Berechnen Sie den Mischungspreis je kg.
1.2 Ermitteln Sie das Mischungsverhältnis.

Gegebene Daten:

Polyester	PES	60 %	2,10 €/kg
Viskose	CV	40 %	1,80 €/kg

Gesuchte Daten:
1.1 Mischungspreis/kg
1.2 Mischungsverhältnis

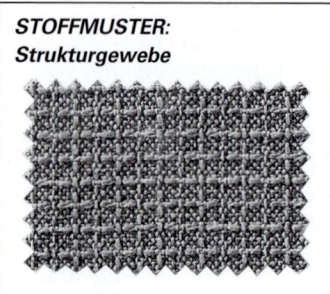
STOFFMUSTER:
Strukturgewebe

60 % Polyester
40 % Viskose

Lösung 1.1

Sorte	Preis/kg	Anteile	Preis
Polyester	2,10 €/kg ·	60/100	= 1,26 €
Viskose	1,80 €/kg ·	40/100	= 0,72 €
Mischung	Preis/kg	100/100	= 1,98 €

Lösung 1.2

Sorte	Anteile in %	Kürzungszahl	Anteile
Polyester	60	20	60 : 20 = **3**
Viskose	40	20	40 : 20 = **2**

⇒ Mischungsverhältnis
Polyester : Viskose = 3 : 2

Fallbeispiel 2
Polyesterfasern, Leinenfasern und Wollfasern werden im Verhältnis 5 : 3 : 2 gemischt. 1 kg Polyester kostet 1,90 €, 1 kg Leinen 6,80 € und 1 kg Wolle 11,40 €.
2.1 Berechnen Sie den Preis von 100 kg Mischung.
2.2 Ermitteln Sie das prozentuale Mischungsverhältnis.

Gegebene Daten:

Polyester	PES	5 Anteile	1,90 €/kg
Leinen	LI	3 Anteile	6,80 €/kg
Wolle	WO	2 Anteile	11,40 €/kg

Gesuchte Daten:
2.1 Mischungspreis/100 kg
2.2 Mischungsverhältnis in %

STOFFMUSTER:
Schottenkaro

50 % Polyester
30 % Leinen
20 % Wolle

Lösung 2.1 (Tabelle)

Sorte	Anteile	Anteile in kg	Preis/kg	Preis
PES	5	100 kg : 10 · 5 = 50 kg	1,90 €/kg	95,00 €
LI	3	100 kg : 10 · 3 = 30 kg	6,80 €/kg	204,00 €
WO	2	100 kg : 10 · 2 = 20 kg	11,40 €/kg	228,00 €
Misch.	10	100 kg		527,00 €

Lösung 2.2 (Tabelle)

Sorte	Anteile	Anteile in %
PES	5	100 % : 10 · 5 = **50 %**
LI	3	100 % : 10 · 3 = **30 %**
WO	2	100 % : 10 · 2 = **20 %**
Misch.	10	100 %

⇒ Mischungsverhältnis in %:
50 % PES : 30 % LI : 20 % WO

Übungsaufgaben: Seite 90, Nr. 11, 12

3.2.5 Mischungspreis

Fasermischungen

Fallbeispiel 3

Ein Gewebe besteht zu 16 % aus Seide (36,50 €/kg), zu 36 % aus Viskosespinnfasern (1,90 €/kg) und aus Schurwolle (12,40 €/kg). 1 m Stoff enthält 38 g Seide.

3.1 Ermitteln Sie das Verhältnis, in dem die Fasern gemischt wurden.
3.2 Berechnen Sie die Masse von 50 m Stoff.
3.3 Berechnen Sie den Mischungspreis pro kg Ware.
3.4 Nennen Sie die zulässigen Rohstoffgehaltsangaben.

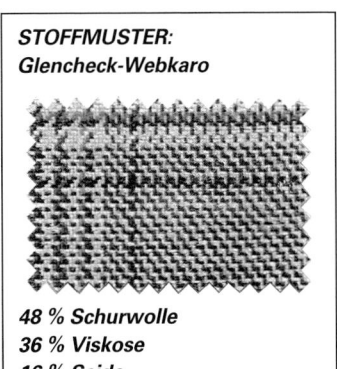

STOFFMUSTER:
Glencheck-Webkaro

Gegebene Daten:

Seide	SE	16 %	38 g	36,50 €/kg
Viskose	CV	36 %		1,90 €/kg
Schurwolle	WV			12,40 €/kg

Gesuchte Daten:
3.1 Mischungsverhältnis
3.2 Masse/50 m
3.3 Preis/kg
3.4 Rohstoffgehaltsangaben

48 % Schurwolle
36 % Viskose
16 % Seide

Lösung (Tabelle)

Sorte	Anteile in %	Kürzungs-zahl	Anteile	Anteile/m in g	Preis/kg	Preisanteil je kg Mischung
SE	16 %	4	16 : 4 = 4	38,0 g	36,50 €	(NR 5) 5,84 €
CV	36 %	4	36 : 4 = 9	(NR 2) 85,5 g	1,90 €	(NR 6) 0,68 €
WV	(NR 1) 48 %	4	48 : 4 = 12	(NR 3) 114,0 g	12,40 €	(NR 7) 5,95 €
Mischung	100 %		25	Summe 237,5 g		Summe 12,47 €

3.1 Mischungsverhältnis Schurwolle : Viskose : Seide = 12 : 9 : 4
3.2 Masse/50 m   (NR 4)   = 11 875 g = 11,875 kg
3.3 Mischungspreis/kg   = 12,47 €
3.4 Rohstoffgehalts-angaben:

  48 % Schurwolle   48 % Schurwolle
  36 % Viskose   36 % Viskose
  16 % Seide   Seide

Nebenrechnungen:

NR 1 Schurwollanteil in %
 = 100 % – 16 % – 36 %
 = 48 %

NR 2 Masse Viskose /m
 = 38 g : 4 Anteile · 9 Anteile
 = 85,5 g

NR 3 Masse Schurwolle/m
 = 38 g : 4 Anteile · 12 Anteile
 = 114,0 g

NR 4 Masse Mischung/50 m
 = 237,5 g/m · 50 m
 = 11875 g

NR 5
Anteil SE	Preisanteil/kg Misch.
100 %	36,50 €/kg
16 %	x_1

$$x_1 = \frac{36{,}50\ € \cdot 16\ \%}{100\ \%}$$
$$= 5{,}84\ €$$

NR 6
Anteil CV	Preisanteil/kg Misch.
100 %	1,90 €/kg
36 %	x_2

$$x_2 = \frac{1{,}90\ € \cdot 36\ \%}{100\ \%}$$
$$\approx 0{,}68\ €$$

NR 7
Anteil WV	Preisanteil/kg Misch.
100 %	12,40 €/kg
48 %	x_3

$$x_3 = \frac{12{,}40\ € \cdot 48\ \%}{100\ \%}$$
$$\approx 5{,}95\ €$$

Übungsaufgabe: Seite 90, Nr. 13

3.2.6 Übungsaufgaben — Fasermischungen

01 Eine Fasermischung besteht aus 79 % Baumwolle und 21 % Modal. Der Baumwollanteil beträgt 292,3 kg.
  01.1 Berechnen Sie den Modalanteil in kg.
  01.2 Berechnen Sie die Mischungsmenge in kg.

02 Wolle, Baumwolle und Polyamid werden im Verhältnis 12 : 9 : 4 gemischt. Der Polyamidanteil beträgt 59,2 kg.
  02.1 Berechnen Sie den Wollanteil in kg.
  02.2 Berechnen Sie den Baumwollanteil in kg.
  02.3 Berechnen Sie die Mischungsmenge in kg.

03 Eine Fasermischung enthält 45 % Wolle, 25 % Polyacryl, 20 % Polyamid und 10 % Polyester. Ermitteln Sie das Mischungsverhältnis.

04 Ein Gewebe besteht zu 36 % aus Wolle, zu 24 % aus Viskose, zu 24 % aus Cupro sowie aus Polyamid. Der Wollanteil an 1 m Stoff beträgt 93,6 g.
  04.1 Berechnen Sie die Masse von 1 m Gewebe.
  04.2 Ermitteln Sie das Mischungsverhältnis.

05 Aus Wolle mit einem Preis von 12,80 €/kg und Polyacryl mit einem Preis von 1,80 €/kg soll eine Fasermischung hergestellt werden mit einem Kilopreis von 8,40 €.
  Ermitteln Sie das Mischungsverhältnis der beiden Fasersorten.

06 Schurwolle mit einem Preis von 13,20 € je kg und Viskosespinnfasern mit einem Kilopreis von 1,70 € werden miteinander gemischt. Der Mischungspreis beträgt 8,60 € je kg.
  06.1 Berechnen Sie das Mischungsverhältnis.
  06.2 Wie viel kg jeder Faserart sind für eine Spinnpartie von 60 kg erforderlich?

07 Ein laufender Meter eines Gewebes hat eine Masse von 330 g. Davon sind 92,4 g Seide und 39,6 g Polyamid, der Rest besteht aus Schurwolle.
  07.1 Berechnen Sie das Mischungsverhältnis.
  07.2 Geben Sie die nach dem TKG zulässigen Rohstoffgehaltsangaben an.

08 Für ein Mischgewebe werden Polyester, Schurwolle und Elastan im Verhältnis 11 : 8 : 1 gemischt. Ein laufender Meter der Ware hat eine Masse von 220 g.
  08.1 Berechnen Sie die Anteile der Faserarten in g/m.
  08.2 Ermitteln Sie die Anteile der Faserarten in Prozent.
  08.3 Geben Sie die zulässigen Rohstoffgehaltsangaben an und erläutern Sie, ob das Warenzeichen Woolmark Blend® zulässig ist.

09 Für ein Mischgewebe mit einer Masse/m von 480 g werden Schurwolle, Polyacryl und Polyamid gemischt. Der Polyamidanteil beträgt 7 % und hat eine Masse/m von 33,6 g. Der Polyacrylanteil hat eine Masse von 43,2 g je m.
  09.1 Berechnen Sie den Polyacrylanteil in Prozent.
  09.2 Ermitteln Sie den Schurwolleanteil/m in g und in Prozent.
  09.3 Geben Sie die zulässigen Rohstoffgehaltsangaben an.

10 Ein Leinen-Stretchgewebe hat eine Masse/m von 210 g und besteht aus Polyester, Leinen, Elastan und 3 % Polyamid. Der Leinenanteil beträgt 56,7 g, der Elastananteil 4,2 g und der Polyamidanteil 6,3 g.
  10.1 Berechnen Sie den Anteil von Leinen und Elastan in Prozent.
  10.2 Ermitteln Sie den Polyesteranteil/m in g und in Prozent.
  10.3 Geben Sie die zulässigen Rohstoffgehaltsangaben an.

11 Ein Polyester-Baumwollmischgarn enthält 65 % Polyester und 35 % Baumwolle. 1 kg Polyester kostet 2,10 €, 1 kg Baumwolle 1,20 €.
  11.1 Wie lautet das Mischungsverhältnis?
  11.2 Berechnen Sie den Preis von 75 kg Fasermischung.

12 Polyesterspinnfasern, Viskosespinnfasern und Leinen werden im Verhältnis 9 : 8 : 3 gemischt. 1 kg Polyester kostet 1,60 €, 1 kg Viskose 1,80 € und 1 kg Leinen 6,90 €.
  12.1 Berechnen Sie den Preis von 50 kg Mischung.
  12.2 Ermitteln Sie das prozentuale Mischungsverhältnis.

13 Ein Gewebe besteht zu 20 % aus Polyester (1,70 €/kg), zu 25 % aus Leinen (Kilopreis 6,60 €) und aus Viskose (Kilopreis 2,20 €). 1 m Stoff enthält 48 g Polyester.
  13.1 Ermitteln Sie das Verhältnis, in dem die Fasern gemischt wurden.
  13.2 Welche Masse haben 100 m Stoff?
  13.3 Berechnen Sie den Mischungspreis pro kg Ware.
  13.4 Nennen Sie die zulässigen Rohstoffgehaltsangaben.

3.3 Textile Flächen

3.3.1 Flächendichte: Grundlagen

Eine wesentliche Eigenschaft textiler Flächen ist die **Dichte** der Ware. Sie ergibt sich aus dem Flächenaufbau im Zusammenhang mit der Garnfeinheit und beeinflusst unter anderem die Haltbarkeit, Optik und Geschmeidigkeit des textilen Erzeugnisses.

Größe	Abkürzung	Erklärung
Warenbreite, Stoffbreite	WaB, StB	Ausdehnung in Querrichtung (Verlauf der Schussfäden bzw. Richtung der Maschenreihen)
Warenlänge, Stofflänge	WaL, StL	Ausdehnung in Längsrichtung (Verlauf der Kettfäden bzw. Richtung der Maschenstäbchen)
Kettfaden	KeFd	Kettfäden liegen bei der Gewebeherstellung in **Längsrichtung.**
Schussfaden	ScFd	Schussfäden liegen bei der Gewebeherstellung in **Querrichtung.**
Kett(faden)dichte; Dichte$_{Kette}$	KeDi; Di$_{Ke}$	Zahl der **Kettfäden je cm** (oder je dm) **Warenbreite**
Schuss(faden)dichte; Dichte$_{Schuss}$	ScDi; Di$_{Sc}$	Zahl der **Schussfäden je cm** (oder je dm) **Warenlänge**
Maschendichte	MaDi	Zahl der **Maschen je dm²** (oder je cm²) **Warenfläche**
Maschenstäbchendichte Dichte$_{Stäbchen}$	StäDi; Di$_{Stä}$	Zahl der **Maschenstäbchen je dm** (oder je cm) **Warenbreite**
Maschenreihendichte Dichte$_{Reihen}$	ReDi; Di$_{Re}$	Zahl der **Maschenreihen je dm** (oder je cm) **Warenlänge**

3.3.2 Dichte von Webwaren („Einstellung")

Fallbeispiel 1

Bei einer Hemdenpopeline beträgt die Kettdichte 70 Fäden/cm, die Schussdichte 50 Fäden/cm.

Berechnen Sie, um wie viel Prozent die Kettdichte höher ist als die Schussdichte.

Gegebene Daten:
Kettdichte   Di$_{Ke}$ 70 Fäden/dm
Schussdichte Di$_{Sc}$ 50 Fäden/dm

Gesuchte Daten:
Differenz Dichte$_{Kette}$ zu Dichte$_{Schuss}$ in %

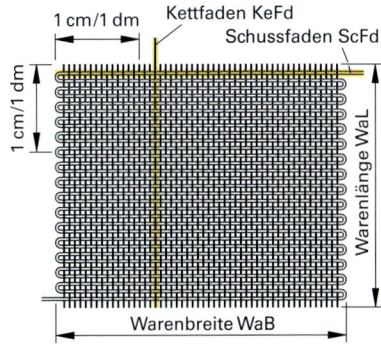

Lösungsvorschlag

Schussdichte   50 Fäden/cm ≙ 100 %
Kettdichte   70 Fäden/cm ≙ x

$$x = \frac{100\ \% \cdot 70\ \text{Fäden}}{50\ \text{Fäden}} = 140\ \%$$

⇒ **Die Kettdichte ist** 140 % – 100 % = **40 % höher.**

Übungsaufgaben: Seite 94, Nr. 01, 07

3.3.2 Dichte von Webwaren („Einstellung")

Textile Flächen

Fallbeispiel 2
Bei Gewebe A beträgt die Schussdichte 18 Fäden/cm, bei Gewebe B sind es 25 Fäden/cm.
Ermitteln Sie den Wert der geringeren Schussdichte bei Gewebe A in Prozent.

Gegebene Daten:

	Gewebe A	Gewebe B
Dichte$_{Schuss}$	18 Fäden/cm	25 Fäden/cm

Gesuchte Daten:
Differenz Dichte$_{Schuss}$ A zu Dichte$_{Schuss}$ B in %.

Lösungsvorschlag

Gewebe B   25 Schussfäden/cm ≙ 100 %
Gewebe A   18 Schussfäden/cm ≙ x

$$x = \frac{100\,\% \cdot 18\,\text{Schussfäden}}{25\,\text{Schussfäden}} = 72\,\%$$

⇒ **Schussdichte A ist** 100 % − 72 % = **28 % niedriger.**

Fallbeispiel 3
Bei Gewebe A wird mit 3840 Kettfäden eine Warenbreite von 1,60 m erreicht, bei Gewebe mit 3750 Kettfäden eine Warenbreite von 1,50 m.
3.1 Ermitteln Sie die Kettdichte von Gewebe A und Gewebe B.
3.2 Ermitteln Sie den Unterschied der Kettdichte von Gewebe A in Prozent zu Gewebe B.

Gegebene Daten:

	Gewebe A	Gewebe B
Warenbreite	1,60 m = 160 cm	1,50 m = 150 cm
Kettfäden	3840	3750

Gesuchte Daten:
3.1 Kettdichte Di$_{Ke}$ Gewebe A und B
3.2 Differenz   Di$_{Ke}$ A zu Di$_{Ke}$ B in %

Lösungsvorschlag

Warenbreite		Kettfäden		3.1 Kettfdichte	3.2 Differenz Kettdichte in %
Gewebe A	160 cm	3840		$x = \frac{3840 \cdot 1\,\text{cm}}{160\,\text{cm}} = 24$	B 25 Fäden/cm ≙ 100 %
	1 cm	x		⇒ **24 Fäden/cm**	A 24 Fäden/cm ≙ x
Gewebe B	150 cm	3750		$x = \frac{3750 \cdot 1\,\text{cm}}{150\,\text{cm}} = 25$	$x = \frac{100\,\% \cdot 24\,\text{Fäden/cm}}{25\,\text{Fäden/cm}} = 96\,\%$
	1 cm	x		⇒ **25 Fäden/cm**	⇒ **Kettdichte A ist** 100 % − 96 % = **4 % niedriger.**

Fallbeispiel 4
Für einen 8-bindigen Atlas ist eine Kettdichte von 40 bis 120 Fäden/cm und eine Schussdichte von 24 bis 60 Fäden/cm üblich.
Berechnen Sie, um wie viel Prozent die durchschnittliche Kettdichte höher ist als die durchschnittliche Schussdichte.

Gegebene Daten:
Kettdichte   40 Fä/cm bis 120 Fä/cm
Schussdichte   24 Fä/cm bis 60 Fä/cm

Gesuchte Daten:
Differenz Ø Kettdichte zu Ø Schussdichte in %.

Lösungsvorschlag

Ø Schussdichte = (24 + 60) : 2 = 42 Fä/cm ≙ 100 %
Ø Kettdichte   = (40 + 120) : 2 = 80 Fä/cm ≙ x

$$x = \frac{100\,\% \cdot 80\,\text{Fä/cm}}{42\,\text{Fä/cm}} \approx 190{,}47\,\% \Rightarrow 190\,\%$$

⇒ **Die Kettdichte ist** 190 % − 100 % = **90 % höher.**

Übungsaufgaben: Seite 94, Nr. Nr. 02, 03, 04, 05, 06

3.3.3 Dichte von Maschenwaren

Textile Flächen

Fallbeispiel 1
Die Maschendichte der Ware A beträgt 6210 Maschen/dm² und ist damit um 15 % höher als die Dichte von Ware B. Ermitteln Sie die Maschendichte von Ware B.

Gegebene Daten:
Maschendichte MaDi Ware A   6210 Ma/dm² ≙ 115 %

Gesuchte Daten:
Maschendichte MaDi Ware B

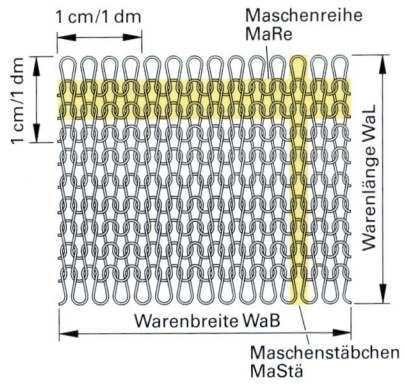

Lösungsvorschlag
Ware A   MaDi   115 % ≙ 6210 Ma/cm²
Ware B   MaDi   100 % ≙ x
$x = \dfrac{6210 \text{ Ma/cm}^2 \cdot 100 \text{ \%}}{115 \text{ \%}} = 5400 \text{ Ma/cm}^2$
⇒ **Die Maschendichte von Ware B beträgt 5400 Maschen/cm²**

Fallbeispiel 2
Bei einer Maschenware beträgt die Reihendichte 56 Maschen je dm Warenlänge, die Stäbchendichte 63 Maschen je dm Warenbreite
2.1 Berechnen Sie die höhere Stäbchendichte in Prozent zur Reihendichte.
2.2 Ermitteln Sie die Maschendichte je dm².

Gegebene Daten:
Dichte$_{Re}$ 56 Ma/dm
Dichte$_{Stä}$ 63 Ma/dm

Gesuchte Daten:
2.1 Dichte$_{Stä}$ in % zu Dichte$_{Re}$
2.2 Maschendichte in dm²

Lösungsvorschlag 2.1	2.2
Dichte$_{Re}$ 56 Ma/dm ≙ 100 % $x = \dfrac{100 \text{ \%} \cdot 63 \text{ Ma/dm}}{56 \text{ Ma/dm}} = 112{,}5 \text{ \%}$ Dichte$_{Stä}$ 63 Ma/dm ≙ x ⇒ **Die Stäbchendichte ist** 112,5 % − 100 % = **12,5 % höher.**	**Maschendichte** = Dichte$_{Re}$ · Dichte$_{Stä}$ = 56 Ma/dm · 63 Ma/dm = **3528 Ma/dm²**

Fallbeispiel 3
Eine Maschenware mit der Maschendichte 4140 Ma/dm² weist 60 Reihen je dm Warenlänge auf. Berechnen Sie die Stäbchendichte je dm Warenbreite.

Gegebene Daten:
Maschendichte   MaDi   4140 Ma/dm²
Dichte$_{Re}$ ReDi   60 Ma/dm

Gesuchte Daten:
Dichte$_{Stä}$ StäDi

Lösungsvorschlag 1	Lösungsvorschlag 2 (Formellösung)
Stäbchendichte = Maschendichte : Reihendichte = 4140 Ma/dm² : 60 Ma/dm = **69 Ma/dm**	$\text{StäDi} = \dfrac{\text{MaDi}}{\text{ReDi}} = \dfrac{4140 \text{ Ma/dm}^2}{60 \text{ Ma/dm}} = \mathbf{69 \text{ Ma/dm}}$

Übungsaufgaben: Seite 94, Nr. Nr. 08, 09, 10, 11

3.3.4 Übungsaufgaben

Textile Flächen

01 Für einen Zefir wird eine Kettdichte von 30 Fäden/cm und die Schussdichte 20 Fäden/cm gewählt.
Berechnen Sie die Differenz der Kettdichte zur Schussdichte in Prozent.

02 Bei einem Batist ist die Kettdichte mit 36 Fäden/cm um 12,5 % höher als die Schussdichte.
Berechnen Sie die Schussdichte.

03 Die Kettdichte eines Kattuns beträgt 22 Fäden/cm, die Schussdichte 17 Fäden/cm. Bei einem Batist liegt die Kettdichte bei 30 Fäden/cm, die Schussdichte bei 35 Fäden/cm.
Ermitteln Sie die jeweilige Differenz bei Kattun gegenüber Batist in Prozent.

04 Bei einem Vollvoile wird mit 5880 Kettfäden eine Warenbreite von 1,40 m erreicht, bei einem Halbvoile mit 1980 Kettfäden eine Warenbreite von 0,90 m.
04.1 Ermitteln Sie die Kettfadendichte des Vollvoiles und des Halbvoiles.
04.2 Ermitteln Sie die Differenz der Kettdichte des Vollvoiles gegenüber des Halbvoiles in Prozent.

05 Für einen Taft aus Naturseide ist eine Kettdichte von 50 bis 120 Fäden/cm und eine Schussdichte von 40 bis 70 Fäden/cm üblich. Bei einem Taft aus Chemiefaserfilamenten wird meist eine Kettdichte von 30 bis 70 Fäden/cm und eine Schussdichte von 20 bis 40 Fäden/cm gewählt.
05.1 Ermitteln Sie die jeweilige durchschnittliche Kett- und Schussdichte.
05.2 Berechnen Sie die Differenz der Ø Kettdichte und der Ø Schussdichte des Seidentafts zu einem Chemiefasertaft in Prozent.

06 Um bei Popeline die typische quergerippte Optik zu erreichen, wird das Verhältnis Kettdichte zu Schussdichte mit 2 : 1 oder 3 : 1 gewählt.
Ermitteln Sie die jeweilige Schussdichte, wenn die Kettdichte 54 Fäden/cm beträgt.

07 Die querstreifige Struktur eines Doupions wird durch eine höhere Kettdichte und unregelmäßige Schussfäden erreicht.
Bei Ware A beträgt die Kettdichte 46 Fäden/cm, die Schussdichte 27 Fäden/cm.
Bei Ware B liegt eine Kettdichte von 38 Fäden/cm und eine Schussdichte von 24 Fäden/cm vor.
Ermitteln Sie bei beiden Waren die höhere Kettdichte in Prozent.

08 Die Maschendichte der Ware A beträgt 4704 Maschen/dm^2 und ist damit um 12 % höher als die Dichte von Ware B.
Ermitteln Sie die Maschendichte von Ware B.

09 Eine Maschenware mit der Maschendichte 3120 Ma/dm^2 weist 52 Reihen je dm Warenlänge auf.
Berechnen Sie die Stäbchendichte je dm Warenbreite.

10 Eine Maschenware mit der Maschendichte 4884 Ma/dm^2 weist 74 Stäbchen je dm Warenbreite auf.
Berechnen Sie die Reihendichte je dm Warenbreite.

11 Bei Maschenware A beträgt die Reihendichte 58 Maschen je dm Warenlänge, die Stäbchendichte 69 Maschen je dm Warenbreite. Bei Ware B liegt die Reihendichte bei 56 Maschen/dm, die Stäbchendichte bei 65 Maschen/dm.
11.1 Berechnen Sie die jeweils höhere Stäbchendichte in Prozent zur Reihendichte.
11.2 Ermitteln Sie die jeweilige Maschendichte je dm^2.
11.3 Geben Sie die Differenz von Ware A zu Ware B in Prozent an.

Projektorientierte Aufgabe

12 Für die Fertigung eines Modellkleides wird ein **Dupion** ausgewählt.

Technische Daten	Kette	Schuss
Garnfeinheit	100 dtex	Nm 50
Fadendichte	46 Fä/cm	27 Fä/cm
Fertigwarenbreite	138 cm	
Flächenbezogene Masse	120 g/m^2	

12.1 Rechnen Sie die **Garnfeinheit** des Schussfadens von Nm in dtex um und ermitteln Sie den Unterschied der Feinheit von Schussgarn zu Kettgarn in Prozent.
12.2 Ermitteln Sie das Verhältnis **Kettdichte** zu **Schussdichte** in Prozent und geben Sie den **Einfluss der Warendichte** auf die textile Fläche an.
12.3 Beschreiben Sie den **Warencharakter** von Doupion unter Einbeziehung der flächenbezogenen Masse und geben Sie drei **Einsatzgebiete** an.
12.4 Erläutern Sie die Herstellung eines Doupion und gehen Sie dabei auf die Begriffe **Maulbeerseide**, **Tussahseide**, **Haspelseide** und **Schappeseide** ein.
12.5 Ein Doupion ist häufig stückgefärbt, wird aber auch durch Verweben verschiedenfarbiger Garne hergestellt. Erklären Sie die folgenden Fachbegriffe für Effekte: **Barré, carré, changeant, rayé, travers**.

3.3.5 Gewebeherstellung   — Textile Flächen

Beim Weben verkürzen sich die Kett- und Schussfäden durch das bindungstechnische Über- und Unterführen. Diese Längenverkürzung ist die sogenannte **Einarbeitung**.

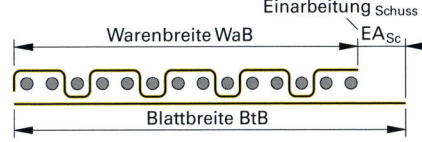

Größe	Abkürzung	Erklärung
Warenlänge; Stofflänge	WaL; StL	Ausdehnung der Webware in Längsrichtung
Warenbreite; Stoffbreite	WaB; StB	Ausdehnung der Webware in Querrichtung
Schärlänge	SäL	Gestreckte Länge eines Kettfadens
Blattbreite	BtB	Gestreckte Länge eines Schussfadens
Einarbeitung$_{Kette}$	EA$_{Ke}$	Längenverkürzung in Längs- bzw. Kettrichtung, wird **in % der Schärlänge** ermittelt
Einarbeitung$_{Schuss}$	EA$_{Sc}$	Längenverkürzung in Quer- bzw. Schussrichtung, wird **in % der Blattbreite** ermittelt

Fallbeispiel 1
Bei der Herstellung eines Gewebes ist mit einer Einarbeitung in der Kette von 4 % und im Schuss von 4,5 % zu rechnen. Die Schärlänge beträgt 110 m, die Blattbreite 1,50 m.
Ermitteln Sie die Warenlänge und die Warenbreite.

Gegebene Daten:
Einarbeitung$_{Kette}$ EA$_{Ke}$ 4 %
Einarbeitung$_{Schuss}$ EA$_{Sc}$ 4,5 %
Schärlänge   SäL   110 m
Blattbreite   BtB   1,50 m

Gesuchte Daten:
- Warenlänge   WaL
- Warenbreite   WaB

Lösungsvorschlag

Schärlänge	100 %	≙ 110 m
− Einarbeitung$_{Kette}$	4 %	
= **Warenlänge**	96 %	≙ x

$$WaL \quad x = \frac{110 \text{ m} \cdot 96\,\%}{100\,\%} = 105{,}6 \text{ m}$$

Blattbreite	100 %	≙ 1,50 m
− Einarbeitung$_{Schuss}$	4,5 %	
= **Warenbreite**	95,5 %	≙ x

$$WaB \quad x = \frac{1{,}50 \text{ m} \cdot 95{,}5\,\%}{100\,\%} \approx 1{,}43 \text{ m}$$

Fallbeispiel 2
Bei der Herstellung eines Gewebes sind als Warenmaße 130 m Länge und 1,50 m Breite vorgegeben. Die Schärlänge beträgt 137 m, die Blattbreite 1,58 m.
Berechnen Sie die Einarbeitung von Kette und Schuss in Prozent.

Gegebene Daten:
Warenlänge   WaL   130 m
Warenbreite   WaB   1,50 m
Schärlänge   SäL   137 m
Blattbreite   BtB   1,58 m

Gesuchte Daten:
- Einarbeitung$_{Kette}$ EA$_{Ke}$
- Einarbeitung$_{Schuss}$ EA$_{Sc}$

Lösungsvorschlag

Schärlänge	137,00 m	≙ 100 %
− Warenlänge	130,00 m	
= **Einarbeitung$_{Kette}$**	7,00 m	≙ x

$$EA_{Ke} \quad x = \frac{100\,\% \cdot 7{,}00 \text{ m}}{137{,}00 \text{ m}} \approx 5{,}11\,\%$$

Blattbreite	1,58 m	≙ 100 %
− Warenbreite	1,50 m	
= **Einarbeitung$_{Schuss}$**	0,08 m	≙ x

$$EA_{Sc} \quad x = \frac{100\,\% \cdot 0{,}08 \text{ m}}{1{,}58 \text{ m}} \approx 5{,}06\,\%$$

Übungsaufgaben: Bei 1.10.4 Prozentrechnung, Seite 32, Nr. 12, 13, 14, 15

3.3.6 Veredlungsmaßnahmen   Textile Flächen

Durch Veredlungsmaßnahmen, z. B. **Dekatieren** und **Walken,** können sich verkürzte Längen- und Breitenmaße ergeben, die vorab bei der Flächenherstellung berücksichtigt werden müssen.

Größe	Abkürzung	Erklärung
Rohwarenlänge	WaL_1	Länge der unbehandelten Ware
Rohwarenbreite	WaB_1	Breite der unbehandelten Ware
Fertigwarenlänge	WaL_2	Länge der behandelten Ware
Fertigwarenbreite	WaB_2	Breite der behandelten Ware
Einsprung$_{Kette}$	ES_{Ke}	Längenverkürzung in Längs- bzw. Kettrichtung, wird **in % der unbehandelten Ware** ermittelt
Einsprung$_{Schuss}$	ES_{Sc}	Längenverkürzung in Quer- bzw. Schussrichtung, wird **in % der unbehandelten Ware** ermittelt

Fallbeispiel 1

Um ein Wollgewebe bei der Verarbeitung weitgehend einlaufsicher zu machen, wird sie dekatiert. Der Einsprung beträgt in Kettrichtung 2,5 % und in Schussrichtung 6 %.
Die dekatierte Ware soll in der Länge 180 m und in der Breite 1,50 m aufweisen.
Berechnen Sie die erforderliche Rohwarenlänge und Rohwarenbreite.

Gegebene Daten:
Einsprung$_{Kette}$ ES_{Ke} 2,5 %
Einsprung$_{Schuss}$ ES_{Sc} 6,0 %
Warenlänge$_2$ WaL_2 180 m
Warenbreite$_2$ WaB_2 1,50 m

Gesuchte Daten:
- Warenlänge$_1$ WaL_1
- Warenbreite$_1$ WaB_1

Lösungsvorschlag			
Einsprung$_{Kette}$		2,5 %	
Warenlänge$_2$	100 % − 2,5 % = 97,5 %	≙ 180 m	WaL_1 $x = \dfrac{180\,m \cdot 100\,\%}{97,5\,\%} \approx$ **184,62 m**
Warenlänge$_1$		100 % ≙ x	
Einsprung$_{Schuss}$		2,5 %	
Warenbreite$_2$	100 % − 6 % = 94 %	≙ 1,50 m	WaB_1 $x = \dfrac{1,50\,m \cdot 100\,\%}{94\,\%} \approx$ **1,60 m**
Warenbreite$_1$		100 % ≙ x	

Fallbeispiel 2

Ein Wollfilz schrumpft durch starkes Walken von der Rohwarenlänge 140 m auf 112 m Fertigwarenlänge und von der Rohwarenbreite 2,50 m auf 1,75 m Fertigwarenbreite.
Berechnen Sie die Maßveränderung in Kett- und Schussrichtung in m und Prozent.

Gegebene Daten:
Warenlänge$_1$ 140 m   Warenbreite$_1$ 2,60 m
Warenlänge$_2$ 112 m   Warenbreite$_2$ 1,82 m

Gesuchte Daten:
- Einsprung$_{Kette}$ ES_{Ke}
- Einsprung$_{Schuss}$ ES_{Sc}

Lösungsvorschlag			
Warenlänge$_1$	140 m	≙ 100 %	ES_{Ke} $x = \dfrac{100\,\% \cdot 28\,m}{140\,m} =$ **20 %**
− Warenlänge$_2$	112 m		
= Einsprung$_{Kette}$	**28 m**	≙ x	
Warenbreite$_1$	2,60 m	≙ 100 %	ES_{Sc} $x = \dfrac{100\,\% \cdot 0,78\,m}{2,60\,m} =$ **30 %**
− Warenbreite$_2$	1,82 m		
Einsprung$_{Schuss}$	**0,78 m**	≙ x	

Übungsaufgaben: Bei 1.10.4 Prozentrechnung, Seite 32, Nr. 16, 17, 18

3.4 Flächenbezogene Masse

3.4.1 Grundlagen

Textile Flächen werden im Handel mit Angaben versehen, die für die Weiterverabeitung wichtig sind, z. B.
- **Warenbreite** Sie wird benötigt zur Ermittlung des Stoffbedarfs und zur Erstellung eines Schnittlagebildes.
- **Masse/m²** Sie dient als Entscheidungshilfe für mögliche Einsatzgebiete und als Qualitätsmerkmal.
- **Masse/m** Sie ist z. B. hilfreich bei der Ermittlung der Warenlänge bei Stoffballen.

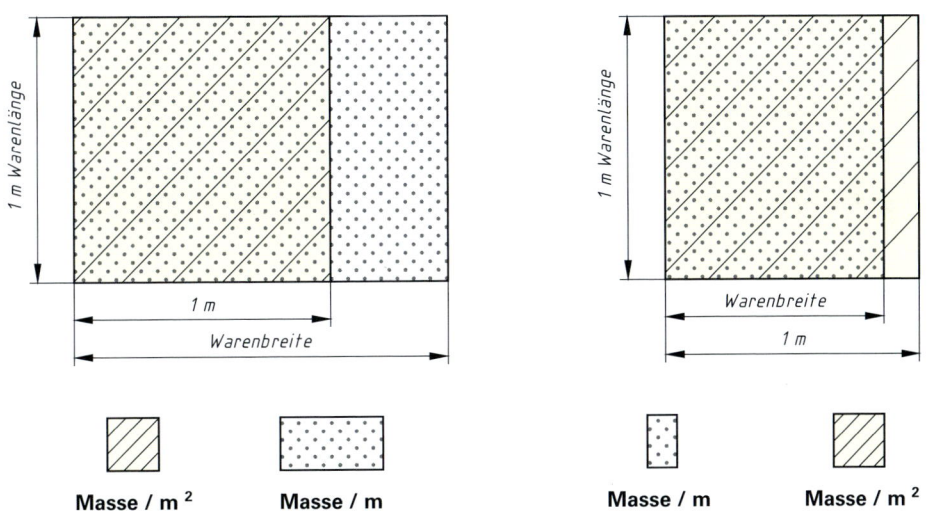

Größe	Einheit	Symbol	Erklärung
Warenmasse	kg		Gesamtmasse einer bestimmten Stoffmenge z.B. eines Stoffballens bzw. eines Stoffcoupons
Stoffbreite	cm, m		Zur Verfügung stehende Breite einer Ware. Sie wird bei Geweben in Schussrichtung von Webkante zu Webkante gemessen, bei Maschenstoffen in Richtung der Maschenreihen
Masse/m²	g		Masse eines Stoffstückes von 1 m Länge und 1 m Breite (Masse je Quadratmeter)
Masse/m	g		Masse eines Stoffstückes mit bestimmter Warenbreite (Stoffbreite) und 1 m Länge (Masse je lfd. m bzw. „laufender Meter")

3.4.2 Masse/m — Flächenbezogene Masse

Fallbeispiel 1
Eine 1,50 m breite Ware hat eine Masse/m² von 120 g.
Berechnen Sie die Masse/m.

Gegebene Größen:	Masse/m²	120 g
	Warenbreite	1,50 m

Gesuchte Größe: Masse/m in g

Fallbeispiel 2
Eine 0,90 m breite Ware hat eine Masse/m² von 120 g.
Berechnen Sie die Masse/m.

Gegebene Größen:	Masse/m²	120 g
	Warenbreite	0,90 m

Gesuchte Größe: Masse/m in g

Lösung

Länge l	Breite b	Fläche $A = l \cdot b$	Masse
1,00 m	1,00 m	1,00 m²	120 g
1,00 m	1,50 m	1,50 m²	x

$$x = \frac{120\ g \cdot 1,50\ m^2}{1,00\ m^2}$$

$$= 180\ g$$

⇒ **Masse/m = 180 g**

Lösung

Länge l	Breite b	Fläche $A = l \cdot b$	Masse
1,00 m	1,00 m	1,00 m²	120 g
1,00 m	0,90 m	0,90 m²	x

$$x = \frac{120\ g \cdot 0,90\ m^2}{1,00\ m^2}$$

$$= 108\ g$$

⇒ **Masse/m = 108 g**

Fallbeispiel 3
In einem Stoffgeschäft werden Reststoffe nach Gewicht verkauft. Ein 2,4 m langes Reststück hat eine Masse von 180 g. 1 kg Stoff kostet 60,00 €.
3.1 Berechnen Sie die Masse/m.
3.2 Berechnen Sie den Preis für das Reststück.

Gegebene Größen:	Stofflänge	2,40 m
	Masse	180 g
	Preis/kg	60,00 €

Gesuchte Größe:	3.1 Masse/m
	3.2 Materialkosten

Lösung 3.1

Stofflänge	Masse
2,40 m	180 g
1,00 m	x

$$x = \frac{180\ g \cdot 1,00\ m}{2,40\ m}$$

$$= 75\ g$$

⇒ **Masse/m = 75 g**

Lösung 3.2

Masse	Materialkosten
1000 g	60,00 €
180 g	x

$$x = \frac{60,00\ € \cdot 180\ g}{1000\ g}$$

$$= 10,80\ €$$

Übungsaufgaben: Seite 102, Nr. 01, 02, 03

3.4.2 Masse/m

Flächenbezogene Masse

Fallbeispiel 4
Die Masse einer Stoffprobe mit einer Breite von 50 cm und einer Länge von 25 cm beträgt 18 g. Der Stoff liegt in einer Breite von 1,50 m vor, ein Stoffballen wiegt 6,480 kg.
4.1 Berechnen Sie die Masse/m.
4.2 Wie viele Meter sind auf dem Ballen?

Gegebene Daten:		Gesuchte Daten:
Breite$_{Stoffprobe}$	50 cm	4.1 Masse/m
Länge$_{Stoffprobe}$	25 cm	
Masse$_{Stoffprobe}$	18 g	4.2 Länge$_{Stoffballen}$
Stoffbreite	150 cm	
Masse$_{Stoffballen}$	6,480 kg	

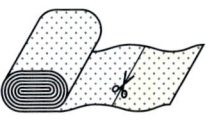
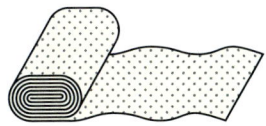

Lösung 4.1	Breite b	Länge l	Fläche $A = l \cdot b$	Masse		
	50 cm	25 cm	1 250 cm²	18 g	$x = \dfrac{18\,g \cdot 15\,000\,cm^2}{1\,250\,cm^2}$	
	150 cm	100 cm	15 000 cm²	x	⇒ **Masse/m**	= 216 g
Lösung 4.2	Länge$_{Stoffballen}$ = Masse$_{Stoffballen}$: Masse/m					
	= 6480 g : 216 g/m					
	= 30 m					

Fallbeispiel 5
Ein Mischgewebe besteht aus Viskose, Polyester und Schurwolle. Der Viskoseanteil/m beträgt 36 g, der Polyesteranteil 55 % bzw. 198 g pro m.
5.1 Berechnen Sie die Anteile von Viskose und Schurwolle in Prozent.
5.2 Berechnen Sie die Masse/m.
5.3 Ermitteln Sie das Mischungsverhältnis.

Gegebene Größen:				Gesuchte Größe:
Viskose	CV	36 g		5.1 Anteile CV, WV in %
Polyester	PES	198 g	55 %	5.2 Masse/m Schurwolle
Schurwolle	WV			5.3 Mischungsverhältnis

Lösung (Tabelle)				
Sorten	Anteile in %	Anteile/m in g	Kürzungszahl	Anteile
Polyester	55 %	198 g	18	198 : 18 = **11**
Viskose	55 % : 198 g · 36 g = **10 %**	36 g	18	36 : 18 = **2**
Schurwolle	100 % − 10 % − 55 % = **35 %**	360 g − 36 g − 198 g = 126 g	18	126 : 18 = **7**
Mischung	100 %	198 g : 55 % · 100 % = **360 g**		

5.1 Anteil Viskose = 10 %, Anteil Schurwolle = 35 %
5.1 Masse/m = 360 g
5.2 Mischungsverhältnis Polyester : Schurwolle : Viskose = 11 : 7 : 2

Übungsaufgaben: Seite 102, Nr. 04, 05

3.4.3 Masse/m²   Flächenbezogene Masse

Fallbeispiel 1

Auf einem 75 cm breiten Ballen sind 24 m Futtertaft doppelt aufgemacht. Der Ballen mit Hülse hat eine Masse von 4,410 kg, die Hülse hat eine Masse von 90 g.

1.1 Berechnen Sie die Warenmasse.
1.2 Berechnen Sie die Masse/m.
1.3 Ermitteln Sie die Masse/m²

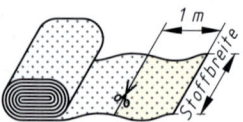
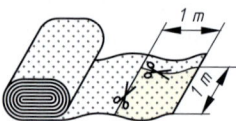

Gegebene Daten:	Stoffbreite	2 · 0,75 m = 1,50 m	Gesuchte Daten:	1.1 Warenmasse
	Stofflänge	24 m		1.2 Masse/m
	Masse$_{gesamt}$	4,410 kg = 4410 g		1.3 Masse/m²
	Masse$_{Hülse}$	90 g		

Lösung 1.1

Warenmasse = Masse$_{gesamt}$ − Masse$_{Hülse}$
             = 4 410 g − 90 g
             = 4 320 g = **4,320 kg**

Lösung 1.2

Masse/m = Warenmasse : Stofflänge
         = 4 320 g : 24 m
         = **180 g/m**

Lösung 1.3

Länge l	Breite b	Fläche $A = l \cdot b$	Masse
1,00 m	1,50 m	1,50 m²	180 g
1,00 m	1,00 m	1,00 m²	x

$$x = \frac{180\ g \cdot 1,00\ m^2}{1,50\ m^2} = 120\ g$$

⇒ Masse/m² = **120 g**

Fallbeispiel 2

Für ein Kleid werden 3,2 m eines 1,5 m breiten Stoffes benötigt. Der Verschnitt hat eine Masse von 48 g. Die Masse/m beträgt 240 g. Pro Meter Stoff werden 32,60 € berechnet.

2.1 Ermitteln Sie die Masse/m²
2.2 Berechnen Sie Masse des fertigen Kleides.
2.3 Berechnen Sie die Kosten des Verschnitts in Euro.

Gegebene Daten:	Stofflänge	3,20 m	Gesuchte Daten:	2.1 Masse/m²
	Stoffbreite	1,50 m		2.2 Masse$_{Kleid}$
	Masse$_{Verschnitt}$	48 g		2.3 Kosten$_{Verschnitt}$ in €
	Masse/m	240 g		
	Meterpreis	32,60 €		

Lösung 1.1

Fläche/m = 1,00 m · 1,50 m
         = 1,50 m²

Fläche	Masse
1,50 m²	240 g
1,00 m²	x

$$x = \frac{240\ g \cdot 1,00\ m^2}{1,50\ m^2} = 160\ g$$

⇒ Masse/m² = **160 g**

Lösung 1.2

Gesamtmasse
= Stofflänge · Masse/m
= 3,20 m · 240 g/m
= 768 g

Masse$_{Kleid}$
= Gesamtmasse − Masse$_{Verschnitt}$
= 768 g − 48 g
= **720 g**

Lösung 1.3

Masse	Kosten
240 g	32,60 €
48 g	x

$$x = \frac{32,60\ € \cdot 48\ g}{240\ g} = 6,52\ €$$

⇒ Kosten$_{Verschnitt}$ = **6,52 €**

Übungsaufgaben: Seite 102, Nr. 06, 07

3.4.3 Masse/m² — Flächenbezogene Masse

Fallbeispiel 3

Ein Mischgewebe, das 140 cm breit liegt, besteht aus 55 % Polyester und 45 % aus Schurwolle. Ein laufender Meter des Gewebes enthält 150 g Polyester.

3.1 Berechnen Sie den Schurwollanteil für 1 m Gewebe in g.
3.2 Berechnen Sie Masse/m dieses Stoffes.
3.3 Berechnen Sie die Masse/m² dieses Stoffes.

STOFFMUSTER: Fresko-Tropical

55 % Polyester
45 % Schurwolle

Gegebene Daten:				Gesuchte Daten:
Stoffbreite			140 cm	3.1 Anteil WV/m in g
Polyester/m	PES	55 %	150 g	3.2 Masse/m
Schurwolle	WV	45 %		3.3 Masse/m²

Lösung 3.1

Sorte	Anteil in %	Anteil/m in g
PES	55 %	150 g
WV	45 %	x

$$x = \frac{150\ g \cdot 45\ \%}{55\ \%} = 122{,}73\ g$$

⇒ Anteil WV/m ≈ 123 g

Lösung 3.2

Masse/m
= Anteil PES + Anteil WV
= 150 g + 122,73 g
= **272,73 g**

Fläche/m
= Länge · Breite
= 1,00 m · 1,40 m = 1,40 m²

Lösung 3.3

Stofffläche	Masse
1,40 m²	272,73 g
1,00 m²	x

$$x = \frac{272{,}73\ g \cdot 1{,}00\ m^2}{1{,}40\ m^2} \approx 194{,}81\ g$$

⇒ Masse/m² ≈ **195 g**

Fallbeispiel 4

Ein Stoffmuster der Größe 10 cm × 5 cm hat eine Masse von 2,75 g. Der vorliegende Stoff hat eine Warenbreite von 1,40 m. Auf einem Ballen sind 18 m aufgemacht. Berechnen Sie

4.1 die Masse/m²,   4.2 die Masse/m,   4.3 die Warenmasse in kg.

  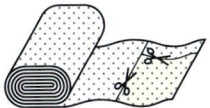

Gegebene Daten:		Gesuchte Daten:	
Länge$_{Stoffprobe}$	10 cm	4.1	Masse/m²
Breite$_{Stoffprobe}$	5 cm	4.2	Masse/m
Masse$_{Stoffprobe}$	2,75 g	4.3	Warenmasse in kg
Stoffbreite	1,40 m		
Stofflänge	18 m		

Lösung 4.1

Länge l	Breite b	Fläche $A = l \cdot b$	Masse
5 cm	10 cm	50 cm²	2,75 g
100 cm	100 cm	10000 cm²	x

$$x = \frac{2{,}75\ g \cdot 10\,000\ cm^2}{50\ cm^2} = 550\ g$$

⇒ Masse/m² = **550 g**

Lösung 4.2

Fläche/m = Länge · Breite
= 1,00 m · 1,40 m = 1,40 m²

Fläche	Masse
1,00 m²	550 g
1,40 m²	x

$$x = \frac{550\ g \cdot 1{,}40\ m^2}{1{,}00\ m^2} = 770\ g$$

⇒ Masse/m = **770 g**

Lösung 4.3

Warenmasse
= Stofflänge · Masse/m
= 18 m · 770 g/m
= 13860 g
= **13,860 kg**

Übungsaufgaben: Seite 102, Nr. 08, 09

3.4.4 Übungsaufgaben

Flächenbezogene Masse

01 Eine 1,40 m breite Ware hat eine Masse/m² von 200 g. Berechnen Sie die Masse/m.

02 Eine 0,95 m breite Ware hat eine Masse/m² von 120 g. Berechnen Sie die Masse/m.

03 In einem Stoffgeschäft werden Reststücke nach Gewicht verkauft. Ein 3,2 m langes Stoffstück hat eine Masse von 416 g. 1 kg Stoff kostet 48,00 €.
03.1 Berechnen Sie die Masse/m.
03.2 Ermitteln Sie den Preis für das Reststück.

04 Die Masse einer Materialprobe mit 10 cm Länge und 18 cm Breite beträgt 4,2 g. Der Stoff liegt in einer Breite von 1,40 m vor, ein Stoffballen wiegt 28 kg.
04.1 Berechnen Sie die Masse/m.
04.2 Wie viele Meter sind auf dem Ballen?

05 Ein Mischgewebe besteht aus Viskose, Polyester und Leinen. Der Viskoseanteil beträgt 45 % bzw. 144 g je m, der Polyesteranteil 128 g.
05.1 Berechnen Sie die Anteile von Polyester und Leinen in Prozent.
05.2 Berechnen Sie die Masse/m.
05.3 Ermitteln Sie das Mischungsverhältnis.

06 Auf einem 70 cm breiten Ballen sind 32 m Futtertaft doppelt aufgemacht. Der Ballen mit Hülse hat eine Masse von 4,580 kg, die Hülse hat eine Masse von 100 g.
06.1 Berechnen Sie die Warenmasse.
06.2 Berechnen Sie die Masse/m.
06.3 Ermitteln Sie die Masse/m².

07 Für ein Kleid werden 2,8 m eines 1,4 m breiten Stoffes benötigt. Der Verschnitt hat eine Masse von 39 g. Die Masse/m beträgt 220 g. Pro Meter Stoff werden 36,20 € berechnet.
07.1 Berechnen Sie die Masse/m².
07.2 Berechnen Sie Masse des fertigen Kleides.
07.3 Berechnen Sie den Verschnitt in Euro.

08 Ein Mischgewebe, das 0,90 m breit liegt, besteht aus 60 % Baumwolle und 40 % Leinen. Ein laufender Meter des Gewebes enthält 252 g Baumwolle.
08.1 Berechnen Sie den Leinenanteil/m in g.
08.2 Berechnen Sie Masse/m.
08.3 Berechnen Sie die Masse/m².

09 Ein Stoffmuster der Größe 8 cm × 6 cm hat eine Masse von 1,44 g. Der vorliegende Stoff hat eine Warenbreite von 0,90 m. Auf einem Ballen sind 32 m aufgemacht.
09.1 Berechnen Sie die Masse/m².
09.2 Berechnen Sie Masse/m.
09.3 Berechnen Sie die Warenmasse in kg.

Projektorientierte Aufgaben

10 Suchen Sie aus einer Stoffkollektion ein **Beispiel** für eine Fasermischung mit **drei** Faserstoffen aus.
10.1 Ermitteln Sie aus den Prozentangaben das **Mischungsverhältnis**.
10.2 Geben Sie die nach dem TKG möglichen **Rohstoffgehaltsangaben** an und belegen Sie diese durch Angabe der einzelnen Paragrafen.
10.3 Errechnen Sie aus der Masse in g/m² und der Stoffbreite die **Masse in g/m**.
10.4 Stellen Sie durch Untersuchung von Kette und Schuss in Verbindung mit den erforderlichen Prüfmethoden die **Herstellungsart** dieser Fasermischung fest.
10.5 Erläutern Sie die **Erkennung** der einzelnen Faserstoffe mittels Brennprobe bzw. sonstiger Prüfmethoden.
10.6 Beschreiben Sie den **Warencharakter** (Griff, Fall, Oberflächenstruktur, Glanz, Porenvolumen).
10.7 Geben Sie mögliche **Einsatzgebiete** an.
10.8 Suchen Sie aus Abbildungen ein geeignetes Modell aus und erstellen Sie hierzu eine **Technische Zeichnung** (Vorder- und Rückansicht). Ergänzen Sie diese mit einer **Modellbeschreibung**.
10.9 Ordnen Sie diesem Modell ein **Material- und Pflegeetikett** mit den entsprechenden Symbolen zu.
10.10 **Dokumentieren** Sie die einzelnen Aufgabenteile in einer ansprechenden Form.

11 Ein Stoffballen bedruckter **Hosenstretch** mit einer Länge von 15 m und einer Breite von 1,50 m enthält 4,32 kg Baumwolle, 2,16 kg Polyester und 0,72 kg Elastan.
11.1 Berechnen Sie die **Warenmasse in kg**.
11.2 Berechnen Sie die **Masse/m²**.
11.3 Berechnen Sie das **Mischungsverhältnis**.
11.4 Geben Sie die **Rohstoffgehaltsangabe** an.
11.5 Erstellen Sie ein **Pflegeetikett**.
11.6 Entwerfen Sie drei **Hosenmodelle**, die sich für diesen Stoff eignen.
11.7 Entwerfen Sie drei passende **Oberteile**.
11.8 Nennen Sie geeignete **Materialien** für die einzelnen Oberteile.
11.9 Nennen Sie **Accessoires** in Ergänzung zu diesen Kombinationen.

3.5 Garne

3.5.1 Nummerierungssysteme

Garne werden vor allem nummeriert (gekennzeichnet), um die Feinheit anzugeben und damit den Einsatz bestimmen zu können.

Aus verschiedenen Systemen (z.B. aufgrund unterschiedlicher Maßeinheiten in den europäischen Ländern) haben sich durch Normung und Vereinheitlichung zwei Systeme herausgebildet.

Massennummerierung	Längennummerierung
System zur Bezeichnung der längenbezogenen Masse	System zur Bezeichnung der massenbezogenen Länge
Der Feinheitswert bezieht sich auf eine bestimmte Masse, bezogen auf eine **konstante Länge**.	Der Feinheitswert bezieht sich auf eine bestimmte Länge, bezogen auf eine **konstante Masse**.
→ **Tex-System**	→ **Nm-System**
International vereinbartes System zur einheitlichen Bezeichnung aller Arten von linienförmigen textilen Gebilden (DIN 60900, SI-Einheitsystem)	Noch gebräuchliches System für die Feinheitsbezeichnung von Spinnfasergarnen (DIN 60900)
Die Garn-Nummer gibt an, **wie viel Masse** („Gewicht") in Gramm (g) ein Garn bezogen auf die Länge von 1 km hat.	Die Garn-Nummer gibt an, **welche Länge** in Meter (m) ein Garn bezogen auf die Masse von 1 g hat.
$Tt\,[tex] = \dfrac{Masse\,[g]}{Länge\,[km]}$	$N\,[Nm] = \dfrac{Länge\,[m]}{Masse\,[g]}$
Einheit: **Tex** Einheitenzeichen: **tex** Formelzeichen für die Feinheit: **Tt (Titer tex)**	Einheit: **Nummer metrisch** Einheitenzeichen: **Nm** Formelzeichen für die Feinheit: **N**
Beispiele: 15 tex → 1 km Garn hat die Masse 15 g 30 tex → 1 km Garn hat die Masse 30 g	Beispiele: Nm 40 → auf 1 g Masse kommen 40 m Garn Nm 120 → auf 1 g Masse kommen 120 m Garn
• *Die Einheit wird dem Zahlenwert nachgestellt.* • *Je kleiner der Zahlenwert (die Nummer), desto feiner ist das Garn.*	• *Die Einheit wird dem Zahlenwert vorangestellt.* • *Je größer der Zahlenwert (die Nummer), desto feiner ist das Garn.*

Technologische Berechnungen

3.5.2 Tex-System

Grundlagen

Größe	Formelzeichen	Einheit	Erklärung
Länge	l	km	festgelegte bzw. gemessene Garnlänge
Masse	m	g	ermittelte Masse („Gewicht") eines Garnes
Feinheit	Tt (Titer tex)		Masse eines Garns bei einer bestimmten Länge
		tex	1 tex = 1 g/km
		dtex	1 dtex = 1 dg/1 km $\Rightarrow$ 1 g/10 km

- **Basislänge** für die Tex-Kennzeichnungen ist 1 km. Bei Bedarf können dezimale Vielfache und Teile der Einheit tex verwendet werden, z. B. bei sehr feinen Garnen dezitex (dtex), bezogen auf 10 km Länge.
- Für den **Bekleidungsbereich** sind nur Kennzeichnungen in **tex** oder **dtex** von Bedeutung.

Garnlänge	1 km	10 km	0,001 km (1 m)	1000 km
Garnmasse	1 g	1 g	1 g	1 g
Garn-Nr. (Feinheit)	1 tex	1 dtex (dezitex)	1 ktex (kilotex)	1 mtex (millitex)
Anwendung	normale, mittelfeine Garne	mittlere bis feine Garne	dicke, grobe Garne	sehr feine Garne

Grundformel für die Feinheit:

$$\text{Feinheit} = \frac{\text{Masse}}{\text{Länge}} \qquad Tt = \frac{m}{l}$$

Formel für die Feinheit mit konkreten Einheiten:

$$\text{Feinheit in tex} = \frac{\text{Masse in g}}{\text{Länge in km}} \qquad Tt\,[\text{tex}] = \frac{m\,[g]}{l\,[km]}$$

Diese Formel verwendet man, um die Feinheit direkt in der Einheit tex zu erhalten.

Aus der Grundformel lassen sich die Formeln zur Längen- und Massenberechnung ableiten. Es ist aber auch möglich, die tex-Berechnungen mithilfe des Dreisatzes durchzuführen (siehe Fallbeispiele auf den folgenden Seiten).

Formel für die Feinheit	Formel für die Länge	Formel für die Masse
$\text{Feinheit} = \dfrac{\text{Masse}}{\text{Länge}}$	$\text{Länge} = \dfrac{\text{Masse}}{\text{Feinheit}}$	$\text{Masse} = \text{Länge} \cdot \text{Feinheit}$
$Tt\,[\text{tex}] = \dfrac{m\,[g]}{l\,[km]}$	$l\,[km] = \dfrac{m\,[g]}{Tt\,[\text{tex}]}$	$m\,[g] = l\,[km] \cdot Tt\,[\text{tex}]$
$Tt\,[\text{dtex}] = \dfrac{m\,[g]}{l\,[km]} \cdot 10$	$l\,[km] = \dfrac{m\,[g]}{Tt\,[\text{tex}]} \cdot 10$	$m\,[g] = \dfrac{l\,[km] \cdot Tt\,[\text{dtex}]}{10}$

3.5.2 Tex-System — Garne

Feinheit Tt (Garnnummer)

Fallbeispiel 1

Zur Feinheitsbestimmung eines Garnes werden exakt 100 m von einer Spule abgewickelt und gewogen. Die ermittelte Masse beträgt 2,5 g.
Berechnen Sie die Garnfeinheit in tex.

Gegebene Daten: Garnlänge l 100 m = 0,1 km
                 Garnmasse m 2,5 g

Gesuchte Daten: Feinheit Tt in tex

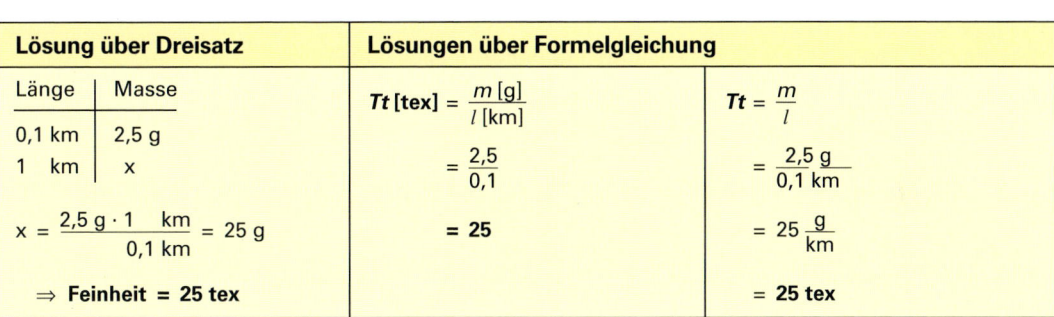

Lösung über Dreisatz	Lösungen über Formelgleichung	
Länge | Masse 0,1 km | 2,5 g 1 km | x $x = \dfrac{2,5\,g \cdot 1\;km}{0,1\;km} = 25\,g$ ⇒ **Feinheit = 25 tex**	$Tt\,[tex] = \dfrac{m\,[g]}{l\,[km]}$ $= \dfrac{2,5}{0,1}$ $= 25$	$Tt = \dfrac{m}{l}$ $= \dfrac{2,5\,g}{0,1\;km}$ $= 25\,\dfrac{g}{km}$ $= 25\;tex$

Fallbeispiel 2

Auf einer Spule sind 6 km Garn. Die Masse einschließlich 20 g Hülsengewicht beträgt 170 g.
Berechnen Sie die Feinheit des Garnes in dtex.

Gegebene Daten: Garnlänge l 6 km
                 Gesamtmasse m_{ges} 170 g
                 Hülsenmasse $m_{Hü}$ 20 g

Gesuchte Daten: Feinheit Tt in dtex

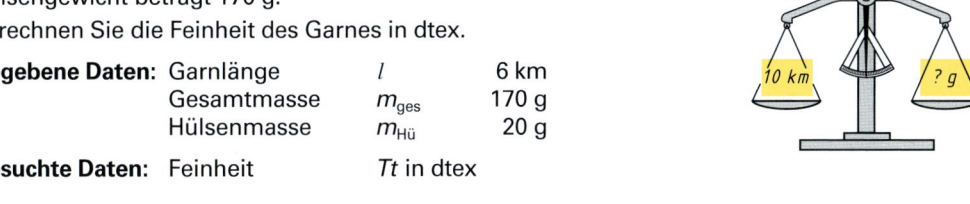

Lösung über Dreisatz	Lösungen über Formelgleichung	
Garnmasse = Gesamtmasse − Hülsenmasse = 170 g − 20 g = 150 g	$m_{Ga} = m_{ges} - m_{Hü}$ = 170 g − 20 g = 150 g	
Länge | Masse 6 km | 150 g 10 km | x $x = \dfrac{150\,g \cdot 10\;km}{6\;km} = 250\,g$ ⇒ **Feinheit = 250 dtex**	$Tt\,[dtex] = \dfrac{m\,[g]}{l\,[km]} \cdot 10$ $= \dfrac{150}{6} \cdot 10$ $= 250$	$Tt = \dfrac{m}{l} \cdot 10$ $= \dfrac{150\,g}{6\;km} \cdot 10$ $= 25\,\dfrac{g}{km} \cdot 10$ $= 250\;dtex$

Übungsaufgaben: Seite 116, Nr. 01, 02

Technologische Berechnungen

3.5.2 Tex-System

Garne

Länge *l*

Fallbeispiel 1

Die Garnmasse auf einer Spule beträgt 120 g (ohne Masse der Hülse), das Garn hat die Feinheit 20 tex.
Berechnen Sie die Garnlänge in km.

Gegebene Daten: Garnfeinheit *Tt*   20 tex = 20 g/km
Garnmasse *m*   120 g

Gesuchte Daten: Garnlänge *l* in km

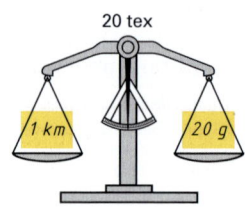

Lösung über Dreisatz	Lösungen über Formelgleichung	
Masse | Länge 20 g | 1 km 120 g | x $x = \dfrac{1 \text{ km} \cdot 120 \text{ g}}{20 \text{ g}}$ = 6 km	$l \text{ [km]} = \dfrac{m \text{ [g]}}{Tt \text{ [tex]}}$ $= \dfrac{120}{20}$ = 6	$l = \dfrac{m}{Tt}$ $= \dfrac{120 \text{ g}}{20 \text{ g/km}}$ = 6 km

Fallbeispiel 2

Eine Spule Bauschgarn der Feinheit 380 dtex wiegt einschließlich 30 g Hülsenmasse 600 g.
Berechnen Sie die Garnlänge in km.

Gegebene Daten: Garnfeinheit *Tt*   380 dtex = 380 g/10 km
Gesamtmasse m_{ges} 600 g
Hülsenmasse $m_{Hü}$ 30 g

Gesuchte Daten: Garnlänge *l* in km

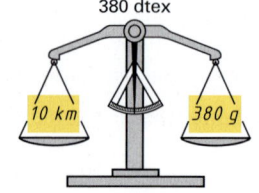

Lösung über Dreisatz	Lösungen über Formelgleichung	
Garnmasse = Gesamtmasse – Hülsenmasse = 600 g – 30 g = 570 g	$m_{Ga} = m_{ges} - m_{Hü}$ = 600 g – 30 g = 570 g	
Masse | Länge 380 g | 10 km 570 g | x $x = \dfrac{10 \text{ km} \cdot 570 \text{ g}}{380 \text{ g}}$ = 15 km	$l \text{ [km]} = \dfrac{m \text{ [g]}}{Tt \text{ [tex]}} \cdot 10$ $= \dfrac{570}{380} \cdot 10$ = 15	$l = \dfrac{m}{Tt} \cdot 10$ $= \dfrac{570 \text{ g}}{380 \text{ g}} \cdot 10 \text{ km}$ = 15 km

Übungsaufgaben: Seite 116, Nr. 03, 04

3.5.2 Tex-System   Garne

Masse g

Fallbeispiel 1

Auf einer Kreuzspule sind 20 km Garn mit der Feinheit 50 tex aufgewickelt.
Berechnen Sie die Garnmasse in g.

Gegebene Daten: Garnfeinheit Tt 50 tex = 50 g/km
                 Garnlänge l 20 km

Gesuchte Daten: Garnmasse m in g

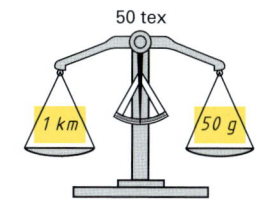

Lösung über Dreisatz	Lösungen über Formelgleichung	
Länge | Masse 1 km | 50 g 20 km | x $x = \dfrac{50\,g \cdot 20\,km}{1\,km}$ = 1000 g	$m\,[g] = l\,[km] \cdot Tt\,[tex]$ $= 20 \cdot 50$ $= 1000$	$m = l \cdot Tt$ $= 20\,km \cdot 50\,g/km$ $= 1000\,g$

Fallbeispiel 2

Auf einer Spule Monofil-Nähfaden der Feinheit 200 dtex sind 30 000 m Garn.
Berechnen Sie das Gesamtgewicht der Spule, wenn die Hülse 35 g wiegt.

Gegebene Daten: Garnfeinheit Tt 200 dtex = 200 g/10 km
                 Garnlänge l 30 000 m = 30 km
                 Hülsenmasse $m_{Hü}$ 35 g

Gesuchte Daten: Gesamtmasse m_{ges}

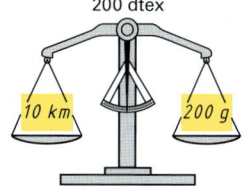

Lösung über Dreisatz	Lösungen über Formelgleichung	

Länge | Garnmasse
10 km | 200 g
30 km | x
 	
$x = \dfrac{200\,g \cdot 30\,km}{10\,km}$
 	
= 600 g
 	
Gesamtmasse = Garnmasse + Hülsenmasse
                    = 600 g + 35 g
                    = **635 g**
	$m\,[g] = \dfrac{l\,[km] \cdot Tt\,[dtex]}{10}$
	
	$= \dfrac{30 \cdot 200}{10}$
	
	$= 600$
	
	$m_{ges} = m_{Ga} + m_{Hü}$
	      = 600 g + 35 g
	      = **635 g**
		$m = \dfrac{l \cdot Tt}{10}$
		
		$= \dfrac{30\,km \cdot 200\,g}{10\,km}$
		
		= 600 g

Übungsaufgaben: Seite 116, Nr. 05, 06

3.5.3 Nm-System

Garne

Grundlagen

Obwohl das Tex-System die eigentliche international verbindliche Feinheitsangabe ist, werden noch andere Systeme verwendet. So wird die Feinheit z. B. für Nähgarne aus Baumwolle, Seide, synthetische Fasern und Umspinnungsgarne meistens in der metrischen Nummer angegeben.
Bei dem deutschen System gibt es, im Gegensatz zum englischen, keine weiteren Differenzierungen.

Größe	Formelzeichen	Einheit	Erklärung
Länge	l	m	ermittelte Länge eines Garnes
Masse	m	g	festgelegte bzw. gemessene Masse („Gewicht") eines Garnes
Feinheit	N	Nm (Nummer metrisch)	Länge eines Garns bei einer bestimmten Masse 1 Nm = 1 m/1 g

⚠️ **Basis** für die Nm-Kennzeichnungen ist eine Masse von 1 g.

Garnmasse	1 g	1 g	1 g	1 g
Garnlänge	1 m	10 m	100 m	1000 m
Garn-Nr. (Feinheit)	Nm 1	Nm 10	Nm 100	Nm 1000

Grundformel für die Feinheit:

$$\text{Feinheit} = \frac{\text{Länge}}{\text{Masse}} \qquad N = \frac{l}{m}$$

Formel für die Feinheit mit konkreten Einheiten:

$$\text{Feinheit in Nm} = \frac{\text{Länge in km}}{\text{Masse in g}} \qquad N\,[Nm] = \frac{l\,[km]}{m\,[g]}$$

Diese Formel verwendet man, um die Feinheit direkt in der Einheit Nm zu erhalten.

Aus der Grundformel lassen sich die Formeln zur Längen- und Massenberechnung ableiten. Auch bei diesem System ist es möglich, die Berechnungen mithilfe des Dreisatzes durchzuführen (siehe Fallbeispiele auf den folgenden Seiten).

Formel für die Feinheit	**Formel für die Länge**	**Formel für die Masse**
$\text{Feinheit} = \dfrac{\text{Länge}}{\text{Masse}}$	$\text{Länge} = \text{Feinheit} \cdot \text{Masse}$	$\text{Masse} = \dfrac{\text{Länge}}{\text{Feinheit}}$
$N\,[Nm] = \dfrac{l\,[m]}{m\,[g]}$	$l\,[m] = N\,[Nm] \cdot m\,[g]$	$m\,[g] = \dfrac{l\,[m]}{N\,[Nm]}$

3.5.3 Nm-System — Garne

Feinheit N (Garnnummer)

Fallbeispiel 1

Auf einer Spule befindet sich ein Garn mit einer Länge von 22 km und einem Gewicht von 400 g (ohne Hülsengewicht).
Berechnen Sie die Garnfeinheit in Nm.

Gegebene Daten: Garnlänge l 22 km = 22 000 m
                Garnmasse m 400 g

Gesuchte Daten: Feinheit N in Nm

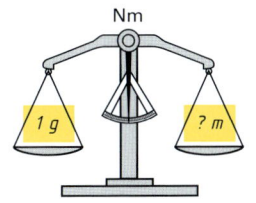

Lösung über Dreisatz	Lösungen über Formelgleichung	
Masse | Länge 400 g | 22 000 m 1 g | x $x = \dfrac{22\,000\text{ m} \cdot 1\text{ g}}{400\text{ g}} = 55\text{ m}$ ⇒ **Garnfeinheit Nm 55**	$N\,[\text{Nm}] = \dfrac{l\,[\text{m}]}{m\,[\text{g}]}$ $= \dfrac{22\,000}{400}$ $= 55$	$N = \dfrac{l}{m}$ $= \dfrac{22\,000\text{ m}}{400\text{ g}}$ $= 55\text{ m/g}$ $= \text{Nm } 55$

Fallbeispiel 2

Zur Herstellung eines Stoffes werden für die Kette insgesamt 7,4 kg Garn benötigt. Das Schussgarn hat im Ganzen eine Länge von 310,8 km und es wiegt 20 % mehr als das Kettgarn.
Berechnen Sie die Feinheit des Schussgarnes in Nm.

Gegebene Daten: Garnlänge $l_{\text{Schussgarn}}$ 310,8 km = 310 800 m
                Garnmasse m_{Kettgarn} 7,4 kg =   7 400 g

Gesuchte Daten: Garnfeinheit $N_{\text{Schussgarn}}$ in Nm

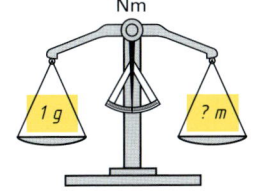

Lösung über Dreisatz	Lösungen über Formelgleichung	
Masse$_{\text{Kettgarn}}$ m_{KGa} 100 % Masse$_{\text{Schussgarn}}$ m_{SGa} (100 % + 20 %)	7 400 g x $x = \dfrac{7\,400\text{ g} \cdot 120\,\%}{100\,\%}$	$x = 8\,880\text{ g}$
Masse | Länge 8800 g | 310 800 m 1 g | x $x = \dfrac{310\,800\text{ m} \cdot 1\text{ g}}{8\,880\text{ g}}$ $= 35\text{ m}$ ⇒ **Garnfeinheit = Nm 35**	$N\,[\text{Nm}] = \dfrac{l\,[\text{m}]}{m\,[\text{g}]}$ $= \dfrac{310\,800}{8\,880}$ $= 35$	$N = \dfrac{l}{m}$ $= \dfrac{310\,800\text{ m}}{8\,880\text{ g}}$ $= 35\text{ m/g}$ $= \text{Nm } 35$

Übungsaufgaben: Seite 116, Nr. 07, 08

3.5.3 Nm-System — Garne

Länge *l*

Fallbeispiel 1
Ein Garn der Feinheit Nm 45 wiegt 210 g.
Berechnen Sie die Garnlänge in km.

Gegebene Daten: Garnfeinheit N Nm 45 = 45 m/g
                 Garnmasse m 210 g

Gesuchte Daten: Garnlänge l in km

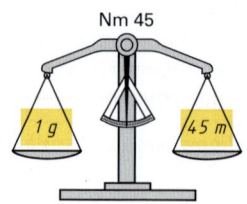
Nm 45 — 1 g / 45 m

Lösung über Dreisatz	Lösungen über Formelgleichung	
Masse | Länge 1 g | 45 m 210 g | x $x = \dfrac{45\text{ m} \cdot 210\text{ g}}{1\text{ g}} = 9450\text{ m}$ = 9,450 km	$l\,[m] = N\,[Nm] \cdot m\,[g]$ $= 45 \cdot 210$ $= 9450$ $l\,[km] = 9{,}450$	$l = N \cdot m$ $= 45\text{ m/g} \cdot 210\text{ g}$ $= 9450\text{ m}$ $= 9{,}450\text{ km}$

Masse *m*

Fallbeispiel 2
Ein Garn mit der Feinheit Nm 60 hat eine Länge von 24 km.
Berechnen Sie die Garnmasse in g.

Gegebene Daten: Garnfeinheit N Nm 60 = 60 m/g
                 Garnlänge l 24 km = 24 000 m

Gesuchte Daten: Garnmasse m in g

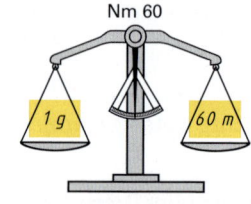
Nm 60 — 1 g / 60 m

Lösung über Dreisatz	Lösungen über Formelgleichung	
Länge | Masse 60 m | 1 g 24 000 m | x $x = \dfrac{1\text{ g} \cdot 24\,000\text{ m}}{60\text{ m}}$ = 400 g	$m\,[g] = \dfrac{l\,[m]}{N\,[m]}$ $= \dfrac{24\,000}{60}$ $= 400$	$m = \dfrac{l}{N}$ $= \dfrac{24\,000\text{ m}}{60\text{ m/g}}$ $= 400\text{ g}$

Übungsaufgaben: Seite 116, Nr. 09, 10

3.5.4 Nummerierung von Zwirnen — Garne

Tex-System

Die Nummerierung von Zwirnen bzw. mehrstufigen Garnen erfolgt in der Regel nach DIN 60900. Für das **Tex-System** gilt:
- Die **Fachung** wird mit einem **Malzeichen (×)** hinter die **Einzelgarnfeinheit** gesetzt.
- Bei der „theoretischen" **Zwirnfeinheit** steht die **Fachung in runden Klammern**.

Kennzeichnung	Erklärung	Schemazeichnung
Zwirnnummer z. B. **40 tex × 3** ⇩ „theoretische" Zwirnfeinheit **120 tex (3)**	Der einstufige Zwirn ist aus 3 Einzelgarnen zusammengedreht. Ein Einzelgarn hat jeweils die Feinheit 40 tex. Der Zwirn hat die Feinheit 120 tex.	40 tex, 40 tex, 40 tex → 40 tex × 3
Zwirnnummer z. B. **20 tex × 3 × 2** ⇩ „theoretische" Zwirnfeinheit **120 tex (6)**	Der zweistufige Zwirn besteht aus 2 × 3 Einzelgarnen. Jedes Einzelgarn hat die Feinheit 20 tex. Der Zwirn hat die Feinheit 120 tex.	20 tex (×6) → 20 tex × 3 × 2

 „Theoretische" Zwirnfeinheit bedeutet, dass z. B. bei dem Zwirn 20 tex × 3 × 2 eine Gesamtfeinheit von 120 tex resultieren würde. Dies ist jedoch nicht ganz korrekt, da die Einarbeitung (die Länge, um die sich der Zwirn beim Zusammendrehen der Garne verkürzt) nicht berücksichtigt ist.

Fallbeispiel 1

Ein einstufiger Zwirn besteht aus 3 Einzelgarnen mit jeweils 4 km Länge und 48 g Masse.

1.1 Berechnen Sie die Einzelgarnfeinheit in dtex.
1.2 Geben Sie die genaue Kennzeichnung des Zwirnes an.
1.3 Ermitteln Sie die „theoretische" Zwirnfeinheit.

Gegebene Daten:
Einzelgarnmasse m 48 g
Einzelgarnlänge l 4 km
Anzahl Einzelgarne   3

Gesuchte Daten:
1.1 Einzelgarnfeinheit Tt in dtex
1.2 Zwirnnummer
1.3 Zwirnfeinheit

Lösung über Dreisatz	Lösungen über Formelgleichung	
1.1 Länge | Masse 4 km | 48 g 10 km | x $x = \dfrac{48\,g \cdot 10\,km}{4\,km} = 120\,g$ ⇒ Feinheit 120 dtex	$Tt\,[dtex] = \dfrac{m\,[g]}{l\,[km]} \cdot 10$ $= \dfrac{48}{4} \cdot 10$ $= 120$	$Tt = \dfrac{m}{l} \cdot 10$ $= \dfrac{48\,g}{4\,km} \cdot 10$ $= 12\,g/km \cdot 10$ $= 120\,dtex$

1.2 Der Zwirn wird mit der Nummer 120 dtex × 3 gekennzeichnet.
1.3 Die „theoretische" Zwirnfeinheit beträgt 360 dtex (3).

Übungsaufgabe: Seite 116, Nr. 11

3.5.4 Nummerierung von Zwirnen — Garne

Nm-System

Die Nummerierung von Zwirnen bzw. mehrstufigen Garnen erfolgt in der Regel nach DIN 60900. Für das **Nm-System** gilt:
- Die **Fachung** wird mit einem **Teilungsstrich (/)** hinter die Einzelgarnfeinheit gesetzt.
- Bei der „theoretischen" **Zwirnfeinheit** steht die **Fachung in runden Klammern**.

Kennzeichnung	Erklärung	Schemazeichnung
Zwirnnummer z. B. **Nm 60/2** ⇓ „theoretische" Zwirnfeinheit **Nm 30 (2)**	Der einstufige Zwirn ist aus 2 Einzelgarnen zusammengedreht. Ein Einzelgarn hat jeweils die Feinheit Nm 60. Der Zwirn hat die Feinheit Nm 30.	Nm 60 / Nm 60 → Nm 60/2
Zwirnnummer z. B. **Nm 30/2/3** ⇓ „theoretische" Zwirnfeinheit **Nm 5 (6)**	Der zweistufige Zwirn besteht aus 3 × 2 Einzelgarnen. Jedes Einzelgarn hat die Feinheit Nm 30. Der Zwirn hat die Feinheit Nm 5.	Nm 30 (×6) → Nm 30/2/3

 „Theoretische" Zwirnfeinheit bedeutet, dass z. B. bei dem Zwirn 30/2/3 eine Gesamtfeinheit von Nm 5 resultieren würde. Hierbei ist jedoch die Einarbeitung beim Zusammendrehen der Garne nicht berücksichtigt.

Fallbeispiel 2

Ein zweistufiger Zwirn besteht aus 2 × 3 Einzelgarnen mit jeweils 12 km Länge und jeweils 250 g Masse.
2.1 Berechnen Sie die Einzelgarnfeinheit in Nm.
2.2 Geben Sie die genaue Kennzeichnung des Zwirns an.
2.3 Ermitteln Sie die „theoretische" Zwirnfeinheit.

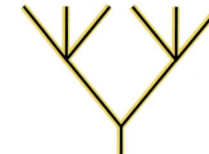

Gegebene Daten:
Einzelgarnmasse m 250 g
Anzahl Einzelgarne 6
Einzelgarnlänge l 12 km = 12 000 m

Gesuchte Daten:
2.1 Einzelgarnfeinheit N in Nm
2.2 Zwirnnummer
2.3 Zwirnfeinheit

Lösung über Dreisatz	Lösungen über Formelgleichung	
2.1 Masse | Länge 250 g | 12 000 m 1 g | x $x = \dfrac{12\,000\text{ m} \cdot 1\text{ g}}{250\text{ g}} = 48\text{ m}$ ⇒ Einzelgarnfeinheit = Nm 48	$N\,[\text{Nm}] = \dfrac{l\,[\text{m}]}{m\,[\text{g}]}$ $= \dfrac{12\,000}{250}$ $= 48$	$Tt = \dfrac{l}{m}$ $= \dfrac{12\,000\text{ m}}{250\text{ g}}$ $= 48\text{ m/g}$ $= \text{Nm } 48$

2.2 Der Zwirn wird mit der Nummer Nm 48/3/2 gekennzeichnet.
2.3 Die „theoretische" Zwirnfeinheit beträgt Nm 8 (6).

Übungsaufgabe: Seite 116, Nr. 12

3.5.4 Nummerierung von Zwirnen

Garne

Fallbeispiel 3

Ein Dreifachzwirn hat eine Masse von insgesamt 600 g und eine Länge von 12 km.

3.1 Berechnen Sie die Einzelgarnfeinheit in tex, geben Sie die genaue Kennzeichnung des Zwirnes an und ermitteln Sie die „theoretische" Zwirnfeinheit.

3.2 Berechnen Sie die Einzelgarnfeinheit in Nm, geben Sie die genaue Kennzeichnung des Zwirnes an und ermitteln Sie die „theoretische" Zwirnfeinheit.

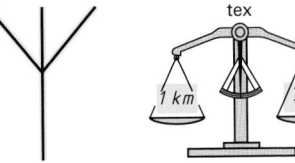
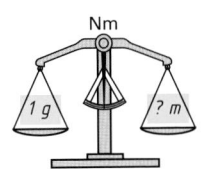

Gegebene Daten:
Zwirnlänge	l	12 km = 12 000 m
Zwirnmasse	m	600 g
Anzahl Einzelgarne		3

Gesuchte Daten:
3.1 Einzelgarnfeinheit Tt, Zwirnnummer und Zwirnfeinheit in tex
3.2 Einzelgarnfeinheit N, Zwirnnummer und Zwirnfeinheit in Nm

Lösung über Dreisatz	Lösungen über Formelgleichung	
Einzelgarnmasse = Zwirnmasse : Anzahl Einzelgarne = 600 g : 3 = 200 g	m_{EGa} = $m_{Zw} : z_{EGa}$ = 600 g : 3 = 200 g	
Länge | Masse 12 km | 200 g 1 km | x $x = \dfrac{200\,g \cdot 1\,km}{12\,km} = 16,\overline{6}\,g$	$Tt\,[\text{tex}] = \dfrac{m\,[g]}{l\,[km]}$ $= \dfrac{200}{12}$ $= 16,\overline{6}$ $\Rightarrow$ **17 (RW)**	$Tt = \dfrac{m}{l}$ $= \dfrac{200\,g}{12\,km}$ $= 16,\overline{6}\,g/km$ $\Rightarrow$ **17 tex (RW)**
3.1 Einzelgarnfeinheit = 17 tex (Rundwert) $\Rightarrow$ Zwirnnummer = 17 tex × 3 (RW) $\Rightarrow$ Zwirnfeinheit = 50 tex (3)		
Masse | Länge 200 g | 12 000 m 1 g | x $x = \dfrac{12\,000\,m \cdot 1\,g}{200\,g} = 60\,m$	$N\,[\text{Nm}] = \dfrac{l\,[m]}{m\,[g]}$ $= \dfrac{12\,000}{200}$ $= 60$	$N = \dfrac{l}{m}$ $= \dfrac{12\,000\,m}{200\,g}$ $= 60\,m/g$ $=$ **Nm 60**
3.2 Einzelgarnfeinheit = Nm 60 $\Rightarrow$ Zwirnnummer = Nm 60/3 $\Rightarrow$ Zwirnfeinheit = Nm 20 (3)		

Übungsaufgaben: Seite 116, Nr. 13

3.5.5 Umrechnungen — Garne

Nm → tex

Fallbeispiel 1
Berechnen Sie, welcher Feinheit in tex die Feinheit Nm 50 entsprechen würde.

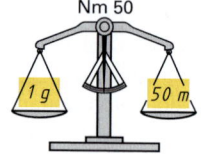
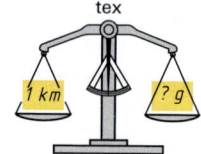

Gegebene Daten:
Feinheit N Nm 50 = 50 m/g
                     = 0,05 km/g

Gesuchte Daten:
Feinheit Tt in tex

Lösung über Dreisatz	Lösungen über Formelgleichung	
Länge | Masse 0,05 km | 1 g 1 km | x $x = \dfrac{1\,g \cdot 1\,km}{0,05\,km} = 20\,g$ ⇒ **Feinheit = 20 tex**	$Tt\,[tex] = \dfrac{l\,[g]}{m\,[km]}$ $= \dfrac{1}{0,05}$ $= 20$	$Tt = \dfrac{m}{l}$ $= \dfrac{1\,g}{0,05\,km} = 20\,\dfrac{g}{km}$ $= 20\,tex$

tex → Nm

Fallbeispiel 2
Welcher Feinheit in Nm entspricht die Angabe 40 tex?

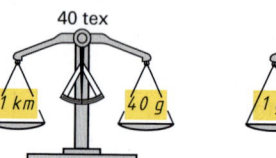
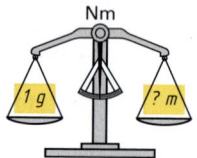

Gegebene Daten:
Feinheit Tt 40 tex = 40 g/km
                        = 40 g/1 000 m

Gesuchte Daten:
Feinheit N in Nm

Lösung über Dreisatz	Lösungen über Formelgleichung	
Masse | Länge 40 g | 1 000 m 1 g | x $x = \dfrac{1\,000\,m \cdot 1\,g}{40\,g} = 25\,m$ ⇒ **Feinheit = Nm 25**	$N\,[Nm] = \dfrac{l\,[m]}{m\,[g]}$ $= \dfrac{1000}{40}$ $= 25$	$N = \dfrac{l}{m}$ $= \dfrac{1\,000\,m}{40\,g} = 25\,\dfrac{m}{g}$ $= Nm\,25$

Übungsaufgaben: Seite 116, Nr. 14, 15, 16

3.5.6 Garnvergleiche

Garne

Fallbeispiel 1

Zwei Strumpfhosen stehen zum Vergleich: Eine hat die Feinheit 17 dtex, die andere die Feinheit 22 dtex. Begründen Sie, welche Strumpfhose feiner ist.

Gegebene Daten:
Feinheit $_1$ Tt   17 dtex
Feinheit $_2$ Tt   22 dtex

Gesuchte Daten:
Differenz   Masse $_1$ und Masse $_2$

Lösung

Feinheit $_1$	Länge	Masse $_1$	Feinheit $_2$	Länge	Masse $_2$
17 dtex	10 km	17 g	22 dtex	10 km	22 g

⇒ **Die Strumpfhose mit 17 dtex ist feiner.**
Das Garn hat auf 10 km Länge 22 g – 17 g = **5 g weniger Masse.**

Fallbeispiel 2

Zwei Nähgarne stehen zum Vergleich: Das eine ist mit Nm 120/4 gekennzeichnet, das andere mit Nm 90/3. Ermitteln Sie durch Berechnung, welches Nähgarn feiner ist.

Gegebene Daten:
Zwirn $_1$ N   Nm 120/4
Zwirn $_2$ N   Nm 90/3

Gesuchte Daten:
Zwirnfeinheit $_1$
Zwirnfeinheit $_2$

Lösung

Zwirn $_1$ Einzelgarnnummer   Nm 120
           Anzahl Einzelgarne   4

	Masse	Länge
Einzelgarn	1 g	120 m
Zwirn 4-fach	1 g	120 m : 4 = 30 m

⇒ **Zwirnfeinheit $_1$ = Nm 30 (4)**

Zwirn $_2$ Einzelgarnnummer   Nm 90
           Anzahl Einzelgarne   3

	Masse	Länge
Einzelgarn	1 g	90 m
Zwirn 3-fach	1 g	90 m : 3 = 30 m

⇒ **Zwirnfeinheit $_2$ = Nm 30 (3)**

⇒ **Beide Zwirne haben die gleiche Feinheit, lediglich die Fachung ist unterschiedlich.**

Fallbeispiel 3

Im Lager einer Strickerei befinden sich Garne mit unterschiedlichen Angaben. Um auf ihren Einsatz hin beurteilt werden zu können, sind die Feinheiten der Garne in tex anzugeben.

Gegebene Daten:
Garn $_1$ Nm 80/2
Garn $_2$ 5 000 m haben eine Masse von 150 g
Garn $_3$ 160 dtex × 2

Gesuchte Daten:
Garn $_1$ Feinheit   Tt
Garn $_2$ Feinheit   Tt
Garn $_3$ Feinheit   Tt

Lösung (Tabelle)

	Länge	Masse		Feinheit Tt
Garn $_1$ Nm 80/2 ⇒ Nm 40 (2)	40 m	1 g	x_1 = 1 g : 40 m · 1000 m	**25 tex (2)**
	1 000 m	x_1	= 25 g	
Garn $_2$	5 km	150 g	x_2 = 150 g : 5 km · 1 km	**30 tex**
	1 km	x_2	= 30 g	
Garn $_3$ 160 dtex × 2 ⇒ 320 dtex (2)	10 km	320 g	x_3 = 320 g : 10 km · 1 km	**32 tex (2)**
	1 km	x_3	= 32 g	

Übungsaufgaben: Seite 116, Nr. 17, 18, 19

Technologische Berechnungen

Übungsaufgaben — Garne

01 Zur Feinheitsbestimmung eines Garnes werden 200 m von einer Spule abgewickelt und gewogen. Die ermittelte Masse beträgt 4,8 g. Berechnen Sie die Garnfeinheit in tex.

02 Auf einer Spule sind 8 km Garn, die Masse einschließlich 40 g Hülsengewicht beträgt 280 g. Berechnen Sie die Feinheit in dtex.

03 Die Garnmasse auf einer Spule beträgt 375 g (ohne Masse der Hülse), das Garn hat die Feinheit 25 tex. Berechnen Sie die Garnlänge in km.

04 Eine Spule Bauschgarn der Feinheit 220 dtex wiegt einschließlich 34 g Hülsenmasse 430 g. Berechnen Sie die Garnlänge in km.

05 Auf einer Kreuzspule sind 8 km Garn mit der Feinheit 35 tex aufgewickelt. Berechnen Sie die Garnmasse in g.

06 Auf einer Spule Monofil-Nähfaden der Feinheit 120 dtex sind 8000 m Garn. Berechnen Sie das Gesamtgewicht der Spule, wenn die Hülse 50 g wiegt.

07 Auf einer Spule befindet sich ein Garn mit einer Länge von 8,75 km und einer Masse von 250 g (ohne Hülsengewicht). Berechnen Sie die Garnfeinheit in Nm.

08 Zur Herstellung eines Stoffes werden für die Kette insgesamt 2,4 kg Garn benötigt. Das Schussgarn hat eine Länge von 135 km und wiegt 25 % mehr als das Kettgarn. Berechnen Sie die Feinheit des Schussgarnes in Nm.

09 Ein Garn der Feinheit Nm 37 wiegt 190 g. Berechnen Sie die Garnlänge in km.

10 Ein Garn mit der Feinheit Nm 30 hat eine Länge von 4,8 km. Berechnen Sie die Garnmasse in g.

11 Ein einstufiger Zwirn besteht aus 2 Einzelgarnen mit jeweils 18 km Länge und 270 g Masse. Berechnen Sie die Einzelgarnfeinheit in tex, geben Sie die genaue Kennzeichnung des Zwirnes an und ermitteln Sie die „theoretische" Zwirnfeinheit.

12 Ein zweistufiger Zwirn besteht aus 3 × 2 Einzelgarnen mit einer Länge von jeweils 16 km und einer Masse von insgesamt 2400 g. Berechnen Sie die Einzelgarnfeinheit in Nm, geben Sie die genaue Kennzeichnung des Zwirnes an und ermitteln Sie die „theoretische" Zwirnfeinheit.

13 Berechnen Sie die Feinheit eines einstufigen Dreifachzwirnes in tex und Nm, und geben Sie jeweils die genaue Schreibweise sowie die „theoretische" Zwirnfeinheit an. Der Zwirn hat eine Masse von insgesamt 750 g und eine Länge von 15 km.

14 Berechnen Sie, welcher Feinheit in tex die Feinheit Nm 60 entsprechen würde.

15 Welcher Feinheit in Nm entspricht die Angabe 25 tex?

16 Ein Garn hat die Feinheit Nm 55. Berechnen Sie die Feinheit in tex.

17 Zwei Strumpfhosen stehen zum Vergleich. Eine hat die Feinheit 33 dtex, die andere die Feinheit 44 dtex. Begründen Sie, welche Strumpfhose feiner ist.

18 Zwei Nähgarne stehen zum Vergleich: Das eine ist mit Nm 100/3 gekennzeichnet, das andere mit Nm 120/2. Ermitteln Sie durch Berechnung, welches Garn feiner ist.

19 Im Nähgarnlager befinden sich Garnrollen mit folgenden Angaben: **Garn 1** Nm 120/2; **Garn 2** 5 km Länge bei 67 g Masse, **Garn 3** 200 dtex. Rechnen Sie alle Angaben in tex um und nennen Sie das feinste Garn.

Projektorientierte Aufgabe

20 Bei einer Hosenverarbeitung kommen folgende Garne zum Einsatz:

Bauschgarn	Polyester	Nm 120/3
Pikiergarn	Polyester	Nm 120/2
Knopflochgarn	Polyester	Nm 30 (3)
Obergarn	Polyester	Nm 100/3

20.1 **Beschreiben** Sie die verschiedenen Garne.

20.2 Erläutern Sie die einzelnen **Garnnummern**.

20.3 **Erklären** Sie, wie sich bei tex und Nm Garnnummer und Garnfeinheit zueinander entwickeln.

20.4 Zählen Sie **Anforderungen** an Nähgarne auf.

20.5 Wählen Sie eine Hosenform aus, fertigen Sie eine **technische Zeichnung** an (Vorder- und Rückenansicht) und ergänzen Sie diese mit einer **Modellbeschreibung**.

20.6 Ordnen Sie den aufgeführten Garnarten die einzelnen **Näharbeitsgänge** zu.

20.7 Wählen Sie einen Oberstoff aus und erstellen Sie ein **Material- und Pflegeetikett**.

3.6 Nähtechnik

3.6.1 Grundlagen

Aus Berechnungen zur Nähtechnik lassen sich Erkenntnisse ableiten, die zur Erfüllung bestimmter Arbeitsaufgaben und zum Verständnis betrieblicher Entscheidungen von Nutzen sind.
- Nähtechnische Berechnungen lassen sich in der Regel durch Dreisatzrechnungen lösen.
- Aus den Dreisatzgleichungen lassen sich Formelgleichungen ableiten.

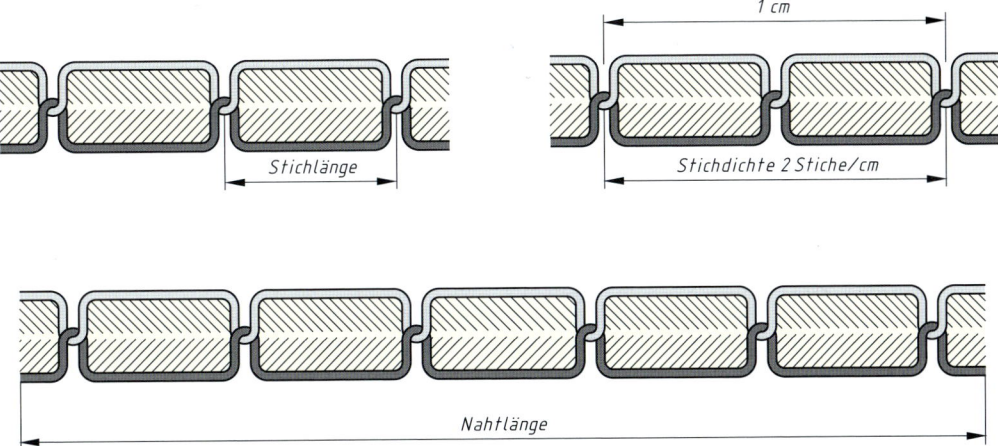

Größe	Abkürzung	Einheit	Erklärung
Stichlänge	StiL	mm	Länge eines einzelnen Stiches
Stichdichte	StiD	Stiche/cm	Anzahl der Stiche pro cm Naht
Zahl der Stiche	ZSti	Stiche	Anzahl der Stiche, aus der eine Naht besteht (Längenbezogene Stichanzahl)
Nahtlänge	NL	cm, m	Gesamtlänge einer Naht
Nähleistung (Nähgeschwindigkeit*)	NäLe	Stiche/min	Stichanzahl in einer bestimmten Zeit (Zeitbezogene Stichanzahl)
Nähzeit	NäZt	s	Zeitaufwand für eine bestimmte Nähleistung bzw. Nahtlänge
Nähgarnbedarf	GaL/m	m	• Erforderliche Garnlänge bezogen auf 1 m Naht eines bestimmten Stichtyps;
	GaL$_{ges}$	m	• Gesamtbedarf an Nähgarn für eine bestimmte Näharbeit (Garnverbrauch)

* Der Begriff „Nähgeschwindigkeit" ist physikalisch nicht korrekt, wird aber in der Praxis üblicherweise verwendet. Nach DIN ist die Nähgeschwindigkeit das Produkt aus Stichlänge und Stichzahl in Millimeter durch Sekunde (mm/s).

3.6.2 Stichlänge, Stichdichte — Nähtechnik

> ⚠️
> - **Stichlänge** = Länge eines einzelnen Stiches
> - **Stichdichte** = Zahl der Stiche pro cm Naht
>
> Stichlänge = 1 cm : Stichdichte
> $StiL = \dfrac{1\ cm}{StiD}$
>
> Stichdichte = 1 cm : Stichlänge
> $StiD = \dfrac{1\ cm}{StiL}$

Fallbeispiel 1

Gegebene Daten:	Stichdichte 4 Stiche/cm	Stichlänge 2,5 mm/Stich
Gesuchte Daten und Lösung	Stichlänge = 1 cm : Stichdichte = 10 mm/cm : 4 Stiche/cm = 2,5 mm/Stich	Stichdichte = 1 cm : Stichlänge = 10 mm/cm : 2,5 mm/Stich = 4 Stiche/cm

Fallbeispiel 2

Eine 1,24 m lange Nähmaschinennaht besteht aus 620 Stichen.
Berechnen Sie die Stichlänge.

Gegebene Daten:
Nahtlänge   NL   1,24 m = 124 cm
Zahl der Stiche   ZSti   620 Stiche

Gesuchte Daten:
Stichlänge   StiL

Lösung 1 (Dreisatz)	Formelgleichung	Lösung 2 (Formel)
Zahl der Stiche | Nahtlänge 620 Stiche | 124 cm 1 Stich | x $x = \dfrac{124\ cm \cdot 1\ Stich}{620\ Stiche} = 0{,}2\ cm$ ⇒ **Stichlänge = 2 mm**	Stichlänge = $\dfrac{Nahtlänge}{Zahl\ der\ Stiche}$ StiL = $\dfrac{NL}{ZSti}$	StiL = $\dfrac{NL}{ZSti}$ = $\dfrac{124\ cm}{620\ Sti}$ = 0,2 cm/Sti = 2 mm/Sti

Fallbeispiel 3

Eine 0,84 m lange Nähmaschinennaht besteht aus 378 Stichen.
Berechnen Sie die Stichdichte.

Gegebene Daten:
Nahtlänge   NL   0,84 m = 84 cm
Zahl der Stiche   ZSti   378 Stiche

Gesuchte Daten:
Stichdichte   StiD

Lösung 1 (Dreisatz)	Formelgleichung	Lösung 2 (Formel)
Nahtlänge | Zahl der Stiche 84 cm | 378 Stiche 1 cm | x $x = \dfrac{378\ Stiche \cdot 1\ cm}{84\ cm}$ = 4,5 Stiche ⇒ **Stichdichte = 4,5 Stiche/cm**	Stichdichte = $\dfrac{Zahl\ der\ Stiche}{Nahtlänge}$ StiD = $\dfrac{ZSti}{NL}$	StiD = $\dfrac{ZSti}{NL}$ = $\dfrac{378\ Sti}{84\ cm}$ = 4,5 Sti/cm

Übungsaufgaben: Seite 127, Nr. 01, 02, 03

3.6.2 Stichlänge, Stichdichte — Nähtechnik

Fallbeispiel 4

Bei einer Nähleistung von 3200 Stichen/min wurden in 0,2 min zuerst 128 cm, dann 140,8 cm Naht genäht. Der Unterschied ergab sich aus der verschiedenen Stichlänge.

4.1 Berechnen Sie die Stichlänge und die Stichdichte bei 128 cm Nahtlänge

4.2 Berechnen Sie die Stichlänge und die Stichdichte bei 140,8 cm Nahtlänge.

Gegebene Daten:

Nähleistung	NäLe	3200 Stiche/min
Nähzeit	NäZt	0,2 min
Nahtlänge $_1$	NL_1	128 cm
Nahtlänge $_2$	NL_2	140,8 cm

Gesuchte Daten:

4.1 Stichlänge $_1$ — $StiL_1$
Stichdichte $_1$ — $StiD_1$

4.2 Stichlänge $_2$ — $StiL_2$
Stichdichte $_2$ — $StiD_2$

Lösung 4.1 (Dreisatz)	Formelgleichungen	Lösung 4.2 (Formel)
Nähzeit | Zahl der Stiche 1 min | 3200 Stiche 0,2 min | x $x = \dfrac{3200 \text{ Stiche} \cdot 0,2 \text{ min}}{1 \text{ min}}$ = 640 Stiche	**Zahl der Stiche** = **Nähleistung · Nähzeit** $ZSti = NäLe \cdot NäZt$	$ZSti = NäLe \cdot NäZt$ $= 3200 \text{ Sti/min} \cdot 0,2 \text{ min}$ $= 640 \text{ Sti}$
Zahl der Stiche | Nahtlänge $_1$ 640 Stiche | 128 cm 1 Stich | x $x = \dfrac{128 \text{ cm} \cdot 1 \text{ Stich}}{640 \text{ Stiche}}$ = 0,2 cm ⇒ **Stichlänge $_1$ = 2 mm**	$\text{Stichlänge} = \dfrac{\text{Nahtlänge}}{\text{Zahl der Stiche}}$ $StiL = \dfrac{NL}{ZSti}$	$StiL_2 = \dfrac{N_{L2}}{ZSti}$ $= \dfrac{140,8 \text{ cm}}{640 \text{ Sti}}$ = 0,22 cm/Sti = **2,2 mm/Sti**
Nahtlänge $_1$ | Zahl der Stiche 128 cm | 640 Stiche 1 cm | x $x = \dfrac{640 \text{ Stiche} \cdot 1 \text{ cm}}{128 \text{ cm}}$ = 5 Stiche ⇒ **Stichdichte $_1$ = 5 Stiche/cm**	$\text{Stichdichte} = \dfrac{\text{Zahl der Stiche}}{\text{Nahtlänge}}$ $StiD = \dfrac{ZSti}{NL}$	$StiD_2 = \dfrac{ZSti}{N_{L2}}$ $= \dfrac{640 \text{ Sti}}{140,8 \text{ cm}}$ ≈ **4,5 Sti/cm**

Technologische Berechnungen

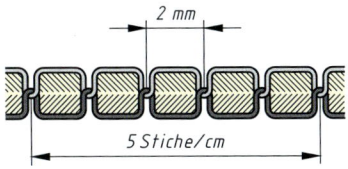

2 mm — 5 Stiche/cm

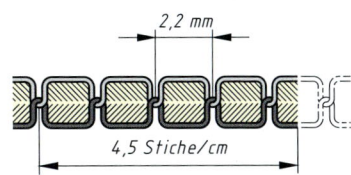

2,2 mm — 4,5 Stiche/cm

Übungsaufgabe: Seite 127, Nr. 04

3.6.3 Zahl der Stiche

Nähtechnik

Fallbeispiel 1

Eine Nähmaschinennaht ist 56 cm lang. Die Stichdichte der Naht beträgt 5,5 Stiche/cm. Berechnen Sie, aus wie viel Stichen die Naht besteht.

Gegebene Daten:
Nahtlänge NL 56 cm
Stichdichte StiD 5,5 Stiche/cm

Gesuchte Daten:
Zahl der Stiche ZSti

Lösung 1 (Dreisatz)	Formelgleichung	Lösung 2 (Formel)
Nahtlänge | Zahl der Stiche 1 cm | 5,5 Stiche 56 cm | x $x = \dfrac{5{,}5 \text{ Stiche} \cdot 56 \text{ cm}}{1 \text{ cm}}$ = 308 Stiche	Zahl der Stiche = Stichdichte · Nahtlänge ZSti = StiD · NL	ZSti = StiD · NL $= \dfrac{5{,}5 \text{ Sti} \cdot 56 \text{ cm}}{1 \text{ cm}}$ = 308 Sti

Fallbeispiel 2

Eine Nähmaschinennaht ist 56 cm lang. Die Stichlänge beträgt 2 mm. Berechnen Sie, aus wie viel Stichen die Naht besteht.

Gegebene Daten:
Nahtlänge NL 56 cm
Stichlänge StiL 2 mm/Stich = 0,2 cm/Stich

Gesuchte Daten:
Zahl der Stiche ZSti

Lösung 1 (Dreisatz)	Formelgleichung	Lösung 2 (Formel)
Nahtlänge | Zahl der Stiche 0,2 cm | 1 Stich 56 cm | x $x = \dfrac{1 \text{ Stich} \cdot 56 \text{ cm}}{0{,}2 \text{ cm}}$ = 280 Stiche	Zahl der Stiche = Nahtlänge : Stichlänge $ZSti = \dfrac{NL}{StiL}$	$ZSti = \dfrac{NL}{StiL}$ $= \dfrac{56 \text{ cm} \cdot 1 \text{ Sti}}{0{,}2 \text{ cm}}$ = 280 Sti

Fallbeispiel 3

Mit einer Nähleistung von 1300 Stichen/min wird eine Naht in der Zeit von 15 s geschlossen. Berechnen Sie die Stichzahl.

Gegebene Daten:
Nähleistung NäLe 1300 Stiche/min
Nähzeit NäZt 15 s = 0,25 min

Gesuchte Daten:
Zahl der Stiche ZSti

Lösung 1 (Dreisatz)	Formelgleichung	Lösung 2 (Formel)
Nähzeit | Zahl der Stiche 1 min | 1300 Stiche 0,25 min | x $x = \dfrac{1300 \text{ Stiche} \cdot 0{,}25 \text{ min}}{1 \text{ min}}$ = 325 Stiche	Zahl der Stiche = Nähleistung · Nähzeit ZSti = NäLe · NäZt	ZSti = NäLe · NäZt $= \dfrac{1300 \text{ Sti} \cdot 0{,}25 \text{ min}}{1 \text{ min}}$ = 325 Sti

Übungsaufgaben: Seite 127, Nr. 05, 06, 07

3.6.4 Nahtlänge — Nähtechnik

Fallbeispiel 1
Eine Nähmaschinennaht hat eine Stichdichte von 5 Stichen/cm. Sie besteht aus 274 Stichen.
Berechnen Sie die Nahtlänge.

Gegebene Daten:
Stichdichte	StiD	5 Stiche/cm
Zahl der Stiche	ZSti	274 Stiche

Gesuchte Daten:
Nahtlänge   NL

Lösung 1 (Dreisatz)	Formelgleichung	Lösung 2 (Formel)
Zahl der Stiche | Nahtlänge 5 Stiche | 1 cm 274 Stiche | x $x = \dfrac{1\ cm \cdot 274\ Stiche}{5\ Stiche} = 54{,}8\ cm$	Nahtlänge $= \dfrac{\text{Zahl der Stiche}}{\text{Stichdichte}}$ $NL = \dfrac{ZSti}{StiD}$	$NL = \dfrac{ZSti}{StiD}$ $= \dfrac{274\ Sti \cdot 1\ cm}{5\ Sti}$ $= 54{,}8\ cm$

Fallbeispiel 2
Eine Nähnaht besteht aus 274 Stichen mit einer Stichlänge von 3,5 mm.
Berechnen Sie die Nahtlänge in cm.

Gegebene Daten:
Zahl der Stiche	ZSti	274 Stiche
Stichlänge	StiL	3,5 mm/Stich

Gesuchte Daten:
Nahtlänge   NL

Lösung 1 (Dreisatz)	Formelgleichung	Lösung 2 (Formel)
Zahl der Stiche | Nahtlänge 1 Stich | 3,5 mm 274 Stiche | x $x = \dfrac{3{,}5\ mm \cdot 274\ Stiche}{1\ Stich}$ $= 959\ mm = 95{,}9\ cm$	Nahtlänge $=$ Stichlänge $\cdot$ Zahl der Stiche $NL = StiL \cdot ZSti$	$NL = StiL \cdot ZSti$ $= \dfrac{3{,}5\ mm \cdot 274\ Sti}{1\ Sti}$ $= 959\ mm = 95{,}9\ cm$

Fallbeispiel 3
Eine Nähmaschinennaht wird mit einer Stichdichte von 4 Stichen/cm und einer Nähleistung von 4800 Stichen/min gearbeitet.
Berechnen Sie die Nahtlänge je Minute.

Gegebene Daten:
Stichdichte	StiD	4 Stiche/cm
Nähleistung	NäLe	4800 Stiche/min

Gesuchte Daten:
Nahtlänge/min   NL

Lösung 1 (Dreisatz)	Formelgleichung	Lösung 2 (Formel)
Zahl der Stiche | Nahtlänge 4 Stiche | 1 cm 4800 Stiche/min | x $x = \dfrac{1\ cm \cdot 4800\ Stiche}{4\ Stiche \cdot 1\ min}$ $= 1200\ cm/min$ $= 1{,}20\ m/min$	Nahtlänge $= \dfrac{\text{Nähleistung}}{\text{Stichdichte}}$ $NL = \dfrac{NäLe}{StiD}$	$NL = \dfrac{NäLe}{StiD}$ $= \dfrac{4800\ Sti \cdot 1\ cm}{1\ min \cdot\ 4\ Sti}$ $= 1200\ cm/min$ $= 1{,}20\ m/min$

Übungsaufgaben: Seite 127, Nr. 08, 09, 10

3.6.5 Nähleistung — Nähtechnik

Der frühere Begriff Nähgeschwindigkeit ist physikalisch nicht korrekt, wird aber in der Praxis für die Zahl der Stiche einer Nähmaschine pro Minute noch verwendet. *(Zeitbezogene Stichanzahl)*

 Nähleistung = Zahl der Stiche je Minute $NäLe = ZSti/min$

Fallbeispiel 1

Eine Nähmaschinennaht wird in 10 s genäht. Die Naht besteht aus 265 Stichen.
Berechnen Sie die Nähleistung.

Gegebene Daten:
Nähzeit   NäZt   10 s
Zahl der Stiche   ZSti   265 Stiche

Gesuchte Daten:
Nähleistung   NäLe

Lösung 1 (Dreisatz)	Formelgleichung	Lösung 2 (Formel)
Nähzeit: 10 s, 60 s/min Zahl der Stiche: 265 Stiche, x $x = \dfrac{265 \text{ Stiche} \cdot 60 \text{ s}}{10 \text{ s} \cdot 1 \text{ min}}$ = 1590 Stiche/min	Nähleistung $= \dfrac{\text{Zahl der Stiche} \cdot 60}{\text{Nähzeit}}$ $NäLe = \dfrac{ZSti \cdot 60}{NäZt}$	$NäLe = \dfrac{ZSti \cdot 60}{NäZt}$ $= \dfrac{265 \text{ Sti} \cdot 60 \text{ s}}{10 \text{ s} \cdot 1 \text{ min}}$ = 1590 Sti/min

Fallbeispiel 2

Mit einer Doppelsteppstich-Nähmaschine erreicht man bei einer Stichlänge von 2 mm in 8 s Nähzeit eine Nahtlänge von 1 m.
2.1 Berechnen Sie die Nähleistung.
2.2 Um wie viel Prozent ist eine Doppelkettenstichnähmaschine mit 4875 Stichen/min schneller?

Gegebene Daten:
Stichlänge   StiL   2 mm = 0,2 cm
Nähzeit   NäZt   8 s
Nahtlänge   NL   1 m = 100 cm
Nähleistung DKSM   NäLe DKSM   4875 Stiche/min

Gesuchte Daten:
2.1 Nähleistung DSSM   NäLe DSSM
2.2 Mehrleistung DKSM   NäLe DKSM+ in %

Lösung 1 (Dreisatz)	2.1	2.2
Nahtlänge: 0,2 cm, 100 cm Zahl der Stiche: 1 Stich, x $x = \dfrac{1 \text{ Stich} \cdot 100 \text{ cm}}{0,2 \text{ cm}}$ = 500 Stiche	Nähzeit: 8 s, 60 s/min Zahl der Stiche: 500 Stiche, x $x = \dfrac{500 \text{ Stiche} \cdot 60 \text{ s}}{8 \text{ s} \cdot 1 \text{ min}}$ = 3750 Stiche/min $\Rightarrow NäLe_{DSSM} \triangleq 3750$ Stiche/min	Nähleistung / Prozent DSSM: 3750 Stiche/min, 100 % DKSM: 4875 Stiche/min, x $x = \dfrac{100\% \cdot 4875 \text{ Sti/min}}{3750 \text{ Sti/min}} = 130\%$ $\Rightarrow$ **Die DKSM ist** 130 % − 100 % **= 30 % schneller**
Lösung 2 (Formel)	**2.1**	**2.2**
$ZSti = \dfrac{NL}{StiL}$ $= \dfrac{100 \text{ cm} \cdot 1 \text{ Sti}}{0,2 \text{ cm}}$ = 500 Sti	$NäLe_{DSSM} = \dfrac{ZSti \cdot 60}{NäZt}$ $= \dfrac{500 \text{ Sti} \cdot 60 \text{ s}}{8 \text{ s} \cdot 1 \text{ min}}$ = 3750 Sti/min	$NäLe_{DKSM}{}^+ = \dfrac{NäLe_{DKSM} \cdot 100}{NäLe_{DSSM}} - 100\%$ $= \dfrac{4875 \text{ Sti/min} \cdot 100\%}{3750 \text{ Sti/min}} - 100\%$ = 30 %

Übungsaufgaben: Seite 127, Nr. 11, 12

3.6.6 Nähzeit — Nähtechnik

Fallbeispiel 1

Mit einer Nähleistung von 1750 Stichen/min wird eine Naht gearbeitet, die aus 350 Stichen besteht. Berechnen Sie die Nähzeit in Sekunden.

Gegebene Daten:
Nähleistung   NäLe   1750 Stiche/min
Zahl der Stiche   ZSti   350 Stiche

Gesuchte Daten:
Nähzeit   NäZt in s

Lösung 1 (Dreisatz)		Formelgleichung	Lösung 2 (Formel)
Zahl der Stiche	Nähzeit	$\text{Nähzeit} = \dfrac{\text{Zahl der Stiche}}{\text{Nähleistung}}$	$NäZt = \dfrac{ZSti}{NäLe}$
1750 Stiche	1 min = 60 s		
350 Stiche	x	$NäZt = \dfrac{ZSti}{NäLe}$	$= \dfrac{350 \text{ Sti} \cdot 60 \text{ s/min}}{1750 \text{ Sti/min}}$
$x = \dfrac{60 \text{ s} \cdot 350 \text{ Stiche}}{1750 \text{ Stiche}}$			
= 12 s			= 12 s

Fallbeispiel 2

Bei einer Nähleistung von 3000 Stichen/min und einer Stichlänge von 2,5 mm benötigt eine Näherin für eine 50 cm lange Naht 4 Sekunden. Berechnen Sie die Nähzeit für eine 40 cm lange Naht, wenn die Stichlänge 3 mm und die Nähgeschwindigkeit 2500 Stiche/min beträgt.

Gegebene Daten:

Nähleistung $_1$	$NäLe_1$	3000 Stiche/min
Nähleistung $_2$	$NäLe_2$	2500 Stiche/min
Stichlänge $_1$	$StiL_1$	2,5 mm
Stichlänge $_2$	$StiL_2$	3 mm
Nahtlänge $_1$	NL_1	50 cm
Nahtlänge $_2$	NL_2	40 cm
Nähzeit $_1$	$NäZt_1$	4 s

Gegebene Daten:
Nähzeit $_2$ $NäZt_2$

Lösung 1 (Zusammengesetzter Dreisatz)						
Nähleistung	Stichlänge	Nahtlänge	Nähzeit			
3000 Stiche/min	2,5 mm	50 cm	4 s	$x = \dfrac{4 \text{ s} \cdot 3000 \text{ Sti/min} \cdot 2,5 \text{ mm} \cdot 40 \text{ cm}}{2500 \text{ Sti/min} \cdot 3 \text{ mm} \cdot 50 \text{ cm}}$		
2500 Stiche/min	3 mm	40 cm	x	= 3,2 s		

Lösung 2 (Teilschritte)			Lösung 3 (Formel)
Nahtlänge	Zahl der Stiche		$NäZt = \dfrac{ZSti}{NäLe}$
3 mm = 0,3 cm	1 Stich	$x_1 = \dfrac{1 \text{ Stich} \cdot 40,0 \text{ cm}}{0,3 \text{ cm}}$	
40,0 cm	x_1		$= \dfrac{NL}{StiL \cdot NäLe}$
		= 133,$\overline{3}$ Stiche	
Zahl der Stiche	Nähzeit		$= \dfrac{40 \text{ cm} \cdot 60 \text{ s/min}}{0,3 \text{ cm} \cdot 2500 \text{ Sti/min}}$
2500 Stiche	1 min = 60 s		= 3,2 s
133,$\overline{3}$ Stiche	x_2	$x_2 = \dfrac{60 \text{ s} \cdot 133,\overline{3} \text{ Stiche}}{2500 \text{ Stiche}}$	
		= 3,2 s	

Übungsaufgaben: Seite 127, Nr. 13, 14

3.6.7 Nähgarnbedarf

Nähtechnik

Eine wesentliche Aufgabe der Produktionsvorbereitung und der Kostenkalkulation ist eine möglichst genaue Einschätzung des Nähfadenbedarfs.
Der Garnbedarf für eine Naht ist von folgenden Faktoren abhängig:

- vom **Stichtyp**   • von der **Stichdichte**   • von der **Stichbreite**   • von der **Nähgutdicke**

Für die einzelnen Stichtypen werden in der Regel nach bestimmten Faktoren Standardwerte ermittelt. Diese Standardwerte geben den Garnbedarf für 1 m Naht an. Für den Nahtanfang, das Nahtende und für das Umfädeln müssen noch etwa 10–25 % Zuschläge berücksichtigt werden.
Je nach Stichtyp kann der Garnbedarf den einzelnen Fäden (Nadelfaden, Greiferfaden, Legefaden) prozentual zugeordnet werden.

Zur Ermittlung des Garnbedarfs nachstehender Stichtypen wurde eine Stichdichte von 4 Stichen/cm, eine Nähgutdicke von 1,0 mm und eine Nahtbreite von 5 mm zugrunde gelegt.

Technologische Berechnungen

DIN 61400	Stichtyp	Stichbild	Nahtbild	Nahtsymbol	Garnbedarf pro 1 m Naht
101	Einfachkettenstich				3,80 m
301	Doppelsteppstich				2,80 m
401	Doppelkettenstich				4,80 m
406	Zweinadel-Doppelkettenstich				11,40 m
504	Dreifaden-Überwendlichstich				13,80 m
602	Zweinadel-Überdeckkettenstich mit Legefaden				18,60 m

3.6.7 Nähgarnbedarf

Nähtechnik

Fallbeispiel 1

Für 1 m Dreinadel-Überdeckkettenstichnaht mit Legefaden werden 24,80 m Nähgarn benötigt. Es sind 800 Säume je 1,20 m Länge zu fertigen.
Berechnen Sie den Nähgarnbedarf.

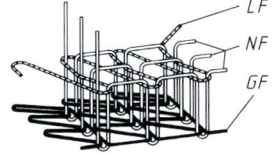

Gegebene Daten: Garnlänge/1 m Naht GaL 24,80 m
Nahtlänge NL 1,20 m
Zahl der Nähte ZNä 800

Gesuchte Daten:
Garnlänge$_{ges}$ GaL$_{ges}$

Lösung 1 (Dreisatz)	Formelgleichung	Lösung 2 (Formel)
Nahtlänge$_{ges}$ = Zahl der Nähte · Nahtlänge = 800 · 1,20 m = 960 m Nahtlänge | Garnlänge 1 m | 24,80 m 960 m | x $x = \dfrac{24{,}80 \text{ m} \cdot 960 \text{ m}}{1 \text{ m}} = 23\,808 \text{ m}$	Garnlänge$_{gesamt}$ = Nahtlänge$_{ges}$ · Garnlänge/m GaL$_{ges}$ = NL$_{ges}$ · GaL/m	GaL$_{ges}$ = NL$_{ges}$ · GaL/m = ZNä · NL · GaL/m $= \dfrac{800 \cdot 1{,}20 \text{ m} \cdot 24{,}80 \text{ m}}{1 \text{ m}}$ = 23 808 m

Fallbeispiel 2

Bei einer Stichlänge von 2,5 mm und 1,0 mm Nähgutdicke benötigt man für 1 m Doppelsteppstichnaht (DSS) 2,80 m Nähgarn und für 1 m Doppelkettenstichnaht (DKS) 4,80 m Nähgarn. Die Nähleistung beträgt 4500 Stiche/min.
Berechnen Sie den Garnbedarf für jeden Stichtyp in einer Stunde Nähzeit.

Gegebene Daten:

Stichlänge	StiL	2,5 mm
Garnlänge DSS/1 m Naht	GaL	2,80 m
Garnlänge DKS/1 m Naht	GaL	4,80 m
Nahtlänge	NL	1 m = 1000 mm
Nähzeit	NäZt	1 h
Nähleistung	NäLe	4500 Stiche/min

Gesuchte Daten:
Garnlänge$_{gesamt}$ DSS   GaL$_{ges}$
Garnlänge$_{gesamt}$ DKS   GaL$_{ges}$

Lösung in Teilschritten

Schritt 1

Nähzeit	Zahl der Stiche
1 min	4500 Stiche
1 h = 60 min	x

$x = \dfrac{4500 \text{ Stiche} \cdot 60 \text{ min}}{1 \text{ min}}$

= 270 000 Stiche

Nahtlänge
= Zahl der Stiche · Stichlänge
= 270 000 Stiche · 2,5 mm
= 675 000 mm
= 675 m

Schritt 2

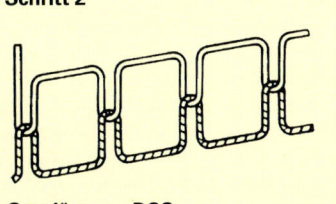

Garnlänge$_{ges}$ DSS
= Nahtlänge · Garnlänge/1 m Naht

$= \dfrac{675 \text{ m} \cdot 2{,}80 \text{ m}}{1 \text{ m}}$

= 1890 m

Schritt 3

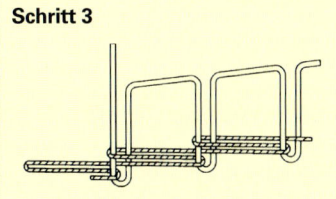

Garnlänge$_{ges}$ DKS
= Nahtlänge · Garnlänge/1 m Naht

$= \dfrac{675 \text{ m} \cdot 4{,}80 \text{ m}}{1 \text{ m}}$

= 3240 m

Übungsaufgaben: Seite 127, Nr. 15, 16

3.6.7 Nähgarnbedarf

Nähtechnik

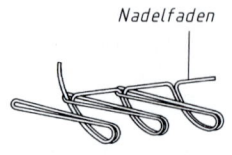
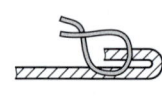

Nadelfaden

Fallbeispiel 3
Für 1 m Blind-Einfachkettenstichnaht werden 4,50 m Nähgarn benötigt. Es sind 800 Nähte mit 1,80 m Länge zu fertigen. Die Stichdichte beträgt 2 Stiche/1 cm, die Nähleistung beträgt 2 700 Stiche/min.
3.1 Berechnen Sie den Nähgarnbedarf.
3.2 Berechnen Sie die Nähzeit in Minuten.

Gegebene Daten:
Garnlänge/m Naht	GaL	4,50 m
Nähleistung	NäLe	2 000 Stiche/min
Nahtlänge	NL	1,80 m = 180 cm
Zahl der Nähte	ZNä	800
Stichdichte	StiD	2 Stiche/cm

Gesuchte Daten:
3.1 Garnlänge$_{gesamt}$	GaL$_{ges}$
3.2 Nähzeit	NäZt

Technologische Berechnungen

Lösung 3.1	Kurzform
Garnlänge$_{gesamt}$ = Zahl der Nähte · Nahtlänge · Garnlänge/1 m Naht = 800 · 1,80 m · 4,50 m/m = **6 480 m**	GaL$_{ges}$ = ZNä · NL · GaL/m = 800 · 1,80 m · 4,50 m/m = **6 480 m**

Lösung 3.2			Kurzform
Zahl der Stiche$_{gesamt}$ = Zahl der Nähte · Nahtlänge · Stichdichte = 800 · 180 cm · 2 Stiche/cm = 288 000 Stiche			ZSti = ZNä · NL · StiD = 800 · 180 cm · 2 Sti/cm = 288 000 Sti
Zahl der Stiche	Nähzeit		
2 700 Stiche	1 min	$x = \dfrac{1 \text{ min} \cdot 288\,000 \text{ Stiche}}{2\,700 \text{ Stiche}}$	NäZt = ZSti : NäLe
288 000 Stiche	x		= 288 000 Sti : 2 700 Sti/min
		≈ **106,7 min**	≈ **106,7 min**

Fallbeispiel 4
An einem Oberhemd werden die Ärmelnähte (je 52 cm), die Seitennähte (je 50 cm) und die Ärmeleinsatznähte (je 57 cm) mit einer Sicherheitsnaht geschlossen. Die kombinierte Schließ- und Versäuberungsnaht setzt sich aus Stichtyp 401 (4,80 m Garnlänge/1 m Naht) und aus Stichtyp 503 (12,10 m Garnlänge je 1 m Naht) zusammen.
Ermitteln Sie den Nähgarnbedarf an diesem Arbeitsplatz für 1 Hemd.

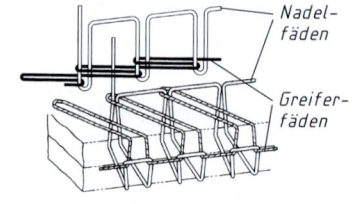

Nadelfäden

Greiferfäden

Daten und Lösung (Tabelle)				
Nahtlänge$_{Ärmel}$	2 · 52 cm	= 104 cm	Garnlänge Naht 401 DKS	4,80 m/m
Nahtlänge$_{Seitennähte}$	2 · 50 cm	= 100 cm	Garnlänge Naht 503 ÜWS	12,10 m/m
Nahtlänge$_{Ärmeleinsatznähte}$	2 · 57 cm	= 114 cm		
Nahtlänge$_{gesamt}$		318 cm = 3,18 m	Garnlänge Sicherheitsnaht	16,90 m/m
Garnlänge$_{gesamt}$ = Nahtlänge$_{gesamt}$ · Garnlänge/1 m Naht = 3,18 m · 16,90 m/m ≈ **53,75 m**				

Übungsaufgaben: Seite 127, Nr. 17, 18

3.6.8 Übungsaufgaben   Nähtechnik

01 01.1 Berechnen Sie die Stichlänge, wenn die Stichdichte 5 Stiche/cm beträgt.

01.2 Berechnen Sie die Stichdichte, wenn die Stichlänge 4 mm beträgt.

02 Eine 1,18 m lange Nähmaschinennaht besteht aus 472 Stichen.
Berechnen Sie die Stichlänge.

03 Eine 1,08 m lange Nähmaschinennaht besteht aus 540 Stichen.
Berechnen Sie die Stichdichte.

04 Bei einer Nähleistung von 3600 Stichen/min wurden in 0,3 min zuerst 270 cm, dann 432 cm Naht genäht. Der Unterschied ergab sich aus der unterschiedlichen Stichlänge.

04.1 Berechnen Sie die Stichlänge und die Stichdichte bei 270 cm Nahtlänge.

04.2 Berechnen Sie die Stichlänge und die Stichdichte bei 432 cm Nahtlänge.

05 Eine Nähmaschinennaht ist 40 cm lang. Die Stichdichte der Naht beträgt 4,5 Stiche/cm.
Berechnen Sie, aus wie viel Stichen die Naht besteht.

06 Eine Nähmaschinennaht ist 74 cm lang. Die Stichlänge beträgt 2,5 mm. Berechnen Sie, aus wie vielen Stichen die Naht besteht.

07 Mit einer Nähleistung von 2600 Stichen/min wird eine Naht in der Zeit von 12 s geschlossen.
Berechnen Sie die Stichanzahl.

08 Eine Nähmaschinennaht hat eine Stichdichte von 4 Stichen/cm. Sie besteht aus 364 Stichen.
Berechnen Sie die Nahtlänge.

09 Eine Nähnaht besteht aus 180 Stichen mit einer Stichlänge von 2,5 mm.
Berechnen Sie die Nahtlänge in cm.

10 Eine Nähmaschinennaht wird mit einer Stichdichte von 5 Stichen/cm und einer Nähleistung von 4200 Stichen/min gearbeitet.
Berechnen Sie die Nahtlänge je Minute.

11 Eine Nähmaschinennaht wird in 15 s genäht. Die Naht besteht aus 800 Stichen.
Berechnen Sie die Nähleistung/min.

12 Mit einer Doppelsteppstich-Nähmaschine erreicht man bei einer Stichlänge von 2,5 mm in 7,5 s Nähzeit eine Nahtlänge von 1 m.

12.1 Berechnen Sie die Nähleistung/min.

12.2 Um wie viel Prozent ist eine Doppelkettenstich-Nähmaschine mit 4000 Stichen/min schneller?

13 Mit einer Nähleistung von 4200 Stichen/min wird eine Naht gearbeitet, die aus 560 Stichen besteht.
Berechnen Sie die Nähzeit in Sekunden.

14 Bei einer Nähleistung von 4200 Stichen/min und einer Stichlänge von 3 mm benötigt eine Näherin für eine 63 cm lange Naht 3 s Nähzeit.
Berechnen Sie die Nähzeit für eine 45 cm lange Naht, wenn die Stichlänge 2,5 mm beträgt und die Nähleistung 3600 Stiche/min.

15 Für 1 m Doppelkettenstichnaht werden bei einer Stichlänge von 2,5 mm 4,80 m Nähgarn benötigt. Die durchschnittliche Nähleistung beträgt 4200 Stiche/min. Die Nahtlänge beträgt 140 m.

15.1 Berechnen Sie den Garnbedarf für diese Naht.

15.2 Ermitteln Sie die Nähzeit für die Naht.

16 Für 1 m Zweinadel-Doppelkettenstichnaht (406) benötigt man 11,40 m Garn. Für 1 m Zweinadel-Überdeckkettenstichnaht mit Legefaden (602) benötigt man 18,60 m Garn. Die Nähleistung beträgt jeweils 3600 Stiche/min, die Stichlänge 4 mm.
Berechnen Sie den Garnbedarf für jeden Stichtyp für einen Arbeitstag mit 8 Stunden.

17 Für 1 m Blind-Einfachkettenstichnaht werden 4,8 m Nähgarn benötigt. Es sind 600 Nähte mit 2,10 m Länge zu fertigen. Die Stichdichte beträgt 2,5 Stiche/1 cm, die Nähleistung beträgt 2500 Stiche/min.

17.1 Berechnen Sie den Nähgarnbedarf.

17.2 Ermitteln Sie die Nähzeit in Minuten.

18 An einem Oberhemd werden die Ärmelnähte (je 50 cm), die Seitennähte (je 48 cm) und die Ärmeleinsatznähte (je 35 cm) mit einer Sicherheitsnaht geschlossen. Die kombinierte Schließ- und Versäuberungsnaht setzt sich aus Stichtyp 401 (4,80 m Garnlänge/1 m Naht) und aus Stichtyp 504 (13,80 m Garnlänge/1 m Naht) zusammen.
Ermitteln Sie den Nähgarnbedarf an diesem Arbeitsplatz für 1 Hemd.

Technologische Berechnungen

3.6.8 Übungsaufgaben

19 Der Nähgarnbedarf für einen 2-Faden-Überwendlichstich (503) liegt bei 12,10 m pro 1 m Naht, bei einem 3-Faden-Überwendstich (504) liegt er bei 13,8 m pro 1 m Naht bei gleicher Nahtbreite. Ein Auftrag umfasst 1000 Nähte mit einer Länge von je 1,10 m.

    19.1 Berechnen Sie den erforderlichen Garnbedarf für jeden Stichtyp.
    19.2 Um wie viel Prozent liegt der Garnbedarf bei dem 3-Faden-Überwendlichstich höher?

20 An einem T-Shirt werden folgende Nähte gearbeitet:

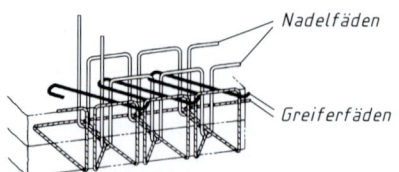

Mit einem Vierfaden-Überwendlichstich (514), der 17,10 m Garn/ 1 m Naht benötigt, die Schulternähte (je 15 cm), die Ärmelnähte (je 14 cm), die Ärmeleinsatznähte (je 50 cm), die Seitennähte (je 46 cm).

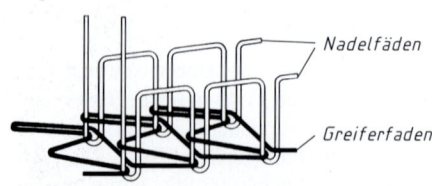

Mit einem Zweinadel-Doppelkettenstich (406), der 11,80 m/1 m Naht benötigt, das Halsbündchen (58 cm), der Saum (122 cm) und die Ärmelsäume (je 36 cm).
Insgesamt sollen noch 15 % Zuschlag berücksichtigt werden.
Ermitteln Sie den gesamten Nähgarnbedarf für ein T-Shirt.

21 Mit einer Dreifaden-Überwendlichmaschine soll ein Auftrag von 120 Sweatshirts genäht werden. Folgende Nahtlängen sind zu berücksichtigen: Schulternähte je 14 cm, Ärmeleinsatznähte je 52 cm, Ärmel- und Seitennähte zusammen je 95 cm, Nähte für Ärmelbund je 20 cm, Naht für Halsbund 38 cm und Naht für Hüftbund 90 cm.

    21.1 Ermitteln Sie die gesamte Nahtlänge für ein Sweatshirt.
    21.2 Berechnen Sie den Nähgarnbedarf für den gesamten Auftrag, wenn für 1 m Naht mit der Dreifaden-Überwendlichmaschine 13,80 m verbraucht werden.
    21.3 Wie hoch ist die Nähzeit für diesen Auftrag, wenn die Maschine bei einer Stichdichte von 4 Stichen/cm mit einer Nähleistung von 2600 Stichen/min arbeitet?

22 Für eine 95 cm lange Naht werden auf der Doppelsteppstichmaschine täglich 1850 m Garn verbraucht. Die Nähzeit beträgt 8 Sekunden pro Naht, die Nähleistung 1950 Stiche/min.

    22.1 Mit welcher Nähleistung müsste die Maschine arbeiten, wenn für 1,30 m Naht eine Nähzeit von 9,5 Sekunden benötigt wird?
    22.2 Wie hoch ist der Nähgarnverbrauch in m, wenn statt der Doppelsteppstichmaschine mit der Doppelkettenstichmaschine genäht wird und dadurch der Fadenverbrauch 65 % höher liegt?

23 Für eine Doppelkettenstichnaht wird eine Stichdichte von 4 Stichen je cm vorgeschrieben.

    23.1 Welche Stichlänge muss die Näherin einstellen?
    23.2 Welche Nähzeit wird zur Bearbeitung von 40 Hosenseitennähten bei einer Seitennahtlänge von 90 cm benötigt, wenn die Maschine mit einer Nähleistung von 3600 Stichen je Minute arbeitet?

Projektorientierte Aufgabe

24 Sie arbeiten einen ungefütterten engen Rock.

    24.1 Zählen Sie alle maschinellen **Näharbeitsgänge** auf und ordnen Sie den Stichtyp zu, mit dem Sie jeweils die Naht arbeiten.
    24.2 Zeichnen Sie für jeden Stichtyp das **Nahtsymbol**.
    24.3 Schätzen Sie die einzelnen Nahtlängen und ermitteln Sie den **Nähgarnbedarf** (benützen Sie hierzu die Tabelle von Seite 124).
    24.4 Zählen Sie **Gestaltungsmöglichkeiten** für einen engen Rock auf.
    24.5 Fertigen Sie eine **technische Zeichnung** an.
    24.6 Wählen Sie einen **Oberstoff** aus.
    24.7 Listen Sie alle **Zutaten** für den Rock auf.
    24.8 Erstellen Sie ein **Materialetikett** mit Angabe der Pflegesymbole.

4 Bekleidungstechnische Berechnungen

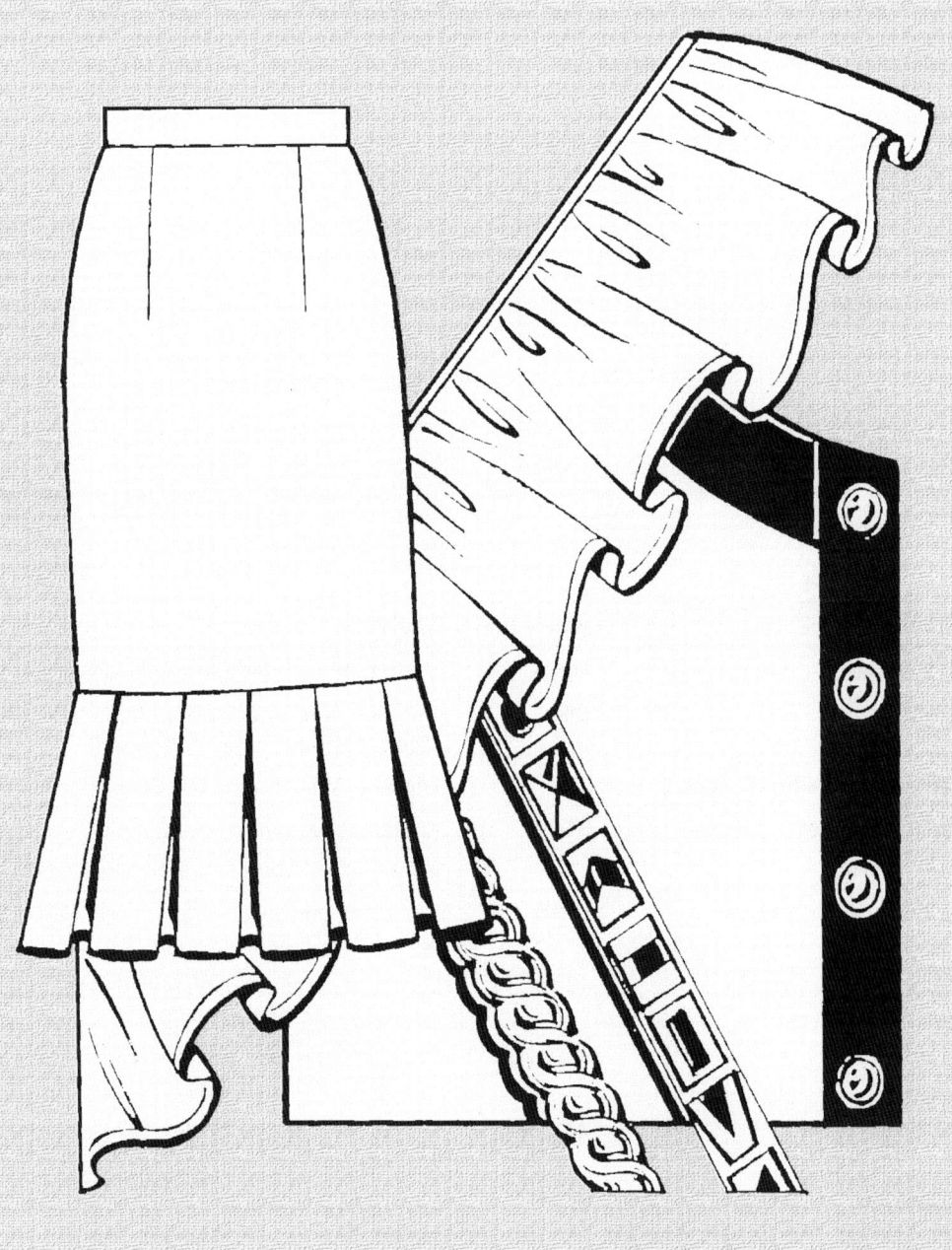

4.1 Kleinteile

4.1.1 Grundlagen

Bei Serienfertigung erfolgt der Zuschnitt von Schnitt-Teilen über ein Schnittlagenbild, welches nach dem Grundsatz eines optimalen Materialnutzungsgrades und unter Beachtung des Fadenlaufs erstellt wird.

Kleinteile wie Platten, Manschetten und aufgesetzte Taschen werden oft auch separat zugeschnitten. Dies gilt auch für die zur Verstärkung dieser Kleinteile erforderlichen Einlagen. In der Regel ist auch hier eine Zuschneiderichtung zu beachten. Ist dies nicht erforderlich, wählt man den rationellsten Zuschnitt mit dem geringsten Verschnitt.

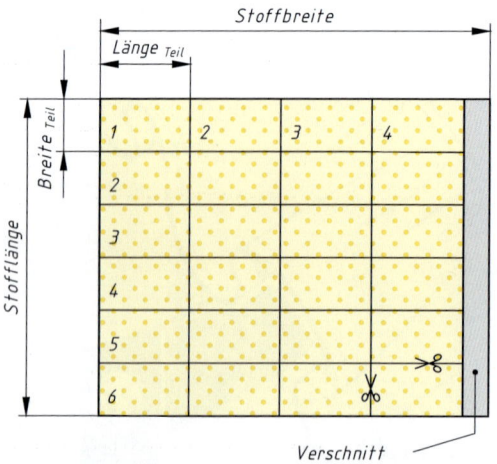
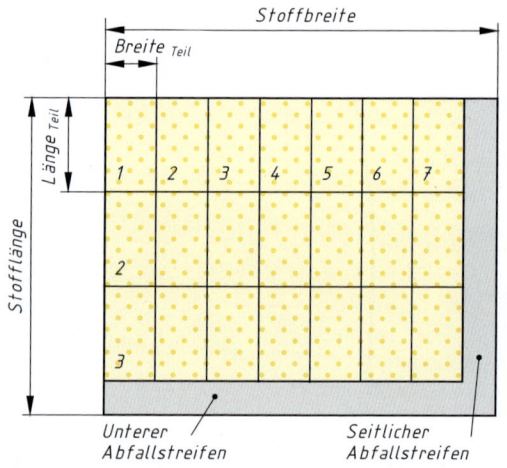

Größe	Abkürzung	Erklärung
Stoffbreite	StB	Vorgegebene oder erforderliche Warenbreite
Stofflänge	StL	Vorgegebene oder erforderliche Warenlänge (**Stoffverbrauch** bzw. **Stoffbedarf**)
Länge eines Teiles (Länge$_{Teil}$)	LTe	Längere Ausdehnung des Schnitt-Teiles
Breite eines Teiles (Breite$_{Teil}$)	BTe	Kürzere Ausdehnung des Schnitt-Teiles
Zahl der Teile	ZTe	Vorgegebene bzw. mögliche Stückzahl
Seitlicher Abfallstreifen	sStrB	Der nicht nutzbare Abfall in der Warenbreite (gemessen in Schussrichtung)
Unterer Abfallstreifen	uStrB	Der nicht nutzbare Abfall in der Warenlänge (gemessen in Kettrichtung)
Stofffläche	A_{Stoff}; A_{St}	Gesamtfläche der zur Verfügung stehenden bzw. erforderlichen Ware
Fläche der Teile	A_{Teile}; $A_{\Sigma Te}$	Die für den Zuschnitt der Teile erforderliche Warenfläche
Verschnitt	Vs	Die nicht nutzbare Warenfläche (wird zur Gesamtfläche prozentual in Beziehung gesetzt).

4.1.2 Stückzahl — Kleinteile

Fallbeispiel

Für den Zuschnitt von Manschetten stehen 1,60 m Stoff mit 1,40 m Breite zur Verfügung. Als Schnittmaße der Manschette sind 12 cm Breite und 22 cm Länge vorgegeben. (Manschettenbreite = Kettrichtung)

- Berechnen Sie, wie viele Manschetten zugeschnitten werden können.
- Ermitteln Sie die Breite des seitlichen Abfallstreifens.
- Ermitteln Sie die Breite des unteren Abfallstreifens.

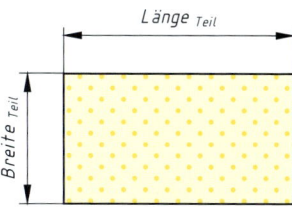

Gegebene Daten:
Stofflänge	StL	160 cm
Stoffbreite	StB	140 cm
Breite$_{Teil}$	BTe	12 cm
Länge$_{Teil}$	LTe	22 cm

Gesuchte Daten:
- Zahl der Teile$_{gesamt}$ — ZT$_{ges}$
- Seitlicher Abfallstreifen — sStrB
- Unterer Abfallstreifen — uStrB

Lösung in Teilschritten		Kurzform	
Zahl der Teile$_{Stoffbreite}$	= Stoffbreite : Länge$_{Teil}$ = 140 cm : 22 cm ≈ 6,3 ⇒ 6 ⚠	ZTe$_{StB}$	= StB : LTe = 140 cm : 22 cm ≈ 6,3 ⇒ 6
Zahl der Teile$_{Stofflänge}$	= Stofflänge : Breite$_{Teil}$ = 160 cm : 12 cm ≈ 13,3 ⇒ 13 ⚠	ZTe$_{StL}$	= StL : BTe = 160 cm : 12 cm ≈ 13,3 ⇒ 13
Zahl der Teile$_{gesamt}$	= Zahl der Teile$_{Stoffbreite}$ · Zahl der Teile$_{Stofflänge}$ = 6 · 13 = **78**	**ZTe$_{ges}$**	= ZTe$_{StB}$ · ZTe$_{StL}$ = 6 · 13 = **78**
Streifenbreite$_{seitlich}$	= Stoffbreite − Zahl der Teile$_{Stoffbreite}$ · Länge$_{Teil}$ = 140 cm − 6 · 22 cm = **8 cm**	**sStrB**	= StB − ZTe$_{StB}$ · LTe = 140 cm − 6 · 22 cm = **8 cm**
Streifenbreite$_{unten}$	= Stofflänge − Zahl der Teile$_{Stofflänge}$ · Breite$_{Teil}$ = 160 cm − 13 · 12 cm = **4 cm**	**uStrB**	= StL − ZTe$_{StL}$ · BTe = 160 cm − 13 · 12 cm = **4 cm**

- *Bei vorgegebener Stoffbreite ist die Zahl der Teile aus der Stoffbreite auf eine ganze Zahl **abzurunden**, da das letzte Teil nicht die volle Länge hat.*
- *Bei vorgegebener Stofflänge ist die Zahl der Teile aus der Stofflänge auf eine ganze Zahl **abzurunden**, da die Teile der letzten Reihe nicht die volle Breite haben.*

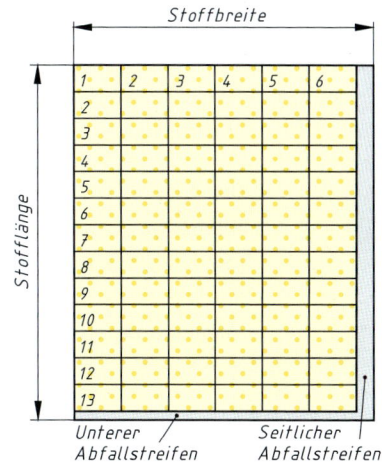

Übungsaufgabe: Seite 135, Nr. 01

4.1.3 Stoffbedarf — Kleinteile

Fallbeispiel

Aus einem 74 cm breiten Stoff sollen 42 Taschenpatten mit einer Länge von 17,5 cm und einer Breite von 7 cm zugeschnitten werden. Die Breite der Patte muss in Kettrichtung verlaufen.
- Berechnen Sie den Stoffbedarf für die Patten.
- Ermitteln Sie die Breite des seitlichen Abfallstreifens.

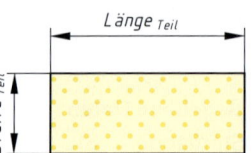

Gegebene Daten:
Stoffbreite StB 74 cm
Länge$_{Teil}$ LTe 17,5 cm
Breite$_{Teil}$ BTe 7 cm
Zahl der Teile$_{gesamt}$ ZTe 42

Gesuchte Daten:
- Stofflänge StL
- Seitlicher Abfallstreifen sStrB

Lösung in Teilschritten		Kurzform	
Zahl der Teile$_{Stoffbreite}$	= Stoffbreite : Länge$_{Teil}$ = 74 cm : 17,5 cm ≈ 4,2 ⇒ 4	ZTe$_{StB}$	= StB : LTe = 74 cm : 17,5 cm ≈ 4,2 ⇒ 4
Zahl der Teile$_{Stofflänge}$	= Zahl der Teile$_{gesamt}$: Zahl der Teile$_{Stoffbreite}$ = 42 : 4 ≈ 10,5 ⇒ 11	ZTe$_{StL}$	= ZTe$_{ges}$: ZTe$_{StB}$ = 42 : 4 ≈ 10,5 ⇒ 11
Stofflänge	= Zahl der Teile$_{Stofflänge}$ · Breite$_{Teil}$ = 11 · 7 cm = 77 cm = **0,77 m**	StL	= ZTe$_{StL}$ · BTe = 11 · 7 cm = 77 cm = **0,77 m**
Seitlicher Abfallstreifen	= Stoffbreite – Zahl der Teile$_{Stoffbreite}$ · Länge$_{Teil}$ = 74 cm – 4 · 17,5 cm = **4 cm**	sStrB	= StB – ZTe$_{StB}$ · LTe = 74 cm – 4 · 17,5 cm = **4 cm**

- Die Zahl der Teile aus der Stoffbreite muss auf eine ganze Zahl **abgerundet** werden, da das letzte Teil nicht die volle Länge aufweist.

- Die Zahl der Teile aus der Stofflänge muss auf eine ganze Zahl **aufgerundet** werden, damit die Teile der letzten Reihe die volle Breite erhalten.

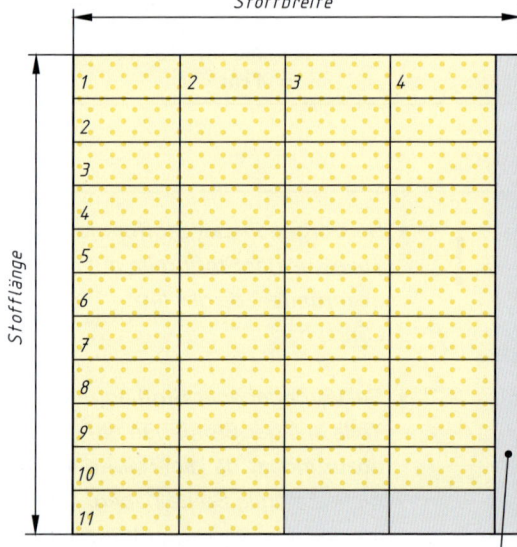

Übungsaufgabe: Seite 135, Nr. 02

4.1.4 Verschnitt

Kleinteile

Fallbeispiel 1
Für 46 aufgesetzte Taschen werden quadratische Formteile zur Verstärkung benötigt. Die Kantenlänge eines Teiles beträgt 18 cm.
Zur Verfügung steht ein 1,50 m breiter Stoff.
- Berechnen Sie den Stoffbedarf.
- Ermitteln Sie den Verschnitt in %.

Gegebene Daten:
Zahl der Teile$_{gesamt}$	ZTe$_{ges}$	46
Länge$_{Teil}$	LTe	18 cm
Breite$_{Teil}$	BTe	18 cm
Stoffbreite	StB	150 cm

Gesuchte Daten:
- Stofflänge StL
- Verschnitt in % Vs

Lösung in Teilschritten		Kurzform	
Zahl der Teile$_{Stoffbreite}$	= Stoffbreite : Länge$_{Teil}$ = 150 cm : 18 cm ≈ 8,33 ⇒ 8	ZTe$_{StB}$	= StB : LTe = 150 cm : 18 cm ≈ 8,33 ⇒ 8
Zahl der Teile$_{Stofflänge}$	= Zahl der Teile$_{gesamt}$: Zahl der Teile$_{Stoffbreite}$ = 46 : 8 ≈ 5,75 ⇒ 6	ZTe$_{StL}$	= ZTe$_{ges}$: ZTe$_{StB}$ = 46 : 8 ≈ 5,75 ⇒ 6
Stofflänge	= Zahl der Teile$_{Stofflänge}$ · Breite$_{Teil}$ = 6 · 18 cm = 108 cm = **1,08 m**	**StL**	= ZTe$_{StL}$ · BTe = 6 · 18 cm = 108 cm = **1,08 m**
Fläche$_{Stoff}$	= Stofflänge · Stoffbreite = 108 cm · 150 cm = 16 200 cm²	A$_{St}$	= StL · StB = 108 cm · 150 cm = 16 200 cm²
Fläche$_{Teile}$	= Länge$_{Teil}$ · Breite$_{Teil}$ · Zahl der Teile$_{gesamt}$ = 18 cm · 18 cm · 46 = 14 904 cm²	A$_{\Sigma Te}$	= LTe · BTe · ZTe$_{ges}$ = 18 cm · 18 cm · 46 = 14 904 cm²
Verschnitt	= Fläche$_{Stoff}$ − Fläche$_{Teile}$ = 16 200 cm² − 14 904 cm² = 1 296 cm²	Vs	= A$_{St}$ − A$_{\Sigma Te}$ = 16 200 cm² − 14 904 cm² = 1 296 cm²
Verschnitt in %	= $\frac{100\% \cdot 1296 \text{ cm}^2}{16200 \text{ cm}^2}$ = **8 %**	**Vs in %**	= $\frac{100\% \cdot 1296 \text{ cm}^2}{16200 \text{ cm}^2}$ = **8 %**

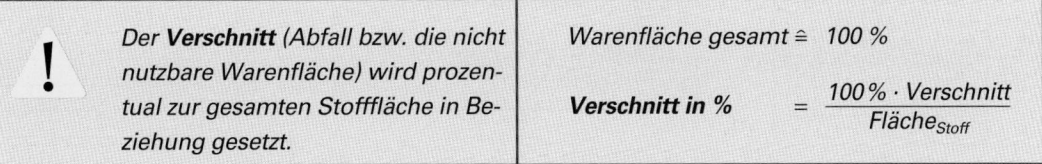

! *Der **Verschnitt** (Abfall bzw. die nicht nutzbare Warenfläche) wird prozentual zur gesamten Stofffläche in Beziehung gesetzt.*

Warenfläche gesamt ≙ 100 %

Verschnitt in % = $\frac{100\% \cdot \text{Verschnitt}}{\text{Fläche}_{Stoff}}$

Übungsaufgabe: Seite 135, Nr. 03

4.1.4 Verschnitt   Kleinteile

Fallbeispiel 2

Aus 1 m Folie (1,20 m breit) sollen rechteckige Formteile mit den Maßen 14 cm Breite und 28 cm Länge geschnitten werden.
Ermitteln Sie, ob der Zuschnitt im Hochformat oder der Zuschnitt im Querformat rationeller ist. Belegen Sie dies durch Angabe von Stückzahl und Verschnitt in Prozent.

Gegebene Daten:

Stofflänge	StL	100 cm
Stoffbreite	StB	120 cm
Breite$_{Teil}$	BTe	14 cm
Länge$_{Teil}$	LTe	28 cm

Gesuchte Daten:

Zuschnitt im *Hochformat*
- Zahl der Teile   ZTe
- Verschnitt in %   Vs

Zuschnitt im *Querformat*
- Zahl der Teile   ZTe
- Verschnitt in %   Vs

Lösung in Teilschritten

Zuschnitt im *Hochformat*		Zuschnitt im *Querformat*	
Zahl der Teile$_{Stoffbreite}$	= Stoffbreite : Breite$_{Teil}$ = 120 cm : 14 cm ≈ 8,6 ⇒ 8	ZTe$_{StB}$	= StB : LTe = 120 cm : 28 cm ≈ 4,3 ⇒ 4
Zahl der Teile$_{Stofflänge}$	= Stofflänge : Länge$_{Teil}$ = 100 cm : 28 cm ≈ 3,6 ⇒ 3	ZTe$_{StL}$	= StL : BTe = 100 cm : 14 cm ≈ 7,2 ⇒ 7
Zahl der Teile$_{gesamt}$	= Zahl der Teile$_{Stoffbreite}$ · Zahl der Teile$_{Stofflänge}$ = 8 · 3 = **24**	**ZTe$_{ges}$**	= ZTe$_{StB}$ · ZTe$_{StL}$ = 4 · 7 = **28**
Fläche$_{Stoff}$	= Stofflänge · Stoffbreite = 100 cm · 120 cm = 12 000 cm²	A_{St}	= StL · StB = 100 cm · 120 cm = 12 000 cm²
Fläche$_{Teile}$	= Länge$_{Teil}$ · Breite$_{Teil}$ · Zahl der Teile$_{gesamt}$ = 28 cm · 14 cm · 24 = 9408 cm²	$A_{\Sigma Te}$	= LTe · BTe · ZTe$_{ges}$ = 28 cm · 14 cm · 28 = 10 976 cm²
Verschnitt	= Fläche$_{Stoff}$ − Fläche$_{Teile}$ = 12 000 cm² − 9408 cm² = 2592 cm²	Vs	= $A_{St} - A_{\Sigma Te}$ = 12 000 cm² − 10 976 cm² = 1024 cm²
Verschnitt in %	= $\dfrac{100\% \cdot 2592 \text{ cm}^2}{12\,000 \text{ cm}^2}$ ⚠ ≈ **21,6 %**	**Vs in %**	= $\dfrac{100\% \cdot 1024 \text{ cm}^2}{12\,000 \text{ cm}^2}$ ≈ **8,5 %**

Ergebnis: Der Zuschnitt im Querformat ist rationeller.

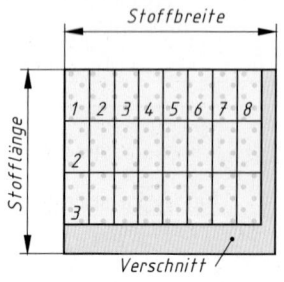

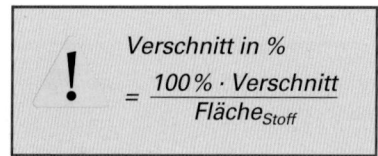

Verschnitt in % = $\dfrac{100\% \cdot \text{Verschnitt}}{\text{Fläche}_{Stoff}}$

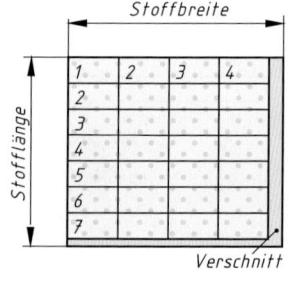

Übungsaufgabe: Seite 135, Nr. 04

4.1.5 Übungsaufgaben — Kleinteile

01 Für den Zuschnitt von Manschetten steht ein Stoff mit 1,05 m Länge und 90 cm Breite zur Verfügung. Die Manschetten sollen mit 10 cm Breite und 21 cm Länge zugeschnitten werden (Breite ≙ Kettrichtung).
  01.1 Berechnen Sie, wie viele Manschetten zugeschnitten werden können.
  01.2 Ermitteln Sie die Breite des seitlichen Abfallstreifens.
  01.3 Ermitteln Sie die Breite des unteren Abfallstreifens.

02 Für den Zuschnitt von 54 Patten mit einer Länge von 18,5 cm und einer Breite von 7,5 cm steht ein 78 cm breiter Stoff zur Verfügung. Die Breite der Patte muss in Kettrichtung verlaufen.
  02.1 Berechnen Sie den Stoffbedarf.
  02.2 Ermitteln Sie die Breite des seitlichen Abfallstreifens.

03 Aus einem Einlagestoff sollen 60 quadratische Teile zugeschnitten werden mit einer Kantenlänge von 21 cm. Der zur Verfügung stehende Stoff hat eine Breite von 90 cm.
  03.1 Berechnen Sie den Stoffbedarf.
  03.2 Ermitteln Sie den Verschnitt in Prozent.

04 Für rechteckige Formteile mit 15 cm Breite und 26 cm Länge stehen 86 cm Folie mit einer Breite von 110 cm zur Verfügung. Ermitteln Sie, ob der Zuschnitt im Hochformat oder im Querformat rationeller ist.
Belegen Sie dies durch Angabe von Stückzahlen und Verschnitt in Prozent.

05 Für 36 quadratische Formteile mit der Kantenlänge 18 cm kann eine 90 cm breite Ware mit Meterpreis 5,80 €, oder eine 120 cm breite Ware mit Meterpreis 7,40 € gewählt werden.
Berechnen Sie den preisgünstigeren Zuschnitt.

06 Bunte Blusen sollen als Garnitur weiße Kragen und Manschetten erhalten. Für den Kragen benötigt man ein Rechteck mit 40 cm Länge und 12 cm Breite, für eine Manschette ein Rechteck mit 24 cm Länge und 12 cm Breite. Die Breite soll jeweils in Kettrichtung verlaufen. Es stehen 2,10 m Stoff in einer Breite von 90 cm zur Verfügung.
Berechnen Sie, für wie viele Garnituren der Stoff reicht.

07 Aus einer 90 cm breiten Ware sollen 18 kreisförmige Teile mit einem Durchmesser von 28 cm geschnitten werden.
  07.1 Berechnen Sie den Stoffbedarf.
  07.2 Ermitteln Sie den Verschnitt in Prozent.

08 Aus einem 90 cm breiten Einlagestoff mit 1,65 m Länge sind rechteckige Teile mit einer Länge von 28 cm und einer Breite von 8 cm zuzuschneiden. Berechnen Sie, ob der Zuschnitt im Querformat oder im Hochformat rationeller ist. Belegen Sie Ihre Antwort durch Angabe von Stückzahl und Verschnitt.

09 Eine Jacke erhält zwei aufgesetzte quadratische Taschen mit einer Kantenlänge von 15 cm, die mit Einlage verstärkt werden. Der Einlagestoff liegt 90 cm breit und kostet je Meter 7,80 €. Es sollen für 300 Jacken die Einlagen geschnitten werden.
  09.1 Berechnen Sie den erforderlichen Stoffbedarf.
  09.2 Ermitteln Sie die Stoffkosten.

Weitere Übungsaufgaben Seite 44

Projektorientierte Aufgabe

10 Eine Tischdecke erhält eine Kantenverzierung durch Applikationen in Form von Dreiecken. Die Basis (Grundseite) und die Höhe der Dreiecke betragen jeweils 5 cm. Es werden insgesamt 54 Dreiecke benötigt. Der zur Verfügung stehende Stoff liegt in einer Breite von 60 cm vor.

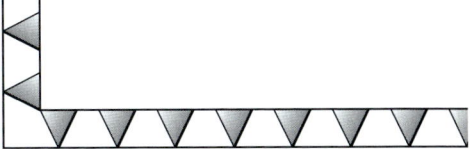

  10.1 Ermitteln Sie den **Stoffbedarf**, wenn die Dreiecke nur in *einer* Richtung zugeschnitten werden können.
       (Höhe = Kettrichtung)
  10.2 Ermitteln Sie den **Stoffbedarf** für die Dreiecke, wenn *zwei* Zuschneiderichtungen möglich sind.
  10.3 Veranschaulichen Sie die Ergebnisse von 1. und 2. durch einen **Zuschneideplan** im Maßstab 1 : 5.
  10.4 **Konstruieren** Sie ein Dreieck in Originalgröße und **bemaßen** Sie es.
  10.5 Erläutern Sie den Begriff **Applikation**.
  10.6 Nennen Sie verschiedene Befestigungstechniken für Applikationen.

4.2 Verschlüsse

4.2.1 Grundlagen

Im Rahmen der Bekleidungsherstellung sind häufig Rechenvorgänge erforderlich, die das **Aufteilen von Strecken** beinhalten, insbesondere bei Verschlüssen und Schmucktechniken.

Die Vielfalt bei der Berechnung von Verschlüssen soll an folgenden Variationen exemplarisch aufgezeigt werden:

- Verschlüsse mit waagerechten Knopflöchern
- Verschlüsse mit senkrechten Knopflöchern
- Schlingenverschlüsse
- Schlitzverschlüsse

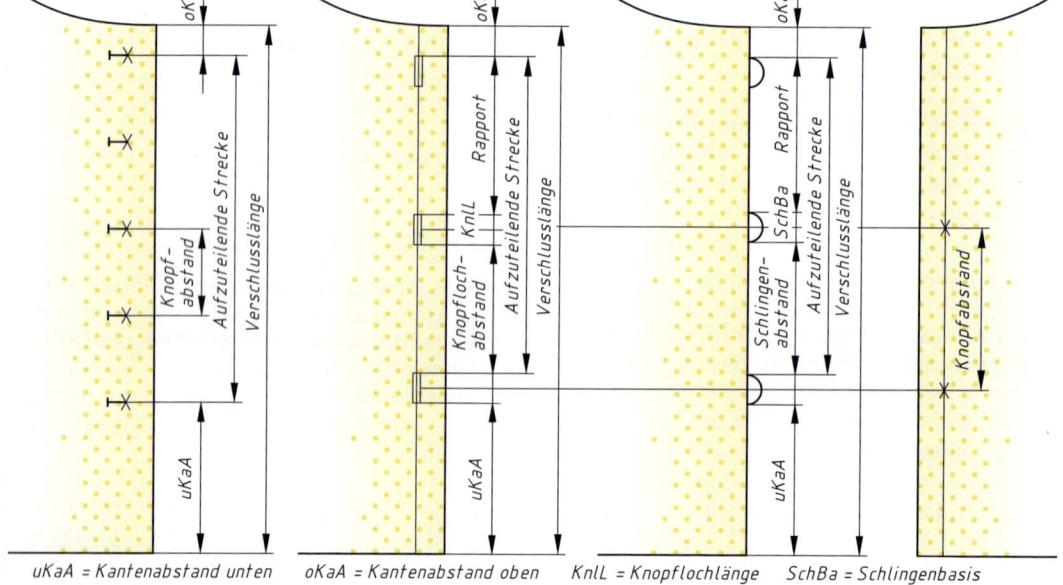

uKaA = Kantenabstand unten   oKaA = Kantenabstand oben   KnlL = Knopflochlänge   ScHBa = Schlingenbasis

Waagerechte Knopflöcher   **Senkrechte Knopflöcher**   **Schlingenverschluss**

- Bei Streckenaufteilungen empfiehlt es sich, wie bei bekleidungstechnischen Berechnungen überhaupt, den Lösungsgang mittels einer Skizze zu veranschaulichen.

- Wenn möglich, sollten die vorgegebenen und gesuchten Größen in die Skizze eingezeichnet werden, insbesondere ist die **aufzuteilende Strecke** zu kennzeichnen.

- Die Anzahl der Knöpfe, Knopflöcher und Schlingen ist zur Anzahl der gleich großen Abstände in Beziehung zu setzen.

4.2.1 Grundlagen — Verschlüsse

Die bei der Bekleidungsherstellung verwendeten Fachbegriffe sind sehr vielfältig und größtenteils ungenormt. Es ist deshalb zweckmäßig, die bei einer Aufgabenstellung gegebenen oder gesuchten Daten zunächst den nachstehenden Größen zuzuordnen. Die Verwendung von Abkürzungen ermöglicht ein zeit- und platzsparendes Bearbeiten von Aufgaben.

Größe	Abkürzung	Erklärung
Verschlusslänge	VL	Gesamtlänge der Verschlusskante
Kantenabstand	KaA	Entfernung des ersten und letzten Knopflochmittelpunktes bzw. Knopfloches sowie der Schlingenabstand von der jeweiligen Kante (Knopfdurchmesser, Knopflochbreite und Schlingenbreite bleiben unberücksichtigt)
Kantenabstand oben	oKaA	Abstand vom Halsloch
Kantenabstand unten	uKaA	Abstand von der Saumkante
Aufzuteilende Strecke	atS	Gesamtlänge aller gleich großen Abstände bzw. Rapporte
Zahl der Abstände	ZA	Zahl der gleichgroßen Abstände innerhalb der aufzuteilenden Strecke (Knopfabstände, Knopflochabstände, Schlingenabstände)
Summe der Abstände	ΣA	Summe aller gleich großen Abstände
Zahl der Knöpfe	ZKno	Vorgegebene oder erforderliche Knopfanzahl
Knopfabstand	KnoA	Entfernung zwischen den Knopfmittelpunkten
Zahl der Knopflöcher	ZKnl	Vorgegebene oder erforderliche Knopflochanzahl
Knopflochabstand	KnlA	Entfernung zwischen den Knopflöchern (bei waagerechten Knopflöchern bleibt die Knopflochbreite unberücksichtigt)
Knopflochlänge	KnlL	Vorgegebene Länge eines Knopfloches (ist bei Verschlüssen mit senkrechten Knopflöchern zu berücksichtigen)
Summe der Knopflochlängen	$\Sigma KnlL$	Summe aller senkrechten Knopflöcher
Zahl der Schlingen	ZSch	Vorgegebene oder erforderliche Schlingenanzahl
Schlingenabstand	SchA	Abstand zwischen den Schlingen
Schlingenbasis	SchBa	Durchmesser einer Schlinge (Schlingenbreite bleibt unberücksichtigt)
Summe der Schlingenbasen	$\Sigma SchBa$	Summe aller Schlingenbasen
Rapport	Rap	Summe von Knopflochlänge und Knopflochabstand bzw. Summe von Schlingenbasis und Schlingenabstand
Zahl der Rapporte	ZRap	Anzahl der Rapporte innerhalb der aufzuteilenden Strecke

Bekleidungstechnische Berechnungen

4.2.1 Grundlagen — Verschlüsse

Verschlüsse mit waagerechten Knopflöchern

Kantenabstand oben, Kantenabstand unten und Knopflochabstand bzw. Knopfabstand sind **unterschiedlich lang**.

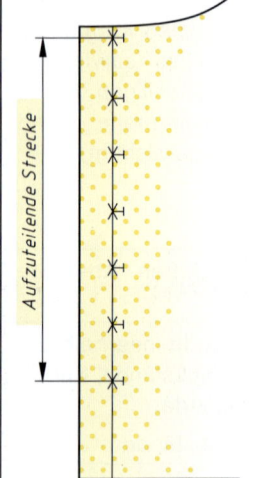

Aufzuteilende Strecke
= Verschlusslänge
– Kantenabstand oben
– Kantenabstand unten

Zahl der Abstände
= Zahl der Knöpfe – 1

Fallbeispiel 1 (Seite 140)

Fallbeispiel 3 (Seite 142)

Fallbeispiel 4 (Seite 143)

Unterer Kantenabstand **entspricht** dem Knopflochabstand bzw. dem Knopfabstand.

Aufzuteilende Strecke
= Verschlusslänge
– Kantenabstand oben

Zahl der Abstände
≙ Zahl der Knöpfe

Fallbeispiel 2 (Seite 141)

Verschlüsse mit senkrechten Knopflöchern

Kantenabstand oben, Kantenabstand unten und Knopflochabstand bzw. Knopfabstand sind **unterschiedlich lang**.

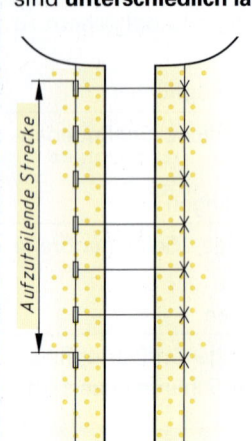

Aufzuteilende Strecke
= Verschlusslänge
– Kantenabstand oben
– Knopflochlänge
– Kantenabstand unten

Zahl der Abstände
= Zahl der Knöpfe – 1

Fallbeispiel 5 (Seite 144)

Unterer Kantenabstand **entspricht** dem Knopflochabstand bzw. dem Knopfabstand.

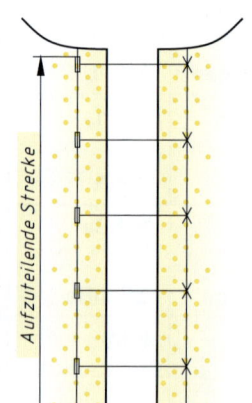

Aufzuteilende Strecke
= Verschlusslänge
– Kantenabstand oben

Zahl der Abstände
≙ Zahl der Knöpfe

Fallbeispiel 6 (Seite 145)

4.2.1 Grundlagen

Verschlüsse

Schlingenverschlüsse

Die Verschlusslänge **beginnt** und **endet** mit einer Schlinge.

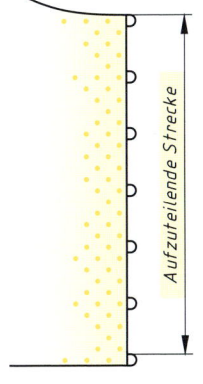

Aufzuteilende Strecke
= Verschlusslänge
− Schlingenbasis

Zahl der Abstände
= Zahl der Schlingen − 1

*Fallbeispiel 7
(Seite 146)*

Die Verschlusslänge beginnt mit einer Schlinge, unterer Kantenabstand und Schlingenabstand sind **unterschiedlich** lang.

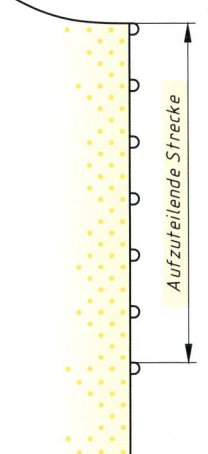

Aufzuteilende Strecke
= Verschlusslänge
− Schlingenbasis
− Unterer Kantenabstand

Zahl der Abstände
= Zahl der Schlingen − 1

*Fallbeispiel 8
(Seite 147)*

Die Verschlusslänge **beginnt** mit einer Schlinge, Schlingenabstand und unterer Kantenabstand sind **gleich lang**.

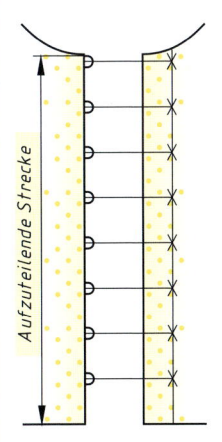

Aufzuteilende Strecke
≙ Verschlusslänge

Zahl der Abstände
≙ Zahl der Schlingen

*Fallbeispiel 9
(Seite 148)*

Oberer Kantenabstand, unterer Kantenabstand und Schlingenabstand sind **unterschiedlich lang**.

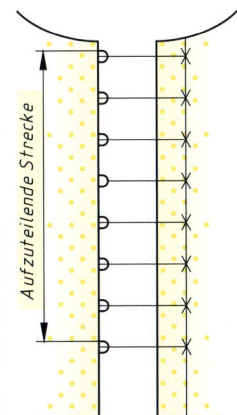

Aufzuteilende Strecke
= Verschlusslänge
− Kantenabstand oben
− Schlingenbasis
− Kantenabstand unten

Zahl der Abstände
= Zahl der Schlingen − 1

*Fallbeispiel 10
(Seite 149)*

Bekleidungstechnische Berechnungen

4.2.2 Verschlüsse mit waagerechten Knopflöchern

Verschlüsse

Zahl der Knöpfe/Knopflöcher

Fallbeispiel 1

Für ein Oberteil mit einer Verschlusslänge von 80 cm ist ein Knopfabstand von 10 cm vorgesehen. Der Sitz des obersten Knopfes soll 2,5 cm vom Halsloch entfernt, der Sitz des untersten Knopfes 17,5 cm von der Saumkante entfernt sein. Berechnen Sie die erforderliche Knopfanzahl.

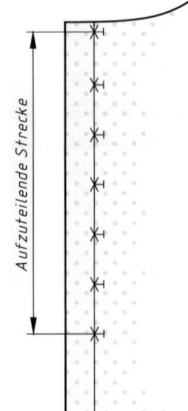

Gegebene Daten:			Gesuchte Daten:	
Verschlusslänge	VL	80 cm	Zahl der Knöpfe	ZKno
Kantenabstand oben	oKaA	2,5 cm		
Kantenabstand unten	uKaA	17,5 cm		
Knopfabstand	KnoA	10 cm		

Lösung in Teilschritten	Kurzform
Aufzuteilende Strecke = Verschlusslänge − Kantenabstand oben − Kantenabstand unten = 80 cm − 2,5 cm − 17,5 cm = 60 cm	atS = VL − oKaA − uKaA = 80 cm − 2,5 cm − 17,5 cm = 60 cm
Zahl der Abstände = Aufzuteilende Strecke : Knopfabstand = 60 cm : 10 cm = 6	ZA = atS : KnoA = 60 cm : 10 cm = 6
Zahl der Knöpfe = Zahl der Abstände + 1  = 6 + 1 = 7	ZKno = ZA + 1 = 6 + 1 = 7
Kontrolle: 2,5 cm + 6 Abstände · 10 cm/Abstand + 17,5 cm = 80 cm	

Formellösung	
Vorüberlegungen atS = VL − oKaA − uKaA ZA = atS : KnoA ZKno = ZA + 1	ZKno = $\dfrac{VL - oKaA - uKaA}{KnoA} + 1$ = $\dfrac{80\ cm - 1{,}5\ cm - 17{,}5\ cm}{10\ cm} + 1$ = **7**

 *Sind oberer Kantenabstand, unterer Kantenabstand und Zwischenabstand unterschiedlich lang, so ist die Zahl der Knöpfe bzw. Knopflöcher um 1 **größer** als die Zahl der gleich großen Zwischenabstände.*

Übungsaufgabe: Seite 151, Nr. 01

4.2.2 Verschlüsse mit waagerechten Knopflöchern

Verschlüsse

Zahl der Knöpfe/Knopflöcher

Fallbeispiel 2
Bei einer Bluse sollen waagerechte Knopflöcher so platziert werden, dass der Abstand vom Halsloch 2 cm beträgt und der Abstand von der Saumkante dem Zwischenabstand entspricht. Die Verschlusskante hat eine Länge von 66 cm, als Knopflochabstand sind 8 cm vorgesehen.
Berechnen Sie die Zahl der Knopflöcher.

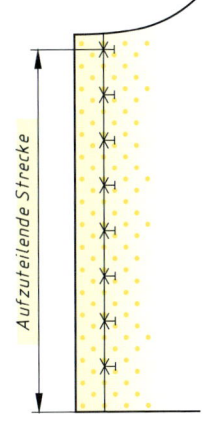

Aufzuteilende Strecke

Gegebene Daten:

Verschlusslänge	VL	66 cm
Kantenabstand oben	oKaA	2 cm
Kantenabstand unten	uKaA	≙ Knopflochabstand
Knopflochabstand	KnlA	8 cm

Gesuchte Daten:
Zahl der Knopflöcher ZKnl

Lösung in Teilschritten	Kurzform

Aufzuteilende Strecke
= Verschlusslänge – Kantenabstand oben
= 66 cm – 2 cm
= 64 cm
	atS = VL – oKaA
	   = 66 cm – 2 cm
	   = 64 cm

Zahl der Abstände
= Aufzuteilende Strecke : Knopflochabstand
= 64 cm : 8 cm
= 8
	ZA = atS : KnlA
	   = 64 cm : 8 cm
	   = 8

Zahl der Knopflöcher ≙ Zahl der Abstände ⚠ = 8	ZKnl ≙ ZA = 8
Kontrolle: 2 cm + 8 Abstände · 8 cm/Abstand = 66 cm	

Formellösung		
Vorüberlegungen	atS = VL – oKaA	ZKnl = $\dfrac{VL - oKaA}{KnlA}$
	ZA = atS : KnlA	= $\dfrac{66\ cm - 2\ cm}{8\ cm}$
	ZKnl ≙ ZA	= 8

⚠
- Ist der untere Kantenabstand gleich groß wie der Zwischenabstand, so **entspricht** die Zahl der Knöpfe bzw. Knopflöcher der Zahl der gleich großen Abstände.
- Bei Streckenaufteilungen ist es vorteilhaft, eine **Kontrollrechnung** durchzuführen. Alle Abstände müssen in der Summe wieder die Verschlusslänge ergeben.

Übungsaufgabe: Seite 151, Nr. 02

4.2.2 Verschlüsse mit waagerechten Knopflöchern

Verschlüsse

Knopfabstand bzw. Knopflochabstand

Fallbeispiel 3

Ein Oberteil mit einer Verschlusslänge von 74 cm soll mit 6 Knöpfen geschlossen werden. Als Abstand des obersten Knopfes vom Halsloch sind 2 cm, als Abstand des untersten Knopfes von der Saumkante sind 18 cm zu berücksichtigen.
Berechnen Sie den Knopfabstand.

Gegebene Daten:
Verschlusslänge	VL	74 cm
Kantenabstand oben	oKaA	2 cm
Kantenabstand unten	uKaA	18 cm
Zahl der Knöpfe	ZKno	6

Gesuchte Daten:
Knopfabstand	KnoA	

Lösung in Teilschritten	Kurzform

Aufzuteilende Strecke
= Verschlusslänge – Kantenabstand oben – Kantenabstand unten
= 74 cm – 2 cm – 18 cm
= 54 cm
	atS = VL – oKaA – uKaA
	    = 74 cm – 2 cm – 18 cm
	    = 54 cm

Zahl der Abstände
= Zahl der Knöpfe – 1
= 6 – 1
= 5
	ZA = ZKno – 1
	    = 6 – 1
	    = 5

Knopfabstand
= Aufzuteilende Strecke : Zahl der Abstände
= 54 cm : 5
= **10,8 cm**
	KnoA = atS : ZA
	     = 54 cm : 5
	     = **10,8 cm**

Kontrolle: 2 cm + 5 Abstände · 10,8 cm/Abstand + 18 cm = 74 cm	

Formellösung	

Vorüberlegungen
 	
atS = VL – oKaA – uKaA
 	
ZA = ZKno – 1
 	
KnoA = atS : ZA
	KnoA = $\dfrac{VL - oKaA - uKaA}{ZKno - 1}$
	
	     = $\dfrac{74\,cm - 2\,cm - 18\,cm}{6 - 1}$
	
	     = **10,8 cm**

 Sind oberer Kantenabstand, unterer Kantenabstand und Zwischenabstand unterschiedlich lang, so ist die Zahl der Zwischenabstände um 1 **kleiner** als die Zahl der Knöpfe bzw. Knopflöcher.

Übungsaufgabe: Seite 151, Nr. 03

4.2.2 Verschlüsse mit waagerechten Knopflöchern

Verschlüsse

Knopflochanzahl und genauer Knopflochabstand

Fallbeispiel 4
An einer Jacke sollen Knopflöcher eingearbeitet werden. Die Verschlusslänge beträgt 68 cm, als Knopflochabstand sind etwa 9 cm vorgesehen. Das oberste Knopfloch soll 2 cm vom Halsloch entfernt, das unterste Knopfloch 18 cm vom Saum entfernt sein.
Berechnen Sie die Knopflochanzahl und den genauen Knopflochabstand.

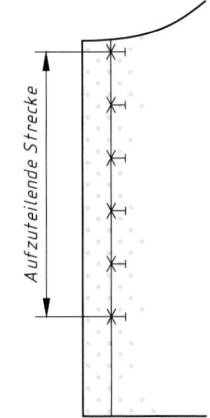

Gegebene Daten:			Gesuchte Daten:	
Verschlusslänge	VL	68 cm	• Zahl der Knopflöcher	ZKnl
Knopflochabstand	KnlA	etwa 9 cm	• Genauer Knopf-	
Kantenabstand oben	oKaA	2 cm	lochabstand	KnlA
Kantenabstand unten	uKaA	18 cm		

Lösung in Teilschritten

Aufzuteilende Strecke (atS) = Verschlusslänge − Kantenabstand oben − Kantenabstand unten
= 68 cm − 2 cm − 18 cm
= 48 cm

Zahl der Abstände (ZA) = Aufzuteilende Strecke : Knopflochabstand
= 48 cm : 9 cm
≈ 5,3 ⇒ 5 ⚠

Zahl der Knopflöcher (ZKnl) = Zahl der Abstände + 1
= 5 + 1
= **6**

Knopflochabstand (KnlA) = Aufzuteilende Strecke : Zahl der Abstände
= 48 cm : 5
= **9,6 cm**

Kontrolle: 2 cm + 5 Abstände · 9,6 cm/Abstand + 18 cm = 68 cm

Formellösung

Vorüberlegungen
atS = VL − oKaA − uKaA
ZA = atS : KnlA
ZKnl = ZA + 1
ZA = ZKnL − 1
KnlA = atS : ZA

$$ZKnl = \frac{VL - oKaA - uKaA}{KnlA} + 1$$

$$= \frac{68\ cm - 2\ cm - 18\ cm}{9\ cm} + 1$$

≈ 6,3 ⇒ **6**

$$KnlA = \frac{VL - oKaA - uKaA}{ZKnl - 1}$$

$$= \frac{68\ cm - 2\ cm - 18\ cm}{6 - 1}$$

= **9,6 cm**

- Die Zahl der Abstände muss stets auf eine **ganze Zahl** gerundet werden.
- Ist die erste Stelle nach dem Komma kleiner als 5, wird in der Regel **abgerundet**.
- Ist die erste Stelle nach dem Komma 5 oder größer, wird in der Regel **aufgerundet**.

Übungsaufgabe: Seite 151, Nr. 04

4.2.3 Verschlüsse mit senkrechten Knopflöchern

Verschlüsse

Knopflochabstand und Knopfabstand

Fallbeispiel 5

In eine 72 cm lange Verschlusskante werden 7 senkrechte Knopflöcher eingearbeitet. Das oberste Knopfloch soll 2 cm vom Halsloch entfernt beginnen, das letzte Knopfloch soll 20 cm von der Saumkante entfernt enden. Die Knopflochlänge beträgt 2 cm.
Berechnen Sie den Knopflochabstand sowie den Knopfabstand.

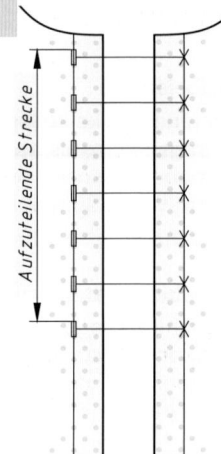

Gegebene Daten:			Gesuchte Daten:	
Verschlusslänge	VL	72 cm	• Knopflochabstand	KnlA
Zahl der Knopflöcher	ZKnl	7	• Knopfabstand	KnoA
Kantenabstand oben	oKaA	2 cm		
Kantenabstand unten	uKaA	20 cm		
Knopflochlänge	KnlL	2 cm		

Lösung in Teilschritten (1. Möglichkeit)	Lösung in Teilschritten (2. Möglichkeit)
Summe der Knopflochlängen (ΣKnlL) = Zahl der Knopflöcher · Knopflochlänge = 7 · 2 cm = 14 cm	Aufzuteilende Strecke (atS) = Verschlusslänge − Kantenabstand oben − Kantenabstand unten − Knopflochlänge = 72 cm − 2 cm − 20 cm − 2 cm = 48 cm
Zahl der Abstände (ZA) = Zahl der Knopflöcher − 1 = 7 − 1 = 6	Zahl der Rapporte (ZRap) = Zahl der Knopflöcher − 1 = 7 − 1 = 6
Summe der Abstände (ΣA) = Verschlusslänge − Kantenabstand oben − Kantenabstand unten − Summe der Knopflöcher = 72 cm − 2 cm − 20 cm − 14 cm = 36 cm	Rapport (Rap) = Aufzuteilende Strecke : Zahl der Rapporte = 48 cm : 6 = 8 cm
Knopflochabstand (KnlA) = Summe der Abstände : Zahl der Abstände = 36 cm : 6 = **6 cm**	**Knopflochabstand (KnlA)** = Rapport − Knopflochlänge = 8 cm − 2 cm = **6 cm**
Knopfabstand (KnoA) = Knopflochlänge + Knopflochabstand = 2 cm + 6 cm = **8 cm**	**Knopfabstand (KnoA)** ≙ Rapport = **8 cm**
Kontrolle: 2 cm + 7 Knopflöcher · 2 cm/Knopfloch + 6 Abstände · 6 cm/Abstand + 20 cm = 72 cm	

 *In der Regel ist bei Längsknopflöchern der Knopfsitz in Höhe der **Knopflochmitte**.*

Übungsaufgabe: Seite 152, Nr. 01

4.2.3 Verschlüsse mit senkrechten Knopflöchern

Verschlüsse

Knopfanzahl und Knopfabstand

Fallbeispiel 6

Bei einem Verschluss mit senkrechten Knopflöchern beginnt das oberste Knopfloch 2,5 cm vom Halsloch entfernt. Der Abstand des untersten Knopfloches zur Saumkante soll dem Knopflochabstand von 11 cm entsprechen. Die Verschlusslänge beträgt 67,5 cm; die Knopflochlänge beträgt 2 cm. Berechnen Sie die Knopfanzahl und den Knopfabstand.

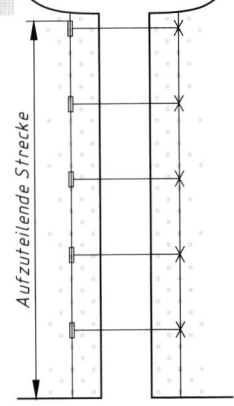

Gegebene Daten:

Kantenabstand oben	oKaA	2,5 cm
Knopflochabstand	KnlA	11 cm
Kantenabstand unten	uKaA	≙ KnlA
Verschlusslänge	VL	67,5 cm
Knopflochlänge	KnlL	2 cm

Gesuchte Daten:
- Zahl der Knöpfe ZKno
- Knopfabstand KnoA

Lösung in Teilschritten		Kurzform	
Aufzuteilende Strecke	= Verschlusslänge – Kantenabstand oben = 67,5 cm – 2,5 cm = 65 cm	atS	= VL – oKaA = 67,5 cm – 2,5 cm = 65 cm
Rapport	= Knopflochabstand + Knopflochlänge = 11 cm + 2 cm = 13 cm	Rap	= KnlA + KnlL = 11 cm + 2 cm = 13 cm
Zahl der Rapporte	= Aufzuteilende Strecke : Rapport = 65 cm : 13 cm = 5	ZRap	= atS : Rap = 65 cm : 13 cm = 5
Zahl der Knöpfe	≙ Zahl der Rapporte = 5	ZKno	≙ ZRap = 5
Knopfabstand	≙ Rapport = 13 cm	KnoA	≙ Rap = 13 cm
Kontrolle: 2,5 cm + 5 Knopfabstände · 13 cm/Abstand = 67,5 cm			

Formellösung

Vorüberlegungen

atS = VL – oKaA
Rap = KnlA + KnlL
ZRap = atS : Rap
ZKno ≙ ZRap
KnoA ≙ Rap

$$ZKno = \frac{VL - oKaA}{KnlA + KnlL}$$
$$= \frac{67,5\ cm - 2,5\ cm}{11\ cm + 2\ cm}$$
$$= 5$$

KnoA = KnlA + KnlL
= 11 cm + 2 cm
= 13 cm

Übungsaufgabe: Seite 152, Nr. 02

4.2.4 Schlingenverschlüsse

Verschlüsse

Schlingenanzahl und Schlingenabstand

Fallbeispiel 7

Eine Damenbluse wird mit einem Schlingenverschluss gearbeitet, wobei die 60 cm lange Verschlusskante jeweils mit einer Schlinge beginnt und abschließt. Als Schlingenbasis sind 1,5 cm vorgesehen, der Schlingenabstand soll etwa 8 cm betragen.
Berechnen Sie die Schlingenanzahl und den genauen Schlingenabstand.

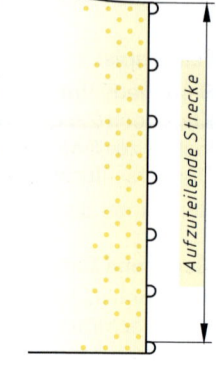

Gegebene Daten:
Verschlusslänge   VL   60 cm
Schlingenbasis   SchBa   1,5 cm
Schlingenabstand   SchA   etwa 8 cm

Gesuchte Daten:
- Zahl der Schlingen   ZSch
- Schlingenabstand   SchA

Lösung in Teilschritten		Kurzform	
Aufzuteilende Strecke	= Verschlusslänge – Schlingenbasis = 60 cm – 1,5 cm = 58,5 cm	atS	= VL – SchBa = 60 cm – 1,5 cm = 58,5 cm
Rapport	= Schlingenbasis + Schlingenabstand = 1,5 cm + 8 cm = 9,5 cm	Rap	= SchBa + SchA = 1,5 cm + 8 cm = 9,5 cm
Zahl der Rapporte	= Aufzuteilende Strecke : Rapport = 58,5 cm : 9,5 cm ≈ 6,2 ⇒ 6 ⚠	ZRap	= atS : Rap = 58,5 cm : 9,5 cm ≈ 6,2 ⇒ 6
Zahl der Schlingen	= Zahl der Rapporte + 1 = 6 + 1 **= 7** ⚠	**ZSch**	= ZRap + 1 = 6 + 1 **= 7**
Rapport	= Aufzuteilende Strecke : Zahl der Rapporte = 58,5 cm : 6 = 9,75 cm	Rap	= atS : ZRap = 58,5 cm : 6 = 9,75 cm
Schlingenabstand	= Rapport – Schlingenbasis = 9,75 cm – 1,5 cm **= 8,25 cm**	**SchA**	= Rap – SchBa = 9,75 cm – 1,5 cm **= 8,25 cm**
Kontrolle: 7 Schlingen · 1,5 cm/Schlinge + 6 Abstände · 8,25 cm/Abstand = 60 cm			

- Die Zahl der Rapporte bzw. der Schlingen und Abstände muss stets auf eine **ganze** Zahl gerundet werden.
- Beginnt und endet die Verschlusskante mit einer Schlinge, ist die Zahl der Schlingen um 1 **größer** als die Zahl der Abstände bzw. Rapporte.

Übungsaufgabe: Seite 153, Nr. 01

4.2.4 Schlingenverschlüsse

Verschlüsse

Schlingenanzahl bzw. Knopfanzahl

Fallbeispiel 8

Eine Verschlusskante soll so mit Schlingen versehen werden, dass die Kante am Halsloch mit einer Schlinge beginnt und die unterste Schlinge 18 cm von der Saumkante entfernt endet. Die Verschlusslänge beträgt 72 cm, die Schlingenbasis 1,5 cm und der Schlingenabstand 6 cm.
Berechnen Sie die Schlingenanzahl.

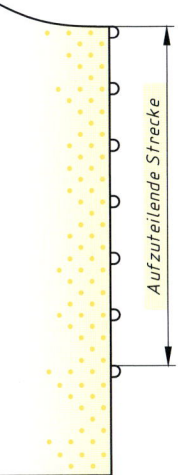

Gegebene Daten:		
Verschlusslänge	VL	72 cm
Kantenabstand unten	uKaA	18 cm
Schlingenbasis	SchBa	1,5 cm
Schlingenabstand	SchA	6 cm

Gesuchte Daten:
Zahl der Schlingen   ZSch

Lösung in Teilschritten		**Kurzform**	
Aufzuteilende Strecke	= Verschlusslänge – Schlingenbasis – Kantenabstand unten = 72 cm – 1,5 cm – 18 cm = 52,5 cm	atS	= VL – SchBa – uKaA = 72 cm – 1,5 cm – 18 cm = 52,5 cm
Rapport	= Schlingenbasis + Schlingenabstand = 1,5 cm + 6 cm = 7,5 cm	Rap	= SchBa + SchA = 1,5 cm + 6 cm = 7,5 cm
Zahl der Rapporte	= Aufzuteilende Strecke : Rapport = 52,5 cm : 7,5 cm = 7	ZRap	= atS : Rap = 52,5 cm : 7,5 cm = 7
Zahl der Schlingen	= Zahl der Rapporte + 1 = 7 + 1 = **8**	**ZSch**	= ZRap + 1 = 7 + 1 = **8**

Kontrolle: 8 Schlingen · 1,5 cm/Schlinge + 7 Abstände · 6 cm/Abstand + 18 cm = 72 cm

Formellösung

Vorüberlegungen
atS = VL – SchBa – uKaA
Rap = SchBa + SchA
ZRap = atS : Rap
ZSch = ZRap + 1

$$ZSch = \frac{VL - SchBa - uKaA}{SchBa + SchA} + 1$$

$$= \frac{72\ cm - 1{,}5\ cm - 18\ cm}{1{,}5\ cm + 6\ cm} + 1$$

$$= 8$$

 Wenn eine Verschlusskante mit einer Schlinge beginnt und der untere Kantenabstand eine andere Länge als der Zwischenabstand hat, so ist die Zahl der Schlingen um 1 **größer** als die Zahl der Zwischenabstände bzw. Rapporte.

Übungsaufgabe: Seite 153, Nr. 02

4.2.4 Schlingenverschlüsse

Verschlüsse

Schlingenabstand und Knopfabstand

Fallbeispiel 9
An eine 68 cm lange Verschlusskante sind 8 Schlingen zu arbeiten, wobei die Kante am Halsloch mit einer Schlinge beginnen und der Abstand der letzten Schlinge zur Saumkante dem Schlingenabstand entsprechen soll. Die Schlingenbasis beträgt 1,2 cm.
Berechnen Sie den Schlingenabstand sowie den Knopfabstand.

Gegebene Daten:			Gesuchte Daten:	
Verschlusslänge	VL	68 cm	• Schlingenabstand	SchlA
Zahl der Schlingen	ZSch	8	• Knopfabstand	KnoA
Schlingenbasis	SchBa	1,2 cm		
Kantenabstand unten	uKaA	≙ Schlingenabstand		

Lösung in Teilschritten		Kurzform	
Aufzuteilende Strecke	≙ Verschlusslänge = 68 cm	atS	≙ VL = 68 cm
Zahl der Rapporte	≙ Zahl der Schlingen ⚠ = 8	ZRap	≙ ZSch = 8
Rapport	= Aufzuteilende Strecke : Zahl der Rapporte = 68 cm : 8 = 8,5 cm	Rap	= atS : ZRap = 68 cm : 8 = 8,5 cm
Schlingenabstand	= Rapport – Schlingenbasis = 8,5 cm – 1,2 cm = **7,3 cm**	**SchA**	= Rap – SchBa = 8,5 cm – 1,2 cm = **7,3 cm**
Knopfabstand	≙ Rapport = **8,5 cm**	**KnoA**	≙ Rap = **8,5 cm**

Kontrolle: 8 Schlingen · 1,2 cm/Schlinge + 8 Abstände · 7,3 cm/Abstand = 68 cm

Formellösung			
Vorüberlegungen atS ≙ VL ZRap ≙ ZSch Rap = atS : Rap SchA = Rap – SchBa KnoA ≙ Rap	**SchA** = $\dfrac{VL}{ZSch}$ – SchBa = $\dfrac{68\,cm}{8}$ – 1,2 cm = **7,3 cm**		**KnoA** = SchBa + SchA = 1,2 cm + 7,3 cm = **8,5 cm**

 Wenn eine Verschlusskante mit einer Schlinge beginnt und der untere Kantenabstand gleich groß wie der Zwischenabstand ist, dann **entspricht** die Zahl der Schlingen der Zahl der Rapporte bzw. der Zahl der Abstände.

Übungsaufgabe: Seite 153, Nr. 03

4.2.4 Schlingenverschlüsse

Verschlüsse

Schlingenabstand und Knopfabstand

Fallbeispiel 10

Eine 64 cm lange Verschlusskante ist mit 8 Schlingen zu versehen. Die oberste Schlinge soll 1 cm vom Halsloch entfernt beginnen, die unterste Schlinge 12 cm von der Saumkante entfernt enden. Die Schlingenbasis beträgt 2 cm.
Berechnen Sie den Schlingenabstand sowie den Knopfabstand.

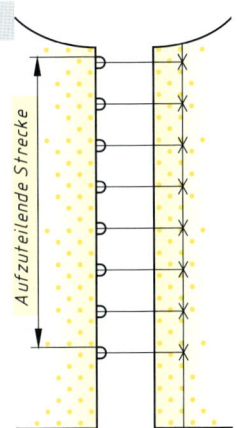

Gegebene Daten:

Verschlusslänge	VL	64 cm
Zahl der Schlingen	ZSch	8
Kantenabstand oben	oKaA	1 cm
Kantenabstand unten	uKaA	12 cm
Schlingenbasis	SchBa	2 cm

Gesuchte Daten:
- Schlingenabstand SchA
- Knopfabstand KnoA

Lösungsmöglichkeit 1	Lösungsmöglichkeit 2 (Kurzform)

Aufzuteilende Strecke
= Verschlusslänge – Kantenabstand oben – Schlingenbasis
  – Kantenabstand unten
= 64 cm – 1 cm – 2 cm – 12 cm
= 49 cm
	ΣSchBa = ZSch · SchBa
	       = 8 · 2 cm
	       = 16 cm

Zahl der Rapporte
= Zahl der Schlingen – 1 ⚠
= 8 – 1
= 7
	ΣSchA = VL – oKaA – uKaA – ΣSchBa
	     = 64 cm –1 cm –12 cm –16 cm
	     = 35 cm

Rapport
= Aufzuteilende Strecke : Zahl der Rapporte
= 49 cm : 7
= 7 cm
	ZSchA = ZSch – 1
	      = 8 – 1
	      = 7

Schlingenabstand
= Rapport – Schlingenbasis
= 7 cm – 2 cm
= **5 cm**
	SchA = ΣSchA : ZSchA
	     = 35 cm : 7
	     = **5 cm**

Knopfabstand
≙ Rapport
= **7 cm**
	KnoA = SchBa + SchA
	     = 2 cm + 5 cm
	     = **7 cm**

Kontrolle: 1 cm + 8 Schlingen · 2 cm/Schlinge + 7 Abstände · 5 cm/Abstand + 12 cm = 64 cm	

⚠ Haben bei einer Verschlusskante der obere Kantenabstand und der untere Kantenabstand eine andere Länge als der Zwischenabstand, so ist die Zahl der Rapporte bzw. die Zahl der Zwischenabstände um 1 **kleiner** als die Zahl der Schlingen.

Übungsaufgabe: Seite 153, Nr. 04

4.2.5 Schlitzverschluss

Verschlüsse

Fallbeispiel 11

Ein seitlicher Rockschlitz wird mit einem Knopfverschluss gearbeitet.

Der oberste Knopf soll im Abstand von 36 cm zur Rocksaumkante angenäht werden, der unterste Knopf im Abstand von 12 cm zur Rocksaumkante.

Als Knopfabstand sind etwa 7,5 cm vorgesehen. Die Länge der senkrecht eingearbeiteten Knopflöcher beträgt jeweils 1,5 cm.

Berechnen Sie die Knopfanzahl, den genauen Knopfabstand sowie den Knopflochabstand.

Gegebene Daten:

Kantenabstand unten$_1$	uKaA$_1$	36 cm
Kantenabstand unten$_2$	uKaA$_2$	12 cm
Knopfabstand	KnoA etwa	7,5 cm
Knopflochlänge	KnlL	1,5 cm

Gesuchte Daten:

- Zahl der Knöpfe   ZKno
- Knopfabstand   KnoA
- Knopflochabstand   KnlA

Lösung in Teilschritten		Kurzform	
Aufzuteilende Strecke	= Kantenabstand unten$_1$ – Kantenabstand unten$_2$ = 36 cm – 12 cm = 24 cm	atS	= uKaA$_1$ – uKaA$_2$ = 36 cm – 12 cm = 24 cm
Zahl der Abstände	= Aufzuteilende Strecke : Knopfabstand = 24 cm : 7,5 cm = 3,2 ⇒ 3	ZA	= atS : KnoA = 24 cm : 7,5 cm = 3,2 ⇒ 3
Zahl der Knöpfe	= Zahl der Abstände + 1 = 3 + 1 = 4	ZKno	= ZA + 1 = 3 + 1 = 4
Knopfabstand	= Aufzuteilende Strecke : Zahl der Abstände = 24 cm : 3 = 8 cm	KnoA	= atS : ZA = 24 cm : 3 = 8 cm
Knopflochabstand	= Knopfabstand – Knopflochlänge = 8 cm – 1,5 cm = 6,5 cm	KnlA	= KnoA – KnlL = 8 cm – 1,5 cm = 6,5 cm
Kontrolle: 3 Abstände · 8 cm/Abstand + 12 cm = 36 cm			

Formellösung

Vorüberlegungen

atS   = uKaA$_1$ – uKaA$_2$
ZA   = atS : KnoA
ZKno = ZA + 1
ZA   = ZKno – 1
KnoA = atS : ZA
KnlA ≙ Rap

$$ZKno = \frac{uKaA_1 - uKaA_2}{KnoA} + 1$$
$$= \frac{36\ cm - 12\ cm}{7{,}5\ cm} + 1$$
$$= 4{,}2\ cm$$
$$\Rightarrow 4$$

$$KnoA = \frac{uKaA_1 - uKaA_2}{ZKno - 1}$$
$$= \frac{36\ cm - 12\ cm}{4 - 1}$$
$$= 8\ cm$$

KnlA
$$= KnoA - KnlL$$
$$= 8\ cm - 1{,}5\ cm$$
$$= 6{,}5\ cm$$

Übungsaufgabe: Seite 152, Nr. 07, 08, 09

4.2.6 Übungsaufgaben (Waagerechte Knopflöcher)   Verschlüsse

01 Eine Bluse hat eine Verschlusslänge von 78 cm. Der oberste Knopf soll 2 cm vom Halsloch, der unterste Knopf 12 cm von der Saumkante entfernt angenäht werden. Als Knopfabstand sind 8 cm vorgesehen.
Berechnen Sie die Knopfanzahl.

02 An einer Jacke mit der Verschlusslänge von 75 cm sollen die waagerechten Knopflöcher so platziert werden, dass der obere Kantenabstand 3 cm beträgt, der untere Kantenabstand dem Zwischenabstand von 8 cm entspricht.
Berechnen Sie die Zahl der Knopflöcher.

03 Ein Oberteil wird mit 8 Knöpfen geschlossen. Die Verschlusslänge beträgt 72 cm. Der oberste Knopf soll 1,5 cm von der Halslochkante, der unterste Knopf 14,5 cm von der Saumkante entfernt angenäht werden.
Berechnen Sie den Knopfabstand.

04 Bei einer Bluse mit der Verschlusslänge von 65 cm ist für die Knöpfe ein Abstand von ungefähr 10 cm vorgesehen. Der oberste Knopf soll mit 1,5 cm Kantenabstand, der unterste Knopf mit 14,5 cm Kantenabstand angenäht werden.
Berechnen Sie die Zahl der Knöpfe sowie den genauen Knopfabstand.

05 Die Verschlusskante einer Jacke ist 73 cm lang. Das oberste Knopfloch ist 3 cm von der Kante entfernt, das unterste 6 cm. Der Knopflochabstand soll 8 cm betragen.
05.1 Berechnen Sie die Zahl der Knopflöcher.
05.2 Berechnen Sie den Knopflochabstand, wenn alle Abstände gleich groß sein sollen und 9 Knopflöcher eingearbeitet werden.

06 Eine Knopfleiste ist 42 cm lang. Der oberste Knopf soll 3 cm vom Halsloch entfernt, der unterste Knopf 9 cm von der unteren Kante entfernt platziert werden. Als Knopfabstand sind 7,5 cm vorgesehen.
06.1 Ermitteln Sie die Knopfanzahl für 65 Blusen.
06.2 Berechnen Sie den Preis der Knöpfe, wenn ein Dutzend 7,20 € kostet.

07 An die 1,00 m lange Verschlusskante eines Hemdblusenkleides sollen Knöpfe mit einem Abstand von ungefähr 6 cm angenäht werden. Als Kantenabstand des obersten Knopfes sind 3 cm, als Kantenabstand des untersten Knopfes 23 cm vorgesehen.
07.1 Berechnen Sie die Zahl der Knöpfe, wenn die Manschetten ebenfalls mit je 2 Knöpfen geschlossen werden.
07.2 Berechnen Sie den genauen Knopfabstand.

08 Ein Rock soll ohne das Bundknopfloch noch mit 8 Knöpfen zu schließen sein. Die waagerechten Knopflöcher sind 2,2 cm lang. Das oberste Knopfloch ist 3 cm von der Taillenlinie entfernt, das unterste Knopfloch hat 21 cm Abstand von der Saumkante. Die Rocklänge beträgt 80 cm.
Berechnen Sie den Knopflochabstand.

09 Die Knopfleiste einer Hemdbluse ist 67 cm lang. Der oberste Knopf hat einen Kantenabstand von 5 cm, der unterste Knopf ist 14 cm von der Kante entfernt. Die Bluse soll mit 7 Knöpfen geschlossen werden.
Berechnen Sie den Knopfabstand.

10 Bei einer Knopfleiste beträgt die Entfernung des ersten Knopfes zum letzten Knopf 39 cm. Der Knopfabstand soll etwa 8 cm betragen.
10.1 Berechnen Sie die Knopfanzahl.
10.2 Ermitteln Sie den genauen Knopfabstand.

11 Eine Bluse mit 62 cm Verschlusslänge soll mit 6 Knopfgruppen von je 3 Knöpfen geschlossen werden. Der obere Kantenabstand und der Abstand zwischen den 3 Knöpfen beträgt 1,5 cm. Der untere Kantenabstand ist so groß wie der Abstand zwischen den Knopfgruppen.
Wie groß ist dieser Abstand?

Projektorientierte Aufgabe

12 Ein Rock in schmaler Schnittform erhält eine seitliche Knopfleiste mit waagerechten Knopflöchern. Das oberste Knopfloch wird 3 cm von der Taillennaht entfernt, das unterste Knopfloch 33 cm von der Saumkante entfernt eingearbeitet.
Die Rocklänge beträgt 73 cm, die Knopflochlänge 2 cm. Als Knopflochabstand sind ungefähr 9 cm vorgesehen.
12.1 **Berechnen** Sie die Zahl der Knöpfe sowie den genauen Knopflochabstand.
12.2 Fertigen Sie eine **Entwurfsskizze** und ergänzen Sie den Rock mit einem passenden Oberteil.
12.3 Erstellen Sie aus dem Grundschnitt im Maßstab 1 : 4 die **Schnittteile** für den Vorderrock. Zeichnen Sie die Knopflöcher sowie den Knopfsitz ein.
Der Abstand der Verschlusskante zur vorderen Mitte beträgt 12 cm. Für Über- und Untertritt sind jeweils 2 cm, für den angeschnittenen Beleg jeweils 5,5 cm zu berücksichtigen.
12.4 Wählen Sie einen **Oberstoff**, das **Futter** und die sonstigen **Zutaten** aus.
12.5 Erstellen Sie ein **Materialetikett** mit Angabe der Pflegesymbole.

4.2.6 Übungsaufgaben (Längsknopflöcher, Schlitzverschlüsse) — Verschlüsse

01 Eine Jacke mit 68 cm Verschlusslänge erhält sechs Längsknopflöcher. Das oberste Knopfloch soll 2,5 cm vom Halsloch entfernt beginnen, das letzte Knopfloch 17,5 cm von der Saumkante entfernt enden. Als Knopflochlänge sind 1,5 cm vorgesehen.
Berechnen Sie den Knopflochabstand sowie den Knopfabstand.

02 Die Längsknopflöcher einer Bluse werden so platziert, dass das oberste 2 cm vom Halsloch entfernt beginnt und der untere Kantenabstand dem Knopflochabstand von 14 cm entspricht. Die Verschlusslänge beträgt 64 cm, die Knopflochlänge 1,5 cm.
Berechnen Sie die Knopflochanzahl sowie den Knopfabstand.

03 In eine 46,50 cm lange Vorderteilkante sollen 8 Längsknopflöcher eingearbeitet werden. Ein Knopfloch ist 1,5 cm lang. Das erste hat einen Abstand von 2,5 cm zum Halsausschnitt, das letzte Knopfloch endet 4 cm vor Taillennaht.
Berechnen Sie den Knopflochabstand.

04 In eine 107 cm lange Verschlusskante werden 2,1 cm lange Längsknopflöcher eingearbeitet. Das oberste Knopfloch beginnt 2,6 cm von der Halslochkante entfernt, der untere Kantenabstand sowie die Zwischenabstände sollen gleich groß sein. 9 Knopflöcher sind einzuarbeiten.
Berechnen Sie den Knopflochabstand.

05 Ein Herrenhemd wird mit 8 Knöpfen geschlossen. Die Knopfleistenlänge beträgt einschließlich der Kragenhöhe 69,5 cm. Das erste Knopfloch liegt quer 1 cm vom oberen Kragenrand entfernt. Das letzte Knopfloch sitzt ebenfalls quer 16 cm von der Saumkante entfernt. Die dazwischenliegenden Knopflöcher sind senkrecht anzubringen. Das zweite Knopfloch beginnt 4,5 cm unterhalb des ersten Knopfloches. Die Knopflochlänge beträgt 1,5 cm.
Berechnen Sie den Abstand zwischen den Längsknopflöchern.

06 Eine Polobluse erhält in der vorderen Mitte eine 25 cm lange Blende, in die senkrecht 4 Knopflöcher eingearbeitet werden. Ein Knopfloch ist 1,2 cm lang. Das oberste Knopfloch beginnt 1 cm vom Halsausschnitt entfernt, das letzte Knopfloch endet 2 cm vor der unteren Kante der Blende.
Berechnen Sie den Knopflochabstand.

07 An einem Ärmelschlitz sind Knöpfe anzunähen. Der unterste Knopf soll mit 3 cm Abstand vom Ärmelsaum platziert werden, der oberste Knopf mit 9,5 cm Abstand zum Ärmelsaum. Der Abstand der Knöpfe soll etwa 2 cm betragen.
07.1 Berechnen Sie die Zahl der Knöpfe.
07.2 Berechnen Sie den genauen Knopfabstand.

08 In einen Rockschlitz werden 3 Längsknopflöcher eingearbeitet. Das unterste Knopfloch endet 15 cm von der Saumkante entfernt, der Knopflochabstand beträgt 6 cm. Die Knopflöcher sind 2 cm lang. (Knopfsitz in Knopflochmitte)
08.1 Berechnen Sie den Knopfabstand.
08.2 Ermitteln Sie den Abstand des untersten Knopfes von der Saumkante.

09 Ein seitlicher Rockschlitz soll mit einem Knopfverschluss gearbeitet werden. Der unterste Knopf sitzt 8 cm vom Rocksaum entfernt, der oberste Knopf hat 44 cm Abstand vom Rocksaum. Es sind 6 senkrechte Knopflöcher vorgesehen, Knopflochlänge 1,5 cm.
09.1 Berechnen Sie den Knopfabstand.
09.2 Berechnen Sie den Knopflochabstand.
09.3 Berechnen Sie den Kantenabstand des untersten Knopfloches.
09.4 Skizzieren Sie den Rockschlitz und kennzeichnen Sie die Abstände.

Projektorientierte Aufgabe

10 Eine ungefütterte Blusenjacke mit Rundhalsausschnitt erhält an beiden Verschlusskanten 6 cm breite Blenden mit Längsknopflöchern (Knopfsitz am oberen Knopflochende) und aufgesetzte Seitentaschen.
Die Verschlusslänge beträgt 67 cm, die Länge der 4 Knopflöcher jeweils 2 cm. Das oberste Knopfloch soll 3 cm vom Halsloch entfernt beginnen, das unterste Knopfloch 20 cm von der Saumkante entfernt enden.
10.1 **Berechnen** Sie den Knopflochabstand.
10.2 **Berechnen** Sie den Knopfabstand.
10.3 **Konstruieren** Sie die beiden Verschlusskanten im Maßstab 1 : 4. Zeichnen Sie die Knopflöcher und den Knopfsitz ein. **Bemaßen** Sie die Kanten normgerecht.
10.4 Fertigen Sie eine **technische Zeichnung** (Liegedarstellung) an.
10.5 Wählen Sie einen geeigneten **Oberstoff** aus und begründen Sie die Wahl.
10.6 Erstellen Sie das **Materialetikett** mit Angabe der Pflegekennzeichen.
10.7 Listen Sie die erforderlichen **Näharbeitsgänge** auf und ordnen Sie die entsprechenden Maschinen zu.

4.2.6 Übungsaufgaben (Schlingenverschlüsse)   Verschlüsse

01 Die 66 cm lange Verschlusskante eines Oberteiles beginnt und endet mit einer Schlinge. Die Schlingenbasis beträgt 1,2 cm, als Schlingenabstand sind etwa 10 cm vorgesehen.
01.1 Berechnen Sie die Schlingenanzahl.
01.2 Berechnen Sie den genauen Schlingenabstand.

02 Eine 74 cm lange Verschlusskante beginnt am Halsloch mit einer Schlinge. 17 cm von der Saumkante entfernt endet die letzte Schlinge. Als Schlingenbasis sind 1,2 cm vorgesehen, als Schlingenabstand 5 cm.
Berechnen Sie die Schlingenanzahl.

03 An eine 63 cm lange Verschlusskante sind 6 Schlingen zu arbeiten. Der Verschluss beginnt am Halsloch mit einer Schlinge. Der Abstand von der untersten Schlinge zur Saumkante entspricht dem Schlingenabstand. Die Schlingenbasis beträgt 1,5 cm.
03.1 Berechnen Sie den Schlingenabstand.
03.2 Berechnen Sie den Knopfabstand.

04 Bei einer 58 cm langen Verschlusskante beginnt die oberste Schlinge 1,5 cm vom Halsloch entfernt, die unterste Schlinge endet 10,5 cm von der Saumkante entfernt. Die Basis der 6 Schlingen beträgt jeweils 1,5 cm.
04.1 Berechnen Sie den Schlingenabstand.
04.2 Berechnen Sie den Knopfabstand.

05 Eine Jacke mit einer Verschlusslänge von 62 cm soll Schlingen erhalten. Die oberste Schlinge ist 1 cm, die unterste Schlinge 7,5 cm von der jeweiligen Kante entfernt. Der Schlingenabstand beträgt 5 cm, die Schlingenbasis 1,5 cm.
Berechnen Sie die Schlingenanzahl.

06 An einer Bluse sind auf der linken Schulternaht (Länge 12 cm) und an den Manschetten (Breite 4,5 cm) Schlingenverschlüsse zu fertigen. Eine Schlinge hat eine Basis von 1,5 cm. Für die gesamte Schlinge werden 3 cm Schrägstreifen benötigt. Die Schlingen werden ohne Abstand gearbeitet.
06.1 Berechnen Sie die Schlingenanzahl.
06.2 Ermitteln Sie den Schrägstreifenbedarf.

07 Eine Verschlusskante mit 60 cm Länge soll mit Schlingen versehen werden. Als Schlingenbasis sind 1,3 cm vorgesehen, als Schlingenabstand ungefähr 3 cm. Der Verschluss beginnt und endet mit einer Schlinge.
07.1 Berechnen Sie die Schlingenanzahl.
07.2 Ermitteln Sie den genauen Schlingenabstand.

08 Eine Jacke wird mit 12 Knöpfen und Schlingen geschlossen, die in Zweiergruppen angeordnet sind. Die Länge der Verschlusskante beträgt 49 cm.
Die oberste Schlinge soll 2,5 cm von der Kante entfernt beginnen, der Abstand der untersten Schlinge von der Kante soll dem Abstand der Schlingengruppen entsprechen. Als Basis einer Schlinge sind 2 cm vorgesehen.
Berechnen Sie den Abstand zwischen den Schlingengruppen.

09 Ein Jackenoberteil mit 60 cm Verschlusslänge soll einen Schlingenverschluss erhalten. Die 12 Schlingen mit einer Basis von je 2 cm sollen mit einem Zwischenabstand von 0,5 cm platziert werden. Die Verschlusskante soll mit einer Schlinge beginnen.
09.1 Berechnen Sie den Abstand der untersten Schlinge zur Saumkante.
09.2 Ermitteln Sie den Knopfabstand.

Projektorientierte Aufgabe

10 Eine taillierte Kostümjacke mit V-Ausschnitt und abgerundeten Verschlusskanten erhält einen Schlingenverschluss mit 12 Knöpfen.
Der oberste Knopf sitzt am Ausschnittende, der unterste Knopf auf Taillenhöhe. Die Entfernung vom ersten bis zum letzten Knopf beträgt 22 cm. Als Schlingenbasis sind 1,5 cm vorgesehen.
10.1 **Berechnen** Sie den Knopfabstand.
10.2 **Berechnen** Sie den Schlingenabstand.
10.3 Fertigen Sie eine **Entwurfszeichnung** für das Kostüm.
10.4 Geben Sie verschiedene **Taillierungsmöglichkeiten** an.
10.5 Ordnen Sie diesem Modell die entsprechende **Stilrichtung** sowie eine **Zielgruppe** zu.
10.6 Wählen Sie drei geeignete **Oberstoffe** aus und beschreiben Sie diese.
10.7 Nennen Sie geeignete **Knopfmaterialien** bzw. Knopfarten.
10.8 Die Schlingen sollen aus Schrägstreifen gefertigt werden. Erläutern Sie die einzelnen **Arbeitsschritte**.
10.9 Nennen Sie **Materialien,** aus denen die Schlingen auch gearbeitet werden könnten.
10.10 Sammeln Sie **Modebilder** zu Schlingenverschlüssen.

4.3 Muster

4.3.1 Grundlagen

Bei Schmucktechniken wie beispielsweise Applikationen, Ziersteppereien, Bandverzierungen usw. sind auch Streckenaufteilungen erforderlich. Man unterscheidet:

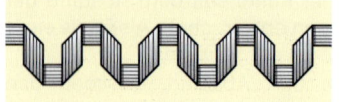 Fortlaufende Muster

 Muster mit Zwischenabstand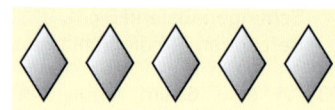

Musterberechnungen kommen zur Anwendung
- an Strecken, z. B. Gürtel, Verschlusskanten
- an geschlossenen Weiten, z. B. Rocksaum, Ärmelsaum

Größe	Abkürzung	Erklärung
Ansatzlänge, Ansatzweite	AnL, AnW	Gesamte Strecke bzw. geschlossene Weite zur Platzierung der Motive bzw. Muster
Motivgröße	MuG	Durchmesser eines Motivs bzw. Musters
Motivabstand	MuA	Entfernung zwischen den Motiven (Zwischenabstand)
Motivmittenabstand	MuMA	Abstand von Motivmitte zu Motivmitte (entspricht dem Rapport)
Zahl der Motive	ZMu	Vorgegebene oder erforderliche Anzahl an Motiven bzw. Mustern
Rapport	Rap	Bei fortlaufenden Mustern die Motivgröße, bei Mustern mit Zwischenabstand Summe von Motivgröße und Motivabstand
Zahl der Rapporte	ZRap	Anzahl der Rapporte innerhalb der aufzuteilenden Strecke
Aufzuteilende Strecke	atS	Gesamtlänge aller Muster bzw. Rapporte
Zahl der Abstände	ZA	Zahl der gleich großen Abstände innerhalb der aufzuteilenden Strecke
Kantenabstand	KaA	Entfernung des ersten bzw. letzten Motivs von der Kante (bei Strecken)
Summe der Motivgrößen	ΣMuG	Summe aller Motivgrößen bzw. Motivdurchmesser
Summe der Abstände	ΣMuA	Summe aller Motivabstände

4.3.1 Grundlagen — Muster

Fortlaufende Muster

Eine Strecke, z.B. ein Gürtel oder eine Kante, wird mit Motiven **ohne Zwischenabstand** verziert. *Fallbeispiel 1 (Seite 156)*

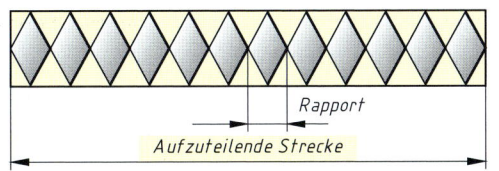

Aufzuteilende Strecke ≙ Motivansatzlänge
Rapport ≙ Motivgröße

Eine geschlossene Weite, z.B. ein Rock- oder Ärmelsaum, wird mit Motiven **ohne Zwischenabstand** verziert. *Fallbeispiel 2 (Seite 156)*

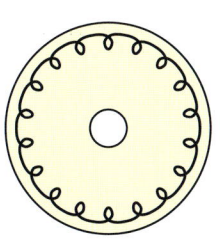 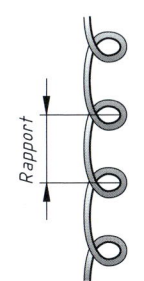

Aufzuteilende Strecke ≙ Motivansatzlänge
Rapport ≙ Motivgröße

Muster mit Zwischenabstand

Bei einer Strecke werden die Motive so platziert, dass das erste und letzte Motiv **mit der Kante abschließen**. *Fallbeispiel 4 (Seite 146)*

Aufzuteilende Strecke
= Motivansatzlänge − Motivgrösse
Zahl der Abstände = Zahl der Motive − 1
Rapport = Motivgröße + Motivabstand

Bei einer Strecke werden die Motive so platziert, dass der **Kantenabstand** dem **halben Zwischenabstand** entspricht.
Fallbeispiel 5 (Seite 159)

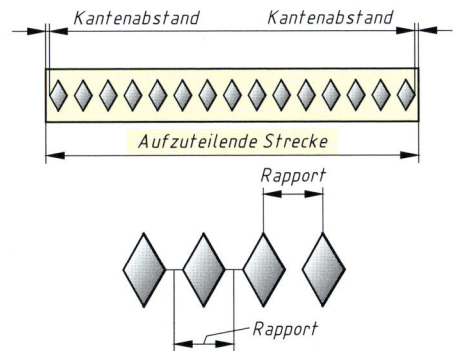

Aufzuteilende Strecke ≙ Motivansatzlinie
Zahl der Abstände ≙ Zahl der Motive
Rapport = Motivgröße
  + Motivabstand

Eine geschlossene Weite wird mit Motiven verziert, die mit einem **Zwischenabstand** platziert werden.
Fallbeispiel 3 (Seite 157)

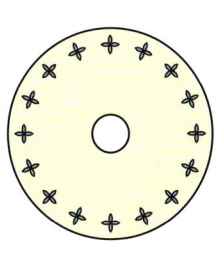 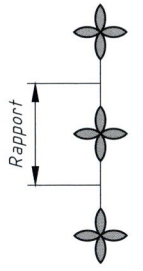

Aufzuteilende Strecke ≙ Motivansatzlinie
Zahl der Abstände ≙ Zahl der Motive
Rapport = Motivgröße
  + Motivabstand

Bekleidungstechnische Berechnungen

4.3.2 Fortlaufende Muster

Muster

Motivanzahl und Rapport

Fallbeispiel 1

Zur Verzierung eines Gürtels ist eine Steppverzierung vorgesehen. Auf einer Gürtellänge von 78 cm sollen 12 Muster platziert werden.

Berechnen Sie den Musterrapport.

Motivansatzlänge
Aufzuteilende Strecke

Gegebene Daten:
Motivansatzlänge AnL 78 cm
Zahl der Motive ZMu 12

Gesuchte Daten:
Rapport Rap

Lösung in Teilschritten		Kurzform	
Zahl der Rapporte	≙ Zahl der Motive = 12	ZRap	≙ ZMu = 12
Aufzuteilende Strecke	≙ Motivansatzlänge = 78 cm	atS	≙ AnL = 78 cm
Rapport	= Aufzuteilende Strecke : Zahl der Rapporte = 78 cm : 12 = **6,5 cm**	Rap	= atS : ZRap = 78 cm : 12 = **6,5 cm**
Kontrolle: 12 Rapporte · 6,5 cm/Rapport = 78 cm			

Fallbeispiel 2

Ein Trachtenrock soll parallel zur Saumkante eine Bandverzierung erhalten. Die Rockweite beträgt 2,72 m; als Musterrapport sind ungefähr 12 cm vorgesehen.

Berechnen Sie die Musteranzahl sowie den genauen Musterrapport.

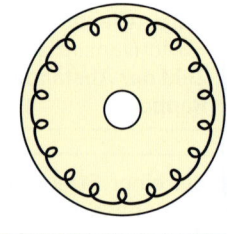

Gegebene Daten:
Motivansatzlänge AnL 272 cm
Rapport Rap etwa 12 cm

Gesuchte Daten:
• Zahl der Motive ZMu
• Genauer Rapport Rap

Lösung in Teilschritten		Kurzform	
Aufzuteilende Strecke	≙ Motivansatzlänge = 272 cm	atS	≙ AnL = 272 cm
Zahl der Rapporte	= Aufzuteilende Strecke : Rapport = 272 cm : 12 cm ≈ 22,7 ⇒ 23 ⚠	ZRap	= atS : Rap = 272 cm : 12 cm ≈ 22,7 ⇒ 23
Zahl der Motive	≙ Zahl der Rapporte = **23**	ZMu	≙ ZRap = **23**
Rapport	= Aufzuteilende Strecke : Zahl der Rapporte = 272 cm : 23 ≈ **11,8 cm**	Rap	= atS : ZRap = 272 cm : 23 ≈ **11,8 cm**
Kontrolle: 23 Rapporte · 11,8 cm/Rapport = 272 cm			

⚠ *Die Zahl der Rapporte bzw. Motive muss stets auf eine **ganze** Zahl gerundet werden.*

Übungsaufgaben: Seite 161, Nr. 01, 02

4.3.3 Muster mit Zwischenabstand

Muster

Motivabstand

Fallbeispiel 3

An einen 2,24 m weiten Rocksaum sollen 16 Applikationen aufgenäht werden. Der Durchmesser eines Motivs beträgt 5 cm.
Berechnen Sie den Abstand zwischen den Applikationen.

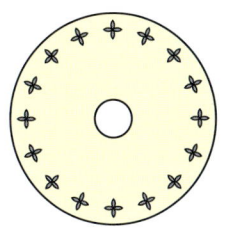

Gegebene Daten:

Motivansatzlänge	AnL	224 cm
Zahl der Motive	ZMu	16
Motivgröße	MuG	5 cm

Gesuchte Daten:

| Motivabstand | MuA | |

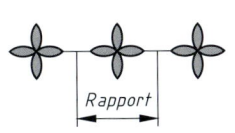

Rapport

Lösung in Teilschritten (1. Möglichkeit)		Kurzform	
Zahl der Rapporte/Abstände	≙ Zahl der Motive = 16	ZRap/ZA	≙ ZMu = 16
Aufzuteilende Strecke	≙ Motivansatzlänge = 224 cm	atS	≙ AnL = 224 cm
Rapport	= Aufzuteilende Strecke : Zahl der Rapporte = 224 cm : 16 = 14 cm	**Rap**	= atS : ZRap = 224 cm : 16 = 14 cm
Motivabstand	= Rapport – Motivgröße = 14 cm – 5 cm = **9 cm**	**MuA**	= Rap – MuG = 14 cm – 5 cm = **9 cm**

Lösung in Teilschritten (2. Möglichkeit)		Kurzform	
Summe der Motivgrößen	= Zahl der Motive · Motivgröße = 16 · 5 cm = 80 cm	ΣMuG	= ZMu · MuG = 16 · 5 cm = 80 cm
Summe der Motivabstände	= Motivansatzlänge – Summe der Motivgrößen = 224 cm – 80 cm = 144 cm	ΣMuA	= AnL – ΣMuG = 224 cm – 80 cm = 144 cm
Zahl der Abstände	≙ Zahl der Motive = 16	ZA	≙ ZMu = 16
Motivabstand	= Summe der Motivabstände : Zahl der Abstände = 144 cm : 16 = **9 cm**	**MuA**	= ΣMuA : ZA = 144 cm : 16 = **9 cm**
Kontrolle: 16 Motive · 5 cm/Motiv + 16 Abstände · 9 cm/Abstand = 224 cm			

Übungsaufgabe: Seite 161, Nr. 03

4.3.3 Muster mit Zwischenabstand

Muster

Motivabstand

Fallbeispiel 4

Die 57,5 cm lange Verschlusskante einer Trachtenbluse wird mit rautenförmigen Applikationen verziert. Das erste und letzte Motiv soll ohne Kantenabstand platziert werden. Insgesamt sind 10 Motive mit jeweils 3,5 cm Durchmesser vorgesehen.
Berechnen Sie den Abstand zwischen den Motiven.

Gegebene Daten:			Gesuchte Daten:	
Motivansatzlänge	AnL	57,5 cm	Motivabstand	MuA
Zahl der Motive	ZMu	10		
Motivgröße	MuG	3,5 cm		

Lösung in Teilschritten (1. Möglichkeit)		Kurzform	
Aufzuteilende Strecke	= Motivansatzlänge – Motivgröße = 57,5 cm – 3,5 cm = 54 cm	atS	= AnL – MuG = 57,5 cm – 3,5 cm = 54 cm
Zahl der Rapporte	= Zahl der Motive – 1 ⚠ = 10 – 1 = 9	ZRap	= ZMu – 1 = 10 – 1 = 9
Rapport	= Aufzuteilende Strecke : Zahl der Rapporte = 54 cm : 9 = 6 cm	Rap	= atS : ZRap = 54 cm : 9 = 6 cm
Motivabstand	= Rapport – Motivgröße = 6 cm – 3,5 cm **= 2,5 cm**	**MuA**	= Rap – MuG = 6 cm – 3,5 cm **= 2,5 cm**

Lösung in Teilschritten (2. Möglichkeit)		Kurzform	
Zahl der Abstände	= Zahl der Motive – 1 = 10 – 1 = 9	ZA	= ZMu – 1 = 10 – 1 = 9
Summe der Motivgrößen	= Zahl der Motive · Motivgröße = 10 · 3,5 cm = 35 cm	ΣMuG	= ZMu · MuG = 10 · 3,5 cm = 35 cm
Summe der Motivabstände	= Motivansatzlänge – Summe der Motivgrößen = 57,5 cm – 35 cm = 22,5 cm	ΣMuA	= AnL – ΣMuG = 57,5 cm – 35 cm = 22,5 cm
Motivabstand	= Summe der Motivabstände : Zahl der Abstände = 22,5 cm : 9 **= 2,5 cm**	**MuA**	= ΣMuA : ZA = 22,5 cm : 9 **= 2,5 cm**

Kontrolle: 10 Motive · 3,5 cm/Motiv + 9 Abstände · 2,5 cm/Abstand = 57,5 cm

> ⚠ Werden bei einer Strecke die Motive ohne Kantenabstand platziert, ist die Zahl der Abstände bzw. Rapporte um 1 **kleiner** als die Zahl der Motive.

Übungsaufgabe: Seite 161, Nr. 04

4.3.3 Muster mit Zwischenabstand   Muster

Motivanzahl

Fallbeispiel 5
Ein Gürtel wird mit Applikationen verziert. Die Gürtellänge beträgt 75 cm, der Durchmesser einer Applikation beträgt 3 cm. Als Zwischenabstand sind 2 cm vorgesehen. Der Abstand des ersten und letzten Motivs von der Gürtelkante soll jeweils dem halben Zwischenabstand entsprechen.
Berechnen Sie die Zahl der Applikationen.

Gegebene Daten:
Motivansatzlänge	AnL	75 cm
Motivgröße	MuG	3 cm
Motivabstand	MuA	2 cm
Kantenabstand	KaA	2 cm : 2 = 1 cm

Gesuchte Daten:
Zahl der Motive   ZMu

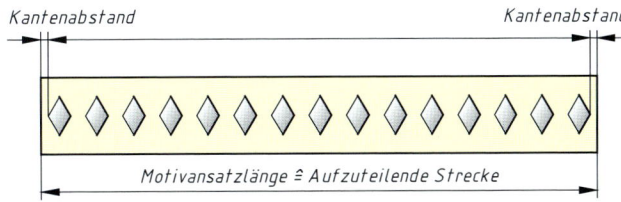

 *Ergeben die beiden Kantenabstände zusammen einen Zwischenabstand, **entspricht** die Zahl der Motive der Zahl der Rapporte.*

Lösung in Teilschritten			Kurzform		
Aufzuteilende Strecke	≙	Motivansatzlänge	atS	≙	AnL
	=	75 cm		=	75 cm
Rapport	=	Motivgröße + Motivabstand	Rap	=	MuG + MuA
	=	3 cm + 2 cm		=	3 cm + 2 cm
	=	5 cm		=	5 cm
Zahl der Rapporte	=	Aufzuteilende Strecke : Rapport	ZRap	=	atS : Rap
	=	75 cm : 5 cm		=	75 cm : 5 cm
	=	15		=	15
Zahl der Motive	≙	Zahl der Rapporte	**ZMu**	≙	ZRap
	=	15		=	15

Kontrolle: 15 Motive · 3 cm/Motiv + 14 Abstände · 2 cm/Abstand + 2 Abstände · 1 cm/Abstand = 75 cm

Formellösung		
atS ≙ AnL	ZMu	$= \dfrac{AnL}{MuG + MuA}$
Rap = MuG + MuA		$= \dfrac{75 \text{ cm}}{3 \text{ cm} + 2 \text{ cm}}$
ZRap = atS : Rap		
ZMu ≙ ZRap		**= 15**

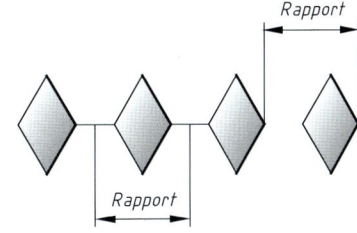

Übungsaufgabe: Seite 161, Nr. 05

4.3.4 Bogenkante

Muster

Fallbeispiel 6

Ein 2,50 m weiter Rocksaum wird mit einer Bogenkante verziert. Die Basis eines Bogens soll etwa 6 cm betragen.
- Berechnen Sie die Anzahl der Bogen und die genaue Bogenbasis, wenn die Bogen ohne Zwischenabstand gearbeitet werden.
- Berechnen Sie die Anzahl der Bogen und die genaue Bogenbasis, wenn die Bogen mit einem Zwischenabstand von 1 cm gearbeitet werden sollen.

Gegebene Daten:

Motivansatzlänge	AnL		250 cm
Motivgröße	MuG	etwa	6 cm
Motivabstand	MuA		1 cm

Gesuchte Daten:

Fortlaufende Bogen
- Zahl der Motive   ZMu
- Motivgröße   MuG

Bogen mit Zwischenabstand
- Zahl der Motive   ZMu
- Motivgröße   MuG

Lösung in Teilschritten		Kurzform	
Fortlaufende Bogen			
Zahl der Motive	= Motivansatzlänge : Motivgröße = 250 cm : 6 cm ≈ 41,7 ⇒ **42** ⚠	ZMu	= AnL : MuG = 250 cm : 6 cm ≈ 41,7 ⇒ **42**
Motivgröße	= Motivansatzlänge : Zahl der Motive = 250 cm : 42 ≈ **5,95 cm**	MuG	= AnL : ZMu = 250 cm : 42 ≈ **5,95 cm**
Bogen mit Zwischenabstand			
Rapport	= Motivgröße + Motivabstand = 6 cm + 1 cm = 7 cm	Rap	= MuG + MuA = 6 cm + 1 cm = 7 cm
Zahl der Rapporte	= Motivansatzlänge : Rapport = 250 cm : 7 cm ≈ 35,7 ⇒ 36	ZRap	= AnL : Rap = 250 cm : 7 cm ≈ 35,7 ⇒ 36
Zahl der Motive	≙ Zahl der Rapporte = 36	ZMu	≙ ZRap = 36
Rapport	= Motivansatzlänge : Zahl der Rapporte = 250 cm : 36 ≈ 6,94 cm	Rap	= AnL : ZRap = 250 cm : 36 ≈ 6,94 cm
Motivgröße	= Rapport – Motivabstand = 6,94 cm – 1 cm = **5,94 cm**	MuG	= Rap – MuA = 6,94 cm – 1 cm = **5,94 cm**

 Die Zahl der Rapporte bzw. Motive muss stets auf eine ganze Zahl **gerundet** werden.

Übungsaufgabe: Seite 161, Nr. 06

4.3.5 Übungsaufgaben

Muster

01 Eine 35 cm breite Vorderteilpasse soll eine fortlaufende Steppverzierung erhalten. Es sind 7 Muster vorgesehen.
Berechnen Sie den Musterrapport.

02 Der 2,10 m weite Rocksaum eines Folklorekleides erhält eine fortlaufende Soutache-Verzierung. Als Musterrapport sind etwa 8,5 cm vorgesehen.
02.1 Ermitteln Sie die Zahl der Muster.
02.2 Berechnen Sie den genauen Musterrapport.

03 Ein 1,80 m weiter Rocksaum soll mit 24 Applikationen verziert werden. Der Durchmesser eines Motivs beträgt 4,5 cm.
Berechnen Sie den Zwischenabstand.

04 Die 63,5 cm lange Verschlusskante einer Bluse wird mit Stickereimotiven versehen. Das erste und letzte Motiv soll ohne Kantenabstand platziert werden. Insgesamt sind 12 Motive mit einem Durchmesser von 3 cm vorgesehen.
Berechnen Sie den Zwischenabstand.

05 Bei einem 70 cm langen Gürtel sollen die 4 cm großen Lederapplikationen so platziert werden, dass der Abstand des ersten und letzten Motivs jeweils dem halben Zwischenabstand entspricht. Als Zwischenabstand sind 3 cm vorgesehen.
Berechnen Sie die Zahl der Applikationen.

06 Ein 2,24 m weiter Rock erhält als Abschluss eine Bogenkante. Als Basis eines Bogens sind 7,5 cm vorgesehen.
Berechnen Sie die Zahl der Bogen und die genaue Basis,
06.1 wenn die Bogen ohne Zwischenabstand gearbeitet werden;
06.2 wenn die Bogen mit einem Zwischenabstand von 2,5 cm gearbeitet werden.

07 Eine Jacke erhält an der 50 cm langen Verschlusskante eine Verzierung in Form von 3 cm langen ausgesparten Rechtecken. Die Kante soll mit einer Aussparung beginnen und enden. Die Zwischenabstände sollen etwa das 1,5-Fache der Aussparung betragen.
Berechnen Sie die Zahl der Aussparungen und die Zahl der Zwischenabstände sowie den exakten Zwischenabstand.

08 Ein Abendkleid wird am Saum mit Applikationen gestaltet. Die Motivansatzweite beträgt 216 cm, die Motivgröße 7,5 cm. Das Maß des Zwischenraumes soll zur Motivgröße im Verhältnis 5 : 3 stehen.
08.1 Berechnen Sie die Motivanzahl.
08.2 Ermitteln Sie den Motivabstand.

09 Ein Rocksaum soll durch Applikationen gestaltet werden. Die Saumweite beträgt 1,38 m, die Motivgröße 5,5 cm, die Rapportgröße ungefähr 9 cm.
09.1 Berechnen Sie die Zahl der Motive.
09.2 Ermitteln Sie den genauen Motivabstand.
09.3 Wie lang und wie breit muss ein Stoffstreifen sein, um daraus die kreisförmigen Motive schneiden zu können.

10 An einen Rock mit der Weite von 2,55 m sollen 5 cm von der Saumkante entfernt 12 cm große Motive angenäht werden, die etwa 8 cm voneinander entfernt sein sollen.
10.1 Berechnen Sie die Zahl der Motive.
10.2 Ermitteln Sie den genauen Motivabstand.

11 Ein 90 cm langer Gürtel soll durch ein fortlaufendes Steppmuster verziert werden. Der Rapport soll etwa 3,5 cm betragen.
11.1 Berechnen Sie die Zahl der Motive.
11.2 Ermitteln Sie den genauen Rapport.

12 Entlang eines 2,64 m langen Rocksaumes wird eine Steppverzierung angebracht. Als Musterrapport sind 15 cm vorgesehen.
12.1 Ermitteln Sie die Zahl der Motive.
12.2 Berechnen Sie den genauen Rapport.

Projektorientierte Aufgabe

13 An einem Abendkleid wird eine Perlen- und Paillettenstickerei angebracht.
Der Rocksaum soll Motive mit Zwischenabstand erhalten. Ein einzelnes Motiv soll zur Gestaltung des Oberteiles verwendet werden.
13.1 **Entwerfen** Sie ein Kleid nach diesen Vorschlägen.
13.2 Fertigen Sie eine Entwurfszeichnung für das **Einzelmotiv** in Originalgröße und deuten Sie die Art der verwendeten Perlen und Pailletten an.
13.3 Schätzen Sie die Rockweite des entworfenen Modells sowie den ungefähren Motivabstand und messen Sie die Größe des Einzelmotivs.
Berechnen Sie mithilfe dieser Maße die Zahl der Motive am Rocksaum sowie den genauen Motivabstand.
13.4 Wählen Sie einen geeigneten **Oberstoff** für dieses Modell aus und beschreiben Sie ihn.
13.5 Zählen Sie **Befestigungsmöglichkeiten** für Perlen und Pailletten auf.
13.6 Sammeln Sie **Modebilder** mit Perlen- und Paillettenstickereien.

4.4 Borten

4.1.1 Grundlagen

Borten (oder auch Bänder, Tressen, Spitzen) werden hauptsächlich zur Kantenbetonung eingesetzt und kennzeichnen den Folklorestil, finden aber auch im Dekobereich vielseitige Anwendung.

Größe	Abkürzung	Erklärung
Bortenbreite	BoB	Vorgegebene Breite einer Borte
Umfang	U	Summe der Längen und Breiten bzw. Höhen, die mit einem Bortenbesatz versehen werden
Bortenlänge	BoL	Gesamtlänge der erforderlichen Borte einschließlich aller Zugaben (Bortenbedarf)
Nahtzugabe	NZg	Zugabe je Kante z. B. für die Schließnähte der Borte oder zur Kantenversäuberung
Eckenzugabe	EZg	Zugabe für die Eckbildung (pro Ecke doppelte Bortenbreite)
Nähzugabe	NäZg	Zugabe für das Einhalten (Angehenlassen) beim Auf- bzw. Annähen der Borte, damit die Borte nicht zu stramm sitzt

Verarbeitungstechnisch unterscheidet man zwischen der aufgesetzten Borte, die auf einen Grundstoff aufgenäht wird, und der angesetzten Borte, die an eine Kante angenäht wird.

Aufgesetzte (aufgenähte) Borte	Angesetzte (angenähte) Borte
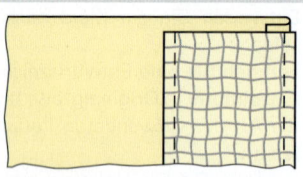	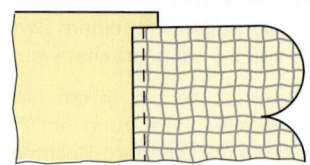

Oftmals ist die Bortenverzierung mit einer **Eckbildung** verbunden. Bei der Berechnung des Bortenbedarfs ist dann eine eventuelle Zugabe für die Eckbildung zu berücksichtigen.

 Die **Zugabe** pro Ecke beträgt die doppelte Bortenbreite.

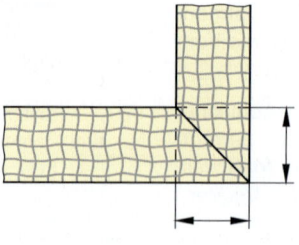 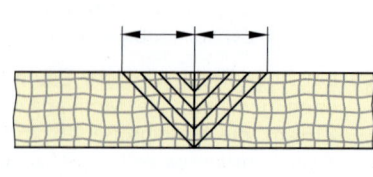

4.4.1 Grundlagen — Borten

Bortenbesatz an Taschen

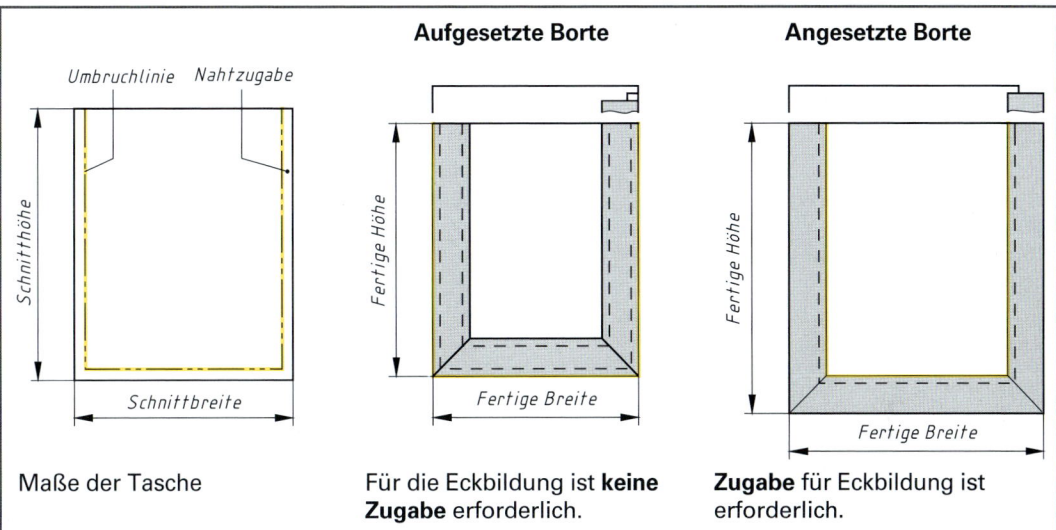

Bortenbesatz an Ausschnitten

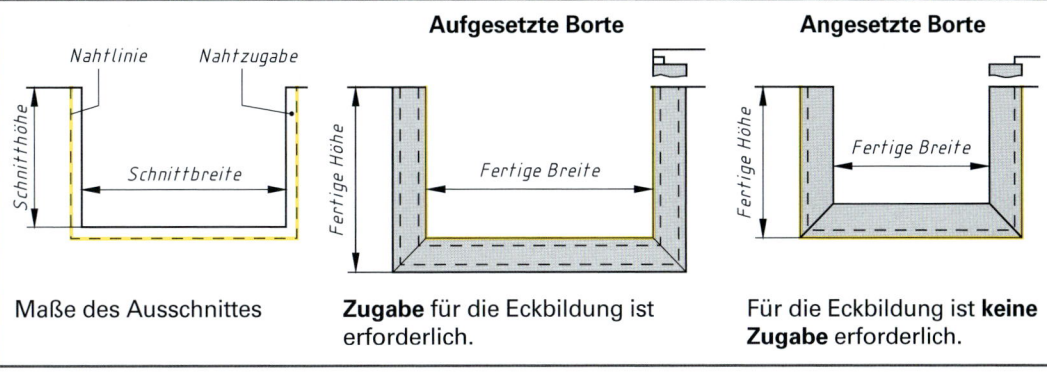

- Zur Berechnung der Bortenlänge werden bei den nachfolgenden Fallbeispielen in der Regel die Maße der **Nahtlinien** an den Schnitt-Teilen zugrunde gelegt. Es können jedoch auch die Fertigmaße oder die Schnittmaße angegeben werden.

- Eine **Zugabe** für die Ecknähte ist nur erforderlich, wenn Zusammensetznähte der Borte anfallen und diese auf eine Ecke gelegt werden.

4.4.2 Bortenbedarf

Borten

Fallbeispiel 1

Ein 2,60 m weiter Rock wird mit 3 Reihen Borten verziert. Die Nahtzugabe für die Zusammensetznähte der Borten beträgt 1 cm/Kante, als Nähzugabe sind 6 cm je Reihe zu berücksichtigen.

Berechnen Sie den Bortenbedarf in m für einen Rock und ermitteln Sie, für wie viele Röcke eine Rolle Borte mit 100 m Länge reicht.

Gegebene Daten:

Umfang	U	260 cm
Zahl der Borten	ZBo	3
Nahtzugabe/Kante	NZg	1 cm
Nähzugabe/Borte	NäZg	6 cm
Bortenlänge$_{gesamt}$	BoL$_{ges}$	100 m

Gesuchte Daten:
- Bortenlänge/Rock BoL$_{Ro}$
- Zahl der Röcke Z$_{Ro}$

Lösung in Teilschritten		Kurzform	
Bortenlänge$_{Reihe}$	= Umfang + Nahtzugaben + Nähzugabe = 260 cm + 2 · 1 cm + 6 cm = 268 cm	BoL$_{Re}$	= U + 2 · NZg + NäZg = 260 cm + 2 · 1 cm + 6 cm = 268 cm
Bortenlänge$_{Rock}$	= Zahl der Borten · Bortenlänge$_{Reihe}$ = 3 · 268 cm = 804 cm **= 8,04 m**	BoL$_{Ro}$	= ZBo · BoL$_{Rei}$ = 3 · 268 cm = 804 cm **= 8,04 m**
Zahl der Röcke	= Bortenlänge$_{gesamt}$: Bortenlänge$_{Rock}$ = 100 m : 8,04 m ≈ 12,4 ⇒ **12**	Z$_{Ro}$	= BoL$_{ges}$: BoL$_{Ro}$ = 100 m : 8,04 m ≈ 12,4 ⇒ **12**

Fallbeispiel 2

Bei einem Chanelkostüm werden mit Borte besetzt:
- der Rocksaum (Weite 96 cm)
- die vorderen Kanten (Kantenlänge je 56 cm)
- der Jackensaum (Weite 100 cm)
- die Taschenleisten (Leistenlänge je 16 cm)
- der Kragen (Umfang 94 cm)
- die Ärmelsäume (Umfang je 26 cm)

Berechnen Sie den Bortenbedarf in m, wenn insgesamt 24 cm Näh- und Nahtzugabe zu berücksichtigen sind, und den Bortenpreis, wenn der Preis für 1 m Borte bei 4,80 € liegt.

Gegebene Daten:

Bortenlänge$_{Rocksaum}$	BoL$_{Ro}$	96 cm
Bortenlänge$_{Jackensaum}$	BoL$_{Ja}$	100 cm
Bortenlänge$_{Kragen}$	BoL$_{Kr}$	94 cm
Bortenlänge$_{Ärmel}$	BoL$_{Är}$	26 cm
Bortenlänge$_{Vord.Kante}$	BoL$_{VK}$	56 cm
Bortenlänge$_{Leiste}$	BoL$_{Lei}$	16 cm
Näh- und Nahtzugabe	NäZg	24 cm
Meterpreis	Pr/m	4,80 €

Gesuchte Daten:

Bortenlänge$_{gesamt}$	BoL$_{ges}$
Bortenpreis	PrBo

Lösung

Bortenlänge$_{Rocksaum}$		96 cm
+ Bortenlänge$_{Jackensaum}$		100 cm
+ Bortenlänge$_{Kragen}$		94 cm
+ Bortenlänge$_{Ärmel}$	2 · 26 cm =	52 cm
+ Bortenlänge$_{Vord.Kanten}$	2 · 56 cm =	112 cm
+ Bortenlänge$_{Leisten}$	2 · 16 cm =	32 cm
+ Nähzugabe		24 cm
Bortenlänge$_{gesamt}$	= 510 cm	**= 5,10 m**

Bortenpreis = Bortenlänge$_{gesamt}$ · Meterpreis
= 5,10 m · 4,80 €/m
= **24,48 €**

Übungsaufgaben: Seite 169, Nr. 01, 02

Bekleidungstechnische Berechnungen

4.4.2 Bortenbedarf

Borten

Fallbeispiel 3

Ein 80 cm langer und 35 cm breiter Tischläufer soll an den Kanten mit einer 5 cm breiten Borte verziert werden. Für das Einhalten beim Aufnähen der Borte sollen 10 cm Zugabe berücksichtigt werden. Der Meterpreis der Borte beträgt 6,40 €.

- Berechnen Sie den Bortenbedarf in m jeweils für eine **aufgesetzte** und eine **angesetzte** Borte.
- Ermitteln Sie den jeweiligen Bortenpreis.

Gegebene Daten:

Länge	L	80 cm
Breite	B	35 cm
Bortenbreite	BoB	5 cm
Nähzugabe	NäZg	10 cm
Meterpreis	Pr/m	6,40 €

Gesuchte Daten:

Aufgesetzte Borte
- Bortenlänge   BoL
- Bortenpreis   BoPr

Angesetzte Borte
- Bortenlänge   BoL
- Bortenpreis   BoPr

Lösung in Teilschritten	Kurzform
Umfang = 2 · Länge + 2 · Breite = 2 · 80 cm + 2 · 35 cm = 230 cm	U = 2 · L + 2 · B = 2 · 80 cm + 2 · 35 cm = 230 cm
Aufgesetzte Borte	
Bortenlänge = Umfang + Nähzugabe = 230 cm + 10 cm = 240 cm **= 2,40 m**	BoL = U + NäZg = 230 cm + 10 cm = 240 cm **= 2,40 m**
Bortenpreis = Bortenlänge · Meterpreis = 2,40 m · 6,40 €/m = **15,36 €**	BoPr = BoL · Pr/m = 2,40 m · 6,40 €/m = **15,36 €**
Angesetzte Borte	
Bortenlänge = Umfang + Nähzugabe + Eckenzugaben = 230 cm + 10 cm + (4 · 2 · 5 cm) = 280 cm ⇒ **2,80 m**	BoL = U + NäZg + 4 · EZg = 230 cm + 10 cm + (4 · 2 · 5 cm) = 280 cm ⇒ **2,80 m**
Bortenpreis = Bortenlänge · Meterpreis = 2,80 m · 6,40 €/m = **17,92 €**	BoPr = BoL · Pr/m = 2,80 m · 6,40 €/m = **17,92 €**

- Bei der **aufgesetzten** Borte ist in diesem Falle keine Eckenzugabe erforderlich.
- Bei der **angesetzten** Borte ist pro Ecke die doppelte Bortenbreite als Eckenzugabe zu berücksichtigen.

Übungsaufgabe: Seite 169, Nr. 03

4.4.2 Bortenbedarf

Borten

Fallbeispiel 4

Für einen 1,20 m langen und 0,80 m breiten Tisch wird eine Tischdecke gearbeitet, deren Kanten mit einer 6 cm breiten **angesetzten** Spitze verziert werden. Die Decke soll fertig an allen Seiten 25 cm Überhang (einschließlich der Spitze) haben. Die Nähzugabe beträgt insgesamt 10 cm.
Berechnen Sie den Bortenbedarf in m.

Gegebene Daten:			Gesuchte Daten:	
Länge	L	120 cm	Bortenlänge	BoL
Breite	B	80 cm		
Überhang/Kante	ÜbKa	25 cm		
Bortenbreite	BoB	6 cm		
Nähzugabe	NäZg	10 cm		

Lösung in Teilschritten

Umfang	= 2 · (Länge + 2 · Überhang) + 2 · (Breite + 2 · Überhang)
	= 2 · (120 cm + 2 · 25 cm) + 2 · (80 cm + 2 · 25 cm)
	= 600 cm
Bortenlänge	= Umfang + Nähzugabe
	= 600 cm + 10 cm
	= 610 cm **= 6,10 m**

Wenn man die Fertigmaße der Tischdecke als Umfang zugrunde gelegt hätte, wäre in diesem Falle keine Zugabe für die Eckbildung erforderlich gewesen.

Fallbeispiel 5

An ein quadratisches Tuch mit der Seitenlänge 1 m wird an den Kanten ein 3 cm breites Satinband aufgesetzt.
Berechnen Sie den Bandbedarf (in m) unter Berücksichtigung einer Nähzugabe von insgesamt 6 cm (auf volle 10 cm gerundet).

Gegebene Daten:			Gesuchte Daten:	
Länge	L	100 cm	Bortenlänge	BoL
Bortenbreite	BoB	3 cm		
Nähzugabe	NäZg	6 cm		

Lösung in Teilschritten		Kurzform	
Umfang	= 4 · Seitenlänge	U	= 4 · L
	= 4 · 100 cm		= 4 · 100 cm
	= 400 cm		= 400 cm
Bortenlänge	= Umfang + Nähzugabe	**BoL**	= U + NäZg
	= 400 cm + 6 cm		= 400 cm + 6 cm
	= 406 cm ⇒ **4,10 m**		= 406 cm ⇒ **4,10 m**

Übungsaufgaben: Seite 169, Nr. 04, 05

4.4.2 Bortenbedarf — Borten

Fallbeispiel 6

Die Seitentaschen einer Jacke werden an 3 Kanten mit einer 2,5 cm breiten **aufgesetzten** Borte versehen. Die Maße der Tasche betragen 16 cm in der Breite und 20 cm in der Höhe. Die Zugabe für den Einschlag der Borte am Tascheneingriff beträgt 1 cm je Kante, als Nähzugabe sind 3 cm je Tasche zu berücksichtigen.
Berechnen Sie, wie viel m Borte je Jacke benötigt werden.

Gegebene Daten:

Bortenbreite	BoB	2,5 cm
Breite	B	16 cm
Höhe	H	20 cm
Nahtzugabe/Kante	NZg	1 cm
Nähzugabe	NäZg	3 cm

Gesuchte Daten:
Bortenlänge/Jacke   BoL/Ja

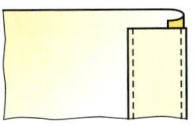

Lösung in Teilschritten		Kurzform	
Umfang	= Breite + 2 · Höhe = 16 cm + 2 · 20 cm = 56 cm	U	= B + 2 · H = 16 cm + 2 · 20 cm = 56 cm
Bortenlänge/Tasche	= Umfang + Nahtzugaben$_{Tascheneingriff}$ + Nähzugabe = 56 cm + (2 · 1 cm) + 3 cm = 61 cm	BoL/Ta	= U + 2 · NZg + NäZg = 56 cm + 2 · 1 cm + 3 cm = 61 cm
Bortenlänge/Jacke	= 2 · Bortenlänge/Tasche = 2 · 61 cm = 122 cm **= 1,22 m**	**BoL/Ja**	= 2 · BoL/Te = 2 · 61 cm = 122 cm **= 1,22 m**

Fallbeispiel 7

An einen Matrosenkragen wird 3 cm von der äußeren Kante entfernt eine 1,5 cm breite Borte aufgenäht. Die vordere Kragenbreite beträgt jeweils 17 cm, die hintere Kragenbreite beträgt 36 cm, die seitliche Kragenhöhe insgesamt 44 cm. Die Nahtzugabe/Kante an den vorderen Kanten beträgt 1 cm. Als Nähzugabe sind insgesamt 8 cm zu berücksichtigen.
Berechnen Sie den Bortenbedarf in m.

Gegebene Daten:

Kantenabstand	KaA	3 cm	Bortenbreite	BoB	1,5 cm
Breite$_{vorne}$	B$_v$	17 cm	Nahtzugabe/Kante	NZg	1 cm
Breite$_{hinten}$	B$_h$	36 cm	Nähzugabe	NäZg	8 cm
Höhe	H	44 cm			

Gesuchte Daten: Bortenlänge   BoL

Lösung in Teilschritten	
Umfang	= 2 · (Breite$_{vorn}$ − Kantenabstand) + (Breite$_{hinten}$ − 2 · Kantenabstand) + 2 · (Höhe − 2 · Kantenabstand) = 2 · (17 cm − 3 cm) + (36 cm − 2 · 3 cm) + 2 · (44 cm − 2 · 3 cm) = 134 cm
Bortenlänge	= Umfang + Nahtzugaben$_{Vordere\ Kante}$ + Nähzugabe = 134 cm + (2 · 1 cm) + 8 cm = 144 cm **= 1,44 m**

Übungsaufgaben: Seite 169, Nr. 06, 07

4.4.2 Bortenbedarf

Borten

Fallbeispiel 8
Der viereckige Ausschnitt eines Folklorekleides wird mit einer 2 cm breiten **aufgesetzten** Borte verziert. Die Ausschnittbreite an Vorderteil und Rückteil beträgt je 24 cm einschließlich Über- und Untertritt, die Ausschnitthöhe an Vorderteil und Rückenteil je 16 cm.
Berechnen Sie die erforderliche Bortenlänge in m, wenn die Nähzugabe insgesamt 6 cm beträgt (auf volle 5 cm gerundet).

Gegebene Daten:			Gesuchte Daten:	
Bortenbreite	BoB	2 cm	Bortenlänge	BoL
Ausschnittbreite	B	24 cm		
Ausschnitthöhe	H	16 cm		
Nähzugabe	NäZg	6 cm		

Lösung in Teilschritten		Kurzform	
Umfang	= 2 · Breite + 4 · Höhe	U	= 2 · B + 4 · H
	= 2 · 24 cm + 4 · 16 cm		= 2 · 24 cm + 4 · 16 cm
	= 112 cm		= 112 cm
Bortenlänge	= Umfang + Eckenzugaben + Nähzugabe	BoL	= U + 4 · EZg + NäZg
	= 112 cm + (4 · 2 · 2 cm) + 6 cm		= 112 cm + 4 · 2 · 2 cm + 6 cm
	= 134 cm $\Rightarrow$ **1,35 m**		= 134 cm $\Rightarrow$ **1,35 m**

Fallbeispiel 9
An die viereckige Passe eines hochgeschlossenen Vorderteiles wird eine 2,5 cm breite Borte **aufgesetzt**. Die Maße der Passe betragen in der Breite 30 cm und in der Höhe 22 cm. Als Nahtzugabe für die Schulternähte sind 1 cm je Kante, als Nähzugabe insgesamt 4 cm vorzusehen.
Berechnen Sie den Bortenbedarf in m.

Gegebene Daten:			Gesuchte Daten:	
Bortenbreite	BoB	2,5 cm	Bortenlänge	BoL
Passenbreite	B	30 cm		
Passenhöhe	H	22 cm		
Nahtzugabe/Kante	NZg	1 cm		
Nähzugabe	NäZg	4 cm		

Lösung in Teilschritten		Kurzform	
Umfang	= Breite + 2 · Höhe	U	= B + 2 · H
	= 30 cm + 2 · 22 cm		= 30 cm + 2 · 22 cm
	= 74 cm		= 74 cm
Bortenlänge	= Umfang + Nahtzugaben$_{Schulternähte}$ + Nähzugabe	BoL	= U + 2 · NZg + NäZg
	= 74 cm + (2 · 1 cm) + 4 cm		= 74 cm + 2 · 1 cm + 4 cm
	= 80 cm **= 0,80 m**		= 80 cm **= 0,80 m**

- Bei einer aufgesetzten Borte an einem Ausschnitt ist eine **Eckenzugabe** für die Eckbildung erforderlich.

- Bei einer aufgesetzten Borte an einer Passe ist **keine Eckenzugabe** für die Eckbildung erforderlich

Übungsaufgaben: Seite 169, Nr. 08, 09

4.4.3 Übungsaufgaben — Borten

01 Ein 1,80 m weiter Rocksaum wird mit zwei Reihen Borte verziert. Zum Schließen der Borte benötigt man je Kante 1 cm Zugabe, als Nähzugabe sind je Reihe 5 cm zu berücksichtigen.
01.1 Berechnen Sie den Bortenbedarf je Rock.
01.2 Ermitteln Sie die Zahl der Röcke, für die eine Rolle mit 50 m reicht.

02 Bei einer Jacke werden die Kanten mit Borte verziert: der Saum (Weite 104 cm), der Halsausschnitt (Weite 46 cm), die beiden Tascheneingriffe (Länge je 15 cm), die Ärmelsäume mit Schlitz (Länge je 30 cm), die vorderen Kanten (Länge je 62 cm). Als Naht- und Nähzugabe sind insgesamt 26 cm zu berücksichtigen. Der Meterpreis für die Borte beträgt 3,40 €.
02.1 Berechnen Sie den Bortenbedarf in m.
02.2 Ermitteln Sie den Preis für die Borte.

03 Ein Tischläufer mit 65 cm Länge und 30 cm Breite soll an den Kanten mit einer 6 cm breiten Borte verziert werden. Als Naht- und Nähzugabe sind insgesamt 8 cm zu berücksichtigen. Der Meterpreis der Borte beträgt 4,20 €.
Berechnen Sie den Bortenbedarf und Preis
03.1 für eine angesetzte Borte,
03.2 für eine aufgesetzte Borte.

04 Eine Tischdecke mit 1,60 m Länge und 1,20 m Breite erhält als Kantenabschluss eine 5 cm breite Spitze angesetzt. Als Näh- und Nahtzugabe sind 15 cm vorgesehen.
04.1 Berechnen Sie den Bedarf an Spitze.
04.2 Ermitteln Sie die Fertigmaße der Decke.

05 An die Kanten einer quadratischen Decke mit der Seitenlänge 80 cm wird eine 4 cm breite Borte aufgesetzt. Die Naht- und Nähzugabe beträgt 8 cm, der Meterpreis der Borte 5,40 €.
05.1 Berechnen Sie den Bortenbedarf (auf volle 5 cm gerundet).
05.2 Ermitteln Sie den Bortenpreis.

06 Die Seitentaschen einer Jacke erhalten an drei Kanten (seitlich und unten) eine 2 cm breite aufgesetzte Borte. Die Taschenbreite beträgt 15 cm, die Taschenhöhe 18 cm. Die Nahtzugabe für den Einschlag der Borte beträgt 1 cm je Kante, als Nähzugabe sind 2 cm je Tasche zu berücksichtigen. Für einen Auftrag über 120 Jacken stehen Rollen mit 50 m Borte zur Verfügung.
06.1 Berechnen Sie den Bortenbedarf pro Jacke.
06.2 Ermitteln Sie die Zahl der Rollen, die für den Auftrag benötigt werden.

07 Ein Matrosenkragen erhält 2 cm von der äußeren Kante entfernt eine 1 cm breite aufgesetzte Borte. Die vordere Kragenbreite beträgt bis zur vorderen Mitte 18 cm, die hintere Kragenbreite 38 cm, die seitliche Kragenhöhe 40 cm. Als Naht- und Nähzugabe sind insgesamt 12 cm einzuplanen.
Berechnen Sie den Bortenbedarf in m.

08 Der viereckige Ausschnitt eines Dirndls erhält eine 1,5 cm breite aufgesetzte Borte. An Vorder- und Rückteil beträgt die Ausschnittbreite 22 cm, die Ausschnitthöhe jeweils 14 cm. Als Näh- und Nahtzugabe sind insgesamt 10 cm vorgesehen.
Berechnen Sie den Bortenbedarf in m (auf volle 10 cm gerundet).

09 Eine 22 cm breite und 14 cm hohe Passe am Vorderteil einer Bluse wird an den Kanten mit einer 1,5 cm breiten aufgesetzten Borte verziert. Als Näh- und Nahtzugabe sind 5 cm einzuplanen.
Berechnen Sie den Bortenbedarf in m.

10 Ein Rock wird am unteren Rand mit zwei Reihen Borte verziert. Die Rockweite ergibt sich aus 2,5 Streifen eines 80 cm breiten Stoffes. Die Zugabe für die Zusammensetznähte der Streifen beträgt 1 cm je Kante. Als Naht- und Nähzugabe bei der Borte sind 4 cm je Reihe zu berücksichtigen.
10.1 Ermitteln Sie den Bortenbedarf für fünf Arbeitstage, wenn pro Tag 440 Röcke gefertigt werden.
10.2 Berechnen Sie die erforderliche Anzahl an Rollen, wenn eine Rolle 50 m enthält.

Projektorientierte Aufgabe

11 An eine Tischdecke und 6 Servietten soll als Kantenabschluss eine 3 cm breite Spitze angesetzt werden. Die Tischdecke ist 164 cm lang und 124 cm breit. Die quadratische Serviette weist eine Seitenlänge von 24 cm auf.
11.1 **Konstruieren** Sie eine Serviette im Maßstab 1 : 2 und bemaßen Sie sie.
11.2 Ermitteln Sie den Spitzenbedarf für eine Serviette durch **Messen** und **Berechnung**.
11.3 Berechnen Sie den **Gesamtbedarf** an Spitze, wenn insgesamt 50 cm Näh- und Nahtzugabe berücksichtigt werden sollen.
11.4 Stellen Sie die **Fertigmaße** der Tischdecke bzw. einer Serviette fest.
11.5 Wählen Sie drei geeignete **Stoffe** für diesen Einsatz aus.
11.6 Geben Sie Herstellungstechniken für Spitzen an und wählen Sie eine geeignete **Spitzenart** für diesen Zweck aus.

4.5 Blenden

4.5.1 Grundlagen

Blenden sind nach rechts gearbeitete Besätze, die sich in der Regel durch Farbe, Material oder Musterung vom Grundstoff abheben. Mit Blenden werden z.B. Verschlusskanten, Ausschnitte, Säume, Taschen, Ärmelabschlüsse und Kragen betont.

Man unterscheidet:
- Blenden im **Geradfadenlauf**
- Blenden im **Schrägfadenlauf**
- **Formblenden**

Die Fallbeispiele zur Blendenberechnung beziehen sich auf Blenden, die im **Geradfadenlauf** zugeschnitten werden.

Verarbeitungtechnisch unterscheidet man zwischen der einfachen Blende, die verstürzt auf einen Grundstoff aufgenäht wird, und der doppelten Blende, die an eine Kante angesetzt wird.

Einfache (verstürzte) Blende	Doppel-(Hohl-)blende

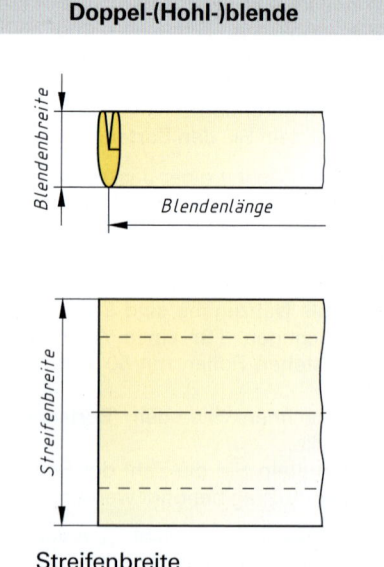

Streifenbreite
= Blendenbreite + 2 · Nahtzugabe

Streifenbreite
= 2 · Blendenbreite + 2 · Nahtzugabe

4.5.1 Grundlagen — Blenden

Größe	Abkürzung	Erklärung
Blendenlänge	BlL	Gesamte Länge der Blende einschließlich eventueller Nahtzugaben
Blendenbreite	BlB	Fertige Breite der Blende (bei Doppelblende von der Ansatznaht bis zum Bruch gemessen)
Nahtzugabe	NZg	Zugabe je Kante zur Befestigung der Blende am Grundstoff sowie für die Zusammensetznähte der Stoffstreifen
Streifenbreite	StrB	Zugeschnittene Breite des für einen Blendenbesatz erforderlichen Stoffstreifens. Sie wird in der Regel in Kettfadenrichtung gemessen. (Schnittbreite)
Zahl der Streifen	ZStr	Die für den Blendenbesatz erforderliche Anzahl an Stoffstreifen
Stoffbreite	StB	Erforderliche bzw. zur Verfügung stehende Breite des Stoffes
Stofflänge	StL	Erforderliche bzw. zur Verfügung stehende Länge des Stoffes (**Stoffbedarf, Stoffverbrauch**)

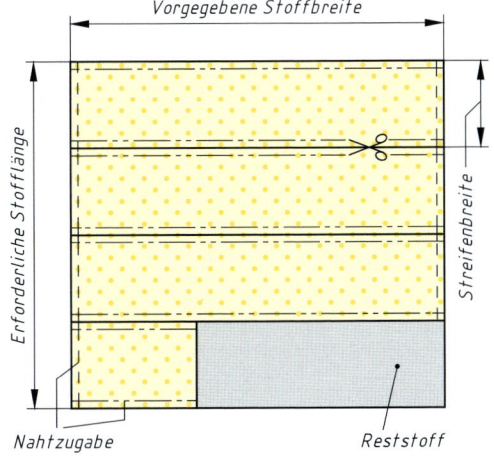

Zuschneideplan zur Ermittlung der erforderlichen Stofflänge bzw. der möglichen Blendenbreite

Fallbeispiele 1, 2, 3, 4, 5

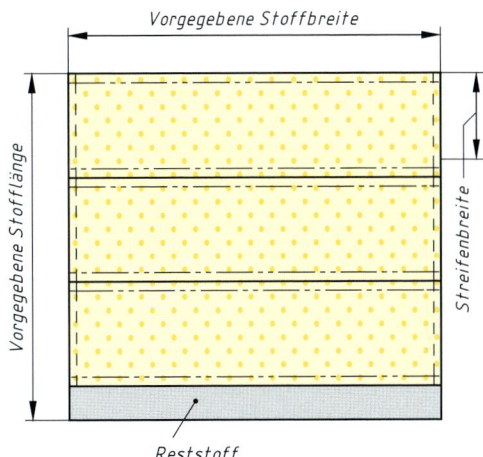

Zuschneideplan zur Ermittlung der möglichen Blendenlänge

Fallbeispiele 6, 7

Bekleidungstechnische Berechnungen

4.5.2 Stoffbedarf

Blenden

Fallbeispiel 1

An einem Rock soll die Saumkante mit einer 4 cm breiten einfachen Blende besetzt werden. Man benötigt insgesamt 3,00 m Blende. Zur Verfügung steht ein 90 cm breiter Stoff, als Nahtzugabe ist 1 cm je Kante zu berücksichtigen.

Berechnen Sie den Stoffbedarf (in m) sowie die Stoffkosten für den Besatzstoff, wenn der Meterpreis bei 28,40 € liegt.

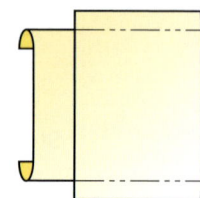

Gegebene Daten:

Blendenart:	*Einfache Blende*	
Blendenbreite	BlB	4 cm
Blendenlänge	BlL	300 cm
Stoffbreite	StB	90 cm
Nahtzugabe/ Kante	NZg	1 cm
Meterpreis	Pr/m	28,40 €

Gesuchte Daten:
- Stofflänge   StL
- Stoffpreis   StPr

Lösung in Teilschritten		Kurzform	
Streifenbreite	= Blendenbreite + 2 · Nahtzugabe	StrB	= BlB + 2 · NZg
	= 4 cm + 2 · 1 cm		= 4 cm + 2 · 1 cm
	= 6 cm		= 6 cm
Zahl der Streifen	= Blendenlänge : (Stoffbreite – 2 · Nahtzugabe)	ZStr	= BlL : (StB – 2 · NZg)
	= 300 cm : (90 cm – 2 · 1 cm)		= 300 cm : (90cm – 2 · 1cm)
	= 3,4 ⇒ 4 ⚠		= 3,4 ⇒ 4
Stofflänge	= Zahl der Streifen · Streifenbreite	**StL**	= ZStr · StrB
	= 4 · 6 cm		= 4 · 6 cm
	= 24 cm **= 0,24 m**		= 24 cm **= 0,24 m**
Stoffpreis	= Stofflänge · Meterpreis	**StPr**	= StL · Pr/m
	= 0,24 m · 28,40 €/m		= 0,24 m · 28,40 €/m
	= 6,82 €		**= 6,82 €**

 Bei der Berechnung der erforderlichen Stofflänge ist die Zahl der Streifen stets auf eine ganze Zahl **aufzurunden,** da der letzte Streifen sonst nicht die volle Breite hat.

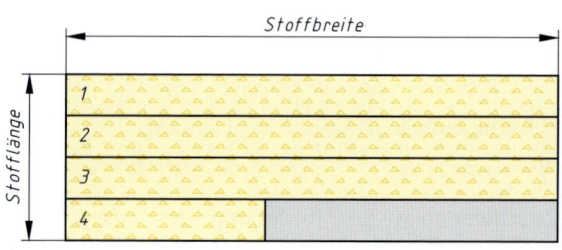

Übungsaufgabe: Seite 179, Nr. 01

4.5.2 Stoffbedarf — Blenden

Fallbeispiel 2

An einer verschlusslosen Jacke werden mit einer 3,5 cm breiten Blende besetzt bzw. eingefasst: die vorderen Kanten (Länge jeweils 70 cm), die Saumkante (Länge 112 cm) sowie die Ärmelabschlusskanten (Länge jeweils 40 cm). Der zur Verfügung stehende Besatzstoff liegt 140 cm breit und kostet 24,00 €/m. Die Nahtzugabe je Kante beträgt 1 cm.
Berechnen Sie den Stoffbedarf (in m) sowie den Stoffpreis für eine **einfache Blende** und für eine **Doppelblende**.

Gegebene Daten:

Blendenbreite	BlB	3,5 cm
Blendenlänge$_{\text{Vordere Kanten}}$	BIL$_{VK}$	70 cm
Blendenlänge$_{\text{Saum}}$	BIL$_{Sa}$	112 cm
Blendenlänge$_{\text{Ärmel}}$	BIL$_{Är}$	40 cm
Stoffbreite	StB	140 cm
Nahtzugabe/Kante	NZg	1 cm
Meterpreis	Pr/m	24,00 €

Gesuchte Daten:

Einfache Blende
- Stofflänge   StL
- Stoffpreis   StPr

Doppelblende
- Stofflänge   StL
- Stoffpreis   StPr

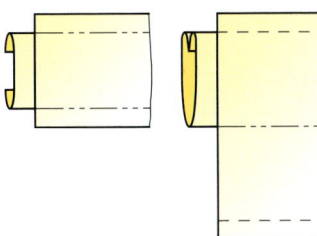

Lösung in Teilschritten

Einfache Blende	*Doppelblende*	
Blendenlänge$_{\text{gesamt}}$ = 2 · Blendenlänge$_{VK}$ + Blendenlänge$_{Sa}$ + 2 · Blendenlänge$_{Är}$ = 2 · 70 cm + 112 cm + 2 · 40 cm = 332 cm	BIL$_{ges}$	= 2 · BIL$_{VK}$ + BIL$_{Sa}$ + 2 BIL$_{Är}$ = 2 · 70 cm + 112 cm + 2 · 40 cm = 332 cm
Zahl der Streifen = Blendenlänge$_{\text{gesamt}}$: (Stoffbreite – 2 · Nahtzugabe) = 332 cm : (140 cm – 2 · 1 cm) = 2,4 ⇒ 3	ZStr	= BIL$_{ges}$: (StB – 2 · NZg) = 332 cm : (140 cm – 2 · 1 cm) = 2,4 ⇒ 3
Streifenbreite = Blendenbreite + 2 · Nahtzugabe = 3,5 cm + 2 · 1 cm = 5,5 cm	StrB	= 2 · BlB + 2 · NZg = 2 · 3,5 cm + 2 · 1 cm = 9 cm
Stofflänge = Zahl der Streifen · Streifenbreite = 3 · 5,5 cm = 16,5 cm ⇒ **0,17 m**	StL	= ZStr · StrB = 3 · 9 cm = 27 cm **= 0,27 m**
Stoffpreis = Stofflänge · Meterpreis = 0,17 m · 24,00 €/m = **4,08 €**	StPr	= StL · Pr/m = 0,27 m · 24,00 €/m = **6,48 €**

Übungsaufgabe: Seite 179, Nr. 02

4.5.3 Blendenbreite

Blenden

Fallbeispiel 3

Für eine Blendenverzierung steht ein Stoffrest in einer Breite von 110 cm und einer Länge von 40 cm zur Verfügung. Man benötigt insgesamt 4,80 m Blende. Die Nahtzugabe beträgt 1 cm je Kante.

Berechnen Sie die mögliche Breite einer **einfachen Blende** sowie einer **Doppelblende**.

Gegebene Daten:

Stoffbreite	StB	110 cm
Stofflänge	StL	40 cm
Blendenlänge	BIL	480 cm
Nahtzugabe/Kante	NZg	1 cm

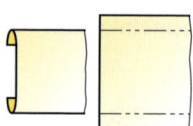
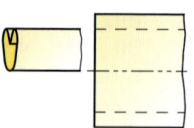

Gesuchte Daten:

- Blendenbreite$_{\text{Einfache Blende}}$ BIB_{EBl}
- Blendenbreite$_{\text{Doppelblende}}$ BIB_{DBl}

Lösung in Teilschritten	Kurzform
Zahl der Streifen = Blendenlänge : (Stoffbreite − 2 · Nahtzugabe) = 480 cm : (110 cm − 2 · 1 cm) ≈ 4,5 ⇒ 5 ⚠	$ZStr$ = BIL : (StB − 2 · NZg) = 480 cm : (110 cm − 2 · 1 cm) ≈ 4,5 ⇒ 5
Streifenbreite = Stofflänge : Zahl der Streifen = 40 cm : 5 = 8 cm	$StrB$ = StL : ZStr = 40 cm : 5 = 8 cm
Blendenbreite$_{\text{Einf. Blende}}$ = Streifenbreite − 2 · Nahtzugabe = 8 cm − 2 · 1 cm **= 6 cm**	BIB_{EBl} = StrB − 2 · NZg = 8 cm − 2 · 1 cm **= 6 cm**
Blendenbreite$_{\text{Doppelblende}}$ = (Streifenbreite − 2 · Nahtzugabe) : 2 = (8 cm − 2 · 1 cm) : 2 **= 3 cm**	BIB_{DBl} = (StrB − 2 · NZg) : 2 = (8 cm − 2 · 1 cm) : 2 **= 3 cm**

 *Bei der Berechnung der möglichen Blendenbreite aus einem vorgegebenen Stoffstück ist die Zahl der erforderlichen Stoffstreifen stets auf eine ganze Zahl **aufzurunden**.*

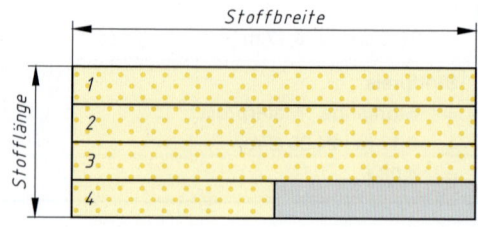

Übungsaufgabe: Seite 179, Nr. 03

4.5.3 Blendenbreite — Blenden

Fallbeispiel 4

Ein 2,90 m weiter Rock soll mit 3 gleich breiten Blenden verziert werden. Mit der untersten Blende wird die Rocksaumkante besetzt, die beiden anderen Blenden werden jeweils mit einem Zwischenabstand von 3 cm aufgenäht. Zur Verfügung stehen 56 cm Satin in einer Breite von 120 cm. Als Nahtzugabe ist 1 cm je Kante zu berücksichtigen.
Berechnen Sie die mögliche Blendenbreite.

Gegebene Daten:

Blendenart:	*Einfache Blende*	
Blendenlänge$_{Rockweite}$	BIL$_{RoW}$	290 cm
Stofflänge	StL	56 cm
Stoffbreite	StB	120 cm
Nahtzugabe/Kante	NZg	1 cm
Zahl der Blenden	ZBl	3 cm

Gesuchte Daten:

Blendenbreite	BIB

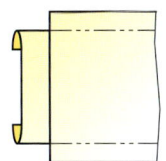

Lösung in Teilschritten		Kurzform	
Blendenlänge$_{gesamt}$	= 3 · Blendenlänge$_{Rockweite}$ = 3 · 290 cm = 870 cm	BIL$_{ges}$	= 3 · BIL$_{RoW}$ = 3 · 290 cm = 870 cm
Zahl der Streifen	= Blendenlänge$_{gesamt}$: (Stoffbreite − 2 · Nahtzugabe) = 870 cm : (120 cm − 2 · 1 cm) ≈ 7,4 ⇒ 8 ⚠	ZStr	= BIL$_{ges}$: (StB − 2 · NZg) = 870 cm : (120 cm − 2 · 1 cm) ≈ 7,4 ⇒ 8
Streifenbreite	= Stofflänge : Zahl der Streifen = 56 cm : 8 = 7 cm	StrB	= StL : ZStr = 56 cm : 8 = 7 cm
Blendenbreite	= Streifenbreite − 2 · Nahtzugabe = 7 cm − 2 · 1 cm **= 5 cm**	**BIB**	= StrB − 2 · NZg = 7 cm − 2 · 1 cm **= 5 cm**

Bekleidungstechnische Berechnungen

 Bei der Berechnung der möglichen Blendenbreite aus einem vorgegebenen Stoffstück ist die Zahl der erforderlichen Stoffstreifen stets auf eine ganze Zahl **aufzurunden,** damit der letzte Streifen die volle Breite hat.

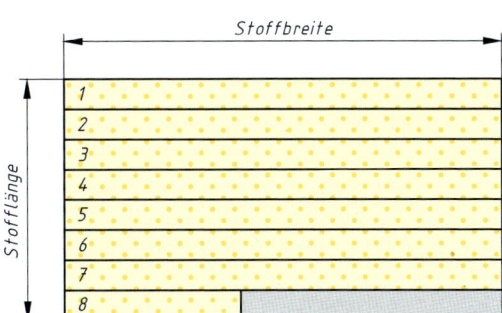

Übungsaufgabe: Seite 179, Nr. 04

4.5.3 Blendenbreite

Blenden

Fallbeispiel 5
Eine quadratische Decke soll ringsum mit einer Doppelblende eingefasst werden. Die Seitenlänge der Decke misst 1,30 m. Es stehen 40 cm Besatzstoff in einer Breite von 1,40 m zur Verfügung. Als Nahtzugabe ist 1 cm je Kante zu berücksichtigen.
Berechnen Sie die mögliche Blendenbreite.

Gegebene Daten:
Blendenart: *Doppelblende*
Seitenlänge sL 130 cm
Stofflänge StL 40 cm
Stoffbreite StB 140 cm
Nahtzugabe/Kante NZg 1 cm

Gesuchte Daten:
Blendenbreite BIB

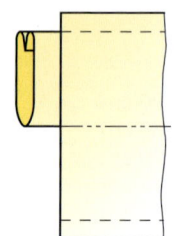

Lösung in Teilschritten		Kurzform	
Blendenlänge$_{gesamt}$	= 4 · Seitenlänge	BIL$_{ges}$	= 4 · sL
	= 4 · 130 cm		= 4 · 130 cm
	= 520 cm		= 520 cm
Zahl der Streifen	= Blendenlänge$_{gesamt}$: (Stoffbreite – 2 · Nahtzugabe)	ZStr	= BIL$_{ges}$: (StB – 2 · NZg)
	= 520 cm : (140 cm – 2 · 1 cm)		= 520 cm : (140 cm – 2 · 1 cm)
	≈ 3,8 ⇒ 4		≈ 3,8 ⇒ 4
Streifenbreite	= Stofflänge : Zahl der Streifen	StrB	= StL : ZStr
	= 40 cm : 4		= 40 cm : 4
	= 10 cm		= 10 cm
Blendenbreite	= (Streifenbreite – 2 · Nahtzugabe) : 2	BIB	= (StrB – 2 · NZg) : 2
	= (10 cm – 2 · 1 cm) : 2		= (10 cm – 2 · 1 cm) : 2
	= 4 cm		**= 4 cm**

- Da die Kanten der Decke eingefasst werden, handelt es sich nicht um eine Hohlblende. Deshalb ist für die Eckbildung keine Zugabe erforderlich.

- Die Zusammensetznähte der Streifen sind gleichzeitig die Ecknähte, deshalb ist keine zusätzliche Nahtzugabe erforderlich.

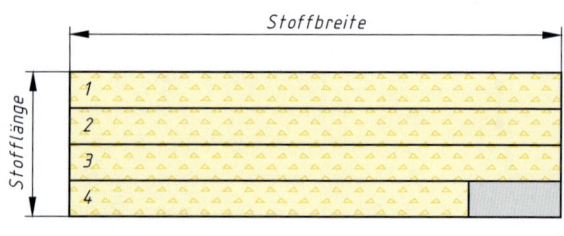

Übungsaufgabe: Seite 179, Nr. 05

4.5.4 Blendenlänge — Blenden

Fallbeispiel 6

Für eine Blendenverzierung steht ein Stoffrest zur Verfügung. Der Rest hat eine Breite von 130 cm und eine Länge von 50 cm. Es soll eine 4,5 cm breite Blende gearbeitet werden. Als Nahtzugabe ist 1 cm je Kante zu berücksichtigen.
Berechnen Sie die mögliche Länge einer **einfachen Blende** sowie einer **Doppelblende** (in m).

Gegebene Daten:

Stoffbreite	StB	130 cm
Stofflänge	StL	50 cm
Blendenbreite	BlB	4,5 cm
Nahtzugabe/Kante	NZg	1 cm

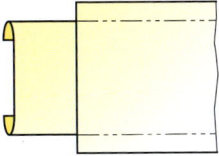
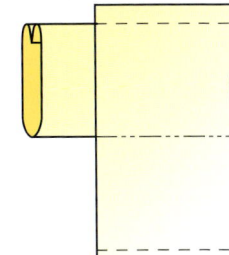

Gesuchte Daten:

- Blendenlänge$_{Einfache Blende}$ — BIL$_{einf}$
- Blendenlänge$_{Doppelblende}$ — BIL$_{dopp}$

Lösung in Teilschritten

Einfache Blende		Doppelblende	
Streifenbreite	= Blendenbreite + 2 · Nahtzugabe = 4,5 cm + 2 · 1 cm = 6,5 cm	StrB	= 2 · BlB + 2 · NZg = 2 · 4,5 cm + 2 · 1 cm = 11 cm
Zahl der Streifen	= Stofflänge : Streifenbreite = 50 cm : 6,5 cm ≈ 7,7 ⇒ 7 ⚠	ZStr	= Stl : StrB = 50 cm : 11 cm ≈ 4,5 ⇒ 4 ⚠
Blendenlänge	= Zahl der Streifen · (Stoffbreite − 2 · Nahtzugabe) = 7 · (130 cm − 2 · 1 cm) = 896 cm = **8,96 m**	BIL	= ZStr · (StB − 2 · NZg) = 4 · (130 cm − 2 · 1 cm) = 512 cm = **5,12 m**

Bekleidungstechnische Berechnungen

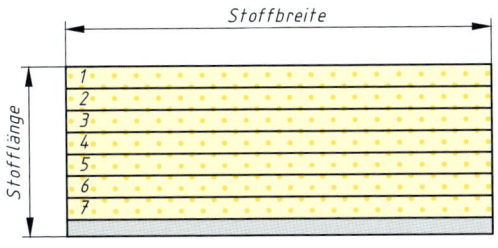
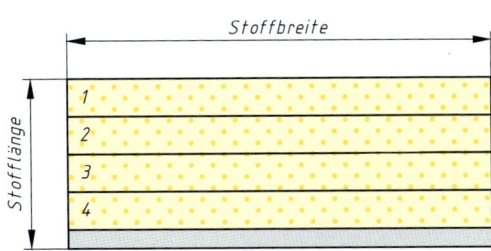

 Bei der Berechnung der möglichen Blendenlänge aus einem vorgegebenen Stoffstück ist die Zahl der erforderlichen Streifen stets auf eine ganze Zahl **abzurunden**, da der letzte Streifen nicht die volle Breite hat.

Übungsaufgabe: Seite 179, Nr. 06

4.5.4 Blendenlänge

Blenden

Fallbeispiel 7

Aus einem Stoffrest (Breite 110 cm, Länge 60 cm) soll eine 3,5 cm breite Blende gearbeitet werden. Als Nahtzugabe sind 1 cm/Kante vorgesehen.

Berechnen Sie die mögliche Länge einer **einfachen Blende** bzw. einer **Doppelblende** sowie die Breite des jeweiligen Reststreifens.

Gegebene Daten:		
Stoffbreite	StB	110 cm
Stofflänge	StL	60 cm
Blendenbreite	BlB	3,5 cm
Nahtzugabe/Kante	NZg	1 cm

Gesuchte Daten:

Einfache Blende:
- Blendenlänge BlL
- Breite$_{Reststreifen}$ B_{rStr}

Doppelblende:
- Blendenlänge BlL
- Breite$_{Reststreifen}$ B_{RStr}

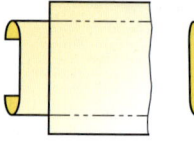
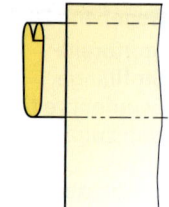

Lösung in Teilschritten		
Einfache Blende		**Doppelblende**
Streifenbreite = Blendenbreite + 2 · Nahtzugabe = 3,5 cm + 2 · 1 cm = 5,5 cm		StrB = 2 · BlB + 2 · NZg = 2 · 3,5 cm + 2 · 1 cm = 9 cm
Zahl der Streifen = Stofflänge : Streifenbreite = 60 cm : 5,5 cm ≈ 10,9 ⇒ 10		ZStr = StL : StrB = 60 cm : 9 cm ≈ 6,7 ⇒ 6
Blendenlänge = Zahl der Streifen · (Stoffbreite − 2 · Nahtzugabe) = 10 · (110 cm − 2 · 1 cm) = 1080 cm = **10,80 m**		BlL = ZStr · (StB − 2 · NZg) = 6 · (110 cm − 2 · 1 cm) = 648 cm = **6,48 m**
Breite$_{Reststreifen}$ = Stofflänge − Zahl der Streifen · Streifenbreite = 60 cm − 10 · 5,5 cm = **5 cm**		B_{rStr} = StL − ZStr · StrB = 60 cm − 6 · 9 cm = **6 cm**

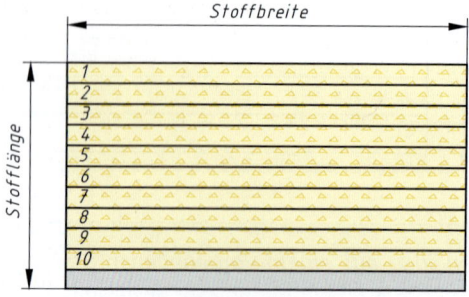

Zuschneideplan Einfache Blende

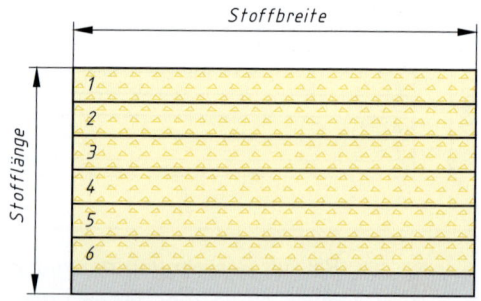

Zuschneideplan Doppelblende

Übungsaufgabe: Seite 179, Nr. 07

4.5.5 Übungsaufgaben

Blenden

01 An einem Rock wird die Saumkante mit einer 5 cm breiten einfachen Blende besetzt. Es werden 4,50 m Blende benötigt. Der zur Verfügung stehende Stoff ist 1,40 m breit und kostet 19,80 €/m. Als Nahtzugabe ist 1 cm/Kante vorzusehen.
Berechnen Sie den Stoffbedarf und den Preis.

02 Die Kanten einer Jacke werden mit einer 3 cm breiten Blende verziert. Man benötigt für die vorderen Kanten jeweils 64 cm, für die Saumkante 1,10 m, für einen Ärmel 30 cm. Der Stoff liegt 1,30 m breit und kostet 26,80 €/m. Als Nahtzugabe ist 1 cm je Kante einzuplanen.
Berechnen Sie den Stoffbedarf und den Preis
02.1 für eine einfache Blende,
02.2 für eine Doppelblende.

03 Für eine Blendenverzierung steht ein Stoffrest mit 36 cm Länge und 1,40 m Breite zur Verfügung. Man benötigt insgesamt 5,20 m Blende. Die Nahtzugabe je Kante beträgt 1 cm.
Berechnen Sie die mögliche Breite
03.1 einer einfachen Blende,
03.2 einer Doppelblende.

04 Ein 2,60 m weiter Rock erhält an der Saumkante zwei Blenden in einem Abstand von 2 cm. Zur Verfügung steht ein Stoffstück mit 48 cm Länge und 90 cm Breite. Die Nahtzugabe je Kante beträgt 1 cm.
Berechnen Sie die mögliche Breite einer einfachen Blende.

05 Eine quadratische Decke mit 1,20 m Seitenlänge wird ringsum mit einer Doppelblende eingefasst. 56 cm Stoff in einer Breite von 1,30 m stehen zur Verfügung. Als Nahtzugabe ist je Kante 1 cm zu berücksichtigen.
Berechnen Sie die mögliche Blendenbreite.

06 Für eine Blendenverarbeitung steht ein Stoffrest mit 64 cm Länge und 90 cm Breite zur Verfügung. Es soll eine 3,5 cm breite Blende gearbeitet werden. Die Nahtzugabe je Kante beträgt 1 cm.
Berechnen Sie die mögliche Länge
06.1 einer einfachen Blende,
06.2 einer Doppelblende.

07 Aus einem Stoffrest, 120 cm breit und 46 cm lang, soll eine 6 cm breite Blende gearbeitet werden. Die Nahtzugabe je Kante beträgt 1 cm.
Berechnen Sie die mögliche Blendenlänge und die Reststreifenbreite
07.1 einer einfachen Blende,
07.2 einer Doppelblende.

Projektorientierte Aufgaben

08.1 Erläutern Sie die Begriffe **Einfache Blende** und **Doppelblende**.

08.2 Zeichnen Sie den **Querschnitt** einer einfachen Blende und einer Doppelblende. (Blendenbreite 3 cm, Nahtzugabe 1 cm/Kante)

08.3 Für eine Blendenverzierung steht ein Stoffstück von 90 cm Breite und 20 cm Länge zur Verfügung. Es werden insgesamt 4,20 m einfache Blende in einer Breite von 2,5 cm benötigt. Als Nahtzugabe sind 0,5 cm je Kante zu berücksichtigen.
Berechnen Sie, ob das Stoffstück für diesen Blendenbesatz ausreicht, sowie die eventuelle Reststreifenbreite.

08.4 Zeichnen Sie einen **Zuschneideplan** im Maßstab 1 : 5 und bemaßen Sie ihn normgerecht.

08.5 Sammeln Sie **Modebilder** aus Katalogen, Modezeitschriften, Kollektionen usw. zum Thema Blendenverarbeitung.

09.1 Berechnen Sie die **Streifenbreite** für eine einfache Blende und für eine Doppelblende bei einer Blendenbreite von 2,5 cm und einer Nahtzugabe von 0,5 cm je Kante.

09.2 Schneiden Sie aus kariertem Papier Streifen der errechneten Streifenbreite und falzen Sie die **Papierstreifen** zur fertigen Blende.

09.3 Bilden Sie bei den gefalzten Papierstreifen jeweils eine **Briefecke** (90°-Winkel) und markieren Sie die Nahtlinien.

09.4 **Konstruieren** Sie den Schnitt für eine aufgesetzte Tasche mit angeschnittenem Besatz am Tascheneingriff nach folgenden Maßen und bemaßen Sie ihn.
• Schnittbreite   15 cm
• Schnitthöhe   20 cm
(Besatzbreite 3 cm, Nahtzugabe 1 cm/Kante).

09.5 Die aufgesetzte Tasche soll an drei Kanten mit einer 2,5 cm breiten Blende verziert werden. Ermitteln Sie die **Gesamtlänge** für eine aufgesetzte einfache Blende bzw. für eine angesetzte Doppelblende durch Messen und durch Berechnung.

09.6 Berechnen Sie die jeweiligen Maße der genähten Tasche **(Fertigmaße)**.

09.7 **Entwerfen** Sie eine Jacke, deren Seitentaschen eine solche Blendenverzierung aufweist.

4.6 Schrägstreifen

4.6.1 Grundlagen

Schrägstreifen werden im 45°-Winkel zum Verlauf der Kett- bzw. Schussfäden aus Webware geschnitten. Sie sind dehnbar, formbar und schmiegsam und werden deshalb z. B. zum Einfassen und Besetzen von Rundungen und nicht fadengeraden Schnittkanten verwendet.

Auch Blenden können im Schrägfadenlauf gearbeitet werden; bei Karo- und Streifenmusterung werden dabei besondere Effekte erzielt.

- **Einzelstreifen**
werden z. B. für Schnittteile wie Leisten und Kragen benötigt.

- **Zusammengesetzte Streifen**
sind z. B. bei Einfassarbeiten und Blenden erforderlich.

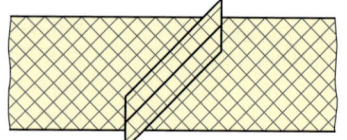

Größe	Abkürzung	Erklärung
Streifenlänge	StrL	Die Länge eines zugeschnittenen Streifens
Vollstreifenlänge	VStrL	Die über die maximale Warenbreite bzw. Warenlänge verlaufende Streifenlänge
Kurzstreifenlänge	KStrL	Die Länge der aus dem Reststoff geschnittenen Streifen
Streifenbreite	StrB	Die Breite eines zugeschnittenen Streifens Sie verläuft im rechten Winkel zur Streifenlänge
Ansatzlänge	AnL	Die im Geradfadenlauf (Kettrichtung) gemessene Ausdehnung eines Streifens
Streifenlänge$_{gesamt}$	StrL$_{ges}$	Gesamtlänge der möglichen bzw. erforderlichen Schrägstreifen
Zahl der Streifen	ZStr	Die erforderliche bzw. mögliche Anzahl an Streifen
Stoffbreite	StB	Vorgegebene bzw. gesuchte Warenbreite
Stofflänge	StL	Vorgegebene bzw. gesuchte Warenlänge
Stoffverbrauch (Stoffbedarf)	StVb	Das vorgegebene bzw. gesuchte Stoffstück von bestimmter bzw. erforderlicher Warenbreite und Warenlänge
Nahtzugabe	NZg	Zugabe je Kante für das Zusammennähen der Streifen

4.6.1 Grundlagen

Schrägstreifen

Die Berechnung von Schrägstreifen basiert auf dem Lehrsatz des Pythagoras: „Im rechtwinkligen Dreieck ist das Quadrat über der Hypotenuse gleich der Summe der Quadrate über den Katheten."

Die Hypotenuse ist die längste Seite des Dreiecks, die dem rechten Winkel gegenüber liegt, die Katheten sind die Schenkel des rechten Winkels.

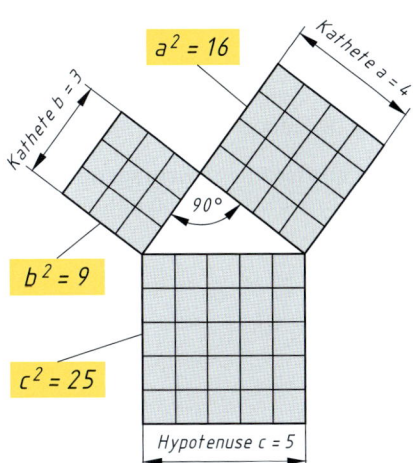

$c^2 = a^2 + b^2$ wenn $a = b$, dann gilt $c^2 = a^2 + a^2$
$c^2 = 2\,a^2$

$c = \sqrt{2} \cdot a$ Für $\sqrt{2}$ kann der gerundete Wert 1,4 verwendet werden.

$a = c : \sqrt{2}$

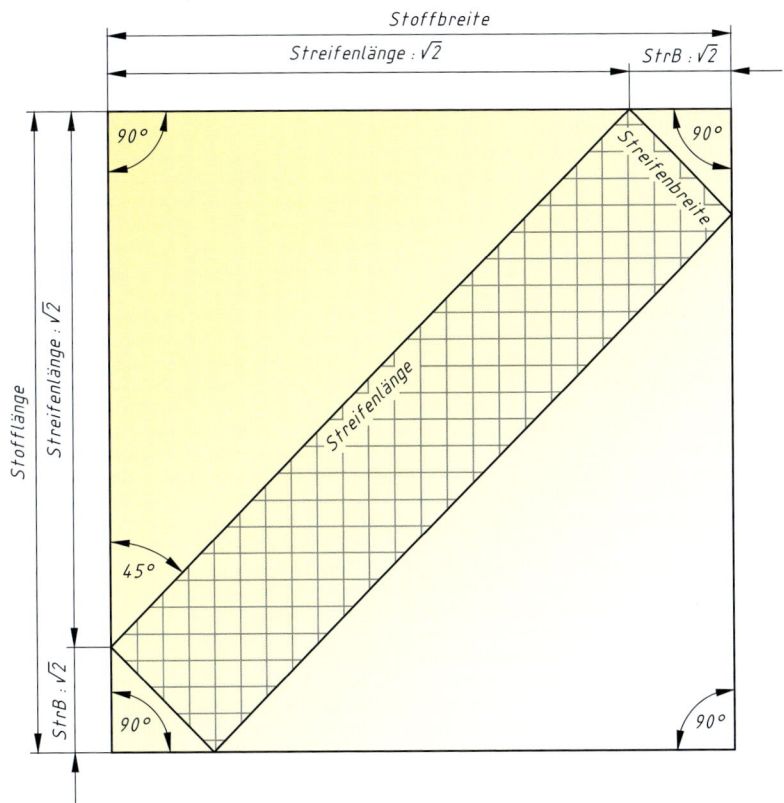

- Beim rechtwinkligen Dreieck über der Streifenlänge entspricht die Streifenlänge der Hypothenuse c.
- Beim rechtwinkligen Dreieck über der Streifenbreite entspricht die Streifenbreite der Hypothenuse c.
- Beide Dreiecke sind gleichzeitig gleichschenklige Dreiecke, die Katheten a sind also jeweils gleich lang.

4.6.1 Grundlagen   Schrägstreifen

Bei der Berechnung von **zusammengesetzten** Streifen gibt es verschiedene Varianten.

Bei den nachfolgenden Fallbeispielen wird von einem maximalen schrägen Anschnitt ausgegangen, der eine Vollstreifenlänge ergibt. Anschließend ermittelt man die mögliche Zahl der Vollstreifen sowie die Längen der Kurzstreifen bis zur gewünschten Mindestlänge.

Generell lassen sich Schrägstreifen-Berechnungen nur bedingt durchführen und ergeben nur dann exakte Ergebnisse, wenn beim schrägen Anschnitt das Streifenende und die Stoffecke aufeinandertreffen.

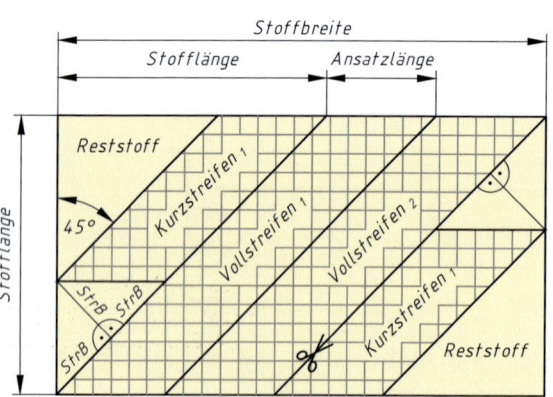
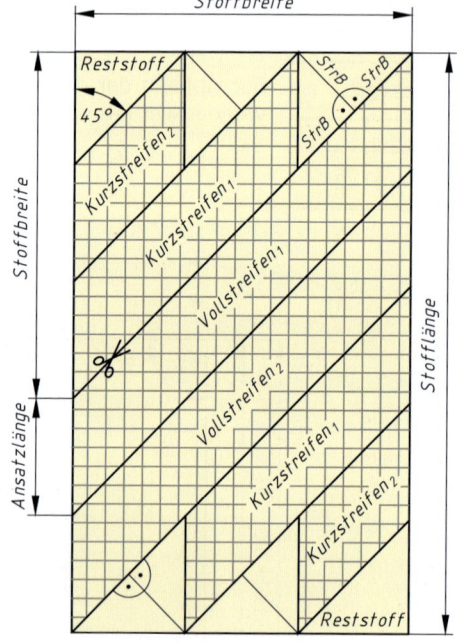

Vollstreifenlänge
(Maximaler schräger Anschnitt)
= *Stofflänge* · $\sqrt{2}$

Vollstreifenlänge
(Maximaler schräger Anschnitt)
= *Stoffbreite* · $\sqrt{2}$

Ansatzlänge	=	Streifenbreite · $\sqrt{2}$
Kurzstreifenlänge$_1$	=	Vollstreifenlänge − 2 · Streifenbreite
Kurzstreifenlänge$_2$	=	Kurzstreifenlänge$_1$ − 2 · Streifenbreite

- *Schrägstreifen werden im **Geradfadenlauf** (Kettrichtung) aneinandergesetzt.*
- *Die Zusammensetznähte sollten **parallel** zueinander verlaufen.*
- *Die Berechnung der Kurzstreifen erfolgt von einem Vollstreifen aus in Richtung des jeweiligen Reststoffes.*
- *Jede Kurzstreifenlänge ist **zweimal** vorhanden, sofern Streifenende und Stoffecke exakt aufeinandertreffen.*
- *Jeder Kurzstreifen ist um die **doppelte** Streifenbreite kürzer als der vorherige Streifen.*

4.6.2 Einzelstreifen — Schrägstreifen

Fallbeispiel 1

Berechnen Sie den Stoffbedarf für einen Schrägstreifen von 60 cm Länge und 10 cm Breite.

Gegebene Daten:
Streifenlänge StrL 60 cm
Streifenbreite StrB 10 cm

Gesuchte Daten:
Stoffverbrauch StVb

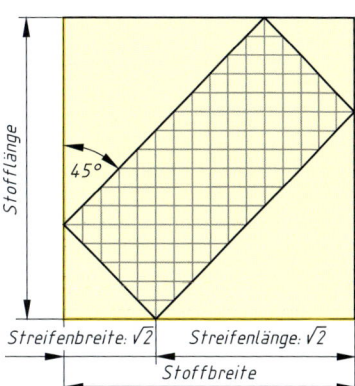

Lösung in Teilschritten	
Stoffbreite	= Streifenlänge : √2 + Streifenbreite : √2
	= 60 cm : 1,4 + 10 cm : 1,4
	= 50 cm
Stofflänge	≙ Stoffbreite
	= 50 cm
Stoffverbrauch	= Stoffbreite auf Stofflänge
	= **50 cm auf 50 cm**

Fallbeispiel 2

Berechnen Sie die Länge eines Schrägstreifens, der aus einem Stoffstück von 50 cm Länge und 50 cm Breite geschnitten wird und eine Breite von 10 cm hat.

Gegebene Daten:
Stofflänge StL 50 cm
Stoffbreite StB 50 cm
Streifenbreite StrB 10 cm

Gesuchte Daten:
Streifenlänge StrL

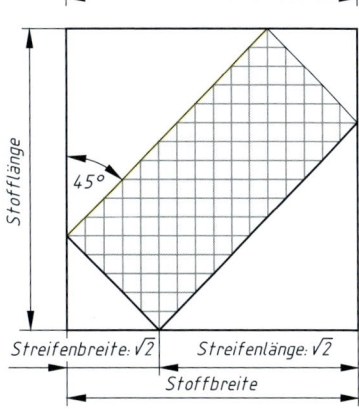

Lösung	
Streifenlänge	= (Stoffbreite – Streifenbreite : √2) · √2
	= (50 cm – 10 cm : 1,4) · 1,4
	= **60 cm**

Fallbeispiel 3

Für einen großzügigen Rollkragen, der im schrägen Fadenlauf geschnitten werden soll, steht ein Stoffstück von je 80 cm Länge und Breite zur Verfügung. Die geschnittene Kragenlänge beträgt 77 cm.
Berechnen Sie die mögliche Streifenbreite.

Gegebene Daten:
Stofflänge StL 80 cm
Stoffbreite StB 80 cm
Streifenlänge StrL 77 cm

Gesuchte Daten:
Streifenbreite StrB

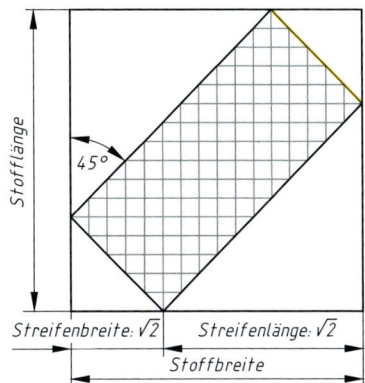

Lösung	
Streifenbreite	= (Stoffbreite – Streifenlänge : √2) · √2
	= (80 cm – 77 cm : 1,4) · 1,4
	= (80 cm – 55 cm) · 1,4
	= **35 cm**

Übungsaufgaben: Seite 187, Nr. 01, 02, 03

4.6.2 Einzelstreifen

Schrägstreifen

Fallbeispiel 4

Ein Schluppenkragen soll aus zwei gleich langen 25 cm breiten Schrägstreifen gearbeitet werden. Die Kragenlänge insgesamt beträgt 126 cm einschließlich der Nahtzugaben.

Berechnen Sie den erforderlichen Stoffverbrauch.

Gegebene Daten:			**Gesuchte Daten:**	
Streifenbreite	StrB	25 cm	Stoffverbrauch	StVb
Streifenlänge$_{gesamt}$	StrL$_{ges}$	126 cm		
Zahl der Streifen	ZStr	2		

Lösung in Teilschritten

Streifenlänge	= Streifenlänge$_{gesamt}$: Zahl der Streifen
	= 126 cm : 2
	= 63 cm
Stoffbreite	= Streifenlänge : $\sqrt{2}$
	= 63 cm : 1,4
	= 45 cm
Ansatzlänge	= Streifenbreite · $\sqrt{2}$
	= 25 cm · 1,4
	= 35 cm
Stofflänge	= Stoffbreite + 2 · Ansatzlänge
	= 45 cm + 2 · 35 cm
	= 115 cm
Stoffverbrauch	= Stoffbreite auf Stofflänge
	= **45 cm auf 115 cm**

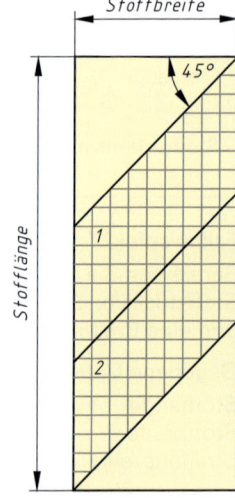

Fallbeispiel 5

Die vorderen Kanten einer Jacke sollen mit einer 4 cm breiten schrägen Doppelblende verziert werden. Man benötigt hierzu zwei Streifen in einer Länge von jeweils 70 cm. Die Nahtzugabe je Kante zum Annähen der Blende beträgt 0,5 cm.

Berechnen Sie die Stoffbreite und die Stofflänge, wenn die Streifen jeweils als Vollstreifen geschnitten werden sollen.

Gegebene Daten:			**Gesuchte Daten:**	
Blendenbreite	BlB	4 cm	• Stoffbreite	StB
Streifenlänge	StrL	70 cm	• Stofflänge	StL
Zahl der Streifen	ZStr	2		
Nahtzugabe/Kante	NZg	0,5 cm		

Lösung in Teilschritten

Streifenbreite	= 2 · Blendenbreite + 2 · Nahtzugabe	Ansatzlänge	= Streifenbreite · $\sqrt{2}$
	= 2 · 4 cm + 2 · 0,5 cm		= 9 cm · 1,4
	= 9 cm		= 12,6 cm
Stoffbreite	= Streifenlänge : $\sqrt{2}$	**Stofflänge**	= ZStr · Ansatzlänge + Stoffbreite
	= 70 cm : 1,4		= 2 · 12,6 cm + 50 cm
	= **50 cm**		= 75,2 cm ⇒ **0,76 m**

Übungsaufgaben: Seite 187, Nr. 04, 05

4.6.3 Zusammengesetzte Streifen

Schrägstreifen

Fallbeispiel 1
Für Einfassarbeiten werden 9 m Schrägstreifen in einer Breite von 5 cm benötigt. Der zur Verfügung stehende Stoff hat eine Breite von 70 cm. Kurzstreifen sollten eine Mindestlänge von 70 cm aufweisen.
Berechnen Sie die erforderliche Stofflänge in m. (Nahtzugaben bleiben unberücksichtigt.)

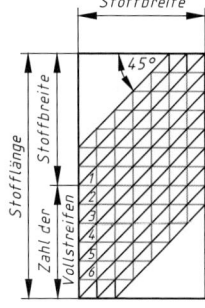

Gegebene Daten:			Gesuchte Daten:
Streifenlänge$_{gesamt}$	StrL$_{ges}$	900 cm	Stofflänge StL
Streifenbreite	StrB	5 cm	
Stoffbreite	StB	70 cm	
Kurzstreifenlänge	KStrL	≥ 70 cm	

Lösung in Teilschritten		Kurzform	
Vollstreifenlänge	= Stoffbreite · √2 = 70 cm · 1,4 = 98 cm	VStrL	= StB · √2 = 70 cm · 1,4 = 98 cm
Kurzstreifenlänge$_1$	= Vollstreifenlänge – 2 · Streifenbreite = 98 cm – 2 · 5 cm = 88 cm	KStrL$_1$	= VStrL – 2 · StrB = 98 cm – 2 · 5 cm = 88 cm
Kurzstreifenlänge$_2$	= Kurzstreifenlänge$_1$ – 2 · Streifenbreite = 88 cm – 2 · 5 cm = 78 cm	KStrL$_2$	= KStrL$_1$ – 2 · StrB = 88 cm – 2 · 5 cm = 78 cm
Kurzstreifenlänge$_3$	= Kurzstreifenlänge$_2$ – 2 · Streifenbreite = 78 cm – 2 · 5 cm = 68 cm ⇒ *unter 70 cm* ⚠	KStrL$_3$	= KStrL$_2$ – 2 · StrB = 78 cm – 2 · 5 cm = 68 cm ⇒ 70 cm
Kurzstreifenlänge$_{gesamt}$	= 2 · Kurzstreifenlänge$_1$ + 2 · Kurzstreifenlänge$_2$ = 2 · 88 cm + 2 · 78 cm = 332 cm	KStrL$_{ges}$	= 2 · KStrL$_1$ + 2 · KStrL$_2$ = 2 · 88 cm + 2 · 78 cm = 332 cm
Vollstreifenlänge$_{gesamt}$	= Streifenlänge$_{gesamt}$ – Kurzstreifenlänge$_{gesamt}$ = 900 cm – 332 cm = 568 cm	VStrL$_{ges}$	= StrL$_{ges}$ – KStrL$_{ges}$ = 900 cm – 332 cm = 568 cm
Zahl der Vollstreifen	= Vollstreifenlänge$_{gesamt}$: Vollstreifenlänge = 568 cm : 98 cm ≈ 5,8 ⇒ 6	ZVStr	= VStrL$_{ges}$: VStrL = 568 cm : 98 cm ≈ 5,8 ⇒ 6
Ansatzlänge	= Streifenbreite · √2 = 5 cm · 1,4 = 7 cm	AnL	= StrB · √2 = 5 · 1,4 cm = 7 cm
Stofflänge	= Stoffbreite + Zahl der Vollstreifen · Ansatzlänge = 70 cm + 6 · 7 cm = 112 cm = **1,12 m**	StL	= StB + ZVStr · AnL = 70 cm + 6 · 7 cm = 112 cm = **1,12 m**

Übungsaufgabe: Seite 187, Nr. 06

4.6.3 Zusammengesetzte Streifen

Schrägstreifen

Fallbeispiel 2
Für Schrägstreifenzuschnitt steht ein 120 cm breites und 80 cm langes Stoffstück zur Verfügung. Die Streifenbreite soll 5 cm betragen, die Mindestlänge der Kurzstreifen 80 cm.

Berechnen Sie die Gesamtlänge der Schrägstreifen. (Nahtzugaben bleiben unberücksichtigt.)

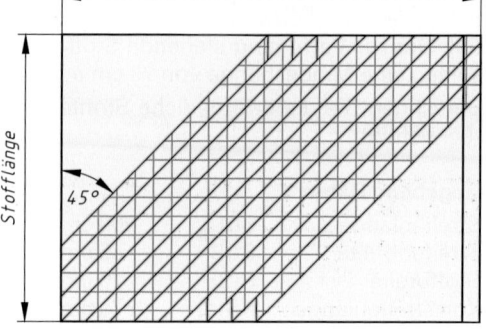

Gegebene Daten:
Stoffbreite	StB	120 cm
Stofflänge	StL	80 cm
Streifenbreite	StrB	5 cm
Kurzstreifenlänge	KStrL	≥ 80 cm

Gesuchte Daten:
Streifenlänge$_{gesamt}$ StrL$_{ges}$

Lösung in Teilschritten

Vollstreifenlänge = Stofflänge · $\sqrt{2}$
 = 80 cm · 1,4
 = 112 cm

Kurzstreifenlänge$_1$ = Vollstreifenlänge − 2 · Streifenbreite
 = 112 cm − 2 · 5 cm
 = 102 cm

Kurzstreifenlänge$_2$ = Kurzstreifenlänge$_1$ − 2 · Streifenbreite
 = 102 cm − 2 · 5 cm
 = 92 cm

Kurzstreifenlänge$_3$ = Kurzstreifenlänge$_2$ − 2 · Streifenbreite
 = 92 cm − 2 · 5 cm
 = 82 cm   ⚠ Kurzstreifenlänge$_4$ wäre unter 80 cm!

Kurzstreifenlänge$_{gesamt}$ = 2 · Kurzstreifenlänge$_1$ + 2 · Kurzstreifenlänge$_2$ + 2 · Kurzstreifenlänge$_3$
 = 2 · 102 cm + 2 · 92 cm + 2 · 82 cm
 = 552 cm

Ansatzlänge = Streifenbreite · $\sqrt{2}$
 = 5 cm · 1,4
 = 7 cm

Zahl der Vollstreifen = (Stoffbreite − Stofflänge) : Ansatzlänge
 = (120 cm − 80 cm) : 7 cm
 ≈ 5,7 ⇒ 5   ⚠ Durch das Runden wird das Endergebnis unexakt!

Vollstreifenlänge$_{gesamt}$ = Zahl der Vollstreifen · Vollstreifenlänge
 = 5 · 112 cm
 = 560 cm

Streifenlänge$_{gesamt}$ = Kurzstreifenlänge$_{gesamt}$ + Vollstreifenlänge$_{gesamt}$
 = 552 cm + 560 cm
 = 1112 cm **= 11,12 m**

Übungsaufgabe: Seite 187, Nr. 07

4.6.4 Übungsaufgaben
Schrägstreifen

01 Berechnen Sie den Stoffbedarf für einen Schrägstreifen von 112 cm Länge und 14 cm Breite.

02 Berechnen Sie die Länge eines Schrägstreifens, der aus einem Stoffstück von 70 cm Länge und 70 cm Breite geschnitten wird und eine Breite von 7 cm haben soll.

03 Ein Rollkragen wird im schrägen Fadenlauf aus einem Stück geschnitten. Man benötigt hierzu einen Streifen von 84 cm Länge. Es steht ein quadratisches Stoffstück von 90 cm Seitenlänge zur Verfügung.

Berechnen Sie die mögliche Streifenbreite.

04 Für einen Schluppenkragen verwendet man zwei 30 cm breite Schrägstreifen mit einer Verbindungsnaht in der hinteren Mitte. Einschließlich der Nahtzugaben benötigt man eine Gesamtlänge von 140 cm.

Berechnen Sie den erforderlichen Stoffverbrauch.

05 Die Verschlusskanten einer Jacke werden mit einer 4,5 cm breiten schrägen Doppelblende eingefasst.
Als Nahtzugabe für das Ansetzen der Blende ist je Kante eine Nahtzugabe von 0,5 cm erforderlich. Man benötigt zwei Vollstreifen in einer Länge von jeweils 84 cm.

Ermitteln Sie die erforderliche Stoffbreite und Stofflänge.

06 Für das Einfassen von Schnittkanten werden 12,50 m Schrägstreifen in einer Breite von 4 cm benötigt.
Zur Verfügung steht ein 80 cm breiter Stoff. Es sollen Kurzstreifen bis zu einer Mindestlänge von 80 cm verwendet werden.

Berechnen Sie die erforderliche Stofflänge in m.
(Nahtzugaben bleiben unberücksichtigt.)

07 Aus einem 140 cm breiten und 70 cm langen Stoffstück sollen 7,5 cm breite Schrägstreifen geschnitten werden. Als Mindestlänge eines Kurzstreifens sind 65 cm vorgesehen.

Berechnen Sie die Gesamtlänge an Schrägstreifen, die man aus dem Stoffstück erhält.
(Nahtzugaben bleiben unberücksichtigt.)

Projektorientierte Aufgaben

08 Eine Kundin wünscht ein Chanelkostüm, ergänzt mit einer Schluppenbluse.

08.1 Erläutern Sie den Begriff **Chanel** und beschreiben Sie die damit verbundene **Stilrichtung**.

08.2 Fertigen Sie eine **Entwurfszeichnung** für dieses Modell.

08.3 Wählen Sie geeignete **Stoffe** und **Zutaten** für Kostüm und Bluse aus und beschreiben Sie diese.

08.4 Für den Schluppenkragen werden zwei 84 cm lange und 25 cm breite Schrägstreifen benötigt.
Berechnen Sie die hierzu erforderliche **Stoffbreite** und **Stofflänge**.

08.5 Die aus dem Stoffstück für den Kragen anfallenden Kurzstreifen sollen bis zu einer Mindestlänge von 55 cm und in einer Breite von 3 cm für Einfassarbeiten verwendet werden.
Ermitteln Sie die **Gesamtlänge** dieser **Kurzstreifen**.

08.6 Sammeln Sie **Modebilder** zu dieser Stilrichtung.

09 Für den Zuschnitt von 10 cm breiten Schrägstreifen steht ein Stoffstück mit 1,10 m Länge und 80 cm Breite zur Verfügung. Es sollen Kurzstreifen bis zu einer Länge von 70 cm verwendet werden.

09.1 Berechnen Sie die **Gesamtlänge** der Schrägstreifen.

09.2 Zeichnen Sie einen **Zuschneideplan** mit Bemaßung im Maßstab 1 : 10.

09.3 **Schneiden** Sie aus gestreiftem Stoff zwei Schrägstreifen mit 10 cm Breite und 7 mm Nahtzugabe an der Ansatzkante.
Nähen Sie die beiden Streifen mustergerecht zusammen.

09.4 Nennen Sie Gesichtspunkte, die beim **Zusammensetzen** von Schrägstreifen zu beachten sind.

09.5 Zählen Sie die **Eigenschaften** von Schrägstreifen auf.

09.6 Geben Sie drei Beispiele für den **Einsatz** von Schrägstreifen.

4.7 Rüschen

4.7.1 Grundlagen

Rüschen sind gekräuselte Stoffstreifen, die an-, auf- oder zwischengenäht werden. Die Stoffstreifen werden in der Regel im Geradfadenlauf geschnitten. Mit Rüschen werden z. B. Kanten, Säume, Kragen und Manschetten verziert.

Einseitige Rüsche

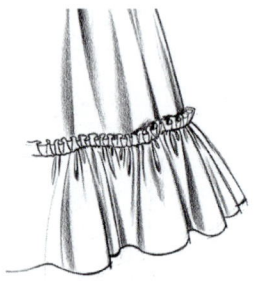

Rüsche mit Köpfchen

Zweiseitige Rüsche

Größe	Abkürzung	Erklärung
Geschlossene Weite	geW	Gesamte Länge der fertigen Rüsche einschließlich aller Nahtzugaben (**Rüschenansatzlänge**)
Offene Weite	ofW	Die für einen Rüschenbesatz erforderliche Gesamtlänge der zusammengesetzten Stoffstreifen vor dem Kräuseln („Schnittweite")
Kräuselfaktor	KF	Das Verhältnis der offenen Weite zur geschlossenen Weite
Rüschenbreite	RsB	Fertige Breite der Rüsche (bei der Rüsche mit Köpfchen von der Ansatzlinie bis zur Saumkante gemessen)
Köpfchenbreite	KöB	Breite, um die die Rüsche über die Ansatzlinie hinaussteht
Nahtzugabe	NZg	Zugabe je Kante für die Ansatznaht der Rüsche bzw. für die Verbindungsnähte der Stoffstreifen
Saumzugabe	SaZg	Zugabe für die Saumnaht der Rüsche
Streifenbreite	StrB	Zugeschnittene Breite des für eine Rüsche erforderlichen Stoffstreifens („Schnittbreite"). Sie richtet sich nach der Verarbeitungsart und wird in der Regel in Kettfadenrichtung gemessen
Zahl der Streifen	ZStr	Die für den Rüschenbesatz erforderliche Anzahl an Stoffstreifen
Stoffbreite	StB	Erforderliche bzw. zur Verfügung stehende Warenbreite
Stofflänge	StL	Erforderliche bzw. zur Verfügung stehende Warenlänge (Stoffbedarf bzw. Stoffverbrauch)

4.7.1 Grundlagen — Rüschen

Verarbeitungstechnisch ist zu unterscheiden, ob die Rüsche z. B. aus einfachem Stoff oder aus doppeltem Stoff gearbeitet wird, ob die Kanten gesäumt oder gekurbelt werden. Entsprechend ergibt sich eine unterschiedliche Streifenbreite.

Einseitige Rüsche

- aus **einfachem** Stoff mit Saum

Streifenbreite = Rüschenbreite + Nahtzugabe + Saumzugabe

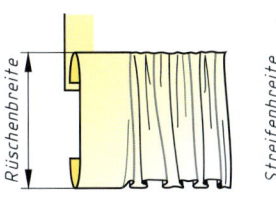
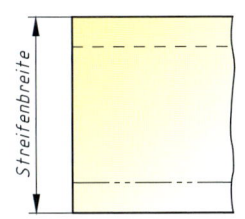

Einseitige Rüsche

- aus **doppeltem** Stoff

Streifenbreite = 2 · Rüschenbreite + 2 · Nahtzugabe

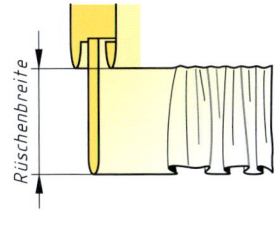
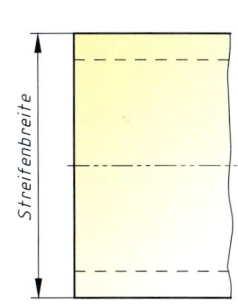

Rüsche mit Köpfchen

- aus **einfachem** Stoff mit Saum, Köpfchen aus **doppeltem** Stoff

Streifenbreite = Rüschenbreite + 2 · Köpfchenbreite + 2 · Nahtzugabe

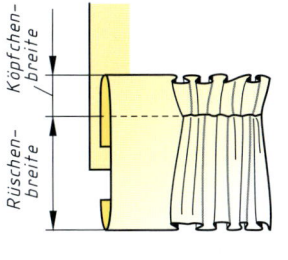
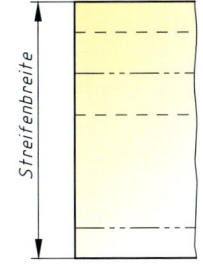

Rüsche mit Köpfchen

- aus **einfachem** Stoff, Kante versäubert (gekurbelt*), Köpfchen aus **einfachem** Stoff

Streifenbreite = Rüschenbreite + Köpfchenbreite

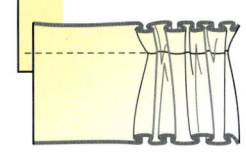
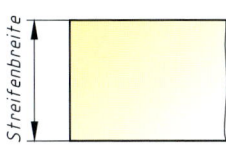

Zweiseitige Rüsche

- aus **doppeltem** Stoff

Streifenbreite = 2 · Rüschenbreite + 2 · Nahtzugabe

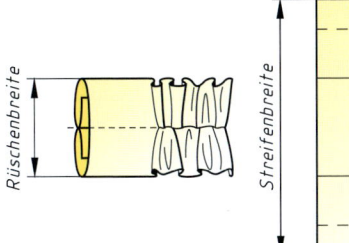

Zweiseitige Rüsche

- aus **einfachem** Stoff, Kante versäubert (gekurbelt*)

Streifenbreite = Rüschenbreite

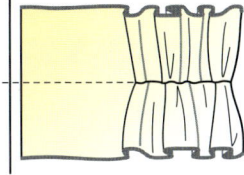
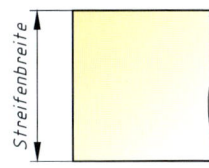

* Kurbeln: Mit dichter Sticheinstellung versäubern

Bekleidungstechnische Berechnungen

4.7.2 Stoffbedarf

Rüschen

Fallbeispiel 1

Ein Folklorerock erhält am Saum eine 16 cm breite einseitige Rüsche, die mit dem Kräuselfaktor 3 gearbeitet werden soll. Die Saumweite beträgt 3,80 m. Der zur Verfügung stehende Stoff liegt 140 cm breit, als Naht- bzw. Saumzugabe ist 1 cm je Kante zu berücksichtigen.
Berechnen Sie den Stoffbedarf in m, wenn die Rüsche aus einfachem Stoff gearbeitet wird.

Gegebene Daten:

Rüschenbreite	RsB	16 cm
Kräuselfaktor	KF	3
Geschlossene Weite	geW	380 cm
Stoffbreite	StB	140 cm
Nahtzugabe/Kante	NZg	1 cm
Saumzugabe/Kante	SaZg	1 cm

Gesuchte Daten:

Stofflänge   StL

 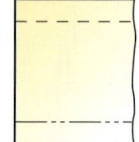

Lösung in Teilschritten		Kurzform	
Offene Weite	= Geschlossene Weite · Kräuselfaktor	ofW	= geW · KF
	= 380 cm · 3		= 380 cm · 3
	= 1140 cm		= 1140 cm
Zahl der Streifen	= Offene Weite : (Stoffbreite – 2 · Nahtzugabe)	ZStr	= ofW : (StB – 2 · NZg)
	= 1140 cm : (140 cm – 2 · 1 cm)		= 1140 cm : (140 cm – 2 · 1 cm)
	≈ 8,3 ⇒ 9 ⚠		≈ 8,3 ⇒ 9
Streifenbreite	= Rüschenbreite + Saumzugabe + Nahtzugabe	StrB	= RsB + SZg + NZg
	= 16 cm + 1 cm + 1 cm		= 16 cm + 1 cm + 1 cm
	= 18 cm		= 18 cm
Stofflänge	= Zahl der Streifen · Streifenbreite	**StL**	= ZStr · StrB
	= 9 · 18 cm		= 9 · 18 cm
	= 162 cm **= 1,62 m**		= 162 cm **= 1,62 m**

- Ist der Kräuselfaktor **festgelegt,** muss bei der Berechnung des Stoffbedarfs die Zahl der Streifen stets **aufgerundet** werden, da der letzte Streifen sonst nicht die volle Breite hat.

- Wird der Kräuselfaktor nur als **ungefährer Wert** angegeben, kann die Zahl der Streifen dann **abgerundet** werden, wenn nur ein kleiner Bruchteil eines weiteren Streifens benötigt wird bzw. wenn es verarbeitungstechnisch sinnvoll ist.

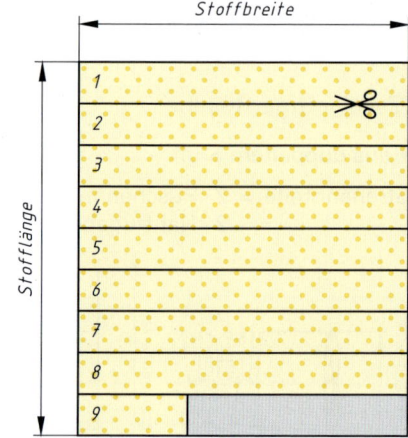

Übungsaufgabe: Seite 198, Nr. 01

4.7.2 Stoffbedarf — Rüschen

Fallbeispiel 2

Kragen und Manschetten einer Bluse sollen mit einer 1,5 cm breiten **einseitigen** Rüsche aus **doppeltem** Stoff verziert werden. Für den Kragen werden 84 cm, für eine Manschette 32 cm Rüsche benötigt. Die Stoffbreite beträgt 80 cm, die Nahtzugabe 1 cm/Kante.

Berechnen Sie den Stoffbedarf bei einem Kräuselfaktor von 2,5.

Gegebene Daten:

Rüschenbreite	RsB	1,5 cm
Geschlossene Weite$_{Kragen}$	geW$_{Kr}$	84 cm
Geschlossene Weite$_{Manschette}$	geW$_{Man}$	32 cm
Stoffbreite	StB	80 cm
Nahtzugabe	NZg	1 cm
Kräuselfaktor	KF	2,5

Gesuchte Daten:

Stofflänge — StL

Lösung in Teilschritten	Kurzform	
Geschlossene Weite$_{gesamt}$ = Geschlossene Weite$_{Kragen}$ + 2 · Geschlossene Weite$_{Manschette}$ = 84 cm + 2 · 32 cm = 148 cm	geW$_{ges}$	= geW$_{Kra}$ + 2 · geW$_{Man}$ = 84 cm + 2 · 32 cm = 148 cm
Offene Weite = Geschlossene Weite$_{gesamt}$ · Kräuselfaktor = 148 cm · 2,5 = 370 cm	ofW	= geW$_{ges}$ · KF = 148 cm · 2,5 = 370 cm
Zahl der Streifen = Offene Weite : (Stoffbreite − 2 · Nahtzugabe) = 370 cm : (80 cm − 2 · 1 cm) ≈ 4,8 ⇒ 5	ZStr	= ofW : (StB − 2 · NZg) = 370 cm : (80 cm − 2 · 1 cm) ≈ 4,8 ⇒ 5
Streifenbreite = 2 · Rüschenbreite + 2 · Nahtzugabe = 2 · 1,5 cm + 2 · 1 cm = 5 cm	StrB	= 2 · RsB + 2 · NZg = 2 · 1,5 cm + 2 · 1 cm = 5 cm
Stofflänge = Zahl der Streifen · Streifenbreite = 5 · 5 cm = 25 cm = **0,25 m**	**StL**	= ZStr · StrB = 5 · 5 cm = 25 cm = **0,25 m**

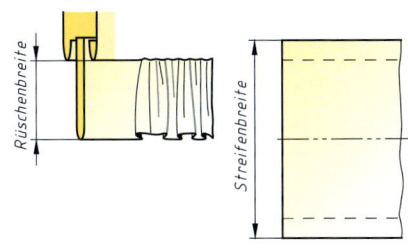

Übungsaufgabe: Seite 198, Nr. 02

4.7.2 Stoffbedarf

Rüschen

Fallbeispiel 3

Aus einem 1,20 m breit liegenden Stoff wird ein Rock mit Saumrüsche gearbeitet. Die Rüsche mit dem Kräuselfaktor 2,5 soll 20 cm breit aus einfachem Stoff, das Köpfchen 2 cm breit aus doppeltem Stoff gearbeitet werden. Als Naht- bzw. Saumzugabe ist 1 cm/Kante zu berücksichtigen. Der fertige Rock muss eine Länge von insgesamt 75 cm aufweisen; für das obere Rockteil werden 3 Stoffbreiten zusammengesetzt.
Berechnen Sie den Stoffbedarf für den Rock.

Gegebene Daten:

Stoffbreite	StB	120 cm
Kräuselfaktor	KF	2,5
Rüschenbreite	RsB	20 cm
Köpfchenbreite	KöB	2 cm
Nahtzugabe/Kante	NZg	1 cm
Saumzugabe	SaZg	1 cm
Rocklänge	RoL	75 cm
Zahl der Streifen$_{Oberes\ Rockteil}$	ZStr$_{ObRo}$	3

Gesuchte Daten:

Stofflänge$_{gesamt}$ StL$_{ges}$

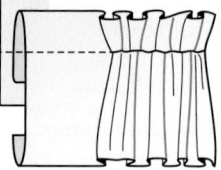

Lösung in Teilschritten

Geschlossene Weite (geW) = Zahl der Streifen$_{Oberes\ Rockteil}$ · (Stoffbreite − 2 · Nahtzugabe)
= 3 · (120 cm − 2 · 1 cm)
= 354 cm

Offene Weite (ofW) = Geschlossene Weite · Kräuselfaktor
= 354 cm · 2,5
= 885 cm

Zahl der Streifen$_{Rüsche}$ (ZStr$_{Rs}$) = Offene Weite : (Stoffbreite − 2 · Nahtzugabe)
= 885 cm : (120 cm − 2 · 1 cm)
= 7,5 ⇒ 8

Streifenbreite$_{Rüsche}$ (StrB$_{Rs}$) = Rüschenbreite + Saumzugabe + 2 · Köpfchenbreite + Nahtzugabe
= 20 cm + 1 cm + 2 · 2 cm + 1 cm
= 26 cm

Stofflänge$_{Rüsche}$ (StL$_{Rs}$) = Zahl der Streifen$_{Rüsche}$ · Streifenbreite$_{Rüsche}$
= 8 · 26 cm
= 208 cm

Streifenbreite$_{Oberes\ Rockteil}$ (StrB$_{ObRo}$) = Rocklänge − Rüschenbreite + 2 · Nahtzugabe
= 75 cm − 20 cm + 2 · 1 cm
= 57 cm

Stofflänge$_{Oberes\ Rockteil}$ (StL$_{ObRo}$) = Zahl der Streifen$_{Oberes\ Rockteil}$ · Streifenbreite$_{Oberes\ Rockteil}$
= 3 · 57 cm
= 171 cm

Stofflänge$_{gesamt}$ (StL$_{ges}$) = Stofflänge$_{Rüsche}$ + Stofflänge$_{Oberes\ Rockteil}$
= 208 cm + 171 cm
= 379 cm = **3,79 m**

Übungsaufgabe: Seite 198, Nr. 03

4.7.3 Kräuselfaktor

Rüschen

Fallbeispiel 1

Der Rock eines Tanzkleides wird mit fünf **zweiseitigen Rüschen** aus einfachem Stoff besetzt. Die 4 cm breiten Rüschen sollen mit einem Kräuselfaktor von ungefähr 3 gearbeitet und an den Kanten versäubert (gekurbelt) werden. Die Saumweite beträgt 4,70 m, die Stoffbreite 1,40 m.
Berechnen Sie den Stoffbedarf und den genauen Kräuselfaktor.
(Nahtzugaben bleiben unberücksichtigt.)

Gegebene Daten:

Zahl der Rüschen	ZRs	5
Rüschenbreite	RsB	4 cm
Kräuselfaktor	KF	3
Geschlossene Weite	geW	4,70 m
Stoffbreite	StB	1,40 m

Gesuchte Daten:
- Stofflänge StL
- Kräuselfaktor KF

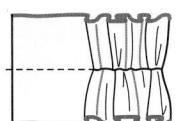 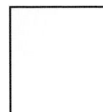

Lösung in Teilschritten		Kurzform	
Geschlossene Weite$_{gesamt}$	= Geschlossene Weite · Zahl der Rüschen = 4,70 m · 5 = 23,50 m	geW$_{ges}$	= geW · ZRs = 4,70 m · 5 = 23,50 m
Offene Weite	= Geschlossene Weite$_{gesamt}$ · Kräuselfaktor = 23,50 m · 3 = 70,50 m	ofW	= geW$_{ges}$ · KF = 23,50 m · 3 = 70,50 m
Zahl der Streifen	= Offene Weite : Stoffbreite = 70,50 m : 1,40 m ≈ 50,3 ⇒ 50 ⚠	ZStr	= ofW : StB = 70,50 m : 1,40 m ≈ 50,3 ⇒ 50
Streifenbreite	≙ Rüschenbreite = 4 cm	StrB	≙ RsB = 4 cm
Stofflänge	= Zahl der Streifen · Streifenbreite = 50 · 4 cm = 200 cm **= 2,00 m**	**StL**	= ZStr · StrB = 50 · 4 cm = 200 cm **= 2,00 m**
Offene Weite	= Zahl der Streifen · Stoffbreite = 50 · 1,40 m = 70,00 m	ofW	= ZStr · StB = 50 · 1,40 m = 70,00 m
Kräuselfaktor	= Offene Weite : Geschlossene Weite$_{gesamt}$ = 70,00 m : 23,50 m ≈ **2,98**	**KF**	= ofW : geW$_{ges}$ = 70,00 m : 23,50 m ≈ **2,98**

> ❗ Der Kräuselfaktor ist nur als ungefährer Wert angegeben, deshalb kann die Zahl der Streifen in diesem Falle auf eine ganze Zahl **abgerundet** werden, da die erste Stelle hinter dem Komma deutlich unter 5 ist.

Übungsaufgabe: Seite 198, Nr. 04

4.7.3 Kräuselfaktor

Rüschen

Fallbeispiel 2

Für eine Rüschenverzierung an Halsausschnitt und Rocksaum steht ein 1,20 m breites und 0,95 m langes Stoffstück zur Verfügung. Die Rüschen sollen aus einfachem Stoff in einer Breite von 5 cm mit einem 1,5 cm breiten **Köpfchen** aus doppeltem Stoff gearbeitet werden. Als Saum- und Nahtzugabe ist jeweils 1 cm/Kante zu berücksichtigen.

Berechnen Sie den möglichen Kräuselfaktor, wenn insgesamt 3,5 m fertige Rüsche benötigt werden.

Gegebene Daten:

Stoffbreite	StB	120 cm
Stofflänge	StL	95 cm
Rüschenbreite	RsB	5 cm
Köpfchenbreite	KöB	1,5 cm
Saumzugabe/Kante	SaZg	1 cm
Nahtzugabe/Kante	NZg	1 cm
Geschlossene Weite	geW	350 cm

Gesuchte Daten:

Kräuselfaktor   KF

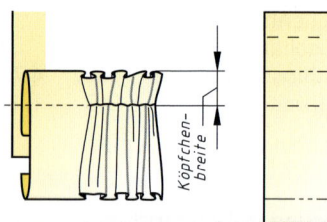

Lösung in Teilschritten	Kurzform
Streifenbreite = Rüschenbreite + Saumzugabe + 2 · Köpfchenbreite + Nahtzugabe = 5 cm + 1 cm + 2 · 1,5 cm + 1 cm = 10 cm	StrB = RsB + SaZg + 2 · KöB + NZg = 5 cm + 1 cm + 2 · 1,5 cm + 1 cm = 10 cm
Zahl der Streifen = Stofflänge : Streifenbreite = 95 cm : 10 cm = 9,5 ⇒ 9	ZStr = StL : StrB = 95 cm : 10 cm = 9,5 ⇒ 9
Offene Weite = Zahl der Streifen · (Stoffbreite − 2 · Nahtzugabe) = 9 · (120 cm − 2 · 1 cm) = 1062 cm	ofW = ZStr (StB − 2 · NZg) = 9 · (120 cm − 2 · 1 cm) = 1062 cm
Kräuselfaktor = Offene Weite : Geschlossene Weite = 1062 cm : 350 cm ≈ 3,0	**KF** = ofW : geW = 1062 cm : 350 cm ≈ 3,0

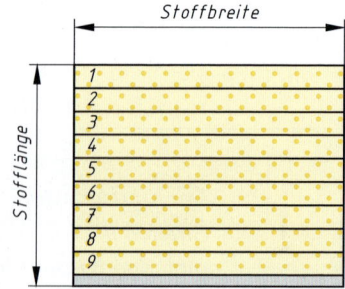

⚠ *Wird bei der Berechnung des Kräuselfaktors die Zahl der Streifen aus einem vorgegebenen Stoffstück ermittelt, muss sie stets auf eine ganze Zahl **abgerundet** werden, da der Reststreifen nicht die volle Streifenbreite hat.*

Übungsaufgabe: Seite 198, Nr. 05

4.7.4 Rüschenbreite — Rüschen

Fallbeispiel

Für die Rüschenverzierung an vier Folklorblusen stehen 1,20 m eines 1,40 m breiten Stoffes zur Verfügung. Es werden insgesamt 5,40 m einer **einseitigen** Rüsche mit dem Kräuselfaktor 3 benötigt. Als Naht- bzw. Saumzugabe ist 1 cm/Kante zu berücksichtigen.

Berechnen Sie die mögliche Breite einer Rüsche aus einfachem Stoff und einer Rüsche aus doppeltem Stoff.

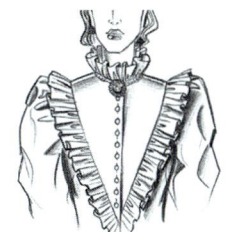

Gegebene Daten:

Stofflänge	StL	120 cm
Stoffbreite	StB	140 cm
Geschlossene Weite	geW	540 cm
Kräuselfaktor	KF	3
Nahtzugabe/Kante	NZg	1 cm
Saumzugabe/Kante	SaZg	1 cm

Gesuchte Daten:

Rüschenbreite   RsB

- bei **einfachem** Stoff
- bei **doppeltem** Stoff

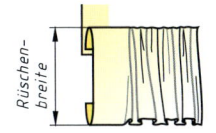
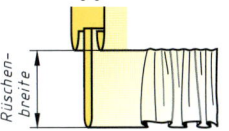

Lösung in Teilschritten			Kurzform		
Offene Weite	=	Geschlossene Weite · Kräuselfaktor	ofW	=	geW · KF
	=	540 cm · 3		=	540 cm · 3
	=	1620 cm		=	1620 cm
Zahl der Streifen	=	Offene Weite : (Stoffbreite − 2 · Nahtzugabe)	ZStr	=	ofW : (StB − 2 · NZg)
	=	1620 cm : (140 cm − 2 · 1 cm)		=	1620 cm : (140 cm − 2 · 1 cm)
	≈	11,74 ⇒ 12 ⚠		≈	11,74 ⇒ 12
Streifenbreite	=	Stofflänge : Zahl der Streifen	StrB	=	StL : ZStr
	=	120 cm : 12		=	120 cm : 12
	=	10 cm		=	10 cm
Rüschenbreite$_{einfach}$	=	Streifenbreite − Nahtzugabe − Saumzugabe	RsB$_{einf}$	=	StrB − NZg − SaZg
	=	10 cm − 1 cm − 1 cm		=	10 cm − 1cm − 1cm
	=	**8 cm**		**=**	**8 cm**
Rüschenbreite$_{doppelt}$	=	(Streifenbreite − 2 · Nahtzugabe) : 2	RsB$_{dop}$	=	(StrB − 2 · NZg) : 2
	=	(10 cm − 2 · 1 cm) : 2		=	(10 cm − 2 · 1cm) : 2
	=	**4 cm**		**=**	**4 cm**

 Wird bei der Berechnung der Rüschenbreite die Zahl der Streifen aus einem vorgegebenen Stoffstück ermittelt, muss stets auf eine ganze Zahl **aufgerundet** werden, da man sonst nicht die erforderliche offene Weite erhält.

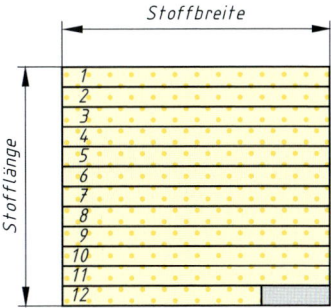

Übungsaufgabe: Seite 198, Nr. 06

4.7.5 Rüschenansatzlänge

Rüschen

Fallbeispiel 1

Für eine Rüschenverzierung stehen 1,00 m eines 1,30 m breiten Stoffes zur Verfügung. Die 5 cm breite **zweiseitige Rüsche** soll mit dem Kräuselfaktor 2,5 gearbeitet werden. Als Nahtzugabe ist 1 cm/Kante zu berücksichtigen.

Berechnen Sie, wie viel m fertige Rüsche möglich sind
1.1 bei einer Rüsche aus einfachem Stoff, Kante versäubert (gekurbelt).
1.2 bei einer Rüsche aus doppeltem Stoff.

Gegebene Daten:

Stofflänge	StL	100 cm
Stoffbreite	StB	130 cm
Rüschenbreite	RsB	5 cm
Kräuselfaktor	KF	2,5
Nahtzugabe/Kante	NZg	1 cm

Gesuchte Daten:
Geschlossene Weite geW

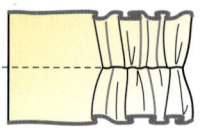 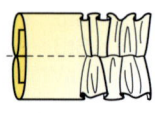 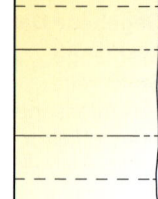

1.1 bei **einfachem** Stoff   1.2 bei **doppeltem** Stoff

Lösung in Teilschritten			Kurzform		
*1.1 Rüsche aus **einfachem** Stoff, gekurbelt*			*1.2 Rüsche aus **doppeltem** Stoff*		
Streifenbreite	≙ Rüschenbreite		StrB	= $2 \cdot RsB + 2 \cdot NZg$	
	= 5 cm			= $2 \cdot 5\,cm + 2 \cdot 1\,cm$	
				= 12 cm	
Zahl der Streifen	= Stofflänge : Streifenbreite		ZStr	= StL : StrB	
	= 100 cm : 5 cm			= 100 cm : 12 cm	
	= 20			≈ 8,3 ⇒ 8 ⚠	
Offene Weite	= Zahl der Streifen · (Stoffbreite – 2 · Nahtzugabe)		ofW	= $ZStr \cdot (StB - 2 \cdot NZg)$	
	= 20 · (130 cm – 2 · 1 cm)			= 8 · (130 cm – 2 · 1 cm)	
	= 2560 cm			= 1024 cm	
Geschlossene Weite	= Offene Weite : Kräuselfaktor		geW	= ofW : KF	
	= 2560 cm : 2,5			= 1024 cm : 2,5	
	= 1024 cm			= 409,6 cm	
	= 10,24 m			**= 4,09 m**	

 *Wird bei der Berechnung der geschlossenen Weite die Zahl der Streifen aus einem vorgegebenen Stoffstück ermittelt, muss stets auf eine ganze Zahl **abgerundet** werden, da der Reststreifen nicht die volle Streifenbreite hat.*

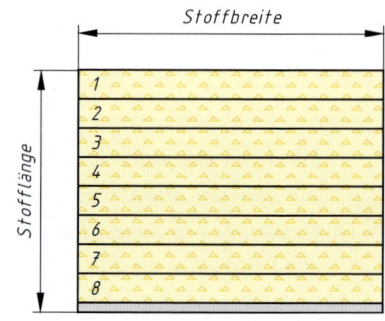

Zuschneideplan für Rüsche aus doppeltem Stoff

Übungsaufgabe: Seite 198, Nr. 07

4.7.6 Stufenrock

Rüschen

Fallbeispiel

Aus einem 140 cm breiten Stoff wird ein Stufenrock gearbeitet. Für die oberste Stufe wird eine Stoffbreite auf die Taillenweite von 69 cm eingekräuselt. Für die beiden weiteren Stufen soll der gleiche Kräuselfaktor verwendet werden. Die fertige Rocklänge muss 72 cm betragen, die 3 Stufen sollen die gleiche Breite aufweisen. Als Naht- bzw. Saumzugabe ist 1 cm je Kante zu berücksichtigen.
Ermitteln Sie den Stoffbedarf in m für den Rock (ohne Bund).

Gegebene Daten:

Stoffbreite	StB	140 cm
Geschlossene Weite$_{Taille}$	geWT	69 cm
Rocklänge	RoL	72 cm
Zahl der Stufen	Z_{Stu}	3
Nahtzugabe/Kante	NZg	1 cm

Gesuchte Daten:

Stofflänge	StL	

Lösung in Teilschritten		Kurzform	
Offene Weite$_{Stufe\ 1}$	= Stoffbreite − 2 · Nahtzugabe = 140 cm − 2 · 1 cm = 138 cm	ofW$_1$	= StB − 2 · NZg = 140 cm − 2 · 1 cm = 138 cm
Kräuselfaktor	= Offene Weite$_{Stufe\ 1}$: Geschlossene Weite$_{Taille}$ = 138 cm : 69 cm = 2	KF	= ofW$_1$: geWT = 138 cm : 69 cm = 2
Offene Weite$_{Stufe\ 2}$	= Offene Weite$_{Stufe\ 1}$ · Kräuselfaktor = 138 cm · 2 = 276 cm	ofW$_2$	= ofW$_1$ · KF = 138 cm · 2 = 276 cm
Offene Weite$_{Stufe\ 3}$	= Offene Weite$_{Stufe\ 2}$ · Kräuselfaktor = 276 cm · 2 = 552 cm	ofW$_3$	= ofW$_2$ · KF = 276 cm · 2 = 552 cm
Offene Weite$_{gesamt}$	= Offene Weite$_{Stufe\ 1}$ + Offene Weite$_{Stufe\ 2}$ + Offene Weite$_{Stufe\ 3}$ = 138 cm + 276 cm + 552 cm = 966 cm	ofW$_{ges}$	= ofW$_1$ + ofW$_2$ + ofW$_3$ = 138 cm + 276 cm + 552 cm = 966 cm
Zahl der Streifen	= Offene Weite gesamt : (Stoffbreite − 2 · Nahtzugabe) = 966 cm : (140 cm − 2 · 1 cm) = 7	ZStr	= ofW$_{ges}$: (StB − 2 · NZg) = 966 cm : (140 cm − 2 · 1 cm) = 7
Streifenbreite	= (Rocklänge : Zahl der Stufen) + 2 · Nahtzugabe = (72 cm : 3) + 2 · 1 cm = 26 cm	StrB	= (RoL : Z_{Stu}) + 2 · NZg = (72 cm : 3) + 2 · 1 cm = 26 cm
Stofflänge	= Zahl der Streifen · Streifenbreite = 7 · 26 cm = 182 cm **= 1,82 m**	**StL**	= ZStr · StrB = 7 · 26 cm = 182 cm **= 1,82 m**

Übungsaufgabe: Seite 198, Nr. 08

4.7.7 Übungsaufgaben

Rüschen

01 Eine 20 cm breite einseitige Saumrüsche soll mit dem Kräuselfaktor 2,5 gearbeitet werden. Die Saumweite beträgt 2,80 m, der zur Verfügung stehende Stoff liegt 1,30 m breit. Als Naht- bzw. Saumzugabe ist 1 cm je Kante zu berücksichtigen.
Berechnen Sie den Stoffbedarf in m, wenn die Rüsche aus einfachem Stoff gearbeitet wird.

02 Die vorderen Kanten sowie die Manschetten einer Bluse sollen mit einer 2 cm breiten einseitigen Rüsche aus doppeltem Stoff verziert werden. Für die vorderen Kanten werden jeweils 64 cm, für die Manschetten jeweils 28 cm Rüsche benötigt. Die Stoffbreite beträgt 1,20 m, die Nahtzugabe je Kante 1 cm.
Berechnen Sie den Stoffbedarf bei einem Kräuselfaktor von 3.

03 Ein 1,40 m breiter Stoff steht für einen Rock mit Saumrüsche zur Verfügung. Die Rüsche mit dem Kräuselfaktor 3 soll 18 cm breit aus einfachem Stoff, das Köpfchen 1,5 cm breit aus doppeltem Stoff gearbeitet werden. Als Naht- bzw. Saumzugabe ist 1 cm je Kante zu berücksichtigen. Der fertige Rock muss eine Länge von 78 cm aufweisen. Für das obere Rockteil werden 2 Stoffbreiten zusammengesetzt.
Berechnen Sie den Stoffbedarf für den Rock.

04 Ein Abendkleid wird am Rocksaum mit drei zweiseitigen Rüschen aus einfachem Stoff verziert. Die 5 cm breiten Rüschen sollen mit dem Kräuselfaktor von ungefähr 2,5 gearbeitet und an den Kanten versäubert (gekurbelt) werden. Die Saumweite beträgt 4,20 m, die Stoffbreite 1,30 m.
Berechnen Sie den Stoffbedarf und den genauen Kräuselfaktor.
(Nahtzugaben bleiben unberücksichtigt.)

05 Für eine Rüschenverzierung stehen 0,80 m eines 1,40 m breiten Stoffes zur Verfügung. Die 3,30 m lange Rüsche soll aus einfachem Stoff in einer Breite von 8 cm mit einem 1 cm breiten Köpfchen aus doppeltem Stoff gearbeitet werden. Als Saum- und Nahtzugabe ist jeweils 1 m je Kante zu berücksichtigen.
Berechnen Sie den möglichen Kräuselfaktor.

06 Aus einem 0,72 m langen und 1,30 m breiten Stoffstück sollen 4,60 m einseitige Rüsche mit dem Kräuselfaktor von ungefähr 2,5 gefertigt werden. Als Naht- bzw. Saumzugabe ist 1 cm je Kante zu berücksichtigen.
Berechnen Sie die mögliche Breite einer Rüsche aus einfachem Stoff und einer Rüsche aus doppeltem Stoff.

07 Es soll eine 4 cm breite zweiseitige Rüsche mit dem Kräuselfaktor 2 gearbeitet werden. 80 cm eines 90 cm breiten Stoffes stehen zur Verfügung. Die Naht- bzw. Saumzugabe je Kante beträgt 1 cm.
Berechnen Sie die geschlossene Weite einer
7.1 Rüsche aus einfachem Stoff, Kante versäubert (gekurbelt);
7.2 Rüsche aus doppeltem Stoff.

08 Für einen 60 cm langen Stufenrock mit zwei gleich breiten Stufen steht ein 90 cm breiter Stoff zur Verfügung. Für die obere Stufe sind zwei Stoffbreiten vorgesehen, die untere Stufe soll mit dem gleichen Kräuselfaktor gearbeitet werden. Die Taillenweite muss 70 cm betragen. Als Naht- bzw. Saumzugabe ist 1 cm je Kante zu berücksichtigen.
Ermitteln Sie den Stoffbedarf für den Rock.

09 Eine Bluse wird am Halsausschnitt (Weite 44 cm), an der Übertrittkante (Länge 60 cm) und an den Ärmeln (Weite je 26 cm) mit einer Rüsche verziert. Die Rüsche wird 6 cm breit geschnitten und soll mit dem Faktor 2,5 eingekräuselt werden. Der zur Verfügung stehende Stoff hat eine Breite von 90 cm.
Berechnen Sie den Stoffbedarf für die Rüsche.
(Nahtzugaben bleiben unberücksichtigt.)

10 Für ein Kleid stehen 2,35 m Stoff von 140 cm Breite zur Verfügung. Für das Kleid selbst benötigt man 1,55 m. Der Rest soll zu Rüschen für Halsausschnitt (Weite 85 cm), Ärmel (Weite je 30 cm) und Saum (Weite 115 cm) von je 13 cm geschnittener Breite verarbeitet werden.
Berechnen Sie den Kräuselfaktor.
(Nahtzugaben bleiben unberücksichtigt.)

Projektorientierte Aufgabe

11.1 **Skizzieren** Sie verschiedene Rüschenarten.
11.2 Nennen Sie zu jeder Rüschenart die **Verarbeitungsmöglichkeiten.**
11.3 Geben Sie fünf Beispiele für **Rüschenverzierung.**
11.4 **Entwerfen** Sie eine Bluse mit Rüschenbesatz an der Verschlusskante und/oder am Kragen und an den Manschetten.
11.5 Schätzen Sie die Rüschenbreite sowie die gesamte **Rüschenlänge** für die entworfene Bluse.
11.6 Geben Sie die Rüschenart an und stellen Sie die Verarbeitung an einem **Querschnitt** dar.
11.7 **Berechnen** Sie den Stoffbedarf für die Rüsche bei Stoffbreite 90 cm, Nahtzugabe von 1 cm je Kante und einem Kräuselfaktor von 2,5.
11.8 Zeichnen Sie den **Zuschneideplan** für den Rüschenbesatz im Maßstab 1 : 10.

Weitere Übungsaufgabe siehe Seite 248

4.8 Falten

4.8.1 Grundlagen

Falten ermöglichen durch die eingelegte Stoffweite Bewegungsfreiheit und Bequemlichkeit. Sie können gepresst bzw. gebügelt, abgenäht oder mit weichem Umbruch gelegt werden.

Größe	Abkürzung	Erklärung
Geschlossene Weite	geW	Gesamte Weite der aneinandergereihten Falten (z. B. Hüftweite, Taillenweite, Faltenansatzweite)
Offene Weite	ofW	Die gesamte Stoffweite vor dem Einlegen der Falten („Schnittweite")
Zahl der Falten	ZFa	Zahl der eingelegten Falten
Faltenabstand	FaA	Abstand von Faltenaußenbruch zu Faltenaußenbruch bei der geschlossenen Falte
Faltentiefe	FaT	Abstand von Faltenaußenbruch zu Falteninnenbruch
Falteninhalt	FaI	Eingelegte Weite je Falte, Abstand von Faltenaußenbruch zur Faltenanstoßlinie (doppelte Faltentiefe)
Faltenhöhe	FaH	Fertige Höhe der Falten, z. B. fertige Rocklänge
Nahtzugabe	NZg	Zugabe je Kante für die Zusammensetznähte der Stoffstreifen, für die Bundnaht, für die Ansatznaht eines Faltenteiles
Saumzugabe	SaZg	Zugabe für die Saumnaht des Rockes bzw. des Teiles
Streifenbreite	StrB	Zugeschnittene Breite der erforderlichen Stoffstreifen („Schnittbreite")
Zahl der Streifen	ZStr	Die erforderliche Anzahl an Stoffstreifen
Stoffbreite	StB	Erforderliche bzw. zur Verfügung stehende Warenbreite
Stofflänge	StL	Erforderliche bzw. zur Verfügung stehende Warenlänge (Stoffbedarf)

4.8.1 Grundlagen

Falten

Falten kann man unterteilen
- *nach der Art des Legens:* einseitig gelegt
  zweiseitig gelegt
- *nach der eingelegten Stoffweite:* Normalfalten
  Sparfalten
  Übergreifende Falten

Einseitig gelegte Falten

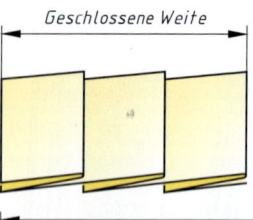

Normalfalten

- Die Faltentiefe entspricht dem Faltenabstand (FaT ≙ FaA).
- Falteninnenbruch und Faltenaußenbruch liegen übereinander.
- Der Stoff liegt dreifach.

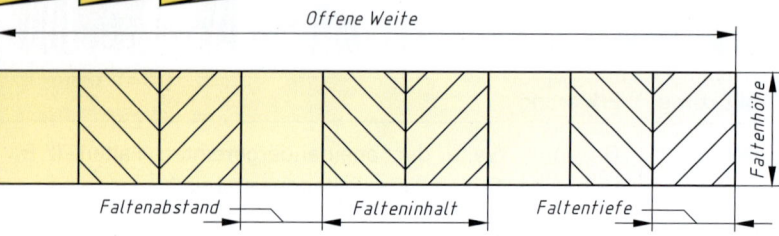

Sparfalten

- Die Faltentiefe ist kleiner als der Faltenabstand (FaT < FaA).
- Falteninnenbruch und Faltenaußenbruch liegen nicht übereinander.
- Der Stoff liegt teilweise dreifach, teilweise einfach.

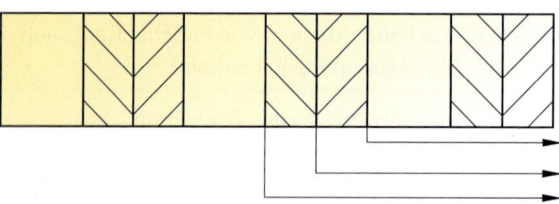

Faltenanstoßlinie (FaAnL)
Falteninnenbruch (iFaBr)
Faltenaußenbruch (aFaBr)

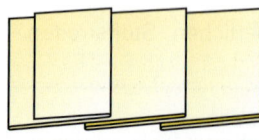

Übergreifende Falten

- Die Faltentiefe ist größer als der Faltenabstand (FaT > FaA).
- Falteninnenbruch und Faltenaußenbruch liegen nicht übereinander.
- Der Stoff liegt teilweise dreifach, teilweise fünffach.

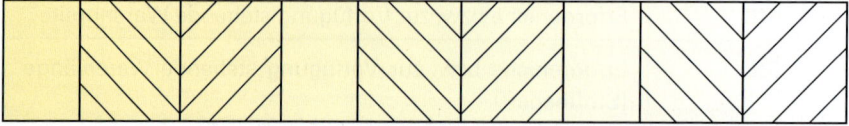

Bekleidungstechnische Berechnungen

4.8.1 Grundlagen — Falten

Zweiseitig gelegte Falten

Einzelfalten

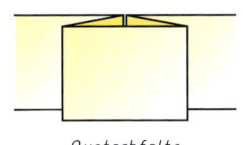
Quetschfalte

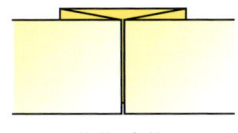
Kellerfalte

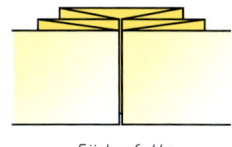
Fächerfalte

Fortlaufende Falten

Normalfalten

- Die gesamte Faltentiefe entspricht dem Faltenabstand (FaT ≙ FaA).
- Falteninnenbrüche und Faltenaußenbrüche stoßen aneinander.
- Der Stoff liegt dreifach.

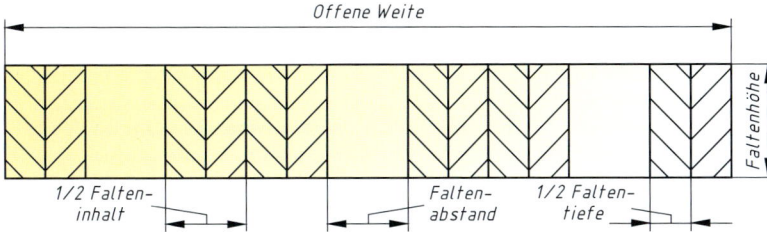

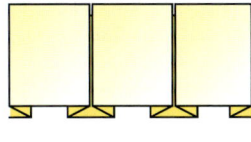

Sparfalten

- Die gesamt Faltentiefe ist kleiner als der Faltenabstand (FaT < FaA).
- Faltenaußenbrüche stoßen aneinander, Falteninnenbrüche klaffen.
- Der Stoff liegt teilweise dreifach, teilweise einfach.

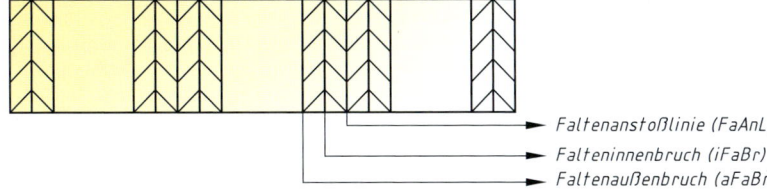

Faltenanstoßlinie (FaAnL)
Falteninnenbruch (iFaBr)
Faltenaußenbruch (aFaBr)

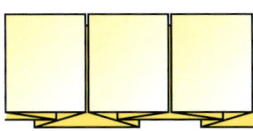

Übergreifende Falten

- Die gesamte Faltentiefe ist größer als der Faltenabstand (FaT > FaA).
- Faltenaußenbrüche stoßen aneinander, Falteninnenbrüche überlappen sich.
- Der Stoff liegt teilweise dreifach, teilweise fünffach.

Bekleidungstechnische Berechnungen

4.8.2 Maße von Faltenteilen — Falten

Normalfalten

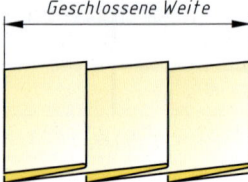
Geschlossene Weite

Geschlossene Weite

> *Bei den Maßberechnungen ist es unwesentlich, ob es sich um einseitig oder zweiseitig gelegte Falten handelt.*

In den nachfolgenden Tabellen ist die Berechnung der fehlenden Größen aufgezeigt.

Zahl der Falten	Faltenabstand	Faltentiefe	Falteninhalt	Geschlossene Weite	Offene Weite
ZFa = 20				geW = 100 cm	
	Schritt 1	Schritt 2	Schritt 3		Schritt 4
	FaA = geW : ZFa = 100 cm : 20 = 5 cm	FaT ≙ FaA = 5 cm	FaI = 2 · FaT = 2 · 5 cm = 10 cm		ofW = 3 · geW = 3 · 100 cm = 300 cm

Zahl der Falten	Faltenabstand	Faltentiefe	Falteninhalt	Geschlossene Weite	Offene Weite
ZFa = 24	FaA = 4 cm				
		Schritt 1	Schritt 2	Schritt 3	Schritt 4
		FaT ≙ FaA = 4 cm	FaI = 2 · FaT = 2 · 4 cm = 8 cm	geW = ZFa · FaA = 24 · 4 cm = 96 cm	ofW = 3 · geW = 3 · 96 cm = 288 cm

Zahl der Falten	Faltenabstand	Faltentiefe	Falteninhalt	Geschlossene Weite	Offene Weite
	FaA = 5,5 cm			geW = 44 cm	
Schritt 1		Schritt 2	Schritt 3		Schritt 4
ZaF = geW : FaA = 44 cm : 5,5 cm = 8		FaT ≙ FaA = 5,5 cm	FaI = 2 · FaT = 2 · 5,5 cm = 11 cm		ofW = 3 · geW = 3 · 44 cm = 132 cm

Zahl der Falten	Faltenabstand	Faltentiefe	Falteninhalt	Geschlossene Weite	Offene Weite
ZaF = 20					ofW = 294 cm
	Schritt 2	Schritt 3	Schritt 4	Schritt 1	
	FaA = geW : ZFa = 98 cm : 20 = 4,9 cm	FaT ≙ FaA = 4,9 cm	FaI = 2 · FaT = 2 · 4,9 cm = 9,8 cm	geW = ofW : 3 = 294 cm : 3 = 98 cm	

Übungsaufgabe: Seite 208, Nr. 01

4.8.2 Maße von Faltenteilen   Falten

Sparfalten

 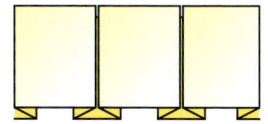

Bei den Maßberechnungen ist es unwesentlich, ob es sich um einseitig oder zweiseitig gelegte Falten handelt.

In den nachfolgenden Tabellen ist die Berechnung der fehlenden Größen aufgezeigt.

Zahl der Falten	Faltenabstand	Faltentiefe	Falteninhalt	Geschlossene Weite	Offene Weite
ZFa = 16	FaA = 6 cm	FaT = 4 cm			
			Schritt 1	Schritt 2	Schritt 3
			Fal = 2· FaT = 2 · 4 cm = 8 cm	geW = ZaF · FaA = 16 · 6 cm = 96 cm	ofW = ZFa·(FaA + Fal) = 16·(6 cm + 8 cm) = 224 cm

Zahl der Falten	Faltenabstand	Faltentiefe	Falteninhalt	Geschlossene Weite	Offene Weite
ZFa = 28		FaT = 3 cm		geW = 112 cm	
	Schritt 1		Schritt 2		Schritt 3
	FaA = geW : ZFa = 112 cm : 28 = 4 cm		Fal = 2 · FaT = 2 · 3 cm = 6 cm		ofW = ZFa·(FaA + Fal) = 28·(4 cm + 6 cm) = 280 cm

Zahl der Falten	Faltenabstand	Faltentiefe	Falteninhalt	Geschlossene Weite	Offene Weite
	FaA = 8 cm			geW = 128 cm	ofW = 240 cm
Schritt 1		Schritt 3	Schritt 2		
ZFa = geW : FaA = 128 cm : 8 cm = 16		FaT = Fal : 2 = 7 cm : 2 = 3,5 cm	Fal =(ofW−geW):ZFa = (240 cm − 128 cm) : 16 = 7 cm		

Zahl der Falten	Faltenabstand	Faltentiefe	Falteninhalt	Geschlossene Weite	Offene Weite
	FaA = 5 cm		Fal = 7 cm	geW = 100 cm	
Schritt 1		Schritt 2			Schritt 3
ZFa = geW : FaA = 100 cm : 5 cm = 20		FaT = Fal : 2 = 7 cm : 2 = 3,5 cm			ofW = ZFa·(FaA + Fal) = 20·(5 cm + 7 cm) = 240 cm

Übungsaufgabe: Seite 208, Nr. 02

4.8.2 Maße von Faltenteilen

Falten

Fallbeispiel 1

Für ein Faltenteil stehen 0,90 m eines 1,10 m breiten Stoffes zur Verfügung. Die Faltenansatzweite beträgt 100 cm, als Faltenabstand sind 5 cm vorgesehen. Die Nahtzugabe je Kante beträgt 1 cm, die Saumzugabe 3 cm.

1.1 Berechnen Sie die Zahl der Falten sowie die mögliche Faltenhöhe, wenn Normalfalten gelegt werden.

1.2 Berechnen Sie die Zahl der Falten sowie die mögliche Faltenhöhe, wenn 2,5 cm tiefe Sparfalten gelegt werden.

Gegebene Daten:

Stofflänge	StL	90 cm
Stoffbreite	StB	110 cm
Geschlossene Weite	geW	100 cm
Faltenabstand	FaA	5 cm
Nahtzugabe/Kante	NZg	1 cm
Saumzugabe	SaZg	3 cm
Faltentiefe	FaT	2,5 cm

Gesuchte Daten:

1.1 *Normalfalten*
 Zahl der Falten ZFa
 Faltenhöhe FaH

1.2 *Sparfalten*
 Zahl der Falten ZFa
 Faltenhöhe FaH

Lösung in Teilschritten

1.1 Normalfalten		**1.2 Sparfalten**	
Zahl der Falten	= Geschlossene Weite : Faltenabstand = 100 cm : 5 cm = **20**	ZFa	= geW : FaA = 100 cm : 5 cm = **20**
Offene Weite	= 3 · Geschlossene Weite = 3 · 100 cm = **300 cm**	ofW	= ZFa · (FaA + 2 · FaT) = 20 · (5 cm + 2 · 2,5 cm) = **200 cm**
Zahl der Streifen	= Offene Weite : (Stoffbreite – Nahtzugaben) = 300 cm : (110 cm – 2 · 1 cm) ≈ 2,8 ⇒ **3** ⚠	ZStr	= ofW : (StB – 2 · NZg) = 200 cm : (110 cm – 2 · 1 cm) ≈ 1,9 ⇒ **2** ⚠
Streifenbreite	= Stofflänge : Zahl der Streifen = 90 cm : 3 = **30 cm**	StrB	= StL : ZStr = 90 cm : 2 = **45 cm**
Faltenhöhe	= Streifenbreite – Nahtzugabe – Saumzugabe = 30 cm – 1 cm – 3 cm = **26 cm**	FaH	= StrB – NZg – SaZg = 45 cm – 1 cm – 3 cm = **41 cm**

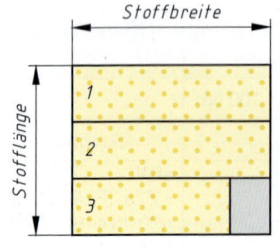

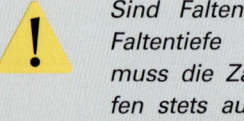 Sind Faltenabstand und Faltentiefe vorgegeben, muss die Zahl der Streifen stets auf eine ganze Zahl **aufgerundet** werden, da der letzte Streifen sonst nicht die volle Breite hat.

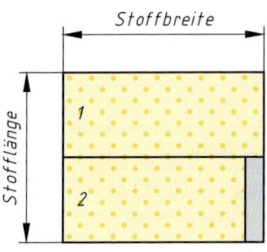

Übungsaufgabe: Seite 208, Nr. 03

4.8.2 Maße von Faltenteilen — Falten

Fallbeispiel 2

Für ein Faltenteil mit 16 Falten stehen 1,40 m Stoff in einer Breite von 90 cm zur Verfügung. Die Faltenansatzweite beträgt 96 cm, die fertige Höhe des Teiles ist 40 cm. Als Nahtzugabe ist 1 cm je Kante, als Saumzugabe sind 4 cm zu berücksichtigen.

Berechnen Sie die mögliche offene Weite sowie Faltenabstand und Faltentiefe. Geben Sie an, ob Normal- oder Sparfalten gelegt werden können, und begründen Sie dies.

Gegebene Daten:

Zahl der Falten	ZFa	16
Stofflänge	StL	140 cm
Stoffbreite	StB	90 cm
Geschlossene Weite	geW	96 cm
Faltenhöhe	FaH	40 cm
Nahtzugabe/Kante	NZg	1 cm
Saumzugabe	SaZg	4 cm

Gesuchte Daten:
- Offene Weite   ofW
- Faltenabstand   FaA
- Faltentiefe   FaT
- Faltenart

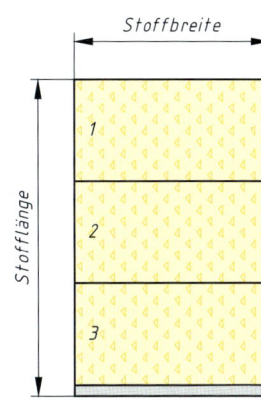

Lösung in Teilschritten		Kurzform	
Streifenbreite	= Faltenhöhe + Nahtzugabe + Saumzugabe = 40 cm + 1 cm + 4 cm = **45 cm**	StrB	= FaH + NZg + SaZg = 40 cm + 1 cm + 4 cm = **45 cm**
Zahl der Streifen	= Stofflänge : Streifenbreite = 140 cm : 45 cm ≈ 3,1 ⇒ 3 ⚠	ZStr	= StL : StrB = 140 cm : 45 cm ≈ 3,1 ⇒ 3 ⚠
Offene Weite	= Zahl der Streifen · (Stoffbreite − Nahtzugaben) = 3 · (90 cm − 2 · 1 cm) = **264 cm**	ofW	= ZStr · (StB − 2 · NZg) = 3 · (90 cm − 2 · 1 cm) = **264 cm**
Faltenabstand	= Geschlossene Weite : Zahl der Falten = 96 cm : 16 = **6 cm**	FaA	= geW : ZFa = 96 cm : 16 = **6 cm**
Falteninhalt	= (Offene Weite − Geschlossene Weite) : Zahl der Falten = (264 cm − 96 cm) : 16 = **10,5 cm**	Fal	= (ofW − geW) : ZFa = (264 cm − 96 cm) : 16 = **10,5 cm**
Faltentiefe	= Falteninhalt : 2 = 10,5 cm : 2 = **5,25 cm**	FaT	= Fal : 2 = 10,5 cm : 2 = **5,25 cm**
Faltenart	= **Sparfalten** Begründung: Der Faltenabstand ist größer als die Faltentiefe.		

⚠ Bei vorgegebener Stofflänge und festgelegter Faltenhöhe muss die Zahl der Streifen stets auf eine ganze Zahl **abgerundet** werden, da der Reststreifen nicht die volle Streifenbreite hat.

Übungsaufgabe: Seite 208, Nr. 04

4.8.3 Stoffbedarf für Faltenteile

Falten

Fallbeispiel 1

Bei einem Minirock wird ein 25 cm hoher Faltensaum angesetzt. Die Faltenansatzlinie beträgt 90 cm, der Abstand der einseitig gelegten **Normalfalten** soll 4,5 cm betragen. Zur Verfügung steht ein 1,10 m breiter Stoff. Als Saumzugabe sind 4 cm, als Nahtzugabe ist 1 cm je Kante zu berücksichtigen.

Berechnen Sie die Zahl der gelegten Falten sowie den Stoffbedarf für das Faltenteil.

Gegebene Daten:

Faltenart: *Normalfalten*		
Faltenhöhe	FaH	25 cm
Geschlossene Weite	geW	90 cm
Faltenabstand	FaA	4,5 cm
Stoffbreite	StB	110 cm
Saumzugabe/Kante	SaZg	4 cm
Nahtzugabe/Kante	NZg	1 cm

Gesuchte Daten:
- Zahl der Falten — ZFa
- Stofflänge — StL

Lösung in Teilschritten	Kurzform
Zahl der Falten = Geschlossene Weite : Faltenabstand = 90 cm : 4,5 cm = **20**	ZFa = geW : FaA = 90 cm : 4,5 cm = **20**
Offene Weite = 3 · Geschlossene Weite = 3 · 90 cm = 270 cm	ofW = 3 · geW = 3 · 90 cm = 270 cm
Zahl der Streifen = Offene Weite : (Stoffbreite − 2 · Nahtzugabe) = 270 cm : (110 cm − 2 · 1 cm) = 2,5 ⇒ 3 ⚠	ZStr = ofW : (StB − 2 · NZg) = 270 cm : (110 cm − 2 · 1 cm) = 2,5 ⇒ 3
Streifenbreite = Faltenhöhe + Saumzugabe + Nahtzugabe = 25 cm + 4 cm + 1 cm = 30 cm	StrB = FaH + SaZg + NZg = 25 cm + 4 cm + 1 cm = 30 cm
Stofflänge = Zahl der Streifen · Streifenbreite = 3 · 30 cm = 90 cm **= 0,90 m**	StL = ZStr · StrB = 3 · 30 cm = 90 cm **= 0,90 m**

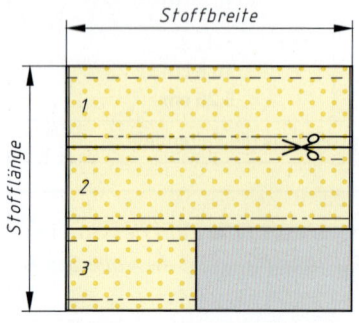

 Bei vorgegebener Faltenhöhe ist die Zahl der Streifen stets auf eine ganze Zahl **aufzurunden,** da der letzte Streifen sonst nicht die volle Breite hat.

Übungsaufgabe: Seite 208, Nr. 05

4.8.3 Stoffbedarf für Faltenteile

Falten

Fallbeispiel 2

Es ist ein 35 cm hohes Faltenteil mit 20 **Sparfalten** zu arbeiten, die eine geschlossene Weite von 80 cm und eine Faltentiefe von 3 cm aufweisen sollen. Zur Verfügung steht ein 110 cm breiter Stoff. Als Nahtzugabe ist 1 cm je Kante, als Saumzugabe sind 4 cm zu berücksichtigen.
Berechnen Sie den Faltenabstand sowie den Stoffbedarf in m.

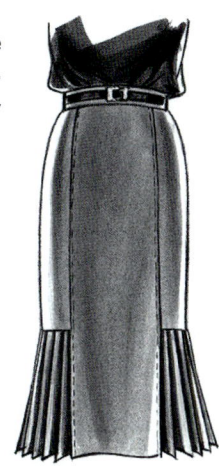

Gegebene Daten:

Faltenart: *Sparfalten*

Faltenhöhe	FaH	35 cm
Zahl der Falten	ZFa	20
Geschlossene Weite	geW	80 cm
Faltentiefe	FaT	3 cm
Stoffbreite	StB	110 cm
Nahtzugabe/Kante	NZg	1 cm
Saumzugabe	SaZg	4 cm

Gesuchte Daten:

- Faltenabstand   FaA
- Stofflänge   StL

Lösung in Teilschritten		Kurzform	
Faltenabstand	= Geschlossene Weite : Zahl der Falten	**FaA**	= geW : ZFa
	= 80 cm : 20		= 80 cm : 20
	= **4 cm**		= **4 cm**
Offene Weite	= Zahl der Falten · (Faltenabstand + Falteninhalt)	ofW	= ZFa · (FaA + FaI)
	= 20 · (4 cm + 2 · 3 cm)		= 20 · (4 cm + 2 · 3 cm)
	= 200 cm		= 200 cm
Zahl der Streifen	= Offene Weite : (Stoffbreite − Nahtzugaben)	ZStr	= ofW : (StB − 2 · NZg)
	= 200 cm : (110 cm − 2 · 1 cm)		= 270 cm : (110 cm − 2 · 1 cm)
	≈ 1,86 ⇒ 2 ⚠		≈ 1,86 ⇒ 2
Streifenbreite	= Faltenhöhe + Nahtzugabe + Saumzugabe	StrB	= FaH + NZg + SaZg
	= 35 cm + 1 cm + 4 cm		= 35 cm + 1 cm + 4 cm
	= 40 cm		= 40 cm
Stofflänge	= Zahl der Streifen · Streifenbreite	**StL**	= ZStr · StrB
	= 2 · 40 cm		= 2 · 40 cm
	= 80 cm = **0,80 m**		= 80 cm = **0,80 m**

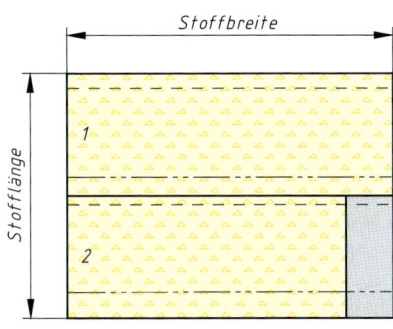

 *Ist die Faltenhöhe vorgegeben, ist die Zahl der Streifen stets auf eine ganze Zahl **aufzurunden**.*

Übungsaufgabe: Seite 208, Nr. 06

4.8.4 Übungsaufgaben Faltenteile

Falten

01 Übernehmen Sie folgende Tabelle und berechnen Sie die fehlenden Größen bei **Normalfalten**.

Zahl der Falten	Faltenabstand	Faltentiefe	Falteninhalt	Geschlossene Weite	Offene Weite
ZFa = 18				geW = 108 cm	
ZFa = 20	FaA = 4,5 cm				
	FaA = 6 cm			geW = 72 cm	
ZFa = 16					ofW = 312 cm

02 Übernehmen Sie folgende Tabelle und berechnen Sie die fehlenden Größen bei **Sparfalten**.

Zahl der Falten	Faltenabstand	Faltentiefe	Falteninhalt	Geschlossene Weite	Offene Weite
ZFa = 14	FaA = 8 cm	FaT = 6 cm			
ZFa = 24		FaT = 4 cm		geW = 108 cm	
	FaA = 6 cm			geW = 108 cm	ofW = 252 cm
	FaA = 4 cm		FaI = 6 cm	geW = 96 cm	

03 Für ein Faltenteil stehen 1,20 m eines 0,90 m breiten Stoffes zur Verfügung. Die Faltenansatzweite beträgt 96 cm, als Faltenabstand sind 6 cm vorgesehen. Die Nahtzugabe je Kante beträgt 1 cm, die Saumzugabe 4 cm.
3.1 Berechnen Sie die Zahl der Falten und die mögliche Faltenhöhe, wenn Normalfalten gelegt werden.
3.2 Berechnen Sie die Zahl der Falten und die Faltenhöhe, wenn 4 cm tiefe Sparfalten gelegt werden.

04 Für ein Faltenteil mit 20 Falten stehen 1,20 m eines 1,10 m breiten Stoffes zur Verfügung. Die Faltenansatzweite soll 104 cm, die fertige Höhe des Teiles 30 cm betragen. Als Nahtzugabe ist 1 cm je Kante, als Saumzugabe sind 3 cm zu berücksichtigen.
Berechnen Sie die mögliche offene Weite sowie Faltenabstand und Faltentiefe. Geben Sie an, welche Faltenart gelegt werden kann und begründen Sie dies.

05 Bei einem Minirock wird ein 20 cm hoher Faltensaum angesetzt. Die Faltenansatzlinie beträgt 88 cm, der Abstand der einseitig gelegten Normalfalten soll 4 cm betragen. Zur Verfügung steht ein 1,40 m breiter Stoff. Als Nahtzugabe ist 1 cm je Kante, als Saumzugabe sind 3 cm zu berücksichtigen.
Berechnen Sie die Zahl der gelegten Falten sowie den Stoffbedarf für das Faltenteil.

06 Es ist ein 30 cm hohes Faltenteil mit 24 Sparfalten zu arbeiten, die eine geschlossene Weite von 108 cm und eine Tiefe von 3,5 cm aufweisen sollen. Zur Verfügung steht ein 1,50 m breiter Stoff. Als Nahtzugabe ist 1 cm je Kante, als Saumzugabe sind 5 cm zu berücksichtigen.
Berechnen Sie den Faltenabstand sowie den Stoffbedarf in m.

Projektorientierte Aufgabe

07.1 Erläutern Sie die Begriffe **Normalfalten** und **Sparfalten**.
07.2 Schneiden Sie einen 4 cm breiten und 30 cm langen Streifen aus kariertem Papier und **falzen** Sie ihn nach folgenden Angaben zu einseitig gelegten Falten: Faltenabstand 2 cm, Faltentiefe 1,5 cm.
07.3 Benennen Sie die **Faltenart**, die entstanden ist, und ermitteln Sie durch **Zählen** bzw. **Messen** und durch **Berechnung**: Zahl der Falten, geschlossene Weite.
07.4 Falzen Sie einen weiteren Streifen mit den gleichen Maßen zu **Normalfalten** mit 2 cm Faltenabstand und ermitteln Sie durch Zählen bzw. Messen sowie durch Berechnung: Falteninhalt, Zahl der Falten, geschlossene Weite.
07.5 Definieren Sie die Begriffe Faltenabstand, Faltentiefe und geschlossene Weite und kennzeichnen Sie diese an einer Skizze.
07.6 Dokumentieren Sie Ihre Lösungen schriftlich und kleben Sie die Papiermodelle auf.

4.8.5 Maße von Faltenröcken   **Falten**

Bei Maßberechnungen für Faltenröcke müssen bestimmte Maßangaben vorgegeben werden. Dies sind bei

Normalfalten:
- Geschlossene Weite$_{Hüfte}$ (geW$_{Hü}$)   bzw.   Hüftumfang + Bequemlichkeitszugabe
- Geschlossene Weite$_{Taille}$ (geW$_{Ta}$)   bzw.   Taillenumfang + Bequemlichkeitszugabe
- Zahl der Falten   (ZFa)   **oder**
- Faltenabstand$_{Hüfte}$ (FaA$_{Hü}$)   bzw.   Faltenabstand$_{Taille}$ (FaA$_{Ta}$)

Bei Normalfalten muss festgelegt sein, ob an der Hüfte oder an der Taille Normalfalten entstehen sollen.

- Werden an der Hüfte Normalfalten gelegt, entstehen an der Taille übergreifende Falten.
- Werden an der Taille Normalfalten gelegt, entstehen an der Hüfte Sparfalten.

Bei **Sparfalten** sind zusätzliche Angaben erforderlich:

- Faltentiefe$_{Hüfte}$ (FaT$_{Hü}$)   bzw.   Faltentiefe$_{Taille}$ (FaT$_{Ta}$)   **oder**
- Falteninhalt$_{Hüfte}$ (Fal$_{Hü}$)   bzw.   Falteninhalt$_{Taille}$ (Fal$_{Ta}$)   **oder**
- Offene Weite   (ofW)

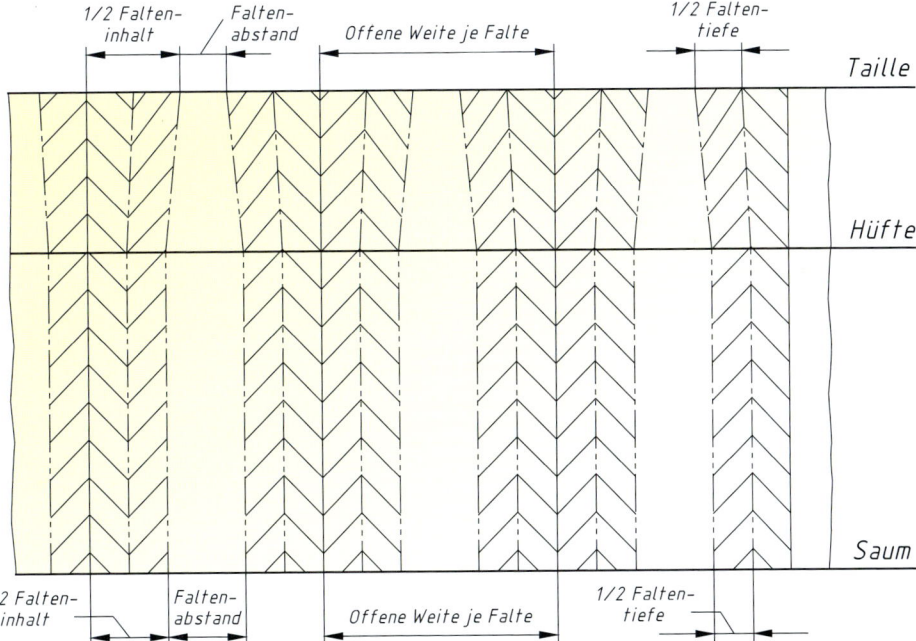

Bekleidungstechnische Berechnungen

- *Die geschlossene Weite an der Taille (Taillenweite) ist kleiner als die geschlossene Weite an der Hüfte (Hüftweite), die offene Weite ist an Taille und Hüfte gleich groß.*
- *Die Summe von Faltenabstand und Falteninhalt ist an der Hüfte und an der Taille gleich groß. (Siehe Kontrollrechnung bei Fallbeispielen.)*
- *An der Taille ist der Falteninhalt um den Betrag größer, um den der Faltenabstand an der Taille kleiner ist als der Faltenabstand an der Hüfte.*

4.8.5 Maße von Faltenröcken

Normalfalten an der Hüfte

Fallbeispiel 1

Gegebene Daten:			Gesuchte Daten:	
Geschlossene Weite$_{Hüfte}$	geW$_{Hü}$	96 cm	• Offene Weite	ofW
Geschlossene Weite$_{Taille}$	geW$_{Ta}$	72 cm	• Zahl der Falten	ZFa
Faltenabstand$_{Hüfte}$	FaA$_{Hü}$	6 cm	• Faltentiefe$_{Hüfte}$	FaT$_{Hü}$
			• Falteninhalt$_{Hüfte}$	Fal$_{Hü}$
			• Faltenabstand$_{Taille}$	FaA$_{Ta}$
			• Faltentiefe$_{Taille}$	FaT$_{Ta}$
			• Falteninhalt$_{Taille}$	Fal$_{Ta}$

$FaA \cong FaT$

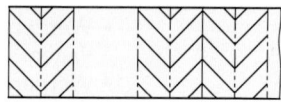

Lösung in Teilschritten		Kurzform	
Offene Weite	= 3 · Geschlossene Weite$_{Hüfte}$	**ofW**	= 3 · geW$_{Hü}$
	= 3 · 96 cm		= 3 · 96 cm
	= **288 cm**		= **288 cm**
Zahl der Falten	= Geschlossene Weite$_{Hüfte}$: Faltenabstand$_{Hüfte}$	**ZFa**	= geW$_{Hü}$: FaA$_{Hü}$
	= 96 cm : 6 cm		= 96 cm : 6 cm
	= **16**		= **16**
Faltentiefe$_{Hüfte}$	$\cong$ Faltenabstand$_{Hüfte}$	**FaT$_{Hü}$**	$\cong$ FaA$_{Hü}$
	= **6 cm**		= **6 cm**
Falteninhalt$_{Hüfte}$	= 2 · Faltentiefe$_{Hüfte}$	**Fal$_{Hü}$**	= 2 · FaT$_{Hü}$
	= 2 · 6 cm		= 2 · 6 cm
	= **12 cm**		= **12 cm**
Faltenabstand$_{Taille}$	= Geschlossene Weite$_{Taille}$: Zahl der Falten	**FaA$_{Ta}$**	= geW$_{Ta}$: ZFa
	= 72 cm : 16		= 72 cm : 16
	= **4,5 cm**		= **4,5 cm**
Falteninhalt$_{Taille}$	= (Offene Weite – Geschlossene Weite$_{Taille}$) : Zahl der Falten	**Fal$_{Ta}$**	= (ofW – geW$_{Ta}$) : ZFa
	= (288 cm – 72 cm) : 16		= (288 cm – 72 cm) : 16
	= **13,5 cm**		= **13,5 cm**
Faltentiefe$_{Taille}$	= Falteninhalt$_{Taille}$: 2	**FaT$_{Ta}$**	= Fal$_{Ta}$: 2
	= 13,5 cm : 2		= 13,5 cm : 2
	= **6,75 cm**		= **6,75 cm**

Kontrolle:	Hüfte	Taille		Kontrolle:			
Faltenabstand	6,0 cm	4,5 cm		FaA$_{Hü}$	6,5 cm	FaA$_{Ta}$	4,5 cm
Falteninhalt	12,0 cm	13,5 cm		Fal$_{Hü}$	12,0 cm	Fal$_{Ta}$	13,5 cm
Summe	18,0 cm	18,0 cm		Σ	18,0 cm	Σ	18,0 cm
18 cm/Falte · 16 Falten = 288 cm Offene Weite				18 cm/Fa · 16 Fa = 288 cm ofW			

Übungsaufgabe: Seite 220, Nr. 01

4.8.5 Maße von Faltenröcken

Falten

Normalfalten an der Taille

Fallbeispiel 2

Gegebene Daten:				Gesuchte Daten:	
Geschlossene Weite$_{Hüfte}$	geW$_{Hü}$	96 cm		• Offene Weite	ofW
Geschlossene Weite$_{Taille}$	geW$_{Ta}$	72 cm		• Faltenabstand$_{Taille}$	FaA$_{Ta}$
Zahl der Falten	ZFa	24		• Faltentiefe$_{Taille}$	FaT$_{Ta}$
				• Falteninhalt$_{Taille}$	Fal$_{Ta}$
				• Faltenabstand$_{Hüfte}$	FaA$_{Hü}$
				• Falteninhalt$_{Hüfte}$	Fal$_{Hü}$
				• Faltentiefe$_{Hüfte}$	FaT$_{Hü}$

$FaA \cong FaT$

Lösung in Teilschritten		Kurzform	
Offene Weite	= 3 · Geschlossene Weite$_{Taille}$ = 3 · 72 cm = **216 cm**	ofW	= 3 · geW$_{Ta}$ = 3 · 72 cm = **216 cm**
Faltenabstand$_{Taille}$	= Geschlossene Weite$_{Taille}$: Zahl der Falten = 72 cm : 24 cm = **3 cm**	FaA$_{Ta}$	= geW$_{Ta}$: ZFa = 72 cm : 24 = **3 cm**
Faltentiefe$_{Taille}$	$\cong$ Faltenabstand$_{Taille}$ = **3 cm**	FaT$_{Ta}$	$\cong$ FaA$_{Ta}$ = **3 cm**
Falteninhalt$_{Taille}$	= 2 · Faltentiefe$_{Taille}$ = 2 · 3 cm = **6 cm**	Fal$_{Ta}$	= 2 · FaT$_{Ta}$ = 2 · 3 cm = **6 cm**
Faltenabstand$_{Hüfte}$	= Geschlossene Weite$_{Hüfte}$: Zahl der Falten = 96 cm : 24 = **4 cm**	FaA$_{Hü}$	= geW$_{Hü}$: ZFa = 96 cm : 24 = **4 cm**
Falteninhalt$_{Hüfte}$	= (Offene Weite – Geschlossene Weite$_{Hüfte}$) : Zahl der Falten = (216 cm – 96 cm) : 24 = **5 cm**	Fal$_{Hü}$	= (ofW – geW$_{Hü}$) : ZFa = (216 cm – 96 cm) : 24 = **5 cm**
Faltentiefe$_{Hüfte}$	= Falteninhalt$_{Hüfte}$: 2 = 5 cm : 2 = **2,5 cm**	FaT$_{Hü}$	= Fal$_{Hü}$: 2 = 5 cm : 2 = **2,5 cm**

Kontrolle:	*Hüfte*	*Taille*		Kontrolle:			
Faltenabstand	4 cm	3 cm		FaA$_{Hü}$	4 cm	FaA$_{Ta}$	3 cm
Falteninhalt	5 cm	6 cm		Fal$_{Hü}$	5 cm	Fal$_{Ta}$	6 cm
Summe	9 cm	9 cm		Σ	9 cm	Σ	9 cm
9 cm/Falte · 24 Falten = 216 cm Offene Weite				9 cm/Fa · 24 Fa = 216 cm ofW			

Bekleidungstechnische Berechnungen

Übungsaufgabe: Seite 220, Nr. 02

4.8.5 Maße von Faltenröcken

Falten

Sparfalten an der Hüfte

Fallbeispiel 3

Gegebene Daten:			Gesuchte Daten:	
Offene Weite	ofW	253 cm	• Faltenabstand$_{Hüfte}$	FaA$_{Hü}$
Zahl der Falten	ZFa	22	• Falteninhalt$_{Hüfte}$	Fal$_{Hü}$
Geschlossene Weite$_{Hüfte}$	geW$_{Hü}$	99 cm	• Faltentiefe$_{Hüfte}$	FaT$_{Hü}$
Geschlossene Weite$_{Taille}$	geW$_{Ta}$	77 cm	• Faltenabstand$_{Taille}$	FaA$_{Ta}$
			• Falteninhalt$_{Taille}$	Fal$_{Ta}$
			• Faltentiefe$_{Taille}$	FaT$_{Ta}$

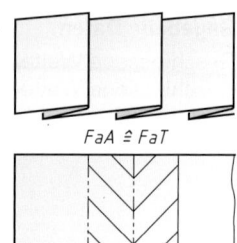

FaA ≙ FaT

Lösung in Teilschritten	Kurzform
Faltenabstand$_{Hüfte}$ = Geschlossene Weite : Zahl der Falten = 99 cm : 22 = 4,5 cm	**FaA$_{Hü}$** = geW$_{Hü}$: ZFa = 99 cm : 22 = 4,5 cm
Falteninhalt$_{Hüfte}$ = (Offene Weite – Geschlossene Weite$_{Hüfte}$) : Zahl der Falten = (253 cm – 99 cm) : 22 = 7 cm	**Fal$_{Hü}$** = (ofW – geW$_{Hü}$) : ZFa = (253 cm – 99 cm) : 22 = 7 cm
Faltentiefe$_{Hüfte}$ = Falteninhalt$_{Hüfte}$: 2 = 7 cm : 2 = 3,5 cm	**FaT$_{Hü}$** = Fal$_{Hü}$: 2 = 7 cm : 2 = 3,5 cm
Faltenabstand$_{Taille}$ = Geschlossene Weite$_{Taille}$: Zahl der Falten = 77 cm : 22 = 3,5 cm	**FaA$_{Ta}$** = geW$_{Ta}$: ZFa = 77 cm : 22 = 3,5 cm
Falteninhalt$_{Taille}$ = (Offene Weite – Geschlossene Weite$_{Taille}$) : Zahl der Falten = (253 cm – 77 cm) : 22 = 8 cm	**Fal$_{Ta}$** = (ofW – geW$_{Ta}$) : ZFa = (253 cm – 77 cm) : 22 = 8 cm
Faltentiefe$_{Taille}$ = Falteninhalt$_{Taille}$: 2 = 8 cm : 2 = 4 cm	**FaT$_{Ta}$** = Fal$_{Ta}$: 2 = 8 cm : 2 = 4 cm

Kontrolle:	*Hüfte*	*Taille*		Kontrolle:			
Faltenabstand	4,5 cm	3,5 cm		FaA$_{Hü}$	4,5 cm	FaA$_{Ta}$	3,5 cm
Falteninhalt	7,0 cm	8,0 cm		Fal$_{Hü}$	7,0 cm	Fal$_{Ta}$	8,0 cm
Summe	11,5 cm	11,5 cm		Σ	11,5 cm	Σ	11,5 cm
11,5 cm/Falte · 22 Falten = 253 cm Offene Weite				11,5 cm/Fa · 22 Fa = 253 cm ofW			

Übungsaufgabe: Seite 220, Nr. 03

4.8.5 Maße von Faltenröcken

Falten

Sparfalten an der Hüfte

Fallbeispiel 4

Gegebene Daten:			Gesuchte Daten:	
Faltentiefe$_{Hüfte}$	FaT$_{Hü}$	4 cm	• Zahl der Falten	ZFa
Faltenabstand$_{Hüfte}$	FaA$_{Hü}$	5 cm	• Falteninhalt$_{Hüfte}$	Fal$_{Hü}$
Geschlossene Weite$_{Hüfte}$	geW$_{Hü}$	100 cm	• Offene Weite	ofW
Geschlossene Weite$_{Taille}$	geW$_{Ta}$	80 cm	• Faltenabstand$_{Taille}$	FaA$_{Ta}$
			• Falteninhalt$_{Taille}$	Fal$_{Ta}$
			• Faltentiefe$_{Taille}$	FaT$_{Ta}$

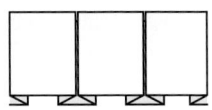

$FaA \stackrel{\wedge}{=} FaT$

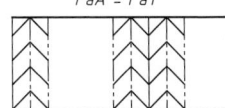

Lösung in Teilschritten		Kurzform	
Zahl der Falten	= Geschlossene Weite$_{Hüfte}$: Faltenabstand$_{Hüfte}$	**ZFa**	= geW$_{Hü}$: FaA$_{Hü}$
	= 100 cm : 5 cm		= 100 cm : 5 cm
	= **20**		= **20**
Falteninhalt$_{Hüfte}$	= Faltentiefe$_{Hüfte}$ · 2	**Fal$_{Hü}$**	= FaT$_{Hü}$ · 2
	= 4 cm · 2		= 4 cm · 2
	= **8 cm**		= **8 cm**
Offene Weite	= (Faltenabstand$_{Hüfte}$ + Falteninhalt$_{Hüfte}$) · Zahl der Falten	**ofW**	= (FaA$_{Hü}$ + Fal$_{Hü}$) · ZFa
	= (5 cm + 8 cm) · 20		= (5 cm + 8 cm) · 20
	= **260 cm**		= **260 cm**
Faltenabstand$_{Taille}$	= Geschlossene Weite$_{Taille}$: Zahl der Falten	**FaA$_{Ta}$**	= geW$_{Ta}$: ZFa
	= 80 cm : 20		= 80 cm : 20
	= **4 cm**		= **4 cm**
Falteninhalt$_{Taille}$	= (Offene Weite – Geschlossene Weite$_{Taille}$) : Zahl der Falten	**Fal$_{Ta}$**	= (ofW – geW$_{Ta}$) : ZFa
	= (260 cm – 80 cm) : 20		= (260 cm – 80 cm) : 20
	= **9 cm**		= **9 cm**
Faltentiefe$_{Taille}$	= Falteninhalt$_{Taille}$: 2	**FaT$_{Ta}$**	= Fal$_{Ta}$: 2
	= 9 cm : 2		= 9 cm : 2
	= **4,5 cm**		= **4,5 cm**

Kontrolle:	*Hüfte*	*Taille*		Kontrolle:			
Faltenabstand	5 cm	4 cm		FaA$_{Hü}$	5 cm	FaA$_{Ta}$	4 cm
Falteninhalt	8 cm	9 cm		Fal$_{Hü}$	8 cm	Fal$_{Ta}$	9 cm
Summe	13 cm	13 cm		Σ	13 cm	Σ	13 cm
13cm/Falte · 20 Falten = 260 cm Offene Weite				13 cm/Fa · 20 Fa = 260 cm ofW			

Übungsaufgabe: Seite 220, Nr. 04

4.8.5 Maße von Faltenröcken

Falten

Fallbeispiel 5

Aus einem 120 cm breiten Stoff soll ein Faltenrock gearbeitet werden. Zur Verfügung stehen 2 Rocklängen. Als Zugabe für die Zusammensetznähte sind 2 cm je Kante zu berücksichtigen. Die Hüftweite des Rockes muss 92 cm, die Taillenweite 68 cm betragen. 20 Falten sind vorgesehen.

Berechnen Sie
• den Faltenabstand und die Faltentiefe an der Hüfte,
• den Faltenabstand und die Faltentiefe an der Taille.

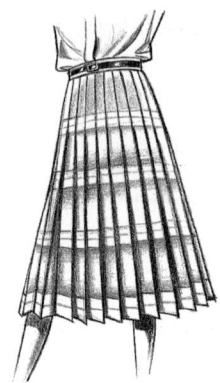

Gegebene Daten:

Stoffbreite	StB	120 cm
Zahl der Streifen	ZStr	2
Nahtzugabe/Kante	NZg	2 cm
Geschlossene Weite$_{Hüfte}$	geW$_{Hü}$	92 cm
Geschlossene Weite$_{Taille}$	geW$_{Ta}$	68 cm
Zahl der Falten	ZFa	20

Gesuchte Daten:
• Faltenabstand$_{Hüfte}$ FaA$_{Hü}$
• Faltentiefe$_{Hüfte}$ FaT$_{Hü}$
• Faltenabstand$_{Taille}$ FaA$_{Ta}$
• Faltentiefe$_{Taille}$ FaT$_{Ta}$

Lösung in Teilschritten		Kurzform	
Offene Weite	= Zahl der Streifen · (Stoffbreite − 2 · Nahtzugabe) = 2 · (120 cm − 2 · 2 cm) = 232 cm	ofW	= ZStr · (StB − 2 · NZg) = 2 · (120 cm − 2 · 2 cm) = 232 cm
Faltenabstand$_{Hüfte}$	= Geschlossene Weite$_{Hüfte}$: Zahl der Falten = 92 cm : 20 = **4,6 cm**	**FaA$_{Hü}$**	= geW$_{Hü}$: ZFa = 92 cm : 20 = **4,6 cm**
Falteninhalt$_{Hüfte}$	= (Offene Weite − Geschlossene Weite$_{Hüfte}$) : Zahl der Falten = (232 cm − 92 cm) : 20 = 7 cm	Fal$_{Hü}$	= (ofW − geW$_{Hü}$) : ZFa = (232 cm − 92 cm) : 20 = 7 cm
Faltentiefe$_{Hüfte}$	= Falteninhalt$_{Hüfte}$: 2 = 7 cm : 2 = **3,5 cm**	FaT$_{Hü}$	= Fal$_{Hü}$: 2 = 7 cm : 2 = **3,5 cm**
Faltenabstand$_{Taille}$	= Geschlossene Weite$_{Taille}$: Zahl der Falten = 68 cm : 20 = **3,4 cm**	FaA$_{Ta}$	= geW$_{Ta}$: ZFa = 68 cm : 20 = **3,4 cm**
Falteninhalt$_{Taille}$	= (Offene Weite − Geschlossene Weite$_{Taille}$) : Zahl der Falten = (232 cm − 68 cm) : 20 = 8,2 cm	Fal$_{Ta}$	= (ofW − geW$_{Ta}$) : ZFa = (232 cm − 68 cm) : 20 = 8,2 cm
Faltentiefe$_{Taille}$	= Falteninhalt$_{Taille}$: 2 = 8,2 cm : 2 = **4,1 cm**	FaT$_{Ta}$	= Fal$_{Ta}$: 2 = 8,2 cm : 2 = **4,1 cm**

Kontrolle:	*Hüfte*	*Taille*		Kontrolle:			
Faltenabstand	4,6 cm	3,4 cm		FaA$_{Hü}$	4,6 cm	FaA$_{Ta}$	3,4 cm
Falteninhalt	7,0 cm	8,2 cm		Fal$_{Hü}$	7,0 cm	Fal$_{Ta}$	8,2 cm
Summe	11,6 cm	11,6 cm		Σ	11,6 cm	Σ	11,6 cm
20 Falten · 11,6 cm/Falte = 232 cm Offene Weite				20 Fa · 11,6 cm/Fa = 232 cm ofW			

Übungsaufgabe: Seite 220, Nr. 05

4.8.6 Stoffbedarf für Faltenröcke

Falten

Normalfalten an der Hüfte

Fallbeispiel 1

Es soll ein Faltenrock mit 96 cm Hüftweite, 72 cm Taillenweite und 74 cm Länge gearbeitet werden. Zur Verfügung steht ein 1,50 m breiter Stoff. Die Nahtzugabe beträgt 1 cm je Kante, die Saumzugabe 5 cm. An der Hüfte sollen 24 Normalfalten eingelegt werden. Berechnen Sie den Stoffbedarf sowie den Faltenabstand und die Faltentiefe an der Taille.

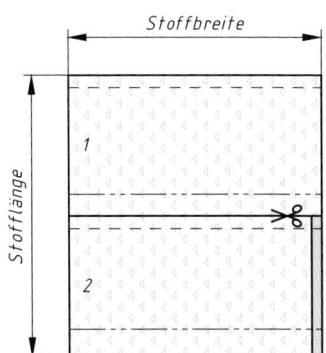

Gegebene Daten:

Geschlossene Weite$_{Hüfte}$	geW$_{Hü}$	96 cm
Geschlossene Weite$_{Taille}$	geW$_{Ta}$	72 cm
Rocklänge	RoL	74 cm
Stoffbreite	StB	150 cm
Nahtzugabe/Kante	NZg	1 cm
Saumzugabe	SaZg	5 cm
Zahl der Falten	ZFa	24

Gesuchte Daten:
- Stofflänge StL
- Faltenabstand$_{Taille}$ FaA$_{Ta}$
- Faltentiefe$_{Taille}$ FaT$_{Ta}$

Lösung in Teilschritten		Kurzform	
Offene Weite	= 3 · Geschlossene Weite$_{Hüfte}$ = 3 · 96 cm = 288 cm	ofW	= 3 · geW$_{Hü}$ = 3 · 96 cm = 288 cm
Zahl der Streifen	= Offene Weite : (Stoffbreite – 2 · Nahtzugabe) = 288 cm : (150 cm – 2 · 1 cm) ≈ 1,95 ⇒ 2 ⚠	ZStr	= ofW : (StB – 2 · NZg) = 288 cm : (150 cm – 2 · 1 cm) ≈ 1,95 ⇒ 2
Streifenbreite	= Rocklänge + Saumzugabe + Nahtzugabe = 74 cm + 5 cm + 1 cm = 80 cm	StrB	= RoL + SaZg + NZg = 74 cm + 5 cm + 1 cm = 80 cm
Stofflänge	= Zahl der Streifen · Streifenbreite = 2 · 80 cm = 160 cm = **1,60 m**	**StL**	= ZStr · StrB = 2 · 80 cm = 160 cm = **1,60 m**
Faltenabstand$_{Taille}$	= Geschlossene Weite$_{Taille}$: Zahl der Falten = 72 cm : 24 = **3 cm**	**FaA$_{Ta}$**	= geW$_{Ta}$: ZFa = 72 cm : 24 = **3 cm**
Falteninhalt$_{Taille}$	= (Offene Weite – Geschlossene Weite$_{Taille}$) : Zahl der Falten = (288 cm – 72 cm) : 24 = 9 cm	Fal$_{Ta}$	= (ofW – geW$_{Ta}$) : ZFa = (288 cm – 72 cm) : 24 = 9 cm
Faltentiefe$_{Taille}$	= Falteninhalt$_{Taille}$: 2 = 9 cm : 2 = **4,5 cm**	**FaT$_{Ta}$**	= Fal$_{Ta}$: 2 = 9 cm : 2 = **4,5 cm**

> ⚠ *Bei vorgegebener Rocklänge muss die Zahl der Streifen stets auf eine ganze Zahl **aufgerundet** werden.*

Übungsaufgabe: Seite 220, Nr. 06

4.8.6 Stoffbedarf für Faltenröcke

Falten

Sparfalten an der Hüfte

Fallbeispiel 2

Aus einem 1,10 m breiten Stoff soll ein Faltenrock mit 71 cm Länge gearbeitet werden. Die Hüftweite soll 112 cm betragen, die Taillenweite 77 cm. An der Hüfte sind 8 cm Faltenabstand und 6 cm Faltentiefe vorgesehen. Es ist eine Nahtzugabe von 1 cm je Kante sowie eine Saumzugabe von 3 cm zu berücksichtigen.

Berechnen Sie die Zahl der Falten, den Stoffbedarf und den Faltenabstand an der Taille.

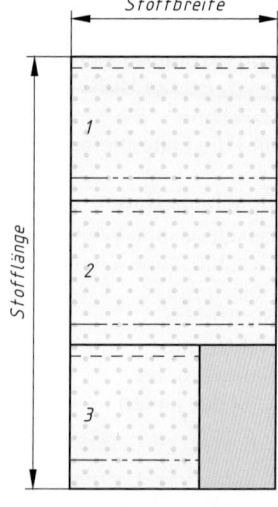

Gegebene Daten:

Stoffbreite	StB	110 cm
Rocklänge	RoL	71 cm
Geschlossene Weite$_{Hüfte}$	geW$_{Hü}$	112 cm
Geschlossene Weite$_{Taille}$	geW$_{Ta}$	77 cm
Faltenabstand$_{Hüfte}$	FaA$_{Hü}$	8 cm
Faltentiefe$_{Hüfte}$	FaT$_{Hü}$	6 cm
Nahtzugabe/Kante	NZg	1 cm
Saumzugabe	SaZg	3 cm

Gesuchte Daten:

- Zahl der Falten ZFa
- Stofflänge StL
- Faltenabstand$_{Taille}$ FaA$_{Ta}$

Lösung in Teilschritten		Kurzform	
Zahl der Falten	= Geschlossene Weite$_{Hüfte}$: Faltenabstand$_{Hüfte}$ = 112 cm : 8 cm = **14**	ZFa	= geW$_{Hü}$: FaA$_{Hü}$ = 112 cm : 8 cm = **14**
Falteninhalt$_{Hüfte}$	= 2 · Faltentiefe$_{Hüfte}$ = 2 · 6 cm = 12 cm	Fal$_{Hü}$	= 2 · FaT$_{Hü}$ = 2 · 6 cm = 12 cm
Offene Weite	= (Faltenabstand$_{Hüfte}$ + Falteninhalt$_{Hüfte}$) · Zahl der Falten = (8 cm + 12 cm) ·14 = 280 cm	ofW	= (FaA$_{Hü}$ + Fal$_{Hü}$) · ZFa = (8 cm + 12 cm) · 14 = 280 cm
Streifenbreite	= Rocklänge + Nahtzugabe + Saumzugabe = 71 cm + 1 cm + 3 cm = 75 cm	StrB	= RoL + NZg + SaZg = 71 cm + 1 cm + 3 cm = 75 cm
Zahl der Streifen	= Offene Weite : (Stoffbreite – 2 · Nahtzugabe) = 280 cm : (110 cm – 2 · 1 cm) ≈ 2,6 ⇒ 3	ZStr	= ofW : (StB – 2 · NZg) = 280 cm : (110 cm – 2 · 1 cm) ≈ 2,6 ⇒ 3
Stofflänge	= Zahl der Streifen · Streifenbreite = 3 · 75 cm = 225 cm = **2,25 m**	StL	= ZStr · StrB = 3 · 75 cm = 225 cm = **2,25 m**
Faltenabstand$_{Taille}$	= Geschlossene Weite$_{Taille}$: Zahl der Falten = 77 cm : 14 = **5,5 cm**	FaA$_{Ta}$	= geW$_{Ta}$: ZFa = 77 cm : 14 = **5,5 cm**

Übungsaufgabe: Seite 220, Nr. 07

4.8.6 Stoffbedarf für Faltenröcke

Falten

Fallbeispiel 3

Aus einem Stoff von 1,50 m Breite wird ein Faltenrock mit 112 cm Hüftweite und 80 cm Taillenweite gearbeitet. Für die 8 zweiseitig gelegten Falten ist an der Hüfte eine halbe Faltentiefe von 5 cm vorgesehen. Der fertige Rock soll eine Länge von 75 cm aufweisen, als Nahtzugabe ist 1 cm je Kante, als Saumzugabe sind 4 cm zu berücksichtigen.

Berechnen Sie
- den Stoffbedarf
- den Faltenabstand an der Hüfte
- den Faltenabstand an der Taille
- die halbe Faltentiefe an der Taille

Gegebene Daten:

Stoffbreite	StB	150 cm
Geschlossene Weite$_{Hüfte}$	geW$_{Hü}$	112 cm
Geschlossene Weite$_{Taille}$	geW$_{Ta}$	80 cm
Zahl der Falten	ZFa	8
1/2 Faltentiefe$_{Hüfte}$	FaT$_{Hü}$	5 cm
Rocklänge	RoL	75 cm
Nahtzugabe/Kante	NZg	1 cm
Saumzugabe	SaZg	4 cm

Gesuchte Daten:

- Stofflänge — StL
- Faltenabstand$_{Hüfte}$ — FaA$_{Hü}$
- Faltenabstand$_{Taille}$ — FaA$_{Ta}$
- 1/2 Faltentiefe$_{Taille}$ — FaT$_{Ta}$

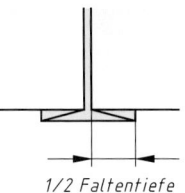

1/2 Faltentiefe

Lösung in Teilschritten		Kurzform	
Falteninhalt$_{Hüfte}$	= 2 · 2 · 1/2 Faltentiefe$_{Hüfte}$ = 2 · 2 · 5 cm = 20 cm	Fal$_{Hü}$	= 2 · 2 · 1/2 FaT$_{Hü}$ = 2 · 2 · 5 cm = 20 cm
Offene Weite	= Geschlossene Weite$_{Hüfte}$ + Zahl der Falten · Falteninhalt$_{Hüfte}$ = 112 cm + 8 · 20 cm = 272 cm	ofW	= geW$_{Hü}$ + ZFa · Fal$_{Hü}$ = 112 cm + 8 · 20 cm = 272 cm
Zahl der Streifen	= Offene Weite : (Stoffbreite – 2 · Nahtzugabe) = 272 cm : (150 cm – 2 · 1 cm) ≈ 1,84 ⇒ 2	ZStr	= ofW : (StB – 2 · NZg) = 272 cm : (150 cm – 2 · 1 cm) ≈ 1,84 ⇒ 2
Streifenbreite	= Rocklänge + Nahtzugabe + Saumzugabe = 75 cm + 1 cm + 4 cm = 80 cm	StrB	= RoL + NZg + SaZg = 75 cm + 1 cm + 4 cm = 80 cm
Stofflänge	= Zahl der Streifen · Streifenbreite = 2 · 80 cm = 160 cm **= 1,60 m**	**StL**	= ZStr · StrB = 2 · 80 cm = 160 cm **= 1,60 m**
Faltenabstand$_{Hüfte}$	= Geschlossene Weite$_{Hüfte}$: Zahl der Falten = 112 cm : 8 **= 14 cm**	**FaA$_{Hü}$**	= geW$_{Hü}$: ZFa = 112 cm : 8 **= 14 cm**
Faltenabstand$_{Taille}$	= Geschlossene Weite$_{Taille}$: Zahl der Falten = 80 cm : 8 **= 10 cm**	**FaA$_{Ta}$**	= geW$_{Ta}$: ZFa = 80 cm : 8 **= 10 cm**
Falteninhalt$_{Taille}$	= (Offene Weite – Geschlossene Weite$_{Taille}$) : Zahl der Falten = (272 cm – 80 cm) : 8 = 24 cm	Fal$_{Ta}$	= (ofW – geW$_{Ta}$) : ZFa = (272 cm – 80 cm) : 8 = 24 cm
1/2 Faltentiefe$_{Taille}$	= Falteninhalt$_{Taille}$: 2 : 2 = 24 cm : 2 : 2 **= 6 cm**	**1/2 FaT$_{Ta}$**	= Fal$_{Ta}$: 2 : 2 = 24 cm : 2 : 2 **= 6 cm**

Übungsaufgabe: Seite 220, Nr. 08

4.8.7 Rocklänge — Falten

Normalfalten an der Hüfte

Fallbeispiel 1

Für einen Faltenrock mit Normalfalten stehen 2,25 m eines 1,40 m breiten Stoffes zur Verfügung. Als Nahtzugabe ist 1 cm je Kante, als Saumzugabe sind 4 cm zu berücksichtigen. Die Hüftweite beträgt 108 cm, der Faltenabstand an der Hüfte soll 4,5 cm betragen.

Gegebene Daten:

Stofflänge	StL	225 cm
Stoffbreite	StB	140 cm
Nahtzugabe/Kante	NZg	1 cm
Saumzugabe	SaZg	4 cm
Geschlossene Weite$_{Hüfte}$	geW$_{Hü}$	108 cm
Faltenabstand$_{Hüfte}$	FaA$_{Hü}$	4,5 cm

Gesuchte Daten:
- Zahl der Falten — ZFa
- Offene Weite — ofW
- Rocklänge — RoL

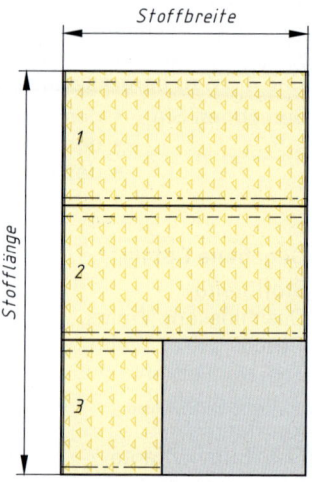

Lösung in Teilschritten		Kurzform	
Zahl der Falten	= Geschlossene Weite$_{Hüfte}$: Faltenabstand$_{Hüfte}$ = 108 cm : 4,5 cm = 24	ZFa	= geW$_{Hü}$: FaA$_{Hü}$ = 108 cm : 4,5 cm = 24
Offene Weite	= 3 · Geschlossene Weite$_{Hüfte}$ = 3 · 108 cm = 324 cm	ofW	= 3 · geW$_{Hü}$ = 3 · 108 cm = 324 cm
Zahl der Streifen	= Offene Weite : (Stoffbreite – 2 · Nahtzugabe) = 324 cm : (140 cm – 2 · 1 cm) ≈ 2,4 ⇒ 3 ⚠	ZStr	= ofW : (StB – 2 · NZg) = 324 cm : (140 cm – 2 · 1 cm) ≈ 2,4 ⇒ 3 ⚠
Streifenbreite	= Stofflänge : Zahl der Streifen = 225 cm : 3 = 75 cm	StrB	= StL : ZStr = 225 cm : 3 = 75 cm
Rocklänge	= Streifenbreite – Saumzugabe – Nahtzugabe = 75 cm – 4 cm – 1 cm = 70 cm	RoL	= StrB – SaZg – NZg = 75 cm – 4 cm – 1 cm = 70 cm

> ⚠ Ist die Faltenart festgelegt (hier z. B. Normalfalten), muss die Zahl der Streifen stets auf eine ganze Zahl **aufgerundet** werden, da der letzte Streifen sonst nicht die volle Breite hat.

Übungsaufgabe: Seite 220, Nr. 09

4.8.7 Rocklänge — Falten

Sparfalten an der Hüfte

Fallbeispiel 2

Aus einem 2,40 m langen und 0,90 m breiten Stoffstück ist ein Faltenrock zu arbeiten. Es sind 16 Falten vorgesehen. Die Faltentiefe an der Hüfte soll 4 cm, die Hüftweite 96 cm betragen. Als Nahtzugabe ist 1 cm je Kante, als Saumzugabe sind 3 cm zu berücksichtigen.
Berechnen Sie den Faltenabstand an der Hüfte sowie die mögliche Rocklänge.

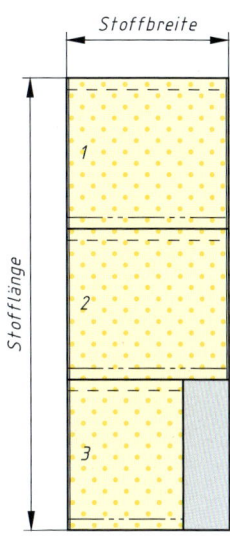

Gegebene Daten:

Stofflänge	StL	240 cm
Stoffbreite	StB	90 cm
Zahl der Falten	ZFa	16
Faltentiefe$_{Hüfte}$	FaT$_{Hü}$	4 cm
Geschlossene Weite$_{Hüfte}$	geW$_{Hü}$	96 cm
Nahtzugabe/Kante	NZg	1 cm
Saumzugabe	SaZg	3 cm

Gesuchte Daten:
- Faltenabstand$_{Hüfte}$ FaA$_{Hü}$
- Rocklänge   RoL

Lösung in Teilschritten		Kurzform	
Faltenabstand$_{Hüfte}$	= Geschlossene Weite$_{Hüfte}$: Zahl der Falten = 96 cm : 16 = **6 cm**	**FaA$_{Hü}$**	= geW$_{Hü}$: ZFa = 96 cm : 16 = **6 cm**
Falteninhalt$_{Hüfte}$	= 2 · Faltentiefe$_{Hüfte}$ = 2 · 4 cm = 8 cm	Fal$_{Hü}$	= 2 · FaT$_{Hü}$ = 2 · 4 cm = 8 cm
Offene Weite	= (Faltenabstand$_{Hüfte}$ + Falteninhalt$_{Hüfte}$) · Zahl der Falten = (6 cm + 8 cm) · 16 = 224 cm	ofW	= (FaA$_{Hü}$ + Fal$_{Hü}$) · ZFa = (6 cm + 8 cm) · 16 = 224 cm
Zahl der Streifen	= Offene Weite : (Stoffbreite – 2 · Nahtzugabe) = 224 cm : (90 cm – 2 · 1 cm) ≈ 2,6 ⇒ 3	ZStr	= ofW : (StB – 2 · NZg) = 224 cm : (90 cm – 2 · 2 cm) ≈ 2,6 ⇒ 3
Streifenbreite	= Stofflänge : Zahl der Streifen = 240 cm : 3 = 80 cm	StrB	= StL : ZStr = 240 cm : 3 = 80 cm
Rocklänge	= Streifenbreite – Saumzugabe – Nahtzugabe = 80 cm – 3 cm – 1 cm = **76 cm**	**RoL**	= StrB – SaZg – NZg = 80 cm – 3 cm – 1 cm = **76 cm**

Übungsaufgabe: Seite 220, Nr. 10

4.8.8 Übungsaufgaben Faltenröcke — Falten

01 Bei einem Faltenrock werden an der Hüfte Normalfalten mit 4,5 cm Abstand gelegt. Die Hüftweite beträgt 90 cm, die Taillenweite 70 cm.
Berechnen Sie die Faltenanzahl sowie Faltenabstand und Faltentiefe an der Taille.

02 An einem Faltenrock sollen an der Taille 18 Normalfalten gelegt werden. Die Taillenweite beträgt 81 cm, die Hüftweite 108 cm.
Berechnen Sie den Faltenabstand an der Taille sowie Faltenabstand und Faltentiefe an der Hüfte.

03 Ein Faltenrock mit 100 cm Hüftweite und 76 cm Taillenweite soll an der Hüfte 20 Sparfalten erhalten. Es steht eine offene Weite von 260 cm zur Verfügung.
Berechnen Sie Faltenabstand und -tiefe an der Hüfte sowie Faltenabstand und -tiefe an der Taille.

04 Bei einem Faltenrock sollen an der Hüfte Sparfalten mit einem Abstand von 6 cm und einer Tiefe von 5 cm gelegt werden. Die Hüftweite beträgt 96 cm, die Taillenweite 72 cm.
Berechnen Sie die Faltenanzahl sowie Faltenabstand und Faltentiefe an der Taille.

05 Aus einem 90 cm breiten Stoff soll ein Rock mit 16 Falten gearbeitet werden. Zur Verfügung stehen drei Rocklängen. Als Nahtzugabe ist 1 cm je Kante zu berücksichtigen. Die Hüftweite muss 96 cm, die Taillenweite 76 cm betragen.
Berechnen Sie Faltenabstand und -tiefe an der Hüfte, Faltenabstand und -tiefe an der Taille.

06 Für einen Rock mit 30 Normalfalten an der Hüfte sind folgende Maße gegeben: Rocklänge 75 cm, Hüftweite 90 cm, Taillenweite 66 cm, Stoffbreite 140 cm, Nahtzugabe je Kante 1 cm, Saumzugabe 4 cm.
Berechnen Sie den Stoffbedarf, den Faltenabstand an der Hüfte, Faltenabstand und -tiefe an der Taille.

07 Aus einem Stoff von 140 cm Breite soll ein Faltenrock mit folgenden Maßen gearbeitet werden:
Hüftweite 110 cm, Taillenweite 80 cm, Faltenabstand an der Hüfte 5,5 cm, Faltentiefe an der Hüfte 4 cm, Rocklänge 75 cm geschnitten, Nahtzugabe je Kante 2 cm.
Berechnen Sie die Faltenanzahl, den Stoffbedarf, Faltenabstand und -tiefe an der Taille.

08 Ein Rock erhält 12 Kellerfalten. An der Hüfte soll die Tiefe einer halben Falte 3,5 cm betragen. Als Rocklänge sind 68 cm vorgesehen, die Hüftweite beträgt 96 cm, die Taillenweite 72 cm. Für die Nahtzugabe ist je Kante 1 cm, als Saumzugabe sind 4 cm zu berücksichtigen.

08.1 Berechnen Sie den Stoffbedarf bei einer Stoffbreite von 140 cm.
08.2 Berechnen Sie den Stoffbedarf bei einer Stoffbreite von 90 cm.
08.3 Ermitteln Sie den Faltenabstand sowie die halbe Faltentiefe an der Taille.
08.4 Berechnen Sie den Faltenabstand an der Hüfte.

09 Für einen Rock mit Normalfalten an der Hüfte stehen 2,34 m Stoff in einer Breite von 1,40 m zur Verfügung. Die Hüftweite beträgt 110 cm, der Faltenabstand an der Hüfte 5 cm. Als Nahtzugabe ist 1 cm je Kante, als Saumzugabe sind 3 cm zu berücksichtigen.
Berechnen Sie die Zahl der Falten sowie die mögliche Rocklänge.

10 Es stehen 1,60 m Stoff in einer Breite von 1,50 m für einen Rock mit 16 Sparfalten an der Hüfte zur Verfügung. Die Hüftweite muss 112 cm betragen, die Faltentiefe an der Hüfte 4,5 cm. Als Nahtzugabe ist 1 cm je Kante, als Saumzugabe sind 4 cm zu berücksichtigen.
Berechnen Sie den Faltenabstand an der Hüfte sowie die mögliche Rocklänge.

11 Aus einem 90 cm breiten bedruckten Stoff, Rapporthöhe 85 cm, soll ein Rundumfaltenrock gearbeitet werden. Die Hüftweite muss 114 cm, die Rocklänge 72 cm betragen. An der Hüfte sind 3 cm Faltenabstand und 2,5 cm Faltentiefe vorgesehen. Für Saum- und Bundnaht sind 6 cm, für die Zusammensetznähte 1,5 cm je Kante vorzusehen.
Berechnen Sie den Stoffbedarf unter Berücksichtigung der Rapporthöhe.

12 Zur Herstellung eines Faltenrockes stehen drei Stoffstreifen mit einer Breite von 90 cm zur Verfügung. Der Faltenabstand an der Hüfte soll 4 cm betragen. Bei der Kundin werden 96 cm Hüftumfang und und 72 cm Taillenumfang gemessen. Als Bequemlichkeitszugabe sind an der Hüfte 4 cm und an der Taille 2 cm zu berücksichtigen. Die Nahtzugabe je Kante beträgt 2 cm.
Berechnen Sie die Faltenanzahl, die Faltentiefe an der Hüfte, Faltenabstand und -tiefe an der Taille.

4.8.8 Übungsaufgaben Faltenröcke — Falten

13 Ein Kleid soll durch ein Faltenteil in Normalfalten verlängert werden. Die geschlossene Weite an der Faltenansatzlinie misst 106 cm, der Faltenabstand soll etwa 5 cm betragen. Das Faltenteil wird 28 cm breit geschnitten. Zur Verfügung steht ein 90 cm breiter Stoff, die Nahtzugabe je Kante beträgt 1 cm.
  13.1 Berechnen Sie die Faltenanzahl und den genauen Faltenabstand.
  13.2 Ermitteln Sie den Stoffbedarf.

14 Ein Rock mit rundum gelegten Falten soll mit folgenden Maßen gefertigt werden: Taillenweite 78 cm, Hüftweite 104 cm, geschnittene Rocklänge 72 cm. An der Taille sind Normalfalten vorgesehen, die etwa 8 cm Abstand voneinander haben sollen. Der zur Verfügung stehende Stoff liegt 120 cm breit. Die Nahtzugabe ist mit 1 cm je Kante zu berücksichtigen.
  14.1 Berechnen Sie den Stoffverbrauch.
  14.2 Bestimmen Sie die Faltenanzahl sowie die genauen Faltenabstände und -tiefen an Taille und Hüfte.

15 Für einen Faltenrock mit Normalfalten an der Hüfte sind folgende Maße gegeben: Taillenweite 72 cm, Hüftweite 96 cm, Faltenabstand an der Hüfte 4 cm, Rocklänge 70 cm, Nahtzugabe je Längsschnittkante 2 cm, Zugabe für Saum und Bundnaht 6 cm. Die Stoffbreite beträgt 1,50 m.
  15.1 Berechnen Sie die Faltenanzahl sowie Faltenabstand und -tiefe an der Taille.
  15.2 Ermitteln Sie den Stoffbedarf (in m).

16 Ein Rock wird mit 4 Kellerfalten gearbeitet. An der Hüfte ist als Tiefe einer halben Falte 6 cm vorgesehen. Zur Verfügung steht ein 1,10 m breiter Stoff. Die Hüftweite beträgt 92 cm, die Taillenweite 68 cm, die geschnittene Rocklänge 75 cm, die Nahtzugabe 2 cm je Kante.
  16.1 Berechnen Sie den Faltenabstand an der Hüfte sowie den Faltenabstand und die halbe Faltentiefe an der Taille.
  16.2 Ermitteln Sie den Stoffbedarf.

Projektorientierte Aufgaben

17.1 Skizzieren Sie ein Faltenteil mit **einseitig gelegten** Normalfalten nach folgenden Maßen:
  • Zahl der Falten   6
  • Geschlossene Weite   15 cm
  • Faltenhöhe   4 cm

17.2 Skizzieren Sie ein Faltenteil mit **zweiseitig gelegten** Sparfalten nach folgenden Maßen:
  • Faltenabstand   3 cm
  • Geschlossene Weite   12 cm
  • Faltenhöhe   5 cm
  • Faltentiefe   1 cm

17.3 Entwerfen Sie einen Rock mit einem angesetzten Faltenteil aus einseitig gelegten Falten.

17.4 Das Faltenteil soll mit Sparfalten gearbeitet werden. Geben Sie die erforderlichen Maße für das Teil an und berechnen Sie den **Stoffbedarf** bei einer Stoffbreite von 140 cm, einer Nahtzugabe von 1 cm je Kante und einer Saumzugabe von 3 cm.

17.5 Zeichnen Sie einen **Zuschneideplan** für das Teil im Maßstab 1 : 10 und bemaßen Sie ihn normgerecht.

17.6 Berechnen Sie den **Materialpreis** für den gesamten Rock, wenn für das obere Rockteil 40 cm Oberstoff benötigt werden (Meterpreis 19,50 €) und für die Zutaten einschließlich Futter insgesamt 10,20 € veranschlagt werden.

18 Für einen Faltenrock stehen 1,80 m Stoff in einer Breite von 1,30 m zur Verfügung. Die Hüftweite soll 110 cm, die Taillenweite 86 cm betragen. Es sind 20 Falten vorgesehen, als Nahtzugabe sind 1,5 cm je Kante zu berücksichtigen. Die geschnittene Rocklänge beträgt 80 cm (einschließlich der Zugaben für Saum und Bundnaht). Für den Bund wird ein Streifen mit 10 cm Breite benötigt.

  18.1 Berechnen Sie: Faltenabstand und Faltentiefe an der Hüfte, Faltenabstand und Faltentiefe an der Taille sowie den Reststoff.

  18.2 Erstellen Sie zur Aufgabe 18.1 einen **Zuschneideplan** im Maßstab 1 : 20.

  18.3 Berechnen Sie den Stoffbedarf, wenn der Rock an der Hüfte in Normalfalten gelegt wird.

  18.4 Erstellen Sie zur Aufgabe 18.3 einen **Zuschneideplan** im Maßstab 1 : 20.

  18.5 Fertigen Sie eine **technische Zeichnung** für den Rock an.

  18.6 Wählen Sie den Oberstoff und das Futter für den Rock aus. Beschreiben Sie diese Materialien und begründen Sie die **Materialauswahl**.

  18.7 Entwickeln Sie ein **Materialetikett** für diesen Rock mit den entsprechenden **Pflegesymbolen**.

  18.8 Erfassen Sie die erforderlichen Zutaten in einer **Materialbedarfsliste**.

  18.9 Ordnen Sie den einzelnen **Näharbeitsgängen** für diesen Rock die entsprechenden Maschinen zu.

4.9 Biesen

4.9.1 Grundlagen

Biesen sind wulstartige Erhöhungen, die durch schmalkantig abgesteppte Stoffbrüche bzw. mittels eines speziellen Nähfußes entstehen. Sie können auch wie gesteppte Fältchen zur Seite gebügelt werden.

Biesenverzierungen kommen vor allem bei Blusen und Hemden zur Anwendung, allgemein bei eleganter und folkloristischer Bekleidung.

Größe	Abkürzung	Erklärung
Zahl der Biesen	ZBi	Vorgegebene bzw. zu berechnende Anzahl an Biesen
Biesenabstand	BiA	Abstand der Biesen im genähten Zustand
Biesentiefe	BiT	Abstand zwischen Biesennahtlinie und Biesenbruch
Bieseninhalt	BiI	Abgenähte Weite einer Biese
Kantenabstand	KaA	Entfernung der ersten und letzten Biese von der jeweiligen Kante
Zahl der Abstände	ZA	Anzahl der gleichgroßen Abstände
Geschlossene Weite	geW	Summe aller Biesenabstände einschließlich der Kantenabstände
Offene Weite	ofW	Die für das Schnittteil erforderliche Stoffweite vor dem Abnähen der Biesen (auch „Schnittweite")
Summe der Bieseninhalte	ΣBiI	Abgenähte Weite insgesamt

4.9.1 Grundlagen — Biesen

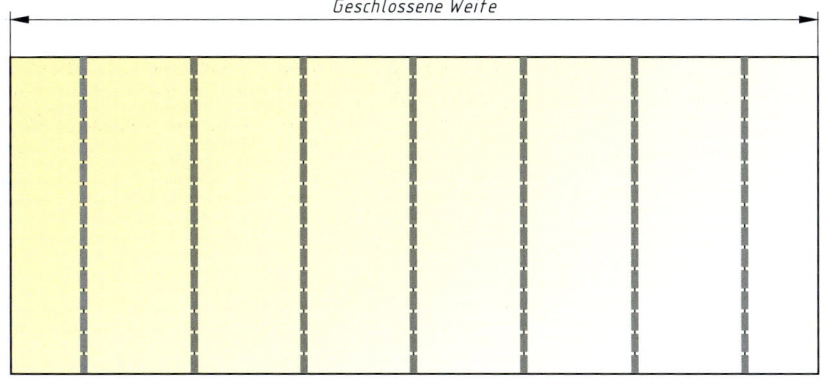

Fallbeispiel 1
Seite 224

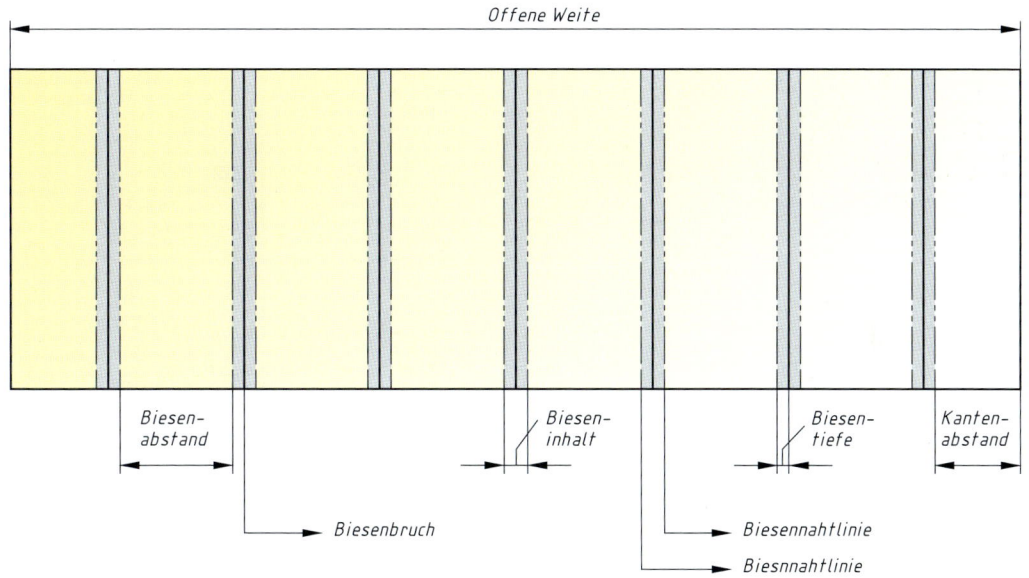

- Beim Zuschnitt muss zur offenen Weite eine großzügige Nahtzugabe berücksichtigt werden.

- Erfolgt keine Angabe über den Kantenabstand, entspricht er dem Zwischenabstand der Biesen.

- Als Grundlage für die Biesenberechnung ist das **Aufteilen von Strecken** bei den Kapiteln „Verschlüsse" und „Muster" einzubeziehen.

4.9.2 Maße von Biesenteilen

Biesen

Fallbeispiel 1

Für einen Bieseneinsatz mit einer geschlossenen Weite von 33 cm ist ein Schnitteil vorzubereiten. Die beiden äußersten Biesen sollen 3 cm von der Einsatznaht entfernt sein, als Biesenabstand sind 4,5 cm vorgesehen, als Biesentiefe 2 mm.
Berechnen Sie die Anzahl der Biesen sowie die offene Weite (ohne Berücksichtigung der Nahtzugabe).

Gegebene Daten:			Gesuchte Daten:	
Geschlossene Weite	geW	33 cm	• Zahl der Biesen	ZBi
Kantenabstand	KaA	3 cm	• Offene Weite	ofW
Biesenabstand	BiA	4,5 cm		
Biesentiefe	BiT	2 mm		

Lösung in Teilschritten		Kurzform	
Zahl der Abstände	= $\dfrac{\text{Geschlossene Weite} - 2 \cdot \text{Kantenabstand}}{\text{Biesenabstand}}$	ZA	= $\dfrac{\text{geW} - 2 \cdot \text{KaA}}{\text{BiA}}$
	= $\dfrac{33 \text{ cm} - 2 \cdot 3 \text{ cm}}{4,5 \text{ cm}}$		= $\dfrac{33 \text{ cm} - 2 \cdot 3 \text{ cm}}{4,5 \text{ cm}}$
	= 6		= 6
Zahl der Biesen	= Zahl der Abstände + 1	ZBi	= ZA + 1
	= 6 + 1		= 6 + 1
	= **7**		= **7**
Bieseninhalt	= 2 · Biesentiefe	BiI	= 2 · BiT
	= 2 · 2 mm		= 2 · 2 mm
	= 4 mm		= 4 mm
	= 0,4 cm		= 0,4 cm
Summe der Bieseninhalte	= Zahl der Biesen · Bieseninhalt	ΣBiI	= ZBi · BiI
	= 7 · 0,4 cm		= 7 · 0,4 cm
	= 2,8 cm		= 2,8 cm
Offene Weite	= Geschlossene Weite + Summe der Bieseninhalte	ofW	= geW + ΣBiI
	= 33 cm + 2,8 cm		= 33 cm + 2,8 cm
	= **35,8 cm**		= **35,8 cm**

Lösung mit Formel			
Vorüberlegungen:	ZBi = $\dfrac{\text{geW} - 2 \cdot \text{KaA}}{\text{BiA}} + 1$	ofW =	geW + ZBi · BiI
atS = geW − 2 · KaA	= $\dfrac{33 \text{ cm} + 2 \cdot 3 \text{ cm}}{4,5 \text{ cm}} + 1$	=	33 cm + 7 · 2 · 0,2 cm
ZA = atS : BiA			
ZBi = ZA + 1	= **7**	=	**35,8 cm**

Übungsaufgabe: Seite 227, Nr. 01

4.9.2 Maße von Biesenteilen

Biesen

In den nachfolgenden Tabellen ist die Berechnung der fehlenden Größen aufgezeigt.

Zahl der Biesen	Biesen-abstand	Zahl der Abstände	Biesen-tiefe	Biesen-inhalt	Kanten-abstand	Geschlossene Weite	Offene Weite
	BiA = 2 cm				KaA ≙ BiA	geW = 42 cm	ofW = 50 cm
Schritt 2		Schritt 1	Schritt 4	Schritt 3			
ZBi = ZaA − 1		ZA = $\frac{geW}{BiA}$	BiT = $\frac{Bil}{2}$	Bil = $\frac{ofW - geW}{ZBi}$			
= 21 − 1		= $\frac{42\ cm}{2\ cm}$	= $\frac{4\ mm}{2}$	= $\frac{50\ cm - 42\ cm}{20}$			
= 20		= 21	= 2 mm	= 0,4 cm			
				= 4 mm			

Zahl der Biesen	Biesen-abstand	Zahl der Abstände	Biesen-tiefe	Biesen-inhalt	Kanten-abstand	Geschlossene Weite	Offene Weite
ZBi = 18			BiT = 2 mm		KaA ≙ BiA	geW = 57 cm	
	Schritt 2	Schritt 1		Schritt 3			Schritt 4
	BiA = $\frac{geW}{ZA}$	ZA = ZBi + 1		Bil = 2 · BiT			ofW = geW + ΣBiL
	= $\frac{57\ cm}{19}$	= 18 + 1		= 2 · 2 mm			= geW + ZBi · Bil
	= 3 cm	= 19 cm		= 4 mm			= 48 cm + 18 · 0,4 cm
				= 0,4 cm			= 64,2 cm

Zahl der Biesen	Biesen-abstand	Zahl der Abstände	Biesen-tiefe	Biesen-inhalt	Kanten-abstand	Geschlossene Weite	Offene Weite
	BiA = 4 cm		BiT = 3 mm		KaA = 2 cm	geW = 48 cm	
Schritt 2		Schritt 1		Schritt 3			Schritt 4
ZBi = ZaA + 1		ZA = $\frac{geW - 2 \cdot KaA}{BiA}$		Bil = 2 · BiT			ofW = geW + ΣBil
= 11 + 1		= $\frac{48\ cm - 2 \cdot 2\ cm}{4\ cm}$		= 2 · 3 mm			= geW + ZBi · Bil
= 12		= 11		= 6 mm			= 48 cm + 12 · 0,6 cm
				= 0,6 cm			= 55,2 cm

Übungsaufgabe: Seite 227, Nr. 02

4.9.3 Maße von Biesenreihen   Biesen

Fallbeispiel 1

Ein Folklorerock wird mit Biesenreihen gestaltet. Die fertige Rocklänge soll 73 cm betragen, es steht eine Schnittlänge von 80 cm zur Verfügung. Als Biesentiefe sind 3 mm vorgesehen, für die Bundnaht ist 1 cm, für den Saum sind 3 cm zu berücksichtigen. Berechnen Sie die Zahl der Biesen.

Gegebene Daten:			Gesuchte Daten:	
Rocklänge	RoL	73 cm	Zahl der Biesen	ZBi
Streifenbreite	StrB	80 cm		
Biesentiefe	BiT	3 mm		
Nahtzugabe	NZg	1 cm		
Saumzugabe	SaZg	3 cm		

Lösung in Teilschritten		
Summe der Biesenhalte	(ΣBiI)	= Streifenbreite – Rocklänge – Nahtzugabe – Saumzugabe
		= 80 cm – 73 cm – 1 cm – 3 cm
		= 3 cm = 30 mm
Zahl der Biesen	(ZBi)	= Summe der Biesenhalte : Biesenhalt
		= Summe der Biesenhalte : (2 · Biesentiefe)
		= 30 mm : (2 · 3 mm)
		= **5**

Fallbeispiel 2

Als Verzierung erhält ein Rock parallel zur Saumkante 10 Biesen mit einer Tiefe von 2,5 mm. Die unterste Biese soll 3 cm von der Saumkante entfernt sein, die oberste Biese 16,5 cm.
Berechnen Sie den Biesenabstand sowie den zusätzlichen Stoffbedarf für die Biesen.

Gegebene Daten:			Gesuchte Daten:	
Zahl der Biesen	ZBi	10	• Biesenabstand	BiA
Biesentiefe	BiT	2,5 mm	• Summe der	
Unterer Kantenabstand$_1$	uKaA$_1$	3 cm	Biesenhalte	ΣBiI
Unterer Kantenabstand$_2$	uKaA$_2$	16,5 cm		

Lösung in Teilschritten		Kurzform	
Aufzuteilende Strecke	= Unterer Kantenabstand$_2$ – Unterer Kantenabstand$_1$	atS	= uKaA$_2$ – uKaA$_1$
	= 16,5 cm – 3 cm		= 16,5 cm – 3 cm
	= 13,5 cm		= 13,5 cm
Zahl der Abstände	= ZBi – 1	ZA	= ZBi – 1
	= 10 – 1		= 10 – 1
	= 9		= 9
Biesenabstand	= Aufzuteilende Strecke : Zahl der Abstände	BiA	= atS : ZA
	= 13,5 cm : 9		= 13,5 cm : 9
	= **1,5 cm**		= **1,5 cm**
Summe der Biesenhalte	= Zahl der Biesen · Biesenhalt	ΣBiI	= ZBi · BiI
	= Zahl der Biesen · (2 · Biesentiefe)		= ZBi · (2 · BiT)
	= 10 · (2 · 2,5 mm)		= 10 · (2 · 2,5 mm)
	= 50 mm = **5 cm**		= 50 mm = **5 cm**

Übungsaufgaben: Seite 227, Nr. 03, 04

4.9.4 Übungsaufgaben — Biesen

01 Für einen Bieseneinsatz mit einer geschlossenen Weite von 25 cm ist ein Schnittteil vorzubereiten. Die beiden äußersten Biesen sollen 2,5 cm von der Einsatznaht entfernt sein, als Biesenabstand sind 4 cm vorgesehen, als Biesentiefe 2,5 mm.

Berechnen Sie die Anzahl der Biesen sowie die offene Weite. (Nahtzugaben bleiben unberücksichtigt.)

02 Übernehmen Sie die nachstehende Tabelle und berechnen Sie die fehlenden Größen.

Zahl der Biesen	Biesenabstand	Zahl der Abstände	Biesentiefe	Bieseninhalt	Kantenabstand	Geschlossene Weite	Offene Weite
	BiA = 3 cm				KaA ≙ BiA	geW ≙ 45 cm	ofW = 52 cm
ZBi = 15			BiT = 3 mm		KaA ≙ BiA	geW ≙ 64 cm	
	BiA = 2,5 cm		BiT = 2 mm		KaA ≙ 1,5 cm	geW ≙ 38 cm	

03 Ein Rock wird mit Biesenreihen gestaltet. Die fertige Rocklänge soll 75 cm betragen, als Biesentiefe sind 2,5 mm vorgesehen. Es steht eine Schnittlänge von 84 cm zur Verfügung, für die Bundnaht ist 1 cm, als Saumzugabe sind 4 cm zu berücksichtigen.

Berechnen Sie die Zahl der Biesen.

04 Ein Rock erhält parallel zur Saumkante sechs Biesen als Verzierung. Die unterste Biese soll 5 cm von der Saumkante entfernt sein, die oberste Biese 12,5 cm von der Saumkante entfernt. Als Biesentiefe sind 3 mm zu berücksichtigen.

04.1 Berechnen Sie den Biesenabstand.

04.2 Ermitteln Sie den zusätzlichen Stoffbedarf für die Biesen.

05 Ein Glockenrock erhält im Taillenbereich eine Biesenverzierung. Die Taillenweite des Rockes muss 72 cm betragen. Die offene Weite des Rockes an der Taille beträgt 84 cm. Die Biesen sollen mit 3 cm Abstand gesteppt werden.

05.1 Berechnen Sie die Zahl der Biesen.

05.2 Ermitteln Sie die Biesentiefe.

Projektorientierte Aufgabe

06 Ein Nachthemd wird im oberen Bereich mit Biesen gestaltet. Es erhält als Verschluss eine 20 cm lange und 4 cm breite Knopfleiste mit drei Längsknopflöchern. Stehkragen, lange Bündchenärmel und abgerundete Seitenschlitze sind weitere Details.
Die Biesen von Vorder- und Rückenteil haben die gleiche Länge wie die Blende und sollen mit 2 cm Abstand genäht werden. Der Abstand der äußersten Biesen vom Armloch und der Abstand zur Blendenkante soll dem Zwischenabstand entsprechen.
Das Vorderteil hat eine Breite von 40 cm, das Rückenteil eine Breite von 38 cm. Als Biesentiefe sind 3 mm vorgesehen.

06.1 Fertigen Sie eine **technische Zeichnung** nach dieser Modellbeschreibung.

06.2 **Berechnen** Sie die Zahl der Biesen am Vorderteil und am Rückenteil.

06.3 **Berechnen** Sie jeweils den zusätzlichen Stoffbedarf in der Breite.

06.4 Für das Nachthemd stehen drei **Stoffe** zur Auswahl: Batist, Zefir und Feinpopeline. Beschreiben Sie diese Materialien.

06.5 Die Schließnähte können als Kappnaht oder als Sicherheits-Doppelnaht ausgeführt werden. Beschreiben Sie diese **Nahtarten** und skizzieren Sie jeweils ein Nahtsymbol.

4.10 Glockenröcke und Volants

4.10.1 Grundlagen

Sowohl bei der industriellen als auch bei der handwerklichen Herstellung von Textilien werden die unterschiedlichsten Schnittteile aus Kreisformen benötigt, z.B. Volants, Knopfüberzüge, Applikationen, Röcke, Tischdecken, Kissenbezüge.

Exemplarisch für alle Kreisformen werden hier die Glockenröcke und Volants herausgegriffen, da sie sicherlich über die größere Bedeutung verfügen. Alle anderen kreisförmigen Textilteile sind nach dem gleichen Prinzip zu berechnen, werden aber nur in den Übungsaufgaben angesprochen.
Alle Berechnungen gehen auf folgende mathematische Formeln zurück:

Umfang U

$U = 2 \cdot \pi \cdot \text{Radius } r$

$U = \pi \cdot \text{Durchmesser } d$

Fläche A

$A = \pi \cdot (\text{Radius } r)^2$

Radius r

$r = \dfrac{\text{Umfang } U}{2 \cdot \pi}$

Durchmesser d

$d = \dfrac{\text{Umfang } U}{\pi}$

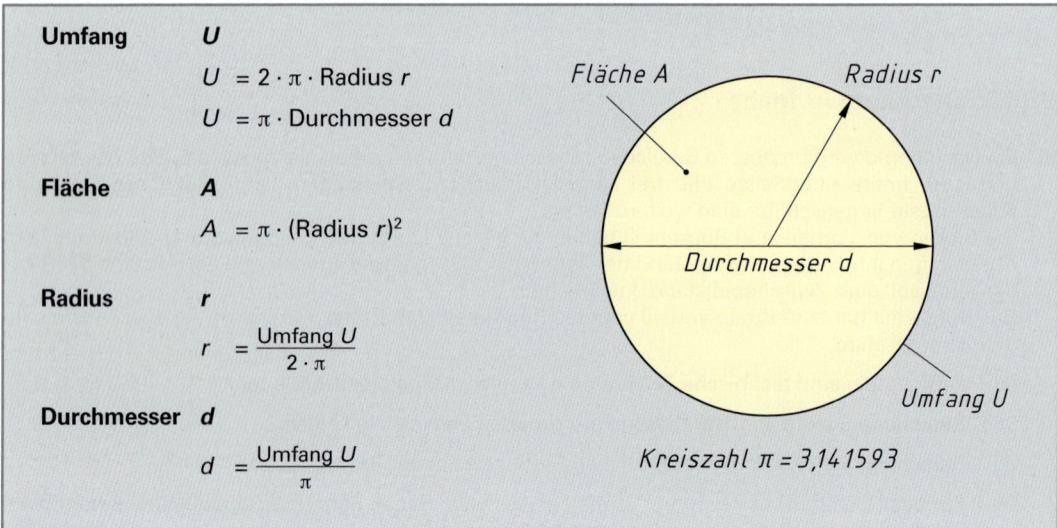

Kreiszahl $\pi = 3{,}141593$

* Alle Kreisberechnungen in diesem Buch wurden mit der π-Taste durchgeführt, Zwischenergebnisse wurden auf die zweite Kommastelle gerundet.

4.10.2 Röcke aus Vollkreisringen — Glockenröcke und Volants

Grundlagen

Bei „echten" Glockenröcken handelt es sich um Röcke, die flach aufgelegt einen Kreisring bilden. Genauso gibt es „unechte" Glockenröcke (mäßig oder überweite Röcke), die aus Kreisringsegmenten oder Mehrfachkreisringen gefertigt werden.

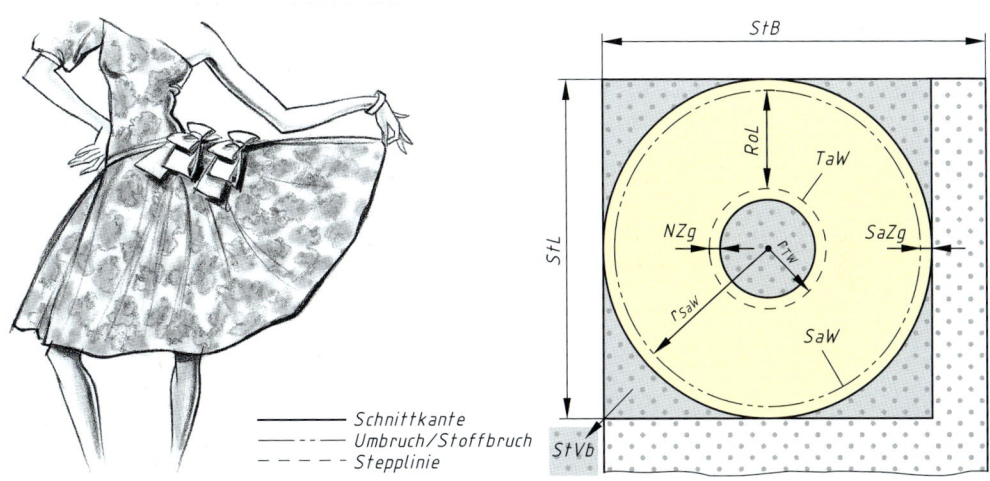

—— Schnittkante
––– Umbruch/Stoffbruch
– – – Stepplinie

Größe	Abkürzung	Erklärung
Taillenweite	TaW	Umfang der Taillennahtlinie
Saumweite	SaW	Umfang der Saumlinie = Rockumfang
Radius Taillenweite	r_{TaW}	Radius zur Konstruktion der Taillennahtlinie
Radius Saumweite	r_{SaW}	Radius zur Konstruktion der Saumlinie
Rocklänge	RoL	Fertige Länge des Rockes ohne Nahtzugabe
Nahtzugabe	NZg	Eventuelle Zugabe für Zusammensetznähte oder Bundnähte in der Taille
Saumzugabe	SaZg	Zugabe für Rocksaum
Weitenfaktor	WF	Verhältnis der Saumweite zur Taillenweite
Stoffbreite	StB	Breite des zur Verfügung stehenden Stoffes bzw. erforderliche Warenbreite
Stofflänge	StL	Länge des zur Verfügung stehenden Stoffes bzw. erforderliche Warenlänge
Stoffverbrauch (Stoffbedarf)	StVb	Zur Verfügung stehende bzw. erforderliche Stofffläche (Stoffbreite auf Stofflänge)

4.10.2 Röcke aus Vollkreisringen

Glockenröcke und Volants

Saumweite und Weitenfaktor

Fallbeispiel

Es soll ein echter Glockenrock gearbeitet werden, bei dem die Taillenweite 78 cm, die Rocklänge 80 cm beträgt.
Berechnen Sie die Saumweite des Rockes und den Weitenfaktor.

Gegebene Daten: Taillenweite TaW 78 cm
Rocklänge RoL 80 cm

Gesuchte Daten:
- Saumweite SaW
- Weitenfaktor WF

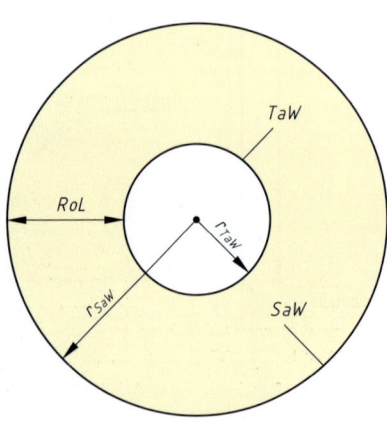

Lösung			
Schritt 1:	Schritt 2:	Schritt 3:	Schritt 4:
Radius Taillenweite:	Radius Saumweite:	**Saumweite:**	**Weitenfaktor:**
$\left[r = \dfrac{U}{2 \cdot \pi} \right]$	$r_{SaW} = r_{TaW} + RoL$	$[U = 2 \cdot r \cdot \pi]$	$WF = \dfrac{SaW}{TaW}$
$r_{TaW} = \dfrac{TaW}{2 \cdot \pi}$	$= 12{,}41 \text{ cm} + 80 \text{ cm}$	$SaW = 2 \cdot r_{SaW} \cdot \pi$	$= \dfrac{580{,}65 \text{ cm}}{78 \text{ cm}}$
$= \dfrac{78 \text{ cm}}{2 \cdot \pi}$	$= 92{,}41 \text{ cm}$	$= 2 \cdot 92{,}41 \text{ cm} \cdot \pi$	$\approx \mathbf{7{,}44}$
$\approx 12{,}41 \text{ cm}$		$\approx \mathbf{580{,}65 \text{ cm}}$	

Übungsaufgabe: Seite 246, Nr. 01

4.10.2 Röcke aus Vollkreisringen

Glockenröcke und Volants

Rocklänge

Fallbeispiel

Für einen Puppenrock steht ein quadratischer Stoffrest mit einer Seitenlänge von 60 cm zur Verfügung. Die Taillenweite soll 25 cm betragen, als Zugabe am Saum werden 1,5 cm eingeplant. Welche Länge kann der Puppenrock erhalten?

Gegebene Daten:
- Taillenweite TaW 25 cm
- Stofflänge StL 60 cm
- Stoffbreite StB 60 cm
- Saumzugabe SaZg 1,5 cm

Gesuchte Daten: Rocklänge RoL

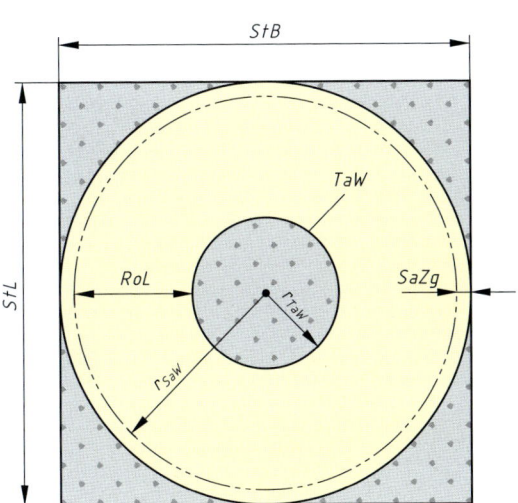

Lösung

Schritt 1:	Schritt 2:	Schritt 3:
Radius Taillenweite	Radius Saumweite	**Rocklänge**
$\left[r = \dfrac{U}{2 \cdot \pi} \right]$	$r_{SaW} = \dfrac{StB}{2} - SaZg$	$\mathbf{RoL} = r_{SaW} - r_{TaW}$
$r_{TaW} = \dfrac{TaW}{2 \cdot \pi}$	$= \dfrac{60\ cm}{2} - 1,5\ cm$	$= 28,50\ cm - 3,98\ cm$
$= \dfrac{25\ cm}{2 \cdot \pi}$	$= 30\ cm - 1,5\ cm$	$\mathbf{= 24,52\ cm}$
$\approx 3,98\ cm$	$= 28,50\ cm$	

Übungsaufgabe: Seite 246, Nr. 02

4.10.2 Röcke aus Vollkreisringen — Glockenröcke und Volants

Stofflänge

Fallbeispiel

Es soll ein Kinderrock mit einer Taillenweite von 65 cm und einer Rocklänge von 30 cm genäht werden. Die Zugabe am Saum beträgt 2 cm.
Welche Länge hat das Stoffstück, das von einer 90 cm breit liegenden Ware abgeschnitten wird?

Gegebene Daten:	Taillenweite	TaW	65 cm
	Rocklänge	RoL	30 cm
	Saumzugabe	SaZg	2 cm
	Stoffbreite	StB	90 cm

Gesuchte Daten: Stofflänge StL

Lösung

Schritt 1:

Radius Taillenweite:

$$\left[r = \frac{U}{2 \cdot \pi} \right]$$

$$r_{TaW} = \frac{TaW}{2 \cdot \pi}$$

$$= \frac{65 \text{ cm}}{2 \cdot \pi}$$

$$\approx 10{,}35 \text{ cm}$$

Schritt 2:

Radius Saumweite:

$$r_{SaW} = r_{TaW} + RoL$$

$$= 10{,}35 \text{ cm} + 30 \text{ cm}$$

$$= 40{,}35 \text{ cm}$$

Schritt 3:

Stofflänge:

$$StL = (2 \cdot r_{SaW}) + (2 \cdot SaZg)$$

$$= (2 \cdot 40{,}35 \text{ cm}) + (2 \cdot 2 \text{ cm})$$

$$= \mathbf{84{,}7 \text{ cm}}$$

- Für Röcke aus Vollkreisringen wird immer ein quadratisches Stoffstück benötigt
  ⇒ **Stoffverbrauch** in Länge und Breite
     = zweimal Radius Saumweite + zweimal Saumzugabe.
- Für die Nahtzugabe in der Taille ist kein Mehrbedarf erforderlich.
- Reicht die Stoffbreite nicht aus, muss der Rock aus 2 Halbkreisringen zusammengesetzt werden. (Siehe Fallbeispiel Seite 233)

Übungsaufgabe: Seite 246, Nr. 03

4.10.2 Röcke aus Vollkreisringen

Glockenröcke und Volants

Stoffverbrauch

Fallbeispiel

Ein echter Glockenrock soll aus zwei Halbkreisringen zusammengesetzt werden. Die Rocklänge ist mit 50 cm eingeplant, Naht- und Saumzugaben mit je 1,5 cm, die Taillenweite beträgt 74 cm.
Berechnen Sie die erforderliche Stofflänge und Stoffbreite.

Gegebene Daten:	Taillenweite	TaW	74 cm
	Rocklänge	RoL	50 cm
	Saumzugabe	SaZg	1,5 cm
	Nahtzugabe	NZg	1,5 cm
Gesuchte Daten:	• Stofflänge	StL	
	• Stoffbreite	StB	

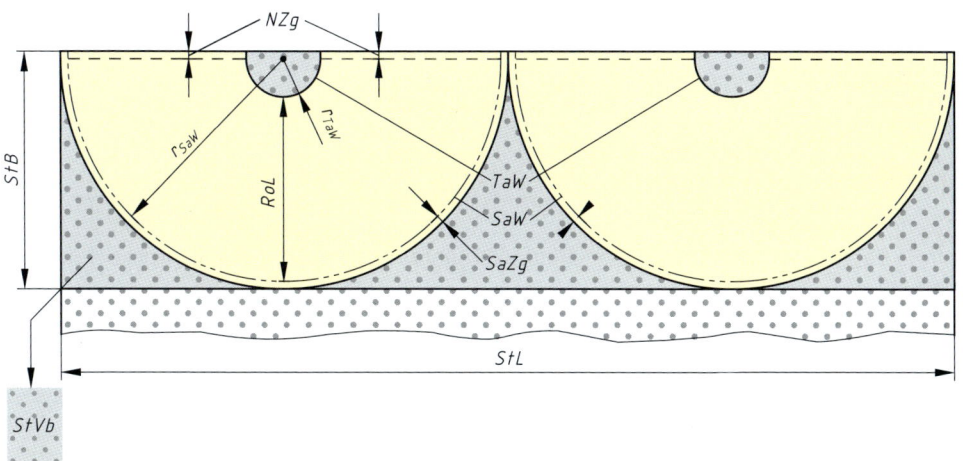

Lösung

Schritt 1:	Schritt 2:	Schritt 3:	Schritt 4:
Radius Taillenweite:	Radius Saumweite:	**Stofflänge:**	**Stoffbreite:**
$\left[r = \dfrac{U}{2 \cdot \pi}\right]$	$r_{SaW} = r_{TaW} + RoL$	$StL = 4 \cdot (r_{SaW} + SaZg)$	$StB = r_{SaW} + NZg + SaZg$
$r_{TaW} = \dfrac{TaW}{2 \cdot \pi}$	= 11,78 cm + 50 cm	= 4 · (61,78 cm + 1,5 cm)	= 61,78 cm + 1,5 cm + 1,5 cm
$= \dfrac{74 \text{ cm}}{2 \cdot \pi}$	= 61,78 cm	**= 253,12 cm**	**= 64,78 cm**
≈ 11,78 cm			

Übungsaufgabe: Seite 246, Nr. 04

4.10.3 Volants aus Vollkreisringen

Glockenröcke und Volants

Grundlagen

Volants sind glockenförmig fallende Besätze, Krägen oder Saumansätze, die auch eine Kreisringform haben können. Daraus ergibt sich, dass bei allen Berechnungen zu dieser Thematik auch von den Formeln zur Kreisberechnung ausgegangen wird.

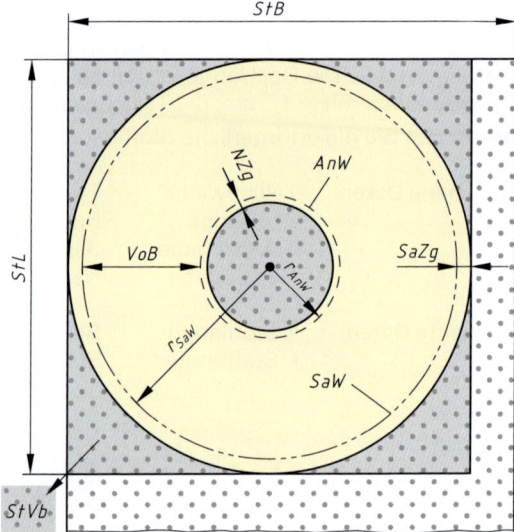

Bestimmte Begriffe haben zum Teil eine andere Benennung als bei der Glockenrockberechnung:

Größe	Abkürzung	Erklärung
Ansatzweite	AnW	Umfang der Ansatznahtlinie
Saumweite	SaW	Umfang der Saumlinie = Volantumfang
Radius Ansatzweite	r_{AnW}	Radius zur Konstruktion der Ansatznahtlinie
Radius Saumweite	r_{SaW}	Radius zur Konstruktion der Saumlinie
Volantbreite	VoB	Fertige Breite des Volants ohne Saumzugabe
Nahtzugabe	NZg	Zugabe zum Ansetzen des Volants
Saumzugabe	SaZg	Zugabe für den Saum des Volants
Weitenfaktor	WF	Verhältnis der Ansatzweite zur Saumweite
Stoffbreite	StB	Breite des zur Verfügung stehenden Stoffes bzw. erforderliche Warenbreite
Stofflänge	StL	Länge des zur Verfügung stehenden Stoffes bzw. erforderliche Warenlänge
Stoffverbrauch (Stoffbedarf)	StVb	Zur Verfügung stehende bzw. erforderliche Stofffläche (Stoffbreite auf Stofflänge)

4.10.3 Volants aus Vollkreisringen

Glockenröcke und Volants

Stoffverbrauch

Fallbeispiel

An ein Faschingskostüm wird am Halsausschnitt ein Volant aus einem Kreisring angesetzt. Die Ansatzweite beträgt 40 cm, die Breite des Volants 10 cm. Als Saumzugabe soll 1 cm berücksichtigt werden.
Berechnen Sie den Stoffverbrauch.

Gegebene Daten: Ansatzweite AnW 40 cm
Volantbreite VoB 10 cm
Saumzugabe SaZg 1 cm

Gesuchte Daten: • Stofflänge StL
• Stoffbreite StB

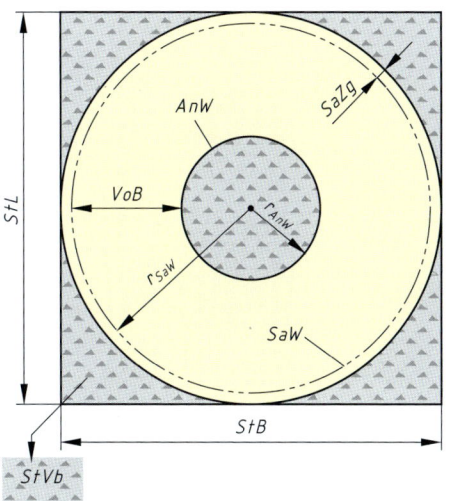

Lösung

Schritt 1:	Schritt 2:	Schritt 3:	Schritt 4:
Radius Ansatzweite:	Radius Saumweite:	**Stofflänge:**	**Stoffbreite:**
$\left[r = \dfrac{U}{2 \cdot \pi} \right]$	$r_{SaW} = r_{AnW} + VoB$	$\mathbf{StL} = (2 \cdot r_{SaW}) + (2 \cdot SaZg)$	$\mathbf{StB} \triangleq StL$
$r_{AnW} = \dfrac{AnW}{2 \cdot \pi}$	$= 6{,}37 \text{ cm} + 10 \text{ cm}$	$= (2 \cdot 16{,}37 \text{ cm}) + (2 \cdot 1 \text{ cm})$	$= 34{,}74 \text{ cm}$
$= \dfrac{40 \text{ cm}}{2 \cdot \pi}$	$= 16{,}37 \text{ cm}$	$= 34{,}74 \text{ cm}$	
$\approx 6{,}37 \text{ cm}$			

Übungsaufgabe: Seite 246, Nr. 05

4.10.3 Volants aus Vollkreisringen

Glockenröcke und Volants

Saumweite und Weitenfaktor

Fallbeispiel

An einen festlichen Rock soll als Abschluss ein Volant angesetzt werden. Der Rock hat an der Ansatznaht eine Weite von 86 cm, die Volantbreite beträgt 30 cm.
Berechnen Sie die Saumweite, die der fertige Volant hat, und den Weitenfaktor.

Gegebene Daten: Ansatzweite AnW 86 cm
Volantbreite VoB 30 cm

Gesuchte Daten: • Saumweite SaW
• Weitenfaktor WF

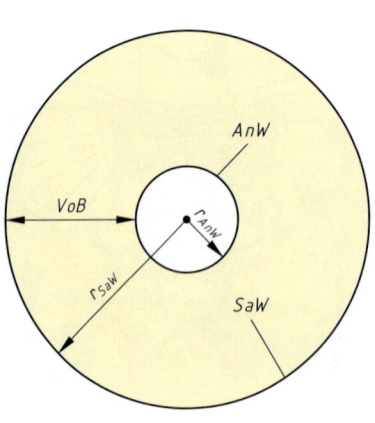
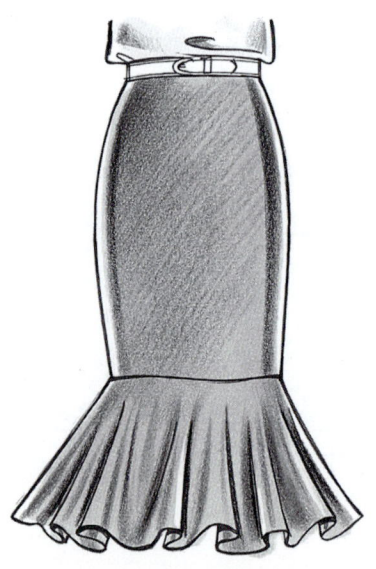

Lösung			
Schritt 1: Radius Ansatzweite: $\left[r = \dfrac{U}{2 \cdot \pi}\right]$ $r_{AnW} = \dfrac{AnW}{2 \cdot \pi}$ $= \dfrac{86 \text{ cm}}{2 \cdot \pi}$ $\approx 13{,}69 \text{ cm}$	Schritt 2: Radius Saumweite: $r_{SaW} = r_{AnW} + VoB$ $= 13{,}69 \text{ cm} + 30 \text{ cm}$ $= 43{,}69 \text{ cm}$	Schritt 3: **Saumweite:** $[U = 2 \cdot r \cdot \pi]$ $SaW = 2 \cdot r_{SaW} \cdot \pi$ $= 2 \cdot 43{,}69 \text{ cm} \cdot \pi$ $\approx 274{,}51 \text{ cm}$	Schritt 4: **Weitenfaktor** $WF = \dfrac{SaW}{AnW}$ $= \dfrac{274{,}51 \text{ cm}}{76 \text{ cm}}$ $\approx \mathbf{3{,}61}$

Übungsaufgabe: Seite 246, Nr. 06

4.10.3 Volants aus Vollkreisringen

Glockenröcke und Volants

Stofflänge

Fallbeispiel

Für die Herstellung von volantförmigen Ärmelabschlüssen stehen quadratische Stoffreste mit einer Seitenlänge von 50,00 cm zur Verfügung. Die Ansatzweite beträgt 18 cm, die Volantbreite soll mindestens 13,00 cm betragen, die Saumzugabe wird mit 1 cm veranschlagt.
Berechnen Sie, ob die zur Verfügung stehenden Stoffstücke dafür ausreichen.

Gegebene Daten:
Seitenlänge   a   50 cm
Volantbreite   VoB   13 cm
Saumzugabe   SaZg   1 cm
Ansatzweite   AnW   18 cm

Gesuchte Daten:
Stofflänge/Stoffbreite   StL/StB

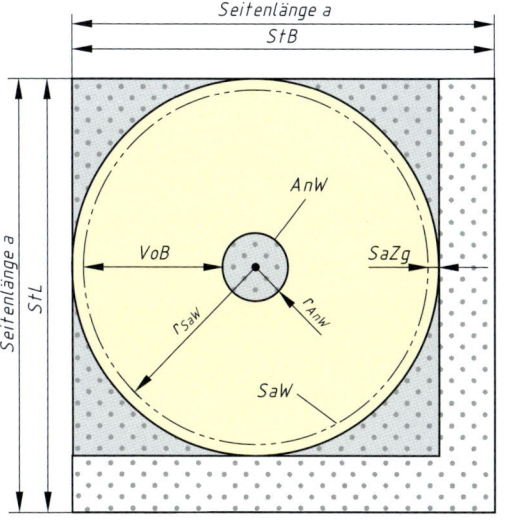

Lösung

Schritt 1:	Schritt 2:	Schritt 3:
Radius Ansatzweite:	Radius Saumweite:	**Stofflänge/Stoffbreite:**
$\left[r = \dfrac{U}{2 \cdot \pi} \right]$	$r_{SaW} = r_{AnW} + VoB$	**StL/StB** $= (2 \cdot r_{SaW}) + (2 \cdot SaZg)$
$r_{AnW} = \dfrac{AnW}{2 \cdot \pi}$	= 2,86 cm + 13 cm	= (2 · 15,86 cm) + (2 · 1 cm)
$= \dfrac{18 \text{ cm}}{2 \cdot \pi}$	= 15,86 cm	**= 33,72 cm**
≈ 2,86 cm		⇒ **Stoffstücke reichen aus**

Übungsaufgabe: Seite 246, Nr. 07

4.10.4 Röcke und Volants aus Kreisringsegmenten

Glockenröcke und Volants

Da Glockenröcke und Volants nicht nur aus kompletten Kreisringen gefertigt werden, sondern auch z. B. aus Halbkreisringen, Drittelkreisringen usw., muss dies auch bei der Berechnung berücksichtigt werden.

Halbkreisring

Bedingungen:

Umfang$_{innen}$ = 2 · Ansatzweite	U_i = 2 · AnW
Saumweite = $\frac{1}{2}$ · Umfang$_{außen}$	SaW = $\frac{1}{2}$ · U_a

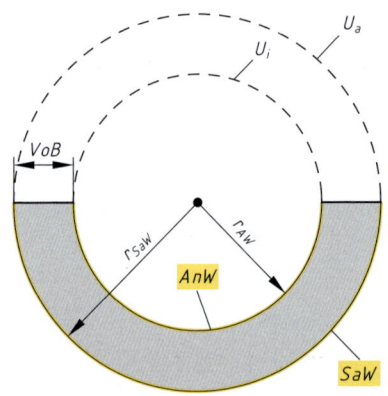

Fallbeispiel
Berechnen Sie die Saumweite eines Volants aus einem Halbkreisring, der eine Breite von 9 cm und eine Ansatzweite von 60 cm hat.

Gegebene Daten: Ansatzweite   AnW   60 cm
                   Volantbreite VoB   9 cm

Gesuchte Daten: Saumweite   SaW

Lösung

Schritt 1: Radius Ansatzweite:	Schritt 2: Radius Saumweite:	Schritt 3: **Saumweite:**
$r_{AnW} = \dfrac{U_i}{2 \cdot \pi}$	$r_{SaW} = r_{AnW} + VoB$	$SaW = \dfrac{U_a}{2}$
$= \dfrac{2 \cdot AnW}{2 \cdot \pi}$	$= 19{,}1 \text{ cm} + 9 \text{ cm}$	$= \dfrac{2 \cdot r_{SaW} \cdot \pi}{2}$
$= \dfrac{2 \cdot 60 \text{ cm}}{2 \cdot \pi}$	$= 28{,}1 \text{ cm}$	$= \dfrac{2 \cdot 28{,}1 \text{ cm} \cdot \pi}{2}$
$\approx 19{,}1 \text{ cm}$		$\approx$ **88,28 cm**

- Die Kreisformeln beziehen sich immer auf einzelne Vollkreise.
- Bei Volants und Röcken aus **Kreisringsegmenten** entsprechen Ansatz- bzw. Taillenweite nur einem Bruchteil des inneren Vollkreises.
- Zur Berechnung der Radien r_{AnW} bzw. r_{TaW} ist die Ansatz- bzw. Taillenweite mit einem dem Kreisringsegment entsprechenden Faktor zu multiplizieren.
- Zur Berechnung der Saumweite muss der äußere Umfang durch den gleichen Faktor dividiert werden.
- Der Faktor ist umgekehrt proportional zum Bruchteil.

Übungsaufgabe: Seite 247, Nr. 15

4.10.4 Röcke und Volants aus Kreisringsegmenten

Glockenröcke und Volants

Dreiviertelkreisring

Bedingungen:

Umfang$_{innen}$ = $\frac{4}{3}$ · Taillenweite	U_i = $\frac{4}{3}$ · TaW
Saumweite = $\frac{3}{4}$ · Umfang$_{außen}$	SaW = $\frac{3}{4}$ · U_a

Fallbeispiel

Die Taillenweite eines Rockes aus einem Dreiviertelkreis beträgt 75 cm und die Rocklänge 60 cm.
Berechnen Sie die Saumweite des Rockes und den Weitenfaktor.

Gegebene Daten:	Taillenweite	TaW	75 cm
	Rocklänge	RoL	60 cm
Gesuchte Daten:	• Saumweite	SaW	
	• Weitenfaktor	WF	

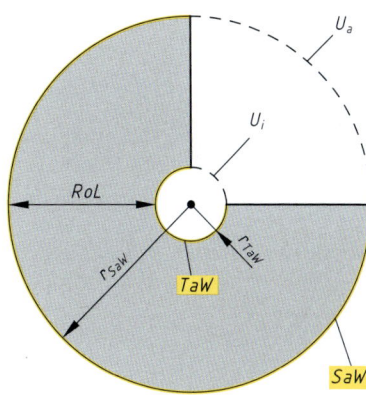

Lösung

Schritt 1:	Schritt 2:	Schritt 3:	Schritt 4:
Radius Taillenweite:	Radius Saumweite:	**Saumweite:**	**Weitenfaktor**
$r_{TaW} = \frac{U_i}{2 \cdot \pi}$	$r_{SaW} = r_{TaW} + RoL$	$SaW = \frac{3 \cdot U_a}{4}$	$WF = \frac{SaW}{TaW}$
$= \frac{4 \cdot TaW}{3 \cdot 2 \cdot \pi}$	= 15,92 cm + 60 cm	$= \frac{3 \cdot 2 \cdot r_{SaW} \cdot \pi}{4}$	$= \frac{357{,}76 \text{ cm}}{75{,}00 \text{ cm}}$
$= \frac{4 \cdot 75 \text{ cm}}{3 \cdot 2 \cdot \pi}$	= 75,92 cm	$= \frac{3 \cdot 2 \cdot 75{,}92 \text{ cm} \cdot \pi}{4}$	≈ **4,77**
≈ 15,92 cm		≈ **357,76 cm**	

Übungsaufgabe: Seite 247, Nr. 16

4.10.5 Röcke und Volants aus Mehrfachkreisringen

Glockenröcke und Volants

Möchte man eine größere Saumweite erhalten, besteht die Möglichkeit, Kleider (Abendmode), Tanzröcke, Volantabschlüsse usw. aus zwei oder mehreren Kreisringen zu fertigen.

Zwei Kreisringe

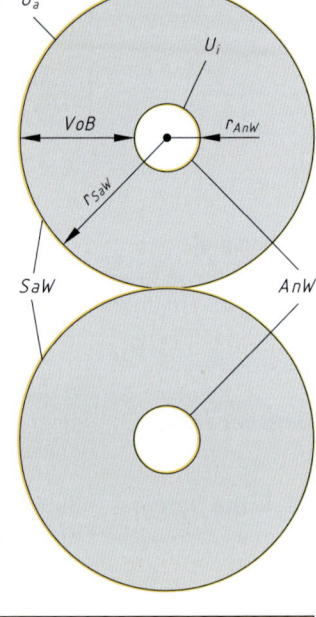

Bedingungen:

Umfang$_{innen}$ = $\frac{1}{2}$ · Ansatzweite	$U_i = \frac{1}{2}$ · AnW
Saumweite = 2 · Umfang$_{außen}$	SaW = 2 · U_a

Fallbeispiel

Als Abschluss für einen kreisrunden Kleidausschnitt wird ein Volant aus zwei Kreisringen gefertigt. Die Ansatzweite beträgt 66 cm, die Volantbreite 13 cm.
Berechnen Sie die Saumweite des Volants.

Gegebene Daten: Ansatzweite   AnW   66 cm
                         Volantbreite   VoB   13 cm

Gesuchte Daten: Saumweite   SaW

Lösung

Schritt 1:
Radius Ansatzweite:

$r_{AnW} = \dfrac{U_i}{2 \cdot \pi}$

$= \dfrac{AnW}{2 \cdot 2 \cdot \pi}$

$= \dfrac{66 \text{ cm}}{2 \cdot 2 \cdot \pi}$

$\approx 5{,}25$ cm

Schritt 2:
Radius Saumweite:

$r_{SaW} = r_{AnW} + VoB$

$= 5{,}25$ cm + 13 cm

$= 18{,}25$ cm

Schritt 3:
Saumweite:

SaW = 2 · U_a

= 2 · 2 · r_{SaW} · π

= 2 · 2 · 18,25 cm · π

≈ **229,34 cm**

- Die Kreisformeln beziehen sich immer auf einzelne Vollkreise.
- Bei Volants und Röcken aus **Mehrfachkreisringen** entsprechen Ansatz- bzw. Taillenweite einem Mehrfachen des inneren Einzelkreises.
- Zur Berechnung der Radien r_{AnW} bzw. r_{TaW} ist die Ansatz- bzw. Taillenweite durch die Anzahl der Einzelkreise zu dividieren.
- Zur Berechnung der Saumweite muss der äußere Umfang mit der Anzahl der Einzelkreise multipliziert werden.

Übungsaufgabe: Seite 247, Nr. 17

4.10.5 Röcke und Volants aus Mehrfachkreisringen — Glockenröcke und Volants

Drei Kreisringe

Bedingungen:

Umfang$_{innen}$ = $\frac{1}{3}$ · Taillenweite	U_i = $\frac{1}{3}$ · TaW
Saumweite = 3 · Umfang$_{außen}$	SaW = 3 · U_a

Fallbeispiel

Ein Tanzrock wird aus drei Einzelröcken zusammengesetzt. Die Taillenweite beträgt 75 cm, die Rocklänge 80 cm.
Berechnen Sie die Saumweite und den Weitenfaktor.

Gegebene Daten: Taillenweite TaW 75 cm
Rocklänge RoL 80 cm

Gesuchte Daten:
- Saumweite SaW
- Weitenfaktor WF

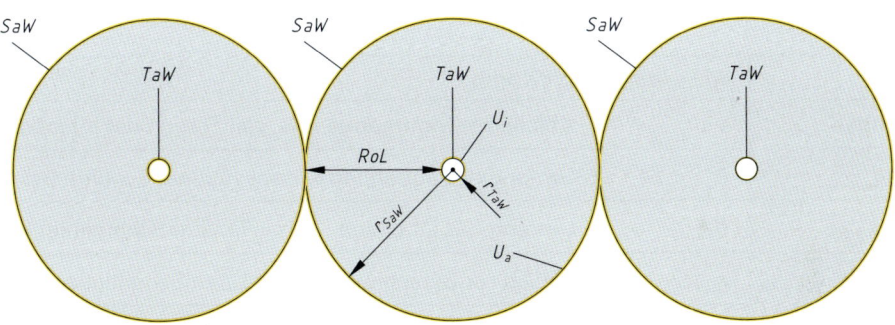

Lösung

Schritt 1:
Radius Taillenweite:

$r_{TaW} = \dfrac{U_i}{2 \cdot \pi}$

$= \dfrac{TaW}{3 \cdot 2 \cdot \pi}$

$= \dfrac{75\ cm}{3 \cdot 2 \cdot \pi}$

$\approx 3{,}98\ cm$

Schritt 2:
Radius Saumweite:

$r_{SaW} = r_{TaW} + RoL$

$= 3{,}98\ cm + 80\ cm$

$= 83{,}93\ cm$

Schritt 3:
Saumweite:

SaW = 3 · U_a

$= 3 \cdot 2 \cdot r_{SaW} \cdot \pi$

$= 3 \cdot 2 \cdot 83{,}93\ cm \cdot \pi$

$\approx 1582{,}04\ cm$

$\Rightarrow$ **15,82 m**

Schritt 4:
Weitenfaktor

WF = $\dfrac{SaW}{TaW}$

$= \dfrac{1582{,}04\ cm}{75\ cm}$

$\approx$ **21,09**

Übungsaufgabe: Seite 247, Nr. 18

4.10.6 Verschnitt

Glockenröcke und Volants

Grundlagen

Aus Kostengründen ist besonders bei der Serienproduktion (viele Stofflagen liegen beim Zuschnitt übereinander) die Berechnung des Verschnitts, also der Stoffmenge, die als Abfall bzw. weiter zu verwertendes Reststück anfällt, sehr wichtig.

Da bei der Verschnittberechnung immer von den Schnittmaßen ausgegangen werden muss, beinhalten der äußerste und der innerste Kreis beim Schnittlagenbild die Zugaben für Taillen- oder Ansatznaht und Saum.

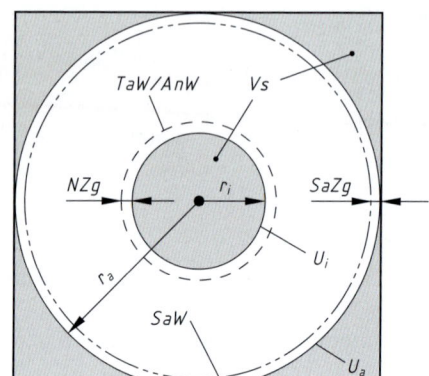

Folgende Begriffe sind **zusätzlich** zu den schon in Kapitel 4.10.2 und 4.10.3 angesprochenen wichtig.

Größe	Abkürzung	Erklärung
Verschnitt	V_s	Abfallende Stoffmenge, z. B. von Ecken oder innerem Kreis
Umfang$_{außen}$	U_a	Umfang des äußersten Kreises (äußere Schnittlinie)
Umfang$_{innen}$	U_i	Umfang des innersten Kreises (innere Schnittlinie)
Radius$_{außen}$	r_a	Radius zur Berechnung der äußeren Schnittlinie
Radius$_{innen}$	r_i	Radius zur Berechnung der inneren Schnittlinie

Alle Lösungsgänge zu dieser Thematik basieren auf Flächenberechnungen von Kreisen, Quadraten oder Rechtecken.

Fläche Kreis
$$A_K = \pi \cdot r^2$$

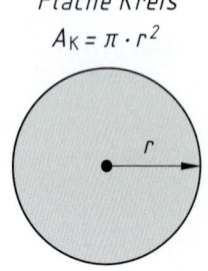

Fläche Rechteck
$$A_R = a \cdot b$$

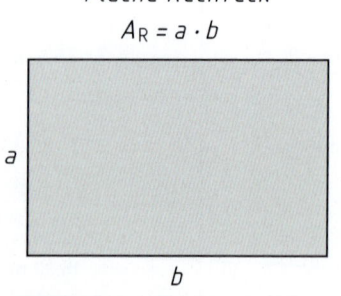

Fläche Quadrat
$$A_Q = a^2$$

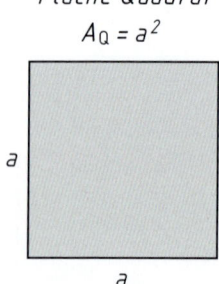

4.10.6 Verschnitt — Glockenröcke und Volants

Fallbeispiel

Aus einem quadratischen Stoffrest mit einer Seitenlänge von 40 cm wird ein kreisringförmiger Volant zugeschnitten. Die Volantbreite beträgt 6 cm, die Ansatzweite 75 cm. Als Zugaben für Ansatznaht und Saum werden je 1 cm eingeplant.
Berechnen Sie den entstehenden Verschnitt in cm² und Prozent.

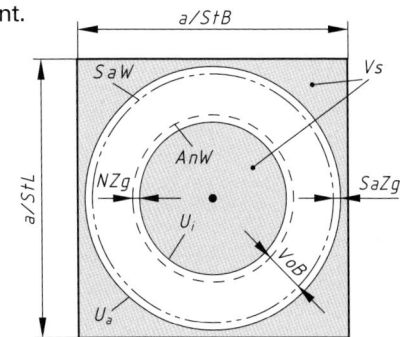

Gegebene Daten:
- Ansatzweite AnW 75 cm
- Volantbreite VoB 6 cm
- Nahtzugabe NZg 1 cm
- Saumzugabe SaZg 1 cm
- Seitenlänge a 40 cm
- ≙ Stoffbreite StB
- ≙ Stofflänge StL

Gesuchte Daten: Verschnitt Vs in cm² und %

Lösung

Schritt 1: Radius Ansatzweite:

$$\left[r = \frac{U}{2 \cdot \pi}\right]$$

$$r_{AnW} = \frac{AnW}{2 \cdot \pi}$$

$$= \frac{75\ cm}{2 \cdot \pi}$$

$$\approx 11{,}94\ cm$$

Schritt 2: Radius$_{außen}$

$$r_a = r_{AnW} + VoB + SaZg$$

$$= 11{,}94\ cm + 6\ cm + 1\ cm$$

$$= 18{,}94\ cm$$

Schritt 3: Fläche Kreis$_{außen}$

$$[A_K = \pi \cdot r^2]$$

$$A_{aK} = \pi \cdot r_a^2$$

$$= \pi \cdot (18{,}94\ cm)^2$$

$$\approx 1126{,}96\ cm^2$$

Schritt 4: Radius$_{innen}$

$$r_i = r_{AnW} - NZg$$

$$= 11{,}94\ cm - 1\ cm$$

$$= 10{,}94\ cm$$

Schritt 5: Fläche Kreis$_{innen}$

$$[A_K = \pi \cdot r^2]$$

$$A_{iK} = \pi \cdot r_i^2$$

$$= \pi \cdot (10{,}94\ cm)^2$$

$$\approx 376\ cm^2$$

Schritt 6: Fläche Quadrat

$$A_Q = a^2$$

$$= (40\ cm)^2$$

$$= 40\ cm \cdot 40\ cm$$

$$= 1600\ cm^2$$

Schritt 7: Verschnitt in cm²

$$Vs = A_Q - A_{aK} + A_{iK}$$

$$= 1600{,}00\ cm^2 - 1126{,}96\ cm^2 + 376{,}00\ cm^2$$

$$= \mathbf{894{,}04\ cm^2}$$

Schritt 8: Verschnitt in %

| Fläche Quadrat A_Q | 1600 cm² | ≙ | 100 % |
| Verschnitt A_{Vs} | 894,04 cm² | ≙ | x |

$$x = \frac{100\% \cdot 894{,}04\ cm^2}{1600\ cm^2} \approx 55{,}9\%$$

$$\Rightarrow Vs \approx 56\%$$

Übungsaufgabe: Seite 247, Nr. 19

4.10.7 Zusammenfassung — Glockenröcke und Volants

Fallbeispiel

Am Beispiel eines Volants (Ansatzweite 60 cm, Volantbreite 5 cm) aus verschiedenen Kreisringformen sollen abschließend die wichtigsten Berechnungen zu der Thematik gegenübergestellt werden. (Zugaben wurden in diesem Fall vernachlässigt.)

Gesuchte Größe	Voller Kreisring	Halber Kreisring
Radius Ansatzweite	$r_{AnW} = \dfrac{AnW}{2 \cdot \pi}$ $= \dfrac{60 \text{ cm}}{2 \cdot \pi}$ $\approx 9{,}5 \text{ cm}$	$r_{AnW} = \dfrac{U_i}{2 \cdot \pi} = \dfrac{2 \cdot AnW}{2 \cdot \pi}$ $= \dfrac{2 \cdot 60 \text{ cm}}{2 \cdot \pi}$ $\approx 19{,}1 \text{ cm}$
Radius Saumweite	$r_{SaW} = r_{AnW} + VoB$ $= 9{,}5 \text{ cm} + 5 \text{ cm}$ $= 14{,}5 \text{ cm}$	$r_{SaW} = r_{AnW} + VoB$ $= 19{,}1 \text{ cm} + 5 \text{ cm}$ $= 24{,}1 \text{ cm}$
Saumweite	$SaW = U_a = 2 \cdot r_{SaW} \cdot \pi$ $= 2 \cdot 14{,}5 \text{ cm} \cdot \pi$ $\approx 91{,}11 \text{ cm}$	$SaW = \dfrac{U_a}{2} = \dfrac{2 \cdot r_{SaW} \cdot \pi}{2}$ $= \dfrac{2 \cdot 24{,}1 \text{ cm} \cdot \pi}{2}$ $\approx 75{,}71 \text{ cm}$
Weitenfaktor	$WF = \dfrac{SaW}{AnW}$ $= \dfrac{91{,}11 \text{ cm}}{60 \text{ cm}}$ $\approx 1{,}52$	$WF = \dfrac{SaW}{AnW}$ $= \dfrac{75{,}71 \text{ cm}}{60 \text{ cm}}$ $\approx 1{,}26$
Stoffverbrauch	StVb = StL auf StB $= (2 \cdot r_{SaW})$ auf $(2 \cdot r_{SaW})$ $= (2 \cdot 14{,}5 \text{ cm})$ auf $(2 \cdot 14{,}5 \text{ cm})$ $= 29 \text{ cm}$ auf 29 cm	StVb = StL auf StB $= r_{SaW}$ auf $(2 \cdot r_{SaW})$ $= 24{,}1 \text{ cm}$ auf $(2 \cdot 24{,}1 \text{ cm})$ $= 24{,}1 \text{ cm}$ auf $48{,}2 \text{ cm}$

4.10.7 Zusammenfassung

Glockenröcke und Volants

Gesuchte Größe	*Doppelter Kreisring*	*Viertelkreisring*
Radius Ansatzweite	$r_{AnW} = \dfrac{U_i}{2 \cdot \pi}$ $= \dfrac{AnW}{2 \cdot 2 \cdot \pi}$ $= \dfrac{60 \text{ cm}}{2 \cdot 2 \cdot \pi}$ $\approx 4{,}77 \text{ cm}$	$r_{AnW} = \dfrac{U_i}{2 \cdot \pi}$ $= \dfrac{4 \cdot AnW}{2 \cdot \pi}$ $= \dfrac{4 \cdot 60 \text{ cm}}{2 \cdot \pi}$ $\approx 38{,}2 \text{ cm}$
Radius Saumweite	$r_{SaW} = r_{AnW} + VoB$ $= 4{,}77 \text{ cm} + 5 \text{ cm}$ $= 9{,}77 \text{ cm}$	$r_{SaW} = r_{AnW} + VoB$ $= 38{,}2 \text{ cm} + 5 \text{ cm}$ $= 43{,}2 \text{ cm}$
Saumweite	$SaW = 2 \cdot U_a$ $= 2 \cdot 2 \cdot r_{SaW} \cdot \pi$ $= 2 \cdot 2 \cdot 9{,}77 \text{ cm} \cdot \pi$ $\approx 122{,}77 \text{ cm}$	$SaW = \dfrac{U_a}{4}$ $= \dfrac{2 \cdot r_{SaW} \cdot \pi}{4}$ $= \dfrac{2 \cdot 43{,}2 \text{ cm} \cdot \pi}{2}$ $\approx 67{,}86 \text{ cm}$
Weitenfaktor	$WF = \dfrac{SaW}{AnW}$ $= \dfrac{122{,}77 \text{ cm}}{60 \text{ cm}}$ $\approx 2{,}05$	$WF = \dfrac{SaW}{AnW}$ $= \dfrac{67{,}86 \text{ cm}}{60 \text{ cm}}$ $\approx 1{,}13$
Stoffverbrauch	StVb = StL auf StB $= (2 \cdot r_{SaW})$ auf $(4 \cdot r_{SaW})$ $= (2 \cdot 9{,}77 \text{ cm})$ auf $(4 \cdot 9{,}77 \text{ cm})$ $= 19{,}54 \text{ cm}$ auf $39{,}08 \text{ cm}$	StVb = StL auf StB $= r_{SaW}$ auf r_{SaW} $= 43{,}2 \text{ cm}$ auf $43{,}2 \text{ cm}$

Bekleidungstechnische Berechnungen

4.10.8 Übungsaufgaben — Glockenröcke und Volants

01 Für einen *echten Glockenrock (Kreisring)* sind folgende Maße gegeben:
Taillenweite: 68 cm
Rocklänge: 74 cm
Berechnen Sie die Saumweite und den Weitenfaktor.

02 Für ein Kinderfaschingskostüm soll ein Röckchen aus einem *Kreisring* genäht werden. Es steht ein quadratischer Stoffrest mit einer Seitenlänge von 84 cm zur Verfügung. Die Taillenweite des Kindes beträgt 58 cm, für die Saumzugabe werden 1,5 cm benötigt.
Ermitteln Sie die mögliche Rocklänge.

03 Der Rock eines Kinderkleides wird aus einem *Kreisring* zugeschnitten. Die Taillenweite beträgt 63 cm. Der Rock soll 45 cm lang werden, als Saumzugabe werden 2 cm eingeplant.
Berechnen Sie die Stofflänge bei einer 1,40 m breit liegenden Ware.

04 Ein Glockenrock wird aus *zwei Halbkreisringen* zusammengesetzt. Es gelten folgende Maße:
Taillenweite: 70 cm
Rocklänge: 76 cm
Saumzugabe: 1 cm
Nahtzugabe: 1 cm
Berechnen Sie den Stoffbedarf.

05 Ein Volant mit einer Ansatzweite von 20 cm und einer Breite von 5 cm soll aus einem *Kreisring* zugeschnitten werden.
Berechnen Sie den Stoffverbrauch bei einer Saumzugabe von 1,5 cm.

06 Ein 6 cm breiter Volant aus einem *Kreisring* hat eine Ansatzweite von 60 cm.
06.1 Ermitteln Sie die mögliche Saumweite.
06.2 Berechnen Sie den Weitenfaktor.

07 Ein Volant mit einer Ansatzweite von 55 cm soll aus einem *Kreisring* gefertigt werden. Zur Verfügung steht ein quadratisches Stoffstück von 60 cm Seitenlänge. Die Volantbreite soll 15 cm betragen, die Saumzugabe 2 cm.
Berechnen Sie, ob das zur Verfügung stehende Stoffstück ausreicht.

08 Eine Wickelbluse wird an Ausschnitt und Verschlusskante (gesamte Ansatzlänge: 110 cm) mit 10 cm breiten zusammengesetzten Volants besetzt. Diese werden aus *Kreisringen* mit 40 cm Außendurchmesser zusammengesetzt.

08.1 Ermitteln Sie, wie viele Volants (aufgerundet) zugeschnitten werden müssen.
08.2 Berechnen Sie den Stoffverbrauch für die Volants bei einer Warenbreite von 140 cm.

09 An einem Ärmel soll als Abschluss ein Volant aus einem *Kreisring* angesetzt werden. Die Ansatzweite beträgt 18 cm, die Volantbreite 8 cm, die Saumzugabe 1 cm.
Berechnen Sie die Saumweite und den Stoffverbrauch für ein Volant.

10 An eine *runde* Tischdecke soll als Abschluss eine schmale Litze genäht werden. Für das Zusammennähen der Litze werden insgesamt 2 cm gebraucht.
Ermitteln Sie den Litzenbedarf (in m) bei einem Deckendurchmesser von 1,6 m.

11 An einen geraden Rock soll ein 24 cm hohes Glockenteil in Form eines *Kreisringes* angesetzt werden. Die Ansatzweite beträgt 104 cm.
11.1 Berechnen Sie den inneren Radius des Kreisringes, wobei eine Nahtzugabe von 1 cm zum Annähen des Glockenteils berücksichtigt werden muss.
11.2 Ermitteln Sie die Mindeststoffbreite, wenn der Kreisring ohne Nähte gearbeitet werden und die Saumzugabe 2 cm betragen soll.
11.3 Berechnen Sie den Weitenfaktor des Glockenteils am Saum.

12 Ein Volant aus einem *Kreisring* soll am Rand und 4 cm von der Kante entfernt mit einem schmalen Band besetzt werden. Die Nahtzugabe für das Zusammennähen eines Bandes beträgt 2 cm. Die innere Weite des Volants beträgt 35 cm, die Volantbreite 20 cm.
Berechnen Sie den erforderlichen Bandbedarf (in m).

13 Für die Herstellung von Volants aus *Kreisringen* stehen quadratische Stoffreste mit einer Seitenlänge von 45 cm zur Verfügung. Die Volantbreite soll 14 cm betragen.
Ermitteln Sie bei diesen Maßen die mögliche innere Weite des Volants.

14 Bei einem *echten Glockenrock* (aus einem *Kreisring*) wird 3 cm oberhalb der Saumkante eine Zackenlitze aufgenäht.
Ermitteln Sie den Litzenbedarf (in m) bei einer Taillenweite von 72 cm, einer Rocklänge von 80 cm, einer Nahtzugabe von insgesamt 2 cm.

4.10.8 Übungsaufgaben — Glockenröcke und Volants

15 Ein 5 cm breiter Volant wird aus einem *halben Kreisring* zugeschnitten. Die Ansatzweite beträgt 58 cm.
Berechnen Sie die Saumweite.

16 Ein Glockenrock soll aus einem *Dreiviertelkreisring* gefertigt werden. Die Taillenweite beträgt 72 cm, die Rocklänge 75 cm.
Berechnen Sie die Saumweite und den Weitenfaktor.

17 Ein Volant aus *zwei Kreisringen* wird an einen Kinderrock genäht. Die Ansatzweite beträgt 70 cm, die Volantbreite 20 cm.
Berechnen Sie die Saumweite des Volants.

18 Ein Abendrock wird aus *drei Kreisringen* genäht. Die Taillenweite beträgt 72 cm, die Rocklänge soll 60 cm betragen.
Berechnen Sie die Saumweite des Rockes und den Weitenfaktor.

19 Berechnen Sie den Verschnitt in cm², der bei dem Ausschnitt eines *kreisringförmigen* Volants aus einem quadratischen Stoffstück mit einer Seitenlänge von 50 cm entsteht. Die Ansatzweite des Volants beträgt 28 cm, für Naht- und Saumzugaben werden jeweils 1,5 cm veranschlagt und der Volant soll eine fertige Breite von 18 cm haben.

20 Ein Rock wird aus einem *Halbkreisring* genäht. Die Taillenweite beträgt 76 cm, die Rocklänge 60 cm, die Naht- und Saumzugabe betragen jeweils 2 cm.
Berechnen Sie den Verschnitt bei einer 90 cm breit liegenden Ware.

21 Für Eislaufkostüme soll am Rock ein Weitenfaktor von mindestens 14 erreicht werden. Die Taillenweite beträgt 68 cm, die Rocklänge 40 cm.
Ermitteln Sie die Zahl der *Kreisringe*, die zusammengesetzt werden müssen, um den Weitenfaktor zu erhalten.

22 Ein Volantansatz wird aus einem *Viertelkreisring* zugeschnitten. Die Ansatzweite beträgt 20 cm, die Saumzugabe 2 cm und die Seitenlänge des Stoffquadrats 50 cm.
Berechnen Sie die mögliche Breite des fertigen Volants sowie die Saumweite.

23 In einem Betrieb stehen für *kreisringförmige* Volants Stoffquadrate mit einer Seitenlänge von 60 cm zur Verfügung. Eine Vorgabe der Kalkulationsabteilung besagt, dass der Verschnitt 25 % nicht übersteigen darf. Für einen Volant ist eine Breite von 15 cm und eine Saum- und Ansatzzugabe von je 1,5 cm eingeplant.
Berechnen Sie, ob die 25%ige Verschnittvorgabe für diese Maße erfüllt werden kann.

24 An die Taille und den Saum eines Glockenrocks soll eine Borte aufgenäht werden. Der Rock wird aus einem *Halbkreisring* gefertigt. Die Taillenweite beträgt 74 cm, die Rocklänge 70 cm. Nahtzugaben bleiben unberücksichtigt.
24.1 Berechnen Sie den Bortenbedarf (in m).
24.2 Ermitteln Sie die Mindeststoffbreite (in cm), die für den Zuschnitt des Rockes notwendig ist.

25 Berechnen Sie den Radius Taillenweite für einen Glockenrock aus einem *5/8-Kreisring*.
Die Taillenweite beträgt 80 cm, die Rocklänge 90 cm.

26 Ein Kleid wird am Saum mit Volants aus *Drittelkreisringen* besetzt. Die Weite des Saums beträgt 125 cm, die Volants haben eine Breite von 20 cm, ihre innere Weite beträgt 25 cm.
Berechnen Sie die gesamte äußere Weite.

27 Bestimmen Sie den inneren Umfang bei einer Taillenweite von 58 cm, 64 cm und 72 cm für Glockenröcke aus
27.1   2 *Kreisringen*,
27.2   3 *Kreisringen*,
27.3   1½ *Kreisringen*.

28 Ein Kleid wird am Halsausschnitt und am Saum mit Volants aus *Halbkreisringen* besetzt. Am Ausschnitt (Ansatzweite 60 cm) sind die Volants 10 cm breit, am Saum (Ansatzweite: 150 cm) 20 cm.
28.1 Berechnen Sie jeweils den Stoffverbrauch bei einer inneren Weite von 30 cm.
28.2 Ermitteln Sie die jeweilige gesamte äußere Weite.
28.3 Berechnen Sie jeweils den Weitenfaktor.

29 Bei einem Glockenrock aus einem *Halbkreisring* soll an der Saumkante und 5 cm davon entfernt eine schmale Borte aufgenäht werden. Die Taillenweite beträgt 66 cm, die Rocklänge 70 cm. Pro Reihe Borte ist eine Nähzugabe von 8 cm zu berücksichtigen.
Berechnen Sie den Bortenbedarf in m.

30 Bei einem Cape aus einem *Vollkreisring* mit durchgehendem Vorderverschluss sollen alle Kanten mit Borte besetzt werden. Die Halsweite beträgt 42 cm, die Capelänge 65 cm.
Berechnen Sie den Bortenbedarf in m.

4.10.8 Übungsaufgaben

Glockenröcke und Volants

31 Eine Bluse im Carmenstil erhält als oberen Abschluss einen Volant aus einem vollen *Kreisring,* der zusätzliche Weite durch den 1,5-fachen Einzug erhalten soll. Der Volant ist 16 cm breit und erhält als Kantenversäuberung einen kontrastierenden Schrägstreifen. Die Ausschnittsweite beträgt von der vorderen Mitte bis zur hinteren Mitte 60 cm.

    31.1 Berechnen Sie den Stoffverbrauch (Mindeststoffbreite und -länge).

    31.2 Ermitteln Sie den Bedarf (in m) an Schrägstreifen, der zur Kantenversäuberung notwendig ist.

32 Ein Glockenrock mit mäßiger Weite wird als *Halbkreisring* zugeschnitten. Die Taillenweite beträgt 68 cm, die Rocklänge 72 cm. An den Saum wird eine einseitige Rüsche mit Kräuselfaktor 2,5 angesetzt.

    32.1 Berechnen Sie die für den Rockzuschnitt erforderliche Stoffbreite, wenn als Naht- bzw. Saumzugabe 1 cm erforderlich sind.

    32.2 Ermitteln Sie die offene Weite der Rüsche.

33 An einen *Vollkreisring* wird eine 20 cm breite einseitige Rüsche mit Kräuselfaktor 2 angesetzt. Der fertige Rock muss eine Länge von 72 cm und eine Taillenweite von 68 cm aufweisen.

    33.1 Berechnen Sie die erforderliche Stoffbreite, wenn das obere Rockteil aus einem Stück geschnitten werden soll und die Saumzugabe 1 cm beträgt.

    33.2 Berechnen Sie den Stoffbedarf für die Rüsche bei einer Stoffbreite von 1,40 m und einer Saum- und Nahtzugabe von 1 cm je Kante.

34 Ein Glockenrock aus einem *Halbkreisring* mit Taillenweite 60 cm und 62 cm Länge wird mit einer 15 cm breiten Rüsche aus einfachem Stoff mit einem 1 cm breiten Köpfchen aus doppeltem Stoff verlängert. Der Kräuselfaktor soll 2,5 betragen.

Berechnen Sie den Stoffbedarf für die Rüsche bei einer Stoffbreite von 90 cm und einer Nahtzugabe von 1 cm je Kante.

Projektorientierte Aufgaben: Glockenrock

35.1 Ein echter Glockenrock, aus einem *Vollkreisring* geschnitten, wird in der vorderen Mitte mit einer Verschlussleiste mit waagerechten Knopflöchern, in der hinteren Mitte mit einer Naht gearbeitet nach folgenden Maßen:

Rocklänge	78 cm
Nahtzugabe/Kante	1 cm
Taillenweite	72 cm
Saumzugabe	1 cm
Stoffbreite	110 cm
Übertritt/Untertritt	2 cm
Knopflochlänge	2,2 cm
Angeschnittener Besatz	5,5 cm

Ermitteln Sie die erforderliche **Stofflänge**.

35.2 Berechnen Sie die **Breite des Reststreifens**.

35.3 Skizzieren Sie einen **Zuschneideplan**.

35.4 Der Rock wird mit 5 Knöpfen geschlossen. Der oberste Knopf soll 2 cm von der Taillennaht, der unterste Knopf 26 cm von der Saumkante entfernt sein.

Berechnen Sie den **Knopfabstand**.

35.5 Konstruieren Sie die **Schnitt-Teile** für den halben Rock im Maßstab 1 : 10 und zeichnen Sie den Knopfsitz bzw. die waagerechten Knopflöcher ein.

35.6 Wählen Sie drei geeignete **Oberstoffe** für diesen Rock aus und entwickeln Sie die **Materialetiketten** mit Angabe der Pflegesymbole.

35.7 Fertigen Sie eine **Entwurfszeichnung** für den Rock.

35.8 Schlagen Sie drei passende **Oberteile** als Ergänzung zu diesem Rock vor und begründen Sie die Wahl.

Projektorientierte Aufgaben: Volant

36.1 Ein Oberteil wird mit einem Volant versehen, der aus *zwei Kreisringen* gearbeitet werden soll.

Ansatzweite	70 cm
Volantbreite	10 cm
Saumzugabe	0,5 cm

Berechnen Sie den **Stoffverbrauch**.

36.2 Am Saum soll der Volant mit einer Litze besetzt werden.

Berechnen Sie den **Litzenbedarf** (auf volle 10 cm runden).

36.3 Zeichnen Sie einen **Zuschneideplan** im Maßstab 1 : 5 und bemaßen Sie ihn.

36.4 Fertigen Sie eine **Entwurfszeichnung** für ein solches Oberteil mit Volantbesatz.

36.5 Wählen Sie einen geeigneten **Stoff** für das Oberteil aus und begründen Sie Ihre Wahl.

5 Zeitdaten und Löhne

5.1 Zeitdaten

5.1.1 Grundlagen

Um alle Aufgaben, die in einem Unternehmen anfallen, genau planen und steuern zu können, benötigt man viele Daten. Die Ermittlung der Zeitdaten (siehe nachfolgende Gliederung) ist ein Teilgebiet des **Arbeitsstudiums** mit dem Ziel, durch eine Verbesserung der Betriebsorganisation und des Arbeitsablaufes die Wirtschaftlichkeit des Betriebes zu optimieren. Dabei müssen die Leistungsfähigkeit und die Bedürfnisse der arbeitenden Menschen besonders beachtet werden.
Der „Verband für Arbeitsstudien REFA e.V." hat sich seit 1924 mit Arbeitsstudien befasst und entsprechende Richtlinien und Methoden ausgearbeitet.

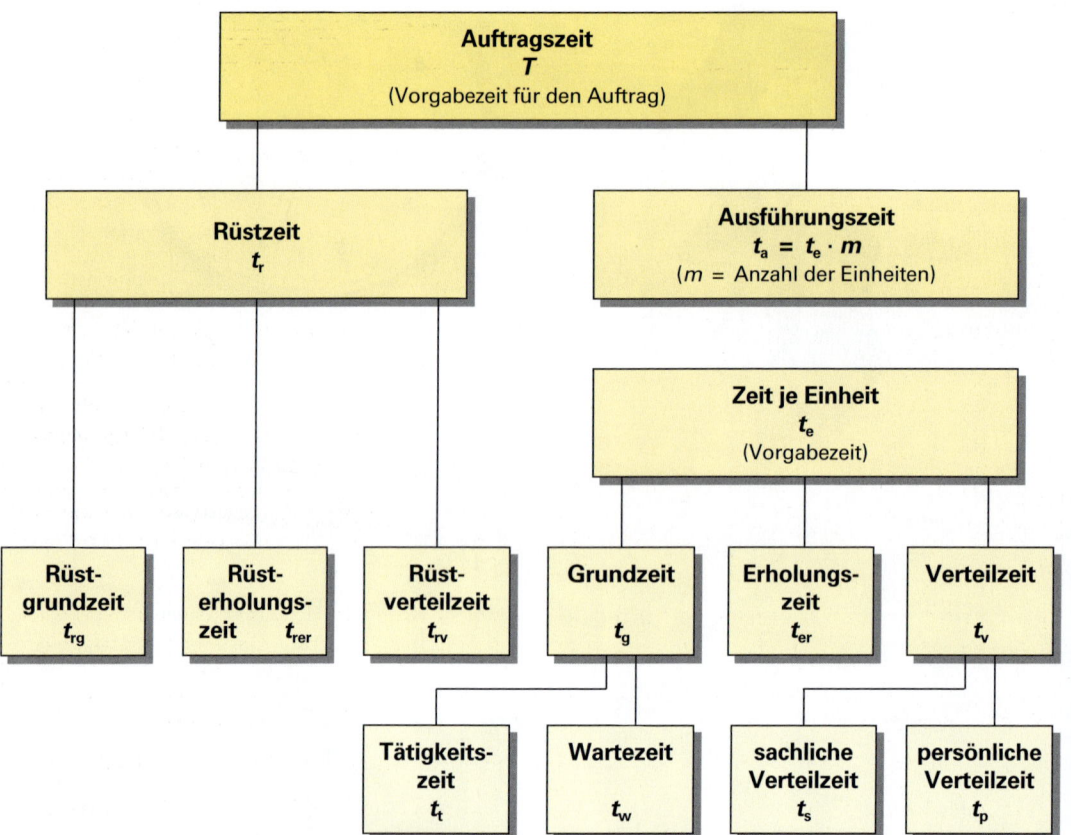

Die **Auftragszeit** (Gesamtzeit für die Erledigung einer Arbeitsaufgabe) setzt sich aus der **Rüstzeit** (Zeit für das Vorbereiten des Auftrages) und der **Ausführungszeit** zusammen. Zur Ermittlung der Ausführungszeit wird die Zeit je Einheit (Vorgabezeit für einen bestimmten Arbeitsgang) mit der Zahl der Einheiten multipliziert.

Die **Zeit je Einheit** ergibt sich aus der Summe von Grundzeit, Erholungszeit und Verteilzeit. Die **Grundzeit** erhält man, indem man die durch Zeitaufnahmen am Arbeitsplatz ermittelte Istzeit einer Arbeitskraft mit dem dabei geschätzten Leistungsgrad verrechnet. Die **Erholungszeit** und **Verteilzeit** werden als prozentuale Zuschläge von der Grundzeit ermittelt.

Die Grundzeit kann in **Tätigkeitszeit** und **Wartezeit** untergliedert werden. Bei der Verteilzeit kann nach **sachlicher** und **persönlicher Verteilzeit** differenziert werden. Eine Unterteilung der Rüstzeit ist möglich in **Rüstgrundzeit, Rüsterholungszeit und Rüstverteilzeit**. (Erläuterungen siehe Seite 251)

5.1.1 Grundlagen — Zeitdaten

Größe	Abkürzung	Erklärung
Auftragszeit	T	Die für die Erledigung einer Arbeitsaufgabe insgesamt vorgegebene oder benötigte Zeit (Vorgabezeit für den Auftrag)
Ausführungszeit	t_a	Zeit für die reine Ausführungsarbeit an allen Einheiten m eines Auftrages (z. B. Aufnehmen, Nähen, Ablegen)
Rüstzeit	t_r	Zeit für Tätigkeiten, die nur einmal bei einem Auftrag anfallen (z. B. Maschine umrüsten, Teile bereitlegen)
Stückzahl	m	Zahl der Einheiten, aus denen der Auftrag besteht
Zeit je Einheit (Vorgabezeit)	t_e	Sollzeit, die man bei normaler Leistung (100 %) benötigen darf, um einen bestimmten Arbeitsgang ordnungsgemäß auszuführen
Grundzeit	t_g	Zeit für die planmäßige Ausführung eines Ablaufes
Tätigkeitszeit	t_t	Zeit für Haupttätigkeiten (z. B. Nähen) und Nebentätigkeiten (z. B. Ablegen) bei der Erfüllung einer Arbeitsaufgabe
Wartezeit	t_w	Zeit für ablaufbedingtes Unterbrechen der Tätigkeit
Erholungszeit	t_{er}	Zeit für erholungsbedingtes Unterbrechen der Tätigkeit; der Zuschlag Z_{er} wird prozentual von der Grundzeit ermittelt
Verteilzeit	t_v	Unregelmäßig auftretende Zeit, die zusätzlich zur planmäßigen Ausführung eines Auftrages anfällt. Der Zuschlag Z_v wird prozentual von der Grundzeit ermittelt
Sachliche Verteilzeit	t_s	Zeit für zusätzliche Tätigkeiten (z. B. Nadelwechsel) und störungsbedingtes Unterbrechen; der Zuschlag ergibt sich aus den Betriebsunterlagen
Persönliche Verteilzeit	t_p	Zeit für persönlich bedingtes Unterbrechen (z. B. Fenster öffnen); der Zuschlag richtet sich nach dem Manteltarifvertrag
Rüstgrundzeit	t_{rg}	Sollzeit für die planmäßige Ausführung des Rüstens
Rüsterholungszeit	t_{rer}	Zeit für das erholungsbedingte Unterbrechen des Rüstens
Rüstverteilzeit	t_{rv}	Unregelmäßig auftretende Zeit, die beim Rüsten zusätzlich zur planmäßigen Ausführung anfällt
Istzeit	t_i	Die bei der Ausführung eines bestimmten Arbeitsablaufes tatsächlich gemessene Zeit
Leistungsgrad	L	Prozentuales Verhältnis der tatsächlich erbrachten Ist-Leistung zur zu erbringenden Normalleistung (Soll-Leistung); er wird während der Zeitaufnahme beurteilt
Mengenleistung	m_{soll} m_{ist}	Die in einer bestimmten Zeit zu fertigende bzw. gefertigte Zahl an Leistungseinheiten (Soll-Leistung, Ist-Leistung)
Sollzeit	t_e	Zeit, die man einer Arbeitskraft unter Berücksichtigung ihrer Leistungsfähigkeit zuteilen kann

5.1.2 Auftragszeit

Zeitdaten

Fallbeispiel 1

Für einen Arbeitsgang beträgt die Grundzeit 5,7 min. Als Zuschlag für die Erholungszeit sind 10 %, als Zuschlag für die Verteilzeit 6 % zu berücksichtigen. Der Auftrag besteht aus 350 Einheiten, als Rüstzeit sind 12 min zu veranschlagen.
Berechnen Sie die Auftragszeit.

Gegebene Daten:

Grundzeit	t_g	5,7 min	Stückzahl	m	350
Zuschlag Erholungszeit	Z_{er}	10 %	Rüstzeit	t_r	12 min
Zuschlag Verteilzeit	Z_v	6 %			

Gesuchte Daten:
Auftragszeit T

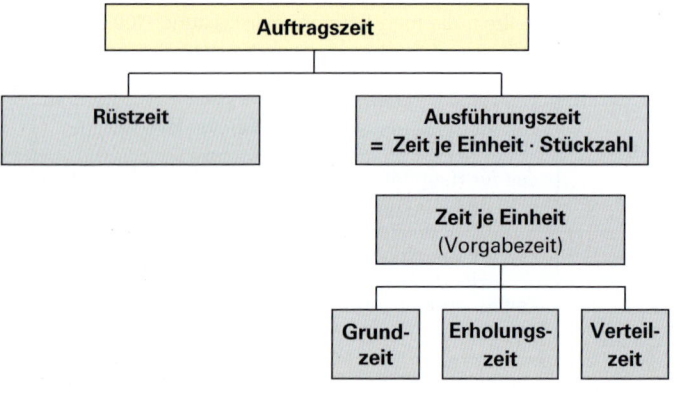
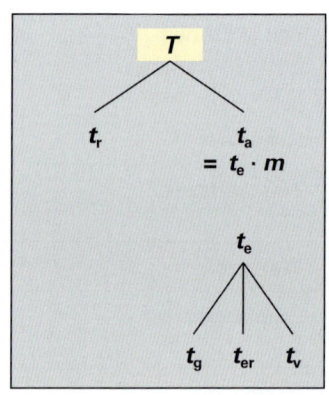

Lösung in Teilschritten		Kurzform
Zeit je Einheit (Vorgabezeit)	= Grundzeit + Erholungszeit + Verteilzeit = 5,7 min + 5,7 min · $\frac{10}{100}$ + 5,7 min · $\frac{6}{100}$ = 5,7 min + 0,57 min + 0,342 min = 6,612 min	$t_e = t_g + t_{er} + t_v$ = 5,7 min + 5,7 min · $\frac{10}{100}$ + 5,7 min · $\frac{6}{100}$ = 5,7 min + 0,57 min + 0,342 min = 6,612 min
Ausführungszeit	= Vorgabezeit · Stückzahl = 6,612 min · 350 = 2 314,2 min	$t_a = t_e \cdot m$ = 6,612 min · 350 = 2 314,2 min
Auftragszeit	= Ausführungszeit + Rüstzeit = 2 314,2 min + 12 min = 2 326,2 min = 38 h 46,2 min	$T = t_a + t_r$ = 2 314,2 min + 12 min = 2 326,2 min = 38 h 46,2 min

- Bei der Berechnung der Zeitdaten empfiehlt sich die Verwendung von Abkürzungen nach REFA.
- Um möglichst exakte Werte zu erhalten, werden bei der Berechnung der Zeitdaten die Ergebnisse **nicht gerundet,** sondern es wird mit allen Stellen nach dem Komma weitergerechnet.

Übungsaufgabe: Seite 261, Nr. 01

5.1.2 Auftragszeit — Zeitdaten

Fallbeispiel 2

An 500 Röcken sollen mit dem Automaten Gürtelschlaufen angenäht werden. Die Tätigkeitszeit für diesen Arbeitsgang beträgt 0,5 min, die Wartezeit 0,2 min. Als Rüstzeit sind für den Auftrag 6 min zu berücksichtigen. Der Zuschlag für die Erholungszeit beträgt 10 %, der Zuschlag für die Verteilzeit beträgt 8 %.
Berechnen Sie die Auftragszeit.

Gegebene Daten:

Stückzahl	m	500
Tätigkeitszeit	t_t	0,5 min
Wartezeit	t_w	0,2 min
Rüstzeit	t_r	6,0 min
Zuschlag Erholungszeit	Z_{er}	10 %
Zuschlag Verteilzeit	Z_v	8 %

Gesuchte Daten: Auftragszeit T

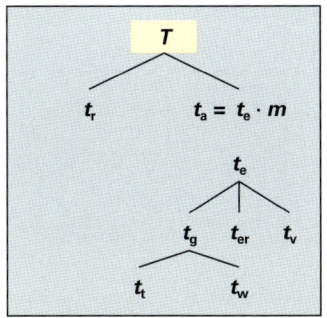

Lösung in Teilschritten

Grundzeit = Tätigkeitszeit + Wartezeit
= 0,5 min + 0,2 min
= 0,7 min

Zeit je Einheit (Vorgabezeit) = Grundzeit + Erholungszeit + Verteilzeit
= 0,7 min + 0,7 min · $\frac{10}{100}$ + 0,7 min · $\frac{8}{100}$
= 0,7 min + 0,07 min + 0,056 min
= 0,826 min

Ausführungszeit = Zeit je Einheit · Stückzahl
= 0,826 min · 500
= 413 min

Auftragszeit = Ausführungszeit + Rüstzeit
= 413 min + 6 min
= 419 min
= **6 h 59 min**

Fallbeispiel 3

Für einen Auftrag von 800 Stück ist eine Grundzeit von 4 min sowie eine Rüstgrundzeit von 20 min veranschlagt. Folgende Zuschläge sind zu berücksichtigen: für die Erholungszeit 10 %, für Verteilzeit 5 %, für Rüsterholungszeit 10 %, für Rüstverteilzeit 10 %.
Berechnen Sie die Auftragszeit.

Gegebene Daten:

Stückzahl	m	800
Grundzeit	t_g	4 min
Rüstgrundzeit	t_{rg}	20 min
Zuschlag Erholungszeit	Z_{er}	10 %
Zuschlag Verteilzeit	Z_v	5 %
Zuschlag Rüsterholungszeit	Z_{rer}	10 %
Zuschlag Rüstverteilzeit	Z_{rv}	10 %

Gesuchte Daten:
Auftragszeit T

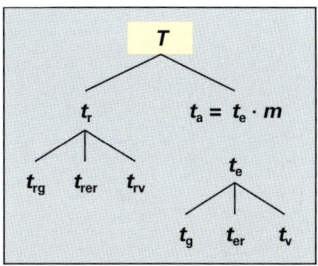

Lösung in Teilschritten (Kurzform)

t_e = $t_g + t_{er} + t_v$
= 4 min + 4 min · $\frac{10}{100}$ + 4 min · $\frac{5}{100}$
= 4 min + 0,4 min + 0,2 min
= 4,6 min

t_a = $t_e · m$
= 4,6 min · 800
= 3680 min

t_r = $t_{rg} + t_{rer} + t_{rv}$
= 20 min + 20 min · $\frac{10}{100}$ + 20 min · $\frac{10}{100}$
= 20 min + 2 min + 2 min
= 24 min

T = $t_a + t_r$
= 3680 min + 24 min
= 3704 min
= **61 h 44 min**

Übungsaufgaben: Seite 261, Nr. 02, 03

5.1.3 Ausführungszeit — Zeitdaten

Fallbeispiel 1

Eine Arbeitsaufgabe besteht darin, mit dem Automaten einen Knopf an die Gesäßtasche zu nähen. Die Tätigkeitszeit beträgt 0,85 min, die Wartezeit 0,2 min. Für Erholungszeit sind 10 % Zuschlag, für die Verteilzeit 8 % zu berücksichtigen. Der Auftrag umfasst 600 Teile.
Berechnen Sie die Ausführungszeit.

Gegebene Daten:

Tätigkeitszeit	t_t	0,85 min
Wartezeit	t_w	0,20 min
Zuschlag Erholungszeit	Z_{er}	10 %
Zuschlag Verteilzeit	Z_v	8 %
Stückzahl	m	600

Gesuchte Daten:

Ausführungszeit t_a

Fallbeispiel 2

Eine Arbeitsaufgabe ist in 3 Ablaufschritte untergliedert. Die bei der Zeitaufnahme gemessenen Mittelwerte betragen 1,2 min, 0,7 min und 0,6 min. Als Zuschlag für Erholungszeit werden 10 %, als Zuschlag für Verteilzeit 6 % festgelegt. Der Auftrag besteht aus 1 200 Teilen.
Berechnen Sie die Ausführungszeit.

Gegebene Daten:

Ablaufschritt 1	$t_g 1$	1,2 min
Ablaufschritt 2	$t_g 2$	0,7 min
Ablaufschritt 3	$t_g 3$	0,6 min
Zuschlag Erholungszeit	Z_{er}	10 %
Zuschlag Verteilzeit	Z_v	6 %
Stückzahl	m	1 200

Gesuchte Daten:

Ausführungszeit t_a

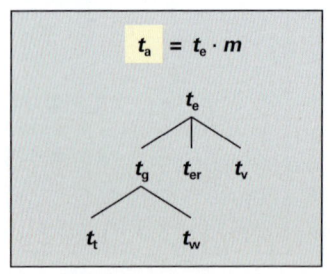
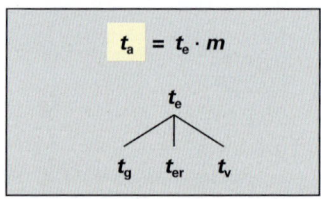

Lösung in Teilschritten

Grundzeit = Tätigkeitszeit + Wartezeit
= 0,85 min + 0,20 min
= 1,05 min

Zeit je Einheit = Grundzeit + Erholungszeit + Verteilzeit
(Vorgabezeit)
= 1,05 min + 1,05 min · $\frac{10}{100}$
+ 1,05 min · $\frac{8}{100}$
= 1,05 min + 0,105 min + 0,084 min
= 1,239 min

Ausführungs-
zeit = Zeit je Einheit · Stückzahl
= 1,239 min · 600
= 743,4 min
= 12 h 23,4 min

Lösung in Teilschritten (Kurzform)

t_g = $t_g 1 + t_g 2 + t_g 3$
= 1,2 min + 0,7 min + 0,6 min
= 2,5 min

t_e = $t_g + t_{er} + t_v$
= 2,5 min + 2,5 min · $\frac{10}{100}$ + 2,5 min · $\frac{6}{100}$
= 2,5 min + 0,25 min + 0,15 min
= 2,9 min

t_a = $t_e · m$
= 2,9 min · 1200
= 3480 min
= **58 h**

Übungsaufgaben: Seite 261, Nr. 04, 05

5.1.4 Rüstzeit

Zeitdaten

Fallbeispiel 1

Als Grundzeit wurden für einen Arbeitsgang 4,2 min ermittelt. Der Zuschlag für die Erholungszeit wurde mit 10 %, der Zuschlag für die Verteilzeit mit 9 % berücksichtigt. Insgesamt war der Arbeitsgang an 2400 Teilen ausgeführt worden. Die Auftragszeit betrug 200 h 10 min.
Welche Rüstzeit wurde für das Vorrichten veranschlagt?

Gegebene Daten:

Grundzeit	t_g	4,2 min
Zuschlag Erholungszeit	Z_{er}	10 %
Zuschlag Verteilzeit	Z_v	9 %
Stückzahl	m	2400
Auftragszeit	T	200 h 10 min = 12010 min

Gesuchte Daten:

Rüstzeit	t_r

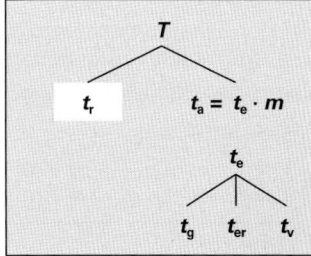

Lösung in Teilschritten		Kurzform
Zeit je Einheit (Vorgabezeit)	= Grundzeit + Erholungszeit + Verteilzeit	$t_e = t_g + t_{er} + t_v$
	= 4,2 min + 4,2 min · $\frac{10}{100}$ + 4,2 min · $\frac{9}{100}$	= 4,2 min + 4,2 min · $\frac{10}{100}$ + 4,2 min · $\frac{9}{100}$
	= 4,2 min + 0,42 min + 0,378 min	= 4,2 min + 0,42 min + 0,378 min
	= 4,998 min	= 4,998 min
Ausführungszeit	= Zeit je Einheit · Stückzahl	$t_a = t_e · m$
	= 4,998 min · 2400	= 4,998 min · 2400
	= 11 995,2 min	= 11 995,2 min
Rüstzeit	= Auftragszeit – Ausführungszeit	$t_r = T - t_a$
	= 12010 min – 11 995,2 min	= 12010 min – 11 995,2 min
	= **14,8 min**	= **14,8 min**

Formellösung

$$t_r = T - t_a$$
$$= T - t_e · m$$
$$= T - (t_g + t_{er} + t_v) · m$$
$$= 12010 \text{ min} - (4,2 \text{ min} + 4,2 \text{ min} · \frac{10}{100} + 4,2 \text{ min} · \frac{9}{100}) · 2400$$
$$= 12010 \text{ min} - (4,2 \text{ min} + 0,42 \text{ min} + 0,378 \text{ min}) · 2400$$
$$= \mathbf{14,8 \text{ min}}$$

 Durch Umstellungen der Grundformel bieten sich Formellösungen an:

Rüstzeit = Auftragszeit – Ausführungszeit $t_r = T - t_a$

Übungsaufgabe: Seite 261, Nr. 06

5.1.5 Leistungsgrad — Zeitdaten

Mit dem Begriff Leistungsgrad wird das Verhältnis der tatsächlich erbrachten Ist-Leistung zur zu erbringenden Soll-Leistung (Normalleistung) prozentual ausgedrückt.

 Leistungsgrad = Verhältnis der Istzeit (t_i) zur Sollzeit bzw. Vorgabezeit (t_e) in %

Fallbeispiel 1
Bei der Zeitaufnahme wird für das Nähen einer Tasche eine Istzeit von 3,5 min gemessen. Die für den Arbeitsgang vorgegebene Sollzeit (Vorgabezeit) beträgt 4,2 min.
Berechnen Sie den Leistungsgrad der Näherin bei dieser Tätigkeit.

Gegebene Daten:
Istzeit t_i 3,5 min
Sollzeit t_g 4,2 min

Gesuchte Daten:
Leistungsgrad L

$$L = \frac{t_e}{t_i} \cdot 100$$

Lösung	Kurzform	Formellösung
Sollzeit 4,2 min ≙ 100 % Leistung Istzeit 3,5 min ≙ x $x = \frac{100\,\% \cdot 4{,}2\text{ min}}{3{,}5\text{ min}}$ = 120 % **Der Leistungsgrad beträgt 120 %**	t_e 4,2 min ≙ 100 % t_i 3,5 min ≙ x $x = \frac{100\,\% \cdot 4{,}2\text{ min}}{3{,}5\text{ min}}$ = 120 % ⇒ **L = 120 %**	$L = \frac{t_e}{t_i} \cdot 100$ $= \frac{4{,}2\text{ min}}{3{,}5\text{ min}} \cdot 100\,\%$ = **120 %**

 Bei der Umrechnung der Istzeit in die Sollzeit ist zu beachten, dass die Werte von Leistung und Zeit **umgekehrt proportional** sind.

Fallbeispiel 2
Die nachstehende Tabelle enthält die bei einer Zeitaufnahme gemessenen Istzeiten für eine Arbeitsaufgabe sowie den jeweils beurteilten Leistungsgrad.
Berechnen Sie den durchschnittlichen Leistungsgrad, die durchschnittliche Istzeit sowie die Sollzeit für diesen Arbeitsgang.

Messung	1	2	3	4	5	6	7	8	9	10	Summe Σ
Leistungsgrad (in %)	110	110	105	100	110	105	110	110	105	110	1075
Gemessene Istzeit (in min)	6,7	6,9	6,6	7,1	6,6	7,0	6,8	6,7	7,1	6,7	68,2

Lösung

Durchschnittlicher Leistungsgrad in % = Summe der beurteilten Leistungsgrade : Zahl der Messungen
= 1075 : 10
≈ **108**

Durchschnittliche Istzeit in min = Summe der Istzeiten : Zahl der Messungen
= 68,2 = 10
≈ **6,82**

Istzeit bei 108 % Leistung ≙ 6,82 min
Sollzeit bei 100 % Leistung ≙ x

$x = \frac{6{,}82\text{ min} \cdot 108\,\%}{100\,\%}$

≈ **7,4 min**

Übungsaufgaben: Seite 261, Nr. 07, 08

5.1.6 Sollzeit, Istzeit — Zeitdaten

Mit **Sollzeit** bezeichnet man die Zeit, die einer Arbeitsperson unter Berücksichtigung ihrer Leistungsfähigkeit zugeteilt werden kann. Sie wird mithilfe des ermittelten Leistungsgrades aus der Istzeit errechnet.
Der Begriff Sollzeit kann sich auf die Tätigkeitszeit, Grundzeit oder Zeit je Einheit beziehen.

Mit **Istzeit** bezeichnet man den Zeitaufwand, der bei der Ausführung einer bestimmten Arbeitsaufgabe tatsächlich benötigt wird. Sie kann mithilfe des Leistungsgrades aus der Sollzeit (100 %) ermittelt werden.

Fallbeispiel 1

Eine Näherin benötigte für einen Arbeitsgang eine Istzeit von 3,5 min. Ihr Leistungsgrad wurde dabei mit 120 % beurteilt.
Berechnen Sie die Sollzeit (Vorgabezeit) für diese Tätigkeit.

$$t_e = \frac{t_i \cdot L}{100}$$

Gegebene Daten:
Istzeit t_i 3,5 min
Leistungsgrad L 120 %

Gesuchte Daten:
Sollzeit t_e

Lösung					Formellösung
Istzeit	bei 120 % Leistung	≙	3,5 min		$t_e = \dfrac{t_i \cdot L}{100}$
Sollzeit	bei 100 % Leistung	≙	x		
	$x = \dfrac{3{,}5 \text{ min} \cdot 120 \text{ \%}}{100 \text{ \%}} = 4{,}2 \text{ min}$				$= \dfrac{3{,}5 \text{ min} \cdot 120 \text{ \%}}{100 \text{ \%}} = 4{,}2 \text{ min}$

Bei der Umrechnung der Istzeit in die Sollzeit ist zu beachten, dass die Werte von Leistung und Zeit **umgekehrt** proportional sind.

Formel zur Berechnung der Sollzeit:

$$\text{Sollzeit} = \frac{\text{Istzeit} \cdot \text{Leistungsgrad}}{100}$$

Fallbeispiel 2

Als Sollzeit (Vorgabezeit) werden für einen Arbeitsgang 3,5 min veranschlagt. Die Näherin arbeitet bei der Zeitaufnahme mit einem durchschnittlichen Leistungsgrad von 125 %.
Ermitteln Sie die Istzeit der Näherin bei dieser Arbeitsaufgabe.

$$t_i = \frac{t_e}{L} \cdot 100$$

Gegebene Daten:
Sollzeit t_e 3,5 min
Leistungsgrad L 125 %

Gesuchte Daten:
Istzeit t_i

Lösung					Formellösung
Sollzeit	t_e bzw. 100 % Leistung	≙	3,5 min		$t_i = \dfrac{t_e}{L} \cdot 100$
Istzeit	t_i bzw. 125 % Leistung	≙	x		
	$x = \dfrac{3{,}5 \text{ min} \cdot 100 \text{ \%}}{125 \text{ \%}} = 2{,}8 \text{ min}$				$= \dfrac{3{,}5 \text{ min}}{125 \text{ \%}} \cdot 100 \text{ \%} = 2{,}8 \text{ min}$

Bei der Umrechnung der Sollzeit in die Istzeit ist zu beachten, dass die Werte von Zeit und Leistung **umgekehrt** proportional sind.

Formel zur Berechnung der Istzeit:

$$\text{Istzeit} = \frac{\text{Sollzeit (Vorgabezeit)}}{\text{Leistungsgrad}} \cdot 100$$

Übungsaufgaben: Seite 261, Nr. 09, 10

5.1.7 Zeit je Einheit — Zeitdaten

Die **Zeit je Einheit** bzw. die Vorgabezeit je Mengeneinheit ist die Zeit, die man bei normaler Leistung benötigt, um einen bestimmten Arbeitsgang ordnungsgemäß auszuführen. Als Basis zur Berechnung dient die Grundzeit, die während der Tätigkeit durch Zeitaufnahme ermittelt wird.

[REFA-Zeitaufnahmebogen (Auszug) – Formular Z2 neu, für Abläufe mit Wiederholungen]

Fallbeispiel 1

Die bei der Zeitaufnahme gemessenen Werte für das Aufsetzen einer Tasche ergeben eine durchschnittliche Istzeit von 1,20 min bei einem durchschnittliche Leistungsgrad von 110 %. Um die Zeit je Einheit (Vorgabezeit) für diesen Arbeitsgang festzulegen, sind für die Erholungszeit 10 % Zuschlag und für die Verteilzeit 8 % Zuschlag zu berücksichtigen.

Berechnen Sie die Grundzeit sowie die Zeit je Einheit.

Gegebene Daten:

Istzeit	t_i	1,20 min
Leistungsgrad	L	110 %
Zuschlag Erholungszeit	Z_{er}	10 %
Zuschlag Verteilzeit	Z_v	8 %

Gesuchte Daten:
- Grundzeit t_g
- Zeit je Einheit t_e

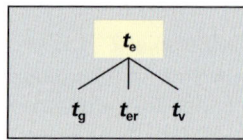

Lösung

Istzeit	bei 110 % Leistung	≙	1,20 min
Grundzeit	bei 100 % Leistung	≙	x

$$x = \frac{1{,}20 \text{ min} \cdot 110\,\%}{100\,\%}$$

$$= 1{,}32 \text{ min}$$

Zeit je Einheit

= Grundzeit + Erholungszeit + Verteilzeit

= 1,32 min + 1,32 min · $\frac{10}{100}$ + 1,32 min · $\frac{8}{100}$

= 1,32 min + 0,132 min + 0,1056 min

≈ **1,56 min**

Formellösung

$$t_g = \frac{t_i \cdot L}{100}$$

$$= \frac{1{,}20 \text{ min} \cdot 110\,\%}{100\,\%}$$

$$= 1{,}32 \text{ min}$$

$t_e = t_g + t_{er} + t_v$

= 1,32 min + 1,32 min · $\frac{10}{100}$ + 1,32 min · $\frac{8}{100}$

= 1,32 min + 0,132 min + 0,1056 min

≈ **1,56 min**

Übungsaufgabe: Seite 261, Nr. 11

5.1.7 Zeit je Einheit — Zeitdaten

Fallbeispiel 2

Eine Näherin fertigt an einem 8,5-stündigen Arbeitstag 255 Teile. Ihre durchschnittliche Leistung wird mit 115 % beurteilt. Als Zuschlag sind für die Erholungszeit und die Verteilzeit jeweils 10 % zu berücksichtigen.

2.1 Berechnen Sie die Istzeit.
2.2 Ermitteln Sie die Zeit je Einheit (Vorgabezeit).
2.3 Berechnen Sie die Grundzeit.

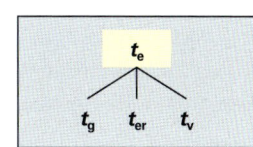

Gegebene Daten:

Leistungsgrad	L	115 %
Anwesenheitszeit	t_{anw}	8,5 h = 510 min
Ist-Leistung	m_{ist}	255 Stück
Zuschlag Erholungszeit	Z_{er}	10 %
Zuschlag Verteilzeit	Z_v	10 %

Gesuchte Daten:

2.1 Istzeit	t_i
2.2 Zeit je Einheit (Vorgabezeit)	t_e
2.3 Grundzeit	t_g

	Lösung 1	Lösung 2 (Formel)
2.1	**Istzeit** = Anwesenheitszeit : Istleistung = 510 min : 255 Stück = **2,0 min/Stück**	$t_i = t_{anw} : m_{ist}$ = 510 min : 255 St. = **2,0 min/St.**
2.2	Istzeit bei 115 % Leistung ≙ 2,0 min **Zeit je Einheit** bei 100 % Leistung ≙ x $x = \dfrac{2{,}0\ min \cdot 115\ \%}{100\ \%}$ = **2,3 min**	$t_e = \dfrac{t_i \cdot L}{100}$ $= \dfrac{2{,}0\ min \cdot 115\ \%}{100\ \%}$ = **2,3 min**
2.3	**Zeit je Einheit** = Grundzeit + Erholungszeit + Verteilzeit ≙ 100 % + 10 % der Grundzeit + 10 % der Grundzeit ≙ 120 % der Grundzeit **Grundzeit** = Zeit je Einheit – Erholungszeit – Verteilzeit $= 2{,}3\ min \cdot 2{,}3 \cdot \dfrac{10}{120}\ min - 2{,}3 \cdot \dfrac{10}{120}\ min$ = 2,3 min – 0,19 min – 0,19 min ≈ **1,92 min**	$t_e = t_g + t_{er} + t_v$ $t_g = t_e - t_{er} - t_v$ $= 2{,}3\ min - 2{,}3 \cdot \dfrac{10}{120}\ min - 2{,}3 \cdot \dfrac{10}{120}\ min$ = 2,3 min – 0,19 min – 0,19 min ≈ **1,92 min**

- Bei der Ermittlung der Zeit je Einheit (Vorgabezeit) aus der Istzeit ist zu berücksichtigen, dass die Werte von Zeit und Leistung **umgekehrt proportional** sind.
- Bei der Berechnung der Grundzeit aus der Zeit je Einheit (Vorgabezeit) liegt als Rechenbasis ein **vermehrter Grundwert** vor.

Übungsaufgabe: Seite 261, Nr. 12

5.1.8 Mengenleistung — Zeitdaten

Unter Mengenleistung versteht man die in einer bestimmten Zeit gefertigte Zahl an Leistungseinheiten (**Ist-Leistung**) bzw. die zu erwartende Zahl an Leistungseinheiten (**Soll-Leistung** oder **Normalleistung**). Die Mengenleistung kann mithilfe von Istzeit und Sollzeit (Zeit je Einheit) errechnet werden.

Fallbeispiel 1
Für das Einnähen der beiden Ärmel an einer Bluse erhält eine Näherin eine Vorgabezeit von 3 min. Durch Zeitaufnahme wird bei ihr ein durchschnittlicher Leistungsgrad von 110 % ermittelt.
Berechnen Sie die Normalleistung und die Ist-Leistung an einem achtstündigen Arbeitstag.

Gegebene Daten:
Zeit je Einheit t_e 3 min/Stück
Leistungsgrad L 110 %
Anwesenheitszeit t_{anw} 8 h = 480 min

Gesuchte Daten:
- Normalleistung m_{soll}
- Ist-Leistung m_{ist}

$$m_{ist} = \frac{m_{soll} \cdot L}{100}$$

Lösung

Normalleistung = Anwesenheitszeit : Zeit je Einheit
= 480 min : 3 min/Stück
= **160 Stück**

Normalleistung 100 % ≙ 160 Stück
Ist-Leistung 110 % ≙ x

$$x = \frac{160 \text{ Stück} \cdot 110\,\%}{100\,\%} = \mathbf{176\text{ Stück}}$$

Formellösung

$m_{soll} = t_{anw} : t_e$
= 480 min : 3 min/St.
= **160 St.**

$m_{ist} = \dfrac{m_{soll} \cdot L}{100}$

$= \dfrac{160 \text{ St.} \cdot 110\,\%}{100\,\%} = \mathbf{176\text{ St.}}$

Fallbeispiel 2
Eine Arbeitskraft benötigt für den zugewiesenen Arbeitsgang eine Istzeit von 4 min. Die vorgegebene Zeit je Einheit beträgt 5 min.
Berechnen Sie die Normalleistung und die Ist-Leistung je Stunde sowie die Ist-Leistung in %.

$$m_{ist} \text{ in \%} = \frac{m_{ist}}{m_{soll}} \cdot 100$$

Gegebene Daten:
Istzeit t_i 4 min/Stück
Zeit je Einheit t_e 5 min/Stück
Anwesenheitszeit t_{anw} 1 h = 60 min

Gesuchte Daten:
- Normalleistung m_{soll}
- Ist-Leistung m_{ist}
- Ist-Leistung in % m_{ist} in %

Lösung

Normalleistung = Anwesenheitszeit : Zeit je Einheit
= 60 min : 5 min/Stück
= **12 Stück/h**

Ist-Leistung = Anwesenheitszeit : Istzeit
= 60 min/h : 4 min/Stück
= **15 Stück**

Normalleistung 12 Stück ≙ 100 %
Ist-Leistung 15 Stück ≙ x

$$x = \frac{100\,\% \cdot 15 \text{ Stück}}{12 \text{ Stück}} = \mathbf{125\,\%}$$

Formellösung

$m_{soll} = t_{anw} : t_e$
= 60 min : 5 min/St.
= **12 St./h**

$m_{ist} = t_{anw} : t_i$
= 60 min/h : 4 min/St.
= **15 St.**

m_{ist} in % $= \dfrac{m_{ist}}{m_{soll}} \cdot 100\,\%$

$= \dfrac{15 \text{ St.}}{12 \text{ St.}} \cdot 100\,\% = \mathbf{125\,\%}$

Übungsaufgaben: Seite 261, Nr. 13, 14

5.1.9 Übungsaufgaben — Zeitdaten

01 Für einen Arbeitsgang beträgt die Grundzeit 4,8 min. Als Zuschlag für die Erholungszeit sind 10 %, als Zuschlag für die Verteilzeit 8 % zu berücksichtigen. Der Auftrag besteht aus 400 Einheiten, als Rüstzeit sind 10 min zu veranschlagen. Berechnen Sie die Auftragszeit.

02 An 600 Röcken sollen mit dem Automaten Gürtelschlaufen angenäht werden. Die Tätigkeitszeit für diesen Arbeitsgang beträgt 0,85 min, die Wartezeit 0,15 min. Die Rüstzeit für den gesamten Auftrag beträgt 4 min. Als Zuschlag sind für die Erholungszeit und für die Verteilzeit jeweils 10 % zu berücksichtigen. Berechnen Sie die Auftragszeit.

03 Für einen Auftrag von 500 Stück ist eine Grundzeit von 3,2 min sowie eine Rüstgrundzeit von 12 min veranschlagt. Folgende Zuschläge sind zu berücksichtigen: für Erholungszeit 10 %, für Verteilzeit 8 %, für Rüsterholungszeit 10 %, für Rüstverteilzeit 6 %. Berechnen Sie die Auftragszeit.

04 Eine Aufgabe besteht darin, mit dem Automaten ein Knopfloch an die Gesäßtasche zu nähen. Die Tätigkeitszeit beträgt 0,7 min, die Wartezeit 0,3 min. Für Erholungszeit und Verteilzeit sind je 10 % Zuschlag zu berücksichtigen. Der Auftrag besteht aus 400 Teilen. Berechnen Sie die Ausführungszeit.

05 Eine Arbeitsaufgabe ist in 3 Ablaufabschnitte untergliedert. Die bei der Zeitaufnahme gemessenen Mittelwerte betragen 1,4 min, 0,8 min und 1,0 min. Als Zuschlag für Erholungszeit werden 10 %, als Zuschlag für Verteilzeit 8 % festgelegt. Der Auftrag besteht aus 500 Teilen. Berechnen Sie die Ausführungszeit.

06 Als Grundzeit wurden für einen Arbeitsgang 3,8 min ermittelt. Der Zuschlag für die Erholungszeit wurde mit 10 %, der Zuschlag für die Verteilzeit mit 8 % berücksichtigt. Der Auftrag ist an 2 000 Teilen ausgeführt worden. Die Auftragszeit betrug 149 h 36 min. Berechnen Sie die veranschlagte Rüstzeit.

07 Bei der Zeitaufnahme wurde für das Nähen einer Tasche eine Istzeit von 4 min gemessen. Die für den Arbeitsgang vorgegebene Sollzeit (Grundzeit) beträgt 4,4 min. Berechnen Sie den Leistungsgrad der Näherin bei dieser Tätigkeit.

08 Die nachstehende Tabelle enthält die bei einer Zeitaufnahme gemessenen Istzeiten für eine Arbeitsaufgabe sowie den jeweils ermittelten Leistungsgrad. Berechnen Sie den durchschnittlichen Leistungsgrad, die durchschnittliche Istzeit sowie die Sollzeit (Vorgabezeit) für diesen Arbeitsgang.

Messung	1	2	3	4	5	6	7	8	9	10	Summe Σ
Leistungsgrad (in %)	108	110	112	106	110	108	110	112	106	108	
Gemessene Istzeit (in min)	5,2	5,4	5,1	5,6	5,3	5,8	5,2	5,4	5,6	5,3	

09 Eine Näherin benötigt für einen Arbeitsgang eine Istzeit von 2,0 min. Ihr Leistungsgrad wird dabei mit 110 % beurteilt. Berechnen Sie die Sollzeit (Vorgabezeit) für diese Tätigkeit.

10 Als Sollzeit werden für einen Arbeitsgang 4,2 min veranschlagt. Die Näherin arbeitet mit einem durchschnittlichen Leistungsgrad von 120 %. Ermitteln Sie die Istzeit der Näherin bei dieser Tätigkeit.

11 Die bei der Zeitaufnahme gemessenen Werte für das Aufsetzen einer Tasche ergeben eine durchschnittliche Istzeit von 1,5 min bei einem durchschnittlichen Leistungsgrad von 120 %. Um die Zeit je Einheit (Vorgabezeit) für diesen Arbeitsgang festzulegen, sind für die Erholungszeit 10 % Zuschlag und für die Verteilzeit 6 % Zuschlag zu berücksichtigen. Berechnen Sie die Grundzeit sowie die Zeit je Einheit.

12 Eine Näherin fertigt an einem Arbeitstag von 8 h 18 min 166 Teile bei einem Leistungsgrad von 120 %. Als Zuschlag für die Erholungszeit sind 10 %, für die Verteilzeit 8 % zu berücksichtigen.
Berechnen Sie die Istzeit, die Zeit je Einheit und die Grundzeit.

13 Für das Einnähen der beiden Ärmel an einer Bluse erhält eine Näherin eine Vorgabezeit von 4 min. Durch Zeitaufnahme wird bei ihr ein durchschnittlicher Leistungsgrad von 120 % ermittelt. Berechnen Sie die Normalleistung und die Ist-Leistung an einem Arbeitstag mit 8 h und 20 min.

14 Eine Arbeitskraft benötigt für den zugewiesenen Arbeitsgang eine Istzeit von 3 min. Die vorgegebene Zeit je Einheit beträgt 3,6 min. Berechnen Sie die Normalleistung und die Ist-Leistung je Stunde und ermitteln Sie den Leistungsgrad der Arbeitskraft bei dieser Tätigkeit.

Weitere Übungsaufgaben siehe Seite 269

5.2 Akkordlohn

Lohn ist das Entgelt für den Produktionsfaktor Arbeit. Im engeren Sinne ist die Bezeichnung **Lohn** für die Vergütung der Arbeitsleistung von Arbeitern üblich, während man die Vergütung der Angestellten mit **Gehalt** bezeichnet. Im weiteren Sinne gebraucht man das Wort Lohn als umfassenden Begriff für jedes Arbeitseinkommen.

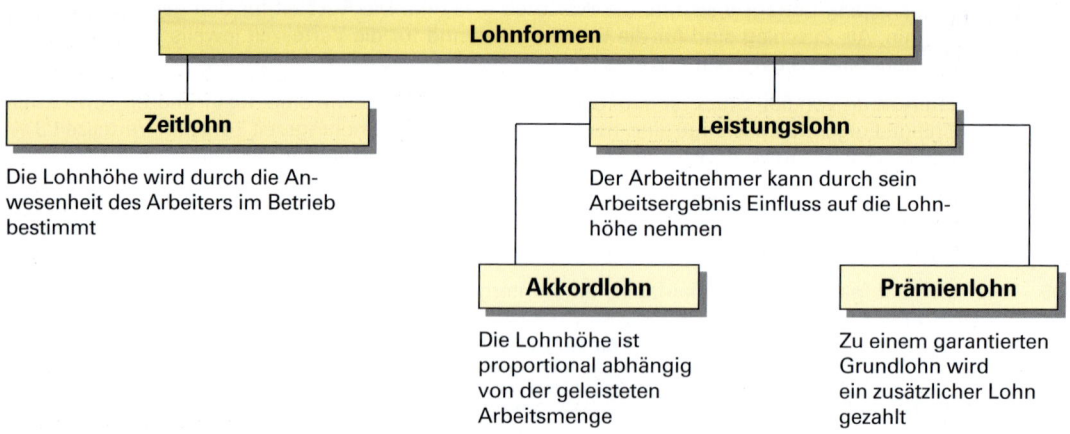

5.2.1 Grundlagen

Akkordlohn ist ein proportionaler Leistungslohn, die Verdiensthöhe richtet sich nach dem mengenmäßigen Arbeitsergebnis. 10 % Mehrleistung in Stück je Stunde ergeben 10 % mehr Lohn je Stunde. Dabei wird davon ausgegangen, dass die Mehrleistung von der Leistungsfähigkeit des arbeitenden Menschen bestimmt wird. Mit dem Begriff Leistungsgrad wird das beurteilte Verhältnis der tatsächlichen Arbeitsleistung eines einzelnen zur Normalleistung (= 100 %) während einer Zeitaufnahme ausgedrückt.

Man unterscheidet zwischen Einzel- und Gruppenakkord sowie zwischen Zeit- und Geldakkord.

Zeitakkordlohn

Zeitakkordlohn ist in Industriebetrieben mit Arbeitsteilung üblich. Für die einzelnen Arbeitsabläufe, die sich ständig wiederholen, werden nach bestimmten Methoden Zeitdaten ermittelt, aus denen eine Vorgabezeit errechnet wird (vgl. Zeitdaten, Seite 250). Der Lohn ergibt sich aus dem tariflichen Stundenlohn (Akkordrichtsatz) und der Vorgabezeit (Zeit je Einheit) in Verbindung mit der in einer bestimmten Zeit geleisteten Stückzahl bzw. Mengenleistung.

Als Grundlage für die Ermittlung des Akkordlohnes dienen zwei Faktoren:

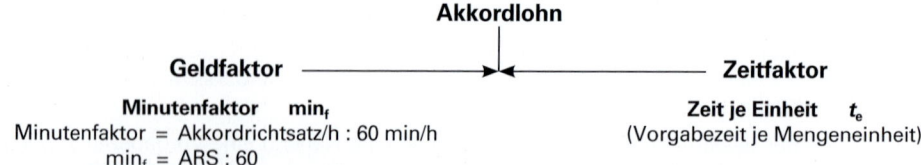

Geldakkordlohn

Geldakkordlohn wird z. B. bei Heimarbeit angewandt. Für eine Mengeneinheit (z. B. 1 Stück) wird ein bestimmter Geldbetrag festgelegt. Der Lohn ergibt sich aus der geleisteten Menge, unabhängig von der gebrauchten Zeit.

5.2.1 Grundlagen — Akkordlohn

Größe	Abkürzung	Erklärung
Akkordlohn	AkL	Lohn für eine Tätigkeit im Akkord, deren Mengenleistung beeinflussbar ist
Akkordrichtsatz	ARS	Tariflich vereinbarter Mindestlohn je Stunde bei Akkordarbeit (Basislohn), der bei Soll- bzw. Normalleistung (100 %) garantiert wird. Er richtet sich nach der Eingruppierung der einzelnen Tätigkeiten.
Minutenfaktor (Lohnfaktor, Geldfaktor)	min_f GF	Auf 1 Minute umgerechner Akkordrichtsatz (Basislohn)
Zeit je Einheit (Vorgabezeit)	t_e	Vorgegebene Zeit für die Ausführung einer bestimmten Arbeitsaufgabe
Soll-Mengenleistung	m_{soll}	Die in einer bestimmten Zeit (Anwesenheitszeit) zu erbringende Normalleistung in Stück
Ist-Mengenleistung	m_{ist}	Die in einer bestimmten Zeit (Anwesenheitszeit) tatsächlich erbrachte Leistung in Stück
Erarbeitete Zeit	t_{era}	Die Zeit, die sich durch die Multiplikation der in der Anwesenheitszeit gefertigten Mengenleistung (Stückzahl) mit der Vorgabezeit ergibt
Anwesenheitszeit	t_{anw}	Die Arbeitszeit, die für den Abrechnungszeitraum zugrunde gelegt wird
Zeitgrad	Z	Durchschnittliche prozentuale Leistungsangabe eines Mitarbeiters oder einer Gruppe in einem bestimmten Zeitraum (Tag, Woche, Monat)

5.2.2 Geldakkordlohn

Formel zur Berechnung des Geldakkordlohnes:

Geldakkordlohn = Akkordlohn/Stück · Mengenleistung

AkL = AkL/St. · m

In der nachfolgenden Tabelle ist die Berechnung des Geldbetrages/Stück sowie die Berechnung des Geldakkordlohnes aufgezeigt.

Vorgang	Zeit je Einheit t_e	Minutenfaktor min_f	Stücklohn AkL/St. = $t_e \cdot min_f$	Menge m	Geldakkordlohn AkL = AkL/St. · m
1	2,5 min/Stück	22,0 Cent/min	**55,0 Cent/Stück**	120 Stück	6600 Cent = 66,00 €
2	3,0 min/Stück	22,0 Cent/min	**66,0 Cent/Stück**	110 Stück	7260 Cent = 72,60 €
					Σ **138,60 €**

Übungsaufgaben: Seite 269, Nr. 01

5.2.3 Zeitakkordlohn

Akkordlohn

Formeln zur Berechnung des Zeitakkordlohnes:

- Zeitakkordlohn = Minutenfaktor · Zeit je Einheit · Mengenleistung
  $AkL/t_{anw} = min_f \cdot t_e \cdot m$

- Zeitakkordlohn = Minutenfaktor · erarbeitete Zeit
  $AkL/t_{anw} = min_f \cdot t_{era}$

In der nachfolgenden Tabelle ist die Berechnung des Zeitakkordlohnes aufgezeigt.

Vorgang	Zeit je Einheit t_e	Menge m	Erarbeitete Zeit $t_{era} = t_e \cdot m$	Minutenfaktor min_f	Lohn $AkL = t_{era} \cdot min_f$
1	2,5 min/Stück	120 Stück	300 min	0,22 €/min*)	66,00 €
2	3,0 min/Stück	110 Stück	330 min	0,22 €/min*)	72,60 €
				*) ARS = 13,20 €/h	Σ 138,60 €

Fallbeispiel 1

Eine Näherin ist an einem Arbeitstag 7,7 Stunden anwesend und fertigt in dieser Zeit 140 Stück. Die Vorgabezeit je Einheit beträgt 4 min, der Akkordrichtsatz 9,60 €/h.
Berechnen Sie den Tagesverdienst der Näherin.

Gegebene Daten:

Anwesenheitszeit	t_{anw}	7,7 h = 462 min
Mengenleistung	m	140 Stück
Zeit je Einheit	t_e	4 min/Stück
Akkordrichtsatz	ARS	12,60 €/h

Gesuchte Daten:

Akkordlohn/Tag   AkL/d

Lösung in Teilschritten	Kurzform
Lösungsvorschlag 1	
Minutenfaktor = Akkordrichtsatz : 60 = 12,60 €/h : 60 min/h = 0,21 €/min	min_f = ARS : 60 = 12,60 €/h : 60 min/h = 0,21 €/min
Akkordlohn/Tag = Minutenfaktor · Zeit je Einheit · Mengenleistung = 0,21 €/min · 4 min/Stück · 140 Stück = **117,60 €**	AkL/d = $min_f \cdot t_e \cdot m$ = 0,21 €/min · 4 min/St. · 140 St. = **117,60 €**
Lösungsvorschlag 2	
Erarbeitete Zeit = Mengenleistung · Zeit je Einheit = 140 Stück · 4 min/Stück = 560 min	t_{era} = $m \cdot t_e$ = 140 St · 4 min/St. = 560 min
Minutenfaktor = Akkordrichtsatz : 60 = 12,60 €/h : 60 min/h = 0,21 €/min	min_f = ARS : 60 = 12,60 €/h : 60 min/h = 0,21 €/min
Akkordlohn/Tag = Minutenfaktor · erarbeitete Zeit = 0,21 €/min · 560 min = **117,60 €**	AkL/d = $min_f \cdot t_{era}$ = 0,21 €/min · 560 min = **117,60 €**

Übungsaufgaben: Seite 269, Nr. 02, 03

5.2.3 Zeitakkordlohn

Akkordlohn

Fallbeispiel 2

Die Vorgabezeit für eine Näharbeit beträgt 4,2 min. Bei der Zeitaufnahme wurde der durchschnittliche Leistungsgrad der Näherin mit 120 % beurteilt.

2.1 Mit welcher Istzeit arbeitet die Näherin durchschnittlich?
2.2 Um welche Stückzahl liegt die Leistung dieser Näherin über der Normalleistung (Soll-Leistung), wenn an diesem Arbeitstag 8,75 Stunden gearbeitet werden?
2.3 Um wie viel Euro kann sich der durchschnittliche Stundenlohn der Näherin gegenüber dem Akkordrichtsatz erhöhen, wenn der Minutenfaktor für Akkordarbeit bei 0,22 € liegt?

Gegebene Daten:

Zeit je Einheit	t_e	4,2 min/Stück
Leistungsgrad	L	120 %
Anwesenheitszeit	t_{anw}	8,75 h = 525 min
Minutenfaktor	min_f	0,22 €/min

Gesuchte Daten:

2.1 Istzeit	t_i
2.2 Mehrleistung	m^+
2.3 Lohnsteigerung/h	L/h^+

	Lösung in Teilschritten	Kurzform
2.1	Zeit je Einheit bei L 100 % ≙ 4,2 min/Stück **Istzeit** bei L 120 % ≙ x $x = \dfrac{4{,}2 \text{ min/Stück} \cdot 100\%}{120\%}$ = 3,5 min/Stück	$t_i = \dfrac{t_e \cdot 100}{L}$ $= \dfrac{4{,}2 \text{ min/St.} \cdot 100\%}{120\%}$ = 3,5 min/St.
2.2	Mengenleistung$_{soll}$ = Anwesenheitszeit : Zeit je Einheit = 525 min : 4,2 min/Stück = 125 Stück Mengenleistung$_{ist}$ = Anwesenheitszeit : Istzeit = 525 min : 3,5 min/Stück = 150 Stück **Mehrleistung** = Mengenleistung$_{ist}$ – Mengenleistung$_{soll}$ = 150 Stück – 125 Stück = **25 Stück**	$m_{soll} = t_{anw} : t_e$ = 525 min : 4,2 min/St. = 125 St. $m_{ist} = t_{anw} : t_i$ = 525 min : 3,5 min/St. = 150 St. $m^+ = m_{ist} - m_{soll}$ = 150 St. – 125 St. = **25 St.**
2.3	Akkordrichtsatz = Minutenfaktor · 60 = 0,22 €/min · 60 min/h = 13,20 €/h Akkordlohn/Tag = Minutenfaktor · Zeit je Einheit · Mengenleistung$_{ist}$ = 0,22 €/min · 4,2 min/Stück · 150 Stück = 138,60 € Akkordlohn/h = Akkordlohn/Tag : Anwesenheitszeit = 138,60 € : 8,75 h = 15,84 €/h **Lohnsteigerung/h** = Akkordlohn/h – Akkordrichtsatz = 15,84 €/h – 13,20 €/h = **2,64 €/h**	ARS = $min_f \cdot 60$ = 0,22 €/min · 60 min/h = 13,20 €/h AkL/d = $min_f \cdot t_e \cdot m_{ist}$ = 0,22 €/min · 4,2 min/St. · 150 St. = 138,60 € AkL/h = AkL/d : t_{anw} = 138,60 € : 8,75 h = 15,84 €/h L/h^+ = AkL/h – ARS = 15,84 €/h – 13,20 €/h = **2,64 €/h**

Übungsaufgabe: Seite 269, Nr. 04

5.2.4 Erarbeitete Zeit — Akkordlohn

Wird die in der Anwesenheitszeit gefertigte Stückzahl (Mengenleistung) mit der Vorgabezeit je Stück multipliziert, erhält man die **erarbeitete Zeit**.

Fallbeispiel

Der Monatslohn einer Näherin beträgt 2323,20 €. Sie hat in diesem Monat an 20 Tagen jeweils 8 Stunden gearbeitet und insgesamt 2200 Teile gefertigt. Die Vorgabezeit je Teil betrug 4,8 min.

1. Berechnen Sie die erarbeitete Zeit der Näherin in diesem Monat.
2. Welcher Geldfaktor liegt der Lohnberechnung zugrunde?
3. Berechnen Sie den Akkordrichtsatz.
4. Wie hoch ist der erreichte Stundenverdienst?
5. Welchen Zeitlohn würde die Näherin in diesem Monat verdienen, wenn der Stundensatz für Zeitlohn 13,60 € beträgt?

Gegebene Daten:

Akkordlohn/Monat	AkL/Mo	2323,20 €
Anwesenheitszeit	t_{anw}	20 Tage · 8 h/Tag = 160 h
Mengenleistung	m	2200 Stück
Zeit je Einheit	t_e	4,8 min /Stück
Zeitlohn/Stunde	ZtL/h	13,60 €

Gesuchte Daten:

1. Erarbeitete Zeit	t_{era}
2. Minutenfaktor	min_f
3. Akkordrichtsatz	ARS
4. Akkordlohn/h	AkL/h
5. Zeitlohn/Monat	ZtL/Mo

Lösung in Teilschritten

1. **Erarbeitete Zeit** = Mengenleistung · Zeit je Einheit
 = 2200 Stück · 4,8 min/Stück
 = 10560 min

2. **Minutenfaktor** = Akkordlohn/Monat : Erarbeitete Zeit
 = 2323,20 € : 10560 min
 = 0,22 €/min

3. **Akkordrichtsatz** = Minutenfaktor · 60
 = 0,22 €/min · 60 min/h
 = 13,20 €/h

4. **Akkordlohn/h** = Akkordlohn/Monat : Anwesenheitszeit
 = 2323,20 € : 160 h
 = 14,52 €/h

5. **Zeitlohn/Monat** = Akkordrichtsatz · Anwesenheitszeit
 = 13,60 €/h · 160 h
 = 2176,00 €

Kurzform

1. t_{era} = m · t_e
 = 2200 St. · 4,8 min/St.
 = 10560 min

2. min_f = AkL/Mo : t_{era}
 = 2323,20 € : 10560 min
 = 0,22 €/min

3. **ARS** = min_f · 60
 = 0,22 €/h · 60 min/h
 = 13,20 €/h

4. **AkL/h** = AkL/Mo : t_{anw}
 = 2323,20 € : 160 h
 = 14,52 €/h

5. **ZtL/Mo** = ARS : t_{anw}
 = 13,60 €/h · 160 h
 = 2176,00 €

Formel zur Berechnung der erarbeiteten Zeit

Erarbeitete Zeit = Mengenleistung · Zeit je Einheit $t_{era} = m · t_e$

Formel zur Berechnung des Minutenfaktors

Minutenfaktor = Akkordlohn : Erarbeitete Zeit $min_f = AkL : t_{era}$

Übungsaufgabe: Seite 269, Nr. 05

5.2.5 Zeitgrad   *Akkordlohn*

Aus der Mengenleistung, die vom Menschen beeinflussbar ist, lässt sich der **Zeitgrad** ableiten. Diese Kennzahl gibt die durchschnittliche Leistung einer Arbeitsperson bzw. einer Gruppe in einem bestimmten Zeitraum (Tag, Woche, Monat) an. Er ist ein Hilfsmittel zur Fertigungssteuerung, Lohnabrechnung und Kapazitätsberechnung und kann dem Leistungsgrad gleichgesetzt werden. (vgl. Kapitel Zeitdaten Seite 250 ff.)

Zeitgrad Z = Prozentuales Verhältnis der Summe der Erarbeiteten Zeiten zur Summe der Anwesenheitszeiten

Anwesenheitzeit $\; \widehat{=} \;$ 100 %
Erarbeitete Zeit $\; \widehat{=} \;$ x

$$x = \frac{100\ \% \cdot \text{Erarbeitete Zeit}}{\text{Anwesenheitszeit}} \qquad Z = \frac{t_{era}}{t_{anw}} \cdot 100$$

Fallbeispiel 1

Gegebene Daten: Erarbeitete Zeit $\quad t_{era}\quad$ 560 min   **Gesuchte Daten:** Zeitgrad $\quad Z$
                     Anwesenheitszeit $\quad t_{anw}\quad$ 462 min

Lösung über Dreisatz	Formellösung	Kurzform
Anwesenheitszeit 462 min $\widehat{=}$ 100 % Erarbeitete Zeit 560 min $\widehat{=}$ x $x = \dfrac{100\ \% \cdot 560\ \text{min}}{462\ \text{min}}$ $\approx 121{,}21\ \%$ **Zeitgrad beträgt $\approx 121{,}21\ \%$**	$\text{Zeitgrad} = \dfrac{\text{Erarbeitete Zeit}}{\text{Anwesenheitszeit}} \cdot 100$ $= \dfrac{560\ \text{min}}{462\ \text{min}} \cdot 100\ \%$ $\approx 121{,}21\ \%$	$Z = \dfrac{t_{era}}{t_{anw}} \cdot 100$ $= \dfrac{560\ \text{min}}{462\ \text{min}} \cdot 100\ \%$ $\approx 121{,}21\ \%$

- **Zeitgrad Z = Prozentuales Verhältnis der Summe der Istzeiten zur Summe der Sollzeiten (Vorgabezeiten)**

$\text{Summe}_{Sollzeit} = m_{ist} \cdot t_e \widehat{=} 100\ \%$
$\text{Summe}_{Istzeit} = m_{ist} \cdot t_i \widehat{=} x$

$$x = \frac{100\ \% \cdot \text{Summe}_{Sollzeit}}{\text{Summe}_{Istzeit}} \qquad Z = \frac{\Sigma t_e}{\Sigma t_i} \cdot 100$$

- Die Werte von Ist- und Sollzeit gegenüber der Leistung sind **umgekehrt proportional**.

Fallbeispiel 2

Gegebene Daten: Stückzahl $\quad m_{ist}\quad$ 150 Stück   **Gesuchte Daten:** Zeitgrad $\quad Z$
                     Istzeit $\quad\quad\quad t_i\quad\quad$ 3,2 min/Stück
                     Vorgabezeit $\quad\, t_e\quad\quad$ 4,0 min/Stück

Lösung über Dreisatz	Formellösung (Kurzform)
$\text{Summe}_{Vorgabezeit}$ 150 Stück $\cdot$ 4,0 min/Stück $\widehat{=}$ 100 % $\text{Summe}_{Istzeit}$ 150 Stück $\cdot$ 3,2 min/Stück $\widehat{=}$ x $x = \dfrac{100\ \% \cdot 150\ \text{Stück} \cdot 4{,}0\ \text{min/Stück}}{150\ \text{Stück} \cdot 3{,}2\ \text{min/Stück}}$ $= 125\ \%$ $\Rightarrow$ **Zeitgrad = 125 %**	$Z = \dfrac{\Sigma t_e}{\Sigma t_i} \cdot 100$ $= \dfrac{150\ \text{St.} \cdot 4{,}0\ \text{min/St.}}{150\ \text{St.} \cdot 3{,}2\ \text{min/St.}} \cdot 100\ \%$ $= 125\ \%$

Übungsaufgaben: Seite 269, Nr. 06, 07

5.2.6 Fertigungslohn — Akkordlohn

Fallbeispiel 1

Die Herstellung eines Bekleidungsstückes wird in der Näherei in 8 Teilarbeiten aufgeteilt. Die Vorgabezeit je Teilarbeit beträgt durchschnittlich 1,95 min.
Berechnen Sie den Fertigungslohn je Bekleidungsstück, wenn der Akkordrichtsatz 13,20 € beträgt.

Gegebene Daten:

Zahl der Teilarbeiten	ZTA	8
Zeit je Einheit/Teilarbeit	t_e/TA	1,95 min
Akkordrichtsatz	ARS	13,20 €/h

Gesuchte Daten:

Akkordlohn/Stück AkL/St.

Lösung in Teilschritten		Kurzform	
Zeit je Einheit$_{gesamt}$	= Zahl der Teilarbeiten · Zeit je Einheit/Teilarbeit = 8 · 1,95 min = 15,6 min	$t_{e\,ges}$	= ZTA · t_e/TA = 8 · 1,95 min = 15,6 min
Minutenfaktor	= Akkordrichtsatz : 60 = 13,20 €/h : 60 min/h = 0,22 €/min	min_f	= ARS : 60 = 13,20 €/h : 60 min/h = 0,22 €/min
Akkordlohn/Stück	= Minutenfaktor · Zeit je Einheit$_{gesamt}$ = 0,22 €/min · 15,6 min ≈ **3,43 €**	AkL/St.	= min_f · $t_{e\,ges}$ = 0,22 €/min · 15,6 min ≈ **3,43 €**

Fallbeispiel 2

Aufgesetzte Taschen werden mit einer Zierstepperei versehen. Die Istzeit der Näherin wird mit 0,35 min gestoppt, ihr Leistungsgrad wird dabei mit 140 % beurteilt.
2.1 Berechnen Sie die Vorgabezeit für diesen Arbeitsgang.
2.2 Ermitteln Sie die Fertigungslohnkosten für einen Auftrag über 2500 Stück, wenn ein Akkordrichtsatz von 9,60 € zugrunde gelegt wird.

Gegebene Daten:

Istzeit	t_i	0,35 min/Stück
Leistungsgrad	L	140 %
Stückzahl	m	2500 Stück
Akkordrichtsatz	ARS	12,60 €/h

Gesuchte Daten:

2.1 Grundzeit t_g (t_e)
2.2 Akkordlohn/Auftrag AkL/A

$$t_g = \frac{t_i \cdot L}{100}$$

	Lösung in Teilschritten		Kurzform	
2.1	Istzeit Vorgabezeit	bei 140 % Leistung ≙ 0,35 min/Stück bei 100 % Leistung ≙ x x = $\dfrac{0,35\ min/Stück \cdot 140\ \%}{100\ \%}$ = 0,49 min/Stück ⇒ t_e = **0,49 min/Stück**	t_e	= $\dfrac{t_i \cdot L}{100}$ = $\dfrac{0,35\ min/St. \cdot 140\ \%}{100\ \%}$ = **0,49 min/St.**
	Minutenfaktor	= Akkordrichtsatz : 60 = 12,60 €/h : 60 min/h = 0,21 €/min	min_f	= ARS : 60 = 12,60 €/h : 60 min/h = 0,21 €/min
2.2	Akkordlohn/ Auftrag	= Minutenfaktor · Zeit je Einheit · Stückzahl = 0,21 €/min · 0,49 min/Stück · 2500 Stück = **257,25 €**	AkL/A	= min_f · t_e · m = 0,21 €/min · 0,49 min/St. · 2500 St. = **257,25 €**

Übungsaufgaben: Seite 269, Nr. 08, 09

5.2.7 Übungsaufgaben — Akkordlohn

01 Zur Ermittlung des Geldakkordlohnes mit einem Minutenfaktor von 22,0 Cent sind folgende Daten bekannt:
Vorg. 1: Vorgabezeit 2,5 min, Stückzahl 140
Vorg. 2: Vorgabezeit 3,0 min, Stückzahl 80
Berechnen Sie den jeweiligen Akkordlohn/Vorgang sowie den Gesamtlohn.

02 Zur Ermittlung des Zeitakkordlohnes mit einem Minutenfaktor von 0,22 € sind folgende Daten bekannt:
Vorg. 1: Vorgabezeit 4,2 min, Stückzahl 180
Vorg. 2: Vorgabezeit 3,8 min, Stückzahl 110
Berechnen Sie für jeden Vorgang die erarbeitete Zeit und ermitteln Sie den Gesamtlohn.

03 Eine Näherin ist an einem Arbeitstag 8,2 Stunden anwesend und fertigt in dieser Zeit 180 Teile. Die Vorgabezeit je Einheit beträgt 4 min, als Akkordrichtsatz werden 13,20 € zugrunde gelegt.
Berechnen Sie den Tagesverdienst.

04 Die Vorgabezeit für eine Näharbeit beträgt 3,3 min. Der durchschnittliche Leistungsgrad der Näherin wird mit 110 % geschätzt.
04.1 Berechnen Sie die durchschnittliche Istzeit.
04.2 Um welche Stückzahl liegt die Leistung dieser Näherin über der Normalleistung bei einem Arbeitstag von 8,5 Stunden?
04.3 Um wie viel Euro kann sich der durchschnittliche Stundenlohn gegenüber dem Akkordrichtsatz erhöhen, wenn der Minutenfaktor 0,22 € beträgt?

05 Der Monatslohn einer Näherin beträgt 2 439,36 €. Sie hat in diesem Monat an 21 Tagen jeweils 8 Stunden gearbeitet und insgesamt 2 640 Teile gefertigt. Die Vorgabezeit je Teil betrug 4,2 Minuten.
05.1 Berechnen Sie die Erarbeitete Zeit.
05.2 Welcher Geldfaktor (Minutenfaktor) liegt der Lohnberechnung zugrunde?
05.3 Ermitteln Sie den Akkordrichtsatz.
05.4 Wie hoch ist der erreichte Stundenverdienst?
05.5 Welchen Zeitlohn würde die Näherin verdienen, wenn der Stundensatz für Zeitlohn 13,60 € beträgt?

06 Eine Näherin hat in einer Anwesenheitszeit von 19,25 Tagen je 8 Stunden insgesamt 10 626 Minuten erarbeitet. Berechnen Sie den Zeitgrad.

07 Für einen Arbeitsgang ist eine Sollzeit von 3,6 min vorgegeben. Eine Arbeitskraft erreicht mit einer durchschnittlichen Istzeit von 3,0 min eine Mengenleistung von 3 696 Stück.
Ermitteln Sie den Zeitgrad der Näherin.

08 Die Herstellung eines Bekleidungsstückes wird in der Näherei in 12 Teilarbeiten aufgeteilt. Die Vorgabezeit je Teilarbeit beträgt 1,75 min. Berechnen Sie den Fertigungslohn je Bekleidungsstück bei einem Akkordrichtsatz von 13,20 €/h.

09 Bei einem Näharbeitsgang wird die Istzeit der Näherin mit 1,25 min gestoppt, ihr Leistungsgrad wird dabei auf 120 % geschätzt.
09.1 Berechnen Sie die Vorgabezeit für diesen Arbeitsgang.
09.2 Ermitteln Sie die Fertigungslohnkosten für einen Auftrag über 1 200 Stück bei einem Akkordrichtsatz von 13,20 €, wenn die Grundzeit als Vorgabezeit angenommen wird.

10 Eine Näherin arbeitet täglich 8 Stunden Säume an T-Shirts. Die Vorgabezeit für zwei Ärmelsäume beträgt 1,2 min und für den Rumpfsaum 0,8 min. An einem Arbeitstag fertigt die Näherin die Säume an 300 T-Shirts.
10.1 Berechnen Sie die Soll-Mengenleistung in Stück.
10.2 Berechnen Sie die Ist-Mengenleistung gesäumter T-Shirts je Arbeitstag in Prozent.
10.3 Ermitteln Sie den Lohn an diesem Tag bei einem Akkordrichtsatz von 13,20 €.

11 Die Vorgabezeit für eine Näharbeit beträgt 2 min. Eine Näherin fertigt an einem 8-stündigen Arbeitstag 264 Stück. Ihre Tätigkeit wird mit einem Geldfaktor von 0,22 €/min vergütet.
11.1 Ermitteln Sie die Soll-Mengenleistung.
11.2 Berechnen Sie die Ist-Mengenleistung in Prozent.
11.3 Berechnen Sie den Akkordlohn/Tag.

12 Eine Näherin fertigt an einem 8-stündigen Arbeitstag 240 Stück. Die Vorgabezeit beträgt 2,4 min. Der Akkordrichtsatz für ihre Tätigkeit liegt bei 12,60 €.
12.1 Berechnen Sie die Istzeit.
12.2 Ermitteln Sie die Soll-Mengenleistung.
12.3 Ermitteln Sie den Zeitgrad.
12.4 Berechnen Sie den Akkordlohn/Tag.

13 Eine Näherin erhält für einen Achtstundentag 120,96 € Lohn, da sie bei einer Vorgabezeit von 3 min 576 Minuten erarbeitet hat.
13.1 Welcher Minutenfaktor liegt zugrunde?
13.2 Wie hoch ist der Akkordrichtsatz?
13.3 Berechnen Sie die Ist-Mengenleistung.
13.4 Ermitteln Sie den Stücklohn.
13.5 Berechnen Sie den Tageslohn bei Normalleistung.

5.3 Zeitlohn

Zeitlohn ist der Lohn, der für eine festgelegte Tätigkeit in einem bestimmten Zeitraum (Stunde, Woche, Monat) gezahlt wird. Er ergibt sich aus dem Lohntarifvertrag (Mindestlohn).

Fallbeispiel 1

Der Stundenlohn einer Modeschneiderin beträgt 13,47 €. Sie arbeitet in einer Woche 36 Stunden und macht zusätzlich 4,5 Überstunden, für die ein Aufschlag von 25 % gezahlt wird.
Wie hoch ist der Bruttolohn der Modeschneiderin in dieser Woche?

Gegebene Daten:			Gesuchte Daten:	
Stundenlohn	StdL	13,47 €/h	Bruttolohn/Woche	BWL
Zahl der Normalstunden	ZStd	36 h		
Zahl der Überstunden	ZÜStd	4,5 h		
Überstundenzuschlag	ÜStdZ	25 %		

Lösung

Stundenzahl/Woche
= Zahl der Normalstunden + Zahl der Überstunden
= 36 h + 4,5 h
= 40,5 h

Grundlohn
= 40,5 h · 13,47 €/h
= 545,54 €

Überstundenzuschlag
= 4,5 h · 13,47 €/h · 25/100
= 15,15 €

Bruttolohn/Woche
= 545,54 € + 15,15 €
= 560,69 €

Fallbeispiel 2

Für einen Großauftrag werden 48 Näherinnen benötigt, diese arbeiten täglich 8 Stunden. Fünf Näherinnen fallen durch Krankheit aus.
2.1 Berechnen Sie, wie viel Überstunden die restlichen Näherinnen machen müssen.
2.2 Wie hoch ist der Monatsverdienst in 20 Arbeitstagen, wenn ein Bruttostundenlohn von 12,12 € und für die Überstunden ein Zuschlag von 25 % bezahlt wird.

Gegebene Daten:			Gesuchte Daten:	
Anzahl Näherinnen	ZNäh	48	2.1 Zahl der Überstunden/Tag	ZÜStd/d
Anzahl Näherinnen$_{krank}$	ZNäh$_{kr}$	5	2.2 Bruttolohn/Monat	BML
Zahl der Normalstunden	ZStd	8 h/d		
Zahl der Arbeitstage	Zd	20		
Stundenlohn	StdL	12,12 €/h		
Überstundenzuschlag	ÜStdZ	25 %		

Lösung 2.1

Anzahl Näherinnen	Tägl. Arbeitszeit
48 Näh.	8 h
48 Näh. – 5 Näh. = 43 Näh.	x
	$x = \dfrac{8\,h \cdot 48\,Näh.}{43\,Näh.}$
	≈ 8,93 h
Zahl der Überstunden/Tag	= 8,93 h – 8 h
	= 0,93 h
	≈ 55,81 min

Lösung 2.2

Grundlohn/Tag = 8,93 h · 12,12 €/h
= 108,23 €

Überstunden-
zuschlag = 0,93 h · 12,12 €/h · 25/100
≈ 2,82 €

Tageslohn gesamt = 108,23 € + 2,82 €
= 111,05 €

Bruttolohn/Monat = 20 Arbeitstage · 111,05 €/Tag
= 2221,00 €

Übungsaufgaben: Seite 278, Nr. 01, 02

5.4 Lohngruppen

Grundlage für die Entlohnung ist je nach ausgeführter Tätigkeit eine Eingruppierung in **Lohngruppen**. Die Lohnsätze der einzelnen Lohngruppen werden in der Regel von einer **Ecklohngruppe** (100 %) nach einem **Lohngruppenschlüsssel** prozentual abgeleitet.
Bei *Akkordlohntätigkeiten* erfolgt die Lohnberechnung auf der Basis der erarbeiteten Zeit.
Bei *Zeitlohntätigkeiten* erfolgt die Lohnberechnung auf der Basis der Anwesenheitszeit. Im Zeitlohn beschäftigte Arbeitnehmer erhalten zum Tariflohn eine angemessene **Leistungszulage,** z. B. 10 %
- bei Tätigkeiten, die in unmittelbarem Zusammenhang mit Akkord- oder Prämienarbeit stehen,
- wenn das Arbeitstempo vom Arbeitnehmer nicht beeinflusst werden kann bzw. von einer Maschine bestimmt wird.

Beispiel für ein Entlohnungsschema in der Bekleidungsindustrie

Lohngruppe	IV	V	VI	VII
Eingruppierung	Tätigkeiten, die z. B. eine zweijährige Berufsausbildung voraussetzen	Tätigkeiten, die z. B. eine zweijährige Berufsausbildung sowie Berufserfahrung voraussetzen	Tätigkeiten, die z. B. eine dreijährige Berufsausbildung voraussetzen	Tätigkeiten, die z. B. eine dreijährige Berufsausbildung sowie Berufserfahrung voraussetzen
Akkordrichtsatz ARS	11,83 €/h	12,25 €/h	13,08 €/h	14,01 €/h
Lohngruppen-Schlüssel LGS	≈ 96,5 %	100 % (Ecklohn)	≈ 107 %	≈ 115 %
Zeitlohn ≈ 103 %	12,12 €/h	12,57 €/h	13,47 €/h	14,45 €/h
Fließfertigung	12,30 €/h	12,72 €/h	13,58 €/h	14,51 €/h
Geldfaktor GF	19,72 Cent/min	20,42 Cent/min	21,80 Cent/min	23,35 Cent/min

Fallbeispiel

Gegebene Daten: Eingruppierung der Arbeitskräfte in einer Musternäherei nach Lohngruppen:
Lohngruppe 5 mit Lohngruppenschlüssel 100 % (Ecklohn); 12,57 €/h
Lohngruppe 6 mit Lohngruppenschlüssel 107 %
Lohngruppe 7 mit Lohngruppenschlüssel 115 %

Angefallene Arbeitsstunden:
Lohngruppe 5   40 h
Lohngruppe 6   320 h, davon 40 h Mehrarbeit (Überstunden) mit 25 % Zuschlag
Lohngruppe 7   145 h

Gesuchte Daten: Fertigungslohnkosten der Musternäherei   FLK

Lösung:

Lohngruppe	Lohngruppenschlüssel LGS	Stundenlohn StdL = LGS · Ecklohn	Arbeitsstunden ZStd	Fertigungslohnkosten FLK = StdL · ZStd
5 (Ecklohn)	100 %	12,57 €/h	40 h	502,80 €
6	107 %	13,45 €/h	280 h	3 766,00 €
6 (Mehrarbeit)	107 % + 25 % Aufschlag	16,81 €/h	40 h	672,40 €
7	115 %	14,46 €/h	145 h	2 096,70 €
Summe				**7 037,90 €**

Übungsaufgaben: Seite 278, Nr. 08

5.5 Prämienlohn

Der **Prämienlohn** ist eine anforderungs- und leistungsabhängige Entgeltform. Neben einem bestimmten Grundlohn wird eine Prämie bezahlt.

Im Unterschied zum Akkordlohn dienen neben der Menge noch weitere, vom Menschen beeinflussbare Leistungsdaten als Kennzahlen.

Leistungskennzahlen				
Menge	**Qualität**	**Nutzung**	**Ersparnis**	**Kombinationen**
• Stückzahl • Durchlaufmenge	• Material • Verarbeitung	• Material • Anlagen • Betriebsmittel	• Zeit • Rohstoffe • Energie	• Menge einer bestimmten Qualität • Termineinhaltung mit einer bestimmten Qualität

Größe	Abkürzung	Erklärung
Grundlohn	GL	Der für die jeweilige Tätigkeit vereinbarte Tarif-Zeitlohn. (Dieser Mindestlohn darf nicht unterschritten werden!)
Prämie	Prä	Der Betrag, der für ein bestimmtes Leistungsergebnis bezahlt wird z.B.: in Prozent des Grundlohnes oder in Prozent der Mengenleistung
		Die Höhe der Prämie wird durch einen zu vereinbarenden Verlauf der **Prämienlohnlinie** bestimmt. Der Prämienbetrag kann stärker, gleich, schwächer als die Leistung oder sprunghaft steigen.
		Bei Prämiensystemen, die sich ausschließlich auf die Menge beziehen, muss die Prämienlohnlinie proportional (gleich) verlaufen.
Prämienlohn	PräL	Gesamtlohn, der sich aus Grundlohn und Prämie ergibt

5.5.1 Ersparnisprämie

Fallbeispiel

Gegebene Daten:

Erarbeitete Zeit	t_{era}	480 min
Minutenfaktor	min_f	0,21 €/min
Ersparnisprämie	Prä	2 % des Grundlohnes

Gesuchte Daten:
Prämienlohn   PräL

⚠	Grundlohn	100 %
	Prämie	x
	Prämienlohn	100 % + x

Lösung			Kurzform	
Grundlohn	= Erarbeitete Zeit · Minutenfaktor		GL	= $t_{era} \cdot min_f$
	= 480 min · 0,21 €/min			= 480 min · 0,21 €/min
	= 100,80 €			= 100,80 €
Prämie	= Grundlohn · Prämiensatz		Prä	= GL · Prä in %
	= 100,80 € · 2/100			= 100,80 € · 2/100
	≈ 2,02 €			≈ 2,02 €
Prämienlohn	= Grundlohn + Prämie		PräL	= GL + Prä
	= 100,80 € + 2,02 €			= 100,80 € + 2,02 €
	= 102,82 €			**= 102,82 €**

Übungsaufgaben: Seite 278, Nr. 03

5.5.2 Qualitätsprämie

Prämienlohn

Fallbeispiel

Um die Qualität zu sichern, wird eine Qualitätsprämie bezahlt. Der Prämiensatz beträgt je fehlerfreies Teil 10 %. Eine Näherin hat eine Vorgabezeit von 4,0 Minuten/Teil. Sie erreichte bei 37 Stunden/Woche einen Wochenlohn in Höhe von 512,82 €, da sie keine fehlerhaften Teile hatte.

Berechnen Sie
1. die Höhe der Prämie
2. die Anzahl der gefertigten Teile
3. den Stücklohn ohne Prämie
4. den Stücklohn mit Prämie
5. den Grundlohn je Stunde
6. den Prämienlohn je Stunde

Gegebene Daten:

Prämie	Prä	10 %
Zeit je Einheit	t_e	4,0 min/Stück
Anwesenheitszeit	t_{anw}	37 h = 2 220 min
Prämienlohn/Woche	PräL/Wo	512,82 €

Gesuchte Daten:

1. Prämie in Euro — Prä
2. Stückzahl — m
3. Grundlohn/Stück — GL/St.
4. Prämienlohn/Stück — PräL/St.
5. Grundlohn/Stunde — GL/h
6. Prämienlohn/Stunde — PräL/h

Lösung

1. Prämie

	Prozentsatz	Betrag
Prämienlohn	100 % + 10 % = 110 %	512,82 €
Prämie	10 %	x

$$x = \frac{512{,}82\ € \cdot 10\ \%}{110\ \%} = 46{,}62\ €$$

Kurzform:

$$Prä = \frac{PräL \cdot Prä\ \text{in}\ \%}{(100\ \% + Prä\ \text{in}\ \%)} = \frac{512{,}82\ € \cdot 10\ \%}{(100\ \% + 10\ \%)} = 46{,}62\ €$$

2. Stückzahl

= Anwesenheitszeit : Zeit je Einheit
= 2 220 min : 4,0 min/Stück
= **555 Stück**

$m = t_{anw} : t_e = 2\,220\ \text{min} : 4{,}0\ \text{min/St.} = $ **555 St.**

Grundlohn

= Prämienlohn – Prämie
= 512,82 € – 46,62 €
= 466,20 €

GL = PräL – Prä = 512,82 € – 46,62 € = 466,20 €

3. Grundlohn/Stück

= Grundlohn : Stückzahl
= 466,20 € : 555 Stück
= **0,84 €/Stück**

GL/St. = GL : m = 466,20 € : 555 St. = **0,84 €/St.**

4. Prämienlohn/Stück

= Prämienlohn : Stückzahl
= 512,82 € : 555 Stück
≈ **0,92 €/Stück**

PräL/St. = PräL : m = 512,82 € : 555 St. ≈ **0,92 €/St.**

5. Grundlohn/Stunde

= Grundlohn : Anwesenheitszeit
= 466,20 € : 37 Stunden
= **12,60 €/Stunde**

GL/h = GL : t_{anw} = 466,20 € : 37 h = **12,60 €/h**

6. Prämienlohn/Stunde

= Prämienlohn : Anwesenheitszeit
= 512,82 € : 37 Stunden
= **13,86 €/Stunde**

PräL/h = PräL : t_{anw} = 512,82 € : 37 h = **13,86 €/h**

Zeitdaten und Löhne

Übungsaufgaben: Seite 278, Nr. 04

5.6 Lohnabrechnung

5.6.1 Grundlagen

Bei jeder Zahlung von Arbeitsentgelt muss der Arbeitgeber eine vollständige Auflistung über das Zustandekommen des Bruttoverdienstes, der Abzüge und des Nettoverdienstes erstellen.

Schema zur Lohnabrechnung	
Grundlohn	Anzahl der Lohneinheiten · Lohnsatz
+ **Zulagen**	z. B. Gefahrenzulage, Schmutzzulage
+ **Zuschläge**	z. B. für Überstunden, Nachtarbeit, Sonntagsarbeit
+ **Zuwendungen**	z. B. vermögenswirksame Leistungen des Arbeitgebers, Urlaubsgeld, Weihnachtsgratifikation
= **Bruttolohn**	
− Abzüge	
Lohnsteuer	in % des steuerpflichtigen Einkommens
Kirchensteuer	in % der Lohnsteuer
Solidaritätszuschlag	in % der Lohnsteuer
Sozialversicherungsbeiträge	Arbeitnehmeranteil an der Kranken-, Renten-, Arbeitslosen-, Pflegeversicherung in % des Bruttolohns
= **Nettolohn**	
− Vorschuss	
− **Freiwillige Lohnabzüge**	z. B. Vermögenswirksame Leistungen des Arbeitnehmers
= **Auszuzahlender Lohn**	

Die Höhe der einzubehaltenden **Lohnsteuer** ergibt sich aus dem Tarif und kann z. B. aus der Lohnsteuer-Abzugstabelle abgelesen werden, ebenso die **Kirchensteuer** und der **Solidaritätszuschlag**.

Abzüge an Lohnsteuer, Solidaritätszuschlag (SolZ) und Kirchensteuer (8%, 9%) in den Steuerklassen

Lohn/Gehalt bis €*		I – VI ohne Kinderfreibeträge				I, II, III, IV mit Zahl der Kinderfreibeträge ...																	
							0,5			1			1,5			2			2,5			3**		
		LSt	SolZ	8%	9%	LSt	SolZ	8%	9%	SolZ	8%	9%	SolZ	8%	9%	SolZ	8%	9%	SolZ	8%	9%	SolZ	8%	9%
2 678,99	I,IV	370,83	20,39	29,66	33,37	370,83	15,72	22,87	25,73	11,31	16,45	18,50	7,15	10,40	11,70	—	4,80	5,40	—	0,49	0,55	—	—	—
	II	338,58	18,62	27,08	30,47	338,58	14,04	20,43	22,98	9,73	14,15	15,92	4,41	8,24	9,27	—	3,—	3,38	—	—	—	—	—	—
	III	149,33	—	11,94	13,43	149,33	—	6,89	7,75	—	2,62	2,95	—	—	—	—	—	—	—	—	—	—	—	—
	V	657,16	36,14	52,57	59,14	370,83	18,02	26,22	29,49	15,72	22,87	25,73	13,48	19,61	22,06	11,31	16,45	18,50	9,19	13,38	15,05	7,15	10,40	11,70
	VI	693,41	38,13	55,47	62,40																				
2 681,99	I,IV	371,58	20,43	29,72	33,44	371,58	15,76	22,92	25,79	11,34	16,50	18,56	7,19	10,46	11,76	—	4,84	5,44	—	0,52	0,59	—	—	—
	II	339,25	18,65	27,14	30,53	339,25	14,08	20,48	23,04	9,76	14,20	15,98	4,55	8,30	9,33	—	3,04	3,42	—	—	—	—	—	—
	III	150,—	—	12,—	13,50	150,—	—	6,93	7,79	—	2,66	2,99	—	—	—	—	—	—	—	—	—	—	—	—
	V	658,16	36,19	52,65	59,23	371,58	18,06	26,28	29,56	15,76	22,92	25,79	13,52	19,66	22,12	11,34	16,50	18,56	9,23	13,43	15,11	7,19	10,46	11,76
	VI	694,50	38,19	55,56	62,50																				
2 684,99	I,IV	372,33	20,47	29,78	33,50	372,33	15,80	22,98	25,85	11,38	16,56	18,63	7,22	10,51	11,82	—	4,88	5,49	—	0,56	0,63	—	—	—
	II	340,—	18,70	27,20	30,60	340,—	14,12	20,54	23,11	9,80	14,26	16,04	4,66	8,34	9,38	—	3,08	3,47	—	—	—	—	—	—
	III	150,66	—	12,05	13,55	150,66	—	6,97	7,84	—	2,70	3,04												

Die **Sozialversicherungsbeiträge** werden vom Bruttoverdienst berechnet. Die Beitragssätze zur Rentenversicherung, Arbeitslosenversicherung und Pflegeversicherung werden gesetzlich festgelegt. Der Prozentsatz des Beitrages zur Krankenversicherung ist von der Krankenkasse des Versicherten abhängig.

Bruttoverdienst EUR	Versichertenanteil in EUR				Bruttoverdienst EUR		
	KV 8,2%[1]	RV 9,35%	ALV 1,5%	PV 1,175% 1,425%[2]		KV 8,2%[1]	RV 9,95%
2675,00	176,30	213,93	32,25	20,96 26,34	2700,00		
2700,00	219,92	250,77	40,32	21,21 38,22	2725,00	......	......
2725,00	180,40	218,90	33,00	21,45 26,95	2750,00	......	......
....	......	......	......	....	....	......	......

Das maßgebliche Bruttoentgelt ergibt sich aus dem Mittelwert zwischen der oberen und unteren Lohnstufe in der Versicherungstabelle, denen das tatsächliche Bruttoentgelt zuzuordnen ist.

[1] Inklusive 0,9% Arbeitnehmer-Zuschlag
[2] Über 23 Jahre und kinderlos

Stand März 2015

5.6.1 Grundlagen — Lohnabrechnung

Größe	Abkürzung	Erklärung
Stundenlohn	StdL	Zeitlohn für eine Stunde (unabhängig von der Leistung)
Zahl der Stunden	ZStd	Anzahl der geleisteten Stunden in einer bestimmten Zeitspanne (Anwesenheitszeit)
Wochenlohn/Monatslohn	WL/ML	Zeitlohn für eine Woche/Monat (unabhängig von der Leistung)
Überstundenlohn	ÜStdL	Zeitlohn für eine Überstunde (unabhängig von der Leistung)
Überstundenzuschlag	ÜStdZ	Prozentsatz des Mehrbetrages (bezugnehmend auf den Stundenlohn), der für eine Überstunde gezahlt wird
Zahl der Überstunden	ZÜStd	Anzahl der geleisteten Überstunden in einer gewissen Zeitspanne
Grundlohn	GL	Basislohn, der sich aus der Anwesenheitszeit (Zahl der Arbeitsstunden) und dem entsprechenden Lohnsatz (z. B. Stundenlohn) zusammensetzt
Vermögenswirksame Leistungen	VWL	Betrag der gesamten monatlichen vermögenswirksamen Leistungen
Arbeitgeberanteil	VWL_{AG}	Betrag der monatlichen vermögenswirksamen Leistungen des Arbeitgebers (nach Tarifvertrag)
Arbeitnehmeranteil	VWL_{AN}	Betrag der monatlichen vermögenswirksamen Anlagen des Arbeitnehmers (z. B. Bausparvertrag)
Bruttolohn	BL	Lohn, der sich aus Grundlohn, Zulagen (Gefahren- oder Schmutzzulage), Zuschlägen (Überstunden) und Zuwendungen (vermögenswirksame Leistungen des Arbeitgebers) ergibt
Lohnsteuer	LSt	Üblicher Steuersatz für jeden Arbeitnehmer, der abhängig von Familienstand, Einkommen … ist
Kirchensteuer	KSt	Üblicher Steuersatz für jeden katholischen oder evangelischen Arbeitnehmer (8 % oder 9 % der Lohnsteuer)
Solidaritätszuschlag	SolZ	Zuschlag für jeden Arbeitnehmer, zurzeit max. 5,5 % der Lohnsteuer, um die Kosten der deutschen Einheit zu reduzieren
Sozialversicherungsbeitrag	SozV	Beträge für die Kranken-, Renten-, Arbeitslosen- und Pflegeversicherung
Nettolohn	NL	Lohn nach Abzug der Steuern, des Solidaritätszuschlags und der Sozialversicherungsbeiträge
Auszuzahlender Lohn	AL	Lohn nach Abzug der freiwilligen Lohnabzüge vom Nettolohn

5.6.2 Auszuzahlender Lohn

Lohnabrechnung

Beispiel einer Lohnabrechnung (Auszug)

Lohndaten:	*Steuerklasse:* 1	*Konfession:* RK	*Tätigkeit:* 352 11	*Wochenstunden:* 37,00
Lohnart	bez. Std.	%	Lohnsatz	Betrag
Zeitlohn	42,90	123 ④	16,69 € ⑧	716,00 €
Urlaubsentgelt	6,76	123 ④	16,69 € ⑧	112,82 €
VWL AG-Anteil				20,00 €
Zeitakkord	135,09 ⑤	122,77 ④	13,57 € ⑥	1 833,17 € ⑦
60 Stück/h ①	8 108 Stück ②	in 110,07 Std. ③		
Gesamtbrutto				2 681,99 €
Lohnsteuer 371,58 €		SolZ 20,43 € ⑨	Kirchensteuer 29,72 € ⑩	
KV-Beitrag 219,92 € ⑪		PV-Beitrag 38,22 € ⑪		
RV-Beitrag 250,77 € ⑪		ALV-Beitrag 40,32 € ⑪		
Nettoverdienst				1 711,03 €
VWL (Bausparvertrag)				40,00 € –
Auszahlung	per Überweisung			1 671,03 €

Erläuterungen:

① Die **Normalleistung** beträgt 60 Stück je Stunde.

② Die **Ist-Mengenleistung** im Abrechnungszeitraum beträgt 8 108 Stück.

③ Die für den Zeitakkordlohn zugrunde liegende **Anwesenheitszeit** beträgt 110,07 Stunden.

④ Aus Ist-Mengenleistung und Anwesenheitszeit wird der erreichte Zeitgrad ermittelt:
  Normalleistung   60 Stück/h · 110,07 h = 6 604 Stück $\cong$ 100 %
  Ist-Leistung   8 108 Stück $\cong$ x

$$x = \frac{100\ \% \cdot 8\,108\ \text{Stück}}{6\,604\ \text{Stück}}$$

  $\Rightarrow$ **Zeitgrad Z** $\approx$ **122,77 %**   gerundet **123 %**

⑤ Aus Anwesenheitszeit und erreichtem Zeitgrad wird die erarbeitete Zeit ermittelt:
  Erarbeitete Zeit = Anwesenheitszeit · Zeitgrad
          = 110,07 h · 122,77/100 $\approx$ **135,13 h**

⑥ Bei Zeitakkordlohn gilt der **Akkordrichtsatz** als Basislohn; ARS = 13,57 €/h.

⑦ Aus der erarbeiteten Zeit und dem Akkordrichtsatz ergibt sich der Zeitakkordlohn:
  Zeitakkordlohn = Erarbeitete Zeit · ARS
          = 135,09 h · 13,57 €/h $\approx$ **1 833,17 €**

⑧ Aus dem Akkordrichtsatz und dem Zeitgrad ergibt sich der Lohnsatz für Zeitlohn und Urlaubsgeld:
  Lohnsatz   = Akkordrichtsatz · Zeitgrad
          = 13,57 € · 123/100 $\approx$ **16,69 €**

⑨ Der **Solidaritätszuschlag** beträgt 5,5 % der Lohnsteuer (Ausnahmen).

⑩ Die **Kirchensteuer** beträgt 8 % der Lohnsteuer.

⑪ Die Arbeitnehmeranteile zur Krankenversicherung (**KV**), Pflegeversicherung (**PV**), Rentenversicherung (**RV**) und Arbeitslosenversicherung (**ALV**) können einer Versicherungstabelle entnommen werden (vgl. Seite 274). Sie werden prozentual vom exakten oder vom maßgeblichen[1] Bruttoentgelt berechnet.

[1] Das maßgebliche Bruttoentgelt ergibt sich aus dem Mittelwert zwischen der oberen und unteren Lohnstufe in der Versicherungstabelle, denen das tatsächliche Bruttoentgelt zuzuordnen ist.

5.6.2 Auszuzahlender Lohn — Lohnabrechnung

Fallbeispiel

Eine Damenschneiderin erhält einen Stundenlohn von 9,00 €. Sie arbeitet im Monat September an 21 Arbeitstagen insgesamt 172 Stunden. Darin enthalten sind 10 Überstunden, die mit 25 % Zuschlag vergütet werden. Monatlich zahlt sie 40,00 € vermögenswirksam auf ihren Bausparvertrag ein. Der Arbeitgeber zahlt 6,65 € dazu. An Abzügen fallen an: 110,41 € Lohnsteuer, 8 % Kirchensteuer und 5,88 € Solidaritätszuschlag. Die Arbeitnehmeranteile zu den Sozialversicherungen betragen: 8,2 % Krankenversicherung, 1,425 % Pflegeversicherung, 9,35 % Rentenversicherung, 1,5 % Arbeitslosenversicherung.
Berechnen Sie den Auszahlungsbetrag für diesen Monat.

Gegebene Daten:

Stundenlohn	StdL	9,00 €	Lohnsteuer	LSt	110,41 €
Zahl der Arbeitsstunden	ZStd	172 h	Kirchensteuer	KSt	8 %
Überstundenzuschlag	ÜStdZ	25 %	Solidaritätszuschlag	SolZ	5,88 €
Zahl der Überstunden	ZÜstd	10 h	Krankenversicherung	KV	8,20 %
Vermögenswirksame Anlage AN	VWL$_{AN}$	40,00 €	Pflegeversicherung	PV	1,425 %
Vermögenswirksame Leistungen AG	VWL$_{AG}$	6,65 €	Rentenversicherung	RV	9,35 %
			Arbeitslosenversicherung	ALV	1,50 %

Gesuchte Daten: Auszuzahlender Lohn AL

Lösungsschema	Lösung Fallbeispiel		€
Grundlohn	Zahl der Arbeitsstunden · Stundenlohn		
	172 h · 9,00 €/h		= 1548,00 €
+ Zuschlag für Mehrarbeit	Zahl der Überstunden · Überstundenzuschlag		
	10 h · 9,00 €/h · 25/100		= 22,50 €
+ Zuwendungen	Vermögenswirksame Leistung AG		6,65 €
= Bruttolohn	Bruttolohn		1577,15 €
– Abzüge	Lohnsteuer	110,41 €	
	Kirchensteuer	8 % der LSt ≈ 8,83 €	
	Solidaritätszuschlag	≈ 5,88 €	
	Krankenversicherung	8,20 % des BL ≈ 129,33 €	
	Pflegeversicherung	1,425 % des BL ≈ 22,47 €	
	Rentenversicherung	9,35 % des BL ≈ 147,46 €	
	Arbeitslosenversicherung	1,50 % des BL ≈ 23,66 €	
	Abzüge	448,04 €	– 448,04 €
= Nettolohn	Nettolohn		1129,11 €
– Freiwillige Lohnabzüge	Vermögenswirksame Anlage AN		– 40,00 €
= Auszuzahlender Lohn	**Auszuzahlender Lohn**		**1089,11 €**

Zeitdaten und Löhne

Übungsaufgabe: Seite 278, Nr. 09

5.6.3 Übungsaufgaben

Lohnabrechnung

01 Der Stundenlohn einer Damenschneiderin beträgt 10,50 €. Sie arbeitet in einer Woche 37,5 Stunden und macht zusätzlich 3,5 Überstunden, für die ein Aufschlag von 25 % gezahlt wird. Berechnen Sie den Bruttowochenlohn.

02 Für einen Großauftrag werden 45 Näherinnen benötigt, diese arbeiten täglich 7,5 Stunden. Drei Näherinnen fallen durch Krankheit aus.
  2.1 Berechnen Sie, wie viel Überstunden die restlichen Näherinnen jeweils machen müssen.
  2.2 Wie hoch ist der Monatsverdienst bei 22 Arbeitstagen, wenn ein Stundenlohn von 12,30 € und für die Überstunden ein Zuschlag von 25 % bezahlt wird?

03 Bei einer erarbeiteten Zeit von 522 min und einem Minutenfaktor von 0,21 € wird eine Ersparnisprämie von 5 % auf den Grundlohn gezahlt. Berechnen Sie den Prämienlohn.

04 Um die Qualität zu sichern, wird eine Qualitätsprämie bezahlt. Der Prämiensatz beträgt je fehlerfreies Teil 5 %. Eine Näherin hat eine Vorgabezeit von 3,0 Minuten/Teil. Sie erreichte bei 37 Stunden/Woche einen Wochenlohn in Höhe von 489,51 €, da sie keine fehlerhaften Teile hatte. Berechnen Sie
  4.1 die Höhe der Prämie
  4.2 die Anzahl der gefertigten Teile
  4.3 den Stücklohn ohne Prämie
  4.4 den Stücklohn mit Prämie
  4.5 den Grundlohn je Stunde
  4.6 den Prämienlohn je Stunde

05 In der Zuschneiderei eines Betriebes wird im Zeitakkord gearbeitet und zusätzlich bei Stoffeinsparung eine Ersparnisprämie in Prozent des Akkordlohnes gezahlt. Der Akkordrichtsatz beträgt 12,60 €/h.
Berechnen Sie den Wochenlohn eines Facharbeiters nach folgenden Angaben:

Wochentag	Erarbeitete Zeit	Prämiensatz
Montag	470 min	2 %
Dienstag	520 min	5 %
Mittwoch	540 min	6 %
Donnerstag	490 min	3 %
Freitag	310 min	0 %

06 In einem Lohntarifvertrag des Damenschneiderhandwerks stehen folgende Vereinbarungen:
Stundenlohn für Gesellen/Gesellinnen 10,50 €,
im 1. Jahr nach der Ausbildung 8,50 €,
im 2. Jahr nach der Ausbildung 9,00 €,
im 3. Jahr nach der Ausbildung 9,50 €.
Berechnen Sie den Lohnschlüssel in Prozent.

07 In einem Lohntarifvertrag des Herrenschneiderhandwerks stehen folgende Vereinbarungen:
Entlohnung für Gesellen/Gesellinnen
bei Zeitlohnarbeit 11,40 €/h
bei arbeitsteiliger Fertigung 11,60 €/h
im 1. Jahr nach der Ausbildung 80 %,
im 2. Jahr nach der Ausbildung 90 %,
Zuarbeiter/-innen 75 %.
Ermitteln Sie die einzelnen Stundenlöhne.
  7.1 bei Zeitlohnarbeit
  7.2 bei arbeitsteiliger Fertigung

08 In einer Näherei werden die Arbeitskräfte der Lohngruppe III mit einem Ecklohn von 11,40 €/h bezahlt. Ermitteln Sie die Fertigungslohnkosten nach folgenden Angaben:

Lohngruppe	Lohngruppenschlüssel	Zahl der Stunden
II	97 %	180
III	100 %	240
III	100 % + 25 %	60 (Mehrarbeit)
IV	104 %	160

09 Eine Damenschneiderin erhält einen Stundenlohn von 8,50 €. Sie arbeitet in einem Monat 166 Normalstunden und 6 Überstunden, für die ein Zuschlag von 25 % gezahlt wird. Die vermögenswirksamen Leistungen des Arbeitgebers betragen 6,65 €. 40,00 € werden insgesamt vermögenswirksam angelegt.
Die gesetzlichen Abzüge betragen im Einzelnen:
Lohnsteuer 88,33 €, Kirchensteuer 8 %,
Solidaritätszuschlag 1,46 €,
Arbeitnehmeranteil
an der Krankenversicherung 8,20 %,
an der Rentenversicherung 9,35 %,
an der Pflegeversicherung 1,425 % und
an der Arbeitslosenversicherung 1,50 %.
Ermitteln Sie den auszuzahlenden Lohn.

10 Ein Herrenschneider erhält einen Stundenlohn von 10,42 €. Im Monat August werden für ihn 91 Arbeitsstunden sowie 10 Urlaubstage mit insgesamt 75 Stunden abgerechnet. Zusätzlich erhält er ein Urlaubsgeld in Höhe von 9,68 €/Tag.
An gesetzlichen Abzügen fallen an:
Lohnsteuer 166,75 €, Kirchensteuer 8 %,
Solidaritätszuschlag 5,5 %,
Arbeitnehmeranteil an den Sozialversicherungen insgesamt 20,475 %.
Ermittelnen Sie den auszuzahlenden Lohn.

11 Für eine Arbeit brauchen 15 Näherinnen jeweils 16 Stunden. Durch Krankheit fallen 3 Näherinnen aus und die Arbeit soll mithilfe von Überstunden fertiggestellt werden. Der Stundenlohn beträgt 10,24 €, der Überstundenzuschlag 25 %.
Wie viel Euro erhält jede Näherin für die Arbeit?

6 Kalkulation

6.1 Einführung

Die **Kalkulation (Kostenträgerrechnung)** ist ein Teilbereich der Kostenrechnung eines Betriebs (siehe Seite 321).

Aufgabe der Kalkulation ist es, alle vom Erzeugnis direkt und indirekt verursachten Kosten zu erfassen und daraus den Preis für ein Produkt bzw. eine Leistung zu ermitteln.

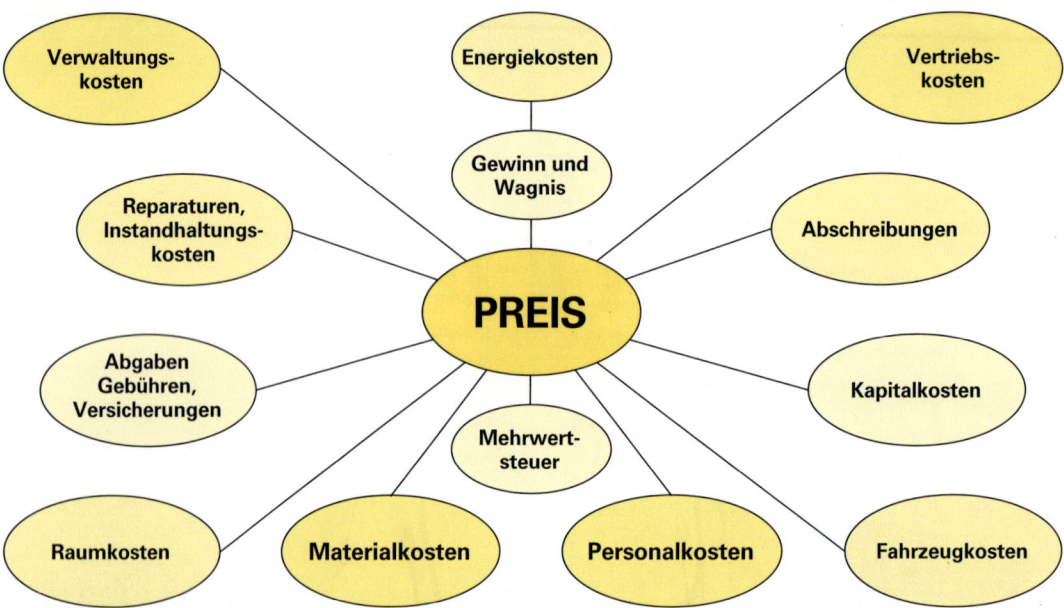

Die **Zuschlagskalkulation** ist die im Textil- und Bekleidungsbereich übliche **Kalkulationsmethode**. Hier werden bei Produkten mit unterschiedlicher Kostenverursachung die **Gemeinkosten** (allgemeine, nicht direkt verrechenbare Kosten) den Einzelkosten (dem einzelnen Produkt direkt zurechenbar) **prozentual zugeschlagen** (siehe Seite 330 ff.).

Erweiterte (differenzierte) Zuschlagskalkulation	Einfache (summerische) Zuschlagskalkulation
Es wird mit **mehreren** Gemeinkostenzuschlägen gerechnet	Es wird mit **einem** einzigen Gemeinkostenzuschlag gerechnet
⇒ **Serienkalkulation** (z. B. in der Industrie)	⇒ **Stückkalkulation** (z. B. im Handwerk)

6.2 Serienkalkulation

6.2.1 Grundlagen

Bei der **Serienkalkulation (Erweiterte Zuschlagskalkulation)** spielen sehr unterschiedliche Faktoren eine Rolle. So werden z. B. die prozentualen Zuschläge für die Gemeinkosten (die Kosten, die einem Betrieb in verschiedenen Bereichen entstehen) aufgeteilt in Material-, Fertigungs-, Verwaltungs- und Vertriebsgemeinkosten.

Größen	Abkürzung	Erklärung
Materialeinzelkosten	MEK	**Direkt** verrechenbare Materialkosten, z. B. Kosten für Oberstoff, Verschnitt und Zutaten
Materialgemeinkosten	MGK	Allgemeine, **nicht direkt** verrechenbare Materialkosten, z. B. Miete, Stromkosten
Fertigungseinzelkosten	FEK	**Direkt** verrechenbare Lohnkosten aus den unterschiedlichen Abteilungen, z. B. der Zuschneiderei, Näherei, Bügelei usw.
Lohnfaktor	LF	Gibt an, wie viel in der entsprechenden Abteilung für die zu verrichtenden Arbeiten pro Minute bezahlt wird
Fertigungsgemeinkosten	FGK	Allgemeine, **nicht direkt** verrechenbare Kosten, die bei der Herstellung entstehen, wie Lohnzusatzkosten, Abschreibungen, Strom, Wasser usw.
Herstellungskosten	HK	Kostensumme, die sich aus den Material- und den Fertigungskosten ergibt
Verwaltungsgemeinkosten	VwGK	Allgemeine, nicht direkt verrechenbare Verwaltungskosten, z. B. Gehälter für Büropersonal, Abschreibungen für Büroeinrichtungen, Steuerberatungskosten usw.
Vertriebsgemeinkosten	VtGK	Allgemeine, nicht direkt verrechenbare Vertriebskosten, z. B. Kosten für Vertreter und Reisende, Versandkosten usw.
Selbstkosten	SK	Kostensumme, die sich aus den Herstellungskosten, den Verwaltungs- und Vertriebsgemeinkosten ergibt
Erlösschmälerungen	ES	Kosten, die ein Betrieb z. B. für Rabatte, Provisionen, Einräumen von Skonto usw. berücksichtigen muss
Gewinn	Gw	Entschädigung für unternehmerische Tätigkeit, z. B. zur Bildung von Reserven, Deckung von Verlusten, Vornahme von Investitionen
Nettoverkaufspreis	NVP	Der komplette Preis für ein Produkt bzw. eine Leistung ohne Mehrwertsteuer
Mehrwertsteuer	MwSt	Umsatzsteuer, die bei privaten Endverbrauchern tatsächlich in den Preis eingeht und vom Verbraucher getragen werden muss
Bruttoverkaufspreis	BVP	Der Preis für ein Produkt bzw. eine Leistung einschließlich der Mehrwertsteuer

6.2.2 Schematische Darstellung der Serienkalkulation

Serienkalkulation

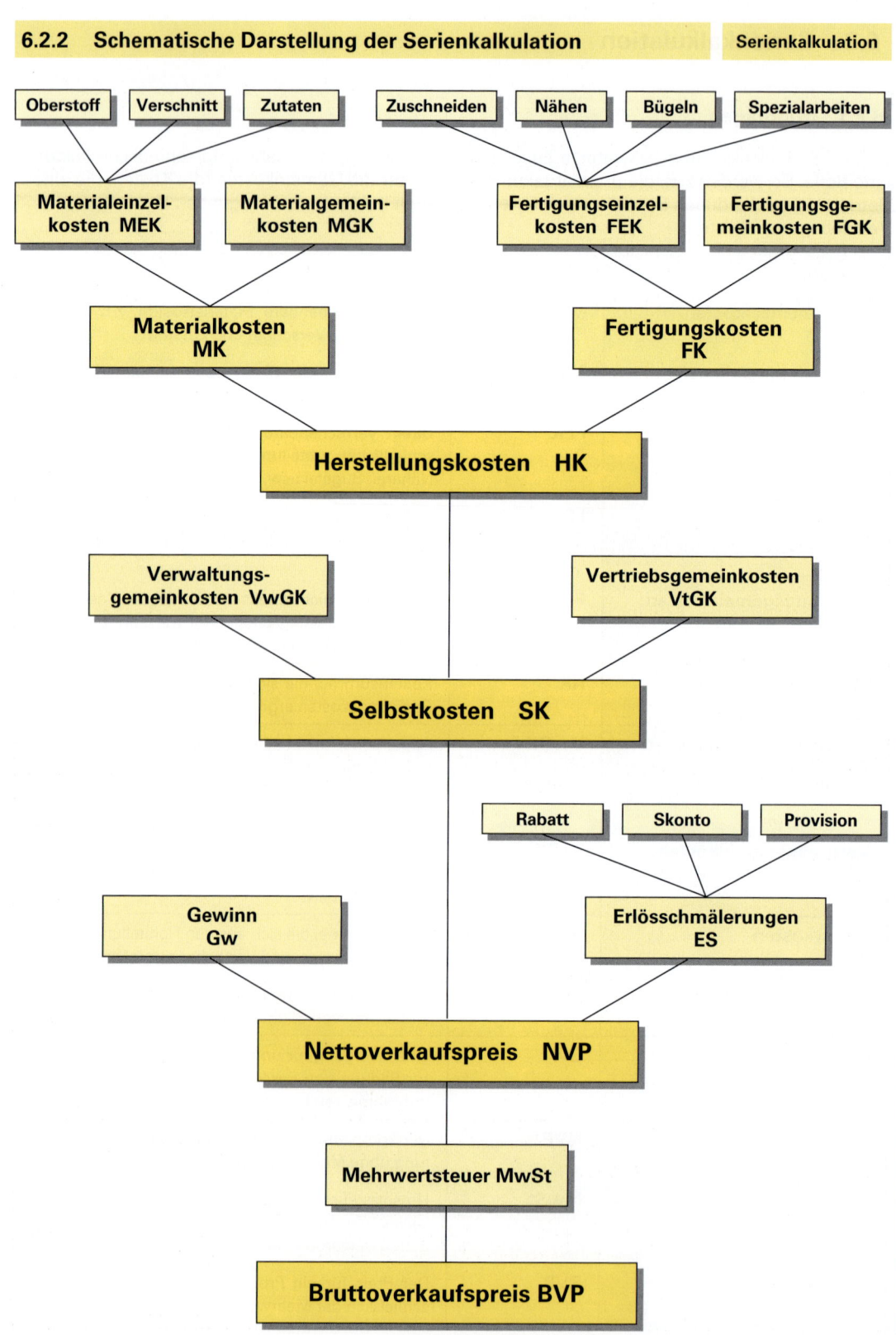

6.2.3 Rechnerische Darstellung der Serienkalkulation

Serienkalkulation

Schema (Fallbeispiel Bluse)	Lösung Fallbeispiel	€	€	€	€
Kosten Oberstoff	Preis · Verbrauch	$K_{Oberst.}$ 7,00 €/m · 1,65 m	= 11,55		
Kosten Verschnitt	in % der KOberst.	$K_{Verschn.}$ 2 % von 11,55 €	≈ 0,23		
Kosten Zutaten	Gesamtpreis	$K_{Zut.}$	2,20		
Materialeinzelkosten	Summe	MEK	= 13,98	13,98	
Materialgemeinkosten	5 % der MEK	MGK 5 % von 13,98 €		≈ 0,70	
Materialkosten	MEK + MGK	MK		= 14,68	14,68
Kosten Zuschneiden	Zeit · Lohnfaktor	$K_{Zuschn.}$ 7,3 min · 0,20 €/min	= 1,46		
Kosten Nähen	Zeit · Lohnfaktor	$K_{Nähen}$ 72 min · 0,18 €/min	= 12,96		
Kosten Bügeln	Zeit · Lohnfaktor	$K_{Bügeln}$ 6,8 min · 0,19 €/min	≈ 1,29		
Kosten Spezialarbeiten	Zeit · Lohnfaktor	$K_{Spezial.}$ 5,4 min · 0,20 €/min	= 1,08		
Fertigungseinzelkosten	Summe	FEK	= 16,79	16,79	
Fertigungsgemeinkosten	120 % der FEK	FGK 120 % von 16,79 €		≈ 20,15	
Fertigungskosten	FEK + FGK	FK		= 36,94	36,94
Herstellungskosten	MK + FK	HK			= 51,62
Verwaltungsgemeinkosten	3,5 % der HK	VwGK 3,5 % von 51,62 €			≈ 1,81
Vertriebsgemeinkosten	5,5 % der HK	VtGK 5,5% von 51,62 €			≈ 2,84
Selbstkosten	HK + VwGK + VtGK	SK			= 56,27
Gewinn	15 % der SK	Gw 15% von 56,27 €			≈ 8,44
Erlösschmälerungen	5 % des NVP[1]	ES[2] 64,71 € · 5% / 95%			≈ 3,41
Nettoverkaufspreis	SK + Gw + ES	NVP			= 68,12
Mehrwertsteuer	19 % des NVP	MwSt 19 % von 68,12 €			≈ 12,94
Bruttoverkaufspreis	NVP + MwSt	**BVP**			**= 81,06**

[1] In % des NVP bedeutet: NVP ≙ 100 % ES ≙ 5 %

[2] SK 56,27 € Gw + 8,44 € SK + Gw = 64,71 € NVP 100 % ES − 5 % SK + Gw = 95 %

Kalkulation

6.2.4 Materialkosten

Serienkalkulation

Die Materialkosten für ein Produkt stellen in der Serienkalkulation einen wesentlichen Kostenfaktor dar. Sie setzen sich aus den Materialeinzelkosten und Materialgemeinkosten zusammen.

- **Materialeinzelkosten** bestehen aus den Kosten für den Oberstoff, die Zutaten, den Verschnitt und eventuelle Zuschläge (Formzuschlag, Karozuschlag).
- **Materialgemeinkosten** beinhalten Kosten, die zwar real entstehen, z. B. für die Materiallagerung, die aber nicht im Einzelnen auf das Produkt verrechnet werden können.

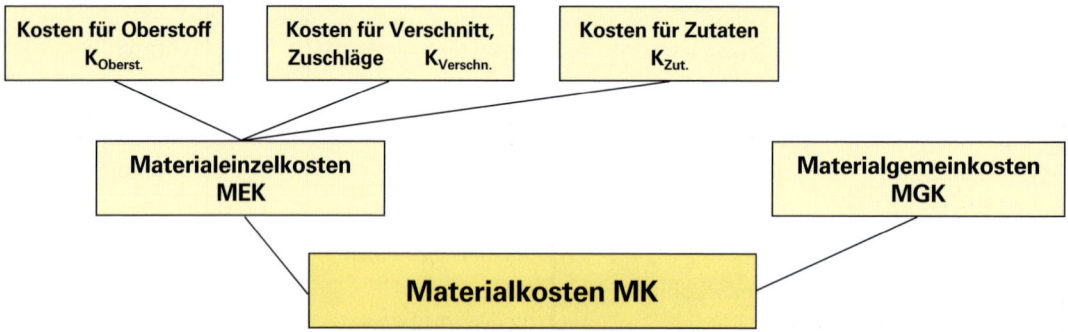

- *Die Kosten für den Verschnitt werden **in Prozent der Kosten für den Oberstoff** ermittelt.*
- *Die Materialgemeinkosten werden **in Prozent der Materialeinzelkosten** verrechnet.*

Fallbeispiel 1

Für eine Hose werden 1,55 m Oberstoff zu einem Meterpreis von 8,80 € verarbeitet, als Verschnitt werden 2 % veranschlagt. Die Kosten für die Zutaten betragen 2,30 €.
Berechnen Sie die Materialkosten bei einem Materialgemeinkostensatz von 6 %.

Gegebene Daten:

Verbrauch Oberstoff	$V_{Oberst.}$	1,55 m	Kosten Verschnitt	$K_{Verschn.}$	2 %
Kosten Oberstoff	$K_{Oberst.}$	8,80 €/m	Materialgemeinkosten	MGK	6 %
Kosten Zutaten	$K_{Zut.}$	2,30 €			

Gesuchte Daten:

Materialkosten   MK

Schema Materialkosten		Lösung Fallbeispiel 1			
Kosten Oberstoff	Preis · Verbrauch	$K_{Oberst.}$ = 8,80 €/m · 1,55 m		= 13,64 €	
Kosten Verschnitt	in % der $K_{Oberst.}$	$K_{Verschn.}$ = 2 % von 13,64 €		≈ 0,27 €	
Kosten Zutaten	Gesamtpreis	$K_{Zut.}$		2,30 €	
Materialeinzelkosten	Summe	MEK		= 16,21 €	16,21 €
Materialgemeinkosten	in % der MEK	MGK = 6 % von 16,21 €			≈ 0,97 €
Materialkosten	MEK + MGK	MK			= 17,18 €

Übungsaufgabe: Seite 294, Nr. 01

6.2.4 Materialkosten — Serienkalkulation

Die Berechnung der Materialkosten ist u.a. von der Größe des Betriebes und der Seriengröße abhängig. Bei einer kleineren Produktion genügt ein vereinfachtes Schema (siehe Seite 286), bei größeren Bekleidungsbetrieben ist der **Einsatz von Formularen** üblich (siehe unten).

Formular Materialkosten

Position	Menge	Einheit		Preis	Einheit		Betrag		Summe
Kosten Oberstoff	1,30	m	·	19,95	€/m	≈	25,94 €		
		m	·		€/m	=	0,00 €		
		Summe	=	25,94 €					25,94 €
Kosten Verschnitt	4 % vom Oberstoff							≈	1,04 €
Kosten Zutaten:									
Garnpauschale							0,90 €		
Futter	0,30	m	·	2,75	€/m	≈	0,83 €		
Futter		m	·		€/m	=	0,00 €		
Einlage	0,05	m	·	1,70	€/m	≈	0,09 €		
Einlage		m	·		€/m	=	0,00 €		
Reißverschluss	1	St.	·	0,28	€/St.	=	0,28 €		
Metallteile		St.	·		€/m	=	0,00 €		
Polster		Paar	·		€/Paar	=	0,00 €		
Bänder		m	·		€/m	=	0,00 €		
Knöpfe	2	St.	·	0,34	€/St.	=	0,68 €		
Knöpfe		St.	·		€/St.	=	0,00 €		
_____			·		€	=	0,00 €		
_____			·		€	=	0,00 €		
_____			·		€	=	0,00 €		
		Summe					2,78 €		2,78 €
Materialeinzelkosten								=	29,76 €
Materialgemeinkosten		5 % der MEK						≈	1,49 €
Materialkosten								≈	**31,25 €**

Kalkulation

6.2.4 Materialkosten

Serienkalkulation

Fallbeispiel 2

Die Materialkosten für eine Jacke sollen nicht mehr als 31,00 € betragen. Der Materialgemeinkostensatz beträgt 4 %, die Zutaten werden mit 1,64 € veranschlagt.
Wie teuer darf der Preis für den Oberstoff sein, wenn der Verschnitt dabei 1,84 € beträgt?

Gegebene Daten:

Kosten Verschnitt	$K_{Verschn.}$	1,84 €
Kosten Zutaten	$K_{Zut.}$	1,64 €
Materialgemeinkosten	MGK	4 %
Materialkosten	MK	31,00 €

Gesuchte Daten:

Kosten Oberstoff $\quad K_{Oberst.}$

Lösung 1	Lösung 2 (Formel)
Materialkosten 104 % ≙ 31,00 € − Materialgemeinkosten 4 % = Materialeinzelkosten 100 % ≙ x $x = \dfrac{31,00 \text{ €} \cdot 100\ \%}{104\ \%}$ $\approx 29,81$ €	$MEK = \dfrac{MK \cdot 100\ \%}{100\ \% + (MGK \text{ in \%})}$ $= \dfrac{31,00 \text{ €} \cdot 100\ \%}{104\ \%}$ $\approx 29,81$ €
Kosten Oberstoff = Materialeinzelkosten − Kosten Zutaten − Kosten Verschnitt = 29,81 € − 1,64 € − 1,84 € = **26,33 €**	$K_{Oberst.}$ = MEK − $K_{Zut.}$ − $K_{Verschn.}$ = 29,81 € − 1,64 € − 1,84 € = **26,33 €**

Lösung 3 (Schema)				Nebenrechnungen
Kosten Oberstoff (NR 3)			26,33 €	**Nebenrechnung 1** MK in % = MEK in % + MGK in % = 100 % + 4 % = 104 %
Kosten Verschnitt			1,84 €	
Kosten Zutaten			1,64 €	
Materialeinzelkosten	100 %	(NR 2)	29,81 €	**Nebenrechnung 2** MEK = $\dfrac{31,00 \text{ €} \cdot 100\ \%}{104\ \%}$ $\approx 29,81$ €
Materialgemeinkosten	4 %			
Materialkosten	104 %	(NR 1)	31,00 €	**Nebenrechnung 3** $K_{Oberst.}$ = MEK − $K_{Zut.}$ − $K_{Verschn.}$ = 29,81 € − 1,64 € − 1,84 € = 26,33 €

Übungsaufgabe: Seite 294, Nr. 02

6.2.5 Fertigungskosten — Serienkalkulation

Die Fertigungskosten stellen neben den Materialkosten die zweite wesentliche Größe bei der Serienkalkulation dar. Sie setzen sich aus Fertigungseinzel- und Fertigungsgemeinkosten zusammen.

- Die **Fertigungseinzelkosten** beinhalten die anfallenden Lohnkosten aus den verschiedenen Abteilungen, z.B. Näherei, Bügelei… Bei den Lohnkosten werden 2 Faktoren zugrunde gelegt. Die **Fertigungszeit** gibt an, wie viele Minuten in der entsprechenden Abteilung für das zu fertigende Bekleidungsstück aufgewendet worden sind. Der **Lohnfaktor** gibt an, mit welchen Lohnkosten der Betrieb in dieser Abteilung pro Minute kalkuliert.
- **Fertigungsgemeinkosten** sind Kosten, die in diesem Bereich anfallen und nicht direkt bei dem Produkt veranschlagt werden können, z.B. Abschreibungen für Maschinen, Energiekosten, Versicherungen, unproduktive Lohnkosten usw.

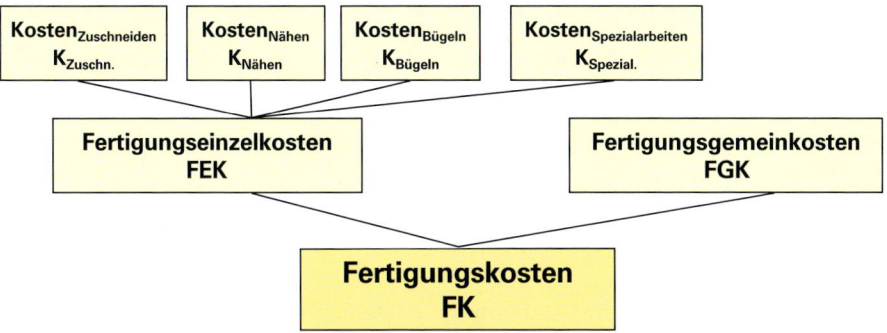

 *Die Fertigungsgemeinkosten werden **in Prozent der Fertigungseinzelkosten** berechnet.*

Fallbeispiel

Ermitteln Sie die Fertigungskosten bei der Herstellung eines Herrenoberhemdes nach folgenden Daten.

Gegebene Daten:

Fertigungsbereich	Fertigungszeit	Lohnfaktor LF
Zuschneiden:	3,5 min	0,20 €/min
Nähen:	32 min	0,18 €/min
Bügeln:	2,8 min	0,19 €/min
Spezialarbeiten:	2,6 min	0,19 €/min
Fertigungsgemeinkosten:	FGK	110 %

Gesuchte Daten: Fertigungskosten FK

Schema Fertigungskosten		Lösung Fallbeispiel			
Kosten Zuschneiden	Zeit · Lohnfaktor	$K_{Zuschn.}$	3,5 min · 0,20 €/min	= 0,70 €	
Kosten Nähen	Zeit · Lohnfaktor	$K_{Nähen}$	32 min · 0,18 €/min	= 5,76 €	
Kosten Bügeln	Zeit · Lohnfaktor	$K_{Bügeln}$	2,8 min · 0,19 €/min	≈ 0,53 €	
Kosten Spezialarbeiten	Zeit · Lohnfaktor	$K_{Spezial.}$	2,6 min · 0,19 €/min	≈ 0,49 €	
Fertigungseinzelkosten	Summe	FEK		= 7,48 €	7,48 €
Fertigungsgemeinkosten	in % der FEK	FGK	110 % von 7,48 €		≈ 8,23 €
Fertigungskosten	FEK + FGK	FK			= 15,71 €

Übungsaufgaben: Seite 294, Nr. 03

6.2.6 Herstellungskosten   Serienkalkulation

Die Herstellungskosten setzen sich aus den **Materialkosten** und den **Fertigungskosten** zusammen.

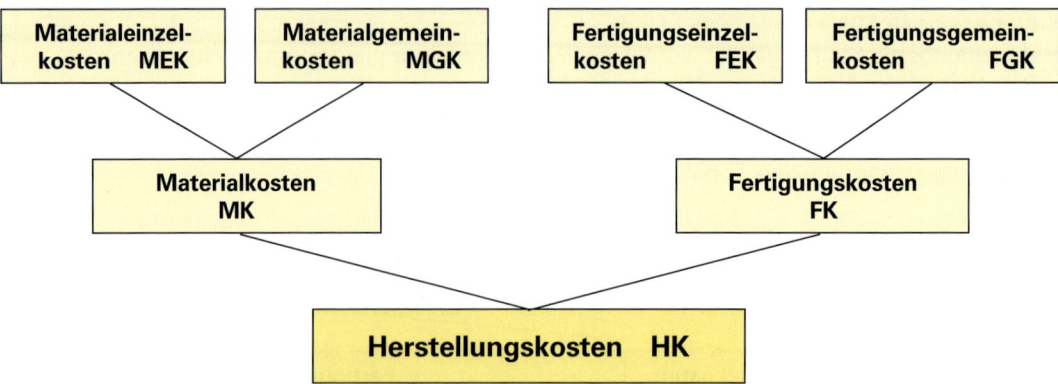

Fallbeispiel
Berechnen Sie die Herstellungskosten, wenn folgende Daten gegeben sind.

Gegebene Daten:

Kosten Oberstoff	$K_{Oberst.}$	1,40 m zu 13,50 €/m	Materialgemeinkosten	MGK	6 %
Kosten Verschnitt	$K_{Verschn.}$	2 %	Fertigungseinzelkosten	FEK	18,60 €
Kosten Zutaten	$K_{Zut.}$	2,80 €	Fertigungsgemeinkosten	FGK	105 %

Gesuchte Daten:
Herstellungskosten   HK

Schema Herstellungskosten		Lösung Fallbeispiel			
			€	€	€
Kosten Oberstoff	Preis · Verbrauch	$K_{Oberst.}$ 13,50 €/m · 1,40 m	= 18,90		
Kosten Verschnitt	in % der $K_{Oberst.}$	$K_{Verschn.}$ 2 % von 18,90 €	≈ 0,38		
Kosten Zutaten	Gesamtpreis	$K_{Zut.}$	2,80		
Materialeinzelkosten	Summe	MEK	= 22,08	22,08	
Materialgemeinkosten	in % der MEK	MGK 6% von 22,08 €		≈ 1,32	
Materialkosten	MEK + MGK	MK		= 23,40	23,40
Fertigungseinzelkosten	Summe	FEK		18,60	
Fertigungsgemeinkosten	in % der FEK	FGK 105 % von 18,60 €		= 19,53	
Fertigungskosten	FEK + FGK	FK		= 38,13	38,13
Herstellungskosten	MK + FK	HK			= 61,53

Übungsaufgaben: Seite 294, Nr. 04

6.2.7 Fertigungsgemeinkosten — Serienkalkulation

Fallbeispiel

Die Materialeinzelkosten für einen Rock betragen 14,20 €, der Materialgemeinkostensatz 6 %. An Fertigungszeiten fallen bei einem Lohnfaktor von 0,21 €/min in der Zuschneiderei 4,1 Minuten an, beim Nähen werden 26 Minuten aufgewendet (Lohnfaktor: 0,19 €/min), für das Bügeln 3,9 Minuten (Lohnfaktor: 0,18 €/min). Die Fertigungskosten betragen insgesamt 14,30 €.
Berechnen Sie die Fertigungsgemeinkosten in % und die Herstellungskosten.

Gegebene Daten:

Materialeinzelkosten	MEK	14,20 €
Materialgemeinkosten	MGK	6 %
Fertigungszeit	*Lohnfaktor LF*	
Zuschneiden 4,1 min	0,21 €/min	
Nähen 26 min	0,19 €/min	
Bügeln 3,9 min	0,18 €/min	
Fertigungskosten:	FK	14,30 €

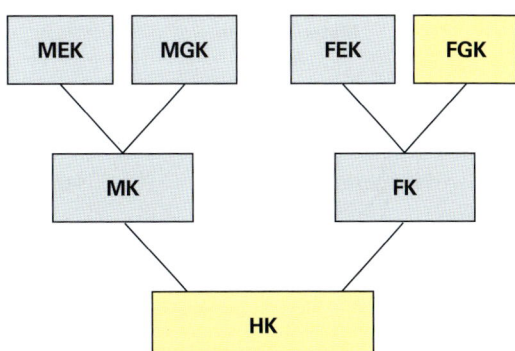

Gesuchte Daten:
- Fertigungsgemeinkosten — FGK in %
- Herstellungskosten — HK

Schema		Lösung Fallbeispiel			
			€	€	€
Materialeinzelkosten	Summe	MEK		14,20	
Materialgemeinkosten	in % der MEK	MGK 6 % von 14,20 €		≈ 0,85	
Materialkosten	MEK + MGK	MK		= 15,05	15,05
Kosten Zuschneiden	Zeit · Lohnfaktor	$K_{Zuschn.}$ 4,1 min · 0,21 €/min	≈ 0,86		
Kosten Nähen	Zeit · Lohnfaktor	$K_{Nähen}$ 26 min · 0,19 €/min	= 4,94		
Kosten Bügeln	Zeit · Lohnfaktor	$K_{Bügeln}$ 3,9 min · 0,18 €/min	≈ 0,70		
Fertigungseinzelkosten	Summe	FEK	= 6,50	6,50	
Fertigungsgemeinkosten	in % der FEK	FGK 120 % von 6,50 € (NR 2)		= 7,80 (NR 1)	
Fertigungskosten	FEK + FGK	FK		= 14,30	14,30
Herstellungskosten	MK + FK	HK			= 29,35

Nebenrechnung 1	*Nebenrechnung 2*	
FGK = FK − FEK	FEK 6,50 € ≙ 100 %	$x = \dfrac{100\ \% \cdot 7{,}80\ €}{6{,}50\ €}$
= 14,30 € − 6,50 €	FGK 7,80 € ≙ x	
= 7,80 €		= 120 %

Übungsaufgabe: Seite 294, Nr. 05

6.2.8 Selbstkosten

Serienkalkulation

Die Selbstkosten, die in einem Betrieb bei der Herstellung eines Produktes entstehen, setzen sich aus Herstellungskosten, Verwaltungs- und Vertriebsgemeinkosten zusammen.

- In den **Verwaltungsgemeinkosten** sind Gehälter und Sozialkosten des Büropersonals enthalten, Abschreibungen für Büroeinrichtungen, Telefon- und Portokosten usw.
- In den **Vertriebsgemeinkosten** sind Kosten für Vertreter und Reisende, Versandkosten usw. enthalten.

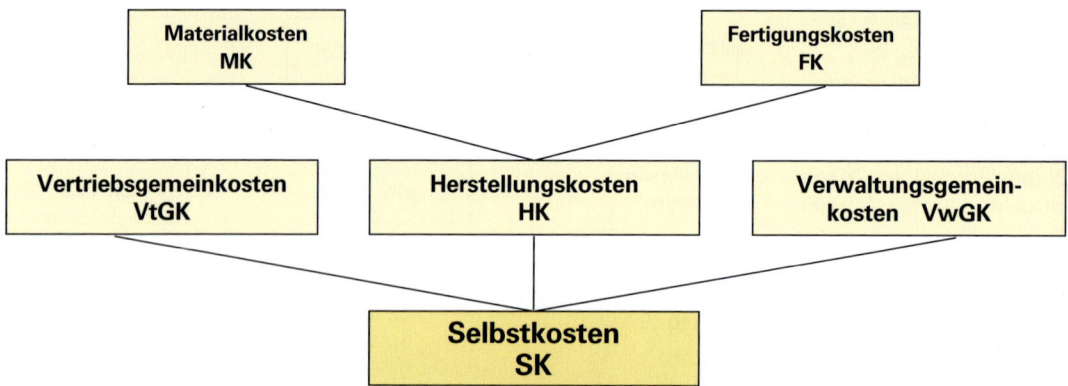

 *Die **Verwaltungsgemeinkosten** und die **Vertriebsgemeinkosten** werden in Prozent der Herstellungskosten berechnet.*

Fallbeispiel

Bei der Produktion eines Kleides fallen Materialkosten in Höhe von 11,20 € und Fertigungskosten von 12,80 € an. Der Verwaltungsgemeinkostensatz beträgt 5,5 %, die Vertriebsgemeinkosten machen 0,72 € aus.
Berechnen Sie die Selbstkosten.

Gegebene Daten:
Materialkosten	MK	11,20 €
Fertigungskosten	FK	12,80 €
Verwaltungsgemeinkosten	VwGK	5,5 %
Vertriebsgemeinkosten	VtGK	0,72 €

Gesuchte Daten
Selbstkosten SK

Schema Selbstkosten		Lösung Fallbeispiel			
Materialkosten		MK		11,20 €	
Fertigungskosten		FK		12,80 €	
Herstellungskosten	MK + FK	HK		= 24,00 €	24,00 €
Verwaltungs-gemeinkosten	in % der HK	VwGK = 5,5 % von 24,00 €			= 1,32 €
Vertriebsgemeinkosten		VtGK			0,72 €
Selbstkosten	HK + VwGK + VtGK	SK			= 26,04 €

Übungsaufgaben: Seite 294, Nr. 06

6.2.9 Verwaltungs- und Vertriebsgemeinkosten — Serienkalkulation

Fallbeispiel 1

Gegebene Daten bei der Produktion eines Kostüms:

Materialkosten	MK	48,40 €
Fertigungskosten	FK	32,60 €
Verwaltungsgemeinkosten	VwGK	3,24 €
Selbstkosten	SK	89,10 €

Gesuchte Daten:
- Vertriebsgemeinkosten VtGK in € und %
- Verwaltungsgemeinkosten VwGK in %

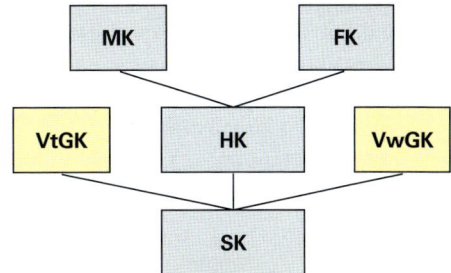

Schema		Lösung Fallbeispiel 1		
Materialkosten		MK	48,40 €	
Fertigungskosten		FK	32,60 €	
Herstellungskosten	MK + FK	HK	= 81,00 €	81,00 €
Verwaltungsgemeinkosten	in % der HK	VwGK 4 % *(NR 1)*		3,24 €
Vertriebsgemeinkosten	in % der HK	VtGK 6 % *(NR 2, 3)*		= 4,86 €
Selbstkosten	HK + VwGK + VtGK	SK		89,10 €

Nebenrechnung 1	*Nebenrechnung 2*	*Nebenrechnung 3*
HK 81,00 € ≙ 100 %	VtGK = SK − VwGK − HK	HK 81,00 € ≙ 100 %
VwGK 3,24 € ≙ x	= 89,10 € − 3,24 € − 81,00 €	VtGK 4,86 € ≙ x
$x = \dfrac{100\ \% \cdot 3{,}24\ €}{81{,}00\ €} = 4\ \%$	= 4,86 €	$x = \dfrac{100\ \% \cdot 4{,}86\ €}{81{,}00\ €} = 6\ \%$

Fallbeispiel 2

Die Vertriebsgemeinkosten für ein Kleidungsstück betragen 5 %, das entspricht 2,10 €. Die Verwaltungsgemeinkosten betragen 3 %.
Berechnen Sie die Herstellungskosten, die Verwaltungsgemeinkosten und die Selbstkosten.

Gegebene Daten:

Vertriebsgemeinkosten	VtGK	2,10 € ≙	5 %
Verwaltungsgemeinkosten	VwGK		3 %

Gesuchte Daten:
- Herstellungskosten HK
- Verwaltungsgemeinkosten in € VwGK
- Selbstkosten SK

Schema		Lösung Fallbeispiel 2	
Herstellungskosten		HK *(NR)*	= 42,00 €
Verwaltungsgemeinkosten	in % der HK	VwGK 3 % von 42,00 €	= 1,26 €
Vertriebsgemeinkosten	in % der HK	VtGK	2,10 €
Selbstkosten	HK + VwGK + VtGK	SK	= 45,36 €

Nebenrechnung	VtGK	5 % ≙ 2,10 €	$x = \dfrac{2{,}10\ € \cdot 100\ \%}{5\ \%} = 42{,}00\ €$
	HK	100 % ≙ x	

Übungsaufgaben: Seite 294, Nr. 07, 08

6.2.10 Verkaufspreis — Serienkalkulation

Der Verkaufspreis für den Endverbaucher setzt sich aus den Selbstkosten, dem Gewinn, den Erlösschmälerungen und der Mehrwertsteuer zusammen.
- Unter **Gewinn** versteht man den Lohn für die unternehmerische Tätigkeit.
- **Erlösschmälerungen** wie Rabatt, Skonto und Provisionen werden kalkuliert, auch wenn der Kunde sie nicht in Anspruch nimmt.
- Die **Mehrwertsteuer** ist kein Kostenfaktor. Sie wird am Ende der Kalkulation auf den errechneten Preis aufgerechnet.

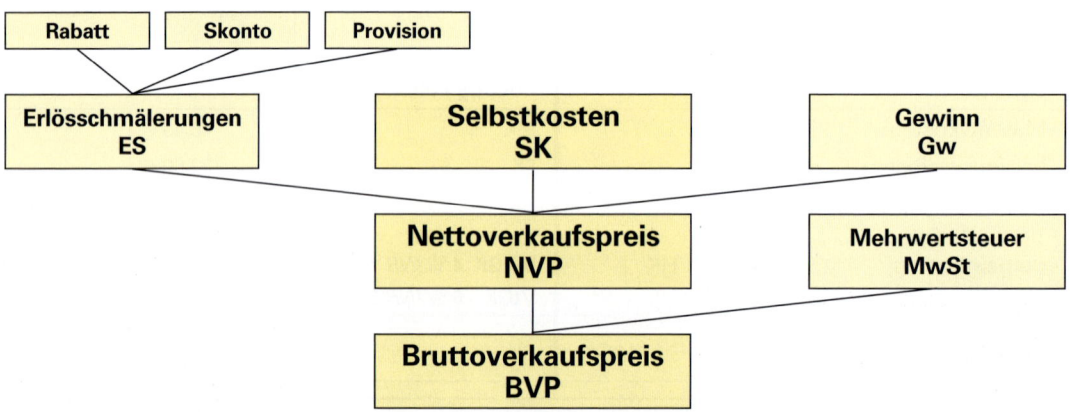

- Der **Gewinn** wird **in Prozent der Selbstkosten** berechnet.
- **Erlösschmälerungen** werden **in Prozent des Nettoverkaufspreises** berechnet.
- Die **Mehrwertsteuer** wird **in Prozent des Nettoverkaufspreises** berechnet.

Fallbeispiel

Gegebene Daten:

Selbstkosten	SK	36,50 €
Gewinn	Gw	8 %
Erlösschmälerungen	ES	12 %
Mehrwertsteuer	MwSt	19 %

Gesuchte Daten: Bruttoverkaufspreis BVP

Schema Bruttoverkaufspreis		Lösung Fallbeispiel	
Selbstkosten		SK	36,50 €
Gewinn	in % der SK	Gw 8 % von 36,50 €	= 2,92 €
Erlösschmälerungen	in % des NVP	ES (NR 1, 2, 3)	≈ 5,38 €
Nettoverkaufspreis	SK + Gw + ES	NVP	= 44,80 €
Mehrwertsteuer	in % des NVP	MwSt 19 % von 44,80 €	≈ 8,51 €
Bruttoverkaufspreis	NVP + MwSt	**BVP**	= **53,31 €**

Nebenrechnung 1		Nebenrechnung 2		Nebenrechnung 3		
SK	36,50 €	NVP	100 %	SK + Gw	88 % ≙ 39,42 €	
Gw	+ 2,92 €	ES	− 12 %	ES	12 % ≙ x	$x = \dfrac{39{,}42\ €\ \cdot\ 12\ \%}{88\ \%}$
SK + Gw	= 39,42 €	SK + Gw	= 88 %			≈ 5,38 €

Übungsaufgabe: Seite 294, Nr. 09

6.2.11 Gewinn   Serienkalkulation

Fallbeispiel 1
Berechnen Sie den Gewinn in Euro und Prozent, der für ein Produkt kalkuliert worden ist, wenn der Bruttoverkaufspreis 82,71 €, die Selbstkosten 55,60 €, die Mehrwertsteuer 19 % und die Erlösschmälerungen 8 % des Nettoverkaufspreises betragen.

Gegebene Daten:

Selbstkosten	SK	55,60 €		NVP	100 %	NVP	100 %
Erlösschmälerungen	ES	8 %		MwSt	+ 19 %	ES	− 8 %
Mehrwertsteuer	MwSt	19 %		BVP	= 119 %	SK + Gw	= 92 %
Bruttoverkaufspreis	BVP	82,71 €					

Gesuchte Daten:
Gewinn   Gw in € / in %

Schema		Lösung Fallbeispiel 1		
Selbstkosten		SK		55,60 €
Gewinn	in % der SK	**Gw = 15 %**	(NR 3, 4)	= **8,34 €**
Erlösschmälerungen	in % des NVP	ES	(NR 2)	= 5,56 €
Nettoverkaufspreis	SK + Gw + ES	NVP	(NR 1)	= 69,50 €
Mehrwertsteuer	in % des NVP	MwSt		
Bruttoverkaufspreis	NVP + MwSt	BVP		82,71 €

Nebenrechnung 1
BVP   119 % ≙ 82,71 €
NVP   100 % ≙ x

$$x = \frac{82{,}71 \, € \cdot 100 \,\%}{119 \,\%}$$

$$\approx 69{,}50 \, €$$

Nebenrechnung 2
NVP   100 % ≙ 69,50 €
ES   8 % ≙ x

$$x = \frac{69{,}50 \, € \cdot 8 \,\%}{100 \,\%}$$

$$= 5{,}56 \, €$$

Nebenrechnung 3
Gw = NVP − ES − SK
     = 69,50 € − 5,56 € − 55,60 €
     = **8,34 €**

Nebenrechnung 4
SK   55,60 € ≙ 100%
Gw   8,34 € ≙ x

$$x = \frac{100 \,\% \cdot 8{,}34 \, €}{55{,}60 \, €}$$

$$= 15 \,\%$$

Fallbeispiel 2

Gegebene Daten:

Selbstkosten	SK	32,70 €
Erlösschmälerungen	ES	8 %
Nettoverkaufspreis	NVP	48,50 €

Gesuchte Daten:
Gewinn in €   Gw

Schema		Lösung Fallbeispiel 2	
Selbstkosten		SK	32,70 €
Gewinn	NVP − ES − SK	Gw = 48,50 € − 3,88 € − 32,70 €	= **11,92 €**
Erlösschmälerungen	in % des NVP	ES = 8% von 48,50 €	≈ 3,88 €
Nettoverkaufspreis		NVP	= 48,50 €

Übungsaufgaben: Seite 294, Nr. 10, 11

6.2.12 Übungsaufgaben — Serienkalkulation

01 Für eine Jacke fallen als Materialkosten für den Oberstoff 35,00 €, für die Zutaten 4,80 € und als Verschnittzulage 2 % an. Der Materialgemeinkostensatz beträgt 12 %.
Berechnen Sie die **Materialkosten**.

02 Die Materialkosten für eine Herrenjacke sollen nicht mehr als 45,00 € betragen. Der Materialgemeinkostensatz beträgt 3,5 %, die Zutaten werden mit 1,82 € veranschlagt.
Wie teuer darf der **Preis** für den **Oberstoff** sein, wenn der Verschnitt dabei 2,12 € beträgt?

03 Bei der Herstellung einer Damenbluse fallen folgende Daten an:
Für das Zuschneiden werden 2,9 Minuten benötigt bei einem Lohnfaktor von 0,21 €/min, für das Nähen 42 Minuten (Lohnfaktor 0,19 € je min), für das Bügeln 3,2 Minuten (Lohnfaktor 0,20 €/min), für Spezialarbeiten 2,8 Minuten (Lohnfaktor 0,20 €/min). Der Fertigungsgemeinkostensatz beträgt 120 %.
Berechnen Sie die **Fertigungskosten**.

04 Berechnen Sie die **Herstellungskosten**, wenn folgende Daten gegeben sind.

Oberstoff	1,80 m zu 8,20 €/m
Verschnitt	2,5 %
Zutaten	1,90 €
Materialgemeinkosten	5 %
Fertigungseinzelkosten	16,30 €
Fertigungsgemeinkosten	110 %

05 Die Materialeinzelkosten für ein Kleid betragen 18,70 €, der Materialgemeinkostensatz 6,5 %. Als Fertigungszeiten fallen bei einem Lohnfaktor von 0,20 €/min in der Zuschneiderei 3,5 Minuten an, beim Nähen werden 35 Minuten aufgewendet (Lohnfaktor 0,19 €/min), für das Bügeln 2,9 Minuten (Lohnfaktor 0,19 €/min). Die Fertigungskosten betragen insgesamt 16,59 €.
Berechnen Sie die **Fertigungsgemeinkosten** in Prozent und die **Herstellungskosten**.

06 Bei der Produktion eines Pullovers fallen Materialkosten in Höhe von 9,40 € und Fertigungskosten von 11,60 € an. Der Verwaltungsgemeinkostensatz beträgt 5 %, die Vertriebsgemeinkosten machen 0,84 € aus.
Berechnen Sie die **Selbstkosten**.

07 Bei der Produktion eines Hosenanzuges fallen folgende Kosten an:

Materialkosten	46,20 €
Fertigungskosten	31,80 €
Verwaltungsgemeinkosten	3,90 €
Selbstkosten	86,19 €

Berechnen Sie die **Vertriebsgemeinkosten** in Euro und Prozent sowie die **Verwaltungsgemeinkosten** in Prozent.

08 Die Vertriebsgemeinkosten für ein Kleidungsstück machen 6 % aus, das entspricht 3,48 €. Die Verwaltungsgemeinkosten betragen 3,5 %.
Berechnen Sie die **Herstellungskosten**, die **Verwaltungsgemeinkosten** und die **Selbstkosten**.

09 Berechnen Sie den **Bruttoverkaufspreis** eines Damenblazers mithilfe folgender Daten:

Selbstkosten	88,40 €
Gewinn	7 %
Erlösschmälerungen	10 % des NVP
Mehrwertsteuer	19 %

10 Berechnen Sie den **Gewinn in Euro und Prozent**, der für ein Kleidungsstück kalkuliert worden ist, wenn der Bruttoverkaufspreis 93,91 €, die Selbstkosten 66,50 €, die Mehrwertsteuer 19 % und die Erlösschmälerungen 9 % des Nettoverkaufspreises betragen.

11 Berechnen Sie den **Gewinn in Euro** bei folgenden Angaben:

Selbstkosten	58,64 €
Erlösschmälerungen	10 %
Nettoverkaufspreis	72,48 €

12 Die Selbstkosten für eine Herrenhose betragen 34,40 €. Die Vertriebsgemeinkosten betragen 4,5 %, die Verwaltungsgemeinkosten 3 %.
Berechnen Sie die **Herstellungskosten**.

13 Der Bruttoverkaufspreis für ein Kleidungsstück beträgt 80,92 €. Der Gewinn von 7,5 % macht 4,68 € aus.
Berechnen Sie die **Selbstkosten** und den **Mehrwertsteuerbetrag**.

14 Bei der Kalkulation eines Kleidungsstückes werden folgende Werte ermittelt:

Herstellungskosten	43,00 €
Vertriebsgemeinkosten	1,72 €
Verwaltungsgemeinkosten	2,58 €

Berechnen Sie die **Vertriebs- und Verwaltungsgemeinkosten in Prozent**.

6.2.12 Übungsaufgaben

Serienkalkulation

15. Bei der Herstellung eines Kleidungsstückes fallen folgende Fertigungszeiten an:

    Zuschneiden 4,4 min, Lohnfaktor 0,20 €/min
    Nähen 45 min, Lohnfaktor 0,18 €/min
    Bügeln 3,8 min, Lohnfaktor 0,19 €/min

    Berechnen Sie die **Fertigungseinzelkosten** und die **Fertigungsgemeinkosten in € und %**, wenn die Fertigungskosten 20,37 € betragen.

16. Die Fertigungseinzelkosten für ein Bekleidungsstück betragen 21,64 €. Für die Fertigungsgemeinkosten werden 27,05 € veranschlagt.

    Ermitteln Sie den **Prozentsatz**, mit dem die **Fertigungsgemeinkosten** kalkuliert wurden.

17. Berechnen Sie den **Bruttoverkaufspreis** für ein Kleidungsstück.

    Folgende Werte sind bekannt:
Selbstkosten	64,00 €
Gewinn	5,5 %
Erlösschmälerungen	12 % des NVP
Mehrwertsteuer	19 %

18. Kalkulieren Sie mit folgenden Daten den **Nettoverkaufspreis** einer Jacke:
Preis für Oberstoff	16,00 €/m
Verbrauch an Oberstoff	1,90 m
Verschnitt	2 %
Zutaten	4,60 €
Materialgemeinkosten	6 %
Fertigungszeit	72 min
durchschnittlicher Lohnfaktor	0,18 €/min
Fertigungsgemeinkosten	125 %
Verwaltungsgemeinkosten	4,5 %
Vertriebsgemeinkosten	6,5 %
Gewinn	12 %
Erlösschmälerungen	8 %

19. Bei der Kalkulation eines Sommeranzuges fallen als Kosten an:
Materialeinzelkosten	54,00 €
Materialgemeinkosten	2,16 €
Fertigungseinzelkosten	33,80 €
Fertigungsgemeinkosten	37,18 €

    19.1 Berechnen Sie die **Herstellungskosten**.
    19.2 Berechnen Sie **Materialgemeinkosten in %**.
    19.3 Berechnen Sie die **Fertigungsgemeinkosten in %**.

20. Berechnen Sie die **Selbstkosten** eines Kleides mit folgenden Angaben:
Materialkosten	18,24 €
Fertigungskosten	26,85 €
Verwaltungsgemeinkosten	4 %
Vertriebsgemeinkosten	5 %

21. Der Bruttoverkaufspreis für eine Herrenhose beträgt 53,55 €.

    Berechnen Sie mit dem aktuellen Mehrwertsteuersatz den **Nettoverkaufspreis**.

22. Die Selbstkosten für einen Mantel belaufen sich auf 86,78 €. Der Gewinn wird mit 14 % veranschlagt, die Erlösschmälerungen betragen 9,64 €.

    Berechnen Sie den **Nettoverkaufspreis**.

23. Die Herstellungskosten für eine Herrenhose betragen 38,00 €. Die Vertriebsgemeinkosten belaufen sich auf 1,52 €. Der Verwaltungsgemeinkostensatz ist um 1 % niedriger als der der Vetriebskosten.

    Berechnen Sie die **Selbstkosten**.

24. Kalkulieren Sie den **Bruttoverkaufspreis** eines Kostüms mit folgenden Angaben:
Preis für Oberstoff	27,80 €/m
Verbrauch an Oberstoff	3,40 m
Verschnitt	2,7 %
Zutaten	11,40 €
Materialgemeinkosten	4 %
Fertigungszeit	138 min
durchschnittlicher Lohnfaktor	0,19 €/min
Fertigungsgemeinkosten	120 %
Verwaltungsgemeinkosten und Vertriebsgemeinkosten	9 %
Gewinn	13 %
Erlösschmälerungen	9 % des NVP
Mehrwertsteuer	19 %

25. Um konkurrenzfähig zu bleiben, darf ein Sommerkleid den kalkulierten Bruttoverkaufspreis von 59,80 € nicht überschreiten.

    Berechnen Sie den maximalen Betrag für den **Nettoverkaufspreis** (Mehrwertsteuersatz 19 %).

26. In einem Bekleidungsbetrieb wurde die Auflage eingeführt, dass die Vertriebs- und Verwaltungsgemeinkosten zusammen nie mehr als 10 % der Herstellungskosten ausmachen sollen. Die Herstellungskosten belaufen sich auf 44,00 €, die Vertriebsgemeinkosten auf 3,08 €.

    26.1 Berechnen Sie die höchstmöglichen **Verwaltungsgemeinkosten in Euro und Prozent**.
    26.2 Berechen Sie mit diesen Bedingungen die **Selbstkosten**.

6.3 Serienkalkulation ⇔ Stückkalkulation

Bei der **Serienkalkulation** werden die Gemeinkosten aufgeteilt in Material-, Fertigungs-, Verwaltungs- und Vertriebsgemeinkosten und in unterschiedlichen Zuschlagssätzen verrechnet ⇒ *Erweiterte Zuschlagskalkulation.*

Bei der **Stückkalkulation** werden die Gemeinkosten in der Regel in **einer** Pauschale für die allgemeinen Kosten eines Betriebes zusammengefasst ⇒ *Vereinfachte Zuschlagskalkulation.*

		Serienkalkulation		Stückkalkulation	
MK	MEK	Materialeinzelkosten			
	MGK	**Materialgemeinkosten**			
MK		Materialkosten		Material(einzel)kosten	MK
	FEK	Fertigungseinzelkosten			
	FGK	**Fertigungsgemeinkosten**			
FK		Fertigungskosten		Lohn(einzel)kosten	LK
HK		Herstellungskosten			
VwGK		**Verwaltungsgemeinkosten**		**Gemeinkosten**	GK
VtGK		**Vertriebsgemeinkosten**			
SK		Selbstkosten		Selbstkosten	SK
Gw		Gewinn		Gewinn und Wagnis	Gw
ES		Erlösschmälerungen			
NVP		Nettoverkaufspreis		Nettolieferpreis	NP
MwSt		Mehrwertsteuer		Mehrwertsteuer	MwSt
BVP		Bruttoverkaufspreis		Bruttolieferpreis	BP

- Das oben angeführte **Schema für die Stückkalkulation** wird angewendet, wenn die Materialkosten Bestandteile der Selbstkosten sind (vgl. **Modell A** Seite 298).
- **Varianten dieses Schemas** sind praxisüblich. Sie unterscheiden sich in der Verrechnung der Materialkosten (vgl. **Modell B** Seite 298, **Modell C** und **Modell D** Seite 299).

6.4 Stückkalkulation

6.4.1 Grundlagen

Größe	Abkürzung	Erklärung
Lohn(einzel)kosten	LK	Die bei der Herstellung eines Kleidungsstückes direkt anfallenden Lohnkosten (Produktive Lohnkosten bzw. Fertigungslöhne)
Material(einzel)kosten	MK	Die bei der Herstellung eines Kleidungsstückes anfallenden Kosten für **direkt** verrechenbare Materialien, z. B. Oberstoff, Futter usw.
Gemeinkosten	GK	Die bei der Herstellung eines Kleidungsstückes anfallenden **indirekten** Kosten wie Wasser, Strom, Miete, Abschreibungen, unproduktive Lohnkosten wie z. B. bezahlte Feiertage und Lohnfortzahlung, Aufwendungen für Büro- und Reinigungspersonal usw.
Selbstkosten	SK	Ausgaben, die dem Betrieb tatsächlich entstehen
Gewinn	Gw	Der auf die Selbstkosten berechnete Zuschlag z. B. zur Bildung von Reserven, Deckung von Verlusten usw.
Mehrwertsteuer	MwSt	Der gesetzliche Steuersatz (momentan 19 %), den der Endverbraucher zu tragen hat
Fertigungspreis	FP	Der Preis, der für die Herstellung eines Kleidungsstückes **ohne Materialkosten** veranschlagt wird
netto	NFP	ohne MwSt = **Nettofertigungspreis**
brutto	BFP	einschließlich MwSt = **Bruttofertigungspreis**
Lieferpreis	LP	Der Preis, der für die Herstellung eines Kleidungsstückes **einschließlich der Materialkosten** veranschlagt wird
netto	NLP	ohne MwSt = **Nettolieferpreis**
brutto	BLP	einschließlich MwSt = **Bruttolieferpreis**
Materialpreis	MP	Der Preis **einschließlich eines Gewinns** und u. U. der **Mehrwertsteuer** (je nach Kalkulationsmodell), den der Kunde für das Material zu zahlen hat
netto	NMP	ohne MwSt = **Nettomaterialpreis**
brutto	BMP	einschließlich MwSt = **Bruttomaterialpreis**
Materialgewinn	MGw	Auf den Materialeinkaufspreis (Selbstkostenpreis) zugeschlagener Gewinn
Stundenlohn	StdL	Tariflich festgelegte bzw. vereinbarte individuelle Vergütung einer Person je Arbeitsstunde
Einfacher Stundenverrechnungssatz	StVS	Der Stundensatz für die Arbeitsleistung einer Person, der, basierend auf dem individuellen Stundenlohn, Gemeinkosten und Gewinn beinhaltet
Durchschnittlicher Stundenverrechnungssatz	⌀ StVS	Der Stundensatz für die Arbeitsleistung aller in einem Betrieb arbeitenden Personen, basierend auf dem durchschnittlichen Stundenlohn

6.4.2 Kalkulationsmodelle (Übersicht)

Stückkalkulation

Kalkulationsmodell A	Kalkulationsmodell B
• Die gesamten Materialkosten sind Bestandteil der Selbstkosten. • Einheitlicher Zuschlagssatz für Gewinn (Wagnis und Gewinn) auf die Selbstkosten.	• Es fallen keine Materialkosten an, die direkt verrechnet werden können. • Zutaten bzw. Kleinmaterial werden pauschal über die Gemeinkosten verrechnet.
Materialkosten (MK) + Lohnkosten (LK) + Gemeinkosten (GK) = Selbstkosten (SK) + Gewinn (Gw) = Nettolieferpreis (NLP) + Mehrwertsteuer (MwSt) = Bruttolieferpreis (BLP)	Lohnkosten (LK) + Gemeinkosten (GK) = Selbstkosten (SK) + Gewinn (Gw) = Nettofertigungspreis (NFP) + Mehrwertsteuer (MwSt) = Bruttofertigungspreis (BFP)

Fallbeispiel 1

Bei der Herstellung eines Kleides entstehen 108,00 € Materialkosten. Die Lohnkosten belaufen sich auf 96,00 €. Der Gemeinkostensatz beträgt 105 %, der Gewinnzuschlag 30 %.

Berechnen Sie den **Brutto(liefer)preis** mit dem aktuellen Mehrwertsteuersatz.

Gegebene Daten:

Materialkosten	MK	108,00 €
Lohnkosten	LK	96,00 €
Gemeinkosten	GK	105 %
Gewinn	Gw	30 %
Mehrwertsteuer	MwSt	19 %

Gesuchte Daten:
Bruttolieferpreis BLP

Lösungsvorschlag	
Materialkosten (MK)	108,00 €
+ Lohnkosten (LK)	96,00 €
+ Gemeinkosten (GK) 105 % der LK	= 100,80 €
= Selbstkosten (SK)	304,80 €
+ Gewinn (Gw) 30 % der SK	= 91,44 €
= Nettolieferpreis (NLP)	396,24 €
+ Mehrwertsteuer (MwSt) 19 % des NLP	≈ 75,29 €
= Bruttolieferpreis (BLP)	**471,53 €**

Fallbeispiel 2

Die Kundin möchte sich das Modell von Fallbeispiel 1 noch einmal fertigen lassen, allerdings aus einem Seidenstoff, den sie aus dem Urlaub mitgebracht hat. Sie erkundigt sich nach dem Fertigungspreis.

Ermitteln Sie den **Bruttofertigungspreis**.

Gegebene Daten:

Lohnkosten	LK	96,00 €
Gemeinkosten	GK	105 %
Gewinn	Gw	30 %
Mehrwertsteuer	MwSt	19 %

Gesuchte Daten:
Bruttofertigungspreis BFP

Lösungsvorschlag	
LK	96,00 €
+ GK 105 % der LK	= 100,80 €
= SK	196,80 €
+ Gw 30 % der SK	= 59,04 €
= NFP	255,84 €
+ MwSt 19 % des NP	≈ 48,61 €
= BFP	**304,40 €**

Übungsaufgaben: Seite 309, Nr. 01, 02

6.4.2 Kalkulationsmodelle (Übersicht)

Stückkalkulation

Kalkulationsmodell C

- In den Selbstkosten sind keine Materialkosten enthalten.
- Auf die Materialkosten bzw. den Einkaufspreis netto wird ein Materialgewinn zugeschlagen.

	Lohnkosten	(LK)
+	Gemeinkosten	(GK)
=	Selbstkosten	(SK)
+	Gewinn	(Gw)
=	Nettofertigungspreis	(NFP)
+	Nettomaterialpreis (Materialkosten + Materialgewinn)	(NMP)
=	Nettolieferpreis	(NLP)
+	Mehrwertsteuer	(MwSt)
=	Bruttolieferpreis	(BLP)

Kalkulationsmodell D

- Für den Oberstoff wird der Listenpreis einschließlich Gewinnzuschlag und Mehrwertsteuer eingesetzt.
- Kosten für Zutaten sind in der Regel in den Selbstkosten enthalten.

	Materialkosten (Zutaten)	(MK)
+	Lohnkosten	(LK)
+	Gemeinkosten	(GK)
=	Selbstkosten	(SK)
+	Gewinn	(Gw)
=	Nettofertigungspreis	(NFP)
+	Mehrwertsteuer	(MwSt)
=	Bruttofertigungspreis	(BFP)
+	Bruttomaterialpreis (Listenpreis)	(BMP)
=	Bruttolieferpreis	(BLP)

Fallbeispiel 1

Bei der Fertigung eines Anzugs fallen Lohnkosten in Höhe von 182,00 € an, die Gemeinkosten werden mit 105 %, der Gewinn mit 35 % veranschlagt. Der Mehrwertsteuersatz beträgt 19 %. Auf die Materialkosten in Höhe von 168,00 € werden 15 % Gewinn verrechnet.

Ermitteln Sie den **Bruttolieferpreis**.

Gegebene Daten:

Lohnkosten	LK	182,00 €
Gemeinkosten	GK	105 %
Gewinn	Gw	35 %
Materialkosten	MK	168,00 €
Materialgewinn	MGw	15 %
Mehrwertsteuer	MwSt	19 %

Gesuchte Daten:

Bruttolieferpreis	BLP	

Lösungsvorschlag

	Lohnkosten (LK)	182,00 €
+	Gemeinkosten (GK) 105 % der LK	= 191,10 €
=	Selbstkosten (SK)	373,10 €
+	Gewinn (Gw) 35 % der SK	≈ 130,59 €
=	Nettofertigungspreis (NFP)	503,69 €
+	Nettomaterialpreis (NMP) MK + 15 % MGw 168,00 € + 25,20 €	= 193,20 €
=	Nettolieferpreis (NLP)	696,89 €
+	Mehrwertsteuer (MwSt) 19 % des NLP	≈ 132,41 €
=	**Bruttolieferpreis (BLP)**	**829,30 €**

Fallbeispiel 2

Für einen Wintermantel wird ein Bouclé aus der Stoffkollektion des Ateliers zu einem Listenpreis von 214,00 € verrechnet. Die Kosten für Zutaten betragen 32,40 €. An Lohnkosten fallen 176,00 € an, der Gemeinkostensatz beträgt 95 %, der Gewinnzuschlag 30 %, die Mehrwertsteuer 19 %.

Ermitteln Sie den **Bruttolieferpreis**.

Gegebene Daten:

Materialkosten$_{Zutaten}$	MK$_{Zut}$	32,40 €
Lohnkosten	LK	176,00 €
Gemeinkosten	GK	95 %
Gewinn	Gw	30 %
Mehrwertsteuer	MwSt	19 %
Bruttomaterialpreis (Listenpreis)	BMP	214,00 €

Gesuchte Daten:

Bruttolieferpreis	BLP	

Lösungsvorschlag

	MK$_{Zut}$	32,40 €
+	LK	176,00 €
+	GK 95 % der LK	= 167,20 €
=	SK	375,60 €
+	Gw 30 % der SK	= 112,68 €
=	NFP	488,28 €
+	MwSt 19 % des NFP	≈ 92,77 €
=	BFP	581,05 €
+	BMP (Listenpreis)	214,00 €
=	**BLP**	**795,05 €**

Übungsaufgaben: Seite 311, Nr. 01, 02

6.4.3 Bruttolieferpreis (Modell A)

Stückkalkulation

Fallbeispiel

Gegebene Daten:

Materialkosten MK
  2,2 m Leinen   18,50 €/m
  2,0 m Futter   7,20 €/m
  0,2 m Einlage   3,60 €/m
  10   Knöpfe   1,10 €/St.

Lohnkosten LK
  Meisterin   1 h 40 min = 100/60 h   14,60 €/h
  Gesellin   7 h 30 min =   7,5 h   8,65 €/h
  Auszubildende 4¼ h   =   4,25 h   3,15 €/h

Gemeinkosten   GK   90 %
Gewinn   Gw   20 %
Mehrwertsteuer MwSt 19 %

Gesuchte Daten:
Bruttolieferpreis eines Damenkleides   BLP

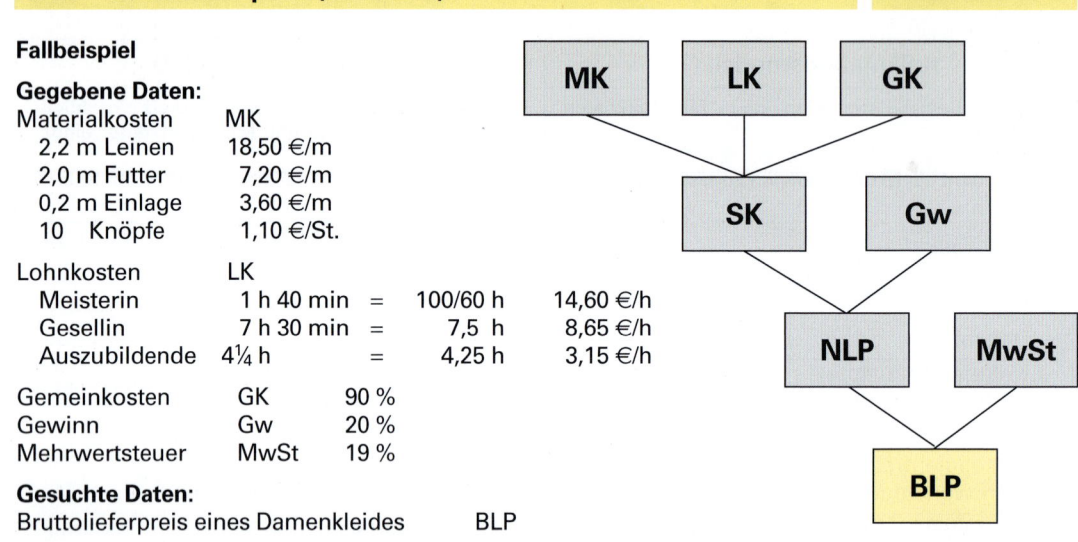

Lösungsvorschlag					
			€	€	
Leinen	2,20 m · 18,50 €/m	=	40,70		Die einzelnen Material-
Futter	2,00 m · 7,20 €/m	=	14,40		kosten werden berechnet
Einlage	0,20 m · 3,60 €/m	=	0,72		und addiert.
Knöpfe	10 St · 1,10 €/St.	=	11,00		
Materialkosten		=	66,82	66,82	
Meisterin	100/60 h · 14,60 €/h	≈	24,33		Die einzelnen Lohnkosten
Gesellin	7,50 h · 8,65 €/h	≈	64,88		werden berechnet und
Auszubildende	4,25 h · 3,15 €/h	≈	13,39		addiert.
Lohnkosten		=	102,60	102,60	
Gemeinkosten	90 % der LK			= 92,34	Die Gemeinkosten werden **in % von den Lohnkosten** berechnet.
Selbstkosten				= 261,76	Der Gewinn
Gewinn	20 % der SK			≈ 52,35	wird **in % von den Selbstkosten** berechnet.
Nettolieferpreis				= 314,11	Die Mehrwertsteuer
Mehrwertsteuer	19 % des NFP			≈ 59,68	wird **in % vom Nettopreis** berechnet.
Bruttolieferpreis				= 373,79	

Übungsaufgaben: Seite 306, Nr. 03

6.4.4 Bruttofertigungspreis (Modell B)

Stückkalkulation

Fallbeispiel

Gegebene Daten:

Lohnkosten LK

Meisterin	2¾ h	=	2,75 h	14,60 €/h
Gesellin	7 h 20 min	=	440/60 h	8,50 €/h
Auszubildende₁	1,75 h			3,15 €/h
Auszubildende₂	5½ h	=	5,5 h	2,50 €/h

Gemeinkosten	GK	105 %
Gewinn	Gw	25 %
Mehrwertsteuer	MwSt	19 %

Gesuchte Daten:
Bruttofertigungspreis für ein Abendkleid   BFP

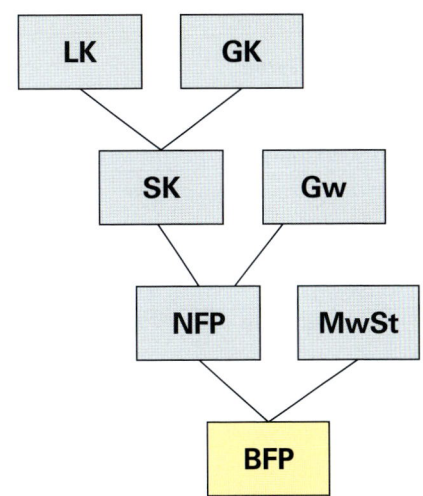

Lösungsvorschlag

			€	€	
Meisterin	2,75 h · 14,60 €/h	=	40,15		Die einzelnen Lohnkosten werden berechnet und addiert.
Gesellin	440/60 h · 8,50 €/h	≈	62,33		
Auszubildende₁	1,75 h · 3,15 €/h	≈	5,51		
Auszubildende₂	5,50 h · 2,50 €/h	=	13,75		
Lohnkosten		=	121,74	121,74	
Gemeinkosten	105 % der LK			≈ 127,83	Die Gemeinkosten werden **in % der Lohnkosten** berechnet.
Selbstkosten				= 249,57	Der Gewinn wird **in % der Selbstkosten** berechnet.
Gewinn	25 % der SK			≈ 62,39	
Nettofertigungspreis				= 311,96	Die Mehrwertsteuer wird **in % des Nettofertigungspreises** berechnet.
Mehrwertsteuer	19 % des NFP			≈ 59,27	
Bruttofertigungspreis				**= 371,23**	

- Bei einem Fertigungspreis handelt es sich um einen Betrag, in dem **keine Materialkosten** enthalten sind.
- Dieses Kalkulationsmodell kommt z. B. zur Anwendung, wenn der Kunde das Material selber stellt.

Übungsaufgaben: Seite 306, Nr. 04

6.4.5 Gemeinkosten (Modell B) — Stückkalkulation

Fallbeispiel

Gegebene Daten:

Bruttofertigungspreis für ein Kostüm	BFP	405,38 €
Mehrwertsteuer	MwSt	19 %
Gewinn	Gw	20 %
Lohnkosten	LK	
Meisterin	3½ h = 3,5 h	14,60 €/h
Gesellin	8 h	8,50 €/h
Auszubildende	7¼ h = 7,25 h	3,15 €/h

Gesuchte Daten:
Gemeinkosten GK in € und in %

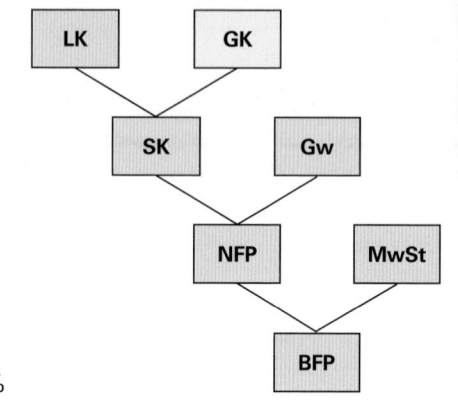

Lösungsvorschlag 1 (Schema)

		€	€
Meisterin	3,5 h · 14,60 €/h =	51,10	
Gesellin	8 h · 8,50 €/h =	68,00	
Auszubildende	7,25 h · 3,15 €/h ≈	22,84	
Lohnkosten	100 % =	141,94	141,94
Gemeinkosten	100 % (NR 3 und 4)	=	**141,94**
Selbstkosten	100 % (NR 2)	=	283,88
Gewinn	20 %		
Nettofertigungspreis	120 %	100 % (NR 1) =	340,66
Mehrwertsteuer		19 %	
Bruttofertigungspreis		119 %	405,38

Nebenrechnung 1

$$NFP = \frac{405{,}38 \text{ €} \cdot 100 \text{ %}}{119 \text{ %}} \approx 340{,}66 \text{ €}$$

Nebenrechnung 2

$$SK = \frac{340{,}66 \text{ €} \cdot 100 \text{ %}}{120 \text{ %}} \approx 283{,}88 \text{ €}$$

Nebenrechnung 3

SK	283,88 €
LK	− 141,94 €
GK	**141,94 €**

Nebenrechnung 4

$$GK = \frac{100 \text{ %} \cdot 141{,}94 \text{ €}}{141{,}94 \text{ €}} = 100 \text{ %}$$

⚠️
- Bei Lösungsvariante 1 wird zunächst das Schema aufgelistet.
- In das Schema werden die gegebenen Daten eingetragen.
- Die zur Lösung erforderlichen Daten werden über Nebenrechnungen ermittelt.

Lösungsvorschlag 2 (Teilschritte)

Schritt 1

3,5 h · 14,60 €/h =		51,10 €
8 h · 8,50 €/h =		68,00 €
7,25 h · 3,15 €/h ≈		22,84 €
Lohnkosten		141,94 €

Schritt 2

BFP	119 %	≙	405,38 €
MwSt	− 19 %		
NFP	100 %	≙	x

$$x = \frac{405{,}38 \text{ €} \cdot 100 \text{ %}}{119 \text{ %}} \approx 340{,}66 \text{ €}$$

Schritt 3

NFP	120 %	≙	340,66 €
Gewinn	− 20 %		
Selbstkosten	100 %	≙	x

$$x = \frac{340{,}66 \text{ €} \cdot 100 \text{ %}}{120 \text{ %}} = 283{,}88 \text{ €}$$

Schritt 4

Selbstkosten	283,88 €
Lohnkosten	− 141,94 €
Gemeinkosten	**141,94 €**

Schritt 5

Lohnkosten	141,94 €	≙	100 %
Gemeinkosten	141,94 €	≙	x

$$x = \frac{100 \text{ %} \cdot 141{,}94 \text{ €}}{141{,}94 \text{ €}} \approx 100 \text{ %}$$

Übungsaufgabe: Seite 306, Nr. 09

6.4.6 Materialkosten (Modell A)   Stückkalkulation

Fallbeispiel
Für die Anfertigung eines Kleides beträgt der Bruttolieferpreis einschließlich 19 % Mehrwertsteuer 598,99 €. Es fallen die aufgelisteten Lohnkosten und Kosten für Zutaten an. Die Gemeinkosten betragen 95 %, als Gewinn werden 25 % verrechnet.
Es wurden 2,50 m Oberstoff verbraucht.
Ermitteln Sie den Meterpreis.

Gegebene Daten:

Zutaten $K_{Zutaten}$:
1,80 m Futter zu	7,50 €/m
7 Knöpfe zu	2,10 €/St.
5 Knöpfe zu	1,80 €/St.
Kleinmaterial	7,20 €

Lohnkosten LK:
1,75 h Meisterin	16,40 €/h
6,2 h Gesellin 1	11,60 €/h
3,5 h Gesellin 2	10,50 €/h
4,7 h Auszubildende	3,10 €/h

Bruttolieferpreis	BLP	598,99 €
Gemeinkosten	GK	95 %
Gewinn	Gw	25 %
Mehrwertsteuer	MwSt	19 %
Verbrauch$_{Oberstoff}$	Vb$_{Oberstoff}$	2,50 m

Gesuchte Daten:
Meterpreis des Oberstoffes Pr/m$_{Oberstoff}$

Lösung in Teilschritten

Schritt 1: Nettolieferpreis

| Bruttolieferpreis | 119 % ≙ 598,99 € |
| Nettolieferpreis | 100 % ≙   x |

$$x = \frac{598{,}99 \text{ €} \cdot 100\,\%}{119\,\%} \approx 503{,}35\text{ €}$$

Schritt 2: Selbstkosten

| Nettolieferpreis | 125 % ≙ 503,35 € |
| Selbstkosten | 100 % ≙   x |

$$x = \frac{503{,}35 \text{ €} \cdot 100\,\%}{125\,\%} = 402{,}68\text{ €}$$

Schritt 3: Lohnkosten

Lohnkosten	1,75 h · 16,40 €/h	= 28,70 €
	6,2 h · 11,60 €/h	= 71,92 €
	3,5 h · 10,50 €/h	= 36,75 €
	4,7 h · 3,10 €/h	= 14,57 €
		= 151,94 €

Schritt 4: Gemeinkosten

Gemeinkosten
= Lohnkosten · Zuschlagssatz
= 151,94 € · 95/100
= 144,34 €

Schritt 5: Kosten Zutaten

Kosten$_{Zutaten}$	1,80 m · 7,50 €/m	= 13,50 €
	7 St. · 2,10 €/St.	= 14,70 €
	5 St. · 1,80 €/St.	= 9,00 €
	Kleinmaterial	7,20 €
		= 44,40 €

Schritt 6: Materialkosten

	Selbstkosten	402,68 €
–	Lohnkosten	151,94 €
–	Gemeinkosten	144,34 €
=	Materialkosten	106,40 €

Schritt 7: Kosten Oberstoff

	Materialkosten	106,40 €
–	Kosten$_{Zutaten}$	44,40 €
=	Kosten$_{Oberstoff}$	62,00 €

Schritt 8: Meterpreis Oberstoff

Meterpreis
= Kosten$_{Oberstoff}$: Verbrauch
= 62,00 € : 2,50 m
= 24,80 €/m

Übungsaufgabe: Seite 307, Nr. 18

6.4.7 Gewinn und Mehrwertsteuer (Modell A) *Stückkalkulation*

Fallbeispiel
Gegebene Daten:

Materialkosten	MK	
2,40 m Kammgarn	26,40 €/m	
1,60 m Futter	4,80 €/m	
0,40 m Vlieseinlage	2,10 €/m	
sonstige Zutaten	12,60 €	
Lohnkosten	LK	182,90 €
Gemeinkosten	GK	95 %
Mehrwertsteuer	MwSt	19 %
Bruttolieferpreis für einen Mantel	BLP	629,94 €

Gesuchte Daten:
- Mehrwertsteuer MwSt in €
- Gewinn Gw in € und %

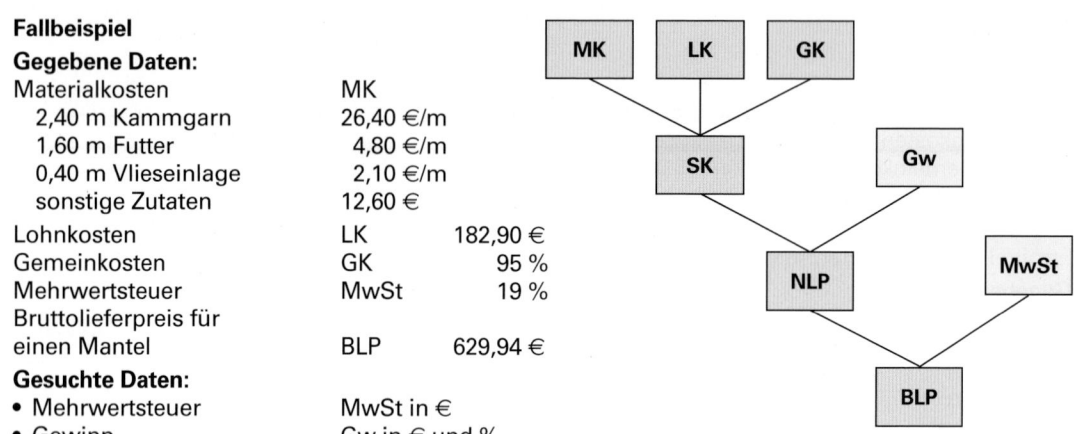

Lösungsmöglichkeit 1 (Teilschritte)

Schritt 1

Kammgarn	2,40 m · 26,40 €/m	=	63,36 €	
Futter	1,60 m · 4,80 €/m	=	7,68 €	
Vlieseinlage	0,40 m · 2,10 €/m	=	0,84 €	
Zutaten			12,60 €	
Materialkosten		=	84,48 €	84,48 €
Lohnkosten				182,90 €
Gemeinkosten	95 % der LK		≈	173,76 €
Selbstkosten			=	441,14 €

Schritt 2

Bruttolieferpreis   119 % ≙ 629,94 €
Mehrwertsteuer   19 % ≙ x

$$x = \frac{629{,}94\ € · 19\ \%}{119\ \%}$$

≈ **100,58 €**

NLP	100 %
+ MwSt	19 %
= BLP	119 %

Schritt 3

Bruttolieferpreis	629,94 €
Mehrwertsteuer	− 100,58 €
Nettolieferpreis	= 529,36 €

BLP
− MwSt
= NLP

Schritt 4

Nettolieferpreis	529,36 €
Selbstkosten	− 441,14 €
Gewinn in €	= **88,22 €**

NLP
− SK
= Gw

Schritt 5

Selbstkosten   441,14 € ≙ 100 %
Gewinn in %   88,22 € ≙ x

$$x = \frac{100\ \% · 88{,}22\ €}{441{,}14\ €}$$

≈ **20 %**

$$Gw\ in\ \% = \frac{100\ \% · Gw\ in\ €}{SK}$$

6.4.7 Gewinn und Mehrwertsteuer (Modell A)

Stückkalkulation

Fallbeispiel (Seite 304)
Gegebene und gesuchte Daten:

Schema	Betrag	Prozentsatz
MK	(…) siehe unten	
+ LK	182,90 €	
+ GK		95 %
= SK		
+ Gw	x_2	x_3
= NLP		
+ MwSt	x_1	19 %
= BLP	629,94 €	

Lösungsmöglichkeit 2 (Schema)

				€	€
	Kammgarn	2,40 m · 26,40 €/m	=	63,63	
	Futter	1,60 m · 4,80 €/m	=	7,68	
	Vlieseinlage	0,40 m · 2,10 €/m	=	0,84	
	Zutaten			12,60	
MK	Materialkosten		=	84,48	84,48
LK	Lohnkosten				182,90
GK	Gemeinkosten	95 % der LK			≈ 173,76
SK	Selbstkosten	100 %			= 441,14
Gw	**Gewinn**	20 % d. SK			= 88,22 (NR 3, 4)
NLP	Nettolieferpreis	100 %			529,36 (NR 2)
MwSt	**Mehrwertsteuer**	19 %			≈ 100,58 (NR 1)
BLP	Bruttolieferpreis	119 %			629,94

Nebenrechnung 1

$$\text{MwSt } x_1 = \frac{629{,}94 \text{ €} \cdot 19\ \%}{119\ \%}$$

$$\approx 100{,}58 \text{ €}$$

Nebenrechnung 2

	BLP	629,94 €
−	MwSt	100,58 €
=	NLP	529,36 €

Nebenrechnung 3

	NLP	529,36 €
−	SK	441,14 €
=	Gw x_2	88,22 €

Nebenrechnung 4

$$\text{Gw } x_3 = \frac{100\ \% \cdot 88{,}22 \text{ €}}{441{,}14 \text{ €}}$$

$$\approx 20\ \%$$

! $\quad$ MwSt in € $= \dfrac{\text{BLP in € · MwSt in \%}}{\text{BLP in \%}} \qquad$ Gw in % $= \dfrac{100\ \% \cdot \text{Gw in €}}{\text{SK in €}}$

Übungsaufgabe: Seite 307, Nr. 13

6.4.8 Übungsaufgaben Modelle A und B — Stückkalkulation

01 Bei der Herstellung eines Kleides betragen die Materialkosten 150,30 €. Es sind Lohnkosten in Höhe von 146,00 € entstanden. Der Gemeinkostensatz beträgt 100 %, der Gewinn wird mit 30 % veranschlagt.

Ermitteln Sie den **Bruttolieferpreis** mit dem aktuellen Mehrwertsteuersatz.

02 Eine Kundin gibt die Fertigung eines Kleides in Auftrag, das Material hierzu wird von ihr selbst gestellt. Es entstehen Lohnkosten in Höhe von 164,00 €. Das Atelier kalkuliert mit einem Gemeinkostensatz von 105 % und veranschlagt 30 % Gewinn.

Berechnen Sie den **Bruttofertigungspreis** mit dem aktuellen Mehrwertsteuersatz.

03 Die Preiskalkulation für die Fertigung eines Damenkleides erfolgt auf der Basis von 95 % Gemeinkosten, 25 % Gewinn und 19 % Mehrwertsteuer.

Anfallende Lohnkosten:
2 h 20 min	Meisterin	13,90 €/h
5 h 20 min	Gesellin	8,50 €/h
4 h 45 min	Auszubildende	2,80 €/h

Anfallende Materialkosten:
2,20 m Kammgarn	27,40 €/m
2,00 m Viskosefutter	5,40 €/m
0,35 m Einlage	3,60 €/m
10 Knöpfe	1,10 €/St.

Ermitteln Sie den **Bruttolieferpreis**.

04 Eine Kundin hat sich aus dem Urlaub einen Seidenstoff mitgebracht, aus dem sie sich ein Kleid anfertigen lassen will. Folgende Kosten fallen an:

Lohnkosten
Meisterin	3 ¼ h	13,90 €/h
Gesellin	5 h 50 min	8,50 €/h
Auszubildende $_1$	2,8 h	2,80 €/h
Auszubildende $_2$	4 ½ h	3,15 €/h
Gemeinkosten	110 %	
Gewinn	40 %	
Mehrwertsteuer	19%	

Berechnen Sie den **Bruttofertigungspreis**.

05 Bei der Fertigung eines Hosenanzugs fallen folgende Kosten an:

Materialkosten
Cool Wool	3,50 m	26,40 €/m
Futter	3,00 m	7,20 €/m
Einlage	0,50 m	8,60 €/m
Knöpfe	12 Stück	2,10 €/St.
Reißverschluss	1 Stück	2,20 €
Nähgarn		3,40 €

Lohnkosten
Meisterin	2 h	19,60 €/h
Gesellin $_1$	6 ¼ h	12,10 €/h
Gesellin $_2$	5,5 h	11,40 €/h
Auszubildende	3 ¾ h	2,90 €/h
Gemeinkosten	100 %	
Gewinn	25 %	
Mehrwertsteuer	19 %	

Ermitteln Sie den **Bruttolieferpreis**.

06 Eine Kundin bringt zwei Stoffe mit ins Atelier und möchte sich ein Kostüm und ein Kleid arbeiten lassen. Für das Kostüm sind zu berücksichtigen:

Lohnkosten
2 ½ h Meister	18,60 €/h
8 ¼ h Gesellin	12,00 €/h
6 ¼ h Auszubildende	3,20 €/h
Gemeinkosten	105 %
Gewinn	35 %
Mehrwertsteuer	19 %

Für das Kleid fallen lediglich andere Lohnkosten an:
1 h Meisterin	18,60 €/h
6 ¾ h Gesellin	12,00 €/h
3 ¼ h Auszubildende	3,20 €/h

Kalkulieren Sie für beide Modelle den **Bruttofertigungspreis**.

07 Bei der Fertigung eines Mantels sind Materialkosten von 160,00 € entstanden, die Lohnkosten müssen wie folgt berechnet werden:
Meister	2 ¼ h	17,80 €/h
Geselle	6 ½ h	12,20 €/h
Auszubildender	7 h	3,10 €/h

Die Gemeinkosten werden mit 90 % verrechnet, der Gewinn wird mit 25 % veranschlagt. Kalkulieren Sie den **Bruttolieferpreis**.

08 In einem Herrenschneiderbetrieb müssen, um konkurrenzfähig zu bleiben, die Kosten reduziert werden. Die Einsparung soll hauptsächlich Gewinn und Gemeinkosten treffen. Bisher wurde normalerweise mit einem 120 %igen Gemeinkostenzuschlag und einem 35 %igen Gewinnzuschlag kalkuliert.

Berechnen Sie die **Ersparnis** für einen Kunden bei einer jeweiligen Senkung um 10 %, wenn die Lohnkosten 368,00 € betragen.

09 An Lohnkosten für einen Anzug entstehen:
4 h	Meister	17,50 €/h
7 h 45 min	Geselle $_1$	10,10 €/h
4,75 h	Geselle $_2$	9,70 €/h
5 h	Auszubildender	4,20 €/h

Berechnen Sie die **Gemeinkosten in Euro und Prozent,** wenn die Selbstkosten 419,95 € betragen.

6.4.8 Übungsaufgaben Modelle A und B — Stückkalkulation

10 Für ein Kostüm beträgt der Bruttolieferpreis 446,08 €. Es fallen folgende Lohnkosten an:
3¼ h Meisterin $_1$ 14,80 €/h
2 h Meisterin $_2$ 14,20 €/h
8½ h Gesellin   8,50 €/h
Der Gewinn beträgt 20 %, die Mehrwertsteuer 19 %.
Ermitteln Sie die **Gemeinkosten in Euro und Prozent**.

11 In den Selbstkosten von 429,80 € für ein Kleid sind 127,80 € Gemeinkosten und 160,00 € Materialkosten enthalten. Der Gewinn beträgt 35 %.
11.1 Ermitteln Sie die **Lohnkosten** und die **Gemeinkosten in Prozent**.
11.2 Berechnen Sie den **Bruttolieferpreis**.

12 Einschließlich 19 % Mehrwertsteuer kostet ein Mantel 731,28 €. Es entstanden folgende Kosten:

Materialkosten
2,80 m Oberstoff   34,20 €/m
1,80 m Futter   6,80 €/m
0,50 m Einlage   2,20 €/m
Sonstige Zutaten   13,50 €
Lohnkosten   190,00 €
Gemeinkosten   105 %

Berechnen Sie den **Mehrwertsteuerbetrag** und den **Gewinn in Euro und Prozent**.

13 Für 547,52 € (einschließlich 19 % Mehrwertsteuer) fertigt eine Damenschneiderin einen Overall an. Folgende Materialkosten entstanden:
2,30 m Oberstoff   21,40 €/m
1,50 m Futter   6,80 €/m
Einlage und Polster   7,50 €
10 Knöpfe   0,90 €/St.
sonstige Zutaten   12,30 €
Die Lohnkosten betragen 164,00 €, die Gemeinkosten 80 %.
Ermitteln Sie den **Gewinn in Euro und Prozent**.

14 In einem Bruttopreis von 416,30 € sind 19 % Mehrwertsteuer enthalten. Die Lohnkosten betragen 138,00 €, die Gemeinkosten 131,10 €.
14.1 Ermitteln Sie die **Gemeinkosten in Prozent**.
14.2 Berechnen Sie den **Gewinn in Euro und Prozent**.

15 Für die Arbeit an einer Hose fallen Lohnkosten in Höhe von 94,00 € an, die Materialkosten betragen 80,00 €. Die Selbstkosten belaufen sich auf 263,30 €. Der Gewinn wird mit 30 % kalkuliert.
15.1 Ermitteln Sie die **Gemeinkosten in Euro und Prozent**.
15.2 Berechnen Sie den **Bruttolieferpreis**.

16 Der Nettopreis von 349,65 € für ein Kleid basiert auf Selbstkosten in Höhe von 259,00 €. In den Selbstkosten sind wiederum 140,00 € Lohnkosten enthalten. Das Material hat die Kundin selbst besorgt.
16.1 Berechnen Sie den **Gewinn in Euro und Prozent**.
16.2 Ermitteln Sie die **Gemeinkosten in Euro und Prozent**.

17 Eine Kundin möchte ein festliches Kleid in Auftrag geben und hat als Limit für den Bruttolieferpreis 1 200,00 € vorgegeben.
Die Lohnkosten müssen mit 250,00 € eingeplant werden, der Gemeinkostensatz beträgt 105 % und für den Gewinn werden 35 % veranschlagt.
Berechnen Sie die Höhe der **Materialkosten**, die bei der Preisobergrenze möglich sind.

18 Für die Anfertigung eines Hosenanzuges beträgt der Bruttolieferpreis 845,58 €.
An Kosten sind entstanden:

Zutaten:
2,50 m Futter   8,00 €/m
0,50 m Einlage   6,40 €/m
9 Knöpfe   2,40 €/St.
7 Knöpfe   2,10 €/St.
Kleinmaterial   6,50 €

Lohnkosten:
2½ h Meisterin   18,20 €/h
10,5 h Gesellin   11,40 €/h
3 h Auszubildende $_1$ 3,20 €/h
4¼ h Auszubildende $_2$ 3,00 €/h
Gemeinkosten   90 %
Gewinn   35 %
Mehrwertsteuer   19 %

Es wurden 3,20 m Oberstoff verrechnet.
Ermitteln Sie den eingesetzten **Meterpreis**.

19 Der Bruttopreis für ein Wollkostüm beträgt 503,51 €.
An Materialkosten entstanden:
2,60 m Tweed   24,00 €/m
1,60 m Futter   5,60 €/m
sonstige Zutaten   14,84 €
Die Lohnkosten betragen 144,00 €, die Gemeinkosten 85 %.
Berechnen Sie den **Gewinn in Euro und Prozent**.

20 Berechnen Sie, wo der höhere **Gemeinkostensatz** angesetzt wurde.

20.1 Lohnkosten 156,00 €
      und Selbstkosten 288,60 €;
20.2 Lohnkosten 212,00 €
      und Selbstkosten 392,20 €.

6.4.9 Bruttolieferpreis (Modell C)

Stückkalkulation

Fallbeispiel

Gegebene Daten:

Lohnkosten	LK				Materialkosten		MK	
Meisterin	2¼ h	=	2,25 h	14,80 €/h	1,7 m Kammgarn		42,70 €/m	
Gesellin $_1$	3 h			9,20 €/h	1,40 m Futter		6,10 €/m	
Gesellin $_2$	4½ h	=	4,5 h	8,60 €/h	15 Knöpfe		1,10 €/St.	
Auszubildende	4½ h	=	4,5 h	2,50 €/h	sonstige Zutaten		12,50 €	

Gemeinkosten	GK	90 %
Gewinn	Gw	20 % der Selbstkosten
Materialgewinn	MGw	10 % der Materialkosten
Mehrwertsteuer	MwSt	19 %

Gesuchte Daten:
Bruttolieferpreis eines Blazers   BP

Lösungsvorschlag

			€	€	
Meisterin	2,25 h · 14,80 €/h	=	33,30		Die einzelnen Lohnkosten werden berechnet und addiert.
Gesellin $_1$	3 h · 9,20 €/h	=	27,60		
Gesellin $_2$	4,50 h · 8,60 €/h	=	38,70		
Auszubildende	4,50 h · 2,50 €/h	=	11,25		
Lohnkosten		=	110,85	110,85	
Gemeinkosten	90 % der LK	≈		99,77	Die Gemeinkosten werden **in % der Lohnkosten** berechnet.
Selbstkosten		=		210,62	
Gewinn	20 % der SK	≈		42,12	Der Gewinn wird **in % der Selbstkosten** berechnet.
Nettofertigungspreis		=		252,74	
Kammgarn	1,70 m · 42,70 €/m	=	72,59		Die einzelnen Materialkosten werden berechnet und addiert, von dieser Summe wird ein Materialgewinn berechnet, um den Gesamtmaterialpreis zu ermitteln.
Futter	1,40 m · 6,10 €/m	=	8,54		
Knöpfe	15 St. · 1,10 €/St.	=	16,50		
sonstige Zutaten			12,50		
Materialkosten		=	110,13		
Materialgewinn	10 % der MK	≈	11,01		
Nettomaterialpreis		=	121,14	121,14	
Nettolieferpreis		=		373,88	Die Mehrwertsteuer wird **in % des Nettopreises** berechnet.
Mehrwertsteuer	19 % des NLP	≈		71,04	
Bruttolieferpreis		=		**444,92**	

Übungsaufgaben: Seite 311, Nr. 03

6.4.10 Bruttolieferpreis (Modell D)

Stückkalkulation

Fallbeispiel

Gegebene Daten:

Lohnkosten   LK

Meisterin	4¾ h	= 4,75 h	14,80 €/h
Gesellin	7 h 35 min	= 455/60 h	8,50 €/h
Auszubildende ₁	1,5 h		4,10 €/h
Auszubildende ₂	4½ h	= 4,5 h	3,15 €/h

Gemeinkosten	GK	115 %
Gewinn	Gw	20 %
Mehrwertsteuer	MwSt	19 %
Bruttomaterialpreis (Materialpreis nach Liste)	BMP	185,00 €

Gesuchte Daten:
Bruttolieferpreis   BLP
für ein Kostüm

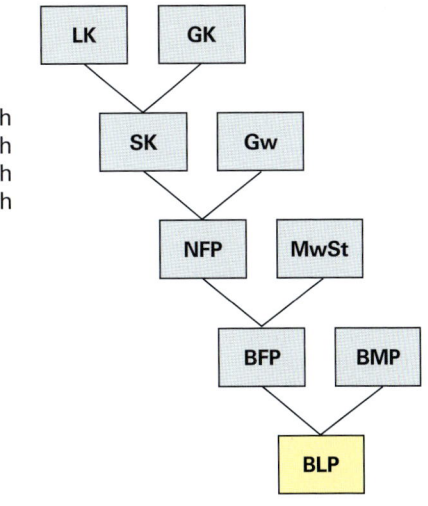

Lösungsvorschlag

			€	€	
Meisterin	4,75 h · 14,80 €/h	=	70,30		Die einzelnen Lohnkosten werden berechnet und addiert.
Gesellin	455/60 h · 8,50 €/h	≈	64,46		
Auszubildende ₁	1,5 h · 4,10 €/h	=	6,15		
Auszubildende ₂	4,5 h · 3,15 €/h	≈	14,18		
Lohnkosten		=	155,09	155,09	
Gemeinkosten	115 % der LK			≈ 178,35	Die Gemeinkosten werden **in % der Lohnkosten** berechnet.
Selbstkosten				= 333,44	Der Gewinn wird **in % der Selbstkosten** berechnet.
Gewinn	20 % der SK			≈ 66,69	
Nettofertigungspreis				= 400,13	Die Mehrwertsteuer wird **in % des Nettofertigungspreises** berechnet.
Mehrwertsteuer	19 % des NFP			≈ 76,02	
Bruttofertigungspreis				= 476,15	
Bruttomaterialpreis (Materialpreis nach Liste)				185,00	
Bruttolieferpreis				**= 661,15**	

 Der Bruttomaterialpreis (Materialpreis nach Liste) enthält die Materialkosten, einen Gewinn sowie die Mehrwertsteuer.

Übungsaufgaben: Seite 311, Nr. 04

6.4.11 Gewinn und Nettomaterialpreis (Modell C)

Stückkalkulation

Fallbeispiel

Eine Kundin gibt als oberes Limit für ein Kleid einen Bruttolieferpreis von 750 € vor.
Der Gemeinkostensatz wird in diesem Betrieb mit 110 % veranschlagt, der Nettofertigungspreis beträgt 448,21 €. Darin enthalten sind folgende Lohnkosten:

2 h 30 min Meisterin	16,80 €/h	2,5 h Gesellin $_2$	10,20 €/h
7 h Gesellin $_1$	11,00 €/h	4¼ h Auszubildende	3,20 €/h

Es wird mit einem Materialgewinn von 20 % kalkuliert.
- Ermitteln Sie den Gewinn in Euro und Prozent.
- Berechnen Sie den Nettomaterialpreis, der bei der Preisobergrenze noch möglich ist.
- Berechnen Sie die Materialkosten.

Gegebene Daten:

Bruttolieferpreis	BLP	750,00 €	
Gemeinkosten	GK	110 %	
Nettofertigungspreis	NFP	448,21 €	
Lohnkosten	LK		
Meisterin	2 h 30 min	→ 2,5 h	16,80 €/h
Gesellin $_1$	7 h		11,00 €/h
Gesellin $_2$	2,5 h		10,20 €/h
Auszubildende	4¼ h	→ 4,25 h	3,20 €/h
Materialgewinn	MGw	20 %	

Gesuchte Daten:
- Gewinn   Gw in € und %
- Nettomaterialpreis   NMP
- Materialkosten   MK

Lösungsvorschlag

Schritt 1

Meisterin	2,5 h	· 16,80 €/h	= 42,00 €
Gesellin $_1$	7 h	· 11,00 €/h	= 77,00 €
Gesellin $_2$	2,50 h	· 10,20 €/h	= 25,50 €
Auszubildende	4,25 h	· 3,20 €/h	= 13,60 €
Lohnkosten			= 158,10 € 158,10 €
Gemeinkosten		110 % der LK	= 173,91 €
Selbstkosten			= 332,01 €

Schritt 2

Nettofertigungspreis   448,21 €
− Selbstkosten   332,01 € ≙ 100 %
= Gewinn   116,20 € ≙ x

$$x = \frac{100\ \%\ \cdot\ 116{,}20\ €}{332{,}01\ €} \approx 35\ \%$$

$$\text{Gw in } \% = \frac{Gw}{SK} \cdot 100$$

Schritt 3

Bruttolieferpreis   119 % ≙ 750,00 €
Nettolieferpreis   100 % ≙ x

$$x = \frac{750{,}00\ €\ \cdot\ 100\ \%}{119\ \%} \approx 630{,}25\ €$$

$$NLP = \frac{BLP}{NLP\ in\ \%} \cdot 100$$

Schritt 4

Nettomaterialpreis = Nettolieferpreis − Nettofertigungspreis
= 630,25 € − 448,21 €
= **182,04 €**

$$NMP = NLP - NFP$$

Schritt 5

Nettomaterialpreis   120 % ≙ 182,04 €
Materialkosten   100 % ≙ x

$$x = \frac{182{,}04\ €\ \cdot\ 100\ \%}{120\ \%} = 151{,}70\ €$$

Übungsaufgaben: Seite 312, Nr. 08

6.4.12 Übungsaufgaben Modelle C und D — Stückkalkulation

01 Bei der Fertigung eines Hosenensembles fallen Lohnkosten in Höhe von 137,99 € an, die Gemeinkosten werden mit 120 %, der Gewinn mit 25 % veranschlagt.
Auf die Materialkosten in Höhe von 106,00 € werden 15 % Gewinn verrechnet.
Berechnen Sie den **Bruttolieferpreis** mit dem aktuellen Mehrwertsteuersatz.

02 Für einen Blazer bestellt sich die Kundin einen Stoff aus dem Katalog im Atelier. Dafür wird ihr der Listenpreis in Höhe von 108,00 € in Rechnung gestellt. Für die Zutaten sind 28,80 € zu berücksichtigen.
Die Lohnkosten betragen 85,05 €, die Gemeinkosten werden mit 110 % verrechnet, der Gewinn mit 30 %.
Berechnen Sie den **Bruttolieferpreis** mit dem aktuellen Mehrwertsteuersatz.

03 Bei der Fertigung einer Jacke fallen folgende Kosten an:

Lohnkosten:
Meisterin	2 h 45 min	14,80 €/h
Gesellin $_1$	3,5 h	9,40 €/h
Gesellin $_2$	4 h	8,60 €/h
Auszubildende	4½ h	3,15 €/h
Gemeinkosten		105 %
Gewinn		12 %

Materialkosten
1,7 m Leinen		36,80 €/m
1,4 m Futterstoff		5,20 €/m
12 Knöpfe		1,05 €/St.
Sonstige Zutaten		9,40 €
Materialgewinn		15 %

Kalkulieren Sie den **Bruttolieferpreis** mit dem aktuellen Mehrwertsteuersatz.

04 Für ein Kostüm bestellt sich eine Kundin den Stoff aus einem Katalog des Modeateliers. Neben dem Materiallistenpreis in Höhe von 124,00 € und 28,80 € Materialkosten für Zutaten fallen folgende Kosten an:

Lohnkosten:
Meister	3⅓ h	14,20 €/h
Gesellin	8 h 45 min	8,50 €/h
Auszubildende $_1$	3,8 h	3,15 €/h
Auszubildende $_2$	3½ h	2,80 €/h
Gemeinkosten		120 %
Gewinn		15 %
Mehrwertsteuer		19%

Berechnen Sie den **Bruttolieferpreis**.

05 Bei der Herstellung eines Mantels entstanden folgende Kosten:

Lohnkosten
Meister	3½ h	19,80 €/h
Gesellin	7,6 h	11,60 €/h
Auszubildende	6¼ h	2,90 €/h
Gemeinkosten		85 %
Gewinn		30 %
Materialkosten		240,00 €
Materialgewinn		15 %

Berechnen Sie den **Bruttolieferpreis** mit dem aktuellen Mehrwertsteuersatz.

06 Bei der Fertigung eines Herrensakkos entstehen folgende Kosten:

Lohnkosten:
Meister	2½ h	15,60 €/h
Gesellin $_1$	6,5 h	9,80 €/h
Gesellin $_2$	4,75 h	8,70 €/h
Auszubildende	5 h	3,10 €/h
Gemeinkosten		90 %
Gewinn		35 %
Mehrwertsteuer		19 %

Materialkosten:
2,20 m Shantungseide	36,80 €/m
2,00 m Futter	8,80 €/m
0,60 m Einlage	6,20 €/m
11 Knöpfe	2,10 €/St.
Sonstige Zutaten	7,20 €
Materialgewinn	12 %

Kalkulieren Sie den **Bruttolieferpreis**.

07 Bei der Wahl des Oberstoffs für einen Hosenanzug bestehen zwei Möglichkeiten:
- *Cool Wool* aus dem Bestand des Ateliers wird einschließlich der Zutaten zu einem Gesamtpreis brutto in Höhe von 145,00 € angeboten.
- Für *Glacé* aus dem Katalog gilt der Materiallistenpreis von 32,00 €/m, es werden 3,25 m benötigt. Die Materialkosten für die Zutaten werden hierbei insgesamt zum Selbstkostenpreis von 66,00 € verrechnet.
Die Lohnkosten betragen 215,36 €, die Gemeinkosten 95 %, der Gewinn 5 %.

07.1 Ermitteln Sie für beide Angebote den **Bruttolieferpreis** mit dem aktuellen Mehrwertsteuersatz.
07.2 Berechnen Sie den **Preisunterschied**.

6.4.12 Übungsaufgaben Modelle C und D — Stückkalkulation

08 Eine Kundin gibt als oberes Limit für einen Mantel einen Bruttolieferpreis von 1 000,00 € vor.
Der Gemeinkostensatz wird in diesem Betrieb mit 95 % veranschlagt, der Nettofertigungspreis beträgt 589,64 €. Darin enthalten sind folgende Lohnkosten:

4,5 h Meisterin	17,50 €/h
9 h Gesellin $_1$	11,20 €/h
3,5 h Gesellin $_2$	9,80 €/h
6¼ h Auszubildende	3,00 €/h

Der Materialgewinn wird mit 25 % kalkuliert.

08.1 Ermitteln Sie den **Gewinn in Euro** und **Prozent**.
08.2 Berechnen Sie den möglichen **Nettomaterialpreis**.

09 Für einen Hosenanzug aus Leinen fallen folgende Materialkosten an:

3,50 m Leinen	31,80 €/m
2,50 m Viskosefutter	8,40 €/m
1 Reißverschluss	2,20 €
0,25 m Einlage	6,00 €/m
6 große Knöpfe	2,20 €/St.
7 kleine Knöpfe	1,90 €/St.
Kleinmaterial	7,50 €
Materialgewinn:	12 %

Berechnen Sie den **Nettomaterialpreis**.

10 Bei der Fertigung eines Damenkostüms beträgt der Nettomaterialpreis 165,60 €. Es entstanden folgende Materialkosten:

3 m Gabardine	27,40 €/m
2,50 m Futter	8,80 €/m
0,2 m Einlage	6,00 €/m
1 Reißverschluss	2,60 €
6 Knöpfe	2,60 €/St.
7 Knöpfe	2,30 €/St.
Sonstige Zutaten	4,30 €

10.1 Berechnen Sie die Gesamtsumme der **Materialkosten**.
10.2 Ermitteln Sie den **Materialgewinn in Prozent**.

11 Der Nettofertigungspreis für ein Kleid wurde mit 379,26 € kalkuliert, darin sind 126,00 € Lohnkosten und 115 % Gemeinkosten enthalten. Im Nettolieferpreis in Höhe von 476,70 € sind die Materialkosten in Höhe von 84,00 € einbezogen.

11.1 Ermitteln Sie den kalkulierten **Gewinn in Prozent**.
11.2 Berechnen Sie den **Materialgewinn in Euro und Prozent**.

12 Der Bruttolieferpreis einschließlich 19 % Mehrwertsteuer für eine Herrenhose wird mit 367,79 € kalkuliert. Den Oberstoff für die Hose hat sich der Kunde aus einem Katalog im Atelier bestellt. Der Listenpreis dafür beträgt 88,40 €. Für Zutaten werden 12,90 € berechnet. Es entstanden 81,70 € Gemeinkosten, der Gewinn wurde mit 30 % angesetzt.

12.1 Berechnen Sie die **Lohnkosten**.
12.2 Ermitteln Sie die **Gemeinkosten in Prozent**.

13 In einem Bruttolieferpreis von 583,06 € ist ein Bruttomaterialpreis enthalten, bei dem 123,64 € Materialkosten und 10 % Materialgewinn verrechnet wurden. Die Gemeinkosten von 90 % machen 124,20 € aus. Der Mehrwertsteuersatz beträgt jeweils 19 %.

13.1 Berechnen Sie die **Lohnkosten**.
13.2 Ermitteln Sie den **Gewinn in Prozent**.

14 Bei der Preiskalkulation für ein Kleid ist ein Nettofertigungspreis in Höhe von 289,71 € entstanden. Er beinhaltet 85 % bzw. 98,60 € Gemeinkosten.
Der Nettomaterialpreis beläuft sich auf 124,20 €, darin enthalten sind 15 % Materialgewinn.

14.1 Berechnen Sie den **Gewinn in Euro und Prozent**.
14.2 Ermitteln Sie den **Materialgewinn in Euro**.
14.3 Berechnen Sie den **Bruttolieferpreis** mit dem aktuellen Mehrwertsteuersatz.

15 Der Bruttolieferpreis für ein festliches Kleid beträgt einschließlich 19 % Mehrwertsteuer 1 196,98 €. Den Oberstoff hat sich die Kundin aus dem Katalog des Ateliers ausgewählt. Hierfür wird ein Bruttomaterialpreis (Listenpreis) in Höhe von 195,00 € in Rechnung gestellt.

15.1 Ermitteln Sie den im **Bruttofertigungspreis** enthaltenen **Mehrwertsteuerbetrag**.
15.2 Ermitteln Sie den im **Bruttomaterialpreis** enthaltenen **Mehrwertsteuerbetrag**.

16 Der Fertigungspreis ohne Mehrwertsteuer für ein Abendkleid beträgt 460,00 €. Die Kundin möchte für den Gesamtpreis nicht mehr als 750,00 € einschließlich Mehrwertsteuer ausgeben.
Der Materialpreis netto für die Zutaten beträgt 30,25 €. An Oberstoff werden 3,5 m benötigt.

Ermitteln Sie den möglichen **Meterpreis netto** für den Oberstoff.

6.4.13 Kalkulation mit Stundenverrechnungssatz — Stückkalkulation

Handwerksunternehmen im Dienstleistungsbereich, z.B. Änderungsschneidereien, Ateliers im Bereich der Maßkonfektion, bieten ihre Leistung entweder zu einem Festpreis an oder sie verrechnen die für einen Auftrag geleisteten Arbeitsstunden zu einem bestimmten Stundensatz.

Dieser **Stundenverrechnungssatz** enthält neben den eigentlichen Lohnkosten auch die Lohnnebenkosten, die Gemeinkosten und den Gewinn. Diese Aufwendungen gibt man bei einem Angebot nicht an, deshalb muss der Stundenverrechnungssatz immer vorab berechnet werden.

Stundenlohn + Gemeinkosten einschließlich Lohnzusatzkosten ⇒ Zwischensumme + Gewinn und Wagnis ⇒ Stundenverrechnungssatz netto + Mehrwertsteuer ⇒ Stundenverrechnungssatz brutto

Zusammensetzung des Stundenverrechnungssatzes

1 Einfacher Stundenverrechnungssatz • Es wird für jeden Beschäftigten ein Verrechnungssatz über den Stundenlohn ermittelt. Dieser kann für jeden weiteren Auftrag verwendet werden. • Der Gemeinkostensatz beinhaltet die Lohnnebenkosten.	Stundenlohn des Mitarbeiters + Gemeinkosten (in % des Stundenlohns) = Zwischensumme + Gewinn (in % der Zwischensumme) = **Stundenverrechnungssatz netto**
2 Durchschnittlicher Stundenverrechnungssatz • Er wird für jeden Auftrag individuell auf der Basis der Stundenlöhne aller Beschäftigten ermittelt. • Der Gemeinkostensatz beinhaltet die Lohnnebenkosten.	$\varnothing$ Stundenlohn $= \dfrac{\text{Summe aller Stundenlöhne}}{\text{Anzahl der Mitarbeiter am Auftrag}}$ + Gemeinkosten (in % des Ø Stundenlohns) = Selbstkosten + Gewinn (in % der Selbstkosten) = **Stundenverrechnungssatz netto**
3 Stundenverrechnungssatz durch Nettofertigungspreis-Rückrechnung • Er wird für jeden Auftrag individuell über den Nettofertigungspreis ermittelt und ist nur für einen Einpersonenbetrieb geeignet. • Basis ist die Angebotskalkulation.	$\dfrac{\text{Nettofertigungspreis}}{\text{Fertigungsstunden}}$ = **Stundenverrechnungssatz netto**
4 Stundenverrechnungssatz auf Basis der Jahresarbeitskosten • Die Jahresarbeitskosten für die einzelnen Beschäftigten werden ermittelt und durch die effektiven Jahresarbeitsstunden geteilt. • Die Jahresarbeitskosten beinhalten alle Lohnnebenkosten. • Der Verrechnungssatz kann bei jedem weiteren Auftrag eingesetzt werden.	Arbeitskosten/h $= \dfrac{\text{Jahresarbeitskosten}}{\text{Jahresarbeitsstunden}}$ + Gemeinkosten = Selbstkosten + Gewinn = **Stundenverrechnungssatz netto**

6.4.14 Einfacher Stundenverrechnungssatz — Stückkalkulation

Fallbeispiel
Gegebene Daten:

Lohnkosten				LK
Meisterin	2¼ h	=	2,25 h	15,80 €/h
Gesellin $_1$	3 h			9,10 €/h
Gesellin $_2$	4½ h	=	4,5 h	8,60 €/h
Auszubildende	4½ h	=	4,5 h	2,80 €/h

Gemeinkosten	GK	90 % der Lohnkosten
Gewinn $_1$	Gw $_1$	20 % der Selbstkosten
Gewinn $_2$	Gw $_2$	10 % der Materialkosten
Mehrwertsteuer	MwSt	19 %

Materialkosten		MK
1,7 m Kammgarn		42,70 €/m
1,4 m Futter		6,10 €/m
15 Knöpfe		1,10 €/St.
sonstige Zutaten		12,50 €

Gesuchte Daten:
Bruttolieferpreis einer Jacke — BLP
über einfachen Stundenverrechnungssatz

Lösungsvorschlag über einfachen Stundenverrechnungssatz

Meisterin		€
Stundenlohn		15,80
Gemeinkosten	90 % des StdL =	14,22
Zwischensumme	=	30,02
Gewinn $_1$	20 % der ZwS ≈	6,00
Stundenverrechnungssatz	=	36,02

Gesellin $_1$		€
Stundenlohn		9,10
Gemeinkosten	90 % des StdL =	8,19
Zwischensumme	=	17,29
Gewinn $_1$	20 % der ZwS ≈	3,46
Stundenverrechnungssatz	=	20,75

Gesellin $_2$		€
Stundenlohn		8,60
Gemeinkosten	90 % des StdL =	7,74
Zwischensumme	=	16,34
Gewinn $_1$	20 % der ZwS ≈	3,27
Stundenverrechnungssatz	=	19,61

Auszubildende		€
Stundenlohn		2,80
Gemeinkosten	90 % des StdL =	2,52
Zwischensumme	=	5,32
Gewinn $_1$	20 % der ZwS ≈	1,06
Stundenverrechnungssatz	=	6,38

			€
Kosten$_{Meisterin}$	36,02 €/h · 2,25 h	≈	81,05
Kosten$_{Gesellin\ 1}$	20,75 €/h · 3 h	=	62,25
Kosten$_{Gesellin\ 2}$	19,61 €/h · 4,5 h	≈	88,25
Kosten$_{Auszubildende}$	6,38 €/h · 4,5 h	=	28,71
Nettofertigungspreis		=	**260,26**
Kosten$_{Kammgarn}$	1,70 m · 42,70 €/m = 72,59 €		
Kosten$_{Futterstoff}$	1,40 m · 6,10 €/m = 8,54 €		
Kosten$_{Knöpfe}$	15 St. · 1,10 €/St. = 16,50 €		
Kosten$_{Zutaten}$	12,50 €		
	Materialkosten = 110,13 €		
	Gewinn$_2$ 10 % der MK ≈ 11,01 €		
Nettomaterialpreis	= 121,14 €		121,14
Nettolieferpreis		=	381,40
Mehrwertsteuer	19 % des NLP	≈	72,47
Bruttolieferpreis		=	**453,87**

Übungsaufgabe: Seite 323, Nr. 01, 04

6.4.15 Durchschnittlicher Stundenverrechnungssatz — Stückkalkulation

Fallbeispiel
Gegebene Daten:

Lohnkosten	LK				Materialkosten	MK
Meisterin $_1$			0,5 h	14,80 €/h	2,50 m Leinen	26,80 €/m
Meisterin $_2$	2¾ h	→	2,75 h	13,90 €/h	2,00 m Futter	7,20 €/m
Gesellin	6½ h	→	6,5 h	8,50 €/h	15 Knöpfe	1,20 €/St.
Auszubildende			4,5 h	3,15 €/h	Zutaten	10,40 €
Gemeinkosten	GK		90 % der Lohnkosten		**Gesuchte Daten:**	
Gewinn $_1$	Gw $_1$		20 % der Selbstkosten		Bruttolieferpreis eines	
Gewinn $_2$	Gw $_2$		15 % der Materialkosten		Hosenanzuges	BLP
Mehrwertsteuer	MwSt		19 %		über ⌀ StVS	

Lösungsvorschlag über durchschnittlichen Stundenverrechnungssatz

Stundenlöhne			Zeiten		
Meisterin $_1$		14,80 €/h	Meisterin $_1$		0,50 h
Meisterin $_2$		13,90 €/h	Meisterin $_2$		2,75 h
Gesellin		8,50 €/h	Gesellin		6,50 h
Auszubildende		3,15 €/h	Auszubildende		4,50 h
Stundenlöhne gesamt	=	40,35 €/h	Zeit gesamt	=	14,25 h
				€/h	€
durchschnittlicher Stundenlohn	40,35 €/h : 4		≈	10,09	
Gemeinkosten	90 % des ⌀ StdL		≈	9,08	
Zwischensumme			=	19,17	
Gewinn $_1$	20 % der ZwS		≈	3,83	
Durchschnittlicher Stundenverrechnungssatz			**=**	**23,00**	
Fertigungspreis	14,25 h · 23,00 €/h				= 327,75
Leinen	2,50 m · 26,80 €/m		=	67,00 €	
Futter	2,00 m · 7,20 €/m		=	14,40 €	
Knöpfe	15 St. · 1,20 €/St.		=	18,00 €	
Zutaten				10,40 €	
Materialkosten			=	109,80 €	
Gewinn $_2$	15 % der MK		=	16,47 €	
Nettomaterialpreis			=	126,27 €	126,27
Nettolieferpreis					= 454,02
Mehrwertsteuer	19 % des NLP				≈ 86,26
Bruttolieferpreis					**= 540,28**

 • Bei dieser Kalkulationsart treiben hohe Löhne bei geringer Fertigungszeit den Bruttopreis für den Kunden in die Höhe, während alle anderen Kalkulationsvarianten die realen Arbeitszeiten und Stundenlöhne der Beteiligten berücksichtigen.

Übungsaufgabe: Seite 323, Nr. 02, 06

6.4.16 Stundenverrechnungssatz durch Nettofertigungspreis-Rückrechnung

Stückkalkulation

Einpersonenbetriebe können ihren Stundenverrechnungssatz durch **Nettofertigungspreis-Rückrechnung** ermitteln. Diese Variante basiert auf dem Kalkulationsmodell C und ist auftragsbezogen.

$$\text{Stundenverrechnungssatz} = \frac{\text{Nettofertigungspreis}}{\text{Fertigungszeit}}$$

Fallbeispiel

Für Fertigung eines Seidenkleides möchte eine Kundin maximal 650,00 € ausgeben. Es entstehen die aufgelisteten Kosten für Material und Fertigungslöhne. Der Einpersonenbetrieb kalkuliert mit 85 % Gemeinkosten und 20 % Gewinn auf Material bzw. Selbstkosten.

1. Berechnen Sie den **Nettofertigungspreis**.
2. Ermitteln Sie den **Stundenverrechnungssatz** durch **Nettofertigungspreis-Rückrechnung**.
3. Berechnen Sie den Nettomaterialpreis.
4. Erstellen Sie einen **Angebotspreis brutto** mit Stundenverrechnungssatz und überprüfen Sie, ob die Preisvorgabe der Kundin einzuhalten ist.

Gegebene Daten:

Material		Menge	Preis	Fertigungszeit		Stundenlohn
Georgette		2,20 m	27,20 €/m	Beratung	1,25 h	18,00 €/h
Futterpongé		1,80 m	8,90 €/m	Maß nehmen	0,45 h	18,00 €/h
Sonstige Zutaten			11,38 €	Schnitterstellung	2,00 h	18,00 €/h
Gemeinkosten	GK	85 %		Fertigung	5,75 h	18,00 €/h
Gewinn jeweils	Gw	20 %		Anprobe + Abnahme	1,25 h	18,00 €/h
Mehrwertsteuer	MwSt	19 %		∑ Fertigungszeit	10,70 h	

Gesuchte Daten:
1. Nettofertigungspreis
2. Stundenverrechnungssatz durch Nettofertigungspreis-Rückrechnung
3. Nettomaterialpreis
4. Angebotspreis/Lieferpreis brutto mit Stundenverrechnungssatz.

Lösungsvorschlag (Modell C)				
1. Nettofertigungspreis	Fertigungslöhne	= Fertigungszeit · Stundenlohn		
		= 10,70 h · 18,00 €/h		= 192,60 €
	+ Gemeinkosten	192,60 € · 85/100		= 163,71 €
	= Selbstkosten			356,31 €
	+ Wagnis und Gewinn	356,31 € · 20/100		= 71,26 €
	= **Nettofertigungspreis**			**427,57 €**
2. Stundenverrechnungssatz	Stundenverrechnungssatz	= Nettofertigungspreis : Fertigungszeit		
		= 427,57 € : 10,70 h ≈ 39,96 €/h ⇒		**40,00 €/h**
3. Nettomaterialpreis	Georgette	2,2 m · 27,20 €/m		= 59,84 €
	Futterpongé	1,8 m · 8,90 €/m		= 16,02 €
	Zutaten			11,38 €
	Materialkosten			87,24 €
	+ Materialgewinn	87,24 € · 20/100		= 17,45 €
	= **Nettomaterialpreis**			**104,69 €**
4. Angebotspreis	= Nettomaterialpreis			104,69 €
	+ Nettofertigungspreis	= Fertigungszeit · Stundensatz		
		= 10,7 h · 40,00 €/h		= 428,00 €
	= Angebotspreis/Lieferpreis netto			532,69 €
	+ Mehrwertsteuer	532,26 € · 19/100		= 101,21 €
	= **Angebotspreis/Lieferpreis brutto**			**633,90 €**
	⇒ Die Preisvorgabe in Höhe von 650,00 € kann eingehalten werden.			

Übungsaufgabe: Seite 323, Nr. 07

6.4.17 Stundenverrechnungssatz auf Basis der Jahresarbeitskosten — Stückkalkulation

Fallbeispiel

Für die als Gesellin beschäftigte Maßschneiderin Monika Merk entstand dem Modeatelier *Modern Chic* im vergangenen Kalenderjahr der aufgelistete Kostenaufwand. Der Betrieb verrechnet 75 % Gemeinkosten und 15 % Gewinn.

Ermitteln Sie den **Stundenverrechnungssatz auf Basis der Jahresarbeitskosten** für die Verrechnung der geleisteten Arbeitsstunden.

Gegebene Daten:

Betrieblicher Kostenaufwand 2010 Gesellin Monika Merk (Maßschneiderin)			
Krankenversicherung	7,30 %	Stundenlohn	8,50 €/h
Rentenversicherung	9,35 %	Arbeitszeit/Woche	38,50 h
Arbeitslosenversicherung	1,50 %	Wochen/Arbeitsjahr	52 Wochen
Pflegeversicherung	1,425 %	Urlaubstage	25 Tage ≙ 5 Wochen
Mutterschutz und Krankheit	4,895 %	Ø Feiertage, Krankentage	2 Wochen
∑ Gesetzliche Sozialversicherung (Arbeitgeberanteil)	24,47 %	Urlaubsgeld/Tag Weihnachtsgeld	8,50 € 100,00 €

- Gemeinkosten   75 %
- Gewinn   15 %

Gesuchte Daten:

Stundenverrechnungssatz netto auf Basis der Jahresarbeitskosten

Lösungsvorschlag

Schritt 1: Berechnung der Jahresarbeitskosten

Arbeitslohn	38,5 h/Woche · 52 Wochen · 8,50 €/h = 17 017,00 €		17 017,00 €
+ Lohnnebenkosten			
Urlaubsgeld	25 Arbeitstage · 8,50 €/Tag =	212,50 €	212,50 €
Weihnachtsgeld		100,00 €	100,00 €
Zwischensumme		= 17 329,50 €	
Sozialvers. (AG)	24,47 % von 17 329,50 € ≈		4 240,53 €
= ∑ Jahresarbeitskosten			21 570,03 €

Schritt 2: Berechnung der effektiven Arbeitsstunden/Jahr

Gesamtjahresstunden	38,5 h/Woche · 52,0 Wochen =	2 002,0 h
− Urlaub	5 Wochen/Jahr · 38,5 h/Woche =	192,5 h
− Feiertage, Krankentage	2 Wochen/Jahr · 38,5 h/Woche =	77,0 h
= ∑ Effektive Arbeitsstunden/Jahr		2 271,5 h

Schritt 3: Berechnung der Ø Arbeitskosten/h und des Stundenverrechnungssatzes

Ø Arbeitskosten/h	= $\dfrac{\text{Jahresarbeitskosten}}{\text{Effektive Arbeitsstunden/Jahr}} = \dfrac{21\,570,03\ €}{2\,271,5\ h} =$	9,50 €
+ Gemeinkosten	75 % von 9,50 € =	7,13 €
= Selbstkosten		16,63 €
+ Gewinn	15 % von 16,63 € =	2,49 €
= **Stundenverrechnungssatz netto**		**19,12 €**

Übungsaufgabe: Seite 323, Nr. 08

6.4.18 Übungsaufgaben Stundenverrechnungssatz — Stückkalkulation

01 Bei der Fertigung einer Jacke entstehen folgende Kosten:

4 h 35 min Meisterin	14,20 €/h
1,8 h Geselle $_1$	9,00 €/h
4,6 h Geselle $_2$	8,50 €/h
3¾ h Auszubildende	3,15 €/h
Gemeinkosten	85 %
Gewinn	20 %
Materialkosten:	77,22 €
Materialgewinn	15 %
Mehrwertsteuer	19 %

Kalkulieren Sie den **Bruttolieferpreis** mittels *einfachen* Stundenverrechnungssatzes.

02 Bei der Fertigung eines Hosenanzugs fallen folgende Kosten an:

1,5 h Meisterin $_1$	14,80 €/h
2¾ h Meisterin $_2$	13,90 €/h
6½ h Geselle	8,60 €/h
6,2 h Auszubildende	2,80 €/h
Gemeinkosten	80 %
Gewinn	35 %
Materialkosten	69,04 €
Materialgewinn	15 %
Mehrwertsteuer	19 %

Kalkulieren Sie den **Bruttolieferpreis** mit dem *durchschnittlichen* Stundenverrechnungssatz.

03 Bei der Anfertigung eines Kleides entsteht ein Bruttomaterialpreis in Höhe von 128,00 €. Lohnkosten fallen an für die Meisterin (4½ h zu 14,20 €/h) und für die Auszubildende (5,8 h zu 2,50 €/h). Die Gemeinkosten werden mit 115 %, der Gewinn mit 15 % veranschlagt, der Mehrwertsteuersatz beträgt 19 %.

Berechnen Sie, ob es für die Kundin eine **Ersparnis** bedeutet, wenn der Betrieb anstatt mit dem *durchschnittlichen* mit dem *einfachen* Stundenverrechnungssatz kalkulieren würde.

04 Bei der Anfertigung eines Abendkleides entstehen folgende Kosten:

4,5 h Meisterin	14,80 €/h
16,4 h Geselle	8,50 €/h
12 h 50 min Auszubildende	2,80 €/h
Gemeinkosten	110 %
Gewinn	35 %
Materialpreis	140,32 €
Mehrwertsteuer	19 %

Kalkulieren Sie den **Bruttolieferpreis** mit dem *einfachen* Stundenverrechnungssatz.

05 Ein Betrieb kalkuliert mit 105 % Gemeinkosten und 25 % Gewinn. Daraus ergibt sich für die Gesellin ein Verrechnungssatz von 30,75 €/h. Sie arbeitet an einem Kleid 7 Stunden. Für die Meisterin wird ein Stundenlohn von 17,60 € eingesetzt. Im Nettolieferpreis in Höhe von 523,10 € ist ein Nettomaterialpreis von 150,00 € enthalten.

05.1 Berechnen Sie den **Gesellenstundenlohn**.
05.2 Ermitteln Sie die **Zahl der Meisterstunden**.

06 Bei der Fertigung eines Mantels entstehen folgende Kosten:
Löhne:

2,2 h Meisterin	17,90 €/h
7¾ h Geselle	11,60 €/h
3,5 h Auszubildende	3,20 €/h
Gemeinkosten	90 %
Gewinn	30 %
Materialkosten	144,76 €
Materialgewinn	10 %

06.1 Kalkulieren Sie den **Bruttolieferpreis** mit *einfachem* Stundenverrechnungssatz.
06.2 Kalkulieren Sie den **Bruttolieferpreis** mit *durchschnittlichem* Stundenverrechnungssatz.
06.3 Berechnen Sie die **Preisdifferenz in %**.

07 Der Nettolieferpreis für ein gefertigtes Kostüm beträgt 825,00 €. Die Materialkosten betragen 125,50 €, die Fertigung erfolgte in 18 Arbeitsstunden.
Berechnen Sie den **Verrechnungssatz/h** durch *Nettofertigungspreis-Rückrechnung*.

08 Ein Modeatelier beschäftigt eine Maßschneiderin und ermittelt folgende Daten:

Lohnnebenkosten	23,90 %
Stundenlohn	11,90 €
Arbeitszeit/Woche	38 h
Arbeitswochen/Jahr	52
Urlaubs- und Weihnachtsgeld	450,00 €
Urlaub	4 Wochen
Feiertage und Krankentage	2 Wochen
Gemeinkosten	82 %
Gewinn	8 %

Berechnen Sie den *individuellen (einfachen)* **Stundenverrechnungssatz** auf Basis der Lohnnebenkosten.

09 In einem Schneideratelier haben die Mitarbeiterinnen folgende Stundenlöhne:

Meisterin	14,20 €/h
Geselle $_1$	9,10 €/h
Geselle $_2$	8,60 €/h
Auszubildende $_1$	3,20 €/h
Auszubildende $_2$	2,90 €/h

Der Betrieb kalkuliert mit 90 % Gemeinkosten und 25 % Gewinn.

Berechnen Sie den *durchschnittlichen* **Stundenverrechnungssatz**.

7 Kostenrechnung

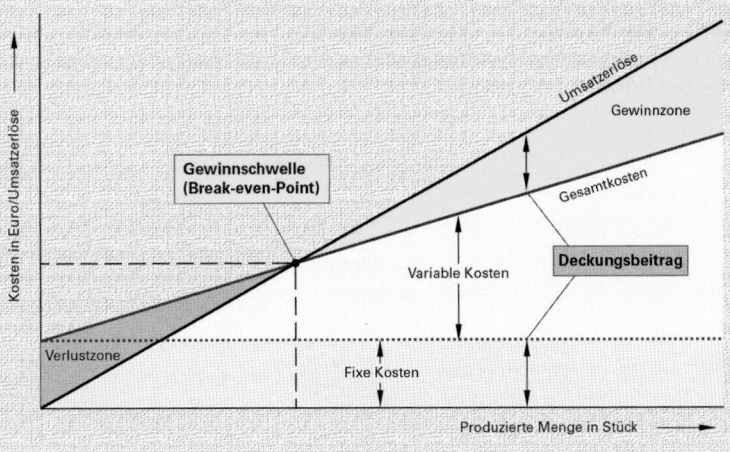

7.1 Betriebswirtschaftliche Grundlagen

Die **Kostenrechnung ist Teil des Rechnungswesens** eines Betriebes. In der Finanzbuchhaltung werden alle wirtschaftlichen Vorgänge des Betriebes wertmäßig erfasst (Kunden, Lieferanten, Banken usw.). Die ermittelten Zahlen geben Auskunft über die finanzielle Lage des Betriebes.

	Unternehmensleitung	
Verwaltung Kaufmännischer Bereich		**Produktion** Technischer Bereich (Betrieb)
Einkauf/Verkauf Finanzen Personal	Rechnungswesen	Werkstofflager Arbeitsvorbereitung Fertigung

Grundbegriffe des betrieblichen Rechnungswesen		
Aufwand	**Aufwand** ist **jeder Verbrauch** von Gütern und Dienstleistungen in einer Rechnungsperiode. **Ertrag** ist der in Geld bewertete **Wertzugang** innerhalb einer Rechnungsperiode. Aus der Differenz von Aufwand und Ertrag ergibt sich der Unternehmensgewinn und damit der **Erfolg**.	Ertrag
Kosten	**Kosten** sind in Geld bewerteter **Verbrauch** von Gütern und Dienstleistungen zur Erstellung betrieblicher Leistungen innerhalb einer Rechnungsperiode. **Leistungen** sind die in Geld bewerteten **Güter und Dienstleistungen**, die innerhalb einer Rechnungsperiode im Betrieb erzeugt wurden. Aus der Differenz von Kosten und Leistungen errechnet sich der **Betriebsgewinn**, der die **Wirtschaftlichkeit** aufzeigt.	Leistungen

Ertrag	Unternehmensgewinn		Leistungen	Betriebsgewinn
	Aufwand			Kosten

Mit der **Gewinn-und-Verlust-Rechnung** (G + V) werden am Abschluss einer Rechnungsperiode Aufwendungen und Erträge in Kontenform gegenübergestellt. Als Saldo (Ausgleich) wird das **Unternehmensergebnis** (Gewinn oder Verlust) ermittelt.

Gewinn-und-Verlust-Rechnung (G + V)				
Aufwendungen		Erträge		
Materialaufwand	35 000 €	Umsatzerlöse		422 500 €
Löhne und Gehälter	240 000 €	Außerordentliche Erträge		5 000 €
Gesetzliche Sozialabgaben	50 000 €	**Verlust***		
Steuerliche Abschreibungen	3 000 €			
Miete	12 000 €			
Werbekosten	5 000 €			
Beratungskosten	6 000 €			
Betriebliche Steuern	15 000 €			
Sonst. betriebliche Aufwendungen	18 000 €			
Außerordentliche Aufwendungen	3 500 €			
Jahresüberschuss (Gewinn)*	40 000 €	*Entweder Gewinn, Verlust oder Ausgleich		
	427 500 €			427 500 €

7.1 Betriebswirtschaftliche Grundlagen

Ein Betrieb muss richtig kalkulieren und wirtschaftlich arbeiten, wenn er seine Existenz nicht gefährden will und wenn die Arbeitsplätze des Betriebes sicher sein sollen. Die wichtigste Aufgabe ist es daher, die **Wirtschaftlichkeit** des Arbeitens laufend zu überprüfen.

Wirtschaftlich arbeiten bedeutet:	
Mit den eingesetzten Mitteln den größtmöglichen Erfolg erwirtschaften. ⇒ **Maximalprinzip**	Einen möglichst guten Erfolg mit den geringsten Mitteln erzielen. ⇒ **Minimalprinzip**

Kostenbewusstsein zählt zu den wichtigsten Aufgaben eines erfolgreichen Unternehmers. Deshalb sollte er sich folgende Fragen stellen:

- Wie sieht die aktuelle Kostensituation aus?
- Wie hoch sind die Material- und Personalkosten?
- Wie hoch ist der kalkulierte Preis meiner Produkte?
- Wie hoch ist der Mindestpreis für mein Produkt?
- Mit welchen Produkten mache ich die besten Gewinne?
- In welchem Bereich kann ich noch mehr Leistungen erzielen?
- Ist mein Betrieb mit den Zahlungen auf dem aktuellsten Stand?

Die **Kostenrechnung** erfasst alle Kosten und Leistungen innerhalb einer Rechnungsperiode, die mit der Fertigung zusammenhängen. Ein **Controlling** steuert und kontrolliert die zukünftigen Planungen des Betriebes.

Kostenplanung	
Einwandfreies Kalkulieren von Kundenaufträgen Effiziente Arbeitsvorbereitung und sorgfältiger Umgang mit dem Fertigungsmaterial Zielgerichtete Planung von Investitionen und Personal	
Kostenerfassung	**Kostenkontrolle**
Erfassung der Arbeitszeiten von allen Mitarbeitern Korrekte Erfassung des Verbrauchs von Fertigungsmaterial Erfassung aller Geschäftsvorfälle mit Belegen	Kontrolle des Zielerreichungsweges, Schwachpunkte aufdecken, Nachkalkulationen durchführen, Kontrolle von Warenlieferungen und Zahlungseingängen
Kostensteuerung/Controlling	
Vorhandene Mittel und Daten aus vorherigen Aufträgen effizient einsetzen Analysen von Veränderungen dienen als Informationen für nachfolgende Kalkulationen	

Basis der Kostenrechnung sind eine **gute Betriebsorganisation** und eine **effiziente Buchhaltung** mit der detaillierten und zeitnahen Erfassung aller betrieblichen Vorgänge. Die klassische Kostenrechnung gliedert sich in **drei Bereiche**:

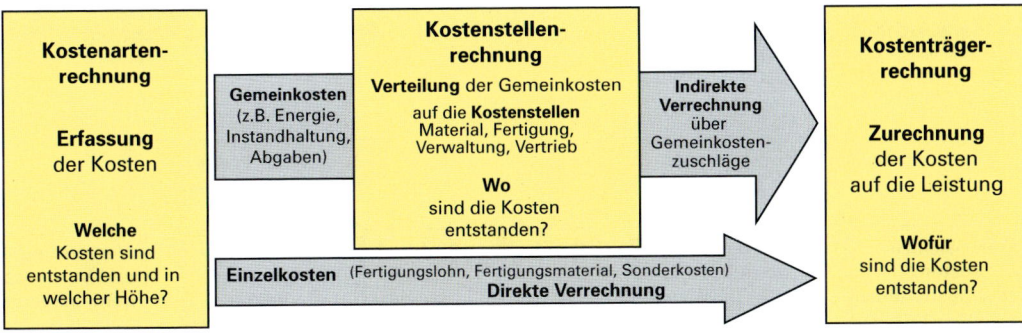

7.2 Kostenartenrechnung

7.2.1 Grundlagen

Mit der **Kostenartenrechnung** werden sämtliche Kosten, die innerhalb einer Rechnungsperiode in einem Betrieb angefallen sind, systematisch erfasst. Sie bildet die Grundlage für die gesamte Kostenrechnung eines Betriebes. Ihre Ergebnisse fließen in die **Kostenstellenrechnung** (Seite 330) und in die **Kostenträgerrechnung** (Seite 335) ein.

Betriebliche Kosten			
Materialkosten	**Personalkosten**	**Anlagenkosten**	**Sonstige Kosten**
• Fertigungsmaterial • Hilfsmaterialien • Handelswaren • Transport • Lagerung	• Produktive Löhne • Gehälter • Soziallöhne • Unproduktive (Hilfs-)Löhne	• Betriebsmittel • Instandhaltung • Abschreibungen • Gebäude • Raum	• Verwaltung • Vertrieb, Marketing • Versicherungen • Abgaben, Steuern • Energie

Alle im Betrieb anfallenden Kosten und Leistungen werden nach folgenden Grundsätzen erfasst:

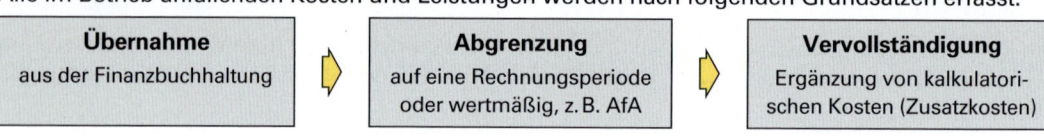

Erst die korrekte Kostenerfassung ermöglicht unterschiedliche betriebswirtschaftliche Berechnungen, dazu gehört die **Deckungsbeitragsrechnung** (Seite 326), die z.B. wichtige Ergebnisse zur Ermittlung der Preisuntergrenze eines Auftrages liefert, sowie die Berechnung des **Gemeinkostenzuschlags** (Seite 330) bei der **Preiskalkulation** (Seite 335) eines Kundenauftrag.

Eine **Gliederung der Kostenarten** ist beispielsweise möglich
- in Bezug auf die **Produktionsfaktoren**: Materialkosten, Personalkosten, Kapitalkosten
- in Bezug auf die **betriebliche Funktion**: Beschaffungskosten, Fertigungskosten, Vertriebskosten, Verwaltungskosten
- in Bezug auf den **Kostenbestandteil**: Kalkulatorische Kosten
- in Bezug auf den **Kostenverlauf**: Fixe Kosten, Variable Kosten
- in Bezug auf die **Zurechenbarkeit**: Einzelkosten, Gemeinkosten

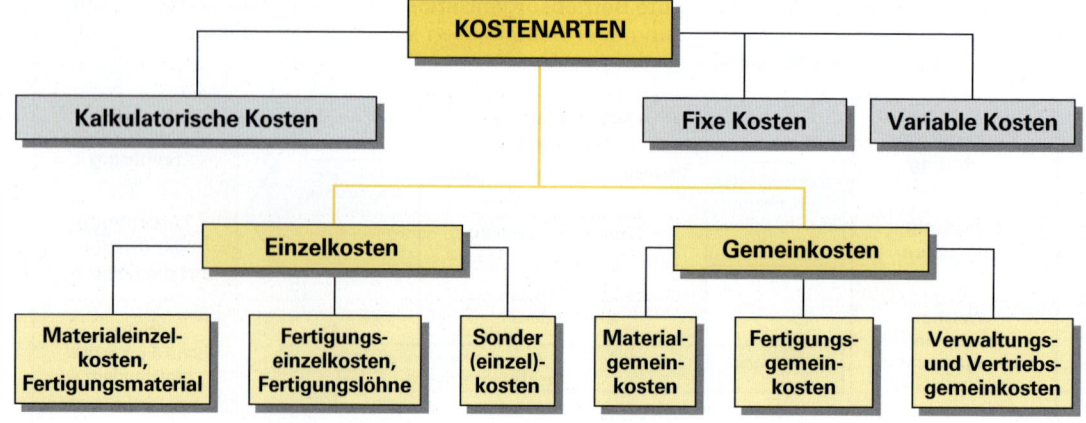

7.2.2 Materialeinzelkosten   *Kostenartenrechnung*

Die bei der Bearbeitung eines Kundenauftrages entstehenden Materialkosten können dem Produkt **direkt** als **Materialeinzelkosten** zugeordnet werden. Durch günstigen Einkauf der Materialien bei den Lieferanten kann der Betrieb Materialgewinn erwirtschaften.

Material-einzelkosten	Als **Einzelkosten direkt verrechenbar** sind in der Regel • **Hauptmaterialien**, z. B. Oberstoffe, Futter • **Sichtbare Zutaten**, z. B. Knöpfe, Gürtel
Hilfs-materialien	Nicht oder nur aufwendig verrechenbare (nicht sichtbare) Materialien bzw. fertigungstechnische Zutaten (Schulterpolster, Einlagen, Nähgarn, Etiketten usw.) werden als **Pauschale** bei den **Materialeinzelkosten** oder als „unechte" Gemeinkosten verrechnet.
Verschnitt	Der bei einer Arbeit anfallende Materialabfall und andere Bearbeitungsverluste können geschätzt und dann **den Materialmengen** zugeschlagen werden.

Preisarten für die Materialeinzelkosten

Einkaufspreis	Einkaufspreis ist der Preis für die Beschaffung des Materials direkt vom Lieferanten. Je günstiger er ist, umso mehr Materialgewinn lässt sich erzielen. Deshalb sollten Sonderangebote, Mengenrabatte und Skonto genutzt werden.
Verkaufspreis	Verkaufspreis ist der Preis, der bei einem Kundenauftrag berechnet wird. Er setzt sich zusammen aus Einkaufspreis und Materialgewinn.
Betrieblicher Einheitspreis	Betriebliche Einheitspreise sind Verrechnungspreise für Material und Waren, die im Lager vorhanden sind und deren Wert konstant ist.

Im Maßschneiderhandwerk wird die Kalkulation der Materialien unterschiedlich gehandhabt (siehe Abschnitt **Stückkalkulation: Schemata für die Modelle A, B, C, D** auf Seite 298 und Seite 299).

Modell A ⇒ Klassische Kalkulation Die gesamten Materialkosten sind Bestandteil der Selbstkosten, einheitlicher Zuschlagssatz für Wagnis und Gewinn.	**Modell B ⇒ Das Hauptmaterial wird vom Kunden/von der Kundin gestellt bzw. Änderungsauftrag** Es fallen keine Materialeinzelkosten an, Kleinmaterial wird pauschal über die Gemeinkosten verrechnet.
Modell C ⇒ Durch günstige Materialbeschaffung wird ein Materialgewinn erwirtschaftet Auf den Nettoeinkaufspreis der einzelnen Artikel eines Auftrages wird ein Materialgewinn zugeschlagen.	**Modell D ⇒ Die Hauptmaterialien werden anhand eines Lieferantenkataloges bestellt.** Für das Hauptmaterial wird der Listenpreis einschließlich Gewinnzuschlag und Mehrwertsteuer eingesetzt. Kosten für Kleinmaterial sind in den Selbstkosten enthalten.

Kaufmännisch geschickter Materialeinkauf bedeutet

- Aushandeln von Rabatt und Skonto
- Ständig Ausschau nach günstigeren Lieferanten halten
- Sonderangebote nutzen
- Lieferungen und Rechnungen kontrollieren
- Materiallager so klein wie möglich halten
- Günstige Handelsware einkaufen und mit Gewinn anbieten
- Von teuren Materialien nie zu viel bestellen
- Standardmaterialien mit Mengenrabatt einkaufen
- Netzwerk mit anderen Handwerksbetrieben pflegen zum Austausch günstiger Lieferantenadressen

Beispiel für die Ermittlung der geplanten Materialkosten (Soll) nach Modell C

Materialart	Artikel	Einkaufspreis netto	Material-Gewinn	Verkaufspreis netto	Menge	Materialpreis netto
Samt	Baumwollsamt	20,75 €/m	100 %	41,50 €/m	1,70 m	70,55 €
Futter	Taft Changeant	6,50 €/m	80 %	11,70 €/m	1,50 m	17,55 €
Reißverschluss	RV Opti, 60 cm	3,25 €/St.	50 %	6,50 €/St.	1 St.	6,50 €
Kleinmaterial	Nähgarn, Einlage	10,00 €	50 %	15,00 €	pauschal	15,00 €
Σ Nettomaterialpreis (Soll) für die Vorkalkulation bzw. den Angebotspreis						**125,90 €**

7.2.3 Fertigungseinzelkosten

Kostenartenrechnung

Fertigungseinzelkosten sind produktive Lohnkosten, da sie unmittelbar für produkt- und leistungsbezogene Arbeit anfallen und einem Auftrag direkt zugerechnet werden können.

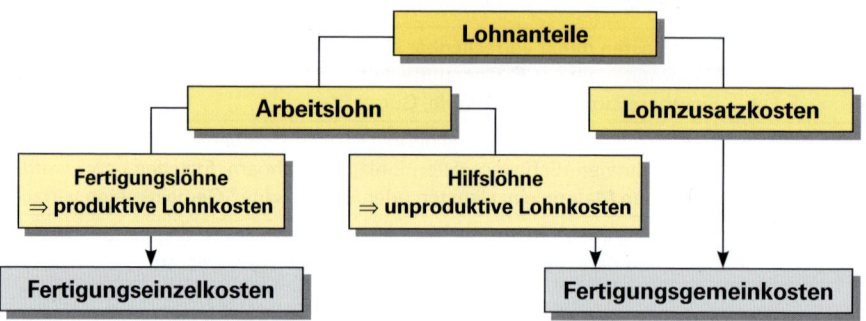

Produktive Lohnkosten, Fertigungslöhne	Produktive Lohnkosten bzw. Fertigungslöhne können einem Produkt bzw. Kundenauftrag **direkt zugeordnet** und als **Fertigungseinzelkosten** verrechnet werden. Die Erfassung erfolgt über Arbeitspläne und Auftragsformulare, z. B. für individuelle Kundenberatung, Maßnehmen, Schnittstellung, Zuschneiden, Fertigung, Abnahme.
Unproduktive Lohnkosten, Lohnzusatzkosten	Unproduktive Lohnkosten sind **Hilfslöhne** (z. B. für Tätigkeiten wie Werkstatt aufräumen, Maschinenpflege), gesetzliche, tarifliche oder freiwillige **Lohnzusatzkosten (Lohnnebenkosten)** bzw. **Soziallöhne** (z. B. Sozialversicherung, Lohnfortzahlung bei Krankheit, für Feiertage, Urlaub, Vermögensbildung, Sonderzahlungen, Zuschüsse usw.) sowie **Gehälter** für Leitung, Überwachung und Verwaltung. Sie sind einem Produkt bzw. Kundenauftrag **nicht direkt** zuzuordnen und werden über einen **Zuschlag als Fertigungsgemeinkosten** verrechnet (siehe Seite 330).

Verrechnung der Fertigungseinzelkosten in der Kalkulation

Ein Handwerksbetrieb verkauft der Kundin/dem Kunden seine Arbeitsstunden. Aus diesem Grund ist eine gute Arbeitsorganisation mit Zeit- und Tätigkeitserfassung erforderlich:
- Exakte **Arbeitszeiterfassung** für jeden Mitarbeiter, getrennt nach produktiven Anteilen (Einzelkosten) und unproduktiven Anteilen (Gemeinkosten).
- **Erfassung der** einzelnen **Tätigkeiten** am Kundenauftrag mittels Laufzettel (Arbeitsplan).
- Genaue **Ermittlung des Stundenverrechnungssatzes**. Dieser muss die Kosten decken und einen Gewinn enthalten. Er umfasst neben den produktiven Lohnkosten (Fertigungseinzelkosten) auch die Fertigungsgemeinkosten und den Gewinn (siehe Seite 313).

Formular zur Arbeitszeiterfassung				
Stammdaten				
Name des/der Beschäftigten	Tag/Datum	Auftragsnummer Kundin/Kunde	Unterschrift Mitarbeiter/-in	Kontrollzeichen Meister/-in
Maier, Vera	17.04.15	538 Frau Molin	*Maier*	*E.G.*

Auftragsdaten			
Tätigkeit	Produktive Arbeitszeit	Unproduktive Arbeitszeit	Tagesstunden gesamt
Taschen gearbeitet	45 min	15 min	
Kanten versäubert	25 min	5 min	
Verstürzen	…	…	
usw.	…	…	
Summen	**360 min = 6 h**	**90 min = 1,5 h**	**7,5 h**

7.2.4 Kalkulatorische Kosten — Kostenartenrechnung

Kalkulatorische Kosten werden vom Unternehmen bestimmt. Da ihnen größtenteils keine Verträge oder Rechnungen zugrunde liegen, stellen sie keinen Aufwand als Geldwert dar und werden deshalb veranschlagt bzw. „kalkuliert". Sie gehen in die Gemeinkosten ein (siehe Seite 332).

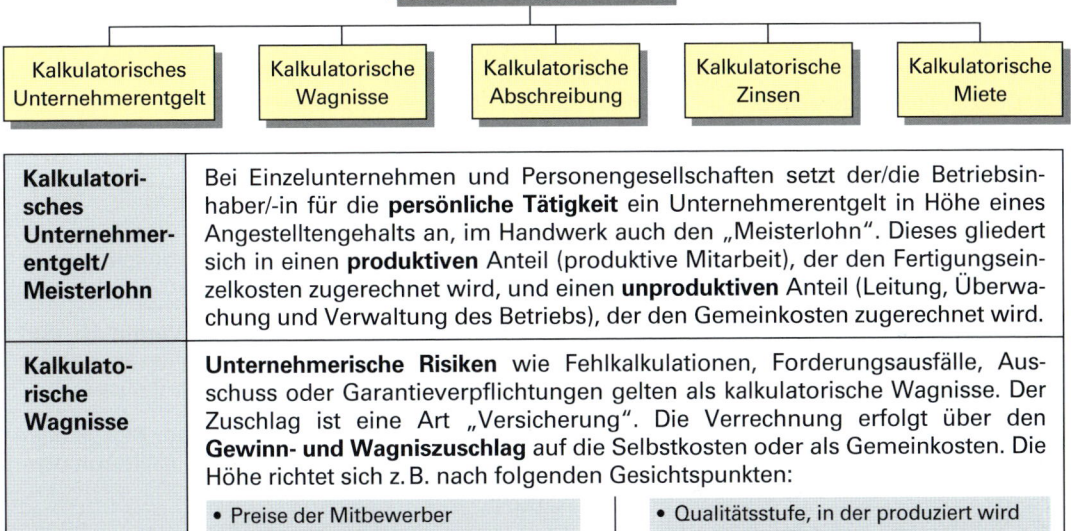

Kalkulatorisches Unternehmerentgelt/ Meisterlohn	Bei Einzelunternehmen und Personengesellschaften setzt der/die Betriebsinhaber/-in für die **persönliche Tätigkeit** ein Unternehmerentgelt in Höhe eines Angestelltengehalts an, im Handwerk auch den „Meisterlohn". Dieses gliedert sich in einen **produktiven** Anteil (produktive Mitarbeit), der den Fertigungseinzelkosten zugerechnet wird, und einen **unproduktiven** Anteil (Leitung, Überwachung und Verwaltung des Betriebs), der den Gemeinkosten zugerechnet wird.
Kalkulatorische Wagnisse	**Unternehmerische Risiken** wie Fehlkalkulationen, Forderungsausfälle, Ausschuss oder Garantieverpflichtungen gelten als kalkulatorische Wagnisse. Der Zuschlag ist eine Art „Versicherung". Die Verrechnung erfolgt über den **Gewinn- und Wagniszuschlag** auf die Selbstkosten oder als Gemeinkosten. Die Höhe richtet sich z. B. nach folgenden Gesichtspunkten: • Preise der Mitbewerber • Qualitätsstufe, in der produziert wird • Auftragssituation • Zielgruppe, für die produziert wird • Konkurrenzsituation am Standort • Kundenspezifische Einschätzung
Kalkulatorische Abschreibung	Die **tatsächliche Wertminderung von Wirtschaftsgütern** wie Maschinen, Gebäude und Anlagen wird im Unterschied zur steuerlichen Abschreibung **verursachungsgerecht** erfasst und als Wertverlust den Gemeinkosten in voller Höhe zugerechnet. In der Regel erfolgt sie als **lineare Abschreibung für Abnutzung (AfA)** prozentual vom Anschaffungswert in gleichbleibenden (linearen) Beträgen aufgrund der geschätzten **Nutzungsdauer**. Die gebildeten Kapitalreserven dienen für Ersatzanschaffungen.
Kalkulatorische Zinsen	Für das im Betrieb eingesetzte **Eigenkapital** der Inhaberin/des Inhabers wird eine angemessene Verzinsung veranschlagt. Diese wird in voller Höhe den Gemeinkosten zugerechnet. Für aufgenommenes Fremdkapital fallen Bankzinsen an.
Kalkulatorische Miete	Für Betriebe in **eigenen Räumen** (Haus, Wohnung) bzw. in **Firmenbesitz** wird eine ortsübliche Vergleichsmiete angesetzt. Sie wird in voller Höhe den Gemeinkosten zugerechnet.

Beispiel zur Gliederung des kalkulatorischen Unternehmerentgelts

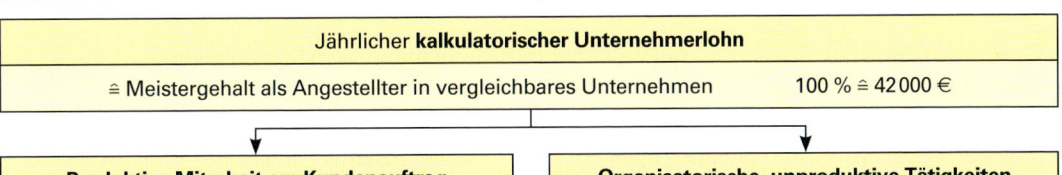

7.2.5 Deckungsbeitragsrechnung

Kostenartenrechnung

Das Ziel jedes Betriebes ist es, durch seine Erzeugnisse einen möglichst hohen Gewinn zu erzielen. Mit der **Deckungsbeitragsrechnung (DBR)** kann der wirtschaftliche Erfolg eines Produktes ermittelt werden. Sie liefert Informationen in Bezug auf die Mindestproduktionsmenge oder auch auf den Mindestumsatz. Diese sind wichtig für die

- Bewertung von Produkten
- Annahme von Aufträgen
- Ermittlung von Preisuntergrenzen
- Investitionen für wirtschaftliche Produktbereiche

Der **Deckungsbeitrag** ist der Betrag, mit dem ein Erzeugnis zur Deckung der fixen Kosten einer Rechnungsperiode und zur Gewinnerzielung beiträgt.

Die **Deckungsbeitragsrechnung** liefert Informationen über den Erfolg eines Produktes und ist damit die Grundlage für zukünftige wirtschaftliche Entscheidungen.

Begriffe der Deckungsbeitragsrechnung	
Fixe Kosten	Fixe Kosten fallen **unabhängig von Verbrauch und Produktionsmenge** in gleicher Höhe an (z. B. Miete, Pacht, Gehälter, Versicherungen, Zinsen usw.).
Variable Kosten	Variable oder veränderliche Kosten fallen **abhängig von Verbrauch und produzierter Menge** an. Je höher die Produktion, umso höher werden sie (z. B. Werkstoffe, Fertigungslöhne, Energiekosten, Betriebsstoffe usw.).
Teilvariable Kosten	Dies sind Kosten mit **fixen und variablen Bestandteilen**. Zum Beispiel der Stromverbrauch mit einer fixen Grundgebühr und einem je nach Auftragsvolumen variablen Verbrauch.
Gesamtkosten	Mit steigender Produktionsmenge steigen neben den variablen Kosten auch die Gesamtkosten. **Gesamtkosten = Fixe Kosten + Variable Kosten**
Stückkosten	Sie ergeben sich durch die Division der Gesamtkosten durch die Stückzahl. **Kosten/Stück = Gesamtkosten : produzierte Menge**
Umsatzerlös	**Erlös** ist der Wert der verkauften Erzeugnisse (Produkte bzw. Dienstleistungen) bzw. der getätigte **Umsatz**.
Deckungsbeitrag	Werden vom Umsatzerlös die variablen Kosten der Erzeugnisse abgezogen, bleibt der Deckungsbeitrag übrig. **Deckungsbeitrag = Erlös – Variable Kosten**
Betriebsergebnis	**Betriebsergebnis (Gewinn oder Verlust) = Deckungsbeitrag – Fixe Kosten**
Gewinn	Ist die Summe des Deckungsbeitrages höher als die Summe der fixen Kosten, die Differenz also positiv, hat das Unternehmen einen **Gewinn** erzielt.
Verlust	Ist die Summe des Deckungsbeitrages geringer als die Summe der fixen Kosten, die Differenz also negativ, hat das Unternehmen einen **Verlust** erzielt.
Gewinnschwelle (Break-even-Point)	Entspricht die Summe des Deckungsbeitrages der Summe der fixen Kosten, hat das Unternehmen die Gewinnschwelle, den **Break-even-Point (BEP)**, erreicht. Alle Kosten sind gedeckt.
Gewinnschwellenmenge	Sie gibt an, bei welcher Produktionsmenge alle Kosten gedeckt sind. **Gewinnschwellenmenge = Fixe Kosten : Deckungsbeitrag/Stück**
Gewinnschwellenumsatz oder auch BEP-Umsatz	Er gibt an, bei welchem Umsatz alle entstehenden Kosten gedeckt sind. **Gewinnschwellenumsatz = Gewinnschwellenmenge · Erlös/Stück** $$\text{Gewinnschwellenumsatz} = \frac{\text{Fixe Kosten}}{1 - (\text{Variable Kosten/St.} : \text{Erlös/St.})}$$

7.2.5 Deckungsbeitragsrechnung   *Kostenartenrechnung*

Fixe und Variable Kosten

Bei der Erstellung betrieblicher Leistungen entstehen von der Produktion unabhängige **gleichbleibende (fixe)** Kosten und von der Produktion abhängige **veränderliche (variable)** Kosten.

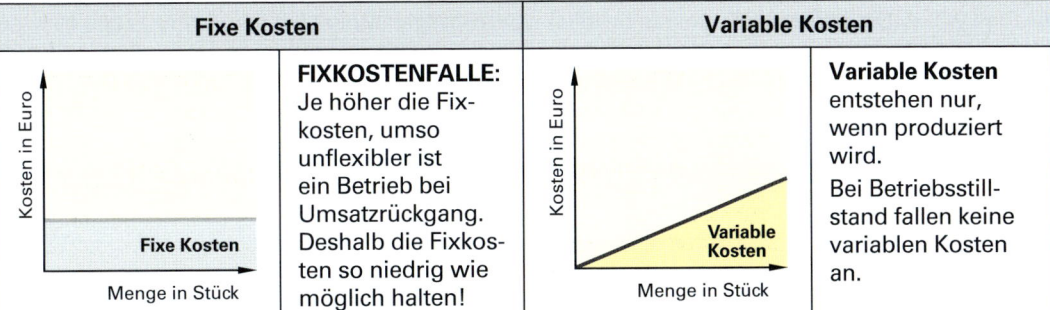

Fixe Kosten	Variable Kosten
FIXKOSTENFALLE: Je höher die Fixkosten, umso unflexibler ist ein Betrieb bei Umsatzrückgang. Deshalb die Fixkosten so niedrig wie möglich halten!	**Variable Kosten** entstehen nur, wenn produziert wird. Bei Betriebsstillstand fallen keine variablen Kosten an.

Gewinnschwelle

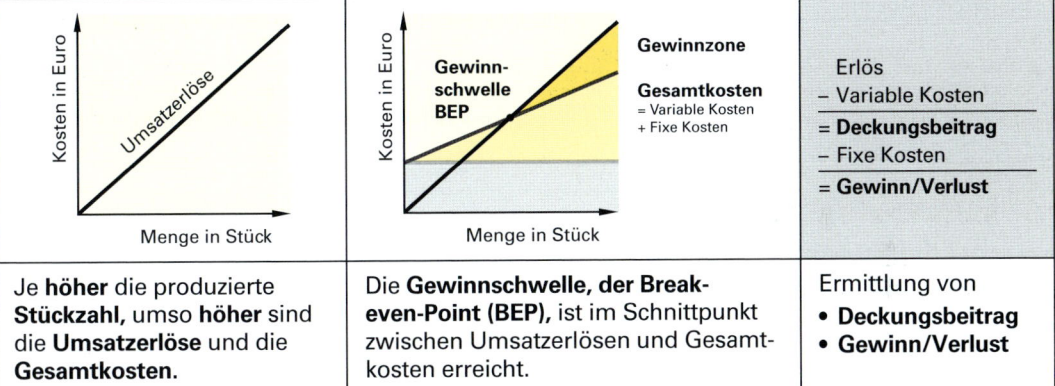

		Erlös
	Gewinnzone	– Variable Kosten
Gewinn-schwelle BEP	**Gesamtkosten** = Variable Kosten + Fixe Kosten	= **Deckungsbeitrag**
		– Fixe Kosten
		= **Gewinn/Verlust**

Je **höher** die produzierte **Stückzahl**, umso **höher** sind die **Umsatzerlöse** und die **Gesamtkosten**.	Die **Gewinnschwelle, der Break-even-Point (BEP)**, ist im Schnittpunkt zwischen Umsatzerlösen und Gesamtkosten erreicht.	Ermittlung von • **Deckungsbeitrag** • **Gewinn/Verlust**

Gewinnschwellenmenge und Gewinnschwellenumsatz

Fallbeispiel

Gegebene Daten:
Fixe Kosten	7 500 €
Variable Kosten/Stück	15 €/St.
Deckungsbeitrag/Stück	6 €/St.
Erlös/Stück	21 €/St.

Gesuchte Daten:
- Gewinnschwellenmenge
- Gewinnschwellenumsatz

Lösungsvorschlag

Gewinnschwellenmenge
= Fixe Kosten : Deckungsbeitrag/Stück
= 7 500 € : 6 €/Stück
= **1 250 Stück**

Gewinnschwellenumsatz
= Gewinnschwellenmenge in Stück · Erlös/Stück
= 1 250 Stück · 21 €/Stück
= **26 250 €**

Formellösung:

$$\text{Gewinnschwellenumsatz} = \frac{\text{Fixe Kosten}}{1 - (\text{Var. Kosten/St.} : \text{Erlös/St.})} = \frac{7\,500\,€}{1 - (15\,€ : 21\,€)} \approx \mathbf{26\,250\ \text{St.}}$$

7.2.5 Deckungsbeitragsrechnung

Kostenartenrechnung

Fallbeispiel

Ein Atelier stellt außer maßgefertigten Produkten auch Kleinserien für Kostüme und Hosenanzüge her. Im letzten Monat konnte das Atelier 12 Kostüme mit einem Verkaufspreis netto von 620 € pro Stück absetzen. Im gleichen Zeitraum wurden 24 Hosenanzüge zum Preis von 780 € pro Stück verkauft. Die variablen Kosten/Stück bei der Fertigung der Kostüme betrugen 280 €, für die Produktion der Anzüge 240 €. Die gesamten Fixkosten beliefen sich im letzten Monat auf insgesamt 12 300 €.

1.1 Ermitteln Sie den Deckungsbeitrag für die Kostüme und die Hosenanzüge.
1.2 Ermitteln Sie das Betriebsergebnis in diesem Zeitraum.
1.3 Berechnen Sie jeweils die Gewinnschwellenmenge, wenn die Fixkosten zu einem Drittel für die Kostüme und zu zwei Dritteln für die Anzüge angesetzt werden.
1.4 Berechnen Sie jeweils den Gewinnschwellenumsatz.
1.5 Stellen Sie die Ergebnisse zeichnerisch getrennt nach Kostümen und Hosenanzügen dar.

Lösungsvorschlag

1.1 Ermittlung des Deckungsbeitrags

	Kostüme	Anzüge
Erlös/Stück	620 €	780 €
– Variable Kosten/Stück	280 €	240 €
= **Deckungsbeitrag/Stück**	**340 €**	**540 €**

1.2 Betriebsergebnis

	Kostüme		Anzüge		Gesamt
Erlös gesamt	620 €/St. · 12 St. =	7 440 €	780 €/St. · 24 St. =	18 720 €	
– Variable Kosten gesamt	280 €/St. · 12 St. =	3 360 €	240 €/St. · 24 St. =	5 760 €	
= Deckungsbeitrag gesamt		4 080 €		12 960 €	17 040 €
– Fixkosten gesamt					12 300 €
= **Gewinn gesamt**					**4 740 €**

1.3 Berechnung der Gewinnschwellenmenge

	Kostüme	Anzüge
Fixkosten	12 300 € : 3 = **4 100 €**	(12 300 € : 3) · 2 = **8 200 €**
Gewinnschwellenmenge = Fixkosten : Deckungsbeitrag/Stück	4 100 € : 340 €/St. ≈ 12,06 St.	8 200 € : 540 €/St. ≈ 15,19 St.
Gewinnschwellenmenge	⇒ **13 Stück**	⇒ **16 Stück**

1.4 Berechnung des Gewinnschwellenumsatzes

	Kostüme	Anzüge
Gewinnschwellenumsatz = $\dfrac{\text{Fixkosten}}{1 - (\text{Var. Kosten/Stück} : \text{Erlös/Stück})}$	= $\dfrac{4\,100\,€}{1 - (280\,€ : 620\,€)}$	= $\dfrac{8\,200\,€}{1 - (240\,€ : 780\,€)}$
Gewinnschwellenumsatz	≈ **7 476,47 €**	≈ **11 844,44 €**

1.5 Zeichnerische Darstellung der Ergebnisse

7.2.6 Übungsaufgaben Deckungsbeitragsrechnung — Kostenartenrechnung

Aufgabe 1
Ein Auftrag wird in unterschiedlicher Stückzahl sowie mit den in der Tabelle aufgeführten Fixkosten hergestellt. Der Umsatzerlös beträgt 1,50 € je Stück.

1.1 Übernehmen Sie die Tabelle und ermitteln Sie die **Gesamtkosten**, die **Stückkosten**, den **gesamten Umsatzerlös**, die **Deckungsbeiträge** und den jeweiligen **Gewinn bzw. Verlust**.
1.2 Berechnen Sie die **Gewinnschwellenmenge**.
1.3 Ermitteln Sie den **Gewinnschwellenumsatz**.
1.4 Stellen Sie in einer Grafik alle gegebenen und berechneten Werte dar. Kennzeichnen Sie den **Gewinnschwellenpunkt (Break-even-Point)** sowie die **Gewinn- und Verlustzone**.

Stückzahl	Fixe Kosten in €	Variable Kosten in €	Gesamtkosten in €	Stückkosten in €	Umsatzerlös in €	Deckungsbeitrag in €	Gewinn (+)/ Verlust (–) in €
0	20,00	0					
1	20,00	0,80					
10	20,00	8,00					
20	20,00	16,00					
30	20,00	24,00					
40	20,00	32,00					

Aufgabe 2
Ein Bekleidungsbetrieb hat sich auf die Fertigung von vier verschiedenen Produkten spezialisiert. Die Fixkosten belaufen sich im Abrechnungszeitraum auf 200 000 €. Die Produktionsmengen der einzelnen Produkte, die Variablen Kosten/Stück und die Umsatzerlöse/Stück sind in der nachfolgenden Tabelle aufgeführt.

	Produkt 1	Produkt 2	Produkt 3	Produkt 4
Produktionsmenge	2 200 Stück	1 800 Stück	3 000 Stück	4 000 Stück
Variable Kosten/Stück	18 €	23 €	12 €	16 €
Umsatzerlös/Stück	42 €	58 €	28 €	26 €

2.1 Ermitteln Sie den **Deckungsbeitrag/Stück** für die einzelnen Produkte sowie den **Gesamtdeckungsbeitrag**.
2.2 Berechnen Sie den **Erfolg** des Bekleidungsbetriebes.
2.3 **Beurteilen** Sie das Ergebnis und schlagen Sie eine Verbesserungsmaßnahme vor.

Aufgabe 3
Ein Atelier hat freie Kapazitäten und steht vor der Wahl, einen der beiden Aufträge anzunehmen:
Auftrag 1 Fertigung eines aufwendigen Brautkleides zum Preis von 3 780 €. Es fallen Fertigungslöhne in Höhe von 2 125 € und Materialkosten von 1 180 € an.
Auftrag 2 Fertigung einer Kleinserie von Kleidern für eine Tanzgruppe zum Gesamtpreis von 5 475 €. Es fallen Fertigungslöhne in Höhe von 3 725 € an, die Materialkosten betragen 1 470 €.
Ermitteln Sie aus Sicht der Deckungsbeitragsrechnung den **wirtschaftlicheren** Auftrag.
Berechnen und begründen Sie Ihr Ergebnis.

Aufgabe 4
In einem Atelier, das auch Aufträge für kleinere Serienfertigungen annimmt, wurden im letzten Geschäftsjahr 750 Kleider produziert. Die Gesamtkosten betrugen 18 750 €, die Fixkosten 7 500 €. Der Umsatzerlös betrug insgesamt 21 000 €.
4.1 Ermitteln Sie den **Deckungsbeitrag/Stück**.
4.2 Berechnen Sie die **Gewinnschwellenmenge**.
4.3 Ermitteln Sie den **Gewinnschwellenumsatz**.

7.3 Kostenstellenrechnung

7.3.1 Grundlagen

Unter **Kostenstellen** versteht man **Betriebsbereiche der Kostenentstehung**. Sie lassen sich nach funktionellen, räumlichen oder institutionellen Gesichtspunkten abgrenzen. Die Zahl der Kostenstellen hängt von der Branche und den betrieblichen Gegebenheiten ab.

Aufgabe der **Kostenstellenrechnung** ist die Ermittlung der Kosten am Ort der Entstehung. Sie ermöglicht eine verursachungsgerechte Zuordnung auf die einzelnen Kostenträger (Produkte, Handwerkerleistungen) sowie die Überwachung der Kostenentwicklung.

Kosten, die nicht direkt zurechenbar sind, werden als **Gemeinkosten** nach einem festgelegten Verteilerschlüssel auf verschiedene Kostenstellen verteilt. Der **Betriebsabrechnungsbogen (BAB)** ist dafür ein organisatorisches Hilfsmittel (siehe Seite 331). Jeder Betrieb muss seine Gemeinkostenzuschläge selbst ermitteln (siehe Seite 333).

Beispiel für die Verrechnung der Gemeinkosten mit drei Kostenstellen

Raumkosten	Beschaffung	Lagerung	Lohnzusatzkosten	Hilfslöhne	Kalkulat. Kosten	Fortbildung
Versicherung	Abschreibung	Verwaltung	Betriebsstoffe	Raumkosten	Abschreibung	Instandhaltung
Kostenstelle Material			**Kostenstelle Fertigung**			

Material-einzelkosten	Material-gemeinkosten in % der Material-einzelkosten		Fertigungs-einzelkosten	Fertigungs-gemeinkosten in % der Fertigungs-einzelkosten
Materialkosten	**Sonder(einzel)kosten der Fertigung**		**Fertigungskosten**	

Herstell(ungs)kosten

+

Raumkosten	Betriebsstoffe	Abgaben, Beiträge	Werbung, Marketing
Fahrzeuge	Versicherungen	Steuern	Kalkulatorische Kosten
Kostenstelle Verwaltung und Vertrieb			

Verwaltungs- und Vertriebsgemeinkosten
in % der Herstell(ungs)kosten

+

Sonder(einzel)kosten des Vertriebs

=

Selbstkosten

Die **differenzierte bzw. erweiterte Zuschlagskalkulation** arbeitet mit mehreren Kostenstellen. Für jede Kostenstelle wird ein Gemeinkostenzuschlag errechnet. Gegenüber der vereinfachten bzw. summarischen Zuschlagskalkulation (siehe Seite 296) wird eine **höhere Kostengerechtigkeit** erreicht. Jeder Auftrag wird nur mit den Gemeinkosten belastet, die er beansprucht.

Materialgemeinkosten	Fertigungsgemeinkosten	Verwaltung- und Vertriebsgemeinkosten
$= \dfrac{\text{Materialgemeinkosten}}{\text{Materialeinzelkosten}} \cdot 100$	$= \dfrac{\text{Fertigungsgemeinkosten}}{\text{Fertigungseinzelkosten}} \cdot 100$	$= \dfrac{\text{Verwaltungsgemeinkosten}}{\text{Herstell(ungs)kosten}} \cdot 100$
Bezugsgröße: Materialeinzelkosten	**Bezugsgröße: Fertigungseinzelkosten**	**Bezugsgröße: Herstell(ungs)kosten**

7.3.2 Betriebsabrechnungsbogen — Kostenstellenrechnung

Der **Betriebsabrechnungsbogen (BAB)** ist das organisatorische Instrument zur Erfassung der Gemeinkosten. Er dient dazu, sie auf die verursachenden Kostenstellen ganz oder anteilsweise zu verteilen. Der BAB bildet die **Grundlage für die Ermittlung der Gemeinkostenzuschläge** und erleichtert eine Kostenkontrolle.

In den **Zeilen** sind die einzelnen **Kostenarten** aufgeführt, in den **Spalten** die **Zahlen aus der Buchhaltung**, die **Verteilungsgrundlage** sowie die **Kostenstellen** des Betriebes. Die Verteilung der Kosten kann mit einem festgelegten prozentualen **Verteilerschlüssel** oder auch nach anderen Kriterien erfolgen, zum Beispiel nach der **Raumgröße** oder der **Zahl der Mitarbeiter** in der entsprechenden Abteilung.

Die Kostenstellenrechnung mithilfe des Betriebsabrechnungsbogen (BAB) erfolgt in **drei Schritten**:

1. Die Gemeinkosten werden aus der Buchhaltung übernommen.
2. Für jede Kostenstelle werden nach der festgelegten **Verteilungsgrundlage** die Summe der Gemeinkosten berechnet.
3. Aus der Gemeinkostensumme der entsprechenden Kostenstelle und den entsprechenden Einzelkosten werden die **Gemeinkostenzuschlagssätze** ermittelt. Diese sind die Basis für die Kostenträgerrechnung.

KOSTENARTEN	Zahlen aus der Buchhaltung	Verteilungsgrundlage	KOSTENSTELLEN			
			Material	Fertigung	Verwaltung	Vertrieb
	in €		in €	in €	in €	in €
Hilfs- und Betriebsstoffe	36 000	Materialentnahmescheine	1 800	26 400	2 000	5 800
Energie/Heizung	8 100	nach m³	900	6 480	360	360
Hilfslöhne	9 975	nach Arbeitsstunden	2 100	5 250	–	2 625
Gehälter	50 000	nach Verhältnis 6,25 : 50 : 31,25 : 12,5	3 125	25 000	15 625	6 250
Sozialversicherung	24 000	Lohntabelle	800	19 700	2 500	1 000
Berufsgenossenschaft	3 210	nach Mitarbeiter	107	2 568	321	214
Lohnzusatzkosten	9 630	nach Mitarbeiter	321	7 704	963	642
Abschreibungen	20 000	nach Verhältnis 8 : 60 : 20 : 12	1 600	12 000	4 000	2 400
Kalk. Zinsen	6 600	nach Verhältnis 10 : 50 : 30 : 10	660	3 300	1 980	660
Steuern	4 000	nach Verhältnis 10 : 50 : 30 : 10	400	2 000	1 200	400
Miete	12 000	nach m²	1 200	7 200	1 800	1 800
Sonst. Gemeinkosten	32 000	direkte Zuordnung	2 000	18 000	7 000	5 000
Gemeinkosten SUMME	215 515		15 013 (MGK)	135 602 (FGK)	37 749 (VwGK)	27 151 (VtGK)
Daten und Zahlenwerte aus der Gewinn-und-Verlust-Rechnung (G + V)		Materialaufwand (MEK)	180 000			
		Fertigungslöhne (FEK)		140 000		
		Herstellungskosten (HK = MEK + MGK + FEK + FGK)			470 615	
Gemeinkostenzuschlagssätze		(Berechnungsformeln für die Zuschlagssätze siehe Seite 330)	8,34 %	96,86 %	8,02 %	5,77 %

Beispiel für einen Betriebsabrechnungsbogen mit vier Kostenstellen

7.3.3 Gemeinkosten (1) *Kostenstellenrechnung*

Zu den **Gemeinkosten** zählen alle Kosten, die nicht direkt auf eine Leistung verrechnet bzw. einem Kundenauftrag zugeordnet werden können, aber zur Aufrechterhaltung des Betriebes insgesamt entstehen. Jede Handwerkerleistung setzt sich aus den „direkten" Einzelkosten und den „indirekten" Gemeinkosten zusammen.

Gemeinkosten	
Unproduktive Lohnkosten Nicht direkt verrechenbare Löhne und Gehälter Hilfslöhne **Sonstige Gemeinkosten** Werbung/Marketing Kosten für Kraftfahrzeuge Betriebliche Steuern Versicherungen Raumkosten Verwaltungskosten Energiekosten Reparaturen und Instandhaltung	**Lohnzusatzkosten; Soziallöhne*)** Arbeitgeberanteil zur Sozialversicherung Feiertagsentlohnung Urlaubsentlohnung Lohnfortzahlung im Krankheitsfall Urlaubsgeld Sonstige freiwillige Sozialaufwendungen Berufsgenossenschaftsbeiträge **Kalkulatorische Gemeinkosten** Kalkulatorische Abschreibungen Kalkulatorische Miete Kalkulatorische Zinsen Kalkulatorischer Unternehmerlohn
Kalkulatorischer Zuschlag für Gewinn und Wagnis*)	

*) Je nach Art der Kostenrechnung des Betriebes können diese Aufwendungen den Gemeinkosten zugeschlagen oder als Einzelposten verrechnet werden.

Summarischer Gemeinkostenzuschlag

Die **vereinfachte (summarische) Zuschlagskalkulation** verwendet **nur einen einzigen Gemeinkostenzuschlag** und zählt damit zum einfachsten Verfahren innerhalb der Kostenträgerrechnung. Die leichte Errechnung dieses Zuschlags und die einfache Anwendung in der Preiskalkulation erklären ihre Beliebtheit im Handwerk. In größeren Betrieben wird jedoch mit mehreren Gemeinkostenzuschlägen (siehe Kostenstellenrechnung Seite 330) gerechnet.

Verrechnung der Gemeinkosten auf Basis der Fertigungseinzelkosten

In diesem Fall arbeitet der Betrieb mit einem Gemeinkostenzuschlag, der **auf die produktiven Löhne bezogen** wird. Diese Methode ist im Handwerk aufgrund der in diesem Wirtschaftsbereich überdurchschnittlich **hohen Lohnintensität** nach wie vor am häufigsten anzutreffen.

Summe der Gemeinkosten einer Rechnungsperiode (Jahresgemeinkostensumme)	Gemeinkostenzuschlagssatz $= \dfrac{\text{Jahresgemeinkostensumme}}{\text{Produktive Lohnsumme}} \cdot 100$	Summe der direkt verrechenbaren Löhne (Produktive Lohnsumme)

Beispiel:
Jahressumme der Gemeinkosten einschließlich der unproduktiven Lohnkosten = 178 000 €
Jahressumme der produktiven Lohnkosten (Fertigungslöhne) = 266 000 €

$$\text{Gemeinkostenzuschlagssatz} = \frac{178\,000\ \text{€}}{266\,000\ \text{€}} \cdot 100\ \%$$

$$\approx 66\ \%$$

7.3.3 Gemeinkosten — Kostenstellenrechnung

Jeder Betrieb muss den Gemeinkostenzuschlag bzw. die einzelnen Zuschläge selbst ermitteln, in der Regel einmal im Jahr auf der **Grundlage** der Zahlen aus der **Gewinn-und-Verlust-Rechnung** der vergangenen Rechnungsperiode.

Fallbeispiel

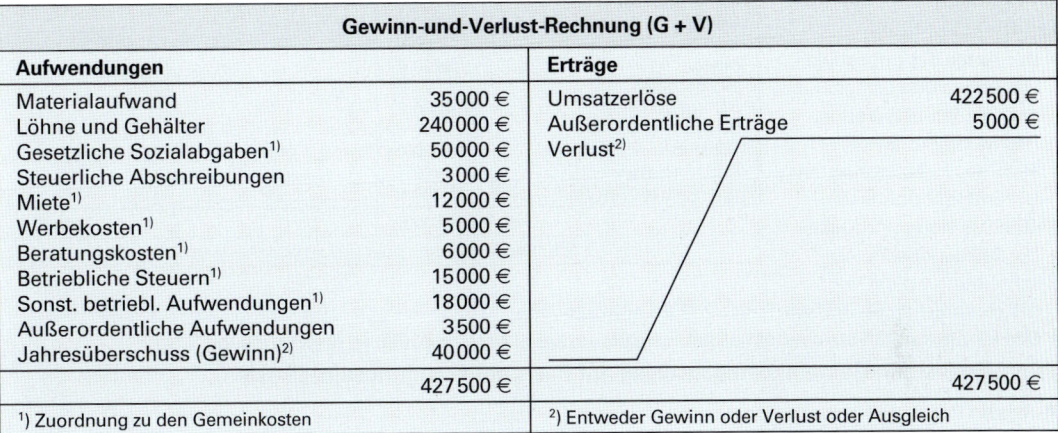

Gewinn-und-Verlust-Rechnung (G + V)			
Aufwendungen		**Erträge**	
Materialaufwand	35 000 €	Umsatzerlöse	422 500 €
Löhne und Gehälter	240 000 €	Außerordentliche Erträge	5 000 €
Gesetzliche Sozialabgaben[1]	50 000 €	Verlust[2]	
Steuerliche Abschreibungen	3 000 €		
Miete[1]	12 000 €		
Werbekosten[1]	5 000 €		
Beratungskosten[1]	6 000 €		
Betriebliche Steuern[1]	15 000 €		
Sonst. betriebl. Aufwendungen[1]	18 000 €		
Außerordentliche Aufwendungen	3 500 €		
Jahresüberschuss (Gewinn)[2]	40 000 €		
	427 500 €		427 500 €

[1] Zuordnung zu den Gemeinkosten   [2] Entweder Gewinn oder Verlust oder Ausgleich

Gegebene Daten:
- Der Anteil der unproduktiven Löhne und Gehälter in der aufgeführten Gewinn-und-Verlust-Rechnung beträgt 30 %.
- Der kalkulatorische Unternehmerlohn beträgt 50 000 €, 20 % davon sind unproduktiv.
- Die kalkulatorische Abschreibung weicht von der steuerlichen ab und wird mit 4 500 € veranschlagt.
- Das für die Eigenkapitalverzinsung maßgebliche Eigenkapital beträgt 30 000 €, die Verzinsung 4 %.

Gesuchte Daten:
1. Summe der produktiven und der unproduktiven Fertigungskosten
2. Gemeinkostenzuschlag auf Basis der Fertigungseinzelkosten

Lösungsvorschlag

1. Berechnung der Summe der produktiven und der unproduktiven Fertigungskosten

	Gesamt-kosten	Produktive Kosten (Einzelkosten)	Unproduktive Kosten (Gemeinkosten)
Löhne und Gehälter	240 000 €	100 % − 30 % = 70 % ≙ 168 000 €	30 % ≙ 72 000 €
Kalk. Unternehmerlohn	50 000 €	100 % − 20 % = 80 % ≙ 40 000 €	20 % ≙ 10 000 €
Kalk. Abschreibung	4 500 €	–	4 500 €
Kalk. Zinsen	30 000 €		4 % ≙ 1 200 €
Gesetzliche Sozialabgaben	50 000 €		50 000 €
Miete	12 000 €		12 000 €
Werbekosten	5 000 €		5 000 €
Beratungskosten	6 000 €		6 000 €
Betriebliche Steuern	15 000 €		15 000 €
Sonstige betriebliche Aufwendungen	18 000 €		18 000 €
Summen		**208 000 €**	**193 700 €**

2. Berechnung des Gemeinkostenzuschlagssatzes

$$\text{GK in \%} = \frac{\text{Fertigungsgemeinkosten}}{\text{Fertigungseinzelkosten}} \cdot 100 \qquad \text{Gemeinkostenzuschlagssatz} = \frac{193\,700\ \text{€}}{208\,000\ \text{€}} \cdot 100\ \%$$

$$\approx 93{,}13\ \% \Rightarrow \mathbf{93\ \%}$$

7.3.4 Übungsaufgaben

Kostenstellenrechnung

Aufgabe 1

Neben der rechts dargestellten Gewinn-und-Verlust-Rechnung gelten für ein Atelier die nachfolgenden Angaben:

- Der Anteil der unproduktiven Löhne und Gehälter in der Gewinn-und-Verlust-Rechnung beträgt 25 %.
- 40 % des kalkulatorischen Unternehmerlohns von 46 000 € sind unproduktiv.
- Die kalkulatorische Abschreibung weicht von der steuerlichen ab und wird mit 4 200 € veranschlagt.
- Das für die Kapitalverzinsung maßgebliche Eigenkapital beträgt 60 000 €, die Verzinsung 3 %.

Gewinn-und-Verlust-Rechnung (G + V)			
Aufwendungen		**Erträge**	
Materialaufwand	35 000 €	Umsatzerlöse	366 800 €
Löhne und Gehälter	224 000 €	Außerordentliche Erträge	4 000 €
Gesetzliche Sozialabg.	35 000 €	Verlust*)	
Steuerliche Abschreib.	3 000 €		
Miete	9 600 €		
Werbekosten	4 000 €		
Beratungskosten	4 600 €		
Betriebliche Steuern	11 800 €		
Sonst. betriebl. Aufw.	14 000 €		
Außerord. Aufwend.	4 800 €		
Überschuss (Gewinn)*	25 000 €		
	370 800 €		370 800 €
*) Entweder Gewinn oder Verlust oder Ausgleich			

Ermitteln Sie den **Gemeinkostenzuschlag** auf Basis der Fertigungseinzelkosten.

Aufgabe 2

Ein Atelier fertigt sowohl Maßfertigungen als auch Kleinserien und hat einen Betriebsabrechnungsbogen für diese Bereiche erstellt. Die Aufteilung der Gemeinkosten erfolgt im Verhältnis 40 % Maßfertigung zu 60 % Kleinserien.

Ergänzen Sie den nachfolgenden Betriebsabrechnungsbogen und ermitteln Sie den **Gemeinkostenzuschlagssatz** für die beiden Kostenstellen mit folgenden Daten:

- Kalkulatorischer Unternehmerlohn 36 398 €, davon sind 55 % produktiver Lohn
- Fertigungslöhne gesamt 34 501,40 €, davon sind 80 % produktive Löhne
- Kalkulatorische Abschreibung AfA 2 000 €
- Kalkulatorische Zinsen 4 % auf 80 000 € Eigenkapital

Betriebsabrechnungsbogen (BAB)						
Gemeinkosten	Einzel-summe in €	Fak-tor	Gesamt-Summe in €	Ver-teilung in %	Kostenstelle Maßfertigung in €	Kostenstelle Kleinserien in €
Raumkosten – Warmmiete	650	12		50 : 50		
Kosten für Strom	120	12		40 : 60		
Rundfunkbeitrag	54	4		50 : 50		
Beitrag HWK (umsatzabhängig)	120	1		50 : 50		
Gebühren Vers.-Beiträge (ohne BG)	380	1		50 : 50		
Berufsgenossenschaft	180	1		40 : 60		
Bürokosten	50	12		40 : 60		
Telefon/Internet/Handy	80	12		50 : 50		
Fremdreparaturen, Instandhaltung	600	1		40 : 60		
Fachzeitungen	95	1		40 : 60		
Weiterbildung	1 300	1		20 : 80		
Bewirtung, Präsente	15	12		20 : 80		
Werbung – Flyer	40	4		30 : 70		
Werbung – Zeitungsanzeigen	78	12		40 : 60		
Werbung – Sonstige	1 500	1		30 : 70		
Werbung – Internetauftritt	120	1		50 : 50		
Kfz-Kosten 1 000 km/Monat à 0,30 €/km	300	12		50 : 50		
Steuer- und Rechtsberatung	600	1		50 : 50		
Kontogebühren	36	4		50 : 50		
Summen						

7.4 Kostenträgerrechnung

7.4.1 Grundlagen

Die **Kostenträgerrechnung** ist ein Teilbereich der Kostenrechnung eines Betriebes. Ihre Aufgabe ist es, alle vom Erzeugnis direkt und indirekt verursachten **Kosten** zu **erfassen und daraus einen Preis zu ermitteln.** Üblicherweise verwendet man den Begriff **Kalkulation,** der so viel bedeutet wie **Preisberechnung.** Eine exakte Kalkulation ermöglicht

- eine kostengerechte Preisbildung
- einen Überblick über die Wirtschaftlichkeit bzw. Rentabilität eines Betriebes

Kalkulationsmethoden

Je nach der Art der Fertigung und wie die Kosten den Produkten und Leistungen zugerechnet werden, unterscheidet man zwei Kalkulationsmethoden:

Divisionskalkulation

Die Divisionskalkulation kommt bei einheitlichen Leistungen und gleichartigen Produkten der **Massen- und Serienfertigung** zur Anwendung. Die **Gesamtkosten** einer Periode **werden durch** die in diesem Zeitraum **produzierten Einheiten** (Zahl der Erzeugnisse oder eine andere Bezugsgröße wie Zeit, Fläche und Gewicht) **dividiert.**

Zuschlagskalkulation

Die Zuschlagskalkulation ist die Methode, die bei **Produkten mit unterschiedlicher Kostenverursachung** Anwendung findet. Die Kosten werden aufgegliedert in **Einzelkosten,** die direkt auf die Leistungseinheit verrechnet werden können, und in **Gemeinkosten,** deren Verrechnung nur mittelbar bzw. indirekt prozentual über einen oder mehrere **Zuschlagssätze** erfolgt.

Summarische (vereinfachte) Zuschlagskalkulation	Differenzierte (erweiterte) Zuschlagskalkulation
Es wird mit nur **einem Gemeinkostenzuschlag** gerechnet. Im Maßschneiderhandwerk sind die Fertigungslöhne die Basis für die Zurechnung (siehe **Kalkulationsmodelle A bis D** Seite 298, 299).	Es wird nach Kostenstellen unterschieden und mit **mehreren Gemeinkostenzuschlagssätzen** gerechnet (siehe **Kostenstellenrechnung** Seite 330).

Kalkulationsarten

Je nach dem **Zeitpunkt der Durchführung** unterscheidet man folgende Arten:

Vorkalkulation	Nachkalkulation	Rückkalkulation	Zwischenkalkulation
Kalkulierter Preis vor der Ausführung des Kundenauftrags. Basis sind Sollwerte (geplante Daten) aus Berechnungen oder Erfahrungswerten.	Preis nach der Ausführung des Kundenauftrags. Basis sind die tatsächlich entstandenen Istwerte. Sie dient der Kontrolle der Vorkalkulation und als Erfahrungswert für spätere Aufträge.	Sie wird angewendet, wenn der Kunde eine feste Preisvorstellung hat. Es wird dann berechnet, ob der Auftrag zu diesem Preis angenommen werden kann.	Sie begleitet den Fertigungsprozess und wird nur vorgenommen, wenn sich der Auftrag über einen längeren Zeitraum erstreckt.

7.4.2 Kalkulationsarten

Kostenträgerrechnung

Vorkalkulation				
	Verbrauch	Preis/Einheit	Gesamtpreis	
Oberstoff	4,25 m	60,00 €/m	255,00 €	
Futter	2,80 m	6,50 €/m	18,20 €	
Zutaten	Pauschale	25,00 €	25,00 €	
Gesamtsumme Materialeinzelkosten			298,20 €	
Materialgemeinkosten		89 %	265,40 €	
Materialkosten			**563,60 €**	
Meisterin	12 h	17,50 €/h	210,00 €	
Gesellin	18 h	11,30 €/h	203,40 €	
Auszubildende	8 h	2,25 €/h	18,00 €	
Gesamtsumme Fertigungseinzelkosten			431,40 €	
Fertigungsgemeinkosten		222 %	957,71 €	
Fertigungskosten			**1389,11 €**	
Sondereinzelkosten			125,00 €	
Selbstkosten			**2077,71 €**	
Wagnis und Gewinn		12 %	249,33 €	
Lieferpreis netto			**2327,04 €**	
Mehrwertsteuer		19 %	442,14 €	
Lieferpreis brutto			**2769,18 €**	

Bei der **Vorkalkulation** stellen sich unter anderem folgende Fragen:
- Wie hoch ist der Preis für das benötigte Material?
- Wie viel Arbeitszeit ist erforderlich?
- Nach welcher Verrechnungsart und in welcher Höhe sollen die Gemeinkosten aufgeschlagen werden?
- Welcher Zuschlag für Wagnis und Gewinn entspricht der Besonderheit des Auftrages und der betrieblichen Lage?

Nachkalkulation				
	Verbrauch	Preis/Einheit	Gesamtpreis	
Oberstoff	*4,90 m*	60,00 €/m	*294,00 €*	
Futter	*2,40 m*	6,50 €/m	*15,60 €*	
Zutaten	Pauschale	25,00 €	25,00 €	
Gesamtsumme Materialeinzelkosten			*334,60 €*	
Materialgemeinkosten		89 %	*297,79 €*	
Materialkosten			***632,39 €***	
Meisterin	*13 h*	17,50 €/h	*227,50 €*	
Gesellin	*16 h*	11,30 €/h	*180,80 €*	
Auszubildende	*9 h*	2,25 €/h	*20,25 €*	
Gesamtsumme Fertigungseinzelkosten			*428,55 €*	
Fertigungsgemeinkosten		222 %	*951,38 €*	
Fertigungskosten			***1379,93 €***	
Sondereinzelkosten			125,00 €	
Selbstkosten			***2137,32 €***	
Wagnis und Gewinn		12 %	*256,48 €*	
Lieferpreis netto			***2393,80 €***	
Mehrwertsteuer		19 %	*454,82 €*	
Lieferpreis brutto			***2848,62 €***	

Bei der **Nachkalkulation** stellen sich unter anderem folgende Fragen:
- Welche Materialkosten sind tatsächlich entstanden? (Istwerte sind *kursiv* dargestellt)
- Welche Lohnkosten sind tatsächlich angefallen? (Istwerte sind *kursiv* dargestellt)
- Weshalb gab es jeweils Abweichungen?
- Welcher Gemeinkostenzuschlagssatz ist in Ansatz zu bringen?
- Wie hoch ist die Preisabweichung im Vergleich zur Vorkalkulation?

Rückkalkulation				
		Zielpreis	2769,17 €	
		Nettopreis (ohne MwSt.)	2327,03 €	2327,03 €
–		Sondereinzelkosten	125,00 €	
–		Materialeinzelkosten	334,60 €	
–		Materialgemeinkosten	297,79 €	
–		Fertigungseinzelkosten	428,55 €	
–		Fertigungsgemeinkosten	951,38 €	
		Selbstkosten	2137,32 €	– 2137,32 €
=		**Reingewinn**/Reinverlust		= 189,71 €

Bei der **Rückkalkulation** stellen sich unter anderem folgende Fragen:
- Lohnt es sich, den Auftrag zu der festen Preisvorstellung des Kunden anzunehmen?
- Welche Möglichkeiten zur Kosteneinsparung können aufgezeigt werden?

7.4.2 Kalkulationsarten

Kostenträgerrechnung

Preiskalkulation auf Basis der Selbstkosten

Fallbeispiel

Ein kleiner Bekleidungsbetrieb ist auf die Herstellung von Kleinserien für Damenoberbekleidung spezialisiert. Durch eine konsequente Kostenrechnung wurden die Preisuntergrenzen bestimmter Produkte ermittelt. Diese stellen die Selbstkosten dar.
Berechnen Sie den **ausgewiesenen Bruttopreis** für einen Hosenanzug, wenn der Selbstkostenpreis 265 €, der Gewinnzuschlag 20 %, der Kundenrabatt 5 % und die Mehrwertsteuer 19 % betragen.

Lösungsvorschlag				
Selbstkosten	100 %			265,00 €
+ Gewinn	20 %			53,00 €
= Verkaufspreis netto	120 %	100 %		318,00 €
+ MwSt.		19 %		60,42 €
= Verkaufspreis brutto		119 %	95 %	378,42 €
+ Kundenrabatt			5 %	19,92 €
= Ausgewiesener Preis			100 %	398,34 €

Eine wichtige Grundlage der Preiskalkulation sind die Selbstkosten. Ein Betrieb kann langfristig nur existieren, wenn diese gedeckt sind. Selbstkosten enthalten Material-, und Fertigungskosten einschließlich der Gemeinkosten.
Zum Selbstkostenpreis werden der **Gewinn** und der **Kundenrabatt** addiert.

Rückkalkulation

Fallbeispiel 1

Eine Neukundin hat aus dem Asienurlaub einen Seidenstoff mitgebracht und möchte sich daraus ein Abendkleid fertigen lassen. Ihre Preisvorstellung liegt bei 450 € brutto. Für Zutaten berechnen Sie eine Nettomaterialpauschale von 12 €. Der Meister-Stundenverrechnungssatz liegt bei 42,40 €/h. Sie kalkulieren eine Arbeitszeit inklusive Schnitterstellung, Zuschnitt, Fertigung und Anproben von 11 Arbeitsstunden.
Beurteilen Sie rechnerisch, ob Sie diesen Auftrag annehmen können.

Lösungsvorschlag		
Fertigungskosten	11 h · 42,40 €/h	466,40 €
+ Materialpauschale		12,00 €
= Fertigungspreis netto		478,40 €
Zielpreis der Kundin brutto	119 %	450,00 €
– MwSt.	19 %	71,85 €
= Zielpreis netto	100 %	378,15 €
Zielpreis netto		378,15 €
– Fertigungspreis netto		478,40 €
= **Differenz**		– 100,25 €

Auswertung
Es entsteht eine **Unterdeckung** von 100,25 €.
Es ist daher nicht sinnvoll, diesen Auftrag anzunehmen.
Entweder ist die Kundin bereit, den kalkulierten Preis zu bezahlen, oder es werden ihr **Einsparmöglichkeiten** aufgezeigt, zum Beispiel durch einfachere Verarbeitungsdetails.

Fallbeispiel 2

Ein Designeratelier mittlerer Größe hat den Auftrag eines großen Unternehmens zur Herstellung von 40 Kostümen für einen einheitlichen Messeauftritt erhalten. Der Zielverkaufspreis ohne Mehrwertsteuer wird vom Auftraggeber mit 310 € netto pro Kostüm vorgegeben. In Ihrer Kalkulation sind 6,5 Arbeitsstunden/Kostüm je 34,50 €/h , 3 % Skonto und 15 % Gewinn enthalten.
Berechnen Sie Höhe des möglichen **Materialansatzes für ein Kostüm**.

Lösungsvorschlag				
Zielverkaufspreis	100 %			310,00 €
– Skonto	3 %			9,30 €
= Verkaufspreis netto	97 %	115 %		300,70 €
– Gewinn		15 %		39,22 €
= Selbstkosten		100 %		261,48 €
– Fertigungskosten			6,5 h · 34,50 €/h	224,25 €
Materialkosten				37,23 €

Ergebnis
Der Materialansatz für ein Kostüm kann **maximal 37,23 €** betragen.

7.5.3 Angebotskalkulation

Kostenträgerrechnung

Nach dem Bürgerlichen Gesetzbuch bedeutet bei einem **Kundenauftrag** ein **Angebot** bzw. **Kostenvoranschlag** nicht zugleich die Einhaltung des angebotenen Preises. Man unterscheidet das „unverbindliche" Angebot und das „verbindliche" Angebot.

Unverbindliches Angebot

Ein unverbindliches Angebot basiert auf geplanten Sollwerten und kann deshalb von tatsächlichen Werten abweichen. Bei einem unverbindlichen Angebot darf der Rechnungsbetrag nur „unwesentlich" (10–20 %) vom Angebotspreis abweichen. Liegt die Preisabweichung höher, muss der Kunde unverzüglich unterrichtet werden. Dieser kann nun den Auftrag kündigen und muss nur die bis zu diesem Zeitpunkt angefallenen Kosten übernehmen. Ein unverbindliches Angebot muss **deutlich** als solches **gekennzeichnet** sein, z. B. durch die Formulierung „unverbindlich".

Verbindliches Angebot

Ein verbindliches Angebot bedeutet für den Kunden einen garantierten Festpreis. Ein Betrieb muss deshalb über sichere Erfahrungswerte für die Kalkulation des verbindlichen Angebotes verfügen.

7.5.3 Angebotskalkulation

Kostenträgerrechnung

Bei einer Angebotskalkulation bzw. einem Kostenvoranschlag sollen für den Kunden die Gemeinkosten und der Zuschlag für Wagnis und Gewinn nicht ersichtlich sein. Deshalb wird hier zur Preisveranschlagung folgendermaßen vorgegangen:
- Zur Ermittlung des Fertigungspreises wird meistens ein **Stundenverrechnungssatz** eingesetzt. Er enthält die Lohnzusatzkosten, die Gemeinkosten und den Gewinn.
- Zur Ermittlung des Materialpreises wird den Materialkosten zum Einkaufspreis ein Materialgewinn zugeschlagen.

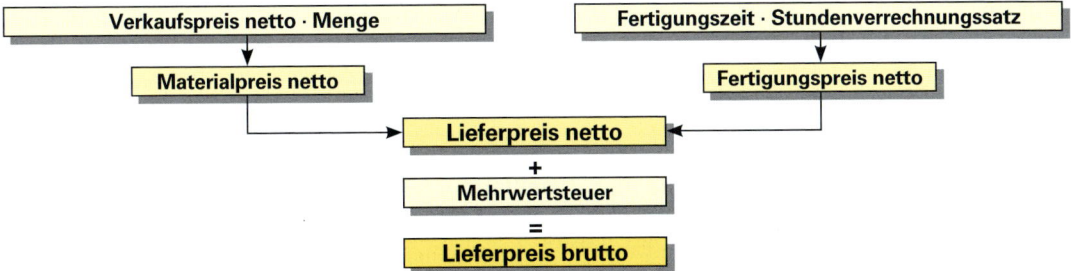

Schema Angebotskalkulation bzw. Kostenvoranschlag

Kostenkontrolle

Für die **Nachkalkulation** bei einem unverbindlichem Angebot, aber auch als **interne Ermittlung von Gewinn und Verlust** bei einem Kundenauftrag sollte eine Kontrolle der **tatsächlich verursachten Kosten** durchgeführt werden. Basis sind die betrieblichen Formulare zur Zeit- und Tätigkeitserfassung der Mitarbeiter. Auch Abweichungen in der disponierten Materialmenge sollten dokumentiert werden. Dies ist dringend geraten, um die Ursache von Kostenabweichungen festzustellen.

Aufgrund dieser Kostenerkenntnisse ist zukünftig eine **sichere Preisermittlung** möglich.

Rechtliche Hinweise zur Kalkulation

Kalkulationsirrtum
Das Risiko einer Fehlkalkulation trägt grundsätzlich der Unternehmer. Bei einem offensichtlichen Irrtum kann der Vertrag unter bestimmten Voraussetzungen angefochten werden.

Vermeidung von Kalkulationsfehlern
- Ausreichend Zeit für die sorgfältige Angebotskalkulation einplanen.
- Die Kalkulation ein zweites Mal, nach einem gewissen Zeitabstand, nochmals überprüfen.
- Angebotspreis mit Nachkalkulationen bereits durchgeführter ähnlicher Arbeiten vergleichen.

Kosten für die Angebotsausarbeitung
Nach der Rechtsprechung trägt die Kosten für die Ausfertigung des Angebotes der Unternehmer. Nach vorheriger Vereinbarung ist jedoch eine Vergütung des Arbeitsaufwands für ein Angebot möglich, z. B. vorausgehende detaillierte Farb- und Typberatung einer Kundin oder bei aufwendigen Planungen, wenn nicht sicher ist, dass der Auftrag tatsächlich erteilt wird.

Urheberrechtschutz von Entwurfzeichnungen
Oft werden zu einem Angebot Entwürfe des geplanten Modells beigefügt. Falls der Kunde damit zu einem anderen Anbieter geht, ist für eine eventuelle gerichtliche Auseinandersetzung folgender Hinweis ratsam: „Diese Zeichnung ist urheberrechtlich geschützt und unser alleiniges geistiges Eigentum. Eine Weitergabe an Dritte bedarf unserer ausdrücklichen Genehmigung."

Aufbewahrungsfristen
Nach dem Handelsgesetzbuch (HGB) müssen Angebote, Kalkulationsunterlagen und Stundenzettel zur Zeiterfassung sechs Jahre aufbewahrt werden.

7.4.4 Preisgestaltung

Kostenträgerrechnung

Mit der **Preiskalkulation** wird die Geldsumme für ein Produkt bzw. eine Leistung festgelegt. Sie ist ein wichtiges Element des unternehmerischen Handelns. Ein Angebotspreis muss kostendeckend sein, einen Gewinn beinhalten, die Preisvorstellungen der Kunden berücksichtigen sowie konkurrenzfähig sein.

Kalkulierter betrieblicher Preis

Bevor sich der/die einzelne Unternehmer/-in dem Markt und seiner Preisbildung stellt, muss zunächst unter Berücksichtigung der besonderen einzelbetrieblichen Gegebenheiten der betriebliche Preis kalkuliert werden. Zur Ermittlung des **Selbstkostenpreises** ist eine präzise Kostenrechnung und die damit verbundene Berechnung der Gemeinkosten mittels Betriebsabrechnungsbogen (BAB) erforderlich (siehe Seite 331). Anschließend erfolgt die Festlegung des Gewinn- und Wagniszuschlags.

> **Kalkulierter betrieblicher Preis
> = Selbstkostenpreis plus Zuschlag für Wagnis und Gewinn**

Der **Gewinnzuschlag** dient

- zur Kapitalbildung und damit zur Finanzierung von Neuinvestitionen
- zur Bildung von Rücklagen für private und betriebliche Notlagen
- als wirtschaftliche Bestätigung für den Unternehmer

Die Höhe des **Gewinnzuschlag** ist abhängig von

- der Wirtschaftslage und Ansprüchen der Kunden
- dem Namen, dem Ruf und der Lage des Ateliers
- den Konkurrenzbedingungen

Die **Verrechnung des Gewinns** kann als Zuschlag auf die Selbstkosten erfolgen oder als kalkulatorischer Gewinn den Gemeinkosten zugerechnet werden (siehe Seite 325).

Preisuntergrenze

Jeder Erlös, der höher ist als die variablen Kosten, liefert einen Beitrag zur Deckung der fixen Kosten und erhöht den erwirtschafteten Gewinn. Mithilfe der **Deckungsbeitragsrechnung** (siehe Seite 326) kann die Preisuntergrenze für ein Produkt bestimmt werden. Kurzfristig kann in wirtschaftlich schwierigen Zeiten auf die Deckung der gesamten oder einen Teil der Fixkosten verzichtet werden.

Langfristige Preisuntergrenze
⇒ Der Preis muss mindestens so hoch wie die **Selbstkosten** sein.

Kurzfristige Preisuntergrenze
⇒ Der Preis muss mindestens so hoch wie die **variablen Kosten** sein.

Marktpreis, Gleichgewichtspreis

Steht der kalkulierte betriebliche Preis fest, kann auch auf die besonderen Gegebenheiten des Marktes eingegangen werden. Nach allgemeinen volkswirtschaftlichen Grundsätzen bestimmen **Angebot und Nachfrage** den Preis. In Fertigungsbetrieben bzw. bei Kundenaufträgen ist die marktorientierte Preisgestaltung selten.

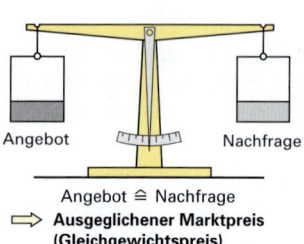

Angebot ≙ Nachfrage
⇨ **Ausgeglichener Marktpreis (Gleichgewichtspreis)**

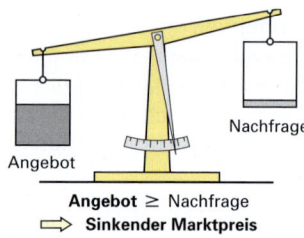

Angebot ≥ Nachfrage
⇨ **Sinkender Marktpreis**

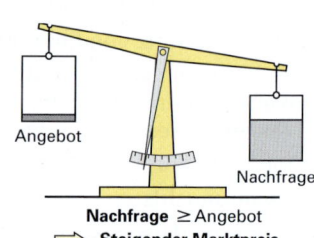

Nachfrage ≥ Angebot
⇨ **Steigender Marktpreis**

7.4.5 Kundenauftrag Kleid

Kostenträgerrechnung

Ihre Kundin ist zu einer Ausstellungseröffnung eingeladen und möchte sich hierzu ein Kleid fertigen lassen, das einerseits eher streng sowie geradlinig und andererseits elegant und aufregend erscheinen soll.

Nach einer ausführlichen Beratung entscheidet sich die Kundin für das abgebildete Modell. Sie treffen anschließend mit ihr die Materialauswahl.

Um eine **Vorkalkulation mit unverbindlichem Angebot** durchführen zu können, planen Sie mit den Sollwerten die **Materialkosten** sowie die **Fertigungskosten**. Für alle Beschäftigten ermitteln Sie den **einfachen (individuellen) Stundenverrechnungssatz**. Sie verwenden dabei Ihren Zuschlagssatz für die Gemeinkosten sowie Ihren Zuschlag für Wagnis und Gewinn bezüglich einer Zielgruppe im gehobenen Genre. Mit den Istwerten erstellen Sie eine **Nachkalkulation mit Auswertung**.

Lösungsvorschlag

Schritt 1: Ermittlung der Materialkosten (Soll)

Materialart	Artikel	Einkaufs-preis netto	Material-Gewinn	Verkaufs-preis netto	Menge	Material-preis netto
Samt	Baumwollsamt	20,75 €/m	100 %	41,50 €/m	1,70 m	70,55 €
Futter	Taft Changeant	6,50 €/m	80 %	11,70 €/m	1,50 m	17,55 €
Spitze	Raschelspitze	6,23 €/m	75 %	10,90 €/m	1,50m	16,35 €
Reißverschluss	RV Opti, 60 cm	3,25 €/St.	100 %	6,50 €/St.	1 St.	6,50 €
Kleinmaterial	Nähgarn, Einlage	10,00 €	50 %	15,00 €	pauschal	15,00 €
∑ Materialpreis netto (Soll)						**125,95 €**

Schritt 2: Ermittlung des einfachen Stundenverrechnungssatzes

	Meisterin	Gesellin	Auszubildende
Stundenlohn	15,00 €/h	11,00 €/h	7,00 €/h
Gemeinkosten 110 %	16,50 €/h	12,10 €/h	7,70 €/h
Zwischensumme	31,50 €/h	23,10 €/h	14,70 €/h
Wagnis und Gewinn 12%	3,78 €/h	2,77 €/h	1,76 €/h
Stundenverrechnungssatz netto	35,28 €/h	25,87 €/h	16,46 €/h
Stundenverrechnungssatz netto gerundet	**35,50 €/h**	**26,00 €/h**	**16,50 €/h**

Schritt 3: Ermittlung der Fertigungskosten (Soll)

Mitarbeiter	Tätigkeit	Fertigungszeit	**Stundensatz**	**Fertigungspreis**
Meisterin	Beratung, Maßnehmen	2,25 h		
	Schnitterstellung	3,75 h		
	1. + 2. Anprobe	2,00 h		
	Abnahme	0,25 h		
		∑ 8,25 h	35,50 €/h	292,88 €
Gesellin	Zuschnitt	1,25 h		
	Fixierarbeiten	0,50 h		
	Näharbeiten	3,75 h		
	Bügelarbeiten	1,25 h		
		∑ 6,75 h	26,00 €/h	175,50 €
Auszubildende	Näharbeiten	2,00 h		
	Bügelarbeiten	0,50 h		
		∑ 2,50 h	16,50 €/h	41,25 €
Fertigungspreis netto (Soll)				**509,63 €**

7.4.5 Kundenauftrag Kleid — Kostenträgerrechnung

Schritt 4: Ermittlung des Angebotspreises (Vorkalkulation)		
Fertigungskosten	Meisterin	= 292,88 €
	Gesellin	= 175,50 €
	Auszubildende	= 41,25 €
Nettofertigungspreis		= 509,63 €
Nettomaterialpreis		= 125,95 €
Nettolieferpreis		= 635,58 €
Mehrwertsteuer 19 %	635,58 € · 19/100	= 120,76 €
Bruttolieferpreis		**= 756,34 €**

Schritt 5: Angebot an die Kundin

[Angebotsschreiben von RS Design – Rebekka Schweizer, Schneidermeisterbetrieb, an Tanja Biber, Berggasse 6, 72888 Gründingen, Dettingen/Erms, 10. September 2015 — Unverbindliches Angebot: Entwurf und Anfertigung eines eleganten Kleides. Materialkosten: Samt 1,70 m · 41,50 €/m = 70,55 €; Futter 1,50 m · 11,70 €/m = 17,55 €; Spitze 1,50 m · 10,90 €/m = 16,35 €; Reißverschluss 1 St. · 6,50 €/St. = 6,50 €; Kleinmaterial pauschal 15,00 € = 15,00 €. Summe Materialpreis 125,95 €. Fertigungskosten: Meisterin (Beratung, Maß nehmen, Schnitterstellung, Anprobe, Abnahme) 8,25 h · 35,50 €/h = 292,88 €; Gesellin Fertigung 6,75 h · 26,00 €/h = 175,50 €; Auszubildende Fertigung 2,50 h · 16,50 €/h = 41,25 €. Summe Fertigungspreis 509,63 €. Lieferpreis netto 635,58 €; Mehrwertsteuer 19 % 120,76 €; Lieferpreis brutto 756,34 €.]

Schritt 6: Auftragsbestätigung

Sobald die Kundin schriftlich oder mündlich ihre Zusage für den Auftrag erteilt hat, empfiehlt es sich, den Auftrag nochmals schriftlich zu bestätigen, insbesondere, wenn es zu Nachverhandlungen kam.

Angebotsschreiben, Auftragsbestätigung und Rechnung sind Geschäftsbriefe. Sie sollten deshalb nach DIN-Norm formatiert werden. Wie detailliert diese Geschäftsbriefe gehalten werden sollten, liegt im Ermessen der Geschäftsführung.

7.4.5 Kundenauftrag Kleid — Kostenträgerrechnung

Schritt 7: Ermittlung der tatsächlichen Materialkosten (Ist-MK)

Materialart	Artikel	Einkaufs-preis netto	Material-Gewinn	Verkaufs-preis netto	Menge	Material-preis netto
Samt	Baumwollsamt	20,75 €/m	100 %	41,50 €/m	1,60 m	66,40 €
Futter	Taft Changeant	6,50 €/m	80 %	11,70 €/m	1,40 m	16,38 €
Spitze	Raschelspitze	6,23 €/m	75 %	10,90 €/m	1,50 m	16,35 €
Reißverschluss	RV Opti, 60 cm	3,25 €/St.	100 %	6,50 €/St.	1 St.	6,50 €
Kleinmaterial	Nähgarn, Einlage	10,00 €	50 %	15,00 €	pauschal	15,00 €
∑ Materialpreis netto (Ist)						120,63 €

Schritt 8: Ermittlung der tatsächlichen Fertigungskosten (IST-FK)

Mitarbeiter	Tätigkeit	Fertigungszeit	Stundensatz	Fertigungskosten
Meisterin	Beratung, Maßnehmen	2,50 h		
	Schnitterstellung	3,75 h		
	1. + 2. Anprobe	2,00 h		
	Abnahme	0,25 h		
		∑ 8,50 h	35,50 €/h	301,75 €
Gesellin	Zuschnitt	1,25 h		
	Fixierarbeiten	0,50 h		
	Näharbeiten	4,00 h		
	Bügelarbeiten	1,25 h		
		∑ 7,00 h	26,00 €/h	182,00 €
Auszubildende	Näharbeiten	2,00 h		
	Bügelarbeiten	0,00 h		
		∑ 2,00 h	16,50 €/h	33,00 €
∑ Fertigungspreis netto (Ist)				516,75 €

Schritt 9: Rechnungspreis

Fertigungskosten	Meisterin	301,75 €
	Gesellin	182,00 €
	Auszubildende	33,00 €
	Nettofertigungspreis	516,75 €
+	Nettomaterialpreis	120,63 €
=	Nettolieferpreis	637,38 €
+	Mehrwertsteuer 637,38 € · 19/100	= 121,10 €
=	**Bruttolieferpreis**	**758,48 €**
	Angebotspreis	756,34 €
–	Rechnungspreis	758,48 €
=	**Preisabweichung**	**– 2,14 €**

Schritt 10: Rechnung und Auswertung

⇒ **Es ergibt sich eine Preisabweichung von 2,14 € zuungunsten des Auftraggebers.**

- Durch eine rationelle Legeweise konnten Materialkosten eingespart werden.
- Das Maßnehmen bei der Kundin dauerte allerdings länger als erwartet, da sie asymetrische Figurabweichungen hatte.
- In der Fertigung wurde weniger Zeit benötigt, da die Gesellin sehr zügig arbeitete.

Schritt 11: Interne Nachkalkulation

LK Meisterin	8,50 h · 15,00 €/h =	127,50 €
LK Gesellin	7,00 h · 11,00 €/h =	77,00 €
LK Auszubildende	2,00 h · 7,00 €/h =	14,00 €
	Fertigungslöhne	218,50 €
+	Gemeinkosten 218,50 € · 110/100	= 240,35 €
=	Selbstkosten	458,85 €
+	Gewinn 458,85 € · 12/100	= 55,06 €
=	Nettofertigungspreis	513,91 €
+	Nettomaterialpreis	120,63 €
=	**Nettolieferpreis**	**634,54 €**
	Nettolieferpreis Nachkalkulation	634,54 €
–	Rechnungspreis netto	637,38 €
=	**Differenz**	**– 2,84 €**

Schritt 12: Interne Auswertung

⇒ **Es ergibt sich eine Preisabweichung von 2,84 € zugunsten des Betriebes.**

- Aus wirtschaftlichen Gründen ist eine Kalkulation mit dem durchschnittlichen Stundenverrechnungssatz für den Betrieb sehr ungünstig, wenn der Anteil der Meisterstunden hoch ist.
- In diesem Fall ist es wirtschaftlicher, die individuellen Stundenverrechnungssätze für jeden Mitarbeiter zu berechnen und in der Kalkulation anzuwenden.

Die interne Auswertung erfolgt zu Nettopreisen.

7.4.6 Kundenauftrag Weste

Kostenträgerrechnung

Fallbeispiel 2

Um einen vorhandenen Ausgehanzug zu komplettieren, wünscht sich der Kunde eine passende Weste zum Besuch einer Premiere am Staatstheater. Nach einer ausführlichen Beratung, in deren Verlauf Sie mehrere Entwürfe zeichnen, entscheidet sich der Kunde für das abgebildete Modell. Sie treffen anschließend mit ihm die Materialauswahl.

Als Inhaber eines Einpersonenbetriebes, der exklusive Maßanfertigungen für Herren anbietet, planen Sie für die **Vorkalkulation** mit den Sollwerten den **Materialpreis** sowie die **Fertigungszeiten und den Fertigungslohn**. Für den **Angebotspreis** ermitteln Sie den **Stundenverrechnungssatz** durch **Nettofertigungspreis-Rückrechnung**. Sie verwenden Ihre Zuschlagssätze für Gemeinkosten bzw. für Wagnis und Gewinn. Mit den tatsächlichen Istwerten erstellen Sie den **Rechnungspreis** und eine **Auswertung**.

Lösungsvorschlag

Schritt 1: Ermittlung der Materialkosten (Soll-MK)

Materialart	Artikel	Einkaufspreis netto	Materialgewinn	Verkaufspreis netto	Menge	Materialpreis netto
Oberstoff	Tropical	13,20 €/m	150 %	33,00 €/m	0,80 m	26,40 €
Futter	Taft Jacquard	7,88 €/m	60 %	12,60 €/m	1,50 m	18,90 €
Knöpfe	Messing	1,40 €/St.	200 %	4,20 €/m	4 St.	16,80 €
Schnallen	Messing	3,20 €/St.	200 %	9,60 €/St.	1 St.	9,60 €
Kleinmaterial	Nähgarn, Einlage	8,00 €	50 %	12,00 €	pauschal	12,00 €
∑ Nettomaterialpreis (Soll)						83,70 €

Schritt 2: Ermittlung der Fertigungslohnkosten (SOLL-LK)

Mitarbeiter	Tätigkeit	Fertigungszeit	Stundenlohn	Fertigungslohn
Meisterin	Beratung, Maßnehmen	1,00 h		
	Schnitterstellung	1,75 h		
	1. + 2. Anprobe	0,50 h		
	Abnahme	0,75 h		
	Zuschnitt	0,25 h		
	Fixierarbeiten	5,75 h		
	Näharbeiten	0,50 h		
	Bügelarbeiten	0,50 h		
∑ Fertigungszeit und Fertigungslohn (Soll)		11,00 h	16,50 €/h	181,50 €

Schritt 3: Vorkalkulation

	Fertigungslohn		181,50 €
+	Gemeinkosten	181,50 € · 85/100	= 154,28 €
=	Selbstkosten		335,78 €
+	Wagnis und Gewinn	335,78 € · 20/100	= 67,16 €
=	Nettofertigungspreis		402,93 €
+	Nettomaterialpreis		= 83,70 €
=	Nettolieferpreis		486,63 €
+	Mehrwertsteuer	486,63 € · 19/100	= 92,46 €
=	**Bruttolieferpreis (Soll)**		**579,09 €**

Schritt 4: Stundenverrechnungssatz

$$\text{Stundenverrechnungssatz} = \frac{\text{Nettofertigungspreis}}{\text{Fertigungszeit}}$$

$$= \frac{402{,}93\ €}{11\ h}$$

$= 36{,}63\ €/h \Rightarrow 36{,}70\ €/h$

Stundenverrechnungssatz durch Nettofertigungspreis-Rückrechnung

$= 36{,}70\ €/h$ netto

7.4.6 Kundenauftrag Weste

Kostenträgerrechnung

Schritt 5: Ermittlung des Angebotspreises

	Nettofertigungspreis		
	= Fertigungszeit · Stundensatz		
	= 11 h · 36,70 €/h		= 403,70 €
+	Nettomaterialpreis		83,70 €
=	Nettolieferpreis		487,40 €
+	Mehrwertsteuer	487,40 € · 19/100	= 92,61 €
=	Bruttolieferpreis		**580,01 €**

Schritt 6: Angebot

Schritt 7: Auftragsbestätigung

Schritt 8: Ermittlung der tatsächlichen Materialkosten (Ist-MK)

Materialart	Artikel	Einkaufs-preis netto	Material-gewinn	Verkaufs-preis netto	Menge	Material-preis netto
Oberstoff	Tropical	13,20 €/m	150 %	33,00 €/m	0,95 m	31,35 €
Futter	Taft Jacquard	7,88 €/m	60 %	12,60 €/m	1,50 m	18,90 €
Knöpfe	Messing	1,40 €/St.	200 %	4,20 €/m	4 St.	16,80 €
Schnallen	Messing	3,20 €/St.	200 %	9,60 €/St.	1 St.	9,60 €
Kleinmaterial	Nähgarn, Einlage	8,00 €	50 %	12,00 €	pauschal	12,00 €
Σ Materialpreis (Ist)						**88,65 €**

Schritt 9: Ermittlung des tatsächlichen Fertigungslohns (Ist-LK)

Mitarbeiter	Tätigkeit	Fertigungszeit	Stundenlohn	Fertigungslohn
Meisterin	Beratung, Maßnehmen	1,00 h		
	Schnitterstellung	2,25 h		
	1. + 2. Anprobe	0,50 h		
	Abnahme	0,75 h		
	Zuschnitt	0,25 h		
	Fixierarbeiten	5,75 h		
	Näharbeiten	0,50 h		
	Bügelarbeiten	0,50 h		
Σ Fertigungszeit und Fertigungslohn (Ist)		**11,50 h**	**16,50 €/h**	**189,75 €**

Schritt 10: Rechnungspreis

	Nettofertigungspreis	11,5 h · 36,70 €/h	= 422,05 €
+	Nettomaterialpreis		= 88,65 €
=	Nettolieferpreis		= 510,70 €
+	Mehrwertsteuer	510,70 € · 19/100	= 97,03 €
=	Bruttolieferpreis		= **607,73 €**

Schritt 11: Auswertung

Rechnungspreis – Angebotspreis
= 607,73 € – 580,09 €
= 27,64 €
⇒ **Preisabweichung 27,64 €
zuungunsten des Auftraggebers**

Schlussfolgerung für die interne Auswertung:
- Aufgrund der extremen Figurabweichung des Kunden wurde mehr Oberstoff verbraucht.
- Die komplizierte Schnitterstellung benötigte mehr Zeit als geplant.

Schritt 12: Rechnung

7.4.7 Kundenauftrag Blazer

Kostenträgerrechnung

Für eine Kundin wird mit folgenden Vorgaben ein klassischer Blazer gefertigt.
- Komplett abgefüttert
- Taillierter Schnitt mit Zweiknopfverschluss
- Reverskragen mit steigender Fasson
- Paspelknopflöcher und bezogene Knöpfe
- Zweinahtärmel
- Rückteil mit Naht und einseitig verdecktem Mittelschlitz
- Für den Oberstoff wird der Listenpreis des Lieferantenkatalogs eingesetzt.
- Sichtbare und nicht sichtbare Zutaten werden mit einem Materialgewinn von 30 % kalkuliert.
- Da es sich um eine Stammkundin handelt, entfällt das Maßnehmen sowie die Farb- und Typberatung. Der Schnitt wird aus einem vorhandenen Grundschnitt der Kundin entwickelt.
- Es wird mit den betriebsüblichen **Stundenverrechnungssätzen** kalkuliert:
  Meisterin 38,75 €/h, Gesellin 21,80 €/h

- **Oberstoff**
  Glattsamt
  98 % Baumwolle
  2 % Elastan
- **Futter**
  Pongé
  100 % Acetat

Um ein **verbindliches Angebot** zu erstellen, wird der Rechnungspreis mit Erfahrungswerten hinsichtlich Material- und Fertigungskosten kalkuliert.

Lösungsvorschlag

Ermittlung der Materialkosten

Oberstoff aus Lieferantenkatalog	Artikel	Bruttopreis	Benötigte Menge		Materialpreis brutto
Samt	35682/2	24,80 €/m	2,5 m		62,00 €
Zutaten	Artikel	Einkaufspreis netto/m	Menge	Materialkosten netto	Materialpreis netto
Futter/Pongé	20102020/322	4,90 €/m	2,00 m	9,80 €	
Fixierung	20102275/100	3,90 €/m	0,70 m	2,73 €	
Fixierband	20103375/100	1,50 €/m	1,80 m	2,70 €	
Paspeldocht	Gütermann	0,90 €/m	1,80 m	1,62 €	
Knopf (Metall) 28	United/Gold	1,35 €/St.	3 St.	4,05 €	∑ 20,90 €
Zuzüglich 30 % Materialgewinn					6,27 €
∑ **Materialpreis netto (Soll)**					**27,17 €**

Ermittlung der Fertigungskosten

Tätigkeit	Einzelzeiten	Mitarbeiter	Gesamtzeit	Stundensatz	Fertigungspreis
Beratung	0,45 h				
Schnitterstellung, Zuschnitt	1,50 h				
1. Anprobe	0,40 h	Meisterin	6,35 h	38,75 €/h	246,07 €
2. Anprobe mit Abnahme	0,50 h				
Näh- und Bügelarbeiten	3,50 h				
Näh- und Bügelarbeiten	8,25 h	Gesellin	8,25 h	21,80 €/h	179,85 €
∑ **Fertigungspreis netto (Soll)**					**425,92 €**

Ermittlung des Rechnungspreises

Zutaten	27,17 €
Fertigungspreis	425,92 €
Herstellungspreis netto	453,09 €
MwSt. 19 %	86,09 €
Herstellungspreis brutto	539,18 €
Oberstoff brutto	62,00 €
Lieferpreis brutto	**601,18 €**

Interne Nachkalkulation

Nach Auswertung der Tätigkeitsnachweise ergab die Nachkalkulation eine **positive Zeitabweichung**. Die Fertigungszeit der Gesellin verkürzte sich um 1,25 h, da sie vor kurzer Zeit bereits einen ähnlichen Blazer aus Samt gefertigt hatte. **Die Fertigungskosten verringerten sich** dadurch um 1,25 h · 21,80 €/h = **32,79 €**. Dies stellt somit einen **Gewinn** für den Betrieb dar.

7.4.8 Übungsaufgaben Kundenauftrag

Kostenträgerrechnung

01 Eine Kundin möchte zu einer schon vorhandenen Jacke einen klassischen geraden Rock aus Wollflanell anfertigen lassen.

01.1 Kalkulieren Sie den **Nettomaterialpreis**.
Materialkosten:
Wollflanell	0,90 m	16,50 €/m
Taft	0,70 m	6,65 €/m
RV	1 Stück	3,00 €/St.
Kleinmaterial	pauschal	5,00 €

Materialgewinn jeweils 50 %

01.2 Berechnen Sie mit folgenden Angaben den **durchschnittlichen Stundenverrechnungssatz**:
Meisterin	2,5 h	17,50 €/h
Gesellin	1,75 h	9,50 €/h
Auszubildende	1,00 h	4,30 €/h
Gemeinkosten	85 %	
Gewinn	20 %	
Mehrwertsteuer	19 %	

01.3 Kalkulieren Sie den **Angebotspreis**.

01.4 Nach Aufnahme der tatsächlichen Material- und Fertigungsdaten ergaben sich folgende Abweichungen:
Es wurden 0,95 cm Wollflanell und 0,75 m Taft benötigt. Die Fertigungszeit der Meisterin erhöhte sich um 1,5 Stunden.
Erstellen Sie den **Rechnungspreis**.

01.5 Berechnen Sie die **Differenz** zwischen dem Rechnungspreis und dem Angebotspreis. Begründen Sie diese.

02 Bei der Fertigung eines festlichen Kleides mit einer auffälligen Ausschnittdrapierung fallen folgende Materialkosten an:

	Preis	Gewinn	Menge
Oberstoff $_1$	23,20 €/m	100 %	1,45 m
Oberstoff $_2$	15,00 €/m	80 %	0,80 m
Futter	7,80 €/m	120 %	1,20 m
Reißverschluss	3,00 €/St.		1 Stück
Kleinmaterial	10,00 €		pauschal

Da es sich um einen Einpersonenbetrieb handelt, entstehen folgende Lohnkosten:
22,75 h Meisterin 15,75 €/h
Es sind zu berücksichtigen: 95 % Gemeinkosten, 25 % Gewinn, 19 % Mehrwertsteuer.

02.1 Ermitteln Sie über eine Vorkalkulation den **Stundenverrechnungssatz**.
02.2 Erstellen Sie den **Angebotspreis**.
02.3 Ermitteln Sie den **Rechnungspreis**, wenn aufgrund des unkomplizierten Materials je 10 cm von Oberstoff$_1$ und Oberstoff$_2$ gespart werden und die Meisterin 0,75 h weniger Fertigungszeit für das Kleid benötigte.
02.4 Berechnen Sie die **Differenz** zwischen Angebotspreis und Rechnungspreis.

03 Projektorientierte Aufgabe

Eine Kundin beauftragt Sie, für eine Geburtstagsmatinee ein passendes Kleid zu fertigen. Sie bevorzugt zwar den sachlich-sportlichen Stil, doch soll das Modell dem Anlass entsprechend elegant und modisch aktuell sein.

Die Kundin hat bei Körpergröße 1,60 m folgende Figurmerkmale: breite Schultern, großer Brustumfang, schmale Taille und runde Hüften.

03.1 Skizzieren Sie drei **Modellvorschläge**.

03.2 Beschreiben Sie das von der Kundin ausgewählte Modell und geben Sie eine **Begründung**.

03.3 Schlagen Sie für das Modell einen geeigneten **Oberstoff** vor, erläutern Sie dessen Eigenschaften und begründen Sie Ihren Vorschlag.

03.4 Als Datenbasis für einen **verbindlichen Angebotspreis** erstellen Sie eine **Materialstückliste** mit Preisangaben und einen **Arbeitsplan** mit Fertigungszeiten.

Planen Sie den **Materialpreis** mit einem pauschalen Materialgewinn von 75 %, den **Fertigungspreis** mit einem Gemeinkostensatz von 90 % und einem Zuschlag für Wagnis und Gewinn von 25 %. Ermitteln Sie den **Stundenverrechnungssatz** durch Nettofertigungspreis-Rückrechnung.

03.5 Verfassen Sie ein **Angebotsschreiben**.

03.6 Nach der Fertigung ergeben sich folgende Abweichungen der Ist- und Sollwerte: Mehrbedarf für Oberstoff und Futter jeweils 10 %, längere Fertigungszeit 3,5 h.

Ermitteln Sie über eine Nachkalkulation die **Preisabweichung** und ziehen Sie Schlussfolgerungen.

04 Eine gute Kundin möchte sich ein Abendkleid fertigen lassen. Ihre Preisvorstellung liegt bei maximal 600,00 € (brutto). Sie planen das Kleid aus Seidengeorgette, die Materialkosten betragen inklusive 75 % Materialgewinn 165,00 €. Der Stundenverrechnungssatz beträgt 34,50 €/h.

04.1 Berechnen Sie, wie viele **Fertigungsstunden** Sie maximal benötigen können.
04.2 Sie planen für die Fertigung 12,5 h ein. Berechnen Sie den eigentlichen **Bruttolieferpreis**.
04.3 Zeigen Sie **Einsparmöglichkeiten** auf, um auf den Wunschpreis der Kundin zu gelangen.

7.4.8 Übungsaufgaben Kundenauftrag — Kostenträgerrechnung

05 Eine Kundin möchte sich einen edlen Mantel aus 100 % Kaschmir fertigen lassen. Nach einer ausführlichen Beratung entscheidet sie sich für das dargestellte Modell.

05.1 Kalkulieren Sie ein **unverbindliches Angebot** bei einem Stundenverrechnungssatz der Meisterin von 36,50 €/h und unter Verwendung der unten aufgeführten Fertigungs- und Materialdaten.

05.2 Aufgrund der innerbetrieblichen Tätigkeitsnachweise stellen Sie fest, dass 2 Stunden weniger Meisterstunden angefallen sind. Dafür arbeitete die Gesellin zusätzlich 2 Stunden mit einem Stundenverrechnungssatz von 19,80 €/h am Mantel. Außerdem mussten Sie aufgrund von Modelländerungen, die die Kundin nachträglich wünschte, 0,40 m Oberstoff nachbestellen.

Erstellen Sie eine **Nachkalkulation** zur Ermittlung des **Rechnungspreises**.

05.3 **Begründen Sie**, ob die Preiserhöhung für Ihre Kundin zumutbar ist.

Materialdaten					Fertigungsdaten	
Materialart	Artikel	Einkaufspreis netto	Material-gewinn	Menge	Tätigkeit Meisterin	Fertigungszeit
Oberstoff	Kaschmir	45,00 €/m	150 %	2,70 m	Beratung, Schnitterstellung	2,75 h
Futter	Seidensatin	9,00 €/m	100 %	1,85 m		
Einlage	Vlieseline H 410	3,00 €/m	80 %	1,20 m	1. + 2. Anprobe, Abnahme	1,25 h
Knöpfe	Perlmutt, 2,5 cm	2,30 €/St.	100 %	5 St.		
Knöpfe Gürtel	Perlmutt, 1,2 cm	1,20 €/St.	100 %	2 St.	Zuschnitt	0,25 h
Schulterpolster	Watteline	2,50 €/St.	100 %	2 St.	Fixier-, Näh-, Bügelarbeiten	9,75 h
Kleinmaterial	Sonstiges	5,00 €	100 %	pauschal		

06 Das **verbindliche Angebot** für die Fertigung eines hochwertigen Kostümes wird mit folgenden Kosten kalkuliert:
- Materialkosten netto für die Zutaten 26,80 €, Materialgewinn 45 %
- Bruttopreis für Oberstoff und Futter aus dem Katalog des Stoffanbieters 235 €
- Fertigungslöhne 184 €, Gemeinkosten 95 %, Gewinn- und Wagniszuschlag 25 %

Ermitteln Sie den **Rechnungspreis** für die Kundin.

07 Ihr Betrieb ist spezialisiert auf die Fertigung klassischer Kostüme. Für den Messeauftritt eines Unternehmens bekommen Sie eine große Auftragsanfrage über 25 Kostüme. Allerdings ist ein **Nettofestpreis** von 420 € vorgegeben.

Da Sie für diesen Auftrag größere Materialmengen bestellen und somit Mengenrabatte ausnutzen können, veranschlagen Sie einen Nettomaterialpreis von 95 €.

Die Fertigungszeiten mit Stundenverrechnungssätzen betragen:

2½ h Meisterin à 36 €/h, 10,5 h Gesellin à 24,50 €/h,

3 h Auszubildende 1 à 11,20 €/h, 4½ h Auszubildende 2 à 7,60 €/h.

07.1 Berechnen Sie den möglichen **Nettolieferpreis**.

07.2 Nehmen Sie dazu **Stellung**, ob sich die Annahme dieses Auftrags für Ihren Betrieb lohnen könnte.

08 Für eine Reihe in Kleinserien gefertigter Bekleidungsteile möchte ein Betrieb folgende Selbstkostenpreise festlegen:

Gerader Rock 95 €, Blazer 180 €, Hemdbluse 65 €, Gerade Hose 125 €

Ermitteln Sie die ausgewiesenen **Bruttopreise** für die aufgeführten Standardprodukte, wenn 20 % Gewinn, 19 % Mehrwertsteuer und 10 % Kundenrabatt einkalkuliert werden.

Systematik der Fachbegriffe und Abkürzungen

Die bei der Bekleidungsherstellung verwendeten **Fachbegriffe** sind sehr vielfältig und größtenteils ungenormt. Mithilfe der nachfolgenden **Systematik** sind insbesondere bei mathematischen Aufgaben zeit- und platzsparende Lösungen möglich.

- Das System soll einfache und verständliche Abkürzungskombinationen ermöglichen.
- Die Abkürzungskombinationen werden gelesen, wie man die Begriffskombinationen spricht.
- Bei den Abkürzungskombinationen stehen die Kurzzeichen ohne Zwischenraum oder Punkt.
- Mathematische Vorgaben werden weitgehend beachtet.

Richtungen, Positionen, Beträge

a	außen/äußere/r/s	...A	Abstand	N	Feinheit (Formelzeichen)
at	aufzuteilend/e/r/s	A...	Fläche (mathematisch)	r...	Radius (mathematisch)
ge	geschlossene/r/s	B	Breite	S	Strecke
i	innen, innere/r/s	D	Durchmesser	T	Tiefe
o	oben, obere/r/s	F	Faktor (mathematisch)	T	Titer (Formelzeichen)
of	offen/e/r/s	G	Größe	te (t_e)	Zeit je Einheit
re	restlich/e/r/s	H	Höhe	U	Umfang
s	seitlich, seitliche/r/s	I	Inhalt	W	Weite
u	unten, untere/r/s	L	Länge	Z	Zahl, Anzahl
Δ	(Delta) Differenz	M	Mitte	Σ	(Epsilon) Summe

Alphabetisch geordnete Fachbegriffe

Ä	Ärmel	Kno	Knopf	St	Stoff
An	Ansatz (...weite, ...länge)	Knl	Knopfloch	Sti	Stich
Ba	Basis	Ma	Masche	Str	Streifen
Bi	Biese	Mu	Muster/Motiv	Ta	Taille
Bl	Blende	N	Naht	Te	Teil (Schnittteil, Stück)
Bo	Borte	Pa	Passe	Üt	Übertritt
Bu	Bund	Rap	Rapport	Ut	Untertritt
Bü	Bündchen	Re	Reihe (Maschen..)	V	Verschluss
Di	Dichte	Ro	Rock	Vb	Verbrauch
Fa	Falte	Rs	Rüsche	Vo	Volant
Fd	Faden	Sa	Saum	Vs	Verschnitt
Ga	Garn	Sc	Schuss	Wa	Ware
Hü	Hüfte	Sch	Schlinge	WF	Weitenfaktor
Ka	Kante	Sl	Schlitz	Zg	Zugabe
Ke	Kette	Stä	Stäbchen (Maschen..)	Zt	Zeit

Beispiele für gebräuchliche Abkürzungskombinationen

aFaBr	Faltenaußenbruch	KnlL	Knopflochlänge	StVb	Stoffverbrauch
aU	äußerer Umfang	KF	Kräuselfaktor	TaU	Taillenumfang
A_{St}	Fläche des Stoffs	KW	Kräuselweite	TaW	Taillenweite
AnNL	Ansatznahtlänge	KStrL	Kurzstreifenlänge (Schrägstreifen)	uKaA	unterer Kantenabstand
ÄSaW	Ärmelsaumweite			VStrL	Vollstreifenlänge (Schrägstreifen)
atS	aufzuteilende Strecke	NäLe	Nähleistung ("Nähgeschwindigkeit")	ZFa	Zahl der Falten
BuU	Bundumfang				
EZg	Eckenzugabe	NäZt	Nähzeit	ZKno	Zahl der Knöpfe
EW	Einhalteweite	NL	Nahtlänge	ZKnl	Zahl der Knopflöcher
FaA	Faltenabstand	NZg	Nahtzugabe	ZStr	Zahl der Streifen
FaAnL	Faltenanstoßlinie	oKaA	oberer Kantenabstand	ZTe	Zahl der Teile
Fal	Falteninhalt	ofWTa	Offene Weite Taille	ΣKnlL	Summe der Knopflochlängen
FaT	Faltentiefe	r_{TaW}	Radius zur Taillenweite		
geWHü	Geschlossene Weite Hüfte	reStrB	restliche Streifenbreite	ΣMuG	Summe der Mustergrößen
HgW	Handgelenkweite	SaZg	Saumzugabe		
HüU	Hüftumfang	SchBa	Schlingenbasis	ΣRap	Summe der Rapporte
HüW	Hüftweite	SlL	Schlitzlänge	ΣSchA	Summe der Schlingenabstände
iFaBr	Falteninnenbruch	StiDi	Stichdichte		
KnoD	Knopfdurchmesser	StB	Stoffbreite		
		StL	Stofflänge		

Sachwortverzeichnis

A

Abfallstreifen 130
Absolute Dehnung (Gesamte Dehnung) 77, 78
Absoluter Feuchteprozentsatz 79, 80
Abzüge (Lohn) 274
Akkordlohn .... 262 ff.
Akkordrichtsatz 263, 276
Angebotskalkulation 338, 339
Angebotspreis 338, 339
Angebotsschreiben 342
Ansatzlänge: Schrägstreifen ... 180
Ansatzweite: Volant 235
Anteilschlüssel 41
Anwesenheitszeit 263, 276
Arbeitskosten 313
Auftragszeit .... 251 ff.
Aufwand 320
Aufzuteilende Strecke: Muster . 154
Aufzuteilende Strecke: Verschlüsse 137
Ausführungszeit 251, 254
Ausgangslänge 77, 78
Auszuzahlender Lohn .... 274 ff.

B

Betriebliche Kosten 322
Betrieblicher Einheitspreis 323
Betriebsabrechnungsbogen (BAB) 329, 330, 331, 334
Betriebsergebnis 326, 327, 328
Betriebsgewinn 320
Betriebswirtschaftliche Grundlagen 320
Biesenabstand 222
Bieseninhalt 222
Biesenreihen: Maße 226
Biesenteile: Maße .... 224 f.
Biesentiefe 222
Bleibende Dehnung (Restliche Dehnung) 77, 78
Blende, doppelt (hohl) 170
Blende, einfach (verstürzt) 170
Blenden: Stoffbedarf .... 172 f.
Blendenbreite .... 171, 174 ff.
Blendenlänge .... 171, 174 f.
Bogenkante 160
Borte, angesetzt 163
Borte, aufgesetzt 163
Break-even-Point 326, 327, 328
Brüche .... 22 ff.
Bruttofertigungspreis 297, 301
Bruttolieferpreis 296
Bruttolohn .... 274 f.
Bruttopreis .... 61 ff., 337
Bruttoverkaufspreis .... 281 ff., 292 f., 296

C

Controlling 321

D

Deckungsbeitrag 326, 327, 328
Deckungsbeitragsrechnung 326, 327, 328, 340
Dehnungsverhalten .... 74, 77 f.
Dezitex 104
Dichte von Maschenwaren ... 91, 93
Dichte von Webwaren 91, 92
Divisionskalkulation 335
Dreisatz: einfach 26
Dreisatz: zusammengesetzt .... 28 f.
Durchschnittlicher Stundenverrechnungssatz 313, 315

E

Eckenzugabe (Borten) 162
Ecklohn 271
Effektive Arbeitsstunden 317
Einarbeitungslohn 271
Einfacher Stundenverrechnungssatz .... 297 ff.
Einheiten .... 12 f.
Einkaufspreis .... 61 ff., 299, 323
Einsprung 96
Einstellung 91, 92
Einzelkosten 321, 322
Elastische Dehnung 77, 78
Elastizität 74, 77, 78
Erarbeitete Zeit 263, 266, 276
Erholungszeit 251
Erlösschmälerungen 281, 282, 292
Ersparnisprämie 272
Ertrag 320

F

Faltenabstand 199
Faltenhöhe 199
Falteninhalt 199
Faltenröcke: Maße .... 209 ff.
Faltenröcke: Normalfalten ... 209 ff.
Faltenröcke: Rocklänge .... 218 f.
Faltenröcke: Sparfalten . 209, 212 ff.
Faltenröcke: Stoffbedarf .... 215 ff.
Faltenteile: Maße .... 203 ff.
Faltenteile: Stoffbedarf .... 207 f.
Faltentiefe 199
Faserdaten 74
Faserfeinheit 74
Fasermasse feucht 79
Fasermasse trocken 79
Fasermischungen .... 82 ff.
Feinheitsbezogene Höchstzugkraft (Feinheitsfestigkeit) ... 74 ff.
Fertigungseinzelkosten 281, 287, 324
Fertigungsgemeinkosten 281, 287, 324, 329
Fertigungskosten .... 50 f., 282, 287, 288
Fertigungslöhne (Soll, Ist) 324

Fertigungslohn 268
Fertigungslohnkosten (Fertigungslöhne) 316
Fertigungspreis 297
Fertigungspreis (netto, brutto) 297
Fertigungszeit 50, 52
Festigkeit nass 75
Festigkeit trocken 75
Feuchteprozentsatz 79, 80
Feuchtigkeitsaufnahme .. 74, 79, 80
Fixe Kosten 326, 327, 328
Flächenberechnungen .... 42 ff.
Flächenbezogene Masse .... 97 ff.
Formelumstellung 21
Formelzeichen 12

G

Garne .... 103 ff.
Garnfeinheiten: Umrechnungen 114
Garnvergleiche 115
Geldakkordlohn .... 262 f.
Geldfaktor 262
Gemeinkosten .... 296 ff., 302, 313 f., 321, 322, 332, 333
Gemeinkostenzuschlag (summarisch) 332
Gemeinkostenzuschlag ... 317, 330, 331, 334
Geschlossene Weite: Biesen ... 222
Geschlossene Weite: Falten 199
Geschlossene Weite: Rüschen 188, 196
Gewichtsanteile 41
Gewinn ... 61 ff., 280 ff., 293 f., 315, 317, 326, 327, 328
Gewinnschwelle 326, 327, 328
Gewinnschwellenmenge 326, 327, 328
Gewinnschwellenumsatz 326, 327, 328
Gewinn-und-Verlust-Rechnung 320, 333, 334
Gewinn- und Wagniszuschlag 325
Gleichgewichtspreis 340
Glockenrock aus Kreisringsegment 239
Glockenrock aus Mehrfachkreisringen 241
Glockenröcke aus Vollkreisringen .... 229 ff.
Grafische Darstellungen .... 66 ff.
Größen 12
Größengleichungen 21
Grundlohn 262
Grundrechenarten .... 9 f.
Grundwert 30
Grundzeit 251

H

Hauptmaterialien 323
Hauptnenner 23
Herstellungs-
  kosten 281, 282, 288, 330
Hilfslöhne 324, 332
Hilfsmaterialien 323
Höchstzugkraft .... 74 ff.
Höchstzugkraftdehnung .. 74, 77, 78
hohe Luftfeuchte 74, 79, 80

I

Ist-Mengenleistung 263, 276
Istzeit 251, 257

J

Jahresarbeitskosten 317
Jahresgemeinkostensumme ... 332

K

Kalkulation: Einführung 280
Kalkulation mit Stunden-
  verrechnungssatz 315
Kalkulation:
  Rechtliche Hinweise 339
Kalkulationsarten 313, 335, 336, 337
Kalkulationsirrtum 339
Kalkulationskreislauf 314
Kalkulationsmethoden 280, 335
Kalkulationsmodelle 298
Kalkulatorische
  Abschreibungen 325
Kalkulatorische Gemeinkosten . 332
Kalkulatorischer Gewinn 315
Kalkulatorische Kosten 322, 325
Kalkulatorische Miete 325
Kalkulatorische Wagnisse 325
Kalkulatorische Zinsen 325
Kalkulatorischer
  Gewinnzuschlag 340
Kalkulatorisches Unternehmer-
  entgelt 325
Kalkulierter betrieblicher Preis . 340
Kantenabstand: Muster 154
Kantenabstand: Verschlüsse ... 137
Kett(faden)dichte .... 91 f.
Kirchensteuer .... 274 f.
Klammerrechnung 8
Kleinteile: Stoffbedarf 132
Kleinteile: Verschnitt .... 133 f.
Kleinteile: Zahl der Teile,
  Stückzahl 131
Knopfabstand bzw. Knopfloch-
  abstand .... 142 ff.
Knopflochabstand
  (Längsknopflöcher) .... 137, 144 f.
Kosten 320
Kostenarten 322
Kostenartenrechnung ... 321, 329
Kostenelemente .... 316 ff.
Kostenerfassung 321
Kostenkontrolle 321, 339

Kostenplanung 321
Kostenrechnung 320
Kostenstellen 329, 330, 331
Kostenstellenrechnung ... 321, 329
Kostensteuerung 321
Kostenträgerrechnung 321, 335
Kostenvoranschlag 338, 339
Kräuselfaktor .... 193 f.
Kreisdiagramm .... 66, 71 f.
Kundenauftrag, Ablauf 338
Kundenauftrag Blazer 346
Kundenauftrag Kleid . . 341, 342, 343
Kundenauftrag Weste 344, 345
Kurvendiagramm 66, 68
Kürzen von Brüchen 22
Kurzstreifenlänge:
  Schrägstreifen 180

L

Länge bei Höchstzugkraft ... 77, 78
Länge nach Dehnung 77, 78
Länge nach Entlastung 77, 78
Längennummerierung 103
Leistungen 320
Leistungsgrad 251, 256
Leistungslohn 262
Lieferpreis
  (netto, brutto) 297, 298, 300
Lineare Abschreibung (AfA) ... 325
Lohnabrechnung .... 274 f.
Lohnanteile 324
Lohnfaktor .... 281, 287 ff
Lohnformen 262
Lohngruppen 271
Lohngruppenschlüssel 271
Lohn(einzel)kosten .... 296 ff.
Lohnsteuer .... 274 f.
Lohnzusatzkosten, Lohnneben-
  kosten 313, 324, 330, 339

M

Marktpreis 340
Masse/m² .... 97 f.
Masse/m .... 97 f.
Maschendichte 91, 93
Maschenreihendichte 91, 93
Maschenstäbchendichte 91, 93
Maßeinheiten 13
Massennummerierung ...... 103 ff.
Maßumwandlung .... 14 ff.
Materialberechnungen ...... 46 ff.
Materialeinzelkosten . 281 ff., 288 f., 296, 323
Materialgemeinkosten ..... 281 ff., 296, 329
Materialgewinn 297
Materialkosten ... 46, 48, 282, 296 ff.
Materialliste 341
Materialmenge 46
Materialpreis .... 297 f., 309 ff.
Maximalprinzip 321
Mehrwertsteuer ..... 280 f., 292 f.
Mengenleistung 251, 260, 266
Minimalprinzip 321
Minutenfaktor 263

Mischungsanteil .... 82 f.
Mischungskreuz 85
Mischungsmenge .... 82 f.
Mischungspreis .... 82, 88 f.
Mischungsverhältnis .... 82, 84 f.
Motivmittenabstand 154
Muster mit Zwischen-
  abstand .... 155, 157 ff.
Muster, fortlaufend .... 155 ff.

N

Nachkalkulation 313, 335, 336
Nähgarnbedarf .... 117, 124 ff.
Nähleistung
  (Nähgeschwindigkeit) ... 117, 122
Nahtbilder 124
Nähtechnik .... 117 ff.
Nahtlänge 117, 121
Nahtsymbole 124
Nahtzugabe 162
Nähzeit 117, 123
Nähzugabe 162
Nettofertigungspreis .... 297 f.
Nettofertigungspreis-
  Rückrechnung 316, 344
Nettolieferpreis .... 296 f.
Nettolohn .... 274 f.
Nettopreis .... 61 ff.
Nettoverkaufspreis .... 281 ff., 292 f., 296
Nm-System .... 103, 108 ff.
Normalfalten: Faltenröcke . 215, 218
Normalfalten:
  Faltenteile .... 202 ff.
Normalklima 74, 79
Normalleistung 260
Nummer metrisch ..... 103, 108 ff.
Nummerierung von Zwirnen
  (Nm) 112
Nummerierung von Zwirnen
  (tex) 111
Nummerierungssysteme .... 103 ff.
Nutzungsdauer 325

O

Offene Weite: Biesen 222
Offene Weite: Falten 199
Offene Weite: Rüschen 188

P

Personalbedarf 50, 53
Persönliche Verteilzeit 251
Prämienlohn .... 262, 272 f.
Preiserhöhung .... 56 f.
Preisgestaltung 340
Preiskalkulation 61, 337
Preisnachlässe 58
Preisschwankungen 57
Preissenkung .... 56 f.
Preisuntergrenze 340
Produktionsberechnungen 50
Produktive Kosten 333
Produktive Lohnkosten 324
Produktive Lohnsumme 332

Prozentrechnung, vermehrter
   Grundwert 31
Prozentrechnung, verminderter
   Grundwert 31

Q

Qualitätsprämie.............. 273

R

Rabatt..................... 58 ff.
Radius Ansatzweite: Volants... 234
Radius Saumweite:
   Glockenröcke.............. 229
Radius Saumweite: Volants.... 234
Radius Taillenweite:
   Glockenröcke.............. 229
Rapport...... 137, 144 ff., 154, 156
Rechnungsbetrag........... 58 ff.
Rechnungspreis .... 343 ff.
Rechtliche Hinweise
   (Kalkulation)................ 339
REFA..................... 250
Regeln: Gemischte Punkt- und
   Strichrechnung 8
Regeln: Klammerrechnung 8
Regeln: Punktrechnung 8
Regeln: Strichrechnung 8
Relativer Feuchteprozentsatz.... 79
Restmenge.................46 f.
Rocklänge: Faltenröcke ......218 f.
Rocklänge: Glockenröcke...... 231
Rohstoffgehaltsangabe .....82, 86 f.
Rückkalkulation 335, 336, 337
Rüschen: Kräuselfaktor ......193 f.
Rüschen: Stoffbedarf .... 190 ff.
Rüschenansatzlänge.......... 196
Rüschenbreite 188, 195
Rüsterholungszeit............ 251
Rüstgrundzeit 251
Rüstverteilzeit 251
Rüstzeit................ 251, 255

S

Sachliche Verteilzeit 251
Säulendiagramm ....66, 69 f.
Saumweite: Glockenröcke..... 230
Saumweite: Volants 236
Schlingenabstand...... 137, 146 ff.
Schlingenbasis 137
Schlingenverschlüsse... 139, 146 ff.
Schlitzverschluss............. 150
Schrägstreifen:
   Einzelstreifen ....183 f.
Schrägstreifen: Zusammen-
   gesetzte Streifen ....185 f.
Schuss(faden)dichte..........91 f.
Selbstkosten ..... 63 ff., 281 f., 290,
   296 ff., 329, 330
Selbstkostenpreis 340
Serienkalkulation .... 280 ff.
Skonto .... 58 ff.

Solidaritätszuschlag ....274 f.
Soll-Mengenleistung
   (Normalleistung) 263, 276
Sollzeit 251, 257
Sonder(einzel)kosten 329
Soziallöhne 324, 332
Sozialversicherungs-
   beiträge...................274 f.
Sparfalten: Faltenröcke ..216 f., 219
Sparfalten: Faltenteile....... 203 ff.
Stichbilder 124
Stichdichte................ 117 ff.
Stichlänge .... 117 ff.
Stichtypen 124
Stoffbreite
   (Warenbreite)........ 91, 97, 171
Stofflänge (Warenlänge) ... 91, 171
Stückkalkulation .... 280, 296 ff.
Stückkosten 326, 328
Stückzahl (Produktions-
   berechnungen)........... 50, 54
Stufenrock 197
Stundenlohn 262, 275, 297, 313
Stundenverrechnungs-
   satz .... 313 ff., 339
Summarische Zuschlags-
   kalkulation 322

T

Tabelle .... 66 f.
Taschenrechner............. 18 ff.
Tätigkeitszeit 251
Teilmenge 40
Teilvariable Kosten... 326, 327, 328
Tex-System .... 103 ff.
Textaufgaben, Bearbeitung..... 12
Textile Flächen .... 91 ff.
Theoretische Zwirnfeinheit ...111 f.

U

Überstundenzuschlag......... 275
Umfang (Flächen)...........42 f.
Umrechnung von Garn-
   feinheiten 114
Umsatzerlös......... 326, 327, 328
Unproduktive Kosten 333
Unproduktive Lohnkosten 324
Unternehmensgewinn 320
Unverbindliches Angebot 338
Urheberschutz 339
Ursprünglicher Preis..........56 f.

V

Variable Kosten...... 326, 327, 328
Verbindliches Angebot........ 338
Verhältnisrechnung ....40 f.
Verkaufspreis... 61, 281 ff., 292, 323
Verlust ...... 61 ff., 326, 327, 328
Vermehrter Grundwert......... 31
Verminderter Grundwert 31
Vermögenswirksame
   Leistungen 275

Verschlüsse m. senkr. Knopf-
   löchern 138
Verschlüsse m. waagr. Knopf-
   löchern 138
Verschnitt...........46 f., 323
Verschnitt: Glockenröcke.....243 f.
Verschnitt: Kleinteile.........133 f.
Verschnitt: Volants ....243 f.
Verteilerschlüssel 329, 330, 331
Verteilzeit 251
Vertriebsgemein-
   kosten.... 281 ff., 290 f., 296, 329
Verwaltungsgemein-
   kosten.... 281 ff., 290 f., 296, 329
Volant aus Kreisringsegment .. 238
Volant aus Mehrfachkreis-
   ringen 240
Volantbreite 234
Volants aus Vollkreisringen.... 234
Volants: Zusammenfassung ..244 f.
Vollstreifenlänge
   (Schrägstreifen)............ 180
Vorgabezeit (Zeit je
   Einheit) ...... 251 f., 258 ff., 263
Vorkalkulation 335, 336
Vorschuss 274

W

Wagnis und Gewinn........ 313 ff.
Warenbreite (Stoffbreite) 91, 97, 171
Warenlänge (Stofflänge) ... 91, 171
Warenmasse 97
Warenwert................ 58 ff.
Wartezeit 251
Weitenfaktor: Glockenröcke...229 f.
Weitenfaktor: Volants......... 236
Wertminderung.............. 325
Wirtschaftlichkeit......... 320, 321

Z

Zahl der Teile (Kleinteile)...... 131
Zahlungsbetrag............. 58 ff.
Zeit je Einheit
   (Vorgabezeit) .. 251 f., 258 ff., 263
Zeitakkordlohn..........262, 264 f.
Zeitdaten: Grundlagen ....250 f.
Zeitfaktor 262
Zeitgrad 263, 267
Zeitlohn 262, 270
Zulagen (Lohn) 274
Zusammengesetzter Dreisatz ..28 f.
Zuschläge (Lohn) 274
Zuschlagskalkulation 329
Zuschlagskalkulation,
   erweitert 280, 335
Zuschlagskalkulation,
   vereinfacht 280
Zuschlagskalkulation,
   summarisch 335
Zuwendungen (Lohn)......... 274
Zwirnfeinheit
   („theoretische")...........111 f.
Zwischenkalkulation.......... 335